小麦远缘杂交种质资源评价

● 刘 成 著 ●

中国农业科学技术出版社

图书在版编目（CIP）数据

小麦远缘杂交种质资源评价／刘成著. —北京：中国农业科学技术出版社，2019. 9
ISBN 978-7-5116-4410-7

Ⅰ. ①小…　Ⅱ. ①刘…　Ⅲ. ①小麦-杂交育种-种质资源-评价　Ⅳ. ①S512. 103. 51

中国版本图书馆 CIP 数据核字（2019）第 208529 号

责任编辑	崔改泵　张孝安
责任校对	贾海霞

出　版　者	中国农业科学技术出版社
	北京市中关村南大街 12 号　邮编：100081
电　　话	（010）82109708（编辑室）　（010）82109702（发行部）
	（010）82109709（读者服务部）
传　　真	（010）82106650
网　　址	http://www.castp.cn
经　销　者	各地新华书店
印　刷　者	北京富泰印刷有限责任公司
开　　本	787 mm×1 092 mm　1/16
印　　张	26. 75　彩插 52 面
字　　数	560 千字
版　　次	2019 年 9 月第 1 版　2019 年 9 月第 1 次印刷
定　　价	160. 00 元

前　言

PREFACE

小麦作为世界上总产量第二的粮食作物，其生产直接关系着国民经济及粮食安全问题。随着对小麦研究的不断深入，小麦遗传改良也不断取得新突破。然而，在现代农业体系下，小麦遗传多样性丢失极为严重，限制了小麦产业的发展。小麦远缘物种中含有小麦育种所需的优异基因，是小麦遗传改良的巨大基因库。因此，为提高小麦的遗传多样性，丰富小麦育种的遗传基础，发掘小麦远缘物种的优异基因并导入小麦，进行可持续育种研究，对我国小麦生产具有重要意义。

过去50余年的育种实践证明，通过远缘杂交和染色体工程可以将来源于小麦远缘物种的优异基因导入普通小麦，并且在提高小麦抗病抗逆性方面具有巨大的应用潜力。通过远缘杂交合成小麦—远缘物种双二倍体是向小麦导入远缘物种优异基因的重要桥梁；筛选、鉴定和综合评价小麦—远缘物种染色体系是利用这些种质资源的基础。基于对小麦—远缘物种染色体系相关鉴定方法、农艺性状调查、抗病抗逆性鉴定和品质性状测定等方面的综合研究，我们将取得的结果进行总结，结合前人有关小麦远缘杂交的研究基础而编著了这本书。出版这本书的目的旨在对从事野生资源在小麦育种中利用的同行们能有所启发与帮助。

本书共分八章。第一章介绍小麦族物种的分类；第二章介绍小麦遗传改良方式；第三章介绍小麦远缘杂交与小麦—远缘物种染色体系；第四章介绍小麦远缘物种优异基因/性状导入小麦现状；第五章介绍小麦远缘物种染色质特异标记；第六章介绍外源染色质导入对小麦主要农艺性状的影响；第七章介绍外源染色质导入对小麦抗病抗逆性及籽粒蛋白含量的影响；第八章介绍小麦远缘杂交关键问题及种质在小麦育种中应用及展望。通过以上内容的介绍，为更好地利用小麦远缘物种改良小麦提供思路和参考。

本书涉及田间调查在山东省农业科学院作物研究所试验基地、德州市农业科学研究院试验基地、菏泽市农业科学院试验基地和临沂市农业科学院试验基地完成；材料白粉病抗性鉴定、芽期耐盐性鉴定和籽粒品质测定试验在小麦玉米国家工程实验室/农业部黄淮北部小麦生物学与遗传育种重点实验室完成；材料条锈病抗性鉴定在电子科技大学试验基地完成；材料叶锈病抗性鉴定在河北农业大学植物保护学院完成；材料秆锈病抗性鉴定在沈阳农业大学植物保护学院完成。

本书所涉及试验由国家重点研发计划（2017YFD0100600、2016YFD0102000）、泰山学者工程专项经费（tsqn201812123）、山东省良种工程（2019LZGC016）、山东自然科学基金（ZR2017MC004）、山东省农业科学院农业科技创新工程（CXGC2018E01、CXGC2016B01）和国家现代农业产业技术体系专项（CARS-03）等课题资助，在此表示衷心的感谢。

本书主要编写人员有山东省农业科学院作物研究所刘建军、李豪圣和电子科技大学杨足君。此外，山东省农业科学院作物研究所韩冉、宫文萍、汪晓璐、郭军、程敦公、刘爱峰、曹新有、宋健民、李根英、樊庆琦、翟胜男、李法计、訾妍和郑永胜，电子科技大学李光蓉，山西农业大学贾举庆，四川师范大学曾子贤和朱博，山西省农业科学院郑军、李欣和张晓军，四川农业大学罗培高和任天恒，河北农业大学闫红飞，沈阳农业大学李天亚，山东农业大学鲍印广和王宏伟，江苏大学何华纲，鲁东大学崔法，烟台大学马朋涛，青岛大学张玉梅，德州市农业科学研究院刘鹏和靳义荣，临沂市农业科学院李宝强，菏泽市农业科学院郭凤芝以及河北省农业厅李令蕊等专家也参与了本书所涉及试验、数据处理分析及著作的编写。

在不同学者对小麦族系统分类观点目前仍存在分歧的情况下，本书中笔者以第二届国际小麦族会议上确定的基因组符号，我国作物种质资源学科主要奠基人董玉琛先生提出的小麦基因源理论，董玉琛和郑殿生主编的《中国小麦遗传资源》、刘旭先生和董玉琛先生为总主编的《中国作物及其野生近缘植物》以及颜济和杨俊良先生主编的《小麦族生物系统学》等专著为主要依据对小麦族物种进行分类，目的是使读者在通读本书第三章和第四章后对小麦远缘杂交现状有更加清楚的了解。由于本书涉及学科领域较多，加之作者水平有限，书中难免有不足之处，敬请各位专家、学者、同行批评指正。

刘 成

2019 年 6 月 21 日

目　录

CONTENTS

第一章 小麦族物种的分类

  小麦族（Triticeae）有 300 多个物种，不同分类学家对小麦族物种的分类学观点一直存在争议。自 Löve A（1984）提出按照物种基因组分类后，一些学者表示同意该观点（Dewey, 1984; Gupta, 1989; Kellogg, 1989; Seberg, 1989）。然而，在部分属的划分上仍然存在观点分歧。1996 年，在美国犹他州 Logan 召开了第二届国际小麦族会议，会议专门成立了基因组符号委员会，对小麦族属种的基因组符号进行了统一（Wang et al., 1994），但是部分问题尚未完全解决。参照第二届国际小麦族会议上确定的基因组符号、我国作物种质资源学科主要奠基人董玉琛先生结合我国研究现状提出的小麦基因源理论、董玉琛和郑殿生主编的《中国小麦遗传资源》以及刘旭先生和董玉琛先生为总主编的《中国作物及其野生近缘植物》，将小麦族植物分类为小麦属（*Triticum*）、山羊草属（*Aegilops*）、旱麦草属（*Eremopyrum*）、类大麦属（*Crithopsis*）、无芒草属（*Henrardia*）、异形花属（*Heteranthelium*）、棱轴草属（*Taeniatherum*）、黑麦属（*Secale*）、簇毛麦属（*Dasypyrum*）、大麦属（*Hordeum*）、冰草属（*Agropyrum*）、鹅观草属（*Roegneria*）、偃麦草属（*Elyrigia*）、披碱草属（*Elymus*）、赖草属（*Leymus*）、新麦草属（*Psathyrostachys*）、拟鹅观草属（*Pseudoroegneria*）和澳麦草属（*Australopyrum*）等（董玉琛，2000；董玉琛和郑殿生，2000；董玉琛和刘旭，2006），基本染色体组包含（A—W）和两个尚未确定的染色体组 X 和 Y，表现出遗传变异的多样性。

第一节 小麦属物种的分类

  小麦属（*Triticum*）包括二倍体小麦（基因组 AA）、四倍体小麦（基因组 AABB 或 AAGG）和六倍体小麦（基因组 AABBDD 或 AAAAGG）。二倍体小麦包括野生一粒小麦（*T. boeoticum*, $2n = 2x = 14$, 基因组 $A^b A^b$）、栽培一粒小麦（*T. monococcum*, $2n = 2x = 14$, 基因组 $A^m A^m$）和乌拉尔图小麦（*T. urartu*, $2n = 2x = 14$, 基因组 $A^u A^u$）等（董玉琛，2000）。

  四倍小麦包括硬粒小麦（*T. durum*, $2n = 4x = 28$, 基因组 AABB）、圆锥小麦（*T. urgidum*, $2n = 4x = 28$, 基因组 AABB）、东方小麦（*T. oriental*, $2n = 4x = $

28，基因组 AABB）、波兰小麦（*T. polonicum*，2n＝4x＝28，基因组 AABB）、波斯小麦（*T. persicum*，2n＝4x＝28，基因组 AABB）、埃塞俄比亚小麦（*T. aethiopicum*，2n＝4x＝28，基因组 AABB）、栽培二粒小麦（*T. dicoccum*，2n＝4x＝28，基因组 AABB）、科尔希二粒小麦（*T. paleocolchicum*，2n＝4x＝28，基因组 AABB）、伊斯帕汗二粒小麦（*T. ispahanicum*，2n＝4x＝28，基因组 AABB）、提莫菲维小麦（*T. timopheevi*，2n＝4x＝28，基因组 AAGG）和阿拉特小麦（*T. araraticum*，2n＝4x＝28，基因组 AAGG）等（董玉琛，2000）。

六倍体小麦包括栽培小麦品种或品系（*T. aestivum*，2n＝6x＝42，基因组 AABBDD）、茹科夫斯基小麦（*T. zhukovskyi*，2n＝4x＝42，基因组 AAAAGG）、普通小麦亚种西藏半野生小麦（*T. aestivum* spp. *tibetanum*，2n＝6x＝42，基因组 AABBDD）、云南铁壳麦（*T. aestivum* spp. *yunnanense*，2n＝6x＝42，基因组 AABBDD）、新疆稻麦子（*T. aestivum* spp. *petropavlovskyi*，2n＝6x＝42，基因组 AABBDD）、密穗小麦（*T. compactum*，2n＝6x＝42，基因组 AABBDD）、印度圆粒小麦（*T. sphaerococcum*，2n＝6x＝42，基因组 AABBDD）、斯卑尔脱小麦（*T. spelta*，2n＝6x＝42，基因组 AABBDD）、马卡小麦（*T. macha*，2n＝6x＝42，基因组 AABBDD）和瓦维洛夫小麦（*T. vavilovi*，2n＝6x＝42，基因组 AABBDD）等（董玉琛，2000）。

第二节　山羊草属物种的分类

山羊草属（*Aegilops*）包含 11 个二倍体，10 个四倍体和 2 个六倍体（Slageren，1994），基本基因组涉及 D、S、U、C、N 和 M（Schneider et al.，2008）。其中，二倍体物种包括小伞山羊草（*Ae. umbellulata* Zhuk.，2n＝2x＝14，基因组 UU）、顶芒山羊草（*Ae. comosa* Sm. in Sibth. & Sm.，2n＝2x＝14，基因组 MM）、单芒山羊草（*Ae. uniiaristata* Vis.，2n＝2x＝14，基因组 NN）、尾状山羊草（*Ae. caudata* L.，2n＝2x＝14，基因组 CC）、拟斯卑尔脱山羊草（*Ae. speltoides* Tausch，2n＝2x＝14，基因组 SS）、二角山羊草［*Ae. bicornis*（Forssk.）. Jaub. & Spach，2n＝2x＝14，基因组 S^{b}S^b］、高大山羊草（*Ae. longissima* Schweinf. & Muschl.，2n＝2x＝14，基因组 S^{l}S^l）、希尔斯山羊草（*Ae. searsii* Feldman & Kislev ex Hammer，2n＝2x＝14，基因组 S^{s}S^s）、沙融山羊草（*Ae. sharonensis* Eig.，2n＝2x＝14，基因组 S^{sh}S^{sh}）、粗山羊草（*Ae. tauschii* Coss.，2n＝2x＝14，基因组 DD）和无芒山羊草［*Ae. muticum*（Boiss.）Eig.，2n＝2x＝14，基因组 TT］（Schneider et al.，2008）。

四倍体物种包括柱穗山羊草（*Ae. columnaris* Zhuk，2n＝4x＝28，基因组

UUMM）、两芒山羊草（*Ae. biuncialis* Vis，2n=4x=28，基因组 UUMM）、卵穗山羊草（*Ae. geniculata* Vis.，2n=4x=28，基因组 UUMM）、三芒山羊草（*Ae. neglecta* Req. ex Berrtol.，2n=4x=28，基因组 UUMM）或三芒山羊草（*Ae. neglecta* Req. ex Berrtol.，2n=6x=42，基因组 UUMMNN）、钩刺山羊草（*Ae. columnaris* Zhuk，2n=4x=28，基因组 UUCC）、粘果山羊草（*Ae. kotschyi* Boiss，2n=4x=28，基因组 UUSS）、易变山羊草［*Ae. peregrine*（Hack. In J. Fraser）Marie & Weiller，2n=4x=28，基因组 UUSS］、圆柱山羊草（*Ae. cylindrical* Host，2n=4x=28，基因组 CCDD）、粗厚山羊草（*Ae. crassa* Boiss.，2n=4x=28，基因组 DDMM）或粗厚山羊草（*Ae. crassa* Boiss.，2n=6x=42，基因组 DDDDMM）以及偏凸山羊草（*Ae. ventricosa* Tausch，2n=4x=28，基因组 DDNN）（Schneider et al.，2008）。

六倍体物种包括牝芒山羊草［*Ae. juvenalis*（Thell）. Eig，2n=6x=42，基因组 DDMMUU］和瓦维洛夫山羊草［*Ae. vavilovii*（Zhuk.）Chennav.，2n=6x=42，基因组 DDMMSS］（Slageren，1994；Schneider et al.，2008）。

第三节　黑麦属物种的分类

美国种质资源库（GRIN）、加拿大植物遗传资源中心（PGRC）和中国国家种质库（CGRIS）均一致将黑麦属（*Secale*）物种按生长类型分为三类。黑麦属物种有二倍体和四倍体两种倍性，染色体组 RR 或 RRRR，不同黑麦染色体组间可能具有一定差异，因此，不同科学家往往通过在 R 染色体上加标注以示区别。目前，大部分分类学家也认同该属按照物种生长类型分类的观点，即一年生异花授粉的栽培种黑麦（*S. cereale* L.）和杂草黑麦（*S. segetale*）；一年生自花授粉的森林黑麦（*S. sylvestre* Host，2n=2x=14，染色体为 $R^s R^s$）和瓦维洛夫黑麦（*S. vavilovii* Grossh，2n=2x=14，染色体为 $R^v R^v$），多年生异花授粉的野生山地黑麦（*S. montanum* Guss）（颜济和杨俊良，2013）。

栽培种黑麦（*S. cereale* L.）包括 8 个亚种，阿富汗黑麦（*S. cereale* L. subsp. *afghanicum*，2n=2x=14，染色体为 $R^{afg} R^{afg}$）、始祖黑麦（*S. cereale* L. subsp. *ancestrale*，2n=2x=14，染色体为 $R^{anc} R^{anc}$）、栽培黑麦（*S. cereale* L. subsp. *cereale*，2n=2x=14，染色体为 RR）、帝高黑麦（*S. cereale* L. subsp. *dighoricum*，2n=2x=14，染色体为 $R^{dig} R^{dig}$）、刚性黑麦（*S. cereale* L. subsp. *rigidum*，2n=2x=14，染色体为 $R^{rig} R^{rig}$）、杂草黑麦（*S. cereale* L. subsp. *segetale*，2n=4x=28，染色体为 RRRR）、四倍体黑麦（*S. cereale* L. subsp. *tetraploidum*，2n=4x=28，染色体为 RRRR）、齐齐黑麦（*S. cereale* L. subsp. *tsitsinii*，2n=2x

=14，染色体为 $R^{tsi}R^{tsi}$）；山地黑麦（*S. montanum* Guss）包括 5 个亚种，非洲黑麦（*S. montanum* subsp. *africanum*，2n=2x=14，染色体为 $R^{afr}R^{afr}$）、安东尼奥黑麦（*S. montanum* subsp. *anatolicum*，2n=2x=14，染色体为 $R^{ana}R^{ana}$）、纤颖黑麦（*S. montanum* subsp. *ciliatoglume*，2n=2x=14，染色体为 $R^{cil}R^{cil}$）、库普瑞吉安黑麦（*S. montanum* subsp. *kuprijanovii*，2n=2x=14，染色体为 $R^{kup}R^{kup}$）和山地黑麦（*S. montanum* subsp. *strictum*，2n=2x=14，染色体为 $R^{str}R^{str}$）。

第四节　簇毛麦属物种的分类

簇毛麦属（*Dasypyrum* 原作 *Haynaldia*），包括二倍体一年生簇毛麦（*D. villosum*，2n=2x=14，染色体组为 VV）、二倍体多年生簇毛麦（*D. breviaristatum*，2n=2x=14，染色体组为 V^bV^b）和四倍体多年生簇毛麦（*D. breviaristatum*，2n=4x=28，染色体组为 $V^bV^bV^bV^b$）（Ohta 和 Morishita，2001；Ohta et al.，2002；Liu et al.，2010）。

第五节　偃麦草属物种的分类

偃麦草属（*Elyrigia* Desv），也被称为薄冰草属（*Thinopyrum* Love），有二倍体、四倍体、六倍体、八倍体和十倍体等几种倍性，基本基因组包含 E^e 或（和）E^b 等。2018 年，植物分类学家四川农业大学周永红教授对广义偃麦草属植物的系统分类和演化做了专题报告，建议将该属物种重新分为冠麦草属、毛麦草属、沙滩麦属等（周永红，2018），因而原来的偃麦草属就不复存在了，为该属物种分类提出了新的观点。然而，长期以来，不同分类学家对该属的分类学尤其是属内种名存在较大争议，再加上科研人员在文献发表时所用种名习惯不同，本书中对该属物种的分类暂以董玉琛和郑殿生先生主编的《中国小麦遗传资源》一书为参考。

偃麦草属包含 40 多个种，目前染色体组和染色体数比较明确的有如下物种：百萨偃麦草（*Et. bessarabica*，2n=2x=14，基因组 E^bE^b）、长穗偃麦草（*Et. elongata*，2n=2x=14，基因组 E^eE^e）、簇生偃麦草（*Et. juncea*，2n=4x=28，基因组 E^eE^eSt）、曲节偃麦草（*Et. geniculata*，2n=4x=28，基因组 E^eE^eSt）、费尔干偃麦草（*Et. ferganensis*，2n=4x=28，基因组 E^eE^eSt）、脆轴偃麦草（*Et. juncea*，2n=6x=42，基因组 $E^bE^bE^e$）、中间偃麦草（*Et. interdeia*，2n=6x=42，基因组 E^eE^bSt）和彭提卡偃麦草（*Et. ponticum*，2n=10x=70，基因组 EEEEEEEEEE）等（董玉琛和刘旭，2006）。

第六节 鹅观草属物种的分类

鹅观草属 (*Roegneria* C. Koch) 植物有四倍体和六倍体两种倍性，根据该属物种形态特征和生活环境等将其分为犬草组 (Sect. *Cynopoa*)、拟披碱草组 (Sect. *Roegneria*) 以及拟冰草组 (Sect. *Paragroypyron*) (董玉琛和郑殿生，2000)。

犬草组包括鹅观草 (*R. kamoji*, 2n=6x=42, 基因组 StStHHYY)、犬草 (*R. canina*, 2n=4x=28, 基因组 StStHH)、山东鹅观草 (*R. shandongensis*, 2n=4x=28, 基因组 StStYY)、钙生鹅观草 (*R. calcicola*)、长芒鹅观草 (*R. dolichathera*, 2n=4x=28, 基因组 StStYY)、光花鹅观草 (*R. leiantha*)、矮鹅观草 (*R. humilis*, 2n=6x=42, 基因组 StStYYHH)、大鹅观草 (*R. grandis*)、狭颖鹅观草 (*R. angustiglumis*)、疏花鹅观草 (*R. laxiflora*, 2n=6x=42, 基因组 StStYYPP)、缘毛鹅观草 (*R. pendulina*, 2n=4x=28, 基因组 StStYY)、多秆鹅观草 (*R. multiculmis*, 2n=4x=28)、乌龙山鹅观草 (*R. hondai*, 2n=4x=28)、毛盘鹅观草 (*R. barbicalla*, 2n=4x=28)、异芒鹅观草 (*R. abolinii*)、中华鹅观草 (*R. sinica*, 2n=4x=28)、多味鹅观草 (*R. foliosa*)、涞源鹅观草 (*R. aliena*, 2n=4x=28)、乌岗姆鹅观草 (*R. ugamica*)、偏穗鹅观草 (*R. komarovii*, 2n=6x=42, 基因组 StStYYHH)、天山鹅观草 (*R. tianschanica*) (董玉琛和郑殿生，2000)。

拟披碱草组包括纤毛鹅观草 (*R. ciliaris*, 2n=4x=28, 基因组 StStYY)、竖立鹅观草 (*R. japonensis*, 2n=4x=28, 基因组 StStYY)、毛叶鹅观草 (*R. amurensis*, 2n=4x=28,)、直穗鹅观草 (*R. turczaninovii*, 2n=4x=28, 基因组 StStYY)、吉林鹅观草 (*R. nakaii*, 2n=4x=28, 基因组 StStYY)、肃草 (*R. stricta*, 2n=4x=28, 基因组 StStYY)、多变鹅观草 (*R. varia*, 2n=4x=28)、小株鹅观草 (*R. minor*)、光穗鹅观草 (*R. glaberrina*)、阿拉善鹅观草 (*R. alashanica*, 2n=4x=28)、假花鳞草 (*R. anthosachnoids*, 2n=4x=28, 基因组 StStYY)、垂穗鹅观草 (*R. nutans*, 2n=4x=28, 基因组 StStYY)、秋鹅观草 (*R. seritina*)、短颖鹅观草 (*R. breviglumis*)、高山鹅观草 (*R. tschimganica*, 2n=6x=42)、短柄鹅观草 (*R. brevipes*, 2n=4x=28, 基因组 StStYY)、低株鹅观草 (*R. jacquemontii*)、高株鹅观草 (*R. altissima*)、马格草 (*R. glaucifolia*, 2n=6x=42)、萦草 (*R. confusa*)、扭轴鹅观草 (*R. schrenkiana*, 2n=6x=42, 基因组 StStYYHH)、岷山鹅观草 (*R. dura*, 2n=4x=28, 基因组 StStYY)、芒颖鹅观草 (*R. aristiglumis*)、小颖鹅观草 (*R. parvigluma*, 2n=4x=28, 基因组 StStYY)

5

（董玉琛和郑殿生，2000）。

拟冰草组包括梭罗草（*R. thoroldiana*，$2n = 6x = 42$，基因组 StStYYPP）、黑药鹅观草（*R. melanthera*，$2n = 6x = 42$，基因组 StStYYPP）、硬秆鹅观草（*R. rigidula*，$2n = 6x = 42$，基因组 StStYYPP）、窄颖鹅观草（*R. stenachyra*，$2n = 6x = 42$，基因组 StStYYPP）、糙毛鹅观草（*R. hirsuta*，$2n = 6x = 42$，基因组 StStYYPP）、大颖草（*R. grandiglumis*，$2n = 6x = 42$，基因组 StStYYPP）、青海鹅观草（*R. kokonorica*，$2n = 6x = 42$，基因组 StStYYPP）、无芒鹅观草（*R. mutica*，$2n = 6x = 42$，基因组 StStYYPP）（董玉琛和郑殿生，2000）。

第七节　拟鹅观草属物种的分类

根据颜济和杨俊良先生主编的《小麦族生物系统学》（第四卷）的记载，拟鹅观草属（*Pseudoroegneria*）植物有二倍体和四倍体等几种倍性。二倍体主要包括克什米尔拟鹅观草（*Ps. cognata*，$2n = 2x = 14$，基因组 StSt）、穗状拟鹅观草（*Ps. spicata*，$2n = 2x = 14$，基因组 StSt）、糙缘拟鹅观草（*Ps. stipifolia*，$2n = 2x = 14$，基因组 StSt）和糙伏毛拟鹅观草（*Ps. strigosa*，$2n = 2x = 14$，基因组 StSt）等。

四倍体主要包括阿拉善山拟鹅观草（*Ps. alashanica*，$2n = 4x = 28$，基因组 $St_1St_1St_2St_2$）、昌都拟鹅观草（*Ps. elytrigioides*，$2n = 4x = 28$，基因组 $St_1St_1St_2St_2$）、膝曲拟鹅观草（*Ps. geniculata*，$2n = 4x = 28$，基因组 $St_1St_1St_2St_2$）、细长拟鹅观草（*Ps. gracillima*，$2n = 4x = 28$，基因组 StSt?）（丁春邦，2004）、科杉宁拟鹅观草（*Ps. kosaninii*，$2n = 4x = 28$，基因组 StSt?）（丁春邦等，2004）、大丛拟鹅观草（*Ps. magnicaespes*，$2n = 4x = 28$，基因组 $St_1St_1St_2St_2$）、糙缘拟鹅观草（*Ps. stipifolia*，$2n = 4x = 28$，基因组 StStStSt）和糙伏毛拟鹅观草（*Ps. strigosa*，$2n = 4x = 28$，基因组 StStStSt）等（颜济和杨俊良，2011）。

第八节　冰草属物种的分类

冰草属（*Agropyron*）植物有二倍体、四倍体和六倍体三种倍性。二倍体种包括扁穗冰草（*A. cristatum*，$2n = 2x = 14$，基因组 PP）、西伯利亚冰草（*A. sibiricum*，$2n = 2x = 14$，基因组 PP）、沙芦草或蒙古冰草（*A. mongolicum*，$2n = 2x = 14$，基因组 PP）和丛生冰草（*A. caespitosum*；$2n = 2x = 14$，基因组 PP）等（Dewey，1969；董玉琛和郑殿生，2000；陆懋增，2007）。

四倍体种包括扁穗冰草（*A. cristatum*，$2n = 4x = 28$，基因组 PPPP）、沙生冰

草（*A. desertorum*，2n=4x=28，基因组 PPPP）、西伯利亚冰草（*A. sibiricum*，2n=4x=28，基因组 PPPP）、根茎冰草（*A. michnoi*，2n=4x=28，基因组 PPPP）和粗茎冰草（*A. trachyaulum*；2n=4x=28，基因组 PPPP）等（Gupta 等，1988；董玉琛和郑殿生，2000；陆懋增，2007）。

六倍体种有扁穗冰草（*A. cristatum*，2n=6x=42，基因组 PPPPPP）等（董玉琛和郑殿生，2000；陆懋增，2007）。

第九节 大麦属物种的分类

大麦属（*Hordeum*）约包含 31 个物种，包括二倍体、四倍体和六倍体三种倍性的物种，其中二倍体包括栽培大麦（*H. vulgare* L.，2n=2x=14，染色体组为 II）、二棱野生大麦（*H. spontaneum*（C Koch）ememd Shao，2n=2x=14，染色体组为 II）、六棱野生大麦（*H. agriocrithon*（Aberg）ememd Shao，2n=2x=14，染色体组为 II）、灰鼠大麦（*H. murinum* L.，2n=2x=14，染色体组为 XuXu）、圣迭大麦（*H. intercedens* Nevski，2n=2x=14，染色体组为 II）、窄小大麦（*H. pusillum* Nuttall，2n=2x=14，染色体组为 II）、宽颖大麦（*H. euclaston* Steudel，2n=2x=14，染色体组为 II）、海大麦（*H. marinum* Hudson，2n=2x=14，染色体组为 XaXa）、平展大麦（*H. depressum*（Scribneral Smith）Rydberg，2n=2x=14，染色体组为 IIII）、球茎大麦（*H. bulbosum* L.，2n=2x=14，染色体组为 II）、弯曲大麦（*H. flexuosum* Nees，2n=2x=14，染色体组为 II）、智利大麦（*H. chilense* Roemer. & Schultes，2n=2x=14，染色体组为 HH）、毛穗大麦（*H. stenostachys* Godron，2n=2x=14，染色体组为 II）、科多大麦（*H. cordobense* Bothmer, Jacobsen& Nicora，2n=2x=14，染色体组为 II）、微芒大麦（*H. muticum* Presl，2n=2x=14，染色体组为 II）、长毛大麦（*H. comosum* Presl，2n=2x=14，染色体组为 II）、巴哥大麦（*H. patagonicum*（Hauman）Covas，2n=2x=14，染色体组为 II）、毛稃大麦（*H. mustersii* Nicora，2n=2x=14，染色体组为 II）、布顿大麦（*H. bogdanii* Wilensky，2n=2x=14，染色体组为 II）、短药大麦（*H. brachyantherum* Nevski，2n=2x=14，染色体组为 II）、小药大麦（*H. roshevitzii* Bowden，2n=2x=14，染色体组为 II）、短芒大麦（*H. brevisubulatum*（Trinius）Link，2n=2x=14，染色体组为 II）、内蒙古大麦（*H. innermongolicum* Kuo et L. B. Cai，2n=2x=14，染色体组为 II）和毛花大麦（*H. pubiflorum* Hook. F.，2n=2x=14，染色体组为 II）（董玉琛和郑殿生，2000；董玉琛和刘旭，2006；Kakeda et al.，2009；Blattner et al.，2009）。

四倍体包括灰鼠大麦（*H. murinum* L.，2n=4x=28，染色体组为

XuXuXuXu）、海大麦（*H. marinum* Hudson，2n = 4x = 28，染色体组为 XaXaXaXa）、平展大麦（*H. depressum*（Scribneral Smith）Rydberg，2n = 4x = 28，染色体组为 IIII）、球茎大麦（*H. bulbosum* L.，2n = 4x = 28，染色体组为 IIII）、芒颖大麦（*H. jubatum* L.，2n = 4x = 28，染色体组为 IIII）、南非大麦（*H. capense* Thunberg，2n = 4x = 28，染色体组为 IIXaXa）、黑麦状大麦（*H. secalinum*，2n = 4x = 28，染色体组为 IIXaXa）、帕氏大麦（*H. parodii* Covas，2n = 4x = 28，染色体组为 IIII）、短药大麦（*H. brachyantherum* Nevski，2n = 4x = 28，染色体组为 HHHH）、小药大麦（*H. roshevitzii* Bowden，2n = 4x = 28，染色体组为 HHHH）、短芒大麦（*H. brevisubulatum*（Trinius）Link，2n = 4x = 28，染色体组为 HHHH）（董玉琛和郑殿生，2000；董玉琛和刘旭，2006；Kakeda et al.，2009；Blattner et al.，2009）。

六倍体包括李氏大麦（*H. lechleri*（Steudel）Schenck，2n = 6x = 42，染色体组为 IIIIII）、硕穗大麦（*H. procerum* Nevski，2n = 6x = 42，染色体组为 IIIIII）、亚桑大麦（*H. arizonicum* Covas，2n = 6x = 42，染色体组为 IIIIII）、帕氏大麦（*H. parodii* Covas，2n = 6x = 42，染色体组为 IIIIII）、短药大麦（*H. brachyantherum* Nevski，2n = 6x = 42，染色体组为 HHHHHH）、短芒大麦（*H. brevisubulatum*（Trinius）Link，2n = 6x = 42，染色体组为 HHHHHH）（董玉琛和郑殿生，2000；董玉琛和刘旭，2006；Kakeda et al.，2009；Blattner et al.，2009）。

第十节　披碱草属物种的分类

披碱草属（*Elymus*）植株主要为四倍体和六倍体，约含 150 个种，四倍体主要包括老芒麦（*E. sibiricus*，2n = 4x = 28，基因组 StStHH）、阿拉斯加披碱草（*E. alaskanus*，2n = 4x = 28，基因组 StStHH）、白披碱草（*E. albicans*，2n = 4x = 28，基因组 StStHH）、犬草（*E. caninus*，2n = 4x = 28，基因组 StStHH）、齿颖披碱草（*E. dentatus*，2n = 4x = 28，基因组 StStHH）、松鼠尾披碱草（*E. elymoides*，2n = 4x = 28，基因组 StStHH）、俄勒冈披碱草（*E. glaucus*，2n = 4x = 28，基因组 StStHH）、大麦状披碱草（*E. hordeoides*，2n = 4x = 28，基因组 StStHH）、尖头披碱草（*E. lanceolatus*，2n = 4x = 28，基因组 StStHH）、马吉兰披碱草（*E. magellanicus*，2n = 4x = 28，基因组 StStHH）、易变披碱草（*E. mutabilis*，2n = 4x = 28，基因组 StStHH）、沿河披碱草（*E. riparius*，2n = 4x = 28，基因组 StStHH）、斯克瑞布勒披碱草（*E. scribneri*，2n = 4x = 28，基因组 StStHH）、高山披碱草（*E. sierrae*，2n = 4x = 28，基因组 StStHH）、偏穗披碱草（*E. subsecundus*，2n = 4x = 28，基因组 StStHH）、梯尔卡披碱草（*E. tilcarensis*，2n = 4x = 28，基因组 StStHH）、

糙秆披碱草（*E. trachycaulus*，2n=4x=28，基因组 StStHH）、托卢卡披碱草（*E. vaillantianus*，2n=4x=28，基因组 StStHH）、紫披碱草（*E. violaceus*，2n=4x=28，基因组 StStHH）、弗吉尼亚披碱草（*E. virginicus*，2n=4x=28，基因组 StStHH）和蛇河披碱草（*E. wawawaiensis*，2n=4x=28，基因组 StStHH）等（董玉琛和郑殿生，2000；颜济和杨俊良，2013）。

六倍体主要有狭颖披碱草（*E. angulatus*，2n=6x=42，基因组 StStHHHH）、披碱草（*E. dahuricus*，2n=6x=42，基因组 StStYYHH）、肥披碱草（*E. excelsus*，2n=6x=42，基因组 StStYYHH）、圆柱披碱草（*E. cylindricus*，2n=6x=42，基因组 StStYYHH）、短芒披碱草（*E. breviaristatus*，2n=6x=42，基因组 StStYYHH）、垂穗披碱草（*E. nutans*，2n=6x=42，基因组 StStYYHH）、黑紫披碱草（*E. atratus*，2n=6x=42，基因组 StStYYHH）、麦滨草（*E. tangutorum*，2n=6x=42，基因组 StStYYHH）、加拿大披碱草（*E. canadensis*，2n=6x=42，基因组 StStYYHH）、粗糙披碱草（*E. scabrus*，2n=6x=42，基因组 StStYYWW）、荷夫曼披碱草（*E. holffmanni*，2n=6x=42，基因组 StStStStHH）、阿根廷披碱草（*E. patagonicus*，2n=6x=42，基因组 StStHHHH）、糙颖披碱草（*E. scabriglumeis*，2n=6x=42，基因组 StStHHHH）和土库曼披碱草（*E. transhycanus*，2n=6x=42，基因组 StStStStHH）等（董玉琛和郑殿生，2000；颜济和杨俊良，2013）。

第十一节　新麦草属物种的分类

新麦草属（*Psathyrostachys*）植物多为二倍体，含约 10 个种，主要包括新麦草（*Ps. juncea*，2n=2x=14，基因组 NsNs）、紫药新麦草（*Ps. juncea* ssp. hualantha，2n=2x=14，基因组 NsNs）、毛穗新麦草（*Ps. lanuginiosa*，2n=2x=14，基因组 NsNs）、单花新麦草（*Ps. kronenburgii*，2n=2x=14，基因组 NsNs）、华山新麦草（*Ps. huashanica*，2n=2x=14，基因组 NsNs）、脆穗新麦草（*Ps. fragilis*，2n=2x=14，基因组 NsNs）、根茎新麦草（*Ps. stoloniformis*，2n=2x=14，基因组 NsNs）、早落新麦草（*Ps. caduca*，2n=2x=14，基因组 NsNs）和岩生新麦草（*Ps. rupestris*，2n=2x=14，基因组 NsNs）等（董玉琛和郑殿生，2000；颜济和杨俊良，2011）。

第十二节　赖草属物种的分类

赖草属（*Leymus*）为四倍体、六倍体、八倍体、十倍体和十二倍体的异源多倍体植物。四倍体物种包括赖草（*L. secalinus*，$2n = 4x = 28$，基因组 NsNsXmXm）、羊草（*L. chinensis*，$2n = 4x = 28$，基因组 NsNsXmXm）、大赖草（*L. racemosus*，$2n = 4x = 28$，基因组 NsNsXmXm）、多支赖草（*L. multicaulis*，$2n = 4x = 28$，基因组 NsNsXmXm）、毛穗赖草（*L. paboanus*，$2n = 4x = 28$，基因组 NsNsXmXm）、宽穗赖草（*L. ovatus*，$2n = 4x = 28$，基因组 NsNsXmXm）、黄毛赖草（*L. flavescens*，$2n = 4x = 28$，基因组 NsNsXmXm）、远东赖草（*L. interior*，$2n = 4x = 28$，基因组 NsNsXmXm）、滨麦（*L. mollis*，$2n = 4x = 28$，基因组 NsNsXmXm）、太平洋赖草（*L. pacificus*，$2n = 4x = 28$，基因组 NsNsXmXm）、柴达木赖草（*L. pseudoracemosus*，$2n = 4x = 28$，基因组 NsNsXmXm）、单一赖草（*L. simplex*，$2n = 4x = 28$，基因组 NsNsXmXm）、柔毛赖草（*L. villosissimus*，$2n = 4x = 28$，基因组 NsNsXmXm）；赖草（*L. secalinus*，$2n = 4x = 28$，基因组 NsNsXmXm）、羊草（*L. chinensis*，$2n = 4x = 28$，基因组 NsNsXmXm）、大赖草（*L. chinensis*，$2n = 4x = 28$，基因组 NsNsXmXm）、多支赖草（*L. multicaulis*，$2n = 4x = 28$，基因组 NsNsXmXm）、毛穗赖草（*L. paboanus*，$2n = 4x = 28$，基因组 NsNsXmXm）。

六倍体物种主要有多花赖草（*L. multiflorus*，$2n = 6x = 42$，基因组 NsNsNsXmXmXm）、棉毛赖草（*L. lanatus*，$2n = 6x = 42$，基因组 NsNsNsXmXmXm）等。

八倍体物种包括门多扎赖草（*L. mendocinus*，$2n = 8x = 56$、基因组 NsNsNsNsXmXmXmXm）、沙生赖草（*L. arenaius*，$2n = 8x = 56$，基因组 NsNsNsNsXmXmXmXm）、加利福尼亚赖草（*L. californicus*，$2n = 8x = 56$，基因组 NsNsNsNsXmXmXmXm）。

十倍体物种主要有窄颖赖草（*L. angustus*，$2n = 10x = 70$）等。

十二倍体物种包括天山赖草（*L. tianschanicus*，$2n = 12x = 84$）等。

另外还有染色体数目未知的物种包括图温赖草（*L. tuvinicus*）、山西赖草（*L. shanxiensis*）和青海赖草（*L. qinghaicus*）等。

第十三节 旱麦草属物种的分类

旱麦草属（*Eremopyrum*）包括 3 个二倍体和 2 个四倍体，基本基因组包含 F、Fs 和 Xe。二倍体物种包括裂稃旱麦草（*Er. distans*，$2n = 2x = 14$，基因组 FF）、西奈旱麦草（*Er. sinaicum*，$2n = 2x = 14$，基因组 FsFs）和旱麦草（*Er. triticeum*，$2n = 2x = 14$，基因组 XeXe）。

四倍体包括光稃旱麦草（*Er. bonatpartis*，$2n = 4x = 28$，基因组 FFFsFs）和

东方旱麦草（*Er. orientale*，2n = 4x = 28，基因组 FFXeXe）（颜济和杨俊良，2013）。

第十四节　类大麦、异形花和无芒草等属物种的分类

类大麦属（*Crithopsis*）是单属种，只有一个二倍体类大麦草（*Cr. delileana*，2n = 2x = 14，基因组 KK）（董玉琛和刘旭，2006）。

异形花属（*Heteranthelium*）是单属种，只有一个二倍体类异形花草（*Ht. piliferum*，2n = 2x = 14，基因组 QQ）（董玉琛和郑殿生，2000；董玉琛和刘旭，2006）。

无芒草属（*Henrardia*）有两个很相近的种，即波斯无芒草（*He. persica*，2n = 2x = 14，基因组 OO）和柔软无芒草（*He. pubescens*，2n = 2x = 14，基因组 OO）（董玉琛和郑殿生，2000）。

棱轴草属（*Taeniatherum*）有两个很相近的种，即簇棱轴草（*Ta. crinitum*，2n = 2x = 14，基因组 TaTa）和糙棱轴草（*Ta. asperum*，2n = 2x = 14，基因组 TaTa）（董玉琛和郑殿生，2000）。

澳麦草属（*Australopyrum*）有两个种，即瑞超弗兰克澳麦草（*Au. retrofractum*，2n = 2x = 14，基因组 WW）和梳状澳麦草（*Au. pectinatum*，2n = 2x = 14，基因组 WW）（董玉琛和郑殿生，2000）。

猬草属（*Hystrix* 或 *Asperella*）共约 8 个种，其基因组有的分类学家认为是 StH，有的分类学家认为尚待研究。中国有东北猬草（*Ht. komarovii*）和猬草（*Ht. duthiei*）2 个种（董玉琛和郑殿生，2000；董玉琛和刘旭，2006）。

上述小麦族物种具有优良的农艺性状，如抗病虫害（Smith，1942；Löve，1980；Dewey，1984；Friebe 等，1991；Friebe 等，1996；李晴祺，1998；董玉琛，2000；何中虎等，2011）、抗旱（李晴祺，1998；董玉琛，2000；Fleury 等，2010；Hikmet 等，2013；Nezhadahmadi 等，2013）、抗寒（Limin 和 Fowler，1981）、耐盐碱（Farooq 等，1989；Colmer 等，2006；Nevo 和 Chen 等，2010）等，是小麦遗传改良可以利用的宝贵基因资源库（李晴祺，1998；董玉琛，2000；董玉琛和刘旭，2006，陆懋增，2007；李集临等，2011；刘成等，2013）。

参考文献

丁春邦，周永红，郑有良，等. 2004. 拟鹅观草属 6 种 2 亚种和鹅观草属 3 种植物的核型研究 [J]. 植物分类学报，42（2）：162-169.

董玉琛. 2000. 小麦的基因源 [J]. 麦类作物学报, 20 (3)：78-81.

董玉琛, 刘旭. 2006. 中国作物及其野生近缘植物：粮食作物卷 [M]. 北京：中国农业出版社.

董玉琛, 郑殿升. 2000. 中国小麦遗传资源 [M]. 北京：中国农业出版社.

何中虎, 兰彩霞, 陈新民, 等. 2011. 小麦条锈病和白粉病成株抗性研究进展与展望 [J]. 中国农业科学, 44 (11)：2193-2215.

李集临, 曲敏, 张延明. 2011. 小麦染色体工程 [M]. 北京：科学出版社.

李晴祺. 1998. 冬小麦种质创新与评价利用 [M]. 济南：山东科学技术出版社.

刘成, 李光蓉, 杨足君. 2013. 簇毛麦与小麦染色体工程育种 [M]. 北京：中国农业科学技术出版社.

陆懋增. 2007. 山东小麦遗传改良 [M]. 北京：中国农业出版社.

颜济, 杨俊良. 2011. 小麦族生物系统学（第四卷）[M]. 北京：中国农业出版社.

颜济, 杨俊良. 2013. 小麦族生物系统学（第二卷）[M]. 北京：中国农业出版社.

颜济, 杨俊良. 2013. 小麦族生物系统学（第五卷）[M]. 北京：中国农业出版社.

周永红. 2018. 广义偃麦草属植物的系统分类与演化研究 [C]. 2018 年中国作物学会学术年会论文摘要集, 41-42.

Blattner F R. 2009. Progress in phylogenetic analysis and a new infrageneric classification of thebarley genus *Hordeum* （Poaceae：Triticeae）[J]. Breeding Science, 59 (5)：471-480.

Colmer T D, Flowers T J, Munns R. 2006. Use of wild relatives to improve salt tolerance in wheat [J]. Journal of Experimental Botany, 57 (5)：1059-1078.

Dewey D R. 1969. Synthetic hybrids of *Agropyron caespito* sum × *Agropyron spicatum*, *Agropyron caninum*, and *Agropyron yezoense* [J]. Botanical Gazette, 130 (2)：110-116.

Dewey D R. 1984. The genomic system of classification. A guide to intergeneric hybridization with the perennial Triticeae [C]. In：Gustafson JP（ed）Gene manipulation in plant improvement 16th Stadler genetics symposium. Plenum Publishing Corp, New York, 209-280.

Farooq S, Niazi M L K, Iqbal N, et al. 1989. Salt tolerance potential of wild resources of the tribe Triticeae. II. Screening of species of genus *Aegilops* [J].

Plant and Soil, 119: 255-260.

Fleury D, Jefferier S, Kuchel H, et al. 2010. Genetic and genomic tools to improve drought tolerance in wheat [J]. Journal of Experimental Botany, 61 (12): 3211-3222.

Friebe B, Jiang J M, Raupp W J, et al. 1996. Characterization of wheat—alien translocations conferring resistance to diseases and pests: current status [J]. Euphytica, 91: 59-87.

Friebe B, Mukai Y, Dhaliwal H S. 1991. Identification of alien chromatin specifying resistance to wheat streak mosaic and greenbug in wheat germplasm by C-band and in situ hybridization [J]. Theor Appl Genet, 81: 381-389.

Gupta P K, Balyan H S, Fedak G. 1988. A study on genomic relationships of *Agropyron trachycaulum*, with *Elymus scabriglumis*, *E. innovatus*, and *Hordeum procerum* [J]. Genome, 30 (4): 6389-6393.

Gupta P K, Baum B R. 1989. Stable classification and nomenclature in the Triticeae: desirability, limitation and prospects [J]. Euphytica, 41: 191-197.

Hikmet B, Melda K, Kuaybe Y K. 2013. Drought tolerance in modern and wild wheat [J]. The Scientific World Journal. 2013, 548246.

Kakeda K, Taketa S, Komatsuda T, et al. 2009. Molecular phylogeny of the genus *Hordeum* using thioredoxin-like gene sequences [J]. Breeding Science, 59 (5): 595-601.

Kellogg E A. 1989. Comments on genomic genera in the Triticeae (Poaceae). Am. J. Bot [J]. 76: 796-805.

Limin A E, Fowler D B. 1981. Cold hardiness of some wild relatives of hexaploid wheat [J]. Can. J. Bot. 59: 572-573.

Liu C, Li G R, Sunish S. 2010. Genome relationships in the genus *Dasypyrum*: evidence from molecular phylogenetic analysis and in situ hybridization [J]. Plant Syst. Evol. 288: 149-156.

Love A. 1980. IOPB chromosome number reports. LXXVI. Poaceae-Triticeae-Americanae [J]. Taxon, 29: 163-169.

Löve Á. 1984. Conspectus of the Triticeae [J]. Feddes Repert, 95 (7-8): 425-521.

McIntosh R A, Yamazaki Y, Dubcovsky J, et al. 2008. Catalogue of gene symbols for wheat [C]. In: Appels R, Eastwood R, Lagudah E, Langridge P, Mackay M, McIntyre L, Sharp P (eds) Proc 11th Int Wheat Genet Symp,

Sydney: Sydney University Press.

Nevo E, Chen G. 2010. Drought and salt tolerances in wild relatives for wheat and barley improvement [J]. Plant Cell & Environment, 33 (4): 670-685.

Nezhadahmadi A, Prodhan Z H, Faruq G. 2013. Drought tolerance in wheat [J]. The Scientific World Journal, 2013, 610721.

Ohta S, Koto M, Osada T, et al. 2002. Rediscovery of a diploid cytotype of *Dasypyrum breviaristatum* in Morocco [J]. Genetic Resources and Crop Evolution, 49: 305-312.

Ohta S, Morishita M. 2001. Genome relationships in the genus *Dasypyrum* (Gramineae) [J]. Hereditas, 135: 101-110.

Schneider A, Molnár I, Molnár-Láng M. 2008. Utilisation of *Aegilops* (goatgrass) species to widen the genetic diversity of cultivated wheat [J]. Euphytica, 163 (1): 1-19.

Seberg O. 1989. Genome analysis, phylogeny and classification [J]. Plant Syst. Evol., 166: 159-171.

Van Slageren M W. 1994. Wild wheats: a monograph of *Aegilops* L. and *Amblyopyrum* (Jaub. & Spach) Eig (Poaceae) [C]. Agricultural University, Wageningen; International Center for Agricultural Research in Dry Areas, Aleppo, Syria.

Smith D C. 1942. Intergeneric hybridization of cereals and other grasses [J]. J. Agri. Res., 64: 33-47.

Wang R R-C (Chair), Rvon Bother, et al. 1994. Genome symbols in the Triticeae (Poaceae) [C], Proceedings of the 2nd International Triticeae Symposium. Logan Utah USA, 29-34.

第二章　小麦遗传改良方式

小麦作为世界上分布最广、种植面积和贸易总量最大的作物，对全球粮食安全的影响远高于其他作物。据预测小麦产量每年递增 1.7% 才能满足到 2050 年全球需求的增长，而目前的增长率仅为 1.1%，世界上 37% 的小麦种植地区产量增长停滞，个别地方甚至下降。未来 20 年要保障粮食安全，小麦产量需在现有基础上每年递增 1.4%，而主产麦区产量潜力年均增长率仅为 0.8%（何中虎等，2011）。尽管我国主要粮食作物实现了连年增产，总产连年有新突破，但由于刚性需求的快速增长，三大主粮进口量仍居高不下。从小麦学科发展的情况看，国内外均非常注重作物遗传改良研究，培育和推广应用高产稳产以及高产优质等小麦品种是缓解上述矛盾的有效途径。

改良小麦首先必须有可持续利用的优异种质资源，这种资源可以是普通小麦品种、地方品种和育成品系，也可以是小麦远缘种和小麦远缘杂交中间材料等，只要这些资源中含有小麦育种所需的基因/性状就可以加以利用，这些可用资源统称为小麦的基因源（董玉琛，2000）。改良小麦的方式与新品种的选育可以通过常规杂交、远缘杂交和染色体工程、杂交小麦选育、理化诱变、分子标记辅助选择、细胞工程或基因编辑等方式进行。

第一节　小麦的基因源

作物的基因源是指系统发育中与作物遗传关系较近、通过遗传操作可以向作物转移基因的植物类群及其基因所编码的遗传信息。研究了解作物的基因源，不仅能通晓作物种质资源的全貌，开阔育种取材的思路，而且有助于正确选择育种途径。小麦的基因源分为三级：凡含 ABD 3 个基因组的品种、品系和原始种都是普通小麦的一级基因源，如瓦维洛夫小麦（AABBDD）、马卡小麦（AABBDD）和印度圆粒小麦（AABBDD）等；含 ABD 这 3 个基因组中 1 个或 2 个基因组的物种是普通小麦的二级基因源，如一粒小麦（AA）、提莫菲维小麦（AAGG）和圆柱小麦（AADD）等；小麦族中不含 ABD 这 3 个基因组的物种是小麦的三级基因源，如四倍体多年生簇毛麦（$V^bV^bV^bV^b$）、黑麦（RR）和中间偃麦草（E^eE^bSt）等。国内外在利用小麦一级、二级和三级基因源方面都取得了显著成绩。在育种中，一级基因源容易利用，二级基因源较难利用，三级基因源很难利用。为了拓宽小麦的遗传基础，需要努力在二级和三级基因源中发掘和利用新基因（董玉琛，2000）。

小麦族植物包含黑麦属、簇毛麦属和偃麦草属等多个属，涵盖 20 多个基本基因组，这些基因组中的二倍体供体，通过不同天然杂交组合形成了大量的含有不同基因组组成的多倍体物种，进而形成了大约 70%~75% 的小麦族多倍体物种。因此，小麦族种属间的高度可杂交性，使多倍体化现象成为小麦族植物基因组的基本特征之一。这些二倍体和多倍体物种都可看作小麦育种的基因源。因为小麦一级和二级基因源存在至少一个基因组与栽培小麦相同，因而，可以利用常规杂交或杀配子染色体等方式实现其优异基因的转移。虽然已经有大量将三级基因源优异基因转移给小麦的报道，但是，同一级、二级基因源比较，三级基因源的利用相对困难。在小麦三级基因源的利用上，获得的小麦—外源物种双二倍体或部分双二倍体、附加系或代换系等往往无法直接用于小麦育种，而需要创制小麦—外源物种染色体小片段易位系才能用于小麦育种。

第二节　小麦资源利用与品种选育

我国小麦品种改良工作起始于 20 世纪 10 年代，迄今已有 100 多年的历史。回顾我国小麦育种实践，主要经历了 4~6 次品种更换，每一次更换都促使小麦生产有较大幅度地提高。期间，骨干亲本（Founder Parent 或 Foundation Genotypes）起到了里程碑的作用。骨干亲本，是指能够直接用于培育出一批大面积推广品种，或由其衍生出许多具有广泛应用价值的育种材料的亲本。骨干亲本通常除本身具备综合的优良性状之外，还应具有高配合力，即易与其他材料杂交育成优良品种（金善宝，1983）。庄巧生（2003）通过研究发现，新中国成立后的 50 年间，仅 16 个小麦骨干亲本衍生了至少 976 个优良品种，分别为蚂蚱麦、燕大 1817、江东门、成都光头、蛐子麦、碧蚂 4 号、北京 8 号、西农 6028、五一麦、南大 2419、欧柔、阿夫、阿勃、早洋麦、洛夫林 10 号和墨巴 66 等，约占所有育成品种的一半。另外，鲁麦 14、繁 6、矮孟牛、石 4185、小偃 6 号、周 22、小偃 22、周 8425B 和济麦 22 也是近二十年以来小麦育种的骨干亲本。这些骨干亲本的主要特征及育成品种基本信息介绍如下：

蚂蚱麦。地方品种，经 7 年纯系选种育成。其农艺性状主要表现为半冬性，穗大多花，丰产性好，中早熟，较耐旱、耐肥，口松易落粒。1939 年秋开始推广，曾是陕西省关中地区 20 世纪 40 年代主栽品种之一，分布在陕西省关中地区、山西省南部和甘肃省天水地区，种植面积曾达 15 万 hm^2。以蚂蚱麦为直接或间接亲本育成的品种有碧蚂1号、碧蚂4号、泾阳302、陕农7号、徐州1号和徐州3号等小麦品种88个（庄巧生，2003）。

燕大1817。地方品种，通过系统选种育成。其农艺性状主要以抗逆性著称，抗寒、耐旱、耐瘠和分蘖力强。其衍生后代主要分布在北方冬麦区，特别是北部冬麦区。燕大1817是我国北方早期杂交育种的功勋亲本，以燕大1817为直接或间接亲本育成的品种有农大183、农大36、农大90、农大183和农大311等53个（庄巧生，2003）。

江东门。地方品种，通过系选育成。其农艺性状主要表现为长芒、红壳、红粒、穗较小、小穗稀疏和成熟特早，是长江流域的好"早源"，以江东门为直接或间接亲本育成的品种有骊英3号、骊英4号、华东6号和宁丰小麦等50个（庄巧生，2003）。

成都光头。地方品种，其农艺性状主要表现为丰产、成熟早、适应性强和适宜与水稻轮作等，于1940年秋作为成都平原及川南地区过渡时期的推广品种，为陕西关中、四川盆地和华北平原的丰产品种。以成都光头为直接或间接亲本育成的品种有五一麦、大头黄、川麦8号等29个（庄巧生，2003）。另外，中国春作为成都光头的一个选系，成为了世界小麦细胞遗传和基因组学研究的标准材料。

蚰子麦。地方品种，其农艺性状主要表现为冬性、秆较矮、穗稍短、小穗排列较密、丰产性较好、成熟较早、白粒、口松容易落粒、抗秆黑粉病、适应性广和种植时间较长。该品种是华北平原20世纪50年代前期的主体品种之一。分布在河南省北部、山东省中西部及河北省南部，最大种植面积曾达73.3万hm²之多。以蚰子麦为直接或间接亲本育成的品种有辛石14、蚰包麦、辛石3号、辛石14号和石家庄4号等17个（庄巧生，2003）。

碧蚂4号。以蚂蚱麦为亲本与美国品种碧玉麦进行地理远距离的冬春杂交育成的，是我国早期育种中通过中外品种间杂交创造小麦新品种最成功的范例。其农艺性状主要表现为抗倒伏、抗病和丰产等。碧蚂4号是20世纪50年代我国黄淮冬麦区的主栽品种之一，年最大种植面积曾高达110万hm²（庄巧生，2003）。该品种是我国育种上曾经广泛采用的小麦骨干亲本，以碧蚂4号为直接或间接亲本培育的品种至少有80个，其中包括济南2号、北京8号、石家庄54、陕农1号、郑州683、徐州8号、徐州1号、郑州24、青春1号和陕农17等。该品种的育成，打响了我国小麦杂交育种的第一炮，为地理远距离杂交提供了成功的典范（陆懋曾，2007）。

北京8号。由碧蚂4号和早洋麦杂交选育而成，该品种以高抗条锈病、早熟、抗寒和丰产著称。该品种在1973年种植面积达到114.1万hm²，以北京8

号为直接或间接亲本育成的品种有平凉 38 和长武 702 等 33 个品种（庄巧生，2003）。

西农 6028。由西北 60 和中农 28 杂交选育而成，和碧蚂 1 号、碧蚂 4 号同时推广。其农艺性状主要表现为由于成穗较多、多花多实、丰产性好、高抗条锈病和抗虫。在陕西省渭河沿岸，山西省汾河南部、河南省西北部的沁河、伊河流域以及中部沙河沿岸、安徽省阜阳、江苏省淮阴和甘肃省甘谷等吸浆虫为害严重地区种植较多。年最大推广面积达 30 万 hm^2。以西农 6028 为直接或间接亲本育成的品种有咸农 39、西北 612、陕农 1 号和丰产 3 号等 31 个（庄巧生，2003）。

五一麦。由冬小麦/春小麦（火燎麦）杂交育成。其农艺性状主要表现为分蘖力强、出穗整齐、颖口紧不易落粒、品质佳、耐肥和抗倒伏。以五一麦为直接或间接亲本育成的品种有甘麦 8 号、甘麦 11、甘麦 23、川麦 4 号、川麦 5 号、绵阳 62-31 和繁 6 等 25 个小麦品种（庄巧生，2003）。

南大 2419。意大利育成品种 Mentana 的穗选群体。由 1932 年引入中国，以抗锈病，抗吸浆虫，抗倒伏，早熟著称（朱惠兰等，2006）。20 世纪 50 年代大面积推广，60 年代初种植面积高达 467 万 hm^2，是我国小麦史上面积最大、范围最广、时间最长的良种之一。以南大 2419 为直接或间接亲本育成的品种有成 6820、云南 778、汉源六棱麦、西昌 59-3、东风麦、云南 14-1、南原 1 号、凤麦 13、西昌反修麦和西昌 662 等优良品种 110 个（庄巧生，2003）。

阿夫。原产意大利，20 世纪 60 年代从阿尔巴尼亚引入中国，其农艺性状主要表现为抗倒性强、穗大粒多和适应性广。在我国长江中下游、黄淮流域、贵州富原和西北春麦区大面积种植，年种植面积最大曾达到 118.1 万 hm^2，成为上述麦区小麦品种改良的骨干亲本，迄今为止阿夫系选衍生品种有包括博爱 7023、豫麦 4 号、郑州 17 和郑州 18 在内的 20 多个，通过品种间杂交产生的阿夫衍生后代品种（系）有 270 个（司清林等，2009）。

阿勃。原产意大利，与 1956 年从阿尔巴尼亚引入中国，其农艺性状主要表现为适应性强，高产，稳产，抗条锈病。该品种在 1960 年种植面积达到 207 万 hm^2，以阿勃为直接或间接亲本育成的品种有甘麦 8 号、斗地 1 号、青春 5 号和甘麦 33 等 87 个（庄巧生，2003）。

欧柔。于 1959 年从智利引入中国，其农艺性状主要表现为抗条锈病和秆锈病、茎秆粗壮和穗大粒大。以欧柔为直接或间接亲本育成的品种有晋麦 14、晋农 134 和欧柔白等 110 个（庄巧生，2003）。

早洋麦。19 世纪 40 年代年从美国引入，其农艺性状主要表现为高抗条锈病、抗倒伏和高产。以早洋麦为直接或间接亲本育成的品种有北京 8 号、北京 9

号、东方红 2 号、东方红 3 号、晋麦 16、科遗 23、科遗 26 和科遗 29 等 58 个（庄巧生，2003）。

洛夫林 10 号。1971 年从罗马尼亚引入的含有 1BL/1RS 易位系的小麦品种。其农艺性状主要表现为高抗条锈病、叶锈病和白粉病，抗倒伏、高产、穗粒大和适应性好。以洛夫林 10 号为直接或间接亲本育成的品种有丰抗 1 号、丰抗 2 号、丰抗 4 号、丰抗 5 号、丰抗 7 号、丰抗 8 号、丰抗 9 号、丰抗 10 号、丰抗 11、丰抗 15、京双 16、京 411 和京 437 等 63 个（庄巧生，2003）。

墨巴 66。19 世纪 70 年代从墨西哥引入中国，其农艺性状主要表现为矮秆、抗倒伏、穗大粒多、早熟和高抗锈病。以墨巴 66 为直接或间接亲本育成的品种有繁 13、垦北 6 号、辽春 10 号和辽春 6 号等 41 个（庄巧生，2003）。

鲁麦 14。20 世纪 90 年代山东省和全国推广面积最大、适应性最广的品种，1990 年在山东省通过审定，1992 年经山西省认定，1993 年通过全国审定。该品种产量突出，在山东省和黄淮北片高肥区试中产量均居首位，增产显著；抗寒抗逆性强，高抗三种锈病和白粉病，是抗性最好的推广品种之一。鲁麦 14 适应性广，在山东省、山西省、江苏省、安徽省和河北省均有较大面积种植（刘兆晔等，2015）。鲁麦 14 还被用作优良亲本选育出 40 多个小麦品种。在 2011 年山东省推广应用的 23 个水浇地类型小麦主导品种中，有济麦 22、良星 99、汶农 14、青丰 1 号、鑫 289、青农 2 号、济麦 20、烟农 5158、山农 17、齐麦 1 号、泰农 18、洲元 9369 和聊麦 18 等 15 个品种（占 56.5%）含有鲁麦 14 血统。鲁麦 14 实现了丰产性、抗逆性和广适性的有机结合，为黄淮麦区的小麦生产做出了重要贡献（盖红梅等，2012）。

繁 6。系谱为（IBO1828/印度 824/3/五一麦//成都光头/中农 483/分枝麦/4/中农 28B 分枝麦/ IBO1828//印度 824/阿夫），于 20 世纪 60 年代末育成，70 年代在西南麦区广泛种植。繁 6 农艺性状主要表现为抗条锈病、多花多粒和丰产等。以繁 6 为直接或间接亲本育成的品种绵阳 11、绵阳 19、绵阳 20、绵阳 21、川麦 21、川麦 22、川麦 23、川麦 26、川麦 27 以及川育 5、川育 6 和川育 8 等 39 个（陈国跃，2013）。

矮孟牛。山东农业大学历时 26 年培育出来的小麦骨干亲本，其组合为矮丰 3 号/孟县 201/牛朱特。矮孟牛作为优异的 1RS.1BL 易位系，主要表现为矮秆、株型好、抗倒伏、综合抗病性好、抗热干风和落黄好等。用其作亲本培育出了鲁麦 1 号、鲁麦 5 号、鲁麦 8 号和鲁麦 11 号等 26 个小麦品种。另外利用矮孟牛还育成了 100 多份稳定品系，被《中国小麦遗传资源目录》收录的有 97 份，被国家长期种质库保存的有 87 份（李晴祺，1998）。

石 4185。石家庄市农林科学研究院 1983 年利用多年研制的小麦太谷核不育基础群体材料，分 3 年时间将具有不同突出优点的冀植 8094、豫麦 2 号和冀麦 26 等多个优异亲本进行聚合杂交和轮回选择选育出的，主要农艺性状为高产、抗倒、抗病、耐盐和抗穗发芽。以石 4185 为直接或间接亲本育成的品种（系）有石麦 14、石麦 18、石麦 19、石麦 22、科农 199、金禾 9123 和保麦 10 号等 34 个（傅晓艺等，2017）。

小偃 6 号。20 世纪 70 年代原中国科学院西北植物研究所利用染色体工程技术将长穗偃麦草的基因导入小麦育成的高产优质品种，其系谱为 St2422/464//小偃 96。主要农艺性状为冬性早熟、中矮秆、分蘖力强，抗病性较好、粒大粒饱、优质和灌浆速度快等。以其作为亲本育成并大面积推广的小麦品种有远丰 175、小偃 168、郑麦 366、小偃 22、西农 889、郑麦 9023、PH82-2-2、小偃 503、陕优 225 和陕优 229 等 49 个（李琼等，2008）。其衍生品种累计推广面积 2000 万 hm² 以上，增产小麦已超过 150 亿 kg，为我国小麦育种工作和小麦生产做出了重要贡献。

周麦 22 号。由河南省周口市农业科学院以周麦 12 号/温麦 6 号//周麦 13 号杂交组合选育而成，2007 年通过国家农作物品种审定，属半冬性小麦新品种。周麦 22 号是国内第二大和河南省第一大推广小麦品种，累计推广面积 533 万 hm²。主要农艺性状为耐旱性好、茎秆弹性好、抗倒伏能力强、高抗条锈病、抗叶锈病、中感白粉病和纹枯病。利用其作为亲本已育成国审周麦 26、国审周麦 28、新麦 32、郑麦 1860、中育 1215 和中育 1220 等 20 多个小麦新品种（邹少奎等，2017）。

小偃 22。母本是小偃 6 号和 775-1 杂交所得 F_1，父本是小偃 107，经系统选育而成，是西北农林科技大学（原中国科学院西北植物研究所）育成的品种。该品种于 1998 年通过陕西省审定，2003 年通过国家审定。具有结实性好、成穗率高、分蘖力强和稳产丰产性突出等优点。利用小偃 22 做亲本已培育出西农 9871、西农 9872、陕麦 139、小偃 216、陕垦 99（01）和西农 558 共 6 个优良小麦品种以及多个正在参加区试的小麦新品系（张军等，2017）。

周 8425B。河南省周口市农业科学院通过小黑麦与遗传背景不同的普通小麦杂交、回交、辐射和阶梯杂交改良技术集优利用创育的矮秆、大穗和抗病新种质。其主要农艺性状为配合力较好、抗病性（兼抗条锈、叶锈和白粉病）、矮秆、大穗和大粒。自 1988 年以来利用周 8425B 作亲本育成的品种（系）有 100 多个，其中通过国家和省级审定的品种 79 个（唐建卫等，2015），周 8425B 作为骨干亲本广泛应用于我国小麦育种近 35 年，衍生品种（系）累计推广面积 4 亿亩以上（肖永贵等，2011）。

济麦 22。山东省农业科学院作物研究所 1994 年以自育品系 935024 为母本，

935106 为父本进行杂交，通过系谱法选育而成的高产、稳产抗病广适型小麦新品种。2006 年通过山东省审定，2007 年通过国家审定（李豪圣等，2007）。济麦 22 是目前我国单产最高、年推广面积最大、应用范围最广的冬小麦品种。作为我国农业科技自主创新的一项重大成果，被称为"划时代的小麦新品种"。济麦 22 具有三大特点：一是高产稳产，连续 6 年在不同生态类型区 66 个点次创造出亩（1 亩 ≈ 667m^2，全书同）产 700kg 以上的超高产记录；二是适应性广，现已通过国家审定和山东省、江苏省、安徽省等五省市审（认）定，在不同区域、不同年份和不同种植管理条件下均表现出良好的适应性；三是综合抗性强，中国农业科学院植物保护研究所鉴定认为济麦 22 对白粉病免疫，后经烟台大学马朋涛教授检测发现该品种含 Pm2 和 Pm52（私人通讯）。目前，用济麦 22 作亲本育成的品种（系）超过 200 个，其中济麦 23、菏麦 20 号、山农 27、山农 28 和山农 31 已通过山东省审定。

1990—2015 年，中国利用从 CYMMYT 引进的品种做杂交亲本，育成了抗病高产、高产广适或优质高产类新品种绵农 2 号、绵农 4 号、川麦 30、川麦 36、川麦 42、云麦 39、鄂麦 18、邯 6172、新春 2 号、新春 6 号、济南 17、济麦 19、克丰 6 号、郑麦 004、铁春 1 号和宁春 4 号等小麦新品种 243 个（何中虎和夏先春，2016）。

第三节　杂交小麦育种

作物杂种优势利用长期以来为国际粮食安全和主要农产品的有效供给做出了巨大贡献。实践证明，杂种优势利用具有增产潜力大、目标性状改良快、抗逆性强和适应性广的显著特点，是国际公认的提高农作物产量的首选途径。

美国科学家 Livers 等人对 36 个杂种小麦连续 4 年的试验结果表明，杂种小麦比当时最高产的品种平均增产 31%。1984 年美国曾种植杂交小麦近 7 万 hm^2，比当地主栽的纯系品种有显著增产效果。国外的育种公司一直致力于杂交小麦相关研究。孟山都公司是目前美国研究杂交小麦投入力量最大的公司之一，先后推广了 10 多个杂交组合，增产幅度高达 28%。澳大利亚发放的杂种"Ti-tan"在连续 4 年的产量试验中比推广面积最大的纯系品种 Songlen 平均增产 26.9%（刘秉华，1996）。由于小麦杂种优势利用进展缓慢，国际杂交小麦研究一度陷入低谷，但在当前国际小麦供给压力紧张的形势下，2009 年国际粮农组织和发达国家又一次将杂交小麦列为重点攻关对象，并改变几十年前杂交小麦独立研究的形势，策划大型种业集团与研究机构合作的国际杂交小麦研究联合体，形成杂交小麦联合攻关的新格局（赵昌平，2010 和 2012）。

我国小麦杂交育种经历了几个阶段。1962—2000 年，是我国小麦杂交育种的跟踪研发阶段。主流技术为"三系法"和"化杀法"。我国20世纪60年代自匈牙利引进 T 型不育系，开始了"三系法"（CMS 不育系）研究。前期只是跟踪国际研究，随后开展了以我国特有核质互作不育小麦为核心的三系配套，如 K 型、V 型等不育类型，由于其不育系繁殖和恢复源的限制，加上上述途径存在一系列难以克服的科学瓶颈和环境污染等问题，相关研究长期停滞（Chen，2003；李海林和徐庆国，2003）。20世纪90年代，通过与国外有关单位合作，我国开始了"化杀法"（CHA）研究，其中 Genesis、SC2053 等化学杀雄药剂相关研究较多。同期，也研发出具有我国自主知识产权的化学杀雄药剂（BAU9403、SQ-1），但2000年后，与国外工作类似，化杀法研究进展缓慢（赵昌平，2010 和 2012）。

1995—2002 年为自主创新、引领国际杂交小麦技术方向时期。其代表为我国首创的二系杂交小麦技术体系的建立（汪红梅和张立平，2009）。1992—1999 年，重庆市农业科学研究所、北京市农林科学院、绵阳市农业科学研究所、云南省农业科学院等率先报道发现并创制出一批可在南方冬麦区和北方冬麦区应用的优异光温敏不育系，如 PTMS、C49S、BS 等。自2000年起，二系杂交小麦进入大面积"中试"和生产示范阶段（赵昌平，2010 和 2012）。

2005 年以来，是二系杂交小麦研发飞速发展阶段。通过不同类型小麦光温敏不育种质资源的发现与利用，光温敏不育的遗传机制、异交生物学、强优势杂交种创制等领域的理论创新，及光温敏不育系和恢复系创制、规模化高效制种、强优势杂交种选育等技术的深入系统研究，创造性地提出"小麦雄性不育性的相对性理论"，建立小麦光温敏型不育系选育的 4 条途径，建立了完整的中国二系杂交小麦技术体系，明确了小麦光温敏雄性不育的基本特征和主要不育系的光温敏感时期、临界阈值、光温互作等特点（Xing et al.，2003；张雅勤等，2007；秦志列等，2007），指出了多数光温敏不育系由 2 个主效基因控制，光温敏雄性不育性的表达与 small RNA 关系密切，为杂交小麦大面积推广应用奠定了重要的理论基础（赵昌平，2010 和 2012）。

20世纪90年代以来，我国在光温敏不育系种质资源创新方面不断取得新突破。先后培育出 3 大光温敏不育类型，包括北京农林科学院选育的光敏性优异不育系 BS 系列（汪红梅和张立平，2009），重庆市农业科学院、四川省农业科学院和云南省农业科学院选育的温敏性 C49S 系列（谭昌华等，1992），以及湖南省农业科学院选育的光温互作型 ES 系列（何觉民等 1992）。前两类不育系育性通过不断种质资源改良转换稳定，不育度 10%，农艺性状优良，开花习性好，以 BS36、MTS-1、K78S 等不育系配置的组合制种以 7 000 hm^2 计，生产杂交种以百万千克计。同时，BNS、337S、F 型等不育系也陆续进入中试阶段（赵昌平，2010 和 2012）。

近年来，我国在强优势杂交小麦组合创制方面实现新突破。科学家们通过小麦近缘种间、地理和生态远缘品种间、冬性和春性品种间的有效配置和大群体测优与多生态区联合测试等方法，选育出增产 10%～20% 的二系杂交小麦新组合 50 余份，其中北京市农林科学院选育的京麦 6 号和京麦 7 号、绵阳市农业科学研究培育的绵阳 32（庞启华等，2003）和绵杂麦 168（李生荣等，2008）、西南大学农学与生物科技学院培育的西南 112（阮仁武等，2016）、云南省农业科学院粮食作物研究所选育的云杂 3（杨木军等，2003）和云杂 5（刘琨等 2008）以及云杂 6 等 7 个组合已通过国家及省级品种审定。新育成的京麦 803、ML4336 和绵 5308 等一批强优势组合正在参加国家或省市区试或预备试验（赵昌平，2010 和 2012）。

此外，在三系法和化杀法雄性不育系利用方面也取得了重要进展。新疆农垦科学院作物研究所新近利用三系配套选育的新冬 43 号也通过了新疆维吾尔自治区审定（聂迎彬等，2014）。四川省农业科学院作物研究所利用化学杀雄剂辅助选育的川麦 59 的产量潜力惊人，在两年的区试中比对照分别增产 19.2% 和 30.9%，在大区生产试验中比对照增产 23.5%，具有良好的丰产性、稳产性及适应性，是一个新型高产中抗中筋小麦强优势组合（郑建敏等，2011）。

目前，我国杂交小麦制种技术不断完善、杂交小麦推广成绩显著。二系杂交小麦高产高效种子生产技术基本完善，关键技术包括：适宜生态区、合理父母本群体和科学赶粉花时等，形成了"行比制种"和"混播制种"种子生产模式。在安徽省、四川省、云南省等地建立了不同区域杂交小麦制种技术体系与规程（杨木军等，2006）。目前，大面积制种产量已达 3 750 kg/hm^2，纯度 95%～99%。强优势杂交小麦组合在北京市、天津市、河北省、山西省、安徽省、青海省、新疆维吾尔自治区、云南省和四川省等省、市、自治区试验示范累计突破 30 万亩，示范平均增产 10%～15%，最高单产 9 825 kg/hm^2（赵昌平，2010 和 2012）。

杂交小麦育种进展的取得，不仅依赖于不育系的获得，还依赖于不育相关基础研究的不断推动，自 20 世纪以来，在小麦雄性不育基因研究方面，也取得了不错的进展。20 世纪 50 年代，澳大利亚的科学家们发现了一个小麦自然雄性不育突变体"Pugsley"（$ms1a$），紧接着利用辐射诱变获得了"Probus"（$ms1b$）和"Cornerstone"（$ms1c$）突变体，后来研究人员通过 EMS 和 TILLING 诱变，获得了一系列 $Ms1$ 突变体 $ms1d$、$ms1e$、$ms1f$ 和 $ms1h$，但是 $Ms1$ 基因一直未被克隆。直到最近，澳大利亚阿德莱德大学、悉尼大学、杜邦先锋公司的研究人员才克隆出了小麦育性基因 $Ms1$（Tucker et al.，2017）。该基因的克隆有助于利用基因工程快速构建小麦隐性核雄性不育系，也能够构建类似玉米的 SPT 系统，研究结果均发表在《Nature Communications》上。几乎同时，首都师范大学马力耕团队和北京大学邓兴旺团队也在美国科学院报（PNAS）上合作报道了克隆和详细鉴定 Ms1 基因的工作（Wang et al., 2017）。

太谷核不育系是我国国宝级种质资源，在小麦新品种培育中也发挥了重要作用，然而，其不育基因一直未被克隆。近期，山东农业大学付道林教授、中国农业科学院孔秀英和贾继增团队分别构建了该基因所在区间物理图谱，图位克隆了该基因，并对基因功能进行了验证（Ni et al., 2017; Xia et al., 2017）；进化分析显示，Ms2 基因为麦族作物特有，只在粗山羊草（Aegilops tauschii）和普通小麦等部分小麦族物种出现，该基因不仅可以导致小麦雄性不育，也可以在大麦和短柄草中获得雄性不育的表型；该基因不仅可以在小麦育种或生产中发挥重要作用，也很有可能在其他作物育种中具有重要意义，两个团队的研究结果均发表在《Nature Communications》上。太谷核不育小麦 Ms2 基因的克隆，使科研人员可以更深入地理解了麦类作物的雄性不育机制，它的大规模应用可以创制更多的不育系材料，提高杂交小麦育种水平。

最近，杜邦先锋公司对小麦中一个控制育性的基因进行了详细的功能研究。研究发现，玉米、水稻、大豆等作物中的 Ms26/CYP704B 基因在花粉发育过程中起到了重要的作用，它通过参与孢粉素的生物合成途径形成花粉外孢壁。为了研究该基因在面包小麦中功能，杜邦先锋公司研究人员突变了 A、B、D 3 个同源基因组上的 Ms26 基因。结果显示，单或双突变都不会影响小麦的育性，只有将 3 个基因组上的 Ms26 基因全部突变时，小麦的花药和花粉才会发育异常，从而表现出完全的雄性不育性状；双同源和 1 个异源的突变可以导致部分不育（Singh et al., 2017）。Ms26/CYP704B 基因的功能深化了我们对麦类作物雄性不育机制的理解，为提高小麦育种水平奠定了基础。小麦细胞核雄性不育在杂种优势中的应用相比细胞质雄性不育亲本选择范围广，组配自由且可避免细胞质雄性不育系的不良细胞质效应影响。近期，杜邦先锋公司研究人员利用核酸内切酶 Ems26+造成了小麦的 Ms26 基因突变，成功创造了小麦细胞核雄性不育系，使得该技术未来可应用于到更为广泛的单子叶作物上（Cigan et al., 2016）。

第四节　理化诱变育种

小麦诱变育种是人为地利用物理诱变因素（如 X 射线、γ 射线、β 射线、快中子、激光、电子束、离子束、紫外线等）和化学诱变剂（如烷化剂、叠氮化物、碱基类似物等）诱发小麦遗传变异，在较短时间内获得有利用价值的突变体，根据育种目标的要求，选育成新品种直接利用到生产或育成新种质做亲本在育种上利用（即突变体的间接利用）的育种途径（韩微波等，2005；甄东升等，2010；余沐和周秋峰，2017）。

据国际诱变育成品种数据库的不完全统计，截至 2016 年 5 月，世界上 60 多个国家在 214 种植物上诱变了超过 3 200 个正式发布的突变品种，21 个国家诱变了 254 个小麦突变体，其中我国诱变小麦 164 个，其中按照诱变类型培育小麦新品种可以分为：第一，用 γ 射线诱变育成的川辐麦 2 号、龙辐麦 3 号、郑品麦 8 号、鲁藤麦 1 号、山农辐 63、鲁麦 20、众麦 2 号等；第二，用离子注入诱变育成的皖麦 32、皖麦 42、皖麦 43、皖 9926、鄂麦 6 号、扬辐 6 号、拢辐 2 号、新麦 9817 等；第三，用快中子诱变育成的潍 9133 等；第四，用激光诱变育成的鲁麦 4 号、鲁麦 6 号和鲁麦 16 号等；第五，航天诱变育成的龙辐麦 15、龙辐麦 19、太空 5 号、太空 6 号、丰宝 8 号和富麦 2008 等；第六，利用理化诱变等手段结合育成的宛 28-88、宛 75-6、宛 18-36 和宛 50-2 等；我国诱变获得小麦新品种占世界总量超过 64% 而位居世界第一（韩微波等，2005；甄东升等，2010；于沐和周秋峰，2017）。

山东省小麦诱变育种起始于 1959 年且一直持续到现在。1959 年到 1971 年为探索研究阶段，辐照小麦干种子选育出了突变系辐系 2 号、辐系 4 号及突变新品种鲁滕 1 号、原丰 1 号和原丰 2 号等。1971 年到 1980 年为应用阶段，选育出了原丰 34 号、昌潍 19 号和昌潍 20 号等小麦新品种。1981 年到 1995 年为巩固发展并取得丰硕成果阶段，选育出山农辐 63、鲁麦 4 号、鲁麦 5 号、鲁麦 6 号、鲁麦 8 号、鲁麦 11 号、鲁麦 16 号、鲁麦 20 和鲁 215953。1996 年至今为提高发展阶段，利用科学试验卫星搭载过多批冬、春小麦的纯系干种子和杂交种，此阶段育成了大穗大粒型小麦品种核生 1 号和核生 2 号。2004 年山东省审定了黑马 1 号和抗 6756 等小麦新品种。利用航天育种技术育成的小麦新品系“鲁原 301”于 2005 年进入山东省小麦区域试验生产示范试验（李新华，2006）。

20 世纪 70 年代初，河南省南阳市农业科学院发现杂交、物理诱变、化学诱变“三结合”的方法对创造新种质资源具有独特作用。利用该方法对相关材料进行处理，获得兼具矮秆早熟、优质、抗病的优点的宛原 50-2，另外，还发现诱变产生的突变体出现了一些性状相对稳定、综合性状优良的高光效小麦类型（周中普，1997）。此外，该单位于 1979 年利用 γ 射线 350Gy + DES 处理 [st2422/464//内乡 5 号] F_2 育成了矮秆、抗倒、抗锈和耐干热风品种南阳 75-6。河南省科学院同位素所于 1982 年利用 γ 射线 350Gy 处理 [st2422/464//内乡 5 号] F_2 育成早熟、半矮秆和抗倒抗逆的豫原 1 号；洛阳市农业科学研究所于 1984 年利用 γ 射线 200Gy 照射阿夫变异株，选育出了超早熟、抗秆锈病、叶锈病并且优质的豫麦 4 号；郾城县科委于 1984 年利用 γ 射线 150Gy 处理 ［γ 射线 350Gy+037%DES（大白粒）/叶考粒］获得了比原品种早熟 3-5d、株高降低 30cm 的郾辐早；南阳市农业科学研究所于 1987 年利用 γ 射线 350Gy+037%DES 处理 ［st2422/464//内乡 5 号］F_1 育成丰产、稳产和落黄好的宛原 18-37；林县姚村镇农技站于 1988 年利用 γ 射线 250Gy 照射博农 "7023"，获得了比原品种早熟 5d、株高降低 30cm 和红粒变白粒的豫麦 12 号；河南省科学院同位素所于 1996 利用 γ 射线 200Gy 处理 ［（豫原 1 号×诺夫林）×四川长穗］三交 F_0，获得丰产、大穗和株型紧凑的豫麦 43 号；河南省农业大学于 2000 年利用 γ 射线 250Gy 处理 ［（白农 3217/豫麦 3 号）F_1/（冀麦 84-5418/豫麦 10 号）F_1］F_1，选育出穗大粒多、长势壮和抗干热风的豫麦 68。

　　河南省在航天育种方面也做出了不错的成绩。1992 年，以河南省主导品种豫麦 13 搭载返回式卫星育成的航育 1 号，较对照豫麦 13 增产 5%，生产上多地试点都平均单产超 500kg，其中温县试点创造了河南省小麦高产的典型（张世成，1996）。太空 5 号和太空 6 号是河南省农业科学院小麦研究所丰优育种研究室用航天高新技术选育出的优质弱筋小麦（雷振生等，2001；吴正卿等，2004）。此外，河南省农业科学院还于 1976 年利用 300Gy 的 γ 射线辐射郑州 6 号，获得了分蘖力强、耐寒耐旱、抗条锈和早熟的品种郑六辐；于 2002 年经航天诱变豫麦 21 号选育出抽穗早、灌浆快、成熟早和落黄好的品中国太空 5 号。新乡市农业科学研究所于 2003 年对豫麦 2 号//郑州 891/内乡 82C6F₁进行诱变获得结实性好、丰产性号和灌浆快的新麦 3306。鹤壁市农业科学研究所于 2006 年经离子束诱变周麦 13 育成株型紧凑和穗大的鹤麦 1 号。河南省科学院同位素所于 2006 年用 γ 射线和航天诱变豫麦 57 获得了耐旱、黑胚率低和外观品质好的小麦新品种富麦 2008。河南天宁种业公司于 2006 年利用 $^{60}Co-γ$ 射线辐照豫麦 57 选育出分蘖力强、结实性好的小麦新品种众麦 2 号。新乡市农业科学院和郑州大学于 2007 年利用粒子束照射处理偃展 1 号//温麦 6 号 F_1 代种子选育出高产、稳产、抗病号早熟的小麦新品种新麦 9817（范家霖，1999 和 2013）。杨攀等（2014）采用航天诱变技术与传统育种技术相结合，利用我国返回式卫星搭载育种材料郑麦 366，经太空突变后连续 6 年系谱法选择育而成了优质强筋矮秆抗倒小麦新品种郑麦 3596。

　　瞿世洪等（1990）以川辐 1 号为母本 78 中 2882 为父本进行杂交，同年用 $^{60}Co-γ$ 射线照射当代风干种子，在昆明市夏繁加代，获得混收种子，经选育获得抗病、抗倒的稳定的川辐 2 号，当年推广面积达 $3.3×10^4$ hm² 以上。此外，瞿世洪等（1991）用 $^{60}Co-γ$ 射线处理（巴麦 18×79-6007）F_1 种子，经多代选育育成产量高、适应性广、稳定性好、抗逆性强和穗大粒的川辐 3 号。瞿世洪等

（1994）利用 200Gy 的 ^{60}Co-γ 射线对（川辐 1 号×78 中 2882）杂交 F_1 干种子进行急性照射处理，经多代选育而成了产量水平为 4 500～6 750 kg/hm^2、蛋白质含量 16.8%、湿面筋含量 33.5%、株高 90cm 左右、耐肥抗倒、早播早熟、高抗条锈病和耐赤霉病的辐射诱变小麦新品种川辐 4 号，已累计种植面积已达 4.7 万 hm^2。

李达祥等（2005）所在的西昌农业科学研究所育成了西辐三号—八号、十二号、十三号等系列西辐小麦品种，产生了很大的经济效益。孙光祖等（1988，1990）总结了龙辐号小麦育种过程，龙辐麦一号原代号龙辐 7-4067，是利用 5×10^2 中子/cm^2 照射新曙光三号×辽春八号的 F_1 种子经 4 年温室和田间的连续选育，从 F_4M_3 代中选出的品系，于 1983 年审定。龙辐麦二号原代号龙辐 80-7003 是利用 1.8 万伦的 ^{60}Co-γ 射线照射龙溪 35×克 250 的 F_1 种子，经 5 年的连续选育于 1984 审定。龙辐麦三号原代号龙辐 81-8106 是利用 1.3 万伦的 ^{60}Co-γ 射线照射龙辐 77-4096×S-A-25 的 F_0 种子，经 5 年的连续选育于 1985 审定。龙辐麦四号原代号龙辐 82 南 389 是利用 1.1 万伦的 ^{60}Co-γ 射线照射小黑麦品系黑杂 266×小麦品系克 392 的 F_0 种子，经 5 年的连续选育于 1987 年审定推广。细胞学研究表明，龙辐麦四号中含小麦—黑麦 6RS/6BL 易位系，将纯系材料经航空搭载后通过系谱法选育成我国第一个审定推广的航天诱变春小麦新品种龙辐麦 15（张宏纪等，2007），还有经卫星搭载育成了高产优质抗病性强的龙辐 02-0958（王广金等，2005）。此外，孙岩等（2011）选育出抗倒伏、高产、抗病抗逆的龙辐麦 19。甘斌杰等（2003）从太谷核不育轮回选择群体（RV-60）中选得的可育穗再经离子注入诱变并于 1992 年由安徽省农业科学院作物研究所与中国科学院等离子体物理研究所合作选育出皖麦 42 号。

高明尉等（1992）通过体细胞组织培养与辐射诱变相结合的离体诱变技术育成的高产、早熟、抗病、耐湿、优质新品种小麦核组 8 号。李雁民等（2016）采用 75MeV/u 中能氧离子（$^{16}O^{8+}$），辐照剂量在 11～44Gy 范围内，以贯穿辐照处理春小麦高代稳定材料 14615 风干种子，经过 3 年 5 代选育出小麦新品种陇辐 2 号。赵立（2016）获得了一批新特种质资源如矮秆品系如宛原 50-2、豫同 69、豫同 194、豫同 198 等；在大粒种子资源方面用 ^{60}Co-γ 射线辐照促进小麦与黑麦、冰草间远缘杂交，育成一批具有外源遗传基因的巨大粒小麦；利用辐射诱变与杂交相结合育成了特大粒品系 96079 和 96148 等。

理化诱发在有效提高远缘杂交中小麦—外源物种的易位频率方面也发挥了重要作用。利用相关射线辐射处理双二倍体、异附加系或异代换系使染色体断裂，染色体断片再以新的方式重接，可产生各种各样的染色体结构变异，其中包括小麦染色体间的易位或部分染色体片段的删除、外源染色体之间的易位和小麦—外源染色体之间的易位或部分染色体的删除（陈升位等，2008）。用射线照射携有目标性状的代换系、附加系或双二倍体的花粉或植株，可产生插入易位或末端易位（刘文轩等，2000；王献平等，2003）。

Sears ER（1956）首次利用 X 射线照射的方法将小伞山羊草的抗叶锈基因易位到小麦 6B 染色体上，并选出了抗小麦叶锈病的易位系。Knott DR（1961）利用电离辐射的方法成功地把长穗偃麦草的抗秆锈基因转入普通小麦。周汉平等（1995）利用快中子或^{60}Co-γ 辐射具有蓝色色素的小麦—长穗偃麦草 4E（4D）代换系，获得了 65 个蓝粒易位系。刘文轩等（2000）^{60}Co-γ 辐射小麦—大赖草附加系减数分裂期植株或即将成熟的花粉，获得了多个普通小麦—大赖草染色体易位系。王献平等（2003）用 γ 射线辐射小麦—中间偃麦草附加系花粉，从其后代材料中筛选获得了小麦—中间偃麦草易位系。Bie 等（2007）用 1200rad 的^{60}Co-γ 射线对小麦—簇毛麦双二倍体的花粉进行辐射，辐射后给中国春小麦授粉。利用基因组原位杂交对 61 个 M_1 植株进行分析，从中获得涉及簇毛麦不同染色体长度片段的小麦—簇毛麦易位系 98 个。别同德等（2007）利用^{60}Co-γ 射线处理小麦—簇毛麦 6V 单体附加系花粉，并给中国春授粉，从其后代中筛选获得易位染色体位 T7BS-6VS · 6VL 和 T6VS-7BS · 7BL。Chen 等（2008）利用辐射剂量分别为 1600Rad、1920Rad 和 2240Rad 的^{60}Co-γ 射线对开花前的小麦—簇毛麦 6VS. 6AL 易位系雌配子进行辐射，从其后代 534 个单株中获得 97 个涉及 6VS 小片段染色体结构变异体。Zhang 等（2012）利用^{60}Co-γ 辐射成熟的小麦—簇毛麦 5VS. 5DL 罗伯逊易位系的雌配子体，在后代材料中鉴定出了含软粒基因的小麦—簇毛麦小片段易位系，为小麦软粒育种及饼干小麦的育成提供了研究材料。Chen 等（2013）利用 γ 射线对 T6VS. 6AL 的成熟雌配子体进行了辐照，从辐照后代材料中鉴定出了含有 6V 染色质的 20 余个小麦—簇毛麦染色体易位系和删除系用于 Pm21 的物理定位。Zhang 等（2015）利用剂量分别为 100Gy、200Gy 和 300Gy 的^{60}Co-γ 射线辐照中国春—簇毛麦 N6AT6D 缺体四体-6V 附加系（2n=44）的干种子，从其后代中也获得了不同的染色体结构变异体。最近，Wang 等（2019）利用 200Gy 的^{60}Co-γ 射线辐照小麦—多年生簇毛麦 2V^b（2D）代换系，获得了 112 个小麦染色体之间的易位系，包含着丝粒、端部和中部的罗伯逊易位和非罗伯逊易位，以及 8 个小麦-2V^b 染色体易位系，部分材料在千粒重上明显提高。截至目前，通过辐射处理，已获得了小麦与山羊草、簇毛麦、黑麦和新麦草属等物种间的易位系数百个，其中部分易位系已经在小麦育种中发挥着重要作用。

第五节　分子育种

　　分子育种顾名思义是通过分子手段来达到育种目的一种方法。分子手段就目前的技术而言主要指分子标记或分子模块，而分子标记的开发或分子模块鉴定又依赖于人们对育种目标基因所在染色体区段序列的获取甚至是基因的图位克隆、作物基因组序列的测定。分子标记辅助选择通过对分子标记进行选择实现对目标基因型的选择，包括前景选择和背景选择（李玮等，2017）。前景选择即对与目标基因紧密连锁的分子标记进行选择，可以实现早期选择，减小选择群体；背景选择即对遗传背景的选择，可加快遗传背景的恢复速度，缩短育种年限，减轻连锁累赘（Staub et al.，1996），从而提高育种效率。另外，新技术如 KASP 标记及基因芯片等方法的建立也大大促进了作物分子标记的开发进程。

　　获得小麦基因组序列的第一条线路是对小麦及其供体物种进行全基因组测序。2012 年，英国科学家已经完成了中国春小麦的全基因组的测序，结果发表在《Nature》杂志上；2014 年 7 月，国际小麦基因组测序联盟（International Wheat Genome Sequencing Consortium，IWGSC，2014）公布了来自普通小麦的基因组草图，此结果被认为据破译小麦基因组序列这一曾被视为"不可能完成的任务"仅剩一步之遥，该结果在美国《Science》杂志上。另一条路线是以国际小麦基因组测序联盟（IWGSC）为代表的单染色体测序策略。主要是建立单条染色体的 BCA 文库，进而构建其物理图谱，然后进行测序。目前染色体 1A、1B、3A、3B、3D、4A、5A、5DS、6A、6B 和 7D 的染色体的物理图谱构建已完成（Kobayashi et al.，2015；Akpinar et al.，2015）。

　　由于普通栽培小麦基因组特别大（四倍体 12Gb、六倍体 16Gb）而复杂（80%~90%序列为重复序列），致使基因组测序、组装变得十分困难，极大限制了小麦基因组学的研究。随着测序技术、组装算法和染色体构象捕获技术的发展，四倍体小麦及小麦供体物种的测序工作也取得了重要进展。2013 年，小麦 A 基因组框架图（Ling et al.，2013）和小麦 D 基因组框架图（Jia et al.，2013）也相继绘制完成，结果均发表在刊物《Nature》上；近期，该中国农业科学院及其合作单位合作利用二代、三代等测序技术与最新的组装技术，对 D 基因组重新测序与组装，完成了染色体级别的 D 基因组精细图谱的绘制，并准确地进行了基因注释，构建了基因分布图、基因表达图、假基因分布图、重复序列分布图、甲基化分布图、重组率分布图和 small RNA 分布图。该研究还首次把近 30 年来三代分子标记和之前检测到的重要农艺性状基因和 QTL 定位到小麦 D 基因组上，获得一个完整的整合图谱（Zhao et al.，2017）。小麦 D 基因组参考序列和这些整合资源将极大促进小麦基因克隆和分子育种工作。该结果于 2017 年 11 月 20 日在线发表在《Nature Plants》上。2017 年 11 月 15 日，美国加州大学研究人员利用一系列最新的基因组测序和拼接技术获得了与小麦基因组最接近的粗山羊草亚种 *Aegilops tauschii* subsp. *strangulata* 的基因组图谱（Luo 等，2017）。对其基因组特点及导致了粗山羊草物种的高进化速度的原因进行了深入分析。该物种图谱的获得将加速小麦进化生物学的研究进展，并为小麦育种改良提供重要的基因资源，该结果发表在《Nature》上。

六倍体面包小麦和四倍体硬粒小麦的共同祖先野生二粒小麦（*Triticum turgidum* ssp. *dicoccoides*）的基因组测序、拼接和注释工作也于 2017 年 7 月 7 日在《Science》上在线发表。该工作由以色列特拉维夫大学等 24 家单位合作完成，获得了野生二粒小麦 14 条染色体共 10.1 千兆碱基序列的组装结果，并对其穗轴易断基因进行了分析（Avni et al.，2017），为我们更清楚地了解小麦的进化史以及进一步发掘优异等位基因提供了重要支持。2017 年 10 月 24 日，约翰霍普金斯大学医学院、美国马里兰大学、Pacbio 公司和厄勒姆学院联合对六倍体小麦基因组序列进行去冗、纠错和重新组装，并利用节节麦基因组序列和 BAC 序列等信息对组装后序列进行完整性和准确性评估，获得了几近完整的六倍体小麦基因组序列（Zimin et al.，2017），结果发表在《Giga Science》上。

由于六倍体小麦包含 A、B、D 3 个基因组，有冗余功能的同源基因相对较多，为了厘清基因间的同源关系，近期美韩两国的科研人员构建了六倍体面包小麦的基因网络，并将其开发成为一个整合了 20 个基因组数据、包含了 15 万的共表达数据链接的在线分析工具"WheatNet"（www. inetbio. org/wheatnet）（Lee et al.，2017），该在线工具对基因进行了分组，可以清晰地呈现基因网络关系，该结果发表在《Molecular Plant》上。研究者可在 WheatNet 平台上，查询基因网络信息并根据基础数据预测基因功能以及参与的生化过程。这将对小麦基因组的研究和功能基因挖掘工作带来极大的便利。

小麦重要功能基因的定位与克隆对解析目标基因的作用机制以及标记开发均具有非常重要的意义。从 DNA 末端测序法开始，科研工作者们便以此为基础从获得的短序列中寻找物种间核苷酸 SNP 进行 CAPS 标记的开发，应用于相应基因的染色体定位（Jarvis et al.，1994）。物种 BAC 文库的建立及相应测序技术的发展为获得物种长片段拼接序列提供了可能（Lijavetzky et al.，1999）。在小麦基因组序列未获得之前，以同源物种已经获得基因序列为基础设计引物，进行同源克隆是获得目标基因序列的有效手段，该方法简单易行，若相应基因在其他物种中之前并未见克隆或基因序列发生变异较大则无法进行；以比较基因组学为基础的基因共线性分析是基因图位克隆中最为常用的手段（Fu et al.，

2009；Periyannan et al.，2013；Saintenac et al.，2013）。具体是以短柄草、大麦、水稻和高粱等参照物种的基因信息为基础，对参照物种相应染色体区段的基因共线性进行分析，进而设计保守性基因水平引物，对相关基因进行精细定位与克隆，基因 *Yr36*（Fu et al.，2009）、*Sr33*（Periyannan et al.，2013）和 *Sr35*（Saintenac et al.，2013）等基因都是利用该方法克隆出来的。

近年来，随着三代和四代测序技术的不断发展，利用测序获得的不同小麦的相应序列进行生物信息学分析寻找 SNP 位点并设计相应 KASPar 引物及探针进行标记辅助小麦育种及重要功能基因的定位克隆的技术应运而生（Allen et al.，2011；Díaz et al.，2012；Neelam et al.，2013）。Rasheed 等（2016）建立并验证了 kompetitive allele-specific PCR（KASP）标记检测面包小麦适应性、产量、品质和生物/非生物胁迫等重要性状的可行性，结果认为，该方法可用于高通量检测小麦重要功能基因，能够加速对杂交亲本的鉴定及对杂交选育进程，并且该方法是可信稳定的，可广泛应用于小麦育种工作中。

随着大量序列的获得，序列数据库及专业分析软件也相应建立或被开发出来。小麦基因组序列的获得与对重要功能基因的鉴定加快了基因芯片的开发进程。近年来，小麦 55K 芯片、90K 芯片和 660K 芯片在标记开发和材料鉴定等方面发挥了重要作用。目前，这些芯片已经被广泛应用于小麦遗传图谱构建（陈建省等，2014）、基因定位（Wu et al.，2017）、农艺性状位点定位（Cui et al.，2017；Liu et al.，2018；Ren et al.，2018）。

六倍体小麦及其供体亲本的序列获得是 KASP 和 DNA 芯片等技术发展的基础。小麦转录组深度测序分析（Pingault et al.，2015）以及相应染色体上重要功能基因的精细定位（Zhang et al.，2015）也将对小麦基础研究和小麦育种等产生巨大的推动作用。然而，在当前全基因组、转录组、代谢组等组学序列测定大潮中（Kersev et al.，2015），如何利用获得的如此庞大的数据量（库）来进行全基因组、比较基因组甚至单个重要功能基因分析，将生物信息学技术与现代育种方法结合起来将显得尤为重要。小麦基因组富含重复序列，Lang 等（2019）通过全基因组水平上，发掘了小麦基因组串联重复序列，构建了基于非变性荧光原位杂交（ND-FISH）探针的全染色体图谱，实现了分子细胞遗传学标记与基因组物理图谱的深度融合，全面提升了高通量分子细胞遗传学标记与分子育种的效率。同时，功能性分子标记开发与利用为实现全基因组扫描、关联分析和提高育种效率提供了可能（李玮等，2017）。因此，随着基因组技术的发展，小麦分子标记辅助选择育种与分子设计育种已经成为国际研究热点。目前，孟山都、先正达、杜邦和利马格兰等国际公司均在开展相关工作。

目前，已经报道的小麦分子标记众多，分子标记辅助育种也有较多综述发表（王长有和吉万全, 2000; Koebner et al., 2002; Landjeva et al., 2007; Gupta et al., 2010; 何中虎等, 2011; Tian et al., 2015; Dreisigacker et al., 2016）, 实用的分子标记及数据库也已经建立起来（李玮等, 2017）, 公众可通过注册进入山东省农业科学院作物研究所小麦分子团队建立的在线网站（http://zz. sdcrops. cn/Frame/Login. htm）进行搜索查询感兴趣的基因及其分子标记等信息。此外, 公共还可以通过浏览加州大学戴维斯分校小麦标记辅助选择育种网站（http://maswheat. ucdavis. edu/）进行分子标记辅助选择相关信息查询; 小麦分子与表型数据库、小麦转录组数据库、小麦基因表达数据库、小麦单核苷酸与基因芯片数据库、小麦转录因子数据库等详见 Rasheed 和 Xia 于 2019 年 1 月 16 日发表在《Theoretical and Applied Genetics》上的综述 "From markers to genomebased breeding in wheat" 一文（Rasheed 和 Xia, 2019）。

以分子标记辅助选择手段可将小麦远缘物种优异性状导入小麦。含 *Pm*8、*Yr*9、*Lr*26 和 *Sr*31 等抗病基因和与丰产性、适应性有关基因的小麦—黑麦 1RS. 1BL 易位系为世界小麦育种做出了杰出贡献（董玉琛, 2000; Ren et al., 2009）。近期, 印度尼西亚马塔兰农学部、澳大利亚阿德莱德大学和悉尼大学等单位联合利用染色体工程和分子标记技术培育的新型不含黑麦碱的抗病小麦—黑麦 1RS. 1BL 易位系, 对优质高产小麦遗传改良提供了新的机遇（Anugrahwati et al., 2008）。

美国 USDA 从 2001 年开始实施全美小麦分子育种项目, 目前总投入超过 3 500 万美元, 成立了 4 个区域性小麦基因型检测中心。自全美小麦分子育种实施以来, 取得丰硕成果, 发表了大量高水平论文, 并利用标记辅助选择的方法将优异基因聚合到高产品种中, 选育出了大量小麦新品种。

英国多个育种公司也开展了利用标记/芯片辅助小麦选育工作, RAGT 公司育成了英国第一大高产品种 SKYFALL 和含 1R/1B 易位系的多抗优质品种 RELAY; ELSOMS 种子公司育成了 DUNSTON、MONLTON 和 SOISSONS 等品种。

国际玉米小麦改良中心（CYMMTY）先后图位克隆了一因多效（抗三锈和白粉等病害）成株抗性基因并在育种中应用, 利用标记辅助选择的方法将 70%~80% 的亲本材料聚合了 3~4 个一因多效基因, 表现出极好的田间抗性。

澳大利亚与 CYMMTY 等证实 *Yr*18、*Yr*29 和 *Yr*46 兼抗条锈、叶锈、秆锈和白粉病, 且其抗性已保持了 60 年以上, 为解决锈病和白粉病抗性频繁丧失的国际难题提供了基因和分子标记; 美国农业部农业研究局克隆了苏麦 3 号抗赤霉病的基因 *Fhb*1 并发掘了育种可用的基因特异性标记, 为利用分子标记快速改良赤霉病的抗性提供了可能。

分子标记与小麦×玉米诱导单倍体相结合已逐渐成为育种常用的新技术, 据不完全统计，加拿大利用分子标记育成的品种已占其种植面积的 40% 以上。

近年来，笔者所在课题体组与中国农业科学院作物科学研究所合作，利用分子标记技术跟踪杂种后代的高分子量谷蛋白亚基编码基因 $Dx5$ 和 $By8$ 等目标基因，选育出了高产中强筋小麦品种济麦 23，这是我国小麦主产区第一个利用分子标记培育的小麦新品种。2019 年 6 月 19 日，在位于山东省招远市张星镇付家村的小麦绿色高质高效创建示范田里，该品种实打亩产 821.49kg，创我国中强筋小麦高产典型。

第六节　细胞工程育种

细胞工程育种主要是指利用花药组织培养、原生质体培养、体细胞融合与杂交等技术进行育种的方法。细胞工程方法不仅可以用于小麦新品种培育，也可以用于创制优异的种质资源。其中，细胞、组织培养常常可引起染色体的不稳定性，再生植株常出现包括易位在内的染色体结构变异。胡含等（1978）观察普通小麦花粉愈伤组织再生植株，首次获得了用花粉培养诱导的小麦植株和典型的混倍体植株，并在花粉愈伤组织中观察到染色体双着丝粒现象。他们认为离体培养和花粉的单倍性容易引起植物体细胞的核内有丝分裂、核融合、多极有丝分裂以及染色体断裂等现象，而这些有丝分裂的异常过程是产生染色体加倍、混倍体以及包括染色体易位在内的染色体变异的各种新类型的重要原因。

花药培养技术研究始于 20 世纪 60 年代，印度科学家 Guha 和 Maheshiwari 从毛叶曼陀罗花药培养中诱导出单倍体植物，引起了世界有关学者的重视。育种学家从中看到了克服杂交育种纯合过程太长的希望。使常规杂交育种的选育时间从 5~10 年缩短到 2~3 年，为培育新品种提供了一个新的速效途径。据不完全统计，截至 2013 年年底，我国已利用该技术育成了京花 1 号、花培 1 号等 45 个优良小麦新品种，为农业生产做出了重要的贡献。

中国科学院遗传与发育研究所欧阳俊闻研究员在 MS 培养基上，用小偃 759 的花药培养出了小麦花粉植株（陈新民等，1996）。北京市农林科学院胡道芬等（1983 和 1986）育出通过北京市品种审定委员会审定的小麦花培品种京花 1 号，随后，又陆续培育出了京花 3 号、京花 5 号、京花 9 号、京花 10 号、京花 11 号及新品系——京单 96‐3619（李春华，1990；单福华，2013；刘建平，2016）。另外，以京双 9 号为母本与宝丰 7228 杂交获得 F_1 代，花药培养后选择定向培育而成的抗逆性强、分蘖力强、穗粒数多和稳产的小麦新品种冀麦 42 号也于 1996 年通过河北省审定（王培，2000）。

李玉陇等（1985）采用洛阳 9 号和太山 2 号杂交获得 F_1，用花药培养方法进行冬小麦新品种选育研究，成功地选出了农艺性状优良的旱薄地新品种豫花一号，推广面积达 3 000 hm² 以上。于世选等（1990）利用花培技术获得小麦新品系 85K229、龙 86B8080 等 4 个品系。徐慧君等（1996）通过花药培养途径对丰抗 4 号∥百 5-061/有芒 4 号—洛夫林 10 号组合材料进行处理，从其后代中选育出矮秆、早熟、抗寒和高产冬小麦品种 CA8686。江玉霖等也利用细胞工程方法先后育成了小麦新品种奎花 1 号和奎花 2 号（江玉霖和郭润华，1992；江玉霖和王志刚，1999）。

河南省农业科学院农作物新品种重点实验室以豫麦 54 号为母本、豫麦 21 号为父本进行杂交，对杂种 F_1 的花药进行室内离体培养形成单倍体花粉植株，1998 年秋季将花粉植株移栽到大田并对其进行染色体加倍，选育出了高产稳产多抗小麦新品系花培 1 号，该品系于 2006 年通过河南省农作物品种审定委员会审定（康明辉，2006）。随后，该实验室利用花药培养技术又先后育成了花培 3 号、花培 5 号、花培 6 号和花培 8 号等小麦新品种（海燕等，2007；马瑞等，2009；康明辉等，2009 和 2010）。

宣朴（2002）以绵阳 88-334 为母本，以 88-11525 为父本，杂交组配获得杂交种子并采用 150Gy 的 ^{60}Co-γ 射线急性照射处理当代杂交干种子获得 MF_1 代，以 MW14 和改良 MS 为基本培养基进行离体花药培养，获得 MH_1 代纯合二倍体花粉株系，选育出遗传稳定、综合性状优良的花培突变体新品种川辐 5 号及其姊妹系 6085 和 6087。刘录祥等（2013）以农大 3338 为母本，与航天诱变早熟突变系 SP121 杂交，再经射线辐照后花培选育而成的高产、抗旱和节水小麦新品种航麦 901。

种质资源是小麦育种的重要物质基础。相对于花药培养，胚拯救在小麦远缘杂交方面发挥了重要作用。胚拯救是指对由于营养或生理原因造成的难以播种成苗或在发育早期阶段就败育或退化的胚进行早期分离培养成苗的技术。通过胚拯救技术使可能败育或退化的胚经过离体培养获得再生植株，在杂交育种中具有十分重要的理论与实践意义。Lapitan 等（1984）对小麦—黑麦杂种幼胚进行组织培养，从再生植株后代中筛选到了小麦—黑麦、小麦—小麦易位系。徐惠君等（1996）以中国春小麦品种中 8601、澳大利亚栽培小麦品种 Sunstar 和 Millewa 作母本，与抗大麦黄矮病毒病的小麦—中间偃麦草异附加系 L1 杂交，对杂种的幼胚和幼穗作离体培养，获得大量再生植株。从这些再生植株中获得了抗黄矮病的稳定的小麦—中间偃麦草易位系。Li 等（2000）通过普通小麦与硬粒小麦—簇毛麦双二倍体杂种幼胚培养，创造出簇毛麦与小麦染色体的小片段易位。利用此方法还可将黑麦的抗瘿蚊基因、大赖草的抗赤霉病基因、簇毛麦的抗白粉病基因导入普通小麦。目前，通过胚拯救技术获得的小麦属间杂种主要有小麦×冰草、小麦×黑麦、小麦×偃麦草、小麦×簇毛麦、小麦×大麦、小麦×披碱草、小麦×窄颖赖草以及小麦×粗山羊草等（Lapitan et al.，1984；Sharma 和 Ohm，1990；李立会，1991；Koba et al.，1991；Chen et al.，1992；徐惠君等，1996；李桂英和王琳清，1999）。

体细胞培养是以种子发芽后的胚轴、子叶或植株的叶片、茎秆等体细胞进行培养，诱导愈伤组织、胚胎再生，形成胚状体后进而诱导形成再生植株。由于体细胞培养的再生植株群体中存在广泛的变异，很多有利的变异是可以遗传的，从中可以筛选出符合育种目标要求的种质材料。在体细胞培养过程中，可以采用各种培养方法对所培养的体细胞再生植株进行筛选。刘选明等（1997）利用小麦胚轴及胚芽鞘为外植体建立了体细胞无性系。体细胞无性系 4-8 是以宁春 4 号小麦幼胚为外植体进行离体诱导形成愈伤组织，愈伤组织继代培养 6 次后进行再分化培养而获得再生植株，经条锈病田间诱发鉴选而育成抗条锈病小麦体细胞无性系变异新品系（杨随庄等，2008）。

体细胞杂交技术育种是细胞生物学与植物分子遗传学相结合后发展起来的一项育种新技术。体细胞杂交又称"细胞融合"，它是指将两种不同植物的体细胞用酶分解法分别除去细胞壁，分离成裸露的原生质体，再使两种原生质体融合成杂种细胞，然后利用细胞的全能性在培养基上重新增生细胞壁，并进行细胞的分裂、分化与生长发育，再经诱导形成杂种植株，从中选优去劣，按育种目标要求定向培育出新品种，并有可能创造出新物种。小麦体细胞杂交可以解决常规育种无法转移远缘目标基因和胞质基因的问题，在实施过程中生物性较为安全。通过研究不对称体细胞杂交机制以及小麦体细胞杂种与后代遗传规律、基因组特征、小麦体细胞杂种抗逆、优质功能等，可以指导利用不对称体细胞杂交技术培育出抗旱、抗盐、高产和优质的优良品种。山融 3 号是山东大学生命科学学院夏光敏教授课题组利用细胞融合（体细胞杂交）将长穗偃麦草的染色体小片段导入济南 17 号进行系统选育，然后经田间、盐池、水培室等耐盐鉴定筛选而成的耐盐、高产和抗病新品种（Liu et al.，2012；Liu et al.，2014；Zhao et al.，2016），该品种于 2004 年 8 月通过了山东省农作物品种审定委员会审定（张坤普等，2004）。山融 4 号是从普通小麦济南 177 与其耐盐碱近缘属长穗偃麦草，通过不对称体细胞融合杂种中筛选出来的耐盐系品种（孟晨，2015）。在利用原生质体或体细胞融合创制种质资源创制方面，Zhou 等（2001）将 Jinan177 与簇毛麦的原生质体进行融合，从其后代中鉴定出了小麦—簇毛麦易位系。Xia（2009）利用体细胞融合诱导出了包括小麦—簇毛麦、小麦偃麦草等具有优异抗性的易位系。

第七节　小麦远缘杂交与染色体工程育种

远缘杂交指不同种、属或亲缘关系更远的物种间杂交获得杂交后代的方法。远缘杂交是育种的重要手段，是打破种、科甚至是属间的界限的途径，可以使不同物种间的遗传物质进行交流或结合，将两个或多个物种经过长期进化积累起来的有益特性结合起来，再经过染色体组加倍和选择，形成新物种或新品种。由于小麦远缘物种含有小麦育种所需要的抗病、高产和优质基因，因此，通过远缘杂交可以将远缘物种的优异基因导入小麦，为小麦育种服务。染色体工程是指依照人们的预先设计，利用基础研究材料，例如小麦—远缘物种双二倍体，通过染色体附加、代换和易位等方法改变其染色体组成，进而将含有优异基因的染色体、染色体片段甚至是原位杂交等手段无法检测的染色质导入受体小麦，改变其遗传特性的技术。通过远缘杂交和染色体工程可以将外源物种中的优异基因导入小麦中，改良小麦的抗病性、提高小麦产量或改善小麦品质。

小麦—黑麦 1BL/1RS 易位染色体上由于含有白粉病抗性基因 *Pm8* 和条锈病抗性基因 *Yr9* 等，受到了广大育种工作者的青睐（Ren et al.，2009）。自 20 世纪 80 年代，我国由于含黑麦 1BL/1RS 易位系品种的育成及推广，使得育种工作者们大量使用其作为杂交亲本，导致我国 75% 左右的小麦品种都含 1BL/1RS 易位系。自 20 世纪末，含有 *Pm21* 的 92R 系列小麦已经被超过 20 多个国家的育种家们作为白粉病抗源进行应用，也是我国多个省份小麦白粉病的主要抗源，对小麦育种做出了重要贡献（Chen et al.，1995；Cao et al.，2011）。然而，然而，对少数几个基因的利用及长期的品种间杂交，容易造成品种抗源日趋单一化和遗传变异范围缩小（Hao et al.，2008；Yang et al.，2010），很难应对新的致病生理小种的产生与流行（向齐君等，1996；Yang et al.，2001；Liu et al.，2002）。如果在生产上使用单一的抗源，其抗性非常容易被新的生理小种"克服"。一旦抗性丧失，将造成病害的大流行，并对小麦生产造成毁灭性打击（何中虎等，2011）。小麦在现代农业体系下，小麦遗传多样性的严重丢失，使其无法更好地适应生物性和非生物性协迫，也限制了小麦产量的提高和品质的改良。因此，将包括黑麦、偃麦草、冰草、披碱草、簇毛麦和新麦草等小麦远缘物种中的优异基因导入栽培小麦是提高小麦的遗传多样性，丰富小麦育种的遗传基础的有效手段。

染色体工程将小麦远缘物种的优异基因导入栽培小麦的常规手段。所谓染色体工程指涉及染色体的消除、增加、代换、结构变化以及染色体的分离、转移与合成等的统称。小麦与远缘物种杂交，二者染色体被组合成到同一背景中形成一个新物种称为双二倍体，如果二者染色体组在被组合过程中有部分染色体发生丢失则称为部分双二倍体（Liu et al.，2015；Li et al.，2016）；小麦背景中加入一对远缘物种染色体称为二体附加系（Liu et al.，2011；Song et al.，2013）；小麦的一对染色体被一对远缘物种染色体替换称为代换系（Lei et al.，2011；Li et al.，2014）小麦和远缘物种染色体均发生断裂，二者染色体再发生重接可形成易位系（Tang et al.，2009；Zhou et al.，2012）。

小麦与其外源物种间的染色体易位系在小麦育种上具有较高的利用价值。但是，大片段易位系往往具有外源染色体片段不能正常补偿所缺失小麦染色体片段或是外源染色体片段上带有与有利基因连锁的不利基因的缺点，在育种上价值往往不如小片段易位系大。因此，利用外源物种为小麦育种服务的最终目的就是获得或高产的、或高抗性的、或高品质的小麦—外源物种小片段易位系（任正隆，1991）。产生易位系的一般步骤是：先用外源物种和小麦杂交、回交将供体亲本的全部染色体组或若干染色体组导入受体亲本，获得小麦—外源物种双二倍体或部分双二倍体，然后用双二倍体或部分双二倍体与小麦杂交获得相应的附加系或代换系，导入的染色体需要有完整的端粒和着丝粒，以保持其结构稳定性和正常的复制分裂。然后，再利用 *Ph* 基因突变系统或电离辐射或单价染色体错分裂诱导等方法来获得易位系（Sears，1972）。当然，在实际杂交过程中，也经常会出现基因渗入的情况而常规细胞学无法检测，只有用分子生物学才可以检测到外源染色质的情况。利用理化诱变、细胞工程和组织培养等手段也是获得小麦—远缘物种染色体易位系的有效手段（刘成等，2013）。除此之外，获得易位系的方式主要有如下几种情况。

（一）自发易位及基因渗入

自发易位主要是利用各种类型的远缘杂种，包括小麦外源物种、小麦—外源物种双二倍体或部分双二倍体、附加系或代换系等与小麦甚至是小麦非整倍体杂交和回交过程中产生易位，甚至是小麦—外源物种双二倍体或部分双二倍体之间，或者小麦附加系或代换系之间杂交产生易位的现象。产生易位的基本原理是染色体错分裂，在染色体减数分裂过程中，同源染色体可以配对、交换，而无法配对的染色体容易发生断裂，通常情况是在着丝粒处发生断裂，断裂的染色体片段则可以通过重新接合而把外源染色体片段转移到小麦上。将双角山羊草的早熟性转入小麦品种获得大粒、高蛋白小黑麦易位系就是用了该方法。

常规杂交回交可以产生小麦—外源物种染色体易位系。牟金叶等（2000）利用提莫菲维（*T. timopheevii*）细胞质雄性不育的小麦—中间偃麦草（*Th. intermedium*）部分双二倍体为母本与普通小麦杂交后再与父本普通小麦连续回交和自交，在后代中选出两个稳定的、染色体数目均为 $2n = 42$，且抗小麦条锈病的小麦—中间偃麦草的小片段易位系 H96269-2 和 H96278。Kang 等（2011）从小麦—华山新麦草（*Ps. huashanica*）双二倍体与 J11 杂交后代中鉴定出了抗小麦条锈病的小麦—华山新麦草 3BL. 3NsS 易位系。Bao 等（2012）从烟农 15-滨麦（*L. mollis*）杂交后代中筛选到了抗小麦条锈病的小麦—滨麦易位系山农 0096。

利用小麦—外源种质相互杂交获得易位系。在实际操作中，最常用的是将两个不同的小麦—外源物种代换系进行杂交而获得易位系。李义文等（1999）利用小麦—中间偃麦草二体代换系与小麦—簇毛麦二体代换系杂交，在其杂种自交 F_1 中染色体易位频率高达 3.7%，其中，既有臂间易位也有双插入易位，并出现 2 个不同种属染色体易位系，认为代换系间杂交是获得易位的有效方法。李集临等（2006）利用 2 个小麦—黑麦异源双代换系 DS 5A/5R 与 DS 6A/6R 杂交，发现杂交 F_1 减数分裂中有 22.91% 的花粉母细胞有小麦染色体（ABD 组）与黑麦染色体（R 组）发生同祖配对。在 F_2 代的 45 株中检测到 9 株有易位，易位频率为 20%。

利用小麦—外源物种种质与小麦非整倍体杂交或者小麦—外源物种单体附加系自交可以产生易位系。任正隆（1991）小麦—黑麦种质为研究材料，提出了单体附加产生易位系的方法。Liu 等（2011）利用相应小麦单体与小麦—簇毛麦附加系进行杂交，从其杂交后代中筛选染色体数目为 42 的植株用于自交，从杂交后代筛选到了一套小麦—簇毛麦罗伯逊易位系。

同小麦亲本相比，在小麦和小麦外源物种的常规杂交后代中往往会出现材料具有来自外源物种而非来自小麦的特性，如早开花、无芒、抗性好等，在谷物种子贮藏蛋白中有丰富的醇溶蛋白亚基（De Pace et al.，2001；Vaccino et al.，2008），采用常规细胞学手段例如基因组原位杂交又检测不到外源物质存在，而采用限制性长度多态性或分子标记则可以检测到外源物质的存在的现象，我们称这种现象为基因渗入或隐性渗进。Kuraparthy 等（2007a；2007b）不仅分别从小麦—卵穗山羊草（*Ae. geniculata*）和小麦—钩刺山羊草（*Ae. triuncialis*）杂交后代中鉴定出了有原位杂交信号的小麦—卵穗山羊草和小麦—钩刺山羊草易位系，还发现了没有原位杂交信号但是仍然具有来自山羊草叶锈病抗性的隐性渐渗系，这些隐性渐渗系都可以用分子手段进行检测。类似现象也分别在小麦—簇毛麦（Caceres et al.，2012）和小麦—偃麦草（Chen et al.，2012）杂交后代中发现。

（二）利用杀配子基因操纵

杀配子染色体（Gametocidal chromosome）是一类具有优先传递效应的"自

私"染色体，其作用机制是在不含有杀配子染色体的配子中诱导其他染色体的断裂和重接，从而产生缺失、易位等染色体结构的变异。进一步研究发现，优先传递的机制在于只有含有这些染色体的配子才能正常可育，而不含这些染色体的配子由于发生了染色体结构变异，在选择受精时就失去了竞争力。因此，测交后代常表现出不育或半不育现象。这些染色体好像具有将那些不含其染色体的配子"杀死"的作用，因此被称为杀配子染色体。当然，造成这种配子"被杀死"现象是由于基因的作用，在杀配子染色体上控制配子"被杀死"的基因称为杀配子基因。目前，所发现的杀配子染色体或杀配子基因全部来自山羊草属（Endo，2007），杀配子染色体可引起染色体发生畸变，染色体片段的删除与包括易位在内的染色体断裂重组。杀配子染色体最早在钩刺山羊草（*Ae. triuncialis*）中被发现（Endo 和 Tsunewaki，1975），而后，柱穗山羊草（*Ae. cylindrica*）2C 染色体、高大山羊草（*Ae. longissima*）$2S^l$ 和 $4S^l$ 染色体、沙融山羊草（*Ae. sharonensis*）$2S^{sh}$ 和 $4S^{sh}$ 染色体、拟斯卑尔脱山羊草（*Ae. speltoides*）2S 染色体、钩刺山羊草（*Ae. triuncialis*）3C 染色体、卵穗山羊草（*Ae. geniculata*）$4M^g$ 染色体上均被报道有杀配子效应。在实际杂交过程中，来自高大山羊草和沙融山羊草染色体的杀配子作用往往导致完全不育，因此，目前在育种上尚无法应用。不含随体的钩刺山羊草 3C 染色体往往导致杂交致死，而含随体的钩刺山羊草 3C 染色体导致半致死（Endo，2007），因而 3C 染色体随体上可能含有杀配子基因的抑制基因，因此，含随体的钩刺山羊草 3C 染色体在育种中更具有应用价值。目前，在小麦育种中应用最多的杀配子染色体是含随体的钩刺山羊草 3C 染色体和柱穗山羊草 2C 染色体。Luan 等（2010）从小麦—扁穗冰草（*Ag. cristatum*）6P 附加系与小麦—柱穗山羊草 2C 附加系杂交后代中筛选获得了多小穗与多籽粒的小麦—扁穗冰草 6P 染色体易位系，为小麦高产育种提供了材料基础。曲敏等（2007）也是利用含有杀配子染色体的中国春—柱穗山羊草 2C 附加系为工具，与中国春—长穗偃麦草（*Lo. elongatum*）1E 附加系杂交，从 83 株杂交后代中鉴定出 5 株含小麦—长穗偃麦草易位系的材料。孙仲平等（2004）从中国春—黑麦 1R-7R 附加系与柱穗山羊草 2C 附加系杂交后代中也获得了 10 株含小麦—黑麦易位系的植株。此外，陈全战等（2008）利用离果山羊草（或称钩刺山羊草）3C 附加系为工具与簇毛麦 2V 附加系进行杂交，从杂种 F_2 和 F_3 中鉴定出小麦—簇毛麦纯合易位系 T3DS. 2VL、T2VS. 7DL 和小片段易位系 T6BS. 6BL-2VS 以及中间插入易位系 T2VS. 2VL-W-2VL。

（三）利用调控 *Ph* 基因诱导

小麦 5B 染色体长臂和 3D 染色体短臂上的 *Ph* 基因控制着同源染色体之间的

配对行为。当它们缺失或发生突变时，部分同源染色体之间也可以配对。因此，通过消除 5B 染色体，利用 ph1b，ph2b 突变基因或利用拟斯卑尔脱山羊草的"强配对"基因 PhI，促进小麦远缘杂种中小麦与外源染色体的重组。

5B 染色体的缺失可诱导小麦—外源物种易位系的产生。利用 5B 染色体单体与小麦—外源物种附加系进行杂交，在分离的杂交 F_2 中可以获得不含 5B 染色体但是含外源染色体的后代材料，用于自交可能获得小麦—外源物种易位系。薛秀庄等（1996）利用中国春 5B 单体与奥地利黑麦杂交，再与中国春回交，从其后代中得到了对条锈病生理小种免疫、农艺性状优良的小麦—黑麦易位系，并在生产上推广。利用 5B 缺体也可以诱导小麦—外源物种易位系的产生。Sears（1972）利用此法分别从普通小麦—长穗偃麦草 3D（3Ag）和 7D（7Ag）异代换系中，得到了 21 个 3D/3Ag 和 12 个 7D/7Ag 易位系。

利用 Ph 基因突变体可以诱导小麦—外源物种易位系。通过诱导 5B 染色体上 Ph 基因发生隐性突变来促进部分同源配对。Ph 基因的 2 个突变体 ph1a 和 ph1b 都可诱导部分同源染色体配对，但 ph1a 诱导水平较低，ph1b 诱导水平较高，因而后者在小麦—外源物种易位系的应用上较为广泛。另外，在小麦自然群体中也存在促进部分同源染色体配对的天然 Ph 基因。其中，中国地方小麦品种开县罗汉麦和近缘属杂种 F_1 表现出较高水平的染色体配对水平，并得到较为详细的研究（Hao et al.，2011）。最近 Fan 等（2019）在开县罗汉麦的 3AL 染色体上，检测到一个控制染色体配对的 QTL，命名为 QPh. sicau-3A，对应的中国春参考基因组（v1.0）物理位置为 696~725Mb 区间，为理解自然群体中存在的诱导远缘杂交染色体配对基因的遗传机制打下了基础。Qi 等（2007）就以小麦—偃麦草 T4DL. 4Ai#2S 罗伯逊易位系为例系统地介绍了利用 ph1b 诱导小片段易位系的方法。利用此方法，Liu 等（2011）将来自卵穗山羊草（Ae. geniculata）的抗小麦秆锈病基因 Sr53 以小片段易位的方式导入小麦。Justin 等（2008）和 Klindworth 等（2012）将来自拟斯卑尔脱山羊草（Ae. speltoides）的抗小麦秆锈病基因 Sr47 以小片段易位的方式导入小麦中。

利用 Ph 基因的抑制基因 PhI 可诱导小麦—外源染色体易位。研究发现，拟斯卑尔脱山羊草（Ae. speltoides）、高大山羊草（Ae. longissima）和无芒山羊草（Ae. mutica）带有使小麦染色体与外源染色体"强配对"的基因，可以诱导产生两者染色体配对和重组，从而将外源基因导入小麦，这种"强配对"水平与 5B 缺失小麦杂种配对水平相当。Chen 等（1994）观察了在有 Ph 抑制基因情况下小麦与外源染色体的配对情况，认为 Ph 抑制基因可能比小麦 5B 染色体缺失或 ph1b 基因诱导易位更有优势。Riley（1968）利用小麦—顶芒山羊草（Ae. comosa）2M 附加系与拟斯卑尔脱山羊草杂交，用普通小麦回交 3 代，选出了 2D-

2M 抗条锈病易位系。

参考文献

别同德，汪乐，何华纲，等. 2007. 一个花粉辐射诱导的小麦—簇毛麦相互易位染色体系的分子细胞遗传学研究 [J]. 作物学报，33（9）：1432-1438.

陈国跃，刘伟，何员江，等. 2013. 小麦骨干亲本繁 6 条锈病成株抗性特异位点及其在衍生品种中的遗传解析 [J]. 作物学报，39（5）：827-836.

陈建省，陈广凤，李青芳，等. 2014. 利用基因芯片技术进行小麦遗传图谱构建及粒重 QTL 分析 [J]. 中国农业科学，47（24）：4769-4779.

陈全战，曹爱忠，亓增军，等. 2008. 利用离果山羊草 3C 染色体诱导簇毛麦 2V 染色体结构变异 [J]. 中国农业科学，41（2）：362-369.

陈升位，陈佩度，王秀娥. 2008. 利用电离辐射处理整臂易位系成熟雌配子诱导外源染色体小片段易位 [J]. 中国科学（C 辑），38（3）：215-220.

陈新民，徐惠君，周俊芳，等. 1996. 提高小麦×玉米胚培养植株产生频率的研究 [J]. 中国农业科学，29（4）：30-33.

单福华，田立平，刘建平，等. 2013. 小麦新品种京花 10 号的选育及品种特点 [J]. 种子科技，31（4）：57.

董玉琛. 2000. 小麦的基因源 [J]. 麦类作物学报，20（3）：78-81.

范家霖，张建伟，杨保安，等. 2013. 河南省小麦诱变育种进展与分析 [J]. 麦类作物学报，33（1）：195-199.

傅晓艺，郭进考，刘艳滨，等. 2017. 利用石 4185 为骨干亲本培育高产小麦新品种 [J]. 种子科技，36（12）：95-99.

盖红梅，李玉刚，王瑞英，等. 2012. 鲁麦 14 对山东新选育小麦品种的遗传贡献 [J]. 作物学报，38（6）：954-961.

甘斌杰，杨赞林，余增亮，等. 2003. 离子束诱变小麦新品种皖麦 42 号的特征特性和栽培技术 [J]. 中国农学通报，19（5）：25.

高明尉. 1992. 世界上第一个小麦离体诱变新品种—核组 8 号 [J]. 原子核物理评论，9（4）：45-46.

海燕，康明辉. 2007. 高产早熟小麦新品种花培 3 号的选育 [J]. 河南农业科学，36（5）：36-37.

韩微波，刘录祥，郭会君，等. 2005. 小麦诱变育种新技术研究进展 [J]. 麦类作物学报，25（6）：125-129.

何觉民，戴君惕，邹应斌，等. 1992. 两系杂交小麦研究 I. 生态雄性不育小麦的发现、培育及其利用价值 ［J］. 湖南农业科学（5）：1-3.

何中虎，夏先春. 2016. CIMMMYT 小麦引进研究与创新利用 ［M］. 北京：中国农业出版社.

何中虎，夏先春，陈新民，等. 2011. 中国小麦育种进展与展望 ［J］. 作物学报，37（2）：202-215.

胡道芬，汤云莲，袁振东，等. 1983. 冬小麦花粉孢子体的诱导及"京花 1 号"的育成 ［J］. 中国农业科学，16（1）：29-35.

胡道芬，袁振东，汤云莲，等. 1986. 植物细胞工程—冬小麦花培新品种京花 1 号的育成 ［J］. 中国科学，16（3）：283-292.

胡含，郗子英，贾双娥. 1978. 小麦花粉愈伤组织植株体细胞染色体的变异 ［J］. 遗传学报（5）1：23-30.

江玉霖，郭润华. 1992. 奎花一号冬小麦特性及其栽培技术 ［J］. 新疆农垦科技（1）：19-20.

江玉霖，王志刚. 1999. 冬小麦"奎花 2 号"的选育 ［J］. 中国农学通报（3）：56-57.

金善宝. 1983. 中国小麦品种及其系谱 ［M］. 北京：农业出版社.

瞿世洪，郭元林，夏琼，等. 1991. 辐照杂合体育成高产小麦新品种川辐 3 号 ［J］. 核农学通报，12（1）：18-20.

瞿世洪，夏琼. 1990. 辐射诱变育成大穗型小麦新品种川辐 2 号 ［J］. 核农学通报，11（5）：236-237.

瞿世洪，宣朴，余泽良，等. 1994. ^{60}Co-γ 射线诱变育成穗重型小麦新品种川辐 4 号 ［J］. 西南农业学报，7（4）：32-36.

康明辉，海燕. 2007. 高产多抗小麦新品种花培 1 号的选育 ［J］. 河南农业科学，36（8）：34-35.

康明辉，海燕，赵永英，等. 2009. 超高产小麦新品种花培 6 号的选育 ［J］. 河南农业科学，38（6）：60-61.

康明辉，海燕，赵永英，等. 2010. 小麦新品种花培 8 号的选育 ［J］. 河南农业科学，39（3）：23-24.

雷振生，林作楫，吴政卿，等. 2001. 航天诱变小麦新品种太空 6 号的选育 ［J］. 河南农业科学，30（6）：3-5.

李春华，胡道芬. 1990. 京花五号及其栽培技术 ［J］. 北京农业科学（3）：28-31.

李桂英，王琳清，施巾帼. 1999. 辐照花粉促进普通小麦与窄颖赖草属间杂

交的研究 [J]. 核农学报, 13 (6): 325-329.

李海林, 徐庆国. 2003. 小麦化学杀雄杂种优势利用研究与展望 [J]. 作物研究, 17 (4): 208-212.

李豪圣, 刘建军, 宋健民, 等. 2007. 高产稳产抗病广适型小麦新品种—济麦22 [J]. 麦类作物学报, 27 (4): 744.

李集临, 王晓萍, 钟丽, 等. 2006. 小麦—黑麦代换系 5A/5R 与 6A/6R 杂交诱导同祖染色体配对与易位的研究 [J]. 遗传学报, 33 (3): 244-250.

李立会. 1991. 普通小麦与沙生冰草、根茎冰草属间杂种的产生及其细胞遗传学研究 [J]. 中国农业科学, 24 (6): 1-10.

李晴祺, 王洪刚, 李斯深, 等. 1998. 冬小麦种质创新与评价利用 [M]. 济南: 山东科学技术出版社.

李琼, 王长有, 刘新伦, 等. 2008. 小偃6号及其衍生品种 (系) 遗传多样性的 SSR 分析 [J]. 麦类作物学报, 28 (6): 950-955.

李生荣, 陶军, 杜小英, 等. 2008. 杂交小麦新品种绵杂麦168的突出特点及栽培要点 [J]. 农业科技通讯 (3): 81-82.

李玮, 宋国琦, 陈明丽, 等. 2017. 小麦分子标记数据库的建立 [J]. 山东农业科学, 49 (11): 7-18.

李新华, 邱登林, 孙桂芝, 等. 2006. 山东省小麦诱变育种 [J]. 核农学报, 20 (1): 51-53.

李雁民, 赵连芝, 王勇, 等. 2016. 利用重离子辐射诱变育成小麦新品种陇辐2号 [J]. 麦类作物学报, 24 (2): 137.

李玉珑, 吴德玉, 潘淑龙, 等. 1985. 应用花药培养选育旱薄地冬小麦新品种—豫花一号的研究 [J]. 作物学报, 11 (1): 30.

刘秉华. 1996. 我国杂交小麦研究的回顾与展望 [J]. 麦类作物学报 (1): 2-4.

刘成, 李光蓉, 杨足君. 2013. 簇毛麦与小麦染色体工程育种 [M]. 北京: 中国农业科学技术出版社.

刘建平, 张立全, 田立平, 等. 2016. 高产优质早熟冬小麦新品种9号 [J]. 麦类作物学报, 25 (5): 921.

刘录祥, 赵林姝, 郭会君, 等. 2013. 高产、抗逆小麦新品种航麦901简介 [J]. 作物杂志 (5): 157.

刘文轩, 陈佩度, 刘大钧. 2000. 利用花粉辐射诱发普通小麦与大赖草染色体易位的研究 [J]. 遗传学报, 27 (1): 44-49.

刘选明，徐合奎，周朴华. 1997. 小麦体细胞无性系的建立及抗赤霉病突变体的诱导 [J]. 湖南农业大学学报（3）：205-209.

刘兆晔，于经川，孙妮娜，等. 2015. 骨干亲本鲁麦13、鲁麦14在山东小麦育种中的应用 [J]. 农业科技通讯（1）：87-90.

陆懋曾. 2007. 山东小麦遗传改良 [M]. 北京：中国农业出版社.

马瑞，康明辉，范黎明，等. 2009. 小麦品种花培5号适宜播期、播量试验 [J]. 河南农业科学，38（10）：64-65.

孟晨. 2015. 小麦渐渗系山融4号根系碱胁迫响应转录组及相关基因功能研究 [D]. 济南：山东大学.

牟金叶，李集临，王献平，等. 2000. 异源细胞质小麦—中间偃麦草易位系的培育与荧光原位杂交鉴定 [J]. 科学通报，45（3）：297-300.

聂迎彬，田笑明，韩新年，等. 2014. 高产优质杂交小麦新品种—新冬43号 [J]. 麦类作物学报，34（11）：1450-1450.

庞启华，黄光永，李生荣，等. 2003. 两系杂交小麦绵阳32的选育及其配套技术 [J]. 中国种业（12）：50-51.

秦志列，孙辉，张风廷，等. 2007. 不同种植方式对光温敏雄性不育小麦育性表达的影响 [J]. 安徽农业科学，35（24）：7385-7387.

秦志列，张风廷，叶志杰，等. 2007. 不同花粉密度条件下光温敏雄性不育小麦BS366异交结实分析 [J]. 华北农学报，22（4）：130-133.

曲敏，张延明，张雪婷，等. 2007. 利用杀配子染色体2C诱导中国春—长穗偃麦草1E二体附加系染色体畸变的研究 [J]. 食品科学，28（10）：342-348.

任正隆. 1991. 黑麦种质导入小麦及其在小麦育种中的利用方式 [J]. 中国农业科学，24（3）：18-25.

阮仁武，李中安，易泽林，等. 2016. 隐性核不育杂交小麦新品种—西南112 [J]. 麦类作物学报，36（4）：4-6.

司清林，刘新伦，刘智奎，等. 2009. 阿夫及其衍生小麦品种（系）的SSR分析 [J]. 作物学报，35（4）：615-619.

孙光祖，陈义纯，张月学. 1990. 龙辐号小麦的选育和小麦诱变育种的策略 [J]. 黑龙江农业科学（1）：1-4.

孙光祖，陈义纯，张月学，等. 1988. 辐射与杂交相结合选育高产优质小麦新品种龙辐3号 [J]. 核农学通报，9（4）：162-163.

孙岩，王广金，张宏纪，等. 2011. 航天诱变与杂交相结合选育小麦新品种龙辐麦19 [J]. 作物杂志（4）：125-126.

孙仲平, 王占斌, 徐香玲, 等. 2004. 利用杀配子染色体 2C 诱导中国春—黑麦二体附加系染色体畸变的研究 [J]. 遗传学报, 31 (11): 1268-1274.

谭昌华, 余国东, 杨沛丰, 等. 1992. 重庆温光型核不育小麦的不育性研究初报 [J]. 西南农学报, 5 (1): 1-4.

唐建卫, 殷贵鸿, 高艳, 等. 2015. 小麦骨干亲本周 8425B 及其衍生品种 (系) 的农艺性状和加工品质综合分析 [J]. 麦类作物学报, 35 (6): 777-784.

汪红梅, 张立平. 2009. 小麦光温敏雄性不育遗传研究进展 [J]. 种子, 28 (5): 56-59.

王长有, 吉万全. 2000. 分子标记技术在小麦遗传育种中的应用现状 [J]. 麦类作物学报, 20 (4): 75-80.

王广金, 闫文义, 孙岩, 等. 2005. 航天诱变选育高产优质小麦新品系龙辐 02-0958 [J]. 核农学报 (5): 23-26.

王培, 温之雨, 张艳敏. 2000. 冀麦 42 号的选育及生物学特性的研究 [J]. 河北省科学院学报, 17 (1): 49-52.

王献平, 初敬华, 张相岐. 2003. 小麦异源易位系的高效诱导和分子细胞遗传学鉴定 [J]. 遗传学报, 30 (7): 619-624.

吴正卿, 雷振生, 林作楫, 等. 2004. 优质弱筋小麦新品种太 5 号的选育及其特征特性 [J]. 作物杂志 (5): 55-56.

向齐君, 盛宝钦, 段霞瑜, 等. 1996. 小麦白粉病抗源材料的有效抗基因分析 [J]. 作物学报, 22 (6): 741-744.

肖永贵, 殷贵鸿, 李慧慧, 等. 2011. 小麦骨干亲本 "周 8425B" 及其衍生品种的遗传解析和抗条锈病基因定位 [J]. 中国农业科学, 44 (19): 3919-3929.

徐惠君, 辛志勇, 刘四新, 等. 1996. 组织培养与普通小麦异源易位系的选育 [J]. 遗传学报, 23 (5): 376-381.

徐惠君, 赵乐莲, 杜丽璞, 等. 1996. 矮秆、早熟、高产冬小麦花培新品种 CA8686 的选育和利用 [J]. 北京农业科学 (5): 15.

宣朴, 尹春蓉, 岳春芳, 等. 2002. 小麦花培突变体新品种川辐 5 号的选育及相关技术研究 [J]. 核农学报, 16 (5): 264-267.

杨木军, 顾坚, 周金生. 2003. 温光敏两系杂交小麦新组合-云杂 3 号 [J]. 麦类作物学报, 23 (3): 152-152.

杨木军, 李绍祥, 刘琨, 等. 2006. 云南温光敏两系杂交小麦制种技术研究

［J］. 麦类作物学报，26（4）：27-31.

杨攀，雷振生，吴政卿，等. 2014. 航天诱变小麦新品种郑麦3596的选育［J］. 作物杂志（5）：163-164.

杨随庄，叶春雷，曹世勤. 2008. 用无性系变异获得抗条锈小麦新品系4-8研究［J］. 植物保护，34（1）：41-44.

义文，唐顺学，赵铁汉，等. 1999. 利用两个小麦异源二体代换系杂交创造易位系［J］. 科学通报，44（10）：1052-1055.

于沐，周秋峰. 2017. 小麦诱发突变技术育种研究进展［J］. 生物技术通报，33（3）：45-51.

于世选，朱之垠. 1990. 应用花培技术选育春小麦新品系［J］. 黑龙江农业科学（1）：43-45.

张宏纪，王广金，刁艳玲，等. 2007. 高产抗旱小麦新品种龙辐麦15的选育［J］. 中国种业（12）：86.

张军，吴秀宁，陈新宏. 2017. 小麦骨干品种小偃22研究进展［J］. 陕西农业科学，63（2）：65-69.

张坤普，徐宪斌，吴儒刚，等. 2006. 抗旱耐盐小麦品种山融3号及其栽培技术［J］. 山东农业科学（2）：86-87.

张世成，林作楫. 1996. 航天诱变条件下小麦若干性状的变异［J］. 空间科学学报，16（增刊）：103-107.

张亚勤，宗学凤，余国东，等. 2007. 重庆温光敏核不育小麦C49S的育性稳定性分析［J］. 麦类作物学报，27（5）：787-790.

张正斌. 2001. 小麦遗传学［M］. 北京：中国农业出版社.

赵昌平. 2010. 中国杂交小麦研究现状与趋势［J］. 中国农业科技导报，12（2）：5-8.

赵昌平. 2012. 中国杂交小麦研究进展［J］. 中国小麦栽培科学学术研讨会.

赵立. 2016. 小麦诱变育种的进展［J］. 河南农业（19）：40.

甄东升，赵连芝，王勇. 2010. 小麦诱变育种研究的回顾与展望［J］. 小麦研究，31（2）：11-15.

郑建敏，李浦，廖晓虹，等. 2011. 化控两系杂交小麦—川麦59产量、品质、抗病性等特征分析［J］. 西南农业学报，24（6）：2029-2032.

周汉平，李滨，李振声. 1995. 蓝粒小麦易位系选育的研究［J］. 西北植物学报，15（2）：125-128.

周中普，李中恒. 1997. 南阳市小麦诱变育种的成果［J］. 核农学通报，18（4）：15-16.

朱惠兰, 吴纪中, 林峰, 等. 2006. 利用分池分析获得南大 2419 中一个抗赤霉病位点的分子标记 [J]. 麦类作物学报, 26 (3): 22-27.

庄巧生. 2003. 中国小麦品种改良及系谱分析 [M]. 北京: 中国农业出版社.

庄巧生, 杜振华. 1996. 中国小麦育种研究 [M]. 北京: 农业出版社.

邹少奎, 殷贵鸿, 唐建卫, 等. 2017. 小麦品种周麦 22 号的分子遗传基础及其特异引物筛选 [J]. 麦类作物学报, 37 (4): 472-482.

Akpinar B A, Magni F, Yuce M, et al. 2015. The physical map of wheat chromosome 5DS revealed gene duplications and small rearrangements [J]. BMC Genomics, 13 (16): 453.

Allen A M, Barker G A, Berry S T. et al. 2011. Transcript-specific, single-nucleotide polymorphism discovery and linkage analysis in hexaploid bread wheat (*Triticum aestivum* L.) [J]. Plant Biotechnology Journal, 9 (9): 1086-1099.

Anugrahwati D R, Shepherd K W, Verlin D C, et al. 2008. Isolation of wheat—rye 1RS recombinants that break the linkage between the stem rust resistance gene *SrR* and secalin [J]. Genome, 51 (51): 341-349.

Avni R, Nave M, Barad O, et al. 2017. Wild emmer genome architecture and diversity elucidate wheat evolution and domestication [J]. Science, 357 (6346): 93.

Bao Y, Wang J, He F, et al. 2012. Molecular cytogenetic identification of a wheat (*Triticum aestivum*) - American dune grass (*Leymus mollis*) translocation line resistant to stripe rust [J]. Genet. Mol. Res., 11 (3): 3198-3206.

Bie T D, Cao Y P, Chen P D. 2007. Mass production of intergeneric chromosomal translocations through pollen irradiation of *Triticum durum-Haynaldia villosa* amphiploid [J]. Journal of Integrative Plant Biology, 49 (11): 1619-1626.

Caceres M E, Pupilli F, Ceccarelli M. et al. 2012. Cryptic Introgression of *Dasypyrum villosum* parental DNA in wheat Lines derived from intergeneric hybridization [J]. Cytogenet Genome Res, 136: 75-81.

Cao A Z, Xing L P, Wang X Y, et al. 2011. Serine/threonine kinase gene *Stpk-V*, a key member of powdery mildew resistance gene *Pm*21, confers powdery mildew resistance in wheat [J]. PNAS, 108 (19): 7727-7732.

47

Chen G, Zheng Q, Bao Y, et al. 2012. Molecular cytogenetic identification of a novel dwarf wheat line with introgressed *Thinopyrum ponticum* chromatin [J]. J. Biosci., 37 (1): 149-155.

Chen P D, Qi L L, Zhou B, et al. 1995. Development and molecular cytogenetic analysis of wheat—*Haynaldia villosa* 6VS/6AL translocation lines specifying resistance to powdery mildew [J]. Theoretical and Applied Genetics, 91: 1125-1128.

Chen P D, Tsujimoto H, Gill B S. 1994. Transfer of Ph^I genes promoting homoeologous pairing from Triticum speltoides to common wheat [J]. Theoretical and Applied Genetics, 88 (1): 97-101.

Chen P, You C, Hu Y, et al., 2013. Radiation-induced translocations with reduced Haynaldia villosa chromatin at the Pm21 locus for powdery mildew resistance in wheat [J]. Molecular Breeding, 31 (2): 477-484.

Chen Q F. 2003. Improving male fertility restoration of common wheat for *Triticum timopheevii* cytoplasm [J]. Plant Breeding, 122 (3): 401-404.

Chen Q, Jahier J, Cauderon Y. 1992. Enhanced meiotic chromosome pairing in intergeneric hybrids between *Triticum aestivum* and diploid Inner Mongolian *Agropyron* [J]. Genome, 35 (1): 98-102.

Chen S W, Chen P D, Wang X E. 2008. Inducement of chromosome translocation with small alien segments by irradiating mature female gametes of the whole arm translocation line [J]. Sci. China Ser. C-Life Sci., 51 (4): 346-352.

Cigan A M, Singh M, Benn G, et al. 2017. Targeted mutagenesis of a conserved anther-expressed P450 gene confers male sterility in monocots [J]. Plant Biotechnology Journal, 15 (3): 379-389.

Cui F, Zhang N, Fan X L, et al. 2017Utilization of a wheat 660K SNP array-derived high-density genetic map for high-resolution mapping of a major QTL for kernel number [J]. Scientific Reports, 7 (1): 3788.

De Pace C, Snidaro D, Ciaffi M, et al. 2001. Introgression of *Dasypyrum villosum* chromatin into common wheat improves grain protein quality [J]. Euphytica, 117: 67-75.

Diaz A, Zikhali M, Turner A S. 2012. Copy number variation affecting the *photoperiod-B*1 and *vernalization-A*1 genes is associated with altered flowering time in wheat (*Triticum aestivum*) [J]. Plos One, 7 (3): e33234.

Dreisigacker S, Sukumaran S, Guzmán C, et al. 2016. Molecular marker -

based selection tools in spring bread wheat improvement: CIMMYT experience and prospects [M]. Molecular Breeding for Sustainable Crop Improvement.

Driscoll C J, Jensen N F. 1965. Release of a wheat—rye translocation stock involving leaf rust and powdery mildew resistances [J]. Crop Sci., 5: 279-280.

Endo T R. 2007. The gametocidal chromosome as a tool for chromosome manipulation in wheat. Chromosome Research, 15: 67-75.

Endo T R, Tsunewaki K. 1975. Sterility of common wheat with *Aegilops triuncialis* cytoplasm [J]. J Hered., 66: 13-18.

Fan C, Luo J, Zhang S, et al. 2019. Genetic mapping of a major QTL promoting homoeologous chromosome pairing in a wheat landrace. Theoretical and Applied Genetics, 132 (7): 2155-2166.

Fu D L, Uauy C, Distelfeld A, et al. 2009. A Kinase-START gene confers temperature-dependent resistance to wheat stripe rust [J]. Science, 323: 1357-1359.

Gupta P K, Langridge P, Mir R R, et al. 2010. Marker-assisted wheat breeding: present status and future possibilities [J]. Molecular Breeding, 26 (2): 145-161.

Hao C Y, Dong Y C, Wang L F, et al. 2008. Genetic diversity and construction of core collection in Chinese wheat genetic resources [J]. Chinese Sci. Bull., 53: 1518-1526.

Hao M, Luo J, Yang M, et al. 2011. Comparison of homoeologous chromosome pairing between hybrids of wheat genotypes Chinese Spring *phlb* and Kaixian-luohanmai with rye [J]. Genome, 54: 959-964.

Jarvis P, Lister C, Szabo V, et al. 1994. Integration of CAPS markers into the RFLP map generated using recombinant inbred lines of *Arabidopsis thaliana* [J]. Plant Mol. Biol., 24 (4): 685-687.

Jia J, Zhao S, Kong X, et al. 2013. *Aegilops tauschii* draft genome sequence reveals a gene repertoire for wheat adaptation [J]. Nature, 496: 91-95.

Kang H Y, Wang Y, Fedak G, et al. 2011. Introgression of Chromosome 3N^s from *Psathyrostachys huashanica* into wheat specifying resistance to stripe rust [J]. Plos One, 6 (7): e21802.

Kersey P J, Allen J E, Armean I, et al. 2015. Ensembl Genomes 2016: more genomes, more complexity [J]. Nucleic. Acids Res., 44: D574-D580.

Klindworth D L, Niu Z X, Chao S, et al. 2012. Introgression and characterization of a goatgrass gene for a high level of resistance to Ug99 stem rust in tetraploid wheat [J]. G3, 2: 655-673.

Knott D R. 1961. The inheritance of rust resistance VI. The transfer of stem rust resistance from *Agropyron elongatum* to common wheat [J]. Canadian Journal of Plant Science (41): 109-123.

Koba T, Handa T, Shimada T. 1991. Efficient production of wheat—barley hybrids and preferential elimination of barley chromosomes [J]. Theoretical and Applied Genetics, 81 (3): 285-292.

Kobayashi F, Wu J, Kanamori H, et al. 2015. A high-resolution physical map integrating an anchored chromosome with the BAC physical maps of wheat chromosome 6B [J]. BMC Genomics, 16 (1): 595.

Koebner R, Summers R. 2002. The impact of molecular markers on the wheat breeding paradigm [J]. Cellular & Molecular Biology Letters, 7 (2B): 695.

Kuraparthy V, Chhuneja P, Dhaliwal H S, et al. 2007a. Characterization and mapping of cryptic alien introgression from *Aegilops geniculata* with leaf rust and stripe rust resistance genes *Lr*57 and *Yr*40 in wheat [J]. Theoretical and Applied Genetics, 114: 1379-1389.

Kuraparthy V, Sood S, Chhuneja P, et al. 2007b. A cryptic wheat—*Aegilops triuncialis* translocation with leaf rust resistance gene *Lr*58 [J]. Crop Sci, 47: 1995-2003.

Landjeva S, Korzun V, Börner A. 2007. Molecular markers: actual and potential contributions to wheat genome characterization and breeding [J]. Euphytica, 156 (3): 271-296.

Lang T, Li G, Wang H, et al. 2019. Physical location of tandem repeats in the wheat genome and application for chromosome identification [J]. Planta, 249: 663-675.

Lapitan N V, Sears R G, Gill B S. 1984. Translocations and other karyotypic structural changes in wheat × rye hybrids regenerated from tissue culture [J]. Theoretical and Applied Genetics, 68 (6): 547-554.

Lei M P, Li G R, Zhang S F, et al. 2011. Molecular Cytogenetic Characterization of a new wheat—*Secale africanum* 2R^a (2D) substitution line for resistant to stripe rust [J]. Journal of Genetics, 90 (2): 283-287.

Li G, Gao D, Zhang H, et al. 2016. Molecular cytogenetic characterization of

Dasypyrum breviaristatum chromosomes in wheat background revealing the genomic divergence between*Dasypyrum* species ［J］. Molecular Cytogenetics (9)：6.

Li G R, Zhao J M, Li D H, et al. 2014. A novel wheat—*Dasypyrum breviaristatum* substitution line with stripe rust resistance ［J］. Cytogenetic and Genome Research, 143 (4)：280-287.

Ling HQ, Zhao S, Liu D, et al. 2013. Draft genome of the wheat A genome progenitor *Triticum urartu* ［J］. Nature, 496 (7443)：87-90.

Liu C, Li G R, Gong W P, et al. 2015. Molecular and cytogenetic characterization of a powdery mildew resistant wheat—*Aegilops mutica* partial amphiploid and addition line ［J］. Cytogenetic and Genome Research, 147 (2－3)：186-194.

Liu C, Li G, Yan H, et al. 2011. Molecular and cytogenetic identification of new wheat—*D. breviaristatum* additions conferring resistance to stem rust and powdery mildew ［J］. Breeding Science, 61 (4)：366-372.

Liu C, Li S, Wang M, et al. 2012. A transcriptomic analysis reveals the nature of salinity tolerance of a wheat introgression line ［J］. Plant Molecular Biology, 78 (1-2)：159-169.

Liu C, Qi L, Liu W, et al., 2011. Development of a set of compensating *Triticum aestivum － Dasypyrum villosum* Robertsonian translocation lines ［J］. Genome, 54 (10)：836-844.

Liu J J, Luo W, Qin N N, et al. 2018. A 55K SNP array-based genetic map and its utilization in QTL mapping for productive tiller number in common wheat ［J］. Theoretical and Applied Genetics, 131 (11)：2439-2450.

Liu S, Xia G. 2014. A wheat *SIMILAR TO RCD－ONE* gene enhances seedling growth and abiotic stress resistance by modulating redox homeostasis and maintaining genomic integrity ［J］. Plant Cell, 26 (1)：164.

Liu W X, Rouse M, Friebe B, et al. 2011. Discovery and molecular mapping of a new gene conferring resistance to stem rust, *Sr*53, derived from *Aegilops geniculata* and characterization of spontaneous translocation stocks with reduced alien chromatin ［J］. Chromosome Res., 19：669-682.

Liu Z Y, Sun Q X, Ni Z F, et al. 2002. Molecular characterization of a novel powdery mildew resistance gene *pm*30 in wheat originating from wild emmer ［J］. Euphytica, 123：21-29.

Luan Y, Wang X, Liu W, et al. 2010. Production and identification of wheat—*Agropyron cristatum* 6P translocation lines〔J〕. Planta, 232（2）: 501-510.

Luo M C, Gu Y Q, Puiu D, et al. 2017. Genome sequence of the progenitor of the wheat D genome *Aegilops tauschii*〔J〕. Nature, 551（7681）: 498-502.

Neelam K, Brown-Guedira G, Huang L. 2013. Development and validation of a breeder-friendly KASPar marker for wheat leaf rust resistance locus *Lr*21〔J〕. Molecular breeding, 31（1）: 233-237.

Ni F, Qi J, Hao Q, et al. 2017. Wheat *Ms*2 encodes for an orphan protein that confers male sterility in grass species〔J〕. Nature Communications （8）: 15121.

Periyannan S, Moore J, Ayliffe M, et al. 2013. The gene *Sr*33, an ortholog of barley *Mla* genes, encodes resistance to wheat stem rust race Ug99〔J〕. Science, 341（6147）: 786-788.

Pingault L, Choulet F, Alberti A, et al. 2015. Deep transcriptome sequencing provides new insights into the structural and functional organization of the wheat genome〔J〕. Genome Biol. （16）: 29.

Qi L, Friebe B, Zhang P, et al. 2007. Homoeologous recombination, chromosome engineering and crop improvement〔J〕. Chromosome Res., 15（1）: 3-19.

Rasheed A, Wen W, Gao F, et al. 2016. Development and validation of KASP assays for genes underpinning key economic traits in bread wheat〔J〕. Theoretical and Applied Genetics, 129（10）: 1843-1860.

Rasheed A, Xia X C. 2019. From markers to genome-based breeding in wheat 〔J〕. Theoretical and Applied Genetics, 132（3）: 767-784.

Ren T H, Hu Y S, Tang Y Z, et al. 2018. Utilization of a wheat 55K SNP array for mapping of major QTL for temporal expression of the tiller number. Frontiers in Plant Science （9）: 333.

Ren T H, Yang Z J, Yan B J, et al. 2009. Development and characterization of a new 1BL·1RS translocation line with resistance to stripe rust and powdery mildew of wheat〔J〕. Euphytica, 169: 207-213.

Riley R, Chapman V, Johnsson R. 1968. The incorporation of alien disease resistance to wheat bygenetic interference with regulation of meiotic chromosome synapsis〔J〕. Genet. Res. Camb. （12）: 199-219.

Saintenac C, Zhang W, Salcedo A, et al. 2013. Identification of wheat gene

*Sr*35 that confers resistance to Ug99 stem rust race group［J］. Science, 341 (6147): 783-786.

Sears E R. 1956. The transfer of leaf rust resistance from *Aegilops umbellulata* to wheat［J］. Brookhaven Symp. Biol., 9: 1-21.

Sears E R. 1972. Chromosome engineering in wheat［J］. Stadler symposta, 1 (4): 23-38.

Sharma H C, Ohm H W. 1990. Crossability and embryo rescue enhancement in wide crosses between wheat and three *Agropyron* species［J］. Euphytica, 49 (3): 209-214.

Singh M, Kumar M, Thilges K, et al. 2017. *MS26/CYP704B* is required for anther and pollen wall development in bread wheat (*Triticum aestivum* L.) and combining mutations in all three homeologs causes male sterility［J］. Plos One, 12 (5): e0177632.

Song X J, Li G R, Zhan H X, et al. 2013. Molecular identification of a new wheat—*Thinopyrum intermedium* ssp. *trichophorum* addition line for resistance to stripe rust［J］. Cereal Research Communications, 41 (2): 211-220.

Staub J E, Serquen F C, Gupta M. 1996. Genetic markers, map construction and their application in plant breeding［J］. Hort. Sci., 31 (5): 729-741.

Tang Z X, Fu S L, Ren Z L, et al. 2009. Characterization of three wheat cultivars possessing new 1BL · 1RS wheat—rye translocations［J］. Plant Breeding, 128 (5): 524-527.

Tian J, Deng Z, Zhang K, et al. 2015. Genetic analyses of wheat and molecular marker - assisted breeding［J］. volume 1. Endocrinology, 134 (3): 1329-1339.

Tucker EJ, Baumann U, Kouidri A, et al. 2017. Molecular identification of the wheat male fertility gene *Ms*1 and its prospects for hybrid breeding［J］. Nature Communications (8): 869.

Vaccino P, Banfi R, Corbellini M, et al. 2008. Wheat breeding for responding to environmental changes: enhancement of modern varieties using a wild relative for introgression of adapted genes and genetic bridge［C］. In: Proceedings of the 52nd Italian society of agriculture genetics annual congress, Padova, Italy, Abstract 4-5.

Wang H, Yu Z, Li G, et al. 2019. Diversified chromosome rearrangements detected in a wheat—*Dasypyrum breviaristatum* substitution line induced by gamma–ray irradiation [J]. Plants (Basel) (6): 175.

Wang Z, Li J, Chen S X, et al. 2017. Poaceae–specific MS1 encodes a phos-pholipid–binding protein for male fertility in bread wheat [J]. PNAS, 114 (47): 12614–12619.

Wu J, Liu S, Wang Q, et al. 2017. Rapid identification of an adult plant stripe rust resistance gene in hexaploid wheat by high – throughput SNP array genotyping of pooled extremes [J]. Theoretical and Applied Genetics, 131 (6): 1–16.

Xia C, Zhang L, Cheng Z, et al. 2017. A TRIM insertion in the promoter of *Ms2* causes male sterility in wheat [J]. Nature Communications (8): 15407.

Xia G M. 2009. Progress of chromosome engineering mediated by asymmetric so-matic hybridization [J]. J. Genet. Genomics, 36 (9): 547–556.

Xing Q H, Ru Z G, Zhou C J, et al. 2003. Genetic analysis, molecular tagging and mapping of the thermo–sensitive genic male sterile gene (*wtms*1) in wheat [J]. Theoretical and Applied Genetics, 107 (8): 1500–1504.

Yang L, Wang X G, Liu W H, et al. 2010. Production and identification of wheat—*Agropyron cristatum* 6P translocation lines [J]. Planta, 232 (2): 501–510.

Yang Z J, Ren Z L. 2001. Chromosomal distribution and genetic expression of *Lophopyrum elongatum* (Host) A. Löve genes for adult plant resistance to stripe rust in wheat background [J]. Genetic Resour. Crop Evol. 48 (2): 183–187.

Zhang J, Jiang Y, Guo Y L, et al. 2015. Identification of novel chromosomal aberrations induced by ^{60}Co–γ irradiation in wheat—*Dasypyrum villosum* lines [J]. International Journal of Molecular Sciences, 16 (12): 29787–29796.

Zhang R Q, Wang X E, Chen P D. 2012. Molecular and cytogenetic character-ization of a small alien segment translocation line carrying the softness genes of *Haynaldia villosa* [J]. Genome, 55 (9): 1–8.

Zhang Z, Zhu H, Gill BS, et al. 2015. Fine mapping of shattering locus *Br2* reveals a putative chromosomal inversion polymorphism between the two lineages of *Aegilops tauschii* [J]. Theoretical and Applied Genetics, 128 (4): 745–755.

Zhao G Y, Zou C, Li K, et al. 2017. The *Aegilops tauschii* genome reveals multiple impacts of transposons [J]. Nature Plant, 3 (12): 946–955.

Zhao Y, Ai X, Wang M, et al. 2016. A putative pyruvate transporter TaBASS2 positively regulates salinity tolerance in wheat via modulation of *ABI*4 expression [J]. BMC Plant Biology, 16 (1): 109.

Zhou A F, Xia G M, Zhang X, et al. 2001. Analysis of chromosomal and organellar DNA of somatic hybrids between *Triticum aestiuvm* and *Haynaldia villosa* Schur [J]. Mol. Genet. Genomics, 265: 387-393.

Zhou J, Zhang H, Yang Z, et al. 2012. Characterization of a new T2DS. 2DL-? R translocation triticale ZH-1 with multiple resistances to diseases [J]. Genetic Resource and Crop Evolution, 59 (6): 1161-1168.

Zimin A V, Puiu D, Hall R, et al. 2017. The first near-complete assembly of the hexaploid bread wheat genome, *Triticum aestivum* [J]. Giga Science, 6 (11): 1-7.

第三章 小麦远缘杂交与小麦—远缘物种染色体系

第一节 小麦远缘杂交及其现状

小麦远缘杂交对作物遗传改良（Dewey，1977；Sharma 和 Gill，1983；Zeller 和 Hsam，1983；Whelan 和 Conner，1989；Friebe et al.，1993；Jauhar，1993；Mujeeb-Kazi，1993；Jiang et al.，1994；陈静和任正隆，1996；杨足君等，1998；Renet al.，2009；Qi et al.，2016；Li et al.，2016）、基因及染色体作图（Zeller 和 Hsam，1983；Rilley 和 Law，1984；Schawarzacher，1991；Baum et al.，1992；Gill et al.，1992）、染色体行为及进化（Bennett，1984；Leitch et al.，1991；Stebbins，1958；Milo et al.，1988；Wang，1989；Liu et al.，2009；刘成等，2013）研究都具有重要意义。截至目前，小麦与小麦近缘物种杂交成功的报道已有几百个（H.B. 齐津，1957，李振声，1980；李振声等，1985；Sharma，1995；Friebe et al.，1996；Schneider et al.，2008；李集临等，2011；刘成等，2013）。

自 19 世纪初，科学家们就开始了小麦远缘杂交研究，远缘杂交获得成功的案例很多，例如小麦品种 Mindum × 彭提卡偃麦草、普通小麦品种 × Lutesens × 彭提卡偃麦草卵圆山羊草 × 二粒小麦（Bochev 和 Kostova，1974）、卵圆山羊草 × 硬粒小麦、钩刺山羊草 × 硬粒小麦以及钩刺山羊草×波埃奥梯小麦（Leighty 和 Sando，1926）、波埃奥梯小麦 × 山羊草（Kihara 和 Lilienfeld，1935）、小麦品种 Norin75 × 黑麦品种 Petkus（Nakamura，1966）、小麦品种 Flameks×黑麦、小麦品种中国春 × 黑麦（Marais 和 Pienaar，1977）以及小麦品种 Kormorun×黑麦（Oettler，1982）、小麦品种×黑麦品种 Petkus、小麦品种中国春×黑麦品种 Petkus（Snape et al.，1979）以及小麦×黑麦（Percival，1921）、硬粒小麦 × 黑麦（Oettler，1982）硬粒小麦 × 黑麦（Nakajima，1952）小麦地方种红芒麦 × 黑麦、小麦地方种白齐麦 × 黑麦（Luo et al.，1993）、*C. culifornicum acc.* CHC1843 × 小麦品种中国春（Gupta 和 Fedak，1985）、小麦 × 鳞茎大麦（Snape et al.，1979）、小麦品种中国春 × 鳞茎大麦（Sitch et al.，1985）、大麦

品种 Ketch × 小麦品种中国春、大麦品种 × 小麦品种 Gabo、小麦品种中国春 ×
大麦品种 Betzes、大麦品种 Prior × 小麦品种中国春以及大麦品种 Prior × 小麦
（Shepherd 和 Islam，1981）、小麦品种 Inia66 × A. distichum、硬粒小麦品种 D6654
× A. distichum（Pienaar，1981）、单粒小麦 × 天蓝偃麦草（Tsitsin，1933）、小麦
× 彭提卡偃麦草（Smith，1942）、一粒小麦 × 中间偃麦草、硬粒小麦 × 中间偃
麦草、普通小麦 × 中间偃麦草、小麦 × 彭提卡偃麦草（Cauderon，1958）、小麦
其他品种 × A. amurense、小麦 × 中间偃麦草、硬粒小麦 × 中间偃麦草以及硬粒
小麦 × 茸毛偃麦草（Smith，1943）、小麦品种中国春 × 彭提卡偃麦草、小麦品
种 Hope × 彭提卡偃麦草、二粒小麦 × 彭提卡偃麦草、硬粒小麦品种 Mindum × 彭
提卡偃麦草、硬粒小麦品种 Pellisier × 彭提卡偃麦草、波兰小麦 × 彭提卡偃麦
草、阿拉拉特小麦 × 彭提卡偃麦草、小麦品种 Marquis × 天蓝偃麦草、小麦品种
中国春 × 天蓝偃麦草、野生二粒小麦 × 天蓝偃麦草、硬粒小麦品种 Mindum × 天
蓝偃麦草以及提莫菲维小麦 × 天蓝偃麦草（White，1940）、小麦品种 Fuku-
hokomugi × 匍匐冰草、小麦品种 Asakvekomugi × 匍匐冰草（Comeau et al.，
1985）硬粒小麦品种 Mindum × 天蓝偃麦草、二粒小麦品种 Vernal Emmer × 彭提
卡偃麦草、硬粒、二粒小麦品种 Vernal Emmer × 彭提卡偃麦草、硬粒小麦品种
Mindum × 彭提卡偃麦草、小麦品种 Lutesens × 彭提卡偃麦草以及小麦品种
C. A. N. 1835 × 彭提卡偃麦草（Armstrong，1936）、小麦品种中国春 × 纤毛披碱
草、小麦其他品种 × 纤毛鹅观草、小麦品种中国春 × 粗茎披碱草、小麦其他品
种 × 粗茎披碱草、小麦品种中国春 × 条斑披碱草、小麦其他品种 × 条斑披碱
草、小麦品种中国春 × 偃麦草、小麦其他品种 × 偃麦草、小麦品种中国春 × 彭
提卡偃麦草、小麦其他品种 × 彭提卡偃麦草以及小麦品种 × 犬披碱草（Sharma
和 Gill，1983）、小麦品种中国春 × 百萨偃麦草（Mujeeb-kazi et al.，1987）小
麦品种中国春 × 犬披碱草、小麦品种 B393 × 犬披碱草（Sharma 和 Baenziger，
1986）、小麦 × 犬披碱草（Claesson et al.，1990）小麦品种中国春 × 中间偃麦草
以及小麦品种 Centurk × 中间偃麦草（Minhong 和 Liang，1985）小麦品种中国春
× 荒漠冰草品种 Nordan、小麦品种中国春 × 荒漠冰草品种 S-7317 以及小麦品种
中国春 × 冰草品种 Parkway（Limin 和 Fowler，1990）、小麦品种中国春 × 冰草
（Chen et al.，1989）、小麦品种中国春 × Th. acutum、小麦品种 Pavon-76 ×
Th. acutum、小麦品种中国春 × 辛辣披碱草、小麦品种中国春 × 中间偃麦草、小
麦品种中国春 × Pavon-76 × 中间偃麦草、小麦品种 Clennson-8 × 中间偃麦草、
小麦品种中国春 × 葡匐冰草、小麦品种 Pavor-76 × 葡匐冰草、小麦品种中国
春 × 偃麦草、小麦品种中国春 × 茸毛偃麦草、小麦品种 Pavor-76 × 茸毛偃麦
草、小麦品种 Glennson-81 × 茸毛偃麦草、小麦品种中国春 × Th. gentryi、小麦

品种中国春 × *Th. rechingeri*、小麦品种 Pavon-76 × *Th. rechingeri*、小麦品种中国春 × 糙伏毛拟鹅观草、小麦品种 Pavon-76 × 糙伏毛拟鹅观草（Mujeeb-kazi et al.，1989）以及小麦品种 × 灯芯偃麦草（Charpentier et al.，1986）加拿大披碱草 × 小麦品种中国春（Mujeeb-Kazi 和 Bemard，1985）、硬粒小麦 × *L. aronarius*、波斯小麦 × *L. aronarius*、二粒小麦 × *L. aronarius*、小麦 × *L. aronarius*、硬粒小麦 × 巨野麦、波斯小麦 × 巨野麦、小麦 × 巨野麦、二粒小麦 × 巨野麦以及提莫菲维小麦 × 巨野麦（Petrova，1960）、*E. pscudonutans* × 小麦品种 EV15171 以及 *E. pscudonutans* × 小麦品种中国春（Lu 和 Bothmer，1991）、小麦品种 Fuku-hokomugi × 窄颖赖草（Comeau et al.，1985）、小麦品种 Asakazekomugi × 窄颖赖草（Comeau et al.，1986）、犬披碱草 TA2004 × 小麦品种中国春、犬披碱草 TA2004 × 小麦品种 B393（Sharma 和 Baenziger，1986）、加拿大披碱草 × 小麦品种中国春（Mujeeb-Kazi 和 Bemard，1982）、小麦品种中国春 × *E. cisiaris* TA2006、小麦品种中国春 × 粗茎披碱草 TA202、小麦品种 TAM105 × 粗茎披碱草 TA2052、小麦品种中国春 × 粗茎披碱草 TA2052、小麦 × 粗茎披碱草 TA2052、小麦品种中国春 × 条斑体检草 TA2017、小麦品种 Newton × 条斑体检草 TA2017（Sharma 和 Gill，1983）、小麦品种中国春 × 大麦品种 Ketch、小麦品种中国春 × 大麦品种 Betzes、小麦品种 Gabo × 大麦品种 Betzes 以及小麦品种 Gabo × 大麦品种 Clipper（Shepherd 和 Islam，1981）、小麦品种中国春 × 大麦品种 Betzes（Fedak，1980）、波斯小麦 × 单粒小麦、波斯小麦 × 波埃澳梯小麦、波斯小麦 × 乌拉尔图小麦（Sharma 和 Waines，1981）、密穗小麦 × 卵圆山羊草以及小麦 × 卵圆山羊草以及小麦 × 钩刺山羊草（Leighty 和 Sendo，1926）等。

虽然小麦与小麦近缘物种杂交成功的报道较多，但至今未见与类大麦属（*Crithopsis*）、异形花属（*Heteranthelium*）、无芒草属（*Henrardia*）、棱轴草属（*Taeniatherum*）、澳麦草属（*Australopyrum*）物种杂交和成功获得杂种的报道。下面对小麦族远缘植物各属与小麦杂交获得染色体系的具体情况分别进行介绍。

第二节　小麦—山羊草染色体系

（一）小麦—顶芒山羊草染色体系

1968 年，Riley 等开展了将顶芒山羊草种质转移给小麦的研究工作（Riley et al.，1968），获得了小麦—顶芒山羊草 2M 附加系、2DL/2M 和 2DS/2M 易位系，将来自该染色体的 $Sr34$ 和 $Yr8$ 转移给了小麦（McIntosh et al.，1982）。

翁跃进和董玉琛（1995）将顶芒山羊草与波斯小麦杂交，人工合成遗传上相对稳定的双二倍体（2n = 6x = 42，AABBMM），以此为桥梁与普通小麦品种"欧柔"进行正反杂（回）交，借助花药培养过程中能产生非整倍单倍体和非整倍双倍体的特点，在改良的固体培养基上接种花药诱导愈伤组织，获得 145 株花粉植株，从中选择 6 株 2n = 44 的双倍体和 9 株 n = 22 的单倍体，用 0.1%秋水仙素加倍处理 n = 22 的单倍体，于花粉母细胞减数分裂时期进一步检查染色体构型，选择出 6 份小麦—顶芒山羊草附加系。1997 年，翁跃进等利用 RFLP 标记从小麦—顶芒山羊草杂交后代中鉴定出了 4M（4D）代换系（翁跃进等，1997）。

Nasuda 等（1998）利用 C 带和基因组原位杂交鉴定处了小麦—顶芒山羊草易位系 T2AS-2M#1L · 2M#1S 易位系和 T2DS-2M#1L · 2M#1S。

贾燕妮（2016）将顶芒山羊草与四倍体小麦进行杂交，获得了四倍体小麦—顶芒山羊草双二倍体，用该双二倍体与小麦进行杂交，获得了大批小麦—顶芒羊草杂交种质资源并利用形态学和细胞学观察、结实率统计和花粉母细胞染色体配对、HMW-GS 分析及 GISH 和 FISH 等方法对这些材料进行了鉴定。

宫文萍等（2019）利用顶芒山羊草 2M 染色体臂特异分子标记结合多聚核苷酸荧光原位杂交对小麦—顶芒山羊草杂交种质进行了鉴定，获得了 Hobbit 'sib' -顶芒山羊草 2M 附加系、2M（2D）代换系、2AS-2ML · 2MS 易位系和 2DS-2ML · 2MS 易位系，认为鉴定材料中的易位系和 Nasuda 等（1998）鉴定的材料是同一材料。

Liu 等（2019）从中国春—顶芒山羊草杂交种质中鉴定出了中国春—顶芒山羊草 2M-7M 附加系和 6M（6A）代换系，并对鉴定的材料进行了抗病性鉴定与一年四地农艺性状调查，综合评价了所鉴定的小麦—顶芒山羊草染色体系对育种的潜在利用价值。

（二）小麦—无芒山羊草染色体系

Dover（1973）将无芒山羊草与小麦杂交，从其杂交后代中鉴定出小麦—无芒山羊草 A、C、E 和 F 附加系（无芒山羊草未确定）。

英国 John Innes Centre 的 Miller 课题组合成了一套小麦—无芒山羊草杂交种质，利用形态学特征对这批材料进行了初步鉴定（私人通信），但未发表相关研究结果。

Panayotov 和 Tsujimoto（1997）从小麦—无芒山羊草杂交种质中鉴定出了 12 个抗白粉病和 9 个具有部分白粉抗性的株系，但是未鉴定这批材料的染色体构型。

Eser（1998）利用同工酶标记从小麦—无芒山羊草杂交种质中鉴定出了小

麦—无芒山羊草 7T（7A）代换系。

Liu 等（2016）利用分子细胞遗传方法及抗病性调查鉴定出了抗白粉病的小麦—无芒山羊草部分双二倍体和 7T 附加系。

King 等（2019）利用小麦—远缘物种基因型芯片及原位杂交等方法从小麦（包括中国春、Paragon 和 Pavon）—无芒山羊草杂交后代中鉴定了 66 份细胞学稳定的小麦—无芒山羊草渐渗系，发现其中的 43 份含小麦—无芒山羊草染色体小片段易位系。

（三）小麦—钩刺山羊草染色体系

王洪刚等（2000）以钩刺山羊草为母本与小麦品种鲁麦 15 杂交，再利用鲁麦 15 作父本与杂种 F_1 进行回交，将钩刺山羊草的抗性转移给小麦，利用条锈病和叶锈病抗病性鉴定从 F_2 和 BC_2 世代中分离出高抗条锈病和叶锈病的种质资源。

Schneider 等（2005）以 pSc119.2 和 pAs1 为探针对钩刺山羊草及其基因组供体物种进行分析，获得了两个探针在这些物种上的杂交模式，结果发现钩刺山羊草 M^{bi} 染色体上的杂交信号臂 U^{bi} 染色体上的杂交信号更为丰富。利用 pSc119.2、pAs1 和 pTa71 为探针荧光原位杂交（FISH）方法对小麦—钩刺山羊草杂交种质进行鉴定，从中鉴定出了小麦—钩刺山羊草 $2M^{bi}$、$3M^{bi}$、$7M^{bi}$、$3U^{bi}$ 和 $5U^{bi}$ 染色体附加系。

（四）小麦—小伞山羊草染色体系

Kimber（1967）将小伞山羊草种质转移给小麦中国春，从其杂交后代中筛选鉴定出小麦—顶芒山羊草 1U、2U、5U、6U 和 7U 附加系。

Riley 等（1973）先后从小麦—小伞山羊草杂交种质中发现小伞山羊草 1U、2U、5U 和 7U 染色体分别替换了小麦染色体 1、2、5、7 同源群 A、B 和 D 染色体，形成了相应的小麦—小伞山羊草代换系。

Reader 和 Miller（1987）将小伞山羊草和沙融山羊草种质转移给小麦，从其后代材料中鉴定出了小麦—小伞山羊草和小麦—沙融山羊草 1U（1D）和 $4S^{sh}$（4D）双代换系。

Koebner 和 Shepherd（1987）利用种子蛋白电泳方法从小麦—小伞山羊草杂交后代中鉴定出了小麦—小伞山羊草 1U/1B 易位系。

许树军等（1990）对波斯小麦与粗山羊草（5 个品系）、小伞山羊草和卵穗山羊草双二倍体及其亲本的抗叶锈和白粉病进行鉴定。结果表明，粗山羊草对叶锈的抗性受波斯小麦品系 PSS（不抗叶锈）的抑制，在双二倍体中表现为不抗病。小伞山羊草和卵穗山羊草对叶锈的抗性不受波斯小麦的影响，能在双二倍体中充分表达。以对白粉病免疫的波斯小麦为母本与免疫/中到高抗白粉病的山羊草杂交，合成的双二倍体都对白粉病免疫。采用中抗到高抗和中感白粉病的普通小麦品种与免疫白粉病的波斯小麦—粗山羊草双二倍体杂交，并连续回交二次，从回交二代材料中鉴定获得了农艺性状优良并对白粉病免疫的小麦品系。

Friebe 等（1995）以小麦—小伞山羊草附加系和单体附加系（DA1U = B、DA2U = D、MA4U = F、DA5U = C、DA6U = A、DA7U = E = G）以及端体附加系（DA1US、DA1UL、DA2US、DA2UL、DA4UL、MA5US、（+iso 5US）、DA5UL、DA7US、DA7UL）等为材料，建立了小伞山羊草标准 C 分带。分析结果显示，附加系 H 中含有小麦—小伞山羊草 T2DS·4US 易位染色体。利用基因组原位杂交方法对辐射诱导的含抗叶锈病基因 $Lr9$ 的小麦—小伞山羊草易位株系进行鉴定，结果显示，T40 是 T6BL·6BS-6UL 易位系，T41 是 T4BL·4BS-6UL 易位系，T44 是 T2DS·2DL-6UL 易位系，T47 是 T6BS·6BL-6UL 易位系，T52 是 T7BL·7BS-6UL 易位系。

为了将卵穗山羊草叶锈抗性和条锈病抗性转移给小麦，Dhaliwal 等（2002）将抗上述两种病害的卵穗山羊草与感病的小麦品种 WL711 进行杂交，将 F_1 与小麦亲本进行回交，经 2~3 次回交后自交，利用抗病性鉴定筛选抗病植株。利用染色体 C 分带从中鉴定出一个抗两种病害的小麦—卵穗山羊草 5M（5D）代换系。

Dai 等（2014）将小伞山羊草、单芒山羊草分别与四倍体小麦进行杂交，将山羊草的高分子谷蛋白亚基转移给小麦，获得了 5 份小麦—小伞山羊草双二倍体和小麦—单芒山羊草双二倍体。

（五）小麦—沙融山羊草染色体系

Miller 等（1982）和 Miller（1983）将沙融山羊草与小麦中国春进行杂交，从其杂交后代中筛选获得一个小麦—沙融山羊草单体附加系并用染色体 C 分带和原位杂交技术对该材料进行了鉴定，然而鉴定结果没有明确该单体附加系中沙融山羊草染色体的同源群归属。此外，他们还在小麦—沙融山羊草杂交种质中鉴定获得了小麦—沙融山羊草 4S^{sh}（4D）代换系。

徐霞等（1992）利用从兰单体自交分离得到的 5 个自花结实的 4D 缺体小麦映 72180 和缺天选 15 等作母本与 11 个山羊草（*Ae. speltoides*、*Ae. sharonensis* 等）杂交，再以 4D 缺体为轮回亲本对杂种进行回交，借助于幼胚培养技术获得了缺天选 15 × 拟斯卑尔脱山羊草二体异代换系和缺 72180 × 沙融山羊草单体异代换系。

Jiang 等（2014）将沙融山羊草与四倍体小麦杂交，将沙融山羊草高分子量谷蛋白亚基转移给了小麦，获得了小麦—沙融山羊草双二倍体。

（六）小麦—高大山羊草染色体系

Feldman（1975）将高大山羊草与小麦杂交，从杂交后后代中分离出一整套小麦—高大山羊草染色体附加系。

Hart 和 Tuleen（1983）开展了高大山羊草种质向小麦的转移工作，利用同工酶等方法从小麦—高大山羊草杂交后代中鉴定分离出小麦—高大山羊草 $3S^l$、$6S^l$ 和 $7S^l$ 附加系。

Netzle 和 Zeller（1984）利用花粉母细胞观察等方法从小麦—高大山羊草杂交后代中鉴定出了小麦—高大山羊草染色体附加系 A、C 和 D（染色体同源群未鉴定）。

Millet 等（1988）利用同工酶标记和花粉母细胞观察等方法从小麦—高大山羊草杂交后代中鉴定出了小麦—高大山羊草 $5S^l$（5A）、$5S^l$（5B）和 $5S^l$（5D）代换系。

Жиров 等（1994）鉴定了代换系 2350 中一个高大山羊草染色体代换了 AB-pope 小麦中的 6D 染色体形成 $6S^l$（6D）代换系，抗病性鉴定发现高大山羊草染色体 $6S^l$ 随体携带抗白粉病的显性基因，能引起上层穗芒和茎秆表面花青素着色发育不全。

Donini 等（1995）利用 RFLP 标记对小麦—高大山羊草杂交种质进行了鉴定，发现了小麦—高大山羊草 3S/3B 易位系和 3S/3D 易位系。

（七）小麦—欧山羊草染色体系

欧山羊草具有两个容易用聚丙烯酰胺凝胶电泳与小麦区别的高分子谷蛋白亚基，分别命名为 *Glu-Aeb*1 和 *Glu-Aeb*2，电子科技大学周建平开展将欧山羊草高分子谷蛋白亚基向小麦转移的工作，其课题的孙彬等（2011）采用聚丙烯酰胺凝胶电泳（SDS-PAGE）方法对 21 份欧山羊草与小麦杂交后代 BC_2F_6 和 15 份 BC_2F_5 与小麦杂交 F_0 种子的谷蛋白亚基组成进行了鉴定，结果发现，36 份材料全部都有欧山羊草高分子谷蛋白亚基的转入。*Glu-Aeb*1 在 BC_2F_6 和杂交组合 F_0 中的传递频率分别为 59.52% 和 20.94%，而 *Glu-Aeb*2 在 BC_2F_6 和杂交组合 F_0 中的传递频率分别为 40.48% 和 22.96%。其后，该课题组又利用分子和细胞学方法结合品质测定，先后从这批材料中鉴定出了品质优良的小麦—欧山羊草 1M 附加系和 $1M^b$（1B）代换系。

（八）小麦—偏凸山羊草染色体系

Dosba 等（1978）将偏凸山羊草与小麦杂交，从其杂交后代中筛选鉴定出了小麦—偏凸山羊草 $4U^v$、$5U^v$ 和 $6U^v$ 附加系以及染色体同源群未被鉴定的小麦—偏凸山羊草附加系 C、G 和 H。

Delibes 等（1981）研究了三个生化标志物 U-1、CM-4、Aphv-a/Aphv-b 在偏凸山羊草 M^v 染色体的小麦—山羊草染色体附加系中的分布情况，结果发现，先前根据常见的非生物化学特征分组的附加系携带标记 U-1，该标记是来自 2M 尿素提取物的一种蛋白质成分。结果还发现，附加到小麦背景中的偏凸山羊草染色体在适当的遗传背景下对小麦眼斑病具有良好抗性。另外两个染色体第 4 同源群有关标记，氯仿（甲醇提取物）中的一种蛋白质组分 CM-4 和碱性磷酸同工酶 Aphv-a、Aphv-b 均在另一附加系同时检测到，这表明该附加系中的染色体为 $4M^v$。

Mena 等（1993）利用偏凸山羊草基因组单拷贝 DNA、α1-硫蛋白、单体 α-淀粉酶抑制基因、CM3 亚基四聚 α-淀粉酶抑制基因和蔗糖合成酶 cDNA，以及乌头酸酶、莽草酸脱氢酶、腺苷酸激酶、内肽酶等同工酶标记、吉姆萨 C 分带等方法对染色体条数为 42 的小麦—偏凸山羊草杂交后代进行检测，从中鉴定出了小麦—偏凸山羊草 $5M^v$、$6M^v$、$7M^v$ 附加系等远缘杂交新材料。

张卫兵等（1998）通过硬粒小麦（AABB，$2n=28$）与偏凸山羊草（DDM^v M^v，$2n=28$）杂交选育出遗传上相对稳定的部分双二倍体，利用核型分析证实该部分双二倍体具有偏凸山羊草的染色体组，为偏凸山羊草的优异基因向小麦转移奠定了物质基础。

戴秀梅等（2004）对具有普通小麦特征的中国春×硬偏麦六倍体杂种 F_6 代稳定株系 9606217、9606117、9606233、9606324 和 9606344 进行苗期室内白粉病抗性鉴定和细胞学观察，结果发现，9606117 为 $6M^v$（6B）染色体代换系。9606217、9606117 和 9606233 对低毒力 1 号病小种和高毒力 315 号小种免疫，9606324 对 1 号和 315 号小种均感病，9606344 对 1 号小种免疫而对 315 号小种感病。9606217、9606117 和 9606233 对白粉病的优良抗性与偏凸山羊草的 $6M^v$ 染色体有关。

王玉海等（2006）利用偏凸山羊草和柱穗山羊草杂交人工合成了多倍双二倍体 SDAU18，并对 SDAU18 及其双亲的细胞学及主要农艺性状进行了观察。结果发现，偏凸山羊草和柱穗山羊草的花粉母细胞减数分裂中期 I 的染色体构型均为 14 II，其根尖细胞染色体数目为 $2n=56$，在株高、穗长、每穗小穗数、穗粒数和千粒重等方面都优于其双亲，且对白粉病和条锈病表现免疫。

63

龙应霞和刘荣鹏（2008）利用小伞山羊草作母本分别与硬粒小麦和偏凸山羊草进行杂交，得到杂种 F_1，花粉母细胞观察结果发现，该 F_1 中期染色体为 21I，小伞山羊草与偏凸山羊草的杂种 F_1 中期染色体为 3II+15I，为进一步将小伞山羊草中的有利基因向普通小麦转移提供了新的育种材料。

王玉海等（2009）以 SDAU18 和普通小麦品种烟农 15 及其 9 个杂种世代为材料，分析不同自交和回交世代染色体和性状分离的特点，发现随自交世代和以烟农 15 为轮回亲本回交世代的增加染色体数目逐渐减少，回交比自交能使后代的染色体数目更快趋近普通小麦的 42 条，至 F_5 和 BC_3F_1 代，染色体数目为 42 的植株已分别达 93.9% 和 92.0%。与自交世代相比，回交后代减数分裂第一次分裂中期的花粉母细胞的染色体构型较为简单，回交次数过多不利于外源染色体与普通小麦染色体发生重组，建议以回交 2~3 次为宜。随自交和回交世代的增进，杂种的育性提高，至 F_3 和 BC_2F_1 代育性基本稳定。从不同杂种世代可分离出具有矮秆、大穗、大粒、对白粉病、条锈病免疫或高抗及外观品质优良的变异类型。

王玉海等（2010）利用压片法对偏凸山羊草和柱穗山羊草及其双二倍体 SDAU18 的细胞学特点进行了鉴定，结果发现，两亲本偏凸山羊草和柱穗山羊草的小孢子发生和花粉发育正常，二者结实率较高，分别为 90.5% 和 93.2%。SDAU18 的小孢子发生过程基本正常，花粉母细胞减数分裂中期 I 的染色体构型基本上为 28 II，花粉发育的每个时期都产生了低频率的败育花粉，在三细胞成熟花粉期其可育花粉率为 88%，结实率为 71.2%，明显低于双亲。

王玉海等（2016）创制了一个细胞学稳定、农艺性状和育性良好的小麦—山羊草渐渗系 TA002，它含有偏凸—柱穗山羊草双二倍体特有的贮藏蛋白亚基及其双亲没有的新亚基且高抗小麦白粉病，其白粉病抗性受显性单基因控制，该基因可能是来自偏凸山羊草或柱穗山羊草的一个新的白粉病抗性基因。

徐如宏等（2016）对偏凸山羊草与普通小麦杂种后代抗白粉病种质 BC5-2 的遗传组成进行了细胞学和 RAPD 鉴定，结果发现，BC5-2 根尖细胞染色体数目为 2n=42，花粉母细胞减数分裂中期 I 染色体构型为 2n=21 II。经核型和 C-分带分析证明 BC5-2 为小麦—偏凸山羊草双代换系，其中一对为偏凸山羊草的 $2M^v$ 染色体，另一对为 $6M^v$ 染色体，BC5-2 中被代换的两对小麦染色体是 1B 和 6A。

（九）小麦—卵穗山羊草染色体系

Friebe 等（1999）利用卵穗山羊草染色体标准 C 分带、中期染色体配对以及植物形态学特征从小麦—卵穗山羊草杂交种质中鉴定出了 13 个小麦—卵穗山羊草染色体附加系、1 份小麦—卵穗山羊草单体附加系、两个单端体附加系（MtA7U^{g}L、MtA7M^{g}L）以及 9 份端体附加系（DtA1U^{g}S、DtA1U^{g}L、DtA2U^{g}S、DtA1M^{g}L、DtA2M^{g}L、DtA3M^{g}S、DtA5M^{g}S、DtA6M^{g}L 和 DtA7M^{g}S），并且发现 4M^{g}染色体为杀配子染色体。

Dhaliwal 和 William（2002）将抗叶锈和条锈病的卵穗山羊草与感病小麦品种 WL711 进行杂交，用 WL711 对其 F$_1$进行回交，利用染色体 C 分带和 SSR 标记从其后代中鉴定出小麦—卵穗山羊草 5M^g（5D）代换系、5M^g/2AL 易位系、5M^g/1BL 易位系和 5M^g/5BS 易位系。

Kuraparthy 等（2007）诱导了小麦 5D 染色体与卵穗山羊草 5M^{g}染色体重组，利用顶芒山羊草 M 基因组 DNA 对抗条锈病的 BC$_2$F$_5$ 和 BC$_3$F$_6$材料进行 GISH 分析，从中鉴定出三种不同类型的渐渗系，其中有 2 个材料从细胞学上可观察到卵穗山羊草染色体，另外 1 个材料观察不到外源染色体，称之为隐形易位。上述 3 种类型材料对美国堪萨斯州和印度旁遮普省最流行的叶锈病和条锈病生理小种均表现为抗病。分子鉴定结果显示，隐形易位中 5DS 染色体臂上的外源染色体片段所占比例不足整条染色体臂的 5%，形成了 T5DL·5DS-5M^{g}S 易位系，其上含有抗小麦叶锈病基因 *Lr*57 和条锈病基因 *Yr*40。

吴红坡等（2016）利用杂交和回交的方法将卵穗山羊草转移给小麦，获得了 19 株小麦—卵穗山羊草衍生后代。用 400 个 SSR 标记对 3 个亲本中国春、卵穗山羊草和陕优 225 以及 19 株衍生后代进行分子标记特异性分析，结果发现，20 个标记可以在卵穗山羊草中扩增出不同于小麦亲本的条带，将其应用于 19 株衍生后代中发现有 10 个标记可以在衍生后代中扩增出特异条带，说明这 19 株衍生后代中全部含有卵穗山羊草的遗传物质并且这些特异引物可以继续应用于后代的检测中。对 3 个亲本材料和 19 株衍生后代进行了成株期白粉病抗性鉴定发现，中国春和陕优 225 都表现为高感，而卵穗山羊草以及 19 株衍生后代中的 16 株均表现为免疫，说明衍生后代的白粉病抗性完全遗传自卵穗山羊草亲本。

（十）小麦—拟斯卑尔脱山羊草染色体系

Lapochkina 等（1996）利用异染色质标记和抗病性鉴定等方法从小麦—拟斯卑尔脱山羊草杂交种质中鉴定出了小麦—拟斯卑尔脱山羊草 2S/2B 易位系。

Friebe 等（2000）利用染色体长度、染色体长短臂比例、染色体标准 C 分带、分子标记和荧光原位杂交等方法对小麦—拟斯卑尔脱山羊草种质鉴定鉴定，从中鉴定出了一套小麦—拟斯卑尔脱山羊草染色体附加系和 7 份端体系，为其后分析染色体补偿性（Friebe et al.，2011）和抗病基因定位奠定了基础。

Faris 等（2008）利用细胞遗传学手段对硬粒小麦—拟斯卑尔脱山羊草染色

体系进行鉴定，发现材料 DAS15 中含有小麦—拟斯卑尔脱山羊草易位染色体，该易位涉及拟斯卑尔脱山羊草短臂、着丝粒和长臂的主要部分，被命名为 T2BL-2SL·2SS。秆锈病鉴定发现，DAS15 中可能含有新的抗秆锈病基因，是小麦抗秆锈病育种的优异基因源。

Liu 等（2016）创制了 1 套小麦—拟斯卑尔脱山羊草附加系和代换系，用这套附加系和代换系为材料，开发了拟斯卑尔脱山羊草 S 基因组染色体特异分子标记，创制并鉴定了包含 13 个小麦—拟斯卑尔脱山羊草补偿性易位系在内的整套整臂易位系（除 4S 染色体长臂易位系未获得外）。鉴定的这批罗伯逊易位系大多数是完全可育的，为将拟斯卑尔脱山羊草基因组优异基因定位到特定染色体臂，以及将其优异农艺性状导入栽培小麦提供了重要的种质资源。

（十一）小麦—希尔斯山羊草染色体系

Pietro 等（1988）和 Friebe 等（1995）先后将希尔斯山羊草与小麦进行杂交，将远缘种质转移给小麦，分别都从小麦—希尔斯山羊草杂交后代中分离鉴定出一整套的小麦—希尔斯山羊草染色体附加系。

Liu 等（2011）将中国春—希尔斯山羊草 3S^s 附加系与中国春缺体进行杂交，利用分子和细胞学方法从其后代材料中鉴定出了小麦—希尔斯山羊草整臂易位系 T3AL·3S^{s}S、T3BL·3S^{s}S、T3DL·3S^{s}S 以及小麦—希尔斯山羊草染色体小片段易位系 T3DS-3S^{s}S3S^{s}L，并将抗秆锈基因 Sr51 定位在希尔斯山羊草 3S^{s}S 染色体臂上。

Liu 等（2017）将中国春—希尔斯山羊草 2S^s 附加系与中国春 $ph1b$ 基因缺失突变体进行杂交，对其自交 F_2 及 BC_1F_1 材料进行分子和细胞学筛选与鉴定，获得了小麦—希尔斯山羊草 T2BS·2BL-2Ss#1L 易位系，抗病性鉴定发现希尔斯山羊草 2S^{s}L 染色体臂上含有抗白粉病基因 Pm57。

（十二）小麦—易变山羊草染色体系

Driscoll（1974）将易变山羊草与小麦杂交，从其杂交种质中筛选出染色体条数为 44 的小麦—易变山羊草 A、C、E、G、H、J、M、N、O、P 和 Q 附加系（易变山羊草染色体同源群未鉴定）。

Driscoll（1983）对 14 份小麦—易变山羊草杂交种质进行鉴定，结果显示，其中的 9 份材料是小麦—易变山羊草附加系。将这 9 个附加系中的易变山羊草染色体 C 分带与小麦—小伞山羊草附加系中的小伞山羊草染色体 C 分带以及小麦—高大山羊草中的高大山羊草染色体进行比较分析，认为易变山羊草的 U^v 染色体组来自小伞山羊草，而其 S^v 染色体组来自高大山羊草。

Friebe 等（1996）将易变山羊草种质转移给小麦，利用建立的易变山羊草染色体标准 C 分带从其杂交后代中鉴定出了 14 个小麦—易变山羊草附加系和 25 个小麦—易变山羊草端体系，为易变山羊草染色体优异基因定位提供了物质基础。

Spetsov 等（1997）为了将易变山羊草的白粉病抗性转移给小麦，将易变山羊草与小麦杂交，并利用小麦进行回交 2 次，经过 5~9 代自交，从这批材料中分离出了抗白粉病的小麦—易变山羊草染色体附加系和代换系。同时，试验还发现在抗病植株中常观察到一对短的随体染色体，利用染色体第一同源群高分子谷蛋白亚基和探针 pGBX 3076 进行的 DNA 杂交证实这些材料中发生代换的染色体为第一同源群染色体。

Zhao 等（2016）利用建立的易变山羊草 FISH 核型、SSR 标记及抗病性调查等方法对小麦—易变山羊草杂交种质进行鉴定，从中鉴定出了抗条锈病的 ($2S^v$+$4S^v$) 附加系 3 份以及 $2S^v$（2B）或 $2S^v$（2D）代换系 12 份，为小麦抗病育种提供了抗源。

（十三）小麦—单芒山羊草染色体系

英国 John Innes Centre 的 Miller 课题组最早合成了小麦—单芒山羊草双二倍体，以该双二倍体为桥梁材料将单芒山羊草种质转移给小麦，获得了一套小麦—顶芒山羊草附加系（Iqbal et al., 2000a, Gong et al., 2014）。Iqbal 等（2000b）利用其中的小麦—顶芒山羊草 3N 附加系为基础，创制出了具有铝耐受性的 3A-3N 染色体重组体。

宫文萍等（2017）用寡聚核苷酸 Oligo-pSc119. 2-1 和 Oligo-pTa-535-1 为探针的双色 FISH 和以 $(GAA)_8$ 为探针的单色 FISH 在 1N 附加系自交后代材料中发现了 T5BS. 3BS 和 T5BL. 3BL 易位，在 5N 附加系自交后代中发现 5NL 端部寡聚核苷酸删除现象，在 4N 附加系自交后代中发现 4B 染色体丢失现象，发现附加系自发形成 4N（4B）代换系，为诱导产生涉及 4N 染色体的小麦—单芒山羊草罗伯逊易位系奠定了基础。

（十四）小麦—尾状山羊草染色体系

Schubert 和 Bluthner（1995）将尾状山羊草与小麦品种 Alcedo（ALCD）进行杂交，从其杂交后代中鉴定出了小麦—尾状山羊草 A-G 附加系（染色体同源群归属未鉴定），其中的 A 附加系中的尾状山羊草染色体被同工酶、染色体主要特征（随体）和染色体 C 分带确证为 1C。Friebe 等利用染色体 C 分带对小麦—尾状山羊草 B-G 附加系进行了鉴定，认为 C、D 和 F 附加系中的尾状山羊草染色体可能分别是 5C、6C 和 3C（Friebe et al.，1992）。

Gong 等（2017）建立了尾状山羊草染色体特异标记对小麦—尾状山羊草 B-G 附加系进行鉴定，证实 C-F 附加系中尾状山羊草染色体分别是 5C、6C、7C 和 3C（B 和 G 附加系未鉴定清楚），并且 B-G 染色体均发生了染色体重组。

Danilova 等（2017）利用单基因 FISH 对这小麦—尾状山羊草 B-G 附加系进行分析，认为小麦—尾状山羊草 B-G 附加系中的染色体分别为 2C、5C、6C、7C、3C 和 4C，并且认为尾状山羊草各条染色体都发生了染色体重组。

（十五）小麦—其他山羊草染色体系

孔令让等（1999）利用中国春单体分析法将四倍体小麦—粗山羊草双二倍体 Am6 的抗白粉病基因定位于 1A 染色体上。与已知抗白粉病基因比较发现，Am6 可能含一新的抗白粉病基因。限制性片段长度多态性（RFLP）分析表明，在分布于小麦 7 个部分同源群的 36 个探针中未找到与此抗病基因连锁的分子标记。遗传分析发现，Am6 的抗白粉病基因在不同小麦背景下表现出较好的稳定性，将 Am6 与不同小麦品种杂交，在后代中选育出具有矮秆大穗、大穗大粒、多花多粒等不同性状特点的抗白粉病种质。

宋喜悦和马翎健（2002）将 5 种山羊草细胞质导入普通小麦，获得了大批远缘杂交种质并研究其对普通小麦主要农艺性状的遗传效应，结果发现，沙伦山羊草、粗厚山羊草和瓦维洛夫山羊草细胞质使普通小麦育性降低，离果山羊草、沙伦山羊草细胞质对普通小麦的农艺性状存在不良效应，在 5 个性状中，除穗下节间长和单株有效分蘖数差异不显著外，旗叶面积、株高和结实率均存在细胞质效应，因而必须导入合适的异源细胞质才可能创造出可为生产利用的核质杂种小麦。

第三节　小麦—黑麦染色体系

1916 年，Bachhouse 首次报道了"中国春"与黑麦具有高的可杂交性，并认为小麦与黑麦的可杂交性为质量性状（Baclchouse，1916）。Lein（1943）研究表明，该性状受两对隐性可杂交性基因 kr1 和 kr2 控制，且 kr1 比 kr2 效应更强。Riley 和 Chapman（1967）利用染色体代换方法将"中国春"的 krl、kr2 基因分别定位于 5B、5A 染色体上。Krowlow（1970）指出，"中国春" 5D 染色体上具有另一对隐性可杂交基因 kr3。kr3 基因在控制小麦与黑麦可杂交性上的效应较弱。罗明诚等（1989）在四川地方品种中发现了亲和性极显著高于中国春的材料，推测这种材料可能具有一新的控制可杂交性的基因。罗明诚等（1990）从高亲和性品种——仪陇白麦子中选育出了与黑麦可杂交性可达 100% 的新材构"J-11"。郑有良等（1993）在"J-I1"的 1A 染色体上发现了一个新的隐性可杂交基因 kr4，并检测出该基因为强效基因，其效应介于 kr1 和 kr2 之间。这是首次在小麦第 5 同源群之外确认的此类基因。kr1 和 kr2 基因不仅控制普通小麦与栽培黑麦的可杂交性，也控制与大麦及其他近缘属种材料的杂交（Thomas et al.，1980），甚至在小黑麦与黑麦的杂交中也起作用（Guedes-Pinto et al.，2001）。

陈漱阳等（1981，1985，1991）在开展小麦远源杂交的工作中发现，小麦品种——郑州 7182 选系 7182-0-11-1 在与簇毛麦、滨麦、华山新麦草的杂交中均优于"中国春"。陈漱阳等（1996）推测该材料可能具有一个新的控制可杂交性的基因。侯文胜等（1998）对该选系与黑麦的可杂交性进行了研究，结果表明，7182-0-11-1 与黑麦的可杂交性明显高于"中国春"。遗传分析发现，在 2B 染色体上存在一个新的隐性可杂交基因 kr5，并认为该基因为强效，其效应接近于 kr1。

郑有良等（1993）对中国地方品种进行了研究，发现了与黑麦可杂交性优于"中国春"的材料，这说明在中国六倍体普通小麦地方品种中存在丰富的高亲和性材料。刘登才等（1998）在四川省一个四倍体小麦地方品种中发现了一个与黑麦具有高可杂交性的品种——简阳矮兰麦。遗传分析表明，简阳矮兰麦与黑麦的高可杂交性是受 2~3 对隐性基因所控制，但三对基因的可能性更大。这些基因的作用在合成六倍体小麦后仍能比较完全的表达。而且四倍体小麦的可杂交性系统与六倍体小麦的可杂交性系统作用方式类似。

在小麦中不仅有控制与黑麦可杂交性的基因，在黑麦中也发现存在类似的基因（刘登才，1998）。蒋华仁等（1992）以中国春的 SB 和 SA 染色体分别被置换了的两套代换系作母本，与各黑麦属物种杂交，结果表明，5B 和 5A 染色体上的 kr1 和 kr2 基因不但控制着普通小麦跟栽培黑麦间的可杂交性，也对普通小麦与黑麦属其他物种间的可杂交性起作用。黑麦属不同物种与同一套小麦亲本杂交时表现出的可杂交性差异说明，黑麦属物种内部也存在着影响可杂交性的基因，这些基因与小麦的 kr 基因相互作用，构成了可杂交性上的种种特异表现。

由于黑麦具有上述诸多有育种价值的性状，迄今世界各国已对其开展了大量研究，通过多种途径将黑麦材料的遗传物质转移到小麦中，育成携带有黑麦染色体或染色体片段的小麦品种，并得到了大面积推广利用。黑麦向小麦中转移的途径主要是通过创制一系列小麦/黑麦双二倍体、附加系、代换系以及易位系。

人工合成的双二倍体，就其来源及合成的途径，可以分为完全双二倍体和部分双二倍体。双二倍体是具有两个亲本、来源和性质不同的全套染色体组结合而成的新物种，染色体数目是双亲染色体数目之和。部分双二倍体只有双亲中的一部分染色体组，染色体数目少于双亲染色体数目之和。小黑麦是典型的双二倍体，按照染色体倍性可以分为十倍体、八倍体、六倍体和四倍体，目前生产上应用的是八倍体和六倍体小黑麦。1888 年，德国人 Rimpau 获得第一个天然杂交的八倍体小黑麦品种（系），由于受当时的细胞技术所限，直到 1935 年才进行了细胞学鉴定，确定了其染色体组为 AABBDDRR（2n = 56）（孙元枢，2002）。

我国鲍文奎研究员自 1951 年起开始研究八倍体小黑麦，他总结前人的经验教训，从提高小麦黑麦属间杂交结实率着手，通过小麦黑麦杂交遗传分析，找出极易与黑麦杂交的我国特有的"桥梁"品种，再通过"桥梁"品种与小麦优良品种的杂种 F_1 和 F_2 与黑麦杂交，获得大量遗传基础丰富的原始材料，选育出小黑麦 2 号、小黑麦 3 号、劲松 5 号和黔中 1 号等优良品种，在我国西南山区推广（严育瑞和鲍文奎，1962；鲍文奎，1977）。六倍体小黑麦（AABBRR，2n = 42）是通过四倍体硬粒小麦与黑麦杂交和染色体加倍而成。此外，通过胚培养技术把硬粒小麦与黑麦杂种胚培养成苗并用秋水仙碱处理使染色体加倍，也可以得到六倍体小黑麦（孙元枢，2002）。

20 世纪 60 年代，国际玉米小麦改良中心（CIMMYT）设立了国际多学科多国家间小黑麦合作研究计划，成为目前世界上研究小黑麦最大的项目（孙元枢，2002）。1970 年，育成了矮秆、结实率高、千粒重重、对日照长度不敏感、产量高的六倍体小黑麦品种 Armadillo，以此为来源育成并推广了一系列六倍体小黑麦新种质（孙元枢，2002；吴金华；2005）。目前世界上小黑麦种植面积约 3 275 000hm^2（相当于小麦栽培面积的 5%）。随着小黑麦面积的扩大，也出现一些新问题，如病菌小种突变适应了小黑麦导致抗病性的丧失及小黑麦种子饱满度、容量提高而蛋白质含量下降等（孙元枢，2002）。今后小黑麦的发展前途还要取决于小黑麦本身的潜力、人们对小黑麦的需求以及小黑麦研究进展。

选育异附加系的亲本材料最好以异源双二倍体或不完全双二倍体作为供体亲本，以改良对象为受体亲本。小麦异附加系是实现外源基因向小麦转移，研究其在小麦背景下的遗传表达，并进行基因染色体定位的良好材料。但由于整条外源染色体的导入使小麦遗传平衡机制受到影响，异附加系的遗传稳定性较差，在每一自交后代都需要用细胞学方法鉴定和保持。而且在引入优异基因的同时也带入了较多不良性状，极少能被生产利用（Shepherd 和 Islam，1987）。

常规选育异代换系的方法是将与外源染色体有部分同源关系的小麦单体作

母本，与相应的二体异附加系进行杂交，F_1 选择具有部分外源染色体的 2n＝42 的单株自交，可选择到异代换系（O´mara，1940；李霞，2003）。此外，缺体回交法（李霞，2003），花培技术等（郝水，1990；翁跃进；1997）也可产生异代换系。目前已培育了很多小麦—黑麦异代换系，如 Chinese Spring-Imperial、Holdfast-King Ⅱ、科冬 58-Beagle 和 Kharkov-Dakold 等。其中，1B/1R 代换系品种如 Zoba、Barawtzitn、Orlando 和洛夫林等不仅大面积种植于欧洲各国，而且作为白粉病及锈病的抗源在我国育成了许多品种（Shepherd 和 Islam，1987）。

尽管小麦—黑麦异代换系较异附加系稳定，但绝大多数异代换系都只能作为创造易位系的中间材料。1992 年，Devos 利用小麦的 RFLP 探针绘制了黑麦的连锁图，发现在黑麦的 7 对染色体中，只有 1R 染色体没有发生重排，而其余 6 对染色体均发生了非同源染色体易位和重排。可能是因为 1B 染色体与小麦的 1B 染色体是完全部分同源，在 1B/1R 代换系中，1R 能够完全补偿 1B 染色体的功能，因而在形成的新的代换系中能够达到新的遗传平衡（Devos et al.，1992）。在其他的代换系中，由于黑麦染色体发生了非同源染色体重排，这样的染色体与代换小麦的染色体只有部分同源或部分非同源，导致出现部分的重复和缺失，破坏了遗传的平衡，因而表现出一系列的不良农艺性状和遗传上的不稳定（孙元枢，2002）。

外源染色体中的某一片段交换或易位到小麦染色体上，形成具有外源染色体片段的小麦，称为易位系。易位系携带有目的基因，且导入的外源遗传物质较少，遗传协调性及稳定性较附加系和代换系好，是利用外源优异基因进行小麦改良相对最为有效的途径。在外源染色质导入小麦形成的各类染色体结构变异中，易位系的育种利用价值最高，尤其是小麦染色体很少或没有丢失的小片段。小麦—黑麦易位系是目前将黑麦基因导入小麦最为理想的方式（Zeller 和 Hsam，1983；Rabinvich，1998；何聪芬等，2002）。自发易位是产生易位系的主要途径，如用 1B/1R 异附加系与其他小麦杂交就产生了许多 1B/1R 易位系（Zeller 和 Hsam，1983）。任正隆（1990）提出，利用染色体单体附加所致的减数分裂不稳定性诱导染色体易位的新方法，即 "单体附加—破碎—整合" 的转移方法。通过这一方法既能诱导大片段易位，破碎的外源染色体小片段还可以随机地整合到小麦染色体的不同位置，又可形成各种小片段易位（Ren 和 Zhang，1997；张怀琼和任正隆，2001）。

1924 年，Leighty 和 Taylor 发现附加 SR 黑麦染色体的 "毛颈" 小麦（Lulcaszewski，1987）。马缘生等（1985）选育出附加 1R 的小麦—黑麦异附加系 "品加系 1 号"。刘宏伟（1986）鉴定出附加 7R 的二体异附加系和附加 1R、4R、6R 和 7R 的单体异附加系。

Driscoll 和 Jensen（1964）通过 X 射线诱导获得抗白粉病及锈病的 4AL/2RL 小麦—黑麦易位系 Transec（Driscoll 和 Jensen，1964）。李集临等（2002）也用同样方法得到了一些小黑麦易位系。Larkin 等（1989）将黑麦 6R 的抗根线虫病基因通过组织培养导入小麦。

Shi 和 Endo（1999）利用来源于离果山羊草（*Ae. triuncialis*）的 3C 染色体的杀配子效应，将黑麦 1R 染色体的随体末端片段转移至不同小麦染色体的端部，利用该方法可以获得仅含一携带抗病基因的 1R 随体片段的小麦品系，而把位于抗病基因附近的与不良面团品质相关的 *Sec-1* 位点排除在外。由于 1BL/1RS 易位系在小麦遗传改良中具有重要作用，人们已对其在小麦农艺性状表现、籽粒蛋白质含量及抗病性等方面产生的影响做了大量研究。由于 1RS 上具有抗锈病（*Yr9*、*Lr26* 和 *Sr31*）和白粉病（*Pm8* 和 *Pml7*）等抗病基因，因而在小麦抗病育种中起到了重要的作用。众多研究还表明，1BL/1RS 易位系小麦对地上生物学产量、穗容量、穗粒数、千粒重等均具有明显的正效应，可以明显提高小麦产量（Villareal et al.，1991，1994；Carver 和 Rayburn，1994；Moreno-Sevilla et al.，1995；Bullrich et al.，1998）。

1BL/1RS 易位系对籽粒蛋白质含量影响方面，不同研究者之间的结论存在较大差异。Dhaliwal 等（1987）和 Bullrich 等（1998）研究发现 1BL/1RS 易位系对小麦籽粒蛋白质含量影响不大（Bullrich et al.，1998；Dhaliwal et al.，1987），但也有研究表明 1BL/1RS 易位系的籽粒蛋白质含量显著高于非易位系（Burnett et al.，1998；Carver 和 Rayburn，1994；Graybosch et al.，1990）。目前，已经有相当多的研究对 1BL·1RS 易位系导入不同小麦背景中对其抗病性、农艺性状、品质性状造成的影响进行了分析，然而，由于不同小麦背景和来源单一的 1BL·1RS 易位系的原因，无法综合评判 1BL·1RS 易位系在小麦生产中的具体贡献。Ren 等（2012）利用 2 个纯系小麦和 3 个中国地方黑麦品种进行组配，获得了 21 个 1BL·1RS 易位系。对这批易位系进行抗病性分析、农艺性状调查和籽粒品质检测结果表明，同一小麦背景中含不同黑麦来源的 1BL·1RS 易位系或同一黑麦来源的 1BL·1RS 易位系导入不同小麦背景，其抗病性、农艺性状和籽粒品质仍有差异，暗示这种结果的差异性是由不同小麦背景、不同黑麦来源以及它们之间的互作等原因造成的。

王志国等（2004）利用小偃 6 号与德国白粒黑麦杂交，利用基因组原位杂交对选育出小偃 6 号类型且带有黑麦性状的种质材料进行鉴定，结果发现，有 8 份材料中可以检测到黑麦染色质，其中附加系 3 份，代换系 1 份，易位系 4 份。用探针 pSc119.2 及 pAs1 进行双色荧光原位杂交对其中部分品系的染色体组成进行鉴定，结果发现，BC116-1 是小麦/黑麦 1RS/1BL 易位系，BC152-1 是涉及一条 IB 染色体的 1RS/1BL 易位系，BC97-2 是 2R（2D）代换系，BC122-3 附加了一条 6R 黑麦染色体同时缺失了一条 6B 染色体的长臂。

李爱霞（2006）将小麦地方品种辉县红与荆州黑麦杂交，利用染色体 C 分带、基因组原位杂交、染色体配对分析及黑麦特异 SSR 标记等从其杂种 F_6-F_9 中选育出辉县红—荆州黑麦（简称 H-J）二体异附加系 5 个，其中得到准确鉴定的 3 个，分别涉及荆州黑麦 1R、2R 和 5R，另 2 个附加系各附加 1 对不同黑麦染色体，推断为 3R 和长臂端部发生缺失的 7R，分别命名为 H-J DA1R，H-J DA2R，H-J DA3R，H-J DA5R 和推断的 H-J DAde17RL-1。此外，还选育出多重附加代换系 H-J DA4RDS2R（2D），H-J DA4RDS1R（1B）DS2R（2B）和 H-J DA2RDS1R（1D）及 5RS 端二体附加系 H-J DA5RS，以及涉及 2R、3R 和 5R 的单体附加系，自发杂合易位系以及端体附加系。

为了鉴定普通小麦与奥地利黑麦杂交后代选育的抗白粉病品系 N9436-1 的黑麦遗传物质，吴金华等（2009）利用细胞学、基因组原位杂交、C 分带、SCAR 标记以及酸性聚丙烯酰胺凝胶电泳（A-PAGE）对 N9436-1 进行分析，结果发现，N9436-1 形态学和细胞学稳定，$2n = 44 = 22II$，含有 2 条奥地利黑麦的 1R 染色体，携带奥地利黑麦的多小穗性状，对白粉病免疫，可作为白粉病抗源用于小麦抗病育种。

赵春华等（2009）以小麦骨干亲本矮孟牛及其 33 个衍生品种（系）为材料，利用低分子量（LMW）麦谷蛋白 *Glu-B3* 位点的 STS-PCR 标记、醇溶蛋白 *Gli-B1* 位点的 SSR 标记和黑麦碱 *SEC-1b* 位点的 STS-PCR 标记进行复合 PCR，检测 1BL/1RS 易位。结果发现，矮孟牛 II、IV、V、VI 和 VII 型含有 1BL/1RS 染色体，矮孟牛 I 和 III 型不含 1BL/1RS；在矮孟牛的 33 个衍生后代中，25 个含 1BL/1RS，其余 8 个则不含 1BL/1RS。

Wang 等（2010）将荆州黑麦与六倍体小麦辉县红杂交并将 F_1 染色体加倍合成了八倍体小黑麦 AABBDDRR。将该八倍体小黑麦与小麦进行杂交回交，利用基因组原位杂交（GISH）和分子标记从其后代中鉴定出了小麦—荆州黑麦 6R 单体附加系、二体附加系、6RS 单端体附加系、6RL 单端体附加系和 6RL 端二体附加系。

贾举庆（2010）利用顺序染色体 C 带和基因组原位杂交技术对 32 株波斯小麦—非洲黑麦双二倍体（BF）的细胞观察时发现，12 株的细胞中存在非洲黑麦染色体断裂，9 株中存在非洲黑麦和小麦染色体的小片段易位；在 16 株波斯小麦—非洲黑麦双二倍体后代中发现了 3 株有非罗伯逊易位。对 BF 与小麦 MY11 杂交 F_6 后代材料 19 株材料进行原位杂交，发现 11 株有杂交信号，其中材料 L1 只携带一条 1R[afr]S/1BL 易位染色体；L3 携带一条黑麦染色体小片段插入易位到小麦染色体上；L9-15 携带了一对 $1R^{afr}S/1BL$ 易位染色体；L16 中发现非洲黑麦染色体 $3R^{afr}$ 与小麦染色体 3BS 的端部易位，L17 为 $1R^{afr}$ 代换系。

曾兴权等（2010）用细胞学观察、基因组原位杂交、SCAR 标记以及 SSR 标记、A-PAGE 和抗病性鉴定等方法对普通小麦—奥地利黑麦杂交后代选育出形态学稳定的抗条锈病衍生系 NR1121 鉴定，结果发现，NR1121 和奥地利黑麦对条中 32 号生理小种免疫，陕麦 611 和携带 $Yr9$ 基因的洛夫林 10、洛夫林 13、秦麦 9 号、丰抗 8 号、陕 229 和偃师 9 号均高感。细胞学分析发现，NR1121 细胞学稳定，根尖细胞染色体数 2n＝42，花粉母细胞减数分裂期 2n＝21II。基因组原位杂交结果显示，NR1121 含有 2 条奥地利黑麦染色体。A-PAGE、SCAR 和 SSR 标记检测结果表明，NR1121 携带黑麦 1R 染色体的遗传物质。因而，NR1121 为农艺性状优良且携带一个不同于 $Yr9$ 基因的新型抗条锈病小麦—黑麦 1R 异代换系，可作为条锈病抗源用于小麦抗病育种。

丁海燕等（2011）利用形态学、细胞学以及 SSR 标记技术等对从小麦—黑麦代换系 5R/5A 与 6R/6A 杂交后代中选育的高代材料 07-4 进行鉴定，结果发现，07-4 农艺性状较好，具有大穗和多小穗等优良特性；其根尖细胞染色体数目为 2n＝42，花粉母细胞减数分裂中期 I（PMC MI）染色体构型为 2n＝21II。SSR 引物 SCM268 能在 07-4 中稳定地扩增出黑麦特异片段，因而，认为 07-4 是一个小麦—黑麦染色体易位系。

张素芬（2011）利用非洲黑麦基因组特异引物 pSa20H 对小麦—非洲黑麦杂交 F_5 分离群体共 150 个单株进行检测。结果发现有 127 个单株能扩增出黑麦特征带。用麦醇溶蛋白电泳的方法筛除含有 1RS/1BL 易位的材料，结果发现有 102 个单株为非 1RS/1BL 易位材料。利用分子标记分别对筛选出的 102 份材料进行检测，检测结果表明，31 个单株含有 1RS 染色体；49 个单株含有 1RL 染色体；9 个单株含有 2R 染色体；5 个单株含有 6R 染色体。用吉染色体 C 分带、分子标记分析和原位杂交相结合从中鉴定出了 $2R^{afr}$（2D）代换系，该材料对小麦多种病害具有优良抗性，可以作为小麦品种改良的基因资源。

Lei 等（2012）利用建立的 29 个非洲黑麦 $1R^{afr}$ 染色体特异分子标记、染色体 C 分带和原位杂交技术从小麦—非洲黑麦杂交后代中鉴定出了新的小麦—非洲染色体 $1R^{afr}$ 附加系、$1R^{afr}$（1D）代换系、1BL. $1R^{afr}$S 和 1DS. $1R^{afr}$L 易位系。抗病性筛选结果表明，$1R^{afr}$S 染色体携带抗条锈病基因。建立的非洲黑麦染色体第一同源群的 29 个分子标记中，有 20 个标记可以对栽培 $S.$ $cereale$ 染色体 1R 的衍生系进行有效扩增，表明野生黑麦和栽培黑麦的 1R 染色体可能具有高度的保守性。然而，还有另外 9 个标记不能在非洲黑麦和栽培黑麦 1R 染色体上获得相同的扩增，表明黑麦在进化或驯化过程中可能发生了基因复制和序列分化。

王从磊等（2012）利用^{60}Co-γ射线（12Gy）辐照普通小麦辉县红—荆州黑麦染色体 1R 附加系花粉并授粉给辉县红，获得 153 粒辐射杂种 M_1 代种子。以荆州黑麦基因组 DNA 为探针，对其中 33 粒 M_1 代种子根尖细胞有丝分裂中期染色体进行 GISH 分析，结果发现，23 粒种子中的荆州黑麦 1R 染色体未发现明显变化，而另外 10 粒均发生了小麦和黑麦染色体易位，产生的易位类型包括相互易位、大片段易位、小片段易位、整臂易位及端体等，这些易位染色体涉及 1R 染色体 11 个易位断点，其中位于长臂 4 个，短臂 6 个，位于着丝粒区 1 个，变异率为 30.3%，为染色体缺失作图、重要性状基因定位和培育具目标基因的小片段易位提供了可能。

鲁敏等（2013）综合采用细胞学、基因组原位杂交、SCAR 标记、SSR 标记对小麦—黑麦大粒衍生系 14-1-2 进行了鉴定。黑麦基因组特异 SCAR 标记鉴定表明，14-1-2 含有黑麦遗传物质。有丝分裂和减数分裂中期 I 染色体数目为 2n=42=21II。以黑麦基因组为探针的 GISH 检测表明，14-1-2 含有 2 个黑麦染色体臂。黑麦 7 条染色体上的特异标记鉴定表明，只有黑麦 1RS 上的特异 SCAR 标记在 14-1-2 中扩增出黑麦特异条带。小麦 7 个部分同源群染色体长短臂上的 SSR 引物鉴定表明，只有 1BS 上的 4 对引物在 14-1-2 中未扩增出 1BS 的条带，其余染色体上的引物均扩增出了相应条带，证明 14-1-2 中的小麦 1BS 被黑麦 1RS 所替代形成了 1BL/1RS 易位系。

目前，已经有相当多的研究对 1BL·1RS 易位系导入不同小麦背景中对其抗病性、农艺性状、品质性状造成的影响进行了分析，然而，由于不同小麦背景和来源单一的 1BL·1RS 易位系的原因，无法综合评判 1BL·1RS 易位系在小麦生产中的具体贡献。Ren 等（2012）利用 2 个纯系小麦和 3 个中国地方黑麦品种进行组配，获得了 21 个 1BL·1RS 易位系。对这批易位系进行抗病性分析、农艺性状调查和籽粒品质检测结果表明，同一小麦背景中含不同黑麦来源的 1BL·1RS 易位系或同一黑麦来源的 1BL·1RS 易位系导入不同小麦背景，其抗病性、农艺性状和籽粒品质仍有差异，暗示这种结果的差异性是由不同小麦背景、不同黑麦来源以及它们之间的互作等原因造成的。

雷孟平等（2013）在硬粒小麦（*Triticum durum*）—非洲黑麦双二倍体（基因组 AABBR^{afr}R^{afr}）和普通小麦（*T. aestivum*）杂交的高代材料中发现了一个免疫条锈病的株系 HH41。HH41 的体细胞染色体数目为 2n=42。用小麦 D 基因组特异重复序列 pAs1 和秦岭黑麦 [*S. cereal*（L.）Qinling] 基因组总 DNA 作为探针的顺序原位杂交分析表明，HH41 中一对小麦 6D 染色体被一对非洲黑麦 6R^{afr}染色体所代换。利用开发的基于表达序列标签的 6R/6R^{afr}特异分子标记也证实 HH41 缺少 6D 特征带且具有 6R^{afr}特征带，因此，HH41 是 6R^{afr}（6D）代换系。

条锈菌生理小种（*Puccinia striiformis* Eriks. f. sp. *tritici*）接种鉴定结果表明，HH41 抗条锈病性源自 6R^{afr} 染色体，是创制小麦—非洲黑麦抗条锈病易位系和实现小麦外源基因转移和改良小麦的重要资源。

Lei 等（2013）建立了非洲黑麦（*Secale africanum*，2n = 2x = 14，基因组 R^{afr} R^{afr}）2R^{afr} 染色体特异分子标记 23 个，建立了非洲黑麦 FISH 核型。以分子标记、FISH 核型、抗病鉴定和农艺性状调查对小麦—非洲黑麦渐渗系进行了鉴定，从中鉴定出了 T2R^{afr}S·2DL 和 T2DS·2R^{afr}L 易位系、2R^{afr} 代换系、2R^{afr}S 和 2R^{afr}L 单体附加系。抗病性和农艺性状调查结果显示，非洲黑麦染色体 2R^{afr}L 上携带有矮化基因和抗条锈病基因，且小麦—非洲黑麦 T2R^{afr}S·2DL 易位系与 T2DS·2R^{afr}L 易位系相比前者在农艺性状上对小麦育种更加有利，因此，获得的非洲黑麦 2R^{afr} 渐渗系可以用于小麦育种。

An 等（2013）利用远缘杂交和染色体工程手段从小偃 6 号—德国白粒黑麦 [*Secale cereal*（L.）Baili，2n = 2x = 14，基因组 RR] 杂交后代中选育出了编号为 WR41-1 的渐渗系。顺序基因组原位杂交（GISH）、多色原位杂交（mc-FISH）和 EST-SSR（expressed sequence tag-simple sequence repeat）分析表明，该小麦—黑麦渐渗系中含 T4BL·4RL 和 T7AS·4RS 易位。白粉病鉴定结果表明，WR41-1 苗期抗供试 23 个白粉菌生理小种中的 13 个，成株期对白粉病表现为高抗。

王虹等（2014）对小麦—黑麦 5R/5A×6R/6A 代换系杂交后代的中的 8 份高代材料 6-30、6-31、7-1、7-9、7-13、7-21、7-22 和 7-28 进行形态学和细胞学观察，并用 SSR 和 GISH 进行检测。结果表明，8 个品系田间生长整齐、育性正常，具有大穗、多小穗，抗白粉病、叶锈病等优良性状，对其中的 7-1 和 7-9 进行花粉母细胞减数分裂观察，发现大多数细胞染色体构型为 2n = 21II，具有良好的遗传稳定性。选择黑麦 R 染色体通用引物及 5R、6R 染色体上的共 8 对微卫星引物对上述 8 个品系进行分析，结果表明，8 个品系都有黑麦 5R 和 6R 染色体片段的导入，进一步进行 GISH 检测，发现 5 个品系 6-31、7-1、7-13、7-21、7-22 都存在黑麦杂交信号，为小麦—黑麦小片段易位系。本研究综合多种手段鉴定的 8 份材料皆为小麦—黑麦小片段易位系，在育种上具有利用价值。

罗巧玲等（2014）对 390 份小麦—黑麦种质材料进行了调查分析，结果显示，390 份种质材料中，6 个主要农艺性状值均有较大的极差，说明其遗传多样性丰富。与 10 份小麦主栽品种相比，90% 以上的材料具有穗长和分蘖数的显著优势，60% 以上的材料具有小穗数优势，约 30% 的材料穗粒数和千粒重显著高于主栽品种。利用基因组原位杂交（GISH）和多色荧光原位杂交（mc-FISH）技术对 8 份农艺性状优良的代表性材料进行染色体组成分析，发现 3 份为六倍体小黑麦（AABBRR），2 份为八倍体小黑麦（AABBDDRR），1 份为 1RS. 1BL 易位系，其余 2 份不具有可见的黑麦染色体或染色体片段。3 份六倍体小黑麦与 2 份八倍体小黑麦所含的黑麦染色体不完全相同，八倍体小黑麦中有一对来源于黑麦的小染色体，而六倍体小黑麦中没有类似小染色体，并且不同材料中黑麦 4R 染色体端部的 GISH 杂交带有明显差异，为这批小麦—黑麦种质材料应用于小麦育种提供了依据。

葛群等（2014）利用普通小麦品种绵阳 11 作母本，抗病的威宁黑麦 [*Secale cereale*（L.）Weining，$2n = 2x = 14$，基因组 RR] 作父本，在其杂交和回交后代中分别鉴定出一个 1R 和 5R 单体附加系。利用基因组原位杂交和荧光原位杂交相结合的方法，从 1R 单体附加系的自交后代中筛选并鉴定出了一个纯合 1R（1B）代换系和一个新的纯合 1BL·1RS 易位系，农艺性状调查发现，该 1R（1B）代换系表现出比小麦亲本较差的农艺性状，而新 1BL·1RS 易位系表现出比其小麦亲本更好的农艺性状以及条锈病和白粉病抗性，而且穗粒数显著增加，是高产抗病小麦育种的新资源。从 1R 单体附加系的自交后代中筛选并鉴定出了一个涉及 3BS 染色体片段与 5RL 的易位系。研究还发现，5R 染色体单体附加非常不稳定，在一个世代交替中，完整的 5R 染色体传递率仅有 28.3%，除自身不稳定外，5R 染色体单体附加同时还导致小麦染色体 7B、3B 和 4D 的断裂和丢失，总变异频率达到 15.09%；尤其对 7B 染色体影响较大，含 7B 染色体变异的植株占被分析植株总数的 11.32%。

周丽（2015）利用黑麦 PLUG 标记、荧光原位杂交、抗病性鉴定和农艺性状调查等方法对小麦—非洲黑麦杂交后代材料进行鉴定，结果从中鉴定出 N39-3-27-n3 和 N39-3-27-n7，二者染色体数目均为 42，均含有一对 5R^{afr}S·5DL 易位染色体，对条锈病表现抗病，然而，研究同时发现黑麦染色体 5R 的导入可导致杂交后代材料籽粒皱缩，但 5R 附加系材料种子千粒重仍高于对照中国春。

An 等（2015）利用远缘杂交和染色体工程手段将德国白粒黑麦染色质导入小偃 6 号，利用顺序基因组原位杂交（GISH）、多色荧光原位杂交（multicolor fluorescence in situ hybridization，mc-FISH）和多色基因组原位杂交（multicolor GISH，mc-GISH）以及 EST（expressed sequence tag）标记对小偃 6 号—德国白粒黑麦杂交后代中鉴定出了 6R 染色体附加系 WR49-1。白粉病抗病性鉴定发现，WR49-1 苗期抗所用 23 个白粉菌中的 19 个小种，且成株期高抗小麦白粉病。依据 WR49-1 及来自黑麦 6RL 的 *Pm*20 对不同白粉菌生理小种的抗谱，认为 WR49-1 上可能含有不同于 *Pm*20 的抗白粉病新基因，可以利用染色体工程对其进行诱导产生小麦育种所需的抗病染色体易位系。

李俊等（2015）将四川地方品种蓬安白麦子（*T. aestivum* L.，基因组

AABBDD）与秦岭黑麦（*S. cereal* L. Qinling，基因组 RR）杂交，染色体自动加倍获得八倍体小黑麦 CD-13（基因组 AABBDDRR）。通过顺序 FISH 和 GISH 分析发现，该八倍体小黑麦 1RS 端部与 7DS 的端部发生相互易位，是一个携带 1RS-7DS·7DL 小麦—黑麦小片段易位染色体的八倍体小黑麦。利用八倍体小黑麦 CD-13 与四川推广小麦品种川麦 42 杂交和连续自交，获得包含 60 个株系的 F_5 群体；对 F_5 群体的 58 个株系进行 GISH 和 FISH 分析，结果发现，其中 13 个株系含有 1RS-7DS.7DL 小片段易位染色体。其中株系 811 染色体数目为 2n = 6x = 42，是稳定的 1RS-7DS.7DL 小片段易位系。1RS 特异分子标记和醇溶蛋白分析表明，1RS-7DS.7DL 易位染色体 1RS 小片段的断裂点位于分子标记 IB267-IAG95 之间，不包含编码黑麦碱蛋白的 *Sec*-1 位点，同时，1RS-7DS·7DL 小片段易位系的千粒重与川麦 42 相当，远远高于八倍体小黑麦 CD-13。因此，1RS-7DS·7DL 小麦—黑麦小片段易位系是小麦遗传改良的重要材料。

Yang 等（2016）将奥地利栽培黑麦 [*Secale cereale*（L.），2n = 2x = 14，基因组 RR] 染色质转移给小麦栽培品种 Shaanmai 611，育成了一个新的小麦—黑麦附加系 N9436B，并利用形态学和细胞学观察、基因组原位杂交（GISH）、荧光原位杂交（FISH）、分子标记检测和抗病性鉴定对该材料进行精细鉴定。形态学和细胞学观察显示，N9436B 材料细胞学和形态学稳定，染色体构型为 2n = 42 +2t = 22II。GISH、FISH 和分子标记结果显示导入 Shaanmai611 中的 1 对黑麦染色体为 1R，同时因为黑麦 1R 染色体的导入造成小麦 2D 染色体发生断裂，2DL 染色体臂丢失形成 2DS 端体。农艺性状调查和抗病性鉴定发现，N9436B 苗期高抗小麦白粉菌生理小种 E09，同时 N9436B 每穗具有 30~37 个小穗，是小麦育种的优异种质资源材料。

Li 等（2016）将中国矮秆黑麦 [*Secale cereal*（L.）Aigan，2n = 2x = 14，基因组 RR] 种质转移给栽培小麦品种绵阳 11，利用分子细胞遗传方法和种子醇溶蛋白电泳方法从其杂交后代中鉴定出了 1 个小麦—黑麦代换系和 3 个 1RS·1BL 易位系。该代换系中含 1 对矮秆黑麦 1R 染色体，被命名为 RS1200-3，另外三 1RS.1BL 易位系被分别命名为 RT1163-4、RT1217-1 和 RT1249。用对 *Yr*9 基因具有毒性的条锈菌（*Puccinia striiformis* f. sp. *Tritici*）生理小种对 RS1200-3、RT1163-4、RT1217-1 和 RT1249 进行接种，结果发现，这 4 份材料均高抗供试的条锈菌生理小种，同时这也表明不同来源的黑麦可能含有新的抗病等位基因，获得的小麦—黑麦 1RS·1BL 易位系 RT1163-4、RT1217-1 和 RT1249 可用于小麦抗条锈病育种工作。

王洋洋（2016）利用寡聚核苷酸（AAC）$_6$、Oligo-pScl 19.2-1、Oligo-pSc200 和 Oligo-pSc250 为探针的荧光原位杂交和分子标记等方法，从普通小麦绵阳 11×黑麦 Kustro 杂交后代中鉴定出了小麦—黑麦 4R 二体附加系 DA4RKu、4RL 双端体附加系 DTA4RLKu 和 4RS 双端体附加系 DTA4RSKu、4RS-5DS·5DL 和 5DS-4RS·4RL 易位系、4RS/5DS 易位系、4BL·4BS-4RL 和 4RL/5BL 易位系、4RL-5BL·5BS 易位系等。

李萌（2016）利用分子标记结合细胞遗传方法从小麦—黑麦杂交后代中鉴定出了一套来自普通小麦绵阳 11×黑麦 Kustro 的单体附加系 MA1R^{Ku}-7R^{Ku}、6RS 单端体附加系 MTA6RS^{Ku}、6RL 单端体附加系 MTA6RL^{Ku}、6R 缺失系 DEL6R^{Ku} 和 6RL 缺失系 DEL6RL^{Ku}。

Li 等（2016）以寡聚核苷酸 pSc119.2 和 pTa535 为探针的荧光原位杂交技术对小麦—非洲黑麦双二倍体、5R^{afr}（5D）代换系进行分析，建立了非洲黑麦 5R^{afr}细胞遗传学标记。建立了非洲黑麦染色体特异分子标记 21 个，从小麦—非洲黑麦渐渗系中鉴定了 T5DL·5R^{afr}S 易位系、5R^{afr}S 和 5R^{afr}L 端体系。分子标记综合分析表明，T5DL·5R^{afr}S 易位系中的 5R^{afr}S 染色体臂上存在一个区段缺失，提示涉及非洲黑麦 5R^{afr}染色体的易位系可能不能完全补偿 5DS 染色体。利用同源克隆的方法对籽粒硬度相关的旁系同源基因 Pina 和软粒蛋白基因 Gsp-1，染色体定位分析发现，两基因均存在于非洲黑麦 5R^{afr}染色体上。籽粒硬度检测表明，5R^{afr}（5D）代换系和 T5DL·5R^{afr}S 易位系的籽粒硬度指标明显低于对照材料，这可能与这 2 份材料中含有 Pina 和 Gsp-1 有关。条锈病抗性鉴定结果表明，含 5R^{afr}染色体的材料均表现为抗病，说明该染色体上含有抗条锈病基因。因而，小麦—非洲黑麦 5R^{afr}染色体渐渗系可以用于软质麦和条锈抗病育种。

Ren 等（2017）利用多色荧光原位杂交（MC-FISH）、酸性聚丙烯酰胺凝胶电泳（A-PAGE）和分子标记等方法从绵阳 11 与威宁黑麦杂交后代中筛选出 1BL·1RS 易位系 RT828-10 和 RT828-11。抗病性鉴定发现，两材料对我国常见的小麦条锈病和小麦白粉病生理小种具有较好抗性，是小麦改良的优异种质资源。

Ren 等（2018）将中国白粒黑麦与普通小麦 A42912 进行杂交，利用共显性 PCR 标记和多色荧光原位杂交等对其杂交后代进行鉴定，从中鉴定出了 5 个新的 1BL·1RS 易位系。抗病性鉴定与产量性状调查结果显示，这 5 个易位系高抗小麦条锈病和白粉病并且优异的产量性状，可用于小麦遗传改良。

Du 等（2018）发现来自 Kustro 黑麦 6RL 上具有抗白粉病新基因的基础上，进一步创制了一份具有 6RL 微小染色体（mini-chromosome）片段的附加系材料，通过荧光原位杂交和高通量的 SLAF 分子标记鉴定，发现抗白粉病的 6R 微小染色体约为 6RL 长度的 1/10，进一步辐射诱导，选育了微小染色体与 6DL 的易位系，表现了优异的白粉病抗性和高的遗传传递频率，为进一步克隆 6RL 上的白粉病抗性基因，以及小麦—黑麦微小片段易位系育种开辟了新的途径。

梁邦平等（2018）用形态学观察、细胞遗传学、基因组原位杂交、特异序列扩增分子标记、简单重复序列分子标记和醇溶蛋白分析等方法对抗纹枯病的小麦—黑麦杂交材料7-1进行鉴定，结果发现，7-1染色体结构和数目稳定，含有2个黑麦染色体臂，能够扩增出黑麦1RS特异条带。筛选小麦每条染色体长短臂上的多对引物，发现7-1中只有1BS上的引物Xgwm264和Xgwm11未能扩增出相应条带，其余染色体上的引物均扩增出了条带。说明该材料为小麦—黑麦1BL/1RS易位系，为小麦纹枯病抗病育种提供了新的种质资源。

An等（2019）通过远缘杂交、胚拯救、染色体加倍和回交等方法，从小麦—黑麦杂交后代中选育出了WR35。利用基因组原位杂交、多色荧光原位杂交和非变性原位杂交、多色基因组原位杂交、黑麦染色体特异标记分析和特异位点扩增片段测序分析等方法证实WR35是一个新的小麦—黑麦4R二体附加系。WR35苗期对我国流行的白粉菌和条锈菌具有良好抗性，并对小麦纹枯病和眼斑病具有较好抗性，是小麦染色体工程育种的优异桥梁亲本。

第四节　小麦—簇毛麦染色体系

Raineri（1914）和Strampelli（1932）分别报道称Strampelli最早在1908年就开始了小麦和簇毛麦杂交工作。Tschermak于1916年获得了小麦—簇毛麦杂交F_1（Tschermak，1929和1930）。其后，Oehler（1933）尝试将一粒小麦（*T. monococcum*）和簇毛麦进行正反交的实验，但是没有获得F_1种子。Sando（1935）和Kihara（1937）分别对野生一粒小麦（*T. aegilopoides*）和簇毛麦进行了杂交尝试并获得了F_1种子。

Sears（1941）也分别对一粒小麦和野生一粒小麦和簇毛麦进行了杂交，获得了杂交种子，但是在对花粉母细胞观察时发现，二价体的数量低于Sando（1935）和Kihara（1937）的报道。

Piralov（1980）也报道了将一粒小麦与簇毛麦杂交成功的消息，但是之后发现杂交F_1在苗期死亡。Lucas和Jahier（1988）将*T. boeoticun*与簇毛麦进行杂交获得成功。

Sears（1953）和Liu等（1988）分别将簇毛麦种质转移给小麦，获得了小麦—簇毛麦附加系，但是这些附加系都不是一整套，分别缺少DA3V#1和DA1V#2。最近，Lukaszewski也创制了一整套小麦—簇毛麦附加系DA1V#3-DA7V#3（未发表资料），以这套附加系为材料，用染色体工程的方法，多个或抗病或优质的小麦—簇毛麦易位系已经被创制出来（Zhao等，2010；Liu等，2011；Qi

等，2011）。

刘大钧等（1983）发现小麦和簇毛麦杂交时，四倍体小麦比六倍体小麦种易于成功，但后者的不孕 F_1 回交结实率高于前者，且自交结实在 BC_1 即有出现，BC_2 已达 70% 以上。簇毛麦性状在 F_1 呈显性，BC_1 开始分离，其表达有逐代变弱趋势，但连续选择可使回交高代保留这些性状。F_1 减数分裂染色体构型以单价体为主，但回交可使后代二价体数上升，这在（六倍体小麦×簇毛麦）后代中尤为明显。

Von Bothmer 和 Claesson（1990）分别将簇毛麦与一粒小麦、乌拉尔图小麦（*T. monococcum* ssp. *urartu*）进行杂交，发现前者与簇毛麦杂交成功，而后者则未获得杂交种。

董凤高等（1992）用改良的 C-分带技术鉴定南京农业大学细胞遗传研究室获得的普通小麦的簇毛麦 V_2、V_3、V_4、V_6、V_7 染色体异附加系和 V_2、V_5 异代换系进行了精确鉴定，得到与 N-分带和染色体配对分析一致的结果，由于 C-分带可同时鉴别小麦全部 21 对染色体，鉴定出 V_2 异代换系中被代换掉的小麦染色体为 1A。

马渐新等（1997）用荧光素标记的簇毛麦（*Haynaldia villova*）基因组总DNA 作探针，以普通小麦基因组总 DNA 作封阻，与花粉母细胞减数分裂中期 I 制片的染色体进行原位杂交。结果表明，抗白粉病小麦品系 GN22 是普通小麦—簇毛麦二代替换系；用已定位在小麦第 6 部分同源群上的 RFLP 探针 psr13、psr317 进行 Southern 分析，进一步证明，小麦品系 GN21、GN22 是普通小麦—簇毛麦 6V（6A）代换系。

王秋英等（1999）以部分阿勃小麦缺体系与免疫白粉病、高抗小麦条锈病的硬粒小麦—簇毛麦双二倍体进行杂交回交，结果发现，杂交结实率为 0 ~ 81.25%，回交率为 6.67% ~ 14.42%。所用缺体系不同，杂交结实率和 F_1 植株存活率存在差异。F_1 存活植株大多花粉败育或花药不开裂，自交结实能力差，只能得到极少量种子。在阿勃 6B 缺体系与硬粒小麦—簇毛麦双二倍体的回交后代中选育出对白粉病免疫，生长良好，结实正常的普通小麦—簇毛麦异代换系。

周永红等（1999）用石蜡制片法，对普通小麦中国春和簇毛麦杂交的受精和早期胚胎发育进行了观察。结果表明，簇毛麦花粉在小麦柱头上萌发良好。花粉管可顺利长入花柱和胚囊。观察的 210 个小麦子房中，13.81% 发生了双受精，产生胚和胚乳；16.19% 发生了卵细胞单受精，只产生胚而无胚乳；4.76% 发生了提核单受精，产生胚乳而无胚；总受精率为 34.76%，成胚率为 30.00%。由于胚乳发育滞后于合子发育，生理不协调，胚乳缺乏或发育异常或解体，最终难以获得有生活力的种子。在授粉后 7 ~ 11 天对杂种幼胚通过组织培养，实行离体拯救可以提高杂种植株的获得率，为将簇毛麦外源基因成功地转移到小麦中提供杂种生殖生物学证据。

英加和陈佩度（2000）对普通小麦（*Triticum aestivum*）—节节麦（*Aegilop squarrosa*）八倍体（$2n = 8x = 56$，AABBDDDD）与硬粒小麦（*Triticum durum*）—簇毛麦（*Haynaldia villosa*）六倍体（$2n = 6x = 42$，AABBVV）杂交后，将所得七倍体杂种（AABBDDV）进行连续自交，在 F_4 代中利用 C-分带鉴定出可能的簇毛麦 6V 二倍体附加系 95-7 和 2V 二体附加系 26-7，其花粉母细胞染色体在减数分裂中期 I 的配对构型分别为 $0.14I + 20.42II + 1.50III$ 和 $0.10I + 20.07II + 1.82III$；进一步将 95-7 和 26-7 的基因组 DNA 用 *Eco*RI 酶切，分别用小麦族第六部分同源群短臂探针 Psr113 和第二部分同源群长臂探针 BCD240 进行 Southern 杂交，结果显示具有簇毛麦的特异杂交带，确证 95-7 和 26-7 分别是普通小麦—簇毛麦 6V 和 2V 二体附加系。

Yu 等（2001）利用染色体 C 分带和基因组原位杂交对获得的小麦—簇毛麦端体附加系 95039 进行分析，认为该附加系中的染色体是 6VS 或 7VS，并且 95039 中含有小麦—黑麦 1RS/1BL 易位系。进而利用种子醇溶蛋白将该端体确证为 6VS，因此，95039 是 6VS 端体附加系。

陈军方等（2001）用中国春 *ph1b* 突变体（CS*ph1bph1b*）与普通小麦—簇毛麦 6V（6A）异代换系（Sub6V）杂交，再用 *ph1b* 突变体与 F_1 回交，在高配对植株中筛选出一个 6V 染色体发生变化的植株，编号为 LV02，用染色体 C-分带和荧光原位杂交技术，对 LC02 株系的后代进一步鉴定，在 BC_1F_2 中筛选鉴定出 1 株编号为 LV02-01 的植株，该株含有 40 条普通小麦染色体、1 条簇毛麦 6V 染色体和 1 条 6V 短臂端着丝粒染色体，在 LV02-01 的分离后代中用同样技术鉴定出 8 株普通小麦—簇毛麦 6VS 端二体代换系。

傅杰等（2001）将簇毛麦种质转移给小麦获得了 4 个小麦—簇毛麦双二倍体，并对其进行了分子细胞遗传学分析，结果表明，经过自交 7 代选育，小麦—簇毛麦双二倍体的遗传逐渐趋于稳定，其中 V852cd 和 V853cd 的遗传稳定性相对较好，RTCM，$2n = 56$ 的植株分别占 100% 和 83.33%，PMCMI，$2n = 28$ 的频率分别为 73.34% 和 70.72%，相对紊乱系数分别为 0.021 和 0.022；用簇毛麦基因组总 DNA 作探针进行原位杂交时，发现 V851cd、V852cd 和 V853cd 的体细胞中部有 14 条簇毛麦染色体，其染色体组成为 $2n = 56 = 42W + 14V$，V854cd 中有 12 条簇毛麦染色体，其染色体组成为 $2n = 56 = 42W + 12V + 2T$（W/V）。4 个双二倍体籽粒蛋白质含量为 19.28%~20.52%，V851cd、V852cd 和 V853cd 对条锈病免疫或近免疫，高抗白粉病和叶锈病，中抗雪霉病和赤霉病。

Minelli 等（2005）利用原位杂交对硬粒小麦—簇毛麦双二倍体、硬粒小麦—簇毛麦双二倍体/普通小麦杂交后代、含有簇毛麦染色质的小麦非整倍体进行了鉴定。硬粒小麦—簇毛麦双二倍体的染色体组成比较稳定，含有 14 条簇毛麦染色体、14 条 A 染色体和 14 条 B 染色体。硬粒小麦—簇毛麦双二倍体/普通小麦杂交后代的染色体表现为数目不稳定，含 14 条 A 染色体、14 条 B 染色体、7 条 D 染色体和 7 条 V 染色体的植株占 4.5%；而约 45.5% 的植株含有 42 条小麦染色体但是检测不到簇毛麦染色体；剩下的约 50% 的植株含有 14 条 A 染色体、14 条 B 染色体和数目不定的 D 和 V 染色体（D 染色体似乎比 V 染色体出现几率更高一些）。从杂交后代中鉴定出的大部分小麦—簇毛麦附加系、代换系或重组体的细胞学稳定。

众所周知，抗病小麦—外源物种易位系在小麦育种中发挥着巨大作用。20世纪 80 年代，李振声院士培育的小麦—偃麦草易位系被作为骨干杂交亲本应用到我国小麦育种中，对我国小麦育种作出了巨大贡献。同时，小麦—黑麦 1RS·1BL 易位系高抗或免疫多种小麦病害，具有广泛的适应性和高产的遗传学效应，成为改良小麦的最为广泛的易位系（Friebe et al., 1996）。据报道，我国 20 世纪 90 年代育成的小麦新品种中 2/3 以上含有 1RS·1BL 易位染色体（陈静和任正隆，1996；杨足君等，1998）。因此，小麦育种的成功与否，很大程度上决定于相应小麦—外源物种抗病易位系的培育。

在育种中，非补偿性易位系往往容易致使染色体复制不平衡致使遗传不稳定，以致导致农艺性状表现不佳，从而不能用于育种工作，但是如果易位片段足够小以致该易位染色体影响不到复制平衡性，而且该易位系农艺性状较好则也可以用于育种工作（Friebe 等，1996）。补偿性易位系缺失的小麦染色体往往可以被同源关系很近的外源染色体有效的补偿，因此在育种中应用价值较大。大片段易位系往往是外源染色体片段带有与有利基因连锁的不利基因的缺点，在育种上价值往往不如小片段易位系大，所以，在小麦育种中培育补偿性易位系尤其是抗性小片段易位系是最重要的工作之一。

染色体错分裂（Sears, 1972; Ren et al., 1990a, 1990b）、辐射（刘文轩等，1999；Liu et al., 2000）、体细胞融合（Zhou et al., 2001）、杀配子染色体（Endo, 2007）、组织培养（徐惠君等，1996；Li et al., 2000）等方法都可以用来培育小麦—外源物种抗病易位系。除了利用诱导的方式来培育易位系外，小麦—簇毛麦易位系还可能自发发生。李义文等（2000）利用基因组 DNA 荧光原位杂交技术详细地研究了小麦—簇毛麦杂种染色体的减数分裂和配对行为，结果表明，在中期 I，小麦和簇毛麦染色体多呈两个单价体，在 0.3% 的 PMC 中小麦与簇毛麦染色体发生配对，在后期 I，单价体错分裂频率为 32.7% ~ 37.5%，另外 0.7% 的小麦—簇毛麦染色体重组易位出现；后期 II 时，断裂染色体的频率为 20.5%～22.4%，还发现有 0.82%～1.72% 的自发易位染色体形成。说明在小麦—簇毛麦后代中可能能鉴定出自发易位系。

在小麦—簇毛麦易位系的诱导方面，李辉等（1999）在硬粒小麦—簇毛麦双二倍体（TH3）/4×Wan7107 的幼胚培养及花药培养后代中选育出普通小麦—簇毛麦抗白粉病易位系 Pm97033 等。利用白粉病抗性鉴定、细胞遗传学分析、生化标记、分子原位杂交等手段，鉴定出该材料为 6DL·6VS 臂间易位系。

Li 等（2000）利用基因组原位杂交对小麦/小麦—簇毛麦双二倍体杂交种的幼胚进行组织培养，从中鉴定出了小麦—簇毛麦易位系。小麦—簇毛麦染色体易位系发生在愈伤细胞中，发生频率为 1.9%。研究发现，易位不仅发生在愈伤细胞中，在 66 株再生植株中也发现了 3 株具有易位染色体。其中之一易位被证实 1/3 的小麦染色体臂被半条簇毛麦染色体替换易位，另外两个易位系的易位断点在着丝粒附近。此外，染色体的其他结构变异，如染色体断片、端体、染色体删除以及染色体数目变化均存在于愈伤细胞和再生植株中。

李洪杰等（2000）对 175 株普通小麦与 6D/6V 代换系杂种当代幼胚培养再生植株进行谷草转氨酶同工酶分析，其中来自杂交组合遗 4095×RW15（6D/6V 代换系）的 2 个植株（编号分别为 98R149 和 98R15）GOT-V_2 编码的 6VL 特异酶带缺失，SCAR 标记分析证实了这 2 个植株存在 6VS 染色体臂，以簇毛麦总基因组 DNA 作探针的荧光原位杂交分析进一步确定了 2 个植株的 6V 染色体育小麦染色体发生了易位。用河北省采集的白粉病混合小种接种鉴定，2 个植株均表现免疫。结果为利用组织培养有目的地创造可用的易位系提供了又一个实例。

Yu 等（2001）分别对中国春/簇毛麦和中国春 ph1b 基因缺失突变体/簇毛麦杂交 F_1 进行染色体配对分析，发现在中国春/簇毛麦组合中，每个细胞里有约 1.61 条小麦染色体与簇毛麦染色体发生配对，而在中国春 ph1b 基因缺失突变体/簇毛麦杂交组合里，每个细胞里有约 14.43 条小麦染色体与簇毛麦染色体发生配对。基因组原位杂交分析发现，中国春 ph1b 基因缺失突变体/簇毛麦杂交组合的花粉母细胞里具有三种不同类型的易位系，W-D、D-W-W 和 D-W-D（W 为小麦染色体，D 为簇毛麦染色体）；但是在中国春/簇毛麦组合里仅发现 W-W 一种染色体易位。两种杂交 F_1 后代均自交可育。这两种类型的杂种 F_1 再分别与中国春、中国春 ph1b 基因缺失突变体回交，其结实率分别为 6.67% 和 0.45%，BC_1 植株体细胞染色体数分别为 2n = 48 和 2n = 48-72。BC_1 根尖有丝分裂细胞 GISH 发现，BC_1 较小群体中已获得发生了小麦与簇毛麦染色体罗伯逊易位、以及还可能发生了染色体小片段易位的植株。因此，认为 phlb 基因具有强烈诱导普通小麦与簇毛麦属间杂种 F_1 部分同源染色体配对的作用，在 phlb 基因的作用下，簇毛麦染色体可与小麦染色体发生异亲配对交换，较快实现基因重组。

亓增军等（2001）1RS·1BL 与 6VS·6AL 易位系杂交，在后代中利用染色体 C-分带技术从杂种 F_2 中鉴定出小麦—黑麦—簇毛麦双重易位纯合体 1RS·1BL·6VS·6AL（2n＝42），PMC MI 染色体平均构型为 19.14II+1.86III，表明该易位系具有良好的细胞学稳定性，利用生物素和地高辛分别标记的黑麦和簇毛麦基因组 DNA 为探针进行双色荧光原位杂交，在 RTC 和 PMC 中均清晰地观察到呈黄绿色的黑麦染色质和呈红色的簇毛麦染色质，小麦染色质呈蓝色，进一步证实了 C-分带结果。该易位系育性正常，并具有良好的农艺性状和白粉病抗性，是同时利用 1RS·1BL 和 6VS·6AL 易位染色体进行小麦品种改良和遗传研究的有用种质。

Li 等（2005）通过（1）将小麦—簇毛麦双二倍体 TH3 于小麦 Wan7107 进行杂交回交；（2）胚拯救和（3）花药培养三种方式获得了 3 个抗小麦白粉病的材料 Pm97033、Pm97034 和 Pm97035 基因组原位杂交分析发现这三份材料均是小麦—簇毛麦易位系。对这 3 个易位系与 Wan7107 杂交、3 个易位系之间的杂交、3 个易位系与 6V（6D）代换系间的杂交进行分析，发现有丝分裂中期 I 可以形成 21 个二价体。利用中国春双端体系对易位染色体进行非整倍体分析，发现涉及易位的小麦染色体为 6D。生化标记和 RFLP 证据显示该易位系中缺少 6VL 的特异带而具有 6VS 的特异带，因此，确定这三个易位系是 T6DL·6VS 易位系。

陈全战等（2007）利用染色体 C-分带和基因组原位杂技分析，从普通小麦—簇毛麦 4V 染色体二体异附加系（DA4V）与普通小麦农林 26-里山羊草 3C 染色体二体异附加系（DA3C）杂种后代选育出小麦—簇毛麦纯和易位系 T4VS·4VL-4AL。SSR 和 RFLP 标记分析表明，该易位系染色体包括 4VS·4VL 近着丝粒部分区段和 4AL 顶端区段；该易位系具有良好的细胞学稳定性，结实正常，为杀配子染色体诱发形成的补偿性易位；易位系 T4VS·4VL-4A 高抗梭条花叶病，是小麦抗病育种新种质。

Bie 等（2007）用 1200 rad 的 ^{60}Co-γ 射线对小麦—簇毛麦双二倍体的花粉进行辐射，辐射后给中国春小麦授粉。利用基因组原位杂交对 61 个 M1 植株进行分析，结果发现，其中的 44 株涉及小麦—簇毛麦易位染色体，易位染色体共 98 个，其中整臂易位、染色体末端易位和中间易位系分别为 26 个、62 个和 10 个。在 108 个染色体断裂-融合中，79 个涉及染色体末端而 29 个涉及着丝粒区，多位小片段易位（W·W-V，W 为小麦染色体，V 为簇毛麦染色体），即获得小片段易位系的概率比获得大片段易位系（W-V·V）的概率大得多。

别同德等（2007）利用 ^{60}Co-γ 射线处理小麦—簇毛麦 6V 单体添加系花粉，并给中国春授粉，在一个 M_1 单株减数分裂中期 I 检测到一个由 2 条小麦—簇毛麦易位染色体和一条完整小麦染色体构成的三价体，说明参与易位的2个小麦片段均来自同一条小麦染色体，推测两条易位染色体由相互易位产生。对后代中两个易位染色体均纯合的植株（"LAST+SAST"，$2n=44$）进行顺次C-分带和GISH研究，结果表明外源大片段易位染色体位T7BS-6VS·6VL，外源小片段易位染色体为T6VS-7BS·7BL，易位断点分别位于7B染色体短臂约FL0.60处及6V染色体短臂约FL0.70处。

陈全战等（2008）普通小麦农林26—离果山羊草3C二体异附加系与小麦—簇毛麦2V（2D）二体代换系杂交，综合运用染色体C-分带、基因组原位杂交、染色体构型分析和分子标记分析。从杂种F_2和F_3中鉴定出涉及簇毛麦2V结构变异的异染色体系7份，包括纯合缺失系1份（Del 2VS·2VL），易位系4份，其中纯合易位2份（初步推断为T3DS·2VL、T2VS·7DL）、小片段易位1份（T6BS·6BL-2VS）和中间插入易位1份（T2VS·2VL-W-2VL），等臂染色体1份（2VS·2VS）和单端体1份（Mt2VS）。

Chen等（2008）利用^{60}Co-γ射线对开花前的小麦—簇毛麦6VS.6AL易位系雌配子进行辐射，辐射剂量分别为1 600Rad、1 920Rad和2 240Rad，辐射频率为160Rad/M。当天，将辐射过的小花上的花药去除，2~3天后，用正常的（未辐射的）中国春小麦花粉给其授粉。对根尖有丝分裂中期染色体进行原位杂交，分析6VS染色体的结构变异情况。534个单株中，97个单株设计6VS小片段染色体结构变异。这97个单株中含80个中间型易位、57个染色体末端易位和55个染色体片段删除型。剂量为2240Rad的处理，诱导产生中间型易位、染色体末端易位和染色体片段删除的效率分别为21.02%、14.01%和14.65%，比之前的报道的效率都高。对M_1植株的回交M_2后代材料进行检测发现这些染色体畸变可以稳定遗传。因此，该方法可以广泛应用于小麦—外源物种小片段易位系的诱导工作中。

Friebe等曾提出即使小麦—外源物种易位系不具有抗性，它也有应用价值，即当抗源被发现时可以通过抗感材料杂交，然后用标记确定抗性所在同源群，然后通过易位系/抗源杂交的方式使遗传物质交换来进行抗性转移以节省育种时间（Friebe et al.，1996）。有关簇毛麦4V（Zhang et al.，2005；Wilson，2009）和6V（Chen et al.，1995；Qi et al.，2011）易位系的创制和鉴定已经有相关报道，最近Zhao等（2008）又报道了1V易位系的创制和鉴定并且还定位了来自簇毛麦1VS的能够改良小麦品质的高蛋白基因。除此之外，我们也利用染色体错分裂方式诱导小麦—二倍体一年生簇毛麦T2DL·2V#3S、T2DS·2V#3L、T3DL·3V#3S、T3DS·3V#3L、T5DL·5V#3S、T7DL·7V#3S和T7DS·7V#3L易位系（Liu et al.，2011）。

为了获得含 $Pm21$ 的小麦—簇毛麦染色体小片段易位系或中间插入型易位系，Chen 等（2013）利用伽马射线对 T6VS·6AL 的成熟雌配子体进行了辐照，从辐照后代材料中鉴定出了含有 6V 染色质的 20 余个小麦—簇毛麦染色体易位系和删除系用于 $Pm21$ 的物理定位。通过基因组原位杂交、分子标记分析和白粉病抗病性鉴定等方法将 $Pm21$ 定位在片段长度为 0.45~0.58 的 1 个区间内，并采用荧光原位杂交和分子标记分析从这批材料中鉴定出了 2 个含有 Pm21 的小片段的纯合易位系，其中 1 个易位系是簇毛麦 6VS 染色体小片段插入 4B 染色体中间，另一个易位系是簇毛麦 6VS 染色体小片段易位到 1A 染色体末端，是小麦遗传改良的优异育种材料。

Zhang 等（2015）利用分子标记和细胞遗传学标记从涉及 1V–7V 全套染色体的 76 个小麦—簇毛麦易位系库中筛选 4 个出含 2V 染色体不同长度片段的易位系，并建立簇毛麦 2V 染色体短臂特异标记 9 个，长臂特异标记 10 个，短臂上的 9 个标记被物理定位到 3 个区段上。其中的光周期基因 $Ppd-V1$ 被物理定位到簇毛麦 2V 染色体短臂长度片段为 FL 0.33~0.53 的区间，护颖颖脊刚毛基因 $Bgr-V1$ 被物理定位到簇毛麦 2V 染色体短臂长度片段为 FL 0.00~0.33 的区间。此外，Zhang 等（2015）还利用顺序基因组原位杂交、荧光原位杂交和分子标记鉴定出了一个植株强健且育性良好的小麦—簇毛麦补偿性 T2VS·2DL 易位系，与其杂交亲本中国春以及其他 3 个易位系相比，T2VS·2DL 易位系表现为穗子更长、小穗数更多、穗粒数更多的特点，因此，是小麦高产育种的优异种质资源。

小麦的野生近缘种的许多优异农艺性转可以用于小麦改良，而小麦—近缘植物染色体易位系和删除系是小麦育种或外源优异基因物理定位的重要遗传资源。然而，通过传统的细胞遗传学分析筛选染色体结构变异体是一项耗时的工作。因此，有必要建立一种有效的方法来筛选和鉴定外源染色体结构变异体。Bie 等（2015）建立了簇毛麦 6V 染色体长臂末端和短臂末端特异分子标记 6VS-381 和 6VL-358，并将其应用于两个辐射诱变群体中的筛选工作中，能扩增出 6V 染色体长臂标记但扩增不出短臂标记的和能扩增出 6V 染色体短臂标记但扩增不出短长臂标记的才被认定为可能是 6V 染色体结构变异体。被筛选的第一个群体包含来自小麦—簇毛麦 6V 附加系花粉辐照的涉及 43 个 $M_{1,2}$ 家系的 365 个单株，第二个群体包含来自小麦—簇毛麦 6V（6A）代换系射线诱变的 100 个单株。分子筛选与细胞遗传学联合分析结果共鉴定出 20 个染色体结构变异体，其中整臂易位系 12 个，染色体末端易位系 4 个、6VL 末端缺失系 1 个、6VL 易位缺失系 1 个、中间插入易位系 2 个。Bie 等（2015）提出的双远端标记策略是筛序外源染色体结构畸变的有效方法，创制的材料是进行比较基因组学及定位簇毛麦优异基因及小麦遗传改良的优异材料。

Zhang 等（2015）利用剂量分别为 100Gy、200Gy 和 300Gy 的 ^{60}Co-γ 射线辐照中国春—簇毛麦 N6AT6D 缺体四体-6V 附加系的干种子。利用 Feulgen 染色和寡核苷酸探针原位杂交（ND-FISH）对 M_0 代和 M_1 材料进行分析，结果显示，M_0 植株有丝分裂行为异常，染色体结构发生变异。有 39 株 M_1 植株的染色体发生了结构变异，染色体结构变异中 B 染色体组发生畸变的频率最高且有与 D 基因组染色体重组的趋势。此外，19 株 M_1 植株的染色体数目还发生了变异。外源染色体 6D 丢失频率明显高于外源染色体 6V，说明辐照后 6D 稳定性较差。这表明，^{60}Co-γ 射线诱变出的这批材料可能在未来用于小麦育种和功能基因分析。

Zhang 等（2016）将正在开花的小麦—簇毛麦 5V 附加系穗子剪下并保留旗叶，在 1 200Rad 剂量下用 ^{60}Co-γ 射线辐照 2 天后收集其花粉，然后给已去雄的中国春授粉，获得 M_1 和 M_2 植株用中国春进行回交，利用分子标记和基因组原位杂交及顺序 C 分带等技术手段从其自交后代中鉴定出了抗白粉病的小麦—簇毛麦 T5VS·5AL 易位系。

Zhang 等（2019）从 ZY1286（*Triticum durum*）和 01I140（簇毛麦#5）的 BC_3F_2 中筛选获得含 1 对簇毛麦染色体的材料 N59B-1（2n=30），以中国春为母本，与 N59B-1 进行杂交，利用分子标记和抗病性鉴定对其 BC_1F_1 和 BC_1F_2 进行筛选鉴定，获得了抗白粉病的小麦—簇毛麦 2VL#5（2D）代换系、T2BS·2VL#5 罗伯逊易位系。

多年生簇毛麦（*Dasypyrum breviaristatum*）是一个小麦育种中尚未广泛应用的新种质。国内外将该种质导入小麦的报道罕见。蒋华仁等（1992）率先开展了将四倍体多年生簇毛麦导入小麦的工作。他们将四倍体簇毛麦分别与二粒小麦和中国春进行杂交，分别获得了八倍体和十倍体小簇毛麦。分别介绍如下：第一，将四倍体多年生簇毛麦与二粒小麦进行杂交，杂交 F_1 染色体加倍形成八倍体小簇麦，染色体组位 $AABBV^bV^bV^bV^b$，2n=56。穗形与二粒小麦相似，颖脊上密布簇毛，颖及外稃均有长芒。穗长约 12cm，每穗小穗数 27.8 个，每穗平均结实 5.6 粒，结实率 10%左右。减数分裂极不正常，后代中非整倍体占多数，除发现感染赤霉病外，未发现感染其他病害。第二，由普通小麦中国春与四倍体多年生簇毛麦的杂种 F_1 经秋水仙碱处理使染色体加倍形成十倍体小簇麦，染色体组位 $AABBDDV^bV^bV^b$，2n=70。原始的十倍体小簇麦穗部位顶芒，颖脊上密布簇毛麦，穗子较短，每穗小穗数 25 个，每穗平均结实率 2.7 粒，结实率约为 5.4%。其减数分裂异常紊乱，双亲的染色体在后代中均有丢失。其后代多为非整倍体，表现为长芒，穗子变长，每穗小穗数增加到 32 个左右，结实率仅为 1.3%，对小麦白粉病和三锈病的抗性仍然存在。

为了评估四倍体多年生簇毛麦在小麦育种中的利用价值，Yang 等（2005）利用分子细胞遗传手段对小麦—多年生簇毛麦部分双二倍体及其派生材料进行了分析评价。从小麦—多年生簇毛麦双二倍体的自交后代里鉴定出了一个高产的细胞学稳定的小麦—多年生簇毛麦部分双二倍体 TDH-2。以基因组原位杂交和种子蛋白电泳为研究手段，发现 TDH-2 中含有 14 条多年生簇毛麦染色体并且其中的小麦 D 染色体丢失。利用基因组原位杂交对小麦/TDH-2 的 BC_1F_4 后代材料进行分析，认为多年生簇毛麦染色体可以稳定传递给小麦。而抗病性鉴定发现，来自多年生簇毛麦的白粉病抗性可以稳定表达，而条锈病抗性则依赖于其小麦背景。利用与 Pm21 连锁的分子标记 SCAR1400 对供试材料进行分析，认为多年生簇毛麦中含有与 Pm21 不同的抗白粉病新基因。因此，四倍体簇毛麦及 TDH-2 可以作为小麦的基因源应用于小麦抗病育种中。

为跟踪多年生簇毛麦优异基因向小麦中导入，杨足君等（2005）用基因组原位杂交方法对获得的含多年生簇毛麦染色体组的材料和衍生后代进行了鉴定。结果表明，TDH-2 与小麦的杂交回交后代中观察到了多年生簇毛麦染色体以多种形式导入，为进一步分离和鉴定小麦—多年生簇毛麦附加系和易位系打下了坚实的基础。因为四倍体多年生簇毛麦是小麦抗病性和农艺性状遗传改良的优异基因源，因而，创制小麦—多年生簇毛麦抗病渐渗系将有助于多年生簇毛麦优异抗病基因的染色体定位，此外，将小麦—四倍体多年生簇毛麦渐渗系与小麦—二倍体一年生簇毛麦渐渗系进行比较将有助于研究多年生簇毛麦和一年生簇毛麦的基因组分化。

Li 等（2014）从绵阳 11 和小麦—多年生簇毛麦双二倍体 TDH-2 的杂交后代中选出编号为 D11-5 的株系，并用荧光原位杂交和分子标记对其进行了鉴定。染色体计数分析发现，D11-5 的 $2n=6x=42$。以簇毛麦基因组重复序列 pDb12H 为探针的荧光原位杂交检测显示，D11-5 中含有 1 对多年簇毛麦染色体；以小麦 D 染色体组特异重复序列为探针的荧光原位杂交结果显示，D11-5 中缺少 1 对 2D 染色体。功能型分子标记结果显示，D11-5 中的多年生簇毛麦染色体属于第二同源群，因此，D11-5 是小麦—多年生簇毛麦 $2V^b$（2D）代换系。田间抗性调查结果显示，多年生簇毛麦 $2V^b$ 染色体对小麦成株抗性起作用。荧光原位杂交、染色体 C 分带和分子标记结果发现，多年生簇毛麦 $2V^b$ 染色体和一年生簇毛麦 2V 染色体完全不同，是小麦抗病遗传改良的优异基因源。

Zhang 等（2015）利用多色荧光原位杂交对小麦—多年生簇毛麦双二倍体进行分析，建立了多年生簇毛麦 FISH 核型，并利用建立的 FISH 核型与分子标记联合从绵阳 11 和小麦—多年生簇毛麦双二倍体 TDH-2 的杂交后代中鉴定出了两个株系 D2146 和 D2150，经分析发现，D2150 是小麦—多年生簇毛麦 $5V^b$ 单体附加系，而 D2146 是小麦—多年生簇毛麦 $5V^bL \cdot 5AS$ 易位系。农艺性状调查发现，含 $5V^b$ 染色体的材料表现为矮秆和早熟，因此，可以作为培育多年生小麦的优异种质。

Li 等（2016）利用多色原位杂交对小麦—四倍体多年生簇毛麦双二倍体 TDH-2 与小麦—二倍体一年生簇毛麦双二倍体 TAV-1 进行了分析研究。结果发现，寡聚核苷酸探针 Oligo-pSc119.2、Oligo-pTa535、Oligo-$(GAA)_7$ 和 Oligo-pHv62-1 在四倍体多年生簇毛麦染色体末端、近末端和着丝粒区的信号均明显不同于二倍体一年生簇毛麦的信号，表明四倍体多年生簇毛麦和二倍体一年生簇毛麦在不同重复序列的组织架构上不同。Li 等（2016）还利用荧光原位杂交（FISH）、分子标记和抗病性鉴定等方法从绵阳 11 和 TDH-2 的杂交后代中选育出了一个编号为 D2139 的材料，结果显示，D2139 是一个成株期高抗条锈病的小麦—四倍体多年生簇毛麦 $7V^b$ 附加系，值得利用染色体工程方法对其进行诱导创制可用于小麦抗病育种的小麦—四倍体多年生簇毛麦染色体易位系。

Li 等（2016）以寡聚核苷酸 Oligo-pSc119.2、Oligo-pTa535、Oligo-$(GAA)7$ 和 Oligo-pHv62-1 为探针的荧光原位杂交对小麦—多年生簇毛麦双二倍体 TDH-2 和小麦——年生簇毛麦双二倍体 TDV-1 进行分析，结果发现这些探针在多年生簇毛麦和一年生簇毛麦染色体末端、近末端和着丝粒处的信号均不同。利用荧光原位杂交对绵阳 11 和 TDH-2 的杂交后代株系 D2139 进行鉴定，发现该株系中含有 1 对多年生簇毛麦染色体。分子标记鉴定结果显示，D2139 中的多年生簇毛麦染色体是 $7V^b$。抗病性鉴定发现，D2139 具有成株条锈抗性，其条锈抗性可能来自于多年生簇毛麦 $7V^b$ 染色体，是小麦抗病育种的优异基因源。最近，Wang 等（2018）对育成的小麦—多年生簇毛麦 $2V^b$ 断裂系材料进行了多探针荧光原位杂交和比较基因组学分子标记分析，结合条锈病抗性鉴定和农艺性状观察，进一步将控制条锈病抗性基因得到 $2V^b$ 染色体长臂的 FL 0.40~1.00 区间，将控制穗长性状的基因定位在 $2V^b$ 短臂的 FL 0.65~1.00 区间，为进一步利用多年生簇毛麦染色体与小麦抗病高产育种中奠定了基础。

第五节 小麦—偃麦草染色体系

早在 1921 年 Percival 就开展了中间偃麦草与小麦的远缘杂交试验（李振声等，1985）。随后，HB 齐津在 1928—1930 年的杂交实验获得成功；孙善澄先生等在 20 世纪 50 年代进行两者的杂交试验并于 1956 年成功，李振声先生等也开始进行两者的杂交工作，1957 年成功获得杂交种子（李振声等，1985）。小麦与中间偃麦草的杂交的大量研究结果表明，二者易于杂交，但是不同研究中结实率差异很大。孙善澄以小麦为母本与中间偃麦草进行杂交，结实率为 20.8%～62.4%；畅志坚等（1992）以冬春性不同的小麦品种为母本，平均结实率为23.27%；利用重复授粉，可显著提高杂交结实率 10%～15%（孙善澄，1981）；但当以中间偃麦草为母本，杂交结实率很低，仅为 1.2%（李振声等，1985）。很多研究表明，杂种 F_1 高度不育，通过与小麦回交可以不断提高杂种后代育性（王洪刚等，2000）；杂种 F_1 的育性也会随着植株年龄的增长和生育期的延长而提高（孙善澄，1981；李振声等，1985）。

迄今为止，科学家们已用小麦与偃麦草杂交、回交，合成了诸多八倍体小偃麦。其中，来源于中间偃麦草的有多年生一号（李振声，1980）、多年生二号、再生 38、TAF46（Caudero，1973）、中 1 - 中 5（孙善澄，1981）、小偃78829（陈漱阳创制，张学勇和董玉琛，1994）、TAI7044、TAI7045 和 TAI7047（畅志坚，1999）、TE-3（Yang et al.，2006）以及以烟农 15 为背景的八倍体小偃麦 TE183、TE185、TE188、TE198、TE256 和 TE347（Liu et al.，2005；王洪刚等，2006；鲍印广，2010；亓晓蕾等，2017）等。来自于十倍体长穗偃麦草的八倍体有小偃 68、小偃 7631、小偃 7430、小偃 693、小偃 784、小偃 333（李振声，1980；李振声等，1985）和 OK721154 等。来源于二倍体长穗偃麦草的八倍体有 ABDE 等（Dvorak，1975；1976；1980）。

Shebeski 和 Wu 在小麦和十倍体长穗偃麦草的杂种后代中，得到了抗多种病害的小麦—长穗偃麦草部分双二倍体 PW327（Knott，1964）。其后，Knott（1964，1978）从 PW327 和小麦的杂种后代中获得了 15 个抗秆锈的小麦—长穗偃麦草代换系，经鉴定后认为这些代换系均为 6Age（6D）代换系。Johnson 和Kimber（1967）发现长穗偃麦草 6Age 染色体能够很好地代换和补偿小麦的 6A、6B、6D 染色体。

Knott（1961）、Sharma 和 Knott（1966）利用辐射手段将十倍体长穗偃麦草的 Sr25、Sr26 和 Lr19 等抗病基因导入小麦，欧洲和澳州利用这些抗性基因育成了 Agent、UC66409、Marqus 易位系、Roazon、Thatcher、Eagle、Kite 和 Agatha等小麦品系/品种。

Wienhus 从小麦与中间偃麦草的杂交后代中得到了抗叶矮的 7Ai（7A）代换系（Gupta，1979），随后又选出了中间偃麦草染色体分别代换了小麦染色体 1D、2D、3B、3D、4A、4B、7B 和 7D 的 8 个代换系，并且发现这些代换系大多保留了偃麦的抗病性（Gupta 和 Fedark，1986）。

Gale 和 Miller（1987）从小麦—偃麦草杂交后代中筛选得到了 $Sr24$、$Sr25$ 抗病基因的小麦—偃麦草自发易位系。Sears（1972，1981）、Bielig 和 Drscoll（1973）报道了含有 $Lr19$ 或 $Sr25$ 基因的 3Ag（3D）代换系、以及 7Ag（7A）、

7Ag（7B）和7Ag（7D）代换系。

Larson等（1973）从小麦和十倍体长穗偃麦草的杂交后代中鉴定出了抗小麦条状花叶病毒病的小麦—偃麦草染色体代换系。

Sears（1972，1981，1983）利用小麦Ph基因缺失突变体为工具，获得了小麦—偃麦草3Age/3D抗病的中间片断易位系。

Dvorak和Knott（1974）、Dvorak（1980）创制了小麦—二倍体长穗偃麦草双二倍体，将其与小麦杂交回交获得了基本成套的附加系和代换系，发现二体附加系在形态上都与相对应部分同源群的小麦染色体四体相似。Hart和Tuleen（1983a，1983b）通过对上述7个附加系的同功酶研究，证实了Dvorak和Knott（1974）根据形态表现对这7个附加系中偃麦草染色体部分同源关系划分的正确性。

Cauderon（1979）从八倍体小偃麦TAF46与小麦品种Vilmorin的回交后代育成6个不同的附加系，L1、L2、L3、L4、L5、L7。Forstery等（1987）对这6个二体附加系中偃麦草染色体的部分同源群归属问题用同工酶和贮藏蛋白质电泳进行了研究，认为它们附加的染色体分别为7Ai、3Ai、1Ai、4Ai、5Ai、6Ai。Friebe等（1992）用染色体C带和原位杂交分析证实了Forstery等（1987）对上述6个附加系的鉴定结果，并且认为TAF46和L1携带的中间偃麦草染色体上含有抗大麦黄矮病毒（BYDV）基因。

李振声等从小麦与十倍体长穗偃麦草远缘杂交材料中筛选得到了4E（4D）蓝粒代换系和4E蓝粒附加系，并且利用蓝粒性状作标记，选育出了自花结实的小麦4D缺体品系，并将这一显性标记基因易位到小麦的2D、3A、4A、5A和6A染色体上，建立了这些染色体的蓝单体标记系统（李振声等，1982；Li et al.，1983，1986）。

Kibirige-Sebunya和Knott（1983）利用Ph基因缺失突变体和5B-5D缺四体为材料，将二倍体长穗偃麦草的抗锈基因易位到了小麦的5D染色体上。

Dvorak等（1985）为了将十倍体长穗偃麦草的抗盐特性导入小麦，从十倍体长穗偃麦草和小麦的杂种后代中筛选获得了抗盐比较突出的非整倍体材料（2n=21″W+5′Age）。

何孟元等（1988）以中2-中5四个八倍体为基础，用小麦多次回交自交、建立了两套小麦—中间偃麦草附加系，并对所建立的14种异附加系的表型特征进行了观察分析，发现有些附加系中的偃麦草染色体携带有抗锈病基因，还探讨了重要农艺性状基因在不同偃麦草染色体上的分布。

张学勇等（1989）和Zhang等（1992）利用4D缺体与小偃784、小偃7631和小偃78829杂交、回交，选育出了2个不同的4Age（4D）代换系和一个4Age

（4D）代换系。

辛志勇等（1991）以 L1 为抗源，利用中国春 *Ph* 基因缺失突变体和组织培养诱导无性变异，育成了抗病易位系 119880 和 119899，并用 Southern 杂交证实这两个易位系中含有中间偃麦草 DNA 片段。

Friebe 等（1991）将利用辐射手段对 4Ai#2（4A）代换系进行处理，从其后代材料中鉴定出了抗病易位系 T4DL·4Ai#2S，进而通过部分同源配对将抗性基因 *Wsml* 导入小麦，育成抗病易位系 CI17766，并用 C 带将易位断点定位在易位染色体短臂的中部。

Sharma 等（1995）研究了不同回交世代的抗 BYDV 个体染色体数目，并从中分离出细胞学稳定、育性正常的抗 BYDV 二体代换系 7Ai-1（7D）。Banks 等（1995）通过部分同源配对和组织培养诱导出 15 个具有 BYDV 抗性的染色体重组系，利用细胞遗传学、外源 DNA 探针和重复序列杂交分析等方法将抗 BYDV 基因定位在染色体 7Ai-1 长臂上。

Cai 等（1996）用 GISH 和 C 带技术对小麦—十倍体长穗偃麦草新种质 PI5610 和 CI13113 进行了鉴定，证明它们是小麦—偃麦草 6Ae#2（6A）代换系。

Larkin 等（1995b）证实 TAF46 与中 5 分别携带不同的抗 BYDV 基因，并且发现育成的附加系中 Z1、Z2 和 Z6 高抗黄矮病，其抗性基因定位于 2Ai-2 上。此外，Larkin 等（1995a）的研究还发现附加系 Z4 携有对叶锈、秆锈和条锈三种锈病的抗性基因，所附加外源染色体可能为 7Ai-2，不同于来自 TAF46 的 L1（7Ai-1）。

艾山江等（1997）从（77-5433×中5）杂交组合花药培养后代中选出一个兼抗大麦黄矮病、条锈、叶锈和秆锈 4 种小麦主要病害的新种质"遗 4212"，并利用 GISH 等方法证实它是小麦—中间偃麦草代换系。系谱分析认为，其抗病性来自其携带的 1 对中间偃麦草染色体。

Xia 等（2003）将紫外光照射的长穗偃麦草的悬浮原生质与小麦的悬浮原生质体进行融合，培育出了优良的种间体细胞杂交植株并获得了杂种后代。利用同工酶、RAPD、5S rDNA 间隔序列以及 GISH 分析，证实了这些杂交后代含有长穗偃麦草血缘。

陈穗云等（2003）将普通小麦济南 177 原生质体和经紫外线照射的长穗偃麦草（高冰草）原生质体进行诱导融合，获得外形偏向小麦的不对称体细胞杂种及后代。对来源于同一个体细胞杂种克隆的不同株系（II-2、8-1 和 II-I-8）的 F_5 代的根尖细胞染色体进行核型分析并与其亲本比较，结果发现，虽然各株系染色体的形态和数目在遗传上均趋于稳定，但染色体与亲本小麦济南 177 之间有多处显著不同，并且各种株系之间也存在差异，认为长穗偃麦草染色体小片段已进入了济南 177 染色体中。

王黎明等（2005）利用小麦品种烟农 15 与中间偃麦草杂交并用烟农 15 进行回交，从 BC_2F_4 中选出山农 0095。利用形态学、细胞学、种子醇溶蛋白酸性聚丙烯酰胺凝胶电泳、RAPD 和 GISH 等方法对其进行鉴定，结果认为，山农 0095 是小麦—中间偃麦草的二体异代换系。

赵逢涛等（2005）在小麦—中间偃麦草 59 个杂交后代种质系中筛选出 6 个小麦—中间偃麦草异附加系 0605、0607、0609、0610、0611 和 0625，并对其进行了形态学、白粉病抗性、细胞学和 RAPD 鉴定，结果表明，6 个异附加系农艺性状较好地结合了双亲的优良特点具细胞学稳定。白粉病抗性鉴定结果发现，0605 对白粉病表现为免疫，0610 和 0625 表现为高抗，是小麦育种优异中间材料。

石丁溧等（2008a）从普通小麦—中间偃麦草 BC_2F_5 后代中选育出硬颖、蜡质、秆细与中间偃麦草性状类似的小麦新种质 AF-2。抗病性调查结果发现，AF-2 免疫条锈病和白粉病。细胞学检测发现，该品系根尖细胞染色体数目为 44；花粉母细胞减数分裂中期 I 均为二价体，染色体配型为 $2n=22II$，细胞学稳定。GISH 结果显示，AF-2 附加了两条来自中间偃麦草的染色体，结合其表现出的农艺性状特征认为 AF-2 附加的可能是中间偃麦草 2E 染色体。

石丁溧等（2008b）对从普通小麦与中间偃麦草杂交后代中选育的一个抗白粉病新品系（AF-1）进行了形态学、细胞学和原位杂交（GISH）鉴定。结果发现，AF-1 具有与小麦亲本相似的农艺性状，根尖细胞染色体数目为 $2n=42$，花粉母细胞减数分裂中期（PMCMI）染色体构型为 $2n=21II$，细胞学稳定。GISH 分析发现，AF-1 为小麦—中间偃麦草小片段易位系，易位点位于一对染色体臂的中部偏着丝粒位置。

Friebe 等（2009）利用染色体工程将小麦—中间偃麦草补偿性罗伯逊易位系 T4DL·4J^{s}S 中的易位染色体缩短，获得了 1 个近端部易位系 rec36 和 4 个端部小片段易位系 rec45、rec64、rec87 和 rec213。在温室条件下对上述材料进行梭条花叶病毒抗性鉴定，结果发现，上述 4 个染色体端部小片段易位系在特定温度下均高抗梭条花叶病毒，rec36 表现为高感，将抗梭条花叶病毒基因 $Wsm1$ 定位在 4DL·4J^{s}S 易位系末端 20% 的区域内。

Hu 等（2011）从小麦—茸毛偃麦草杂交后代中筛选到抗条锈病的株系 AS1677，并用荧光原位杂交、顺序 C 分带-基因组原位杂交、种子蛋白电泳和分子标记等方法对其进行了鉴定，鉴定结果显示，AS1677 是一个新的小麦—茸毛偃麦草 1St（1D）代换系。

Mcarthur 等（2012）利用基因组原位杂交技术对中国春—灯芯偃麦草杂交

后代进行了鉴定，结果从中鉴定出含 12-16 条灯芯偃麦草染色体的中国春—灯芯偃麦草部分双二倍体 7 个和中国春—灯芯偃麦草二体附加系 13 个。其中附加系 AJDAj5、AJDAj7、AJDAj8、AJDAj9 和 HD3508 含灯芯偃麦草第一同源群染色体，并且 AJDAj7 和 AJDAj9 中的灯芯偃麦草染色体是相同的。附加系 AJDAj2、AJDAj3 和 AJDAj4 含灯芯偃麦草第二同源群染色体，附加系 HD3505 含灯芯偃麦草第四同源群染色体，附加系 AJDAj6 和 AJDAj11 含灯芯偃麦草第五同源群染色体，附加系 AJDAj1 中可能含灯芯偃麦草第六同源群染色体。抗病性鉴定发现，其中部分灯芯偃麦草附加系高抗赤霉病、褐斑病和秆锈病等。

Li 等（2013）从选育的小麦—茸毛偃麦草 1St 染色体代换系和 1St 与 1D 易位系的基础上，利用 SDS-PAGE 电泳结合 PCR 克隆测序的方法，发现了位于茸毛偃麦草 1St 染色体长臂上的新型高分子量高蛋白亚基编码基因 Glu-$1St$#$2x$，该基因具有提高小麦籽粒蛋白质含量和增加沉降值等优异特征，因此小麦—茸毛偃麦草 1St 代换系和易位系是小麦抗病、优质育种的重要基因源。

张立琳等（2013）对小麦和长穗偃麦草杂交后代（兰考小偃麦/科育 818//百农矮抗 58//百农矮抗 58、兰考小偃麦/Cp02-3-5-5//YN001 的自交 F_1、兰考小偃麦/Cp02-3-5-5//YN001 自交 F_2）及其 BC_3 和 BC_2F_1 植株的细胞学特点进行分析，在第一个和第二个组合中分别选取 5 株材料的根尖细胞染色体进行 GISH 鉴定，结果发现，第一个杂交组合中长穗偃麦草的染色体数为 3~5 条，第二个中长穗偃麦草染色体数为 5~8 条。第三个组合自交 F_2 选出 7 个植株进行 GISH 检测，结果发现，有 4 个植株附加 1 对长穗偃麦草染色体，为二体附加系，有 2 个和 1 个植株分别含有 3 条和 4 条长穗偃麦草染色体。

Zeng 等（2013）利用花粉母细胞调查与基因组原位杂交等方法对两个硬粒小麦—中间偃麦草部分双二倍体 08-47-50 和 08-53-55（$2n = 6x = 42$）鉴定，结果发现，08-47-50 平均形成 20.49 个二价体，含 14 条中间偃麦草染色体，分别是 6 条 St、4 条 E^e 和 4 条 E^e-St 易位染色体；而 08-53-55 平均形成 20.67 个二价体，含 4 条 St 和 10 条 E^e-St 易位染色体。抗病性鉴定发现 08-47-50 和 08-53-55 均高抗赤霉病、叶锈病和秆锈病。

Song 等（2013）利用基因组原位杂交、功能分子标记和抗病性鉴定等方法对绵阳 11 与小麦—茸毛偃麦草部分双二倍体 TE-1508 后代株系 X484-3 进行鉴定，发现 X484-3 是一个附加了一对中间偃麦草 7St 染色体的附加系，并且该附加系在成株期高抗条锈病。

Zhan 等（2013）用分子生物学和细胞遗传学方法对高抗白粉病的小麦—中间偃麦草衍生品系 CH5382 进行鉴定，基因组原位杂交没有发现 CH5382 含有外源片段，但 PLUG 引物 TNAC1102 和 TNAC1567 可以在中间偃麦草、小麦—中间偃麦草部分双二倍体 TAI7044 和 CH5382 扩增出特异的条带，因而，CH5382 是一个具有抗白粉病抗性的小麦—中间偃麦草隐性异易位系。

Shen 等（2013）利用多色荧光原位杂交、基因组原位杂交以及新开发的 4J 染色体特异标记对中国春与中国春—百萨偃麦草杂交后代 F_7 代 159 个株系进行分析，从小麦背景中鉴定出完整的 4J 染色体和变异的 4J 染色体片段，并将位于中间偃麦草 4JL 的蓝粒基因物理图谱定位在着丝粒与 $FL_{0.52}$ 之间的区域，该基因的染色体位置与之前报道的蓝色颗粒基因的位置不同，是一个新的来自百萨偃麦草的蓝粒基因位点，命名为 *BaThb*。

Turner 等（2013）选择 52 个小麦与近缘植物双二倍体（包括多年生中间偃麦草、长穗偃麦草和灯芯偃麦草等）进行秆锈病、赤霉病和抗寒性鉴定，发现 48 个双二倍体中有 24 个高抗秆锈病，接种赤霉菌的 30 个双二倍体中 21 个有抗性，2 个双二倍体具有较强抗寒性，为小麦育种提供了优异中间材料。

He 等（2013）利用花粉母细胞观察、基因组原位杂交和抗病性鉴定等方法对小麦—长穗偃麦草杂交种质 SN20 和 SN122 进行鉴定，结果发现，每个 SN20 和 SN122 单株染色体条数均为 56，花粉母细胞染色体约形成 28 个二价体，因而，细胞学稳定。以中国春为封阻，以拟鹅观草基因组 DNA 为探针的 GISH 显示，SN20 和 SN122 的染色体组构成分别为 $2St+10J^s+2J$ 和 $2St+8J^s+4J$。二者均抗小麦白粉病，是小麦抗病育种的优异中间材料。

李文静等（2014）用形态学、细胞遗传学和 SSR 分子标记对普通小麦川麦 107 与中间偃麦草杂交获得的遗传稳定品系 08-738 进行了鉴定，发现 08-738 植株较矮、小穗数较多，含有 20 对小麦染色体和 1 对小麦—中间偃麦草小片段易位染色体，易位位于小麦 3DS 的近末端且该外源片段可能来源于中间偃麦草的 J^s 染色体组，并可以用于检测该易位片段的 SSR 特异标记 Xcfd141。

靳嵩等（2014）对八倍体小偃麦和中间偃麦草杂交 F_5 代中选育的 15 份多年生材料进行鉴定，发现其中大部分材料均含有 E 组和 St 组染色体或染色体片段。有 7 份普通小麦型材料含有中间偃麦草染色体或染色体片段，具有大穗多花、抗病等特性，可能为 E 或 St 组染色体代换或易位材料，认为决定多年生小麦再生性、抗寒性和多年生特性的基因存在于部分 E 和 St 染色体上。

徐林涛等（2014）对中间偃麦草与普通小麦烟农 15 杂交，从其杂种后代中选育出 1 个细胞学稳定的二体异附加系山农 120211。分子细胞学鉴定结果显示，山农 120211 是 1 个小麦—中间偃麦草 $2E^e$ 染色体附加系。对 120211 进行主要性状鉴定，结果发现，该附加系苗期和成株期免疫白粉病，耐盐级别为 2 级（较强）。

宋维富等（2013）利用六倍体小偃麦与克旱 9 号杂交，在杂交后代中选出了13个具有六倍体小偃麦优良农艺性状的普通小麦类型的品系05-9-2、05-9-4、05-9-5、05-9-6、05-9-7、05-9-8、05-9-11、05-9-14、9-9-14、05-9-13、05-7-13、05-7-24和05-7-22，并利用花粉母细胞减数分裂观察、分子检测方法和原位杂交技术对以上13个品系进行了鉴定，为研究和利用E组染色体改良普通小麦提供了理论基础。

宋杰等（2014）利用分布于小麦染色体7个同源群的1246对引物对15个可能的小麦—长穗偃麦草二体异附加系的4个亲本的基因组DNA进行扩增，结果发现，186对SSR、209对EST-SSR和22对STS引物能够在长穗偃麦草中扩增出特异条带，其中18对引物可以在其中的1~7个附加系中扩增出长穗偃麦草的特异带，其中1~3、1~8、1~27、2~6和2~22等5个附加系可能含有长穗偃麦草第7同源群染色体，5~10、5~20、6~23和6~18等4个附加系可能含有长穗偃麦草第6同源群染色体。附加系1~13可能附加2条不同同源群的长穗偃麦草染色体。

杨永乾等（2014）利用细胞学和分子标记技术对小麦—中间偃麦草衍生系中233进行鉴定，结果发现，中233含有2条中间偃麦草染色体和40条小麦染色体，同时缺少一对小麦的2D染色体，因此，中233是一个细胞学稳定的小麦—中间偃麦草二体代换系。

詹海仙等（2014）利用基因组原位杂交、荧光原位杂交和抗病性鉴定等对源于中间偃麦草的兼抗多种小麦病害的新种质CH5383进行鉴定，结果发现，CH5383染色体3BL端部可能有中间偃麦草DNA片段插入，因此，CH5383是一个小麦—中间偃麦草小片段渗入系，且携带抗条锈病基因的外源中间偃麦草DNA渗入片段位于3B染色体端部0.81~1.00区段，可以作为优异抗病育种种质加以利用。

郭慧娟等（2014）对82份小麦—中间偃麦草异源渗入系进行了连续2年的苗期和成株期抗病性鉴定筛选，获得38份免疫我国优势小种CYR32、CYR33和新小种v26，45份免疫CYR32、CYR33小种；51份免疫CYR32；48份免疫CYR33；52份免疫v26，为小麦抗病育种提供了新抗源。

李小军等（2014）利用基因组原位杂（GISH）、高分子量谷蛋白亚基电泳（SDS-PAGE）和分子标记技术对小麦—中间偃麦草衍生系中209进行鉴定，发现中209是小麦—中间偃麦草二体代换系，有一对小麦7A染色体被中间偃麦草染色体所代换，并且中间偃麦草染色体与小麦第7同源群染色体存在部分同源关系。SDS-PAGE表明中209含有5+10亚基。

胡静等（2014）发现八倍体小偃麦与小麦的杂交后代品系CH08-141中的6B染色体被一对中间偃麦草的J组染色体所代换。抗病性鉴定发现，品系

CH08-141 含有来源于中间偃麦草的抗秆锈病和白粉病基因，是小麦抗病育种中不可多得的新抗源。

Niu 等（2014）利用基因组原位杂交和和 SSR 标记对携带 Sr43 的小麦—彭提卡偃麦草染色体易位系 KS10-2 和 KS24-1 进行分析，结果发现，小麦染色体臂 7DL 上的 6 个 SSR 标记均用于检测小麦中的彭提卡偃麦草染色质。基因组原位杂交结果显示，KS24-1 为 7DS·7el2L 罗伯逊易位系，而 KS10-2 为 7DS-7el2S·7el2L 易位系。利用中国春 ph1b 缺失突变体对 KS10-2 进行同源重组诱导，从 BC₂F₁ 群体后代中鉴定出了 2 个含 Sr43 的小麦—彭提卡偃麦草染色体小片段易位系 RWG33 和 RWG34，为小麦抗秆锈育种提供了种质资源。

Zheng 等（2014）利用基因组原位杂交、多色基因组原位杂交和多色荧光原位杂交检测 5 个小偃系列的小麦—十倍体长穗偃麦草部分双二倍体（小偃 68、小偃 693、小偃 784、小偃 7430 和小偃 7631）染色体组成，从中发现了染色体结构改变，例如小偃 68 中多了一对小麦 1B 染色体，还有一些发生了小麦染色体间自发重排，有些双二倍体含有相同外源染色体。秆锈病抗性鉴定发现，小偃 68、小偃 784 和小偃 7430 抗所检测的 9 种秆锈菌种，是小麦抗秆锈育种的优异中间材料。

王小华等（2015）对普通小麦—长穗偃麦草异代换系 A1-2-2-2 进行形态学、细胞学、分子生物学和白粉病抗性鉴定分析，发现 A1-2-2-2 在苗期和成株期均免疫白粉病，其染色体中小麦的 6A 染色体被长穗偃麦草的 1 对 St 染色体取代，是小麦抗白粉育种的优异基因源。

Zhan 等（2015）利用基因组原位杂交和多色原位杂交对小麦—中间偃麦草部分双二倍体 TAI7047 与小麦系绵阳 11 杂交后代中选育出的抗条锈病和白粉病 CH13-21 进行鉴定，发现 CH13-21 的 6BS 染色体被中间偃麦草染色质取代，分子标记证明是 CH13-21 中的中间偃麦草染色体来自第六同源群长臂，因此 CH13-21 是一个新的 T6BS·6Ai#1L 罗伯逊易位系，为小麦抗病育种提供了抗源。

Li 等（2015）利用对育成的小麦—茸毛偃麦草代换系进行了荧光原位杂交和分子标记分析，发现选育的材料 X479 为 1St（1B）、4Jˢ-4St（4B）双重代换系，X482 为 4Jˢ-4St（4D）、6St（6D）双重代换系，并证实在小麦—偃麦草远缘杂交后代中，高频率存在偃麦草染色体重排的现象，利用多种分子细胞遗传学方法结合，可以对染色体重排、易位断点进行准确鉴定。

Guo 等（2015）利用 DarT、SSR、EST 和 COS 分子标记将抗赤霉病基因 Fhb7 定位在分子标记为 xcfa2240 和 XsdauK66 之间长度为 1.7cM 区间内。利用分子标记和基因组原位杂交对含 Fhb7 的 KS24-2 进行鉴定，发现 KS24-2 是 1 个小麦—偃麦草整臂易位系。为了获得染色体小片段易位系，借助于中国春 *Ph1b* 突变体诱导长穗偃麦草 7el2L 染色体与小麦 7DL 染色体部分同源重组，创制了 2 份抗赤霉病的小麦—长穗偃麦草染色体小片段易位系 SDAU1881 和 SDAU1886（外源片段占易位染色体的比例分别为 16.1% 和 17.3%）。此外，还利用分子标记辅助选择将 *Fhb*1 和 *Fhb*7 聚合到一起，选育出了 SDAU1902、SDAU1903、SDAU1904 和 SDAU1906 4 个赤霉抗性较好的小麦品系。

Qi 等（2015）从小麦品种烟农 15 和中间偃麦草杂交后代中选育出抗白粉病的小麦—中间偃麦草染色体系 SN100109。分小种鉴定发现，SN100109 的白粉抗性反应型与 *Pm*40 和 *Pm*43 基因的反应型不同。利用基因组原位杂交和分子标记对 SN100109 进行鉴定，结果表明，SN100109 染色体条数为 44，含有 21 对小麦染色体和一对中间偃麦草 2J 染色体，因而，SN100109 是小麦—中间偃麦草 2J 附加系。抗病定鉴定及系谱分析表明，抗白粉病基因位于 SN100109 中的中间偃麦草 2J 染色体上。

Ghazali 等（2015）将小麦—百萨偃麦草 2E^b（2B）代换系与面包小 "Roushan" 进行杂交，获得 F_2 群体，对其中的 41 单株进行染色体构型分析，同时利用 3 个百萨偃麦草 2E^b 特异 PLUG 标记筛选这些单株。结果从其 F_2 材料中鉴定出了约 5% 的小麦—百萨偃麦草罗伯逊易位系，并从 F_3 家系中筛选出植株活力和生育力良好的纯合易位系 T2E^{b}S·2BL。该易位系比亲本的芒更长，细胞学稳定，可能对小麦遗传改良具有应用价值。

王艳丽等（2016）对小麦—华山新麦草双二倍体与小偃麦中 3 杂交 F_1 自交至 F_6 的 4 个高抗条锈病株系进行细胞学和 SDS-PAGE 分析，结果发现，K-13-649-3 和 K-13-663-2 细胞学稳定，是小麦—中间偃麦草易位系。K-13-649-3 和 K-13-728-4 与亲本中 3 的特异条带一致，K-13-656-3 和 K-13-663-2 只有 3 条条带，缺失了亲本中 3 的 1 条特异条带。

张璐璐等（2016）利用 30 000 rad 剂量的 ^{60}Co-γ 射线对中国春—长穗偃麦草 7E（7B）代换系与扬麦 16 杂交的 F_2 种子进行辐射处理，表现型选择收获存活 M_1 植株的种子，从 M2 连续通过表型农艺性状选择、单花滴注法进行赤霉病抗性鉴定和长穗偃麦草 7E 染色体或染色体臂特异分子标记 PCR 扩增筛选，最后在 M_4 代对所选材料以长穗偃麦草基因组 DNA 为探针进行基因组原位杂交，鉴定出了 4 份小麦—长穗偃麦草材料，其中 3 份为长穗偃麦草 7E 染色体长臂易位系，命名为 TW-7EL1、TW-7EL2 和 TW-7EL3；1 份为 7E 染色体短臂附加系，命名为 W-DA7ES。

李爱博等（2016）利用荧光原位杂交等技术对普通小麦与八倍体小偃麦中 4 杂交获得小麦品种中梁 27 进行分子细胞学分析，发现中梁 27 在 A 基因组有两个易位片段，分别为 A/E 基因组易位和 A/St 基因组易位，推测中梁 27 抗锈病基因可能来源于这两个易位片段。

李小军等（2016）对 143 个小麦—中间偃麦草种质材料的农艺性状、高分子量麦谷蛋白亚基及部分代表性材料的染色体构成进行分析，结果发现，小麦—中间偃麦草种质主要农艺性状变异丰富，其穗长、小穗数和分蘖数等性状明显优于主栽品种，有 17 个材料的亚基组合为（2*、7+8、5+10）或（1、7+8、5+10）。对选出的 30 个代表性材料进行 GISH 分析，发现其中 8 个为八倍体小偃麦，而其他材料均为非整倍体。

Kruppa 等（2016）将小麦 Mv9kr1 与中间偃麦草—十倍体长穗偃麦草杂交种进行杂交，利用多色荧光原位杂交和抗病性鉴定等方法从其后代中鉴定出了 3 个抗叶锈病的部分双二倍体株系，其中株系 194 含 58 条染色体，株系 195 含 56 条染色体，株系 196 含 54 条染色体。用重复序列 DNA 探针 pSc119.2 和 pTa71 对 3 个株系进行荧光原位杂交，结果发现，3 个部分双二倍体中的小麦染色体 3D 均已丢失。分子标记分析发现，株系 195 和 196 含有抗叶锈病基因 $Lr24$。

Patokar 等（2016）利用基因组原位杂交和荧光原位杂交从小麦—百萨偃麦草杂交种质中鉴定获得了细胞学稳定、形态性状较好的 T4BS·4BL-4JL、T6BS·6BL-6JL、T5AS·5AL-5JL、T5DL·5DS-5JS、T2BS·2BL-2JL 和整臂异位 T1JS·1AL 等 6 个小麦—百萨偃麦草易位系，为利用百萨偃麦草种质创制了优异的种质资源。

李海凤等（2016）利用细胞学方法和染色体特异分子标记对六倍体小偃麦与硬粒小麦杂交的自交 F_2 和 F_3 后代植株进行鉴定，结果发现，218 个 F_2 单株中 2n=28 的植株占 41.7%，2n=29 的植株占 18.3%，其余 40.0% 植株的染色体数在 2n=31~42 之间。在 1E~7E 单体附加株自交后代 F_3 中，选育出了 1E~7E 单体附加及少数二体附加系且所有附加系均可育，为小麦—偃麦草染色体代换系和易位系的创制提供有益的中间材料。

Ardalani 等（2016）将小麦—百萨偃麦草 6E^b（6D）代换系与面包小麦"Roushan"进行杂交，获得 F_2 群体，对其中的 80 个单株（L1~L80）进行染色体构型分析，同时利用 3 个百萨偃麦草 6E^b 特异 PLUG 标记筛选这些单株。结果从其 F_2 材料中鉴定出了 1 个小麦—百萨偃麦草 T6E^{b}S.6DL 罗伯逊易位系。籽粒铁锌含量检测发现，小麦—百萨偃麦草 6E^b（6D）代换系和 T6E^{b}S·6DL 罗伯逊易位系均比其小麦亲本面包小麦"Roushan"高，是小麦生物强化的重要资源。

Mo 等（2017）通过细胞学、形态学、基因组原位杂交、荧光原位杂交（FISH）、表达序列标记（EST）和基于 PCR 同源保守基因（PLUG）标记分析成株抗条锈病的小麦—十倍体长穗偃麦草衍生后代 CH1113-1-1-2-1（CH1113-

B13），结果发现，CH1113-B13 含有 20 对小麦染色体和 1 对 J^{st} 基因组染色体且缺失小麦 7B 染色体，分子标记分析认为 J^{st} 染色体属于第 7 同源群，因此 CH1113-B13 是 $7J^{st}$（7B）代换系。

陈士强等（2017）通过对中国春—长穗偃麦草二体异代换系 DS7E/7A 与扬麦 16 杂交后代进行辐射诱变，结合赤霉病抗性鉴定和长穗偃麦草染色体特异分子标记辅助选择，获得了 5 个小麦—长穗偃麦草抗赤霉病易位单株。同时创建了一条有效获得小麦—长穗偃麦草抗赤霉病易位系的技术路线。

朱晨等（2017）利用形态学、细胞学、染色体组原位杂交（GISH）、荧光原位杂交（FISH）和分子标记等技术对十倍体长穗偃麦草、普通小麦 7182 和 87-1-9 的后代衍生系 CH1115-B15-1-5-1-1（CH1115-B15）进行了鉴定，发现 CH1115-B15 是含有十倍体长穗偃麦草的染色体 5J（E）的二体异附加系，其成株期高抗条中 32 号和条中 33 号混合菌种，且在芽期具有较强的耐盐性。

亓晓蕾等（2017）利用细胞学和基因组原位杂交技术对从中间偃麦草与小麦品种烟农 15 杂交后代选育出的 10 个八倍体小偃麦山农 TE256、山农 TE259、山农 TE261、山农 TE262、山农 TE263、山农 TE265、山农 TE266、山农 TE267-1、山农 TE270 和山农 TE274 进行了细胞学鉴定和染色体构成分析。发现 10 个八倍体小偃麦均含有普通小麦的全套染色体和中间偃麦草的 1 个混合染色体基组，其中间偃麦草染色体是由来自中间偃麦草 3 个不同染色体基组的染色体构成的混合染色体基组，其染色体构成分别为 2St+8J^s+2J+2J-St、2St+8J^s+4J、2St+8J^s+2J+2J-St、2St+8J^s+2J+2J-S、2St+8J^s+2J+2J-St、6St+4J^s+2J+2J-St、4St+6J^s+2J+2J-St、2St+8J^s+4J、2St+8J^s+4J 和 4St+6J^s+4J。

He 等（2017）利用基因组原位杂交、多色基因组原位杂交和荧光原位杂交技术对小麦（Linnaeus，1753）—长穗偃麦草（Podpěra，1902）5 个部分双二倍体 XY693、XY7430、SN19SN20 和 SN122 的染色体构成进行了鉴定，结果发现，它们的染色体构成分别为 14A+12B+14D+8J^s+8J、12A+16B+14D+2St+8J^s+2J+2W-E、14A+14B+14D+4St+8J^s、14A+14B+14D+2St+10J^s+2J、14A+14+14D+2St+8J^s+4J。

Tanaka 等（2017）将中国春—长穗偃麦草 1E（1D）代换系与中国春 N1AT1D 缺体四体进行杂交，利用种子蛋白分析、染色体计数和分子标记分析等方法从其 F_1 自交后代中鉴定出一个新的补偿性小麦—长穗偃麦草罗伯逊易位系 T1AS·1EL。籽粒品质鉴定发现，此罗伯逊易位系的面筋更丰富，比中国春和 Norin 61 更适合做面包。

Dai 等（2017）利用黑麦染色体特异标记、长穗偃麦草的染色体特异标记以及基因组原位杂交对小黑麦（基因组 AABBRR）和小偃麦（AABBEE）杂交后代 8 份材料进行鉴定，发现其中 4 份材料含有黑麦染色体但不含长穗偃麦草染色体。RE36-1 含 2R 外的所有黑麦染色体。RE33-2 和 RE62-1 含有所有黑麦染色体以及 1E-5E 易位染色体。RE24-4 含有 12 条黑麦染色体和一条 7E 染色体，或含 12 条黑麦染色体和一条 R-E 易位染色体。

Kang 等（2017）将小麦—中间偃麦草部分双二倍体与小麦—华山新麦草二倍体进行杂交，利用减数分裂调查、染色体组成和条锈病抗性鉴定对其自后代进行分析，结果发现，F_5 代材料染色体数目为 42~50 不等。基因组原位杂交发现，27 个杂交后代中均含有 1~7 条中间偃麦草染色体，但未发现华山新麦草染色体。K13-668-10 和 K13-682-12 含有一对纯合的小麦—中间偃麦草染色体小片段易位系。与其亲本中 3 相比，上述鉴定的材料均高抗我国流行的条锈菌小种 V26/贵 22，是小麦抗病育种的优异基因源。

Danilova 等（2017）利用 ph1b 基因确实突变体诱导含抗梭条花叶病基因 Wsm3 的小麦—中间偃麦草罗伯逊易位系 T7BS·7S#3L，利用分子和细胞遗传学方法鉴定出了含中间偃麦草 7S#3L 末端 43%长度的染色体易位系 T7BS·7BL-7S#3L，并开发了一个有效的分子标记用于鉴定小麦背景中 Wsm3 基因。

Li 等（2017）利用荧光原位杂交对小麦—茸毛偃麦草—黑麦三属杂交材料进行研究发现，茸毛偃麦草染色体可以稳定传递，而黑麦染色体的数量在其自交后代中逐渐减少。利用荧光原位杂交和分子标记对三属杂交后代进行鉴定，从中鉴定出了 1 个小麦—茸毛偃麦草 2J^s 附加系，4J^s（4B）和 4J（4B）两个代换系以及一个 4J.4B 易位系，将蓝粒基因定位在 4J 长臂染色体片段长度为 0.60~1.00 的区间内。此外，还发现茸毛偃麦草 4J^s 和 2J^s 染色体导入可增强小麦成株期条锈病抗性。

Dai 等（2017）利用基因组原位杂交和分子标记对两个小—黑麦—长穗偃麦草三属杂交后代株系进行鉴定，发现株系 RE21 含有 14 条 A 染色体，14 条 B 染色体，3 对 R 染色体（4R、6R 和 7R）和 4 对 E 染色体（1E、2E、3E 和 5E），染色体总数 2n=42 株系 RE62 包含 14 条 A 染色体、14 条 B 染色体、6 对 R 染色体以及一对 5R.5E 易位染色体。温室条件下，RE21 高抗赤霉病、叶锈病和秆锈病，是小麦改良的宝贵种质资源。

Ceoloni 等（2017）通过将含 Lr19 的小麦—十倍体长穗偃麦草易位系与小麦—二倍体长穗偃麦草赤霉病代换系 7E（7D）杂交，结合分子标记辅助选择、GISH 分析、抗赤霉病鉴定和抗叶锈病鉴定，创制了含抗赤霉病基因 Fhb-7EL 和 Lr19 的短片段易位系新种质。

Liu 等将硬粒小麦品种 Langdon 与硬粒小麦—长穗偃麦草双二倍体 8801（AABBEE）杂交，利用偃麦草染色体特异分子标记和基因组原位杂交从中鉴定出一个 2n＝30 的含 1 对 7E 染色体的附加系。该附加系在减数分裂期可形成 15 个二价体，其中 14 对来自 Langdon，1 对来自长穗偃麦草。田间条件下，该附加系成株期对小麦赤霉病具有较好的抗性，是小麦抗赤霉病的优异基因源。

李海凤等（2018）利用分子标记和原位杂交等对从中国春—二倍体长穗偃麦草 7E 代换系 DS7E（7B）与扬麦 16 杂交的 F_2 种子辐射后代中选育的小麦长穗偃麦草易位系 TW-7EL2 进行了鉴定，发现该易位系为 T7BS·7EL。利用 1200rad 剂量的 $^{60}Co-\gamma$ 射线辐射处理易位系 T7BS·7EL 的成熟花粉并授予扬麦 158，从辐射后代中检测到长穗偃麦草 7EL 染色体的小片段中间插入易位、顶端易位和 7EL 染色体缺失等结构变异的单株 15 株。

杨园等（2018）对小麦—中间偃麦草的部分双二倍体 12-1179 进行细胞学鉴定和抗病性鉴定，发现其染色体数目为 54~57，其中绝大多数植株包含 56 条染色体（78.57%），只包含 12 条中间偃麦草染色体，分别是 3 对 St、2 对 Js 和 1 对 St-Js 易位染色体。此外 12-1179 高抗条锈病和白粉病。

Grewal 等（2018）利用单色和多色荧光原位杂交技术和 SNP 分子标记，从小麦—百萨偃麦草杂交后代中鉴定出了 T1JS·1JL-1BL、T1AS·1JL、T2AS·2AL 等 12 个小麦—百萨偃麦草染色体重组体，同时还获得了 13 个小麦—百萨偃麦草染色体畸变材料，并利用获得的这 25 份小麦—百萨偃麦草材料对分子标记进行了染色体定位。

Lang 等（2018）利用荧光原位杂交和分子标记对抗条锈病的小麦—中间偃麦草种质 Z4（2n＝44）进行了鉴定，荧光原位杂交结果显示，Z4 中含有两对小麦—中间偃麦草染色体易位系，结合 PLUG 标记结果发现，这两对小麦—中间偃麦草易位染色体分别是 T3DS-3AS·3AL-7J^{s}S 和 T3AL-7JSS·7J^{s}L。抗病性鉴定与分析发现，Z4 的成株期条锈病抗可能来源于中间偃麦草的 7J^{s}S 或者 7J^{s}L。

Li 等（2018）用普通小麦与小麦—长穗偃麦草部分双二倍体进行杂交，利用细胞基因组原位杂交和抗病性鉴定从其后代中筛选含有长穗偃麦草染色体的材料，结果发现，这些后代材料的染色体数目 40~47 条不等，其中含长穗偃麦草染色体条数 1~11 条不等。对随机选取的 50 个后代材料进行鉴定，发现其中的 5 个材料是染色体附加系，5 个材料是染色体代换系，12 个材料是小麦—长穗偃麦草罗伯逊易位。上述鉴定的大部分材料对已知的中国流行的条锈菌抗性较好，可作为小麦遗传改良的优异种质资源加以利用。

Li 等（2018）以寡聚核苷酸探针 pSc119.2、pTa535、pTa71 和 pTa713 结合使用对小麦—长穗偃麦草杂交后代进行鉴定，从中鉴定出了 8 份材料，其中，K16-712-1-2 是 1E（1D）代换系，K16-681-4 是 2E 附加系，K16-562-3 是四体代换系（3E 和 4E 染色体代换了小麦 3D 和 4D 染色体），K15-1033-8-2 包含

4E、5E 和 4ES·1DL 罗伯逊易位系，还有 4 个材料分别携带了 4E、5E、6E 和 7E 染色体。

Pei 等（2018）利用基因组原位杂交、多色基因组原位杂交和荧光原位杂交对小麦与十倍体长穗偃麦草杂交后代进行鉴定，获得 3 个部分双二倍体 SN0389、SN0398 和 SN0406，其中，SN0389 的染色体构成为 $42W+12J^s$，SN0398 的染色体构成为 $42W+12J^s+2J$，SN0406 的染色体构成为 $42W+12J^s+2J$。抗病性鉴定发现，三份材料苗期和成株期均高抗条锈病和叶锈病，是小麦育种的优异基因源。

第六节　小麦—鹅观草染色体系

颜旸等（1987）发现纤毛鹅观草（*Roegneria ciliaris*，$2n=28$，SSYY）对麦类赤霉病具有较高的抗病性。用离体/活体胚培养法成功地获得了纤毛鹅观草与普通小麦（*Triticum aestivum*，$2n=42$，AABBDD）属间杂种。杂交结实率为 67.74%，胚培成苗率为 5.41%。F_1 杂种生活力强、雄性不育，形态特征介于双亲之间并偏向小麦亲本。F_1 杂种染色体数为预期的 $2n=35$（SYABD），花粉母细胞减数分裂中期 I 染色体构型平均为 32.86 个单价体、0.93 个棒状二价体、0.13 个环状二价体和 0.006 个三价体。对获得杂种的形态学、染色体行为、雄性不育机制以及潜在的育种价值进行了探讨。

翁益群等（1989）在小麦及其亲缘属物种中进行赤霉病（FHB）抗性鉴定的结果表明，纤毛鹅观草（*Roegneria ciliaris*，$2n=28$，SSYY）和鹅观草（*Roegneria kamoji*，$2n=42$，SSHHYY）是迄今为止筛选出的对赤霉病抗性最高的物种。为将这一抗性转移到普通小麦中去，进行了它们与普通小麦的属间杂交。运用杂种幼胚培养技术，成功地获得了纤毛鹅观草（♀）×普通小麦品种中国春（♂）、中国春（♂）×鹅观草（♂）以及鹅观草（♀）×中国春（♂）3 个组合的属间杂种，其中后两个组合为迄今首次成功的报道。根尖细胞染色体计数表明前两个组合 F_1 均具有预期的染色体数（分别为 $2n=35$ 和 $2n=42$）、而在鹅观草（♀）×中国春（♂）F_1 中，除 $2n=42$ 的预期类型外，还发现育 $2n=53$ 异常类型。预期类型 F_1 形态均呈中间型，$2n=63$ 异常类型偏向于中国春。所有 F_1 均完全雄性不育。离体鉴定表明它们对赤霉病仍然表现高抗。花粉母细胞减数分裂中期 1 平均染色体配对构型分别为：（纤毛鹅观草×中国春）F_1，30.47 I 、12.22 II +0.01 III；（中国春×鹅观草）F_1，39.82 I +1.09 II；（鹅观草×中国春）F_1 预期类型（$2n=42$），39.76 I；1.09 II；0.10 III；异常类型（$2n=63$），27.11 I +17.63 II。

汪杏芬等（1995）应用根尖细胞染色体计数、花粉母细胞减数分裂染色体配对构型分析、植株外形特征观察、染色体 C-分带技术，在普通小麦（*Triticum aestivum* L.）—鹅观草（*Roegneria kamoji*）的杂交及回交后代 F_5、BC_1F_3、BC_1F_4 和 BC_2F_4 群体中选育并鉴定出 3 个二体异附加系 V39-15-5、V35-8-8 和 V58-6-11。

吴丽芳等（1997）在普通小麦品种中国春与高抗赤霉病的亲缘物种鹅观草杂种回交后代 BC_2F_{2-5}、BC_3F_{1-4} 等世代植株的形态、赤霉病抗性及细胞遗传学特征进行了观察及研究，结果发现，随着世代的增加，植株外部形态接近普通小麦；赤霉病抗性在高世代材料中仍得以保持；染色体数目的变异范围逐代缩小，在高世代中发现了 2n=43 或 44 小麦—鹅观草异附加系。

陶文静等（1999）用小麦族 7 个部分同源群的 40 个 RFLP 探针对小麦—纤毛鹅观草二体附加系进行分析，在证实了原有细胞学鉴定结果的基础上，又进一步提供了纤毛鹅观草染色体部分同源群的分子证据。即 96K025 和 96K026 中附加的一对纤毛鹅观草染色体 B 属于第 2 同源群；96K012 和 96K013 中附加的一对染色体 E 属于第 5 同源群。对以上株系的衍生株系分析结果表明，染色体 B 和 E 在后代中可稳定传递。96K030 中附加的一对染色体 D 与染色体 B 同属第 2 同源群。端二体附加系 96K033 所附加的纤毛鹅观草染色体 B 的一条臂，只与第 2 群短臂探针有杂交信号，因此，确定其可能与小麦族第 2 部分同源群短臂同源。而另一条臂则与第 2 群长臂同源。

杨欣明等（1999）为了将纤毛鹅观草 Z1010 对黄矮病毒株系 PAV 和 RPV 的抗性基因转入普通小麦，通过幼胚拯救获得了纤毛鹅观草 Z1010×普通小麦品种莱州 953 的杂种 F_1，以及用 5 个普通小麦品种（系）回交的 BC_1 衍生系。对杂种 F_1 及 BC_1 植株的细胞学分析表明，纤毛鹅观草 Z1010 不仅对 *Ph* 基因具有很强的抑制作用，而且能使杂种 F_1 形成未减数配子，对细胞遗传学资料的进一步分析认为，通过部分同源染色体间的交换将纤毛鹅观草 Z1010 的抗黄矮病基因转入小麦是可能的。

Wang 等（2001）发现，鹅观草（$2n=4x=28$，$S^cS^cY^cY^c$）对小麦赤霉病具有良好抗性，因此，对小麦改良具有重要作用。利用染色体 C 分带、基因组原位杂交（GISH）、荧光原位杂交（FISH）和限制性片段长度多态性（RFLP）对普通小麦—鹅观草双二倍体及其 BC_1F_1 或 BC_2F_6 的衍生后代进行筛选，以期获得鹅观草核染色质渗入小麦中的材料。结果从中鉴定出 6 个染色体附加系（DA）、1 个双端体附加系（Dt），2 个四体附加系（dDA）、1 个单体附加系（MA）。RFLP 分析表明附加系中的鹅观草染色体涉及第 1、2、3、5 和 7 同源群。以 pCbTaq4.14 重复序列为探针的 FISH 分析鉴定结果显示有 5 个染色体系中的鹅观草染色体组属于 S^c 基因组。根据分子细胞遗传学数据确定这 5 份小麦—鹅观草染色体系分别是 DA2S^c#1、Dt2S^c#1L、DA3S^c#1、dDA1S^c#2+5Y^c#1、DA5Y^c#1、DA7S^c#1、DA7Y^c#1 和 MA?Y^c#1。

万平等（2002）选用来自小麦族 7 个部分同源群的 26 个 DNA 探针对 45 个小麦—鹅观草衍生后代株系及鹅观草、中国春和扬麦 5 号亲本进行 RFLP 分析，结果表明 16 个小麦—鹅观草异附加系、异代换系或可能的易位系中所涉及鹅观草染色体分别属于第 1、3、5、6、7 部分同源群。小麦—鹅观草异染色体系中导入的成对鹅观草染色体能够较稳定地遗传给后代。K139、K141、K214、K218、K219 和 K224 二体附加系所添加的鹅观草染色体属第 1 同源群，K214 和 K218 所添加的鹅观草染色体与 K219、K224 所添加的鹅观草染色体分别来自鹅观草不同的染色体组。K147 端体添加系涉及鹅观草第 1 部分同源群染色体长臂，而 K139、K141 和 K147 所涉及的鹅观草染色体长臂分别来自鹅观草 3 个不同的染色体组。第 1 同源群的鹅观草染色体尤其是其长臂与赤霉病抗性有关。鹅观草第 1 同源群与第 6 同源群染色体之间可能发生了重排。K203 添加的 2 条鹅观草染色体可能是第 1 和 6 同源群染色体。K166 导入的鹅观草染色体涉及第 5 同源群短臂。K177（2n =41，20Ⅱ +I）中所渗入的鹅观草染色质涉及第 5（5L）、6（6S）和 7（SL）同源群。

孔令娜等（2008）随机选取定位于小麦和大麦 7 个同源群上的 135 对 EST、27 对 STS 和 253 对 SSR 引物对 24 个可能的普通小麦—纤毛鹅观草二体异附加系的基因组 DNA 进行扩增。发现 55 对引物在亲本普通小麦中国春、Inayama Komugi、纤毛鹅观草和 Inayama Komugi—纤毛鹅观草双二倍体间有多态性扩增，其中 31 对引物可以在异附加系中扩增到纤毛鹅观草特异条带。根据 PCR 扩增结果，异附加系 07K02、07K06、07K39、07K201、07K202、07K255 和 07K256 所添加的纤毛鹅观草染色体为第 1 同源群；07K07、07K08、07K09、07K11、07K14 和 07K17 所添加的纤毛鹅观草染色体归属第 2 同源群；07K15、07K16、07K21 和 07K47 所添加的纤毛鹅观草染色体归属第 6 同源群。

别同德等（2009）发现，将小麦—鹅观草 del1Rk#IL 二体添加系的花粉用 10Gy ^{60}Co-γ 射线辐照处理，给小麦中国春授粉，获得杂种。综合利用 C 分带、GISH、顺序 C 分带/45S rDNA-FISH 和顺次 GISH/45S rDNA-FISH 等分子细胞遗传学技术在 M$_2$ 代筛选和鉴定出 1 个涉及小麦 7A 和鹅观草 1Rk#l 染色体的相互易位染色体系，并获得 1Rk#1 染色体的 1 个 45S rDNA 标记，该标记和其对应的红色 GISH-带纹能够特异地识别 1Rk#1 染色体短臂。对 M$_2$ 代群体染色体组成分析和测交分析表明，两条易位染色体在后代中以共分离方式成对出现，且易位通过雌配子的传递率高于雄配子。综合多年的赤霉病抗性鉴定结果发现该易位系对赤霉病表现部分抗病，但抗性表现在不同年份、不同地点有差异。

杨艳萍等（2009）利用胚拯救成功获得鹅观草 *Roegneria kamoji*（2n＝6x＝42，SSHHYY）和普通小麦中国春 *Triticum aestivum*（2n＝6x＝42，AABBDD）的正反交属间杂种 F_1，并对这些杂种 F_1 及其 BC_1 的形态学、减数分裂配对行为、育性和赤霉病抗性进行研究。发现（鹅观草×中国春）F_1 和（中国春×鹅观草）F_1 的形态介于双亲之间。杂种 F_1 花粉母细胞减数分裂中期 I 染色体构型分别为 40.33 I ＋ 0.78 II ＋ 0.03 III 和 40.40 I ＋0.79 II。杂种 F_1 高度雄性不育，用中国春花粉与其回交可获得 BC_1 代种子。（鹅观草×中国春）F_1×中国春 BC_1 植株的染色体数目主要分布在 55~63 之间，单价体较多，植株高度不育；（中国春×鹅观草）F_1×中国春 BC_1 植株染色体数目也主要分布在 55~63 之间，但其中部分植株拥有整套小麦染色体且能正常配对、分离，可形成部分可育花粉粒，能收到少量自交结实种子。在（鹅观草×中国春）F_1 中有 1 株穗型趋向中国春，其染色体数目为 2n＝63，经基因组分子原位杂交（GISH）检测发现，该部分双二倍体中含有 42 条小麦染色体和 21 条鹅观草染色体。该杂种 F_1 在减数分裂中期 I 平均每个花粉母细胞有 26.40 I ＋18.30 II，但植株高度雄性不育，用中国春花粉回交能收到 BC_1 种子。（鹅观草×中国春）F_1（2n＝63）×中国春 BC_1 的染色体数目主要分布在 40~59 之间，其中的外源染色体已经逐渐减少，虽然该 BC_1 的穗型已接近中国春，但仍然高度不育。赤霉病抗性鉴定结果显示，所有杂种 F_1 及大部分 BC_1 对赤霉病均表现出较好的抗性。

Kong 等（2018）发现，鹅观草（基因组 $S^cS^cY^cY^c$）对非生物和生物胁迫具有耐受性。为了创制一套完整的小麦—鹅观草二倍体附加系（DALs），用回交的方法克服异源胞质的影响并提高外源染色体传递效率。为了提高从 S^c 和 Y^c 鉴定染色体鉴定效率，使用以 p*Ta*794，p*Ta*71，RcAfa 和（GAA）$_{10}$ 为探针的原位杂交及新开发的 162 个鹅观草的特异分子标记鉴定出了 14 个小麦—鹅观草 DALs。在连续的五个生长季对这批材料进行赤霉病（FHB）抗性评估，显示双二倍体、DA2Y^c、DA5Y^c 和 DA6S^c 的 FHB 抗性优于对照小麦，表明它们在小麦改良中具有潜在价值。14 个 DALs 是小麦遗传育种的可能新基因资源，为将更多的农艺性状特征定位在染色体上提供了物质基础。

第七节　小麦—冰草染色体系

李立会等（1990）用普通小麦品种中国春（*Triticum aestivum* cv. Chinese Spring，2n＝6x＝42，AABBDD）与沙生冰草 [*Agropyron desertorum*（Fisch.）Schult.，2n＝4x＝28，PPPP] 杂交，首次获得了杂种 F_1，同时通过 F_1 自交和用小麦回交，得到了普通小麦与冰草杂种 F_2 和 BC_1 种子，为后续在理论研究和在

实践上将抗病性好多花多实的小冰麦应用于小麦育种工作奠定了重要的物质基础。

Limin 等（1990）分别将扁穗冰草（2n＝14）和沙生冰草（2n＝28）与普通小麦（2n＝42）杂交，利用秋水仙碱对小麦—冰草杂交种进行处理，成功获得了小麦—冰草双二倍体（2n＝56，AABBDDPP）。

李立会等（1991）通过幼胚拯救获得了普通小麦与沙生冰草、根茎冰草两组合的属间杂种。在幼胚拯救时发现，无盾片的幼胚是不能产生杂种苗的。在获得的 F_1 杂种中，幼苗形态和穗型似普通小麦栽培种。在花粉母细胞减数分裂中期 I，中国春×沙生冰草、根茎冰草两组合杂种 F_1 的染色体配对频率远远超出了期望值。对杂种 F_1 用四倍体和六倍体小麦回交，结果发现，两种回交方式平均结实率都在 15% 以上。

Li 等（1991）报道，通过幼胚培养获得普通小麦品种中国春（2n＝6x＝42，AABBDD）与根茎冰草品种 Roshev（2n＝4x＝28，PPPP）的属间杂交种，发现杂交种的穗部特征与普通小麦相似，表现为长芒，此外还发现，F_1 杂交种自育性较好，利用六倍体和四倍体小麦对 F_1 植株进行回交很容易获得种子。

Chen 等（1992）将小麦品种中国春与四倍体冰草（2n＝5x＝35，基因组为 ABDPP）进行杂交，利用中国春对杂种 F_1 进行回交，获得 22 粒 BC_1 种子，平均结实率为 1.52%。采用胚拯救技术获得 5 个染色体为 39～41 条的 BC_1 植株，但是所有的植株都是自交不育的。

Jauhar 等（1992）为了将冰草（2n＝4x＝28；基因组 PPPP）的抗旱、抗寒特性转移到普通小麦（2n＝6x＝42；AABBDD）中，将二者进行了属间杂交。结果发现，F_1 杂种与小麦的雄性亲本相似，形态几乎介于双亲之间，并对二者材料的染色体配对情况进行了研究。

李立会等（1994）将普通小麦×沙生冰草杂种 F_1（2n＝5x＝35，ABDPP）与两个黑麦（S. cereale L.，2n＝14，RR）品种进行杂交，对三属杂种的产生及其形态学、育性和细胞遗传学进行了研究和探讨。

Chen 等（1994）采用非放射性地高辛标记来自小麦每一条染色体臂上的特异探针各 2 个，通过 Southern 杂交成功地鉴定了 54 株中国春—冰草 P 基因组单体附加系，发现冰草染色体 1P、2P、3P、4P、5P、6P 以及冰草染色体臂 2PS、2PL、5PL、6PS 和 6PL 已经分别添加到小麦基因组中。此外，还发现其中的 3 个单株中附加的染色体为冰草易位染色体，另外两个附加系中存在冰草—小麦染色体易位。

李立会等（1995）为了研究冰草属（Agropyron Gaertn.）P 染色体组与小麦染色体组间的遗传关系和评价 P 染色体组在属间杂种自交可育性上的遗传效应，

将冰草与小麦进行杂交，获得了普通小麦品种 Fukuho（*Triticum aestivum* cv. Fukuhokomugi，2n = 42，AABBDD）与 3 个不同来源的四倍体冰草（*A. cristatum*，2n = 28；PPPP）间的杂种（2n = 35，ABDPP）。

为了研究冰草属的 P 染色体组在小麦背景下的遗传效应和鉴定一套小麦—冰草异源附加系，李立会等（1997）对来自普通小麦品种 Fukuho×冰草 Z559 杂种的 F_3、F_2BC_1、BC_4 和 BC_3F_1 世代的 222 株进行了减数分裂行为观察。结果发现，2n 染色体的分布范围为 39~54；其中有 5 个材料可能可能是小麦—冰草异源附加系。

韩方普等（1998）对小冰麦异附加系 TAI-14 进行染色体观察，发现其 2n = 44，所有染色体都是中部或近中部着丝点染色体。在其后代中发现有一对染色体变成了端着丝点染色体。为研究清楚变异的染色体是冰草还是小麦的染色体，用荧光原位杂交技术对其进行检测，结果表明，TAI-14 中的所有小麦染色体都显示红色荧光，只有一对端着丝点染色体显示绿色荧光，说明变异的是冰草染色体，即 TAI-14 现变成了双端体异附加系。

为了获得一套小麦—冰草异源二体附加系，李立会等（1998）利用形态学、细胞学、同工酶和原位杂交方法对普通小麦品种 Fukuho×冰草 Z559 杂交组合所衍生的 BC_2 到 BC_5 世代的 866 个单株进行分析和外源染色质的检测，获得了 11 个在表型性状上有明显差异的小麦—冰草异源二体附加系。

王睿辉等（2005）利用细胞遗传学方法对 20 个小麦—冰草二体附加系开放授粉后代的染色体数目进行了分析，结果发现，仅 10 份材料的 2n = 44，对 2n 不是 44 的材料进行 GISH 分析，在这批材料中检测到 1 个小麦—冰草代换系 5111-1 和 1 个小麦—冰草易位系 5112-4。

王晓光等（2008）为了将冰草的多粒基因转入小麦，以具有多粒特性的小麦—冰草二体附加系 4844-12 为材料与小麦品种藁城 8901 杂交，对其杂种 F_1 进行 $^{60}Co-\gamma$ 辐照处理。用冰草 P 基因组特异 SSR 和 SCAR 标记对 M2236 个单株进行鉴定，进而对部分含 P 染色质阳性植株进行基因组原位杂交（GISH）检测，发现其中有 3 株为小麦—冰草异源易位（渐渗）系。穗粒数统计结果发现，该 3 株材料具有多粒特性，是小麦丰产育种的创新种质。

Luan 等（2010）以小麦—冰草异源二体附加系和代换系为桥梁材料，利用杀配子染色体和辐射诱导了小麦—冰草 6P 易位系的产生。基因组原位杂交结果显示，冰草 6P 染色体可易位至小麦 ABD 基因组，重组频率为 A 基因组 > B 基因组 > D 基因组。冰草 6P 染色体易位至小麦染色体第 1、2、3、5 和 6 同源群，包括类型丰富的易位系，比如全臂易位、末端易位、节段易位和间位易位等。易位系 WAT33-1-3、渐渗系 WAI37-2 和 WAI41-1 具有多粒性的显著特征，可作为高产小麦育种的新种质资源加以利用。

Liu 等（2010）将小麦—圆柱山羊草杀配子染色体 2C 附加系与含有重组染色体（1.4）P 的小麦—冰草的二体附加系 II-21 杂交，通过分子标记和原位杂交对杂交后代进行检测，结果发现，子代易位率为 3.75%。在 3 个小麦—冰草外源易位系中鉴定出 6 种易位类型，包括（1·4）P 染色体整臂易位和端部易位，（1·4）P 染色体片段可易位到小麦 1B、2B、5B 和 3D 染色体，易位断点位于 lB 和 2B 的着丝粒处、5BS 的近着丝粒处、5BL 和 3DS 的染色体末端处。此外，从这批材料中还鉴定出了 12 个含有冰草（1·4）P 染色体的附加-删除系，为定位冰草基因组优异基因和将其用于小麦遗传改良提供了新种质资源。

Soliman 等（2010）将四倍体小麦（*Triticum turgidum*，$2n = 4x = 28$，AABB）与节节麦（*T. tauschii*）—冰草（*A. cristatum* L.）双二倍体（DDPP）杂交，获得了小麦—冰草双二倍体。利用冰草基因组 DNA 和重复探针 pAsl 为探针的荧光原位杂交（FISH）结果显示，该双二倍体染色体数目为 $2n = 8x = 56$，基因组为AABBDDPP。该双两倍体为多年生特点，和父本相似，但形态与小麦亲本相近，在田间条件下，对小麦叶片锈病和白粉病具有较强的抗性，为将冰草种质转移栽培小麦提供了桥梁。

Song 等（2013）利用 ^{60}Co-γ 射线诱变小麦—冰草二体附加系以期获得小麦—冰草易位系。利用基因组原位杂交对诱变后代材料进行分析，结果发现，571 株自花传粉的后代中有 216 株含有外源染色体易位，易位率为 37.83%。M_2群体中 62.5% 的小麦—冰草易位系生长正常，未发现易位染色体丢失现象，为高效诱导小麦—冰草易位提供了技术参考，也为利用冰草优良农艺性状提供了珍贵材料。

Zhang 等（2015）用基因组原位杂交（GISH）、双色荧光原位杂交（FISH）和分子标记对来源于小麦—冰草 6P 染色体附加系辐射诱导后代 Pubing3035 进行鉴定和分析，结果发现，Pubing3035 是一个 Ti1AS-6PL-1AS·1AL 中间易位。对构建的 F_2 连锁图谱进行分析发现，易位断点位于小麦 1A 染色体短臂近着丝粒区，其两侧标记分别为 SSR12 和 SSR263。基因型数据结合表型分析发现，冰草 6P 染色体片段在千粒重和穗长调控中发挥重要作用。在 F_2 和 BC_1F_1 群体中，小麦—冰草易位系千粒重和穗长平均比非易位个体约高 2.5g 和长 0.7cm。因此，小麦—冰草染色体易位系 Pubing3035 的鉴定为冰草优良基因的定位奠定了基础，也是改良小麦的重要种质资源。

为了将扁穗冰草 [*Agropyron cristatum*（L.）Gaertn.] 的叶锈抗性转移给小麦，Ochoa 等（2015）利用自育的小麦—扁穗冰草双二倍体（$2n = 8x = 56$，AABBDDPP）与面包小麦（$2n = 6x = 42$，AABBDD）进行杂交和回交，从其后代

中选育出了一个具有 42 条染色体的可育稳定株系（命名为 TH4）。荧光原位杂交（FISH）和基因组原位杂交（GISH）分析发现，TH4 携带一个补偿性小麦—冰草罗伯逊易位（易位发生在小麦染色体 1B 的长臂和一个同源群鉴定的冰草染色体短臂之间）。宏观和微观观察表明，转移到普通小麦上的冰草染色体片段对叶片锈病具有抗性，因此，该面包小麦—冰草染色体易位系可应用于小麦抗病育种。

Ye 等（2015）利用基因组原位杂交、双色荧光原位杂交和分子标记对具有较高的可育分蘖数和穗粒数且来自小麦—冰草 5A-6P 易位系 WAT31-13 的 43 个稳定遗传的后代材料进行分析，将其分为 3 种易位类型（TrS、TrL 和 TrA）和 7 个子类型，并确定了易位断点位置。结合每种易位类型的基因型和表型数据，将农艺性状物理定位到冰草 6P 染色体臂或染色体特异片段上，即冰草 6P 染色体在调控可育分蘖数中发挥了重要作用，冰草 6PS 染色体和 6PL 染色体上分别存在可育分蘖数的正调控因子和负调控因子，为小麦遗传改良中小麦外源染色体易位系的建立、分析和利用提供了研究思路。

为了获得在小麦遗传育种中具有较高研究利用价值的纯合小麦—冰草小片段异源染色体易位系，黄琛等（2016）利用细胞学手段对小麦—冰草二体代换系 4844-8、二体附加系 4844-12 与普通小麦杂交后进行辐照，利用基因组原位杂交（GISH）技术从其后代材料中鉴定出 2 个具有冰草染色体小片段的纯合中间插入易位系，其中易位系 104-3 高抗小麦白粉病、高千粒重；易位系 19-2 具有较高的穗粒数和较高的千粒重，丰富了小麦基因资源，具有较高的研究利用价值。

Zhang 等（2016）利用基因组原位杂交（GISH）、双色荧光原位杂交（FISH）和分子标记技术检测了小麦背景中的冰草 6P 染色体小片段及其易位断点位置，发现 Pubing2978 是 1 个 T1AS-6PL-1AS·1AL 中间插入易位，共有 42 条染色体。该断点位于小麦 1AS 染色体的着丝粒区附近，两侧分别为基于 F_2 连锁图谱的 SSR12 和 SSR283 标记。基因型数据结合表型信息显示，冰草 6P 染色体片段在调控每穗籽粒数（KPS）中发挥重要作用，因此，Pubing2978 是小麦育种的优良种质资源。

Song 等（2016）利用基因组原位杂交（GISH）和 6P 特异序列标记位点（STS）标记对携带冰草 6P 染色体不同片段大小的 26 个小麦—冰草 6P 染色体易位系进行了鉴定，结果显示，15 个、5 个和 6 个易位系中的冰草染色体分别易位到了小麦 A、B 和 D 染色体上，为拓宽普通小麦的遗传基础提供了种质资源。

Li 等（2016）利用 ^{60}Co-γ 辐照抗叶锈病和白粉病的小麦—冰草 2P 染色体二体附加系 II-9-3，同时利用杀配子染色体 2C 对其进行诱导，然后用基因组原位杂交（GISH）和双色荧光原位杂交（FISH）对其后代材料进行鉴定，获得了49 个小麦—冰草易位系，其中包括整臂易位、染色体片段易位和中间易位等多种易位类型。FISH 检测结果显示，冰草 2P 染色体片段可易位到小麦 1A、2A、3A、4A、5A、6A、7A、3B、5B、7B、1D、4D 和 6D 等不同染色体上，为小麦遗传改良提供了新的种质材料。

Lu 等（2016）利用 ^{60}Co-γ 射线对高千粒重和抗旱性强的小麦—冰草 7P 二体附加系 II-5-1，进行辐射处理，利用基因组原位杂交（GISH）和荧光原位杂交（FISH）对其后代材料进行筛选检测，从中鉴定了 18 个小麦—冰草染色体易位系和 3 个小麦—冰草染色体删除系，涉及的小麦易位染色体包括 2A、3A、5A、7A、3B、5B、7B、3D 和 7D，丰富了小麦遗传改良种质资源。

Chen 等（2018）利用根尖细胞染色体条数检测、基因组原位杂交（GISH）、花粉母细胞（PMCs）调查、微卫星（SSR）标记、表达序列标签—序列标签位点（EST-STS）标记结合荧光原位杂交（FISH）对小麦—冰草衍生材料 II-13 和 II-23 进行了鉴定和分析。结果发现，二者根尖细胞染色体数均为 44，II-13 和 II-23 中分别有 4 条和 6 条冰草 P 染色体，二者染色体构型均为 2n = 22II。进一步分析发现 II-13 中的小麦 7D 染色体丢失，但含 1 对冰草 7P 和 1 对 2P 染色体，而 II-23 中的小麦 4B 和 7A 染色体丢失但附加了 1 对冰草 4P 染色体、1 对 7P 染色体和 1 对 2P 染色体。通过回交得到了 6 个小麦—冰草二体附加系和 5 个代换系。为冰草的有益基因导入普通小麦提供了重要桥梁。

孙洋洋等（2018）利用基因组原位杂交（GISH）对小麦—冰草衍生系 II-23（2n = 38W+6P）的回交后代进行了鉴定，从中分离鉴定出材料 7-20。GISH 显示 7-20 是 1 个小麦—冰草整臂易位系。非变性荧光原位杂交（ND-FISH）检测发现，小麦的 7A 染色体发生易位；小麦 7A 染色体特异 SSR 标记以及冰草 7P 染色体特异 STS 标记鉴定结果显示，7-20 为 T7PL·7AL 罗伯逊易位系。对该易位系与小麦品种 Fukuho 构建的 BC_1F_2 和 BC_2F_1 世代分离群体进行田间农艺性状考察，发现含该易位系的阳性株系和阴性株系在有效分蘖数和千粒重性状上无显著差异，在株高上表现为阳性材料显著低于阴性材料，但同时出现穗粒数下降的现象，为向小麦中转移冰草优异基因提供了重要的中间桥梁材料。

第八节　小麦—大麦染色体系

Kruse（1973）首次用栽培大麦与六倍体小麦杂交，获得了可证实的杂种植株。

Hart 等（1980）对小麦中国春、大麦 Betzes、中国春—大麦 Betzes 七倍体材料以及部分假定的中国春—大麦 Betzes 附加系的醇脱氢酶（ADH）、谷草酰乙酸转氨酶（GOT）、氨基肽酶（AMP）、肽内酶（EP）和酯酶（EST）的酶谱进行了测定，根据这些同工酶的酶谱表型，从中鉴定出了 4 个中国春—大麦 Betzes 染色体二体附加系和 3 个可能的二体附加系，还将基因 $Adh-H1$ 位于大麦 4H 染色体上，将基因 $Got-H2$ 和 $Amp-H1$ 定位于大麦染色体 6H 上，将基因 $Ep-H1$ 位于大麦染色体 1H 上。

　　Powling（1981）、Hart 和 Islam（1983）等分别利用酯酶（EST）、乙醇脱氢酶（ADH）、谷草转氨酶（GOT）及内肽酶（EP）等生化标记从小麦—大麦 Betzes 杂交种质中鉴定出中国春—大麦染色体 3H、4H、6 H、7H 二体异附加系。

　　Islam 等（1981）以小麦为母本和大麦进行杂交，发现杂交结实率仅为 1.3%。在 20 个 F_1 杂种中只有一个植株具有 28 条染色体，而其他植株的染色体数目从 21~36 不等。将具有 28 条染色体的植株与小麦进行回交，发现其 BC_1 中产生了七倍体，在 BC_2 代分离得到大麦染色体单体（21 Ⅱ +1 Ⅰ）和双单体（21 Ⅱ +1 Ⅰ +1 Ⅰ）。从这些单体附加的后代中分离出 5 个二体附加系和端体附加系。从 3 个不同寻常的小麦—大麦 F_1 杂种（22 Ⅰ、21 Ⅰ +1 Ⅱ、25 Ⅰ +1 Ⅲ）后代中鉴定获得了第 6 个附加系。至此，已经获得小麦—大麦 7 个附加加中的 6 个和 14 个端体附加系中的 7 个。未能获得第五个附加系的原因是因为携带该染色体的植物是自交不育的。

　　陈孝等（1983）报道，早在 1979 年就开展了将栽培大麦转移给提莫菲维小麦的研究，并获得了栽培大麦—提莫菲维小麦杂种植株。1980 年春得到了由该植株分蘖幼穗再生的植株。通过连续 3 年的重复，结果相同。翌年，陈孝等（1984）又进行了小大麦杂交的研究，详细阐明了以大麦为母本时小大麦杂交的可交配性、杂种的培育、鉴定和再生植株获得的过程。

　　朱至清等（1985）用大麦和普通小麦杂种的幼茎诱导出愈伤组织和少量再生植株，在小大麦杂种 F_1 幼穗培养所获得的再生植株群体中发现穗部性状产生了广泛变异，有 20%~30%的穗形不同于供体植株。

　　汪丽泉等（1985）和李大玮等（1985）分别报道了小麦中国春×苏联球茎大麦、普通小麦×四倍体球茎大麦属间杂交获得成功。

　　Gupta 等（1985）将加州野大麦（$2n=2x=14$）与小麦品种中国春（$2n=6x=42$）进行属间杂交，结果发现结实率为 0.79%，杂交种形态与小麦相似，但植株矮小且自交不育。

　　Sethi 等（1986）利用小麦品种中国春 $phlb$ 基因缺失突变体与栽培大麦 Tuleen 346 进行杂交，结果发现了一个含有三重交换纯合子的植株，并获得了染色体条数分别 28 和 31 的两个植株，利用中国春给 28 条染色体的杂交种进行授粉获得了回交种子。

蒋继明和刘大均（1990）通过活体/离体幼胚培养获得了小麦—智利大麦（*Hordenem chilense*，2n=2x=14）、小麦—海大麦（*H. marinum*，2n=2x=14）以及小麦—平展大麦（*H. depressum*，2n=4x=28）间的属间杂种。其中，智利大麦×小麦及海大麦×小麦杂种在形态上偏向父本小麦，而平展大麦×小麦杂种除穗部性状外，其形态明显偏向母本。所有杂种均自交不育，用普通小麦作回交亲本获得了小麦—智利大麦及小麦—海大麦回交一代材料。3个杂种的体细胞染色体数目分别为28、28和35，杂种减数分裂中期 I 染色体平均配对频率分别为27.83I+0.08II、27.791+0.11II 和 34.91I+ 0.04II。

Koba 等（1997）从小麦 Shinchunaga—栽培大麦 New Golden 杂交种质中鉴定出了2个小麦—大麦染色体附加系和5个易位—附加系，并且利用染色体 C 分带技术对小麦 Shinchunaga-栽培大麦 New Golden 易位—附加系与中国春—Betzes 附加系的杂交后代进行了鉴定。其中的2个附加系中的大麦染色体被分别鉴定为6H 和7H，5个易位染色体附加系中的2个被证实均含有42条小麦染色体和一对由小麦5B 染色体长臂和大麦7H 染色体短臂构成的易位染色体。另外3个附加系由于染色体重排原因无法鉴定清楚其同源群归属。对这7个小麦—大麦染色体系进行农艺性状调查发现，大麦第7H 染色体导入小麦能够引起其抽穗早，而6H 染色体导入则表现为抽穗晚。除6H 染色体外，几乎所有的株系都表现为矮秆，每穗分蘖、小穗和籽粒数较少，籽粒育性偏低，这些小麦—大麦染色体可用于小麦和大麦的遗传分析，也可用于将大麦的有用基因导入小麦中。

Molnarlang 等（2000）利用小麦品种 Martonvásári 9 kr1 对小麦中国春×大麦 Betzes 杂交植株进行回交授粉，采用基因原位杂交技术（GISH）从51个 BC_2F_2 个后代材料中鉴定出了5个小麦—大麦染色体易位系，GISH 结果还显示，所有的染色体易位均为单断点易位，断点的相对位置在着丝粒到相对臂长约0.8之间，4个中间插入型易位中有3个是大麦染色体末端片段插入小麦染色体，而另1个中间插入易位则是小麦染色体末端片段掺入大麦染色体上。其中的1个易位染色体上含有大麦 NOR 位点，因此该材料中的大麦染色体片段应该来自5H 或6H，而着丝粒处（整臂）易位系则是4HS·2BL。

原亚萍等（2000）用生物素（Biotin-16-dUTP）标记的大麦 Betzes 基因组DNA 作探针，以普通小麦中国春总 DNA 作封阻对试验材料进行基因组原位杂交（GISH），从13株小麦—大麦杂交后代中鉴定出2个含有3条大麦 Betzes 2H 染色体的材料（2n=43）、2个2H 单体异代换系（2n=42）、7个2H 二体异代换系（2n=42）。用已定位在小麦第2部分同源群短臂上的探针 psr131 进行 RFLP 分析，结果表明大麦 Betzes、代换系 A5 有1条区别于小麦中国春的特异带，进一步的分析表明，A5 中 2 条 2A 染色体被大麦 Betzes 的 2 条 2H 染色体所代换，形成了 2H（2A）代换系。

Shi 等（2000）将圆柱山羊草 2C 染色体应用到大麦 7H 染色体结构变异诱导上，以大麦染色体亚末端重复 HvT01 为探针，用荧光原位杂交、基因组原位杂交和染色体 N 带对其后代材料进行鉴定，结果发现，约 15% 的材料中 7H 染色体发生了结构变化，82 个单株中共鉴定出 89 条 7H 畸变染色体，其中 7 条存在双畸变。超过一半的植株中具有单条染色体片段删除，包括 4 个短臂、1 个长臂和 45 个末端片段删除。约 40% 的畸变表现为 7H 与小麦染色体发生易位，其中 20 个易位系含小麦着丝粒，12 个含 7H 着丝粒（含 7HS 及着丝粒的 5 个，含 7HL 及着丝粒的 7 个），其余 4 个为罗伯逊易位系（3 个为 7HS，1 个为 7HL）。此外，有一个易位是大麦片染色体片段插入小麦染色体中间，还有两个是双着丝粒染色体。这些材料的获得，为大麦 7H 染色体上优异基因的定位和物理图谱的构建奠定了基础。

Rafiqul 等（2000）从小麦—大麦杂交种质中分离获得了一个自交可育的染色体附加系，该附加系携带一对大麦 6H 染色体和 1H/1HS 染色体，使小麦—大麦附加系形成一套完整的材料，为大麦优异基因定位及向小麦转移奠定了基础。

Taketa 等（2001）利用 C 带和基因组原位杂交从小麦 Shinchunaga-野生大麦 *Hordeum vulgare* L. spp. *spontaneum* OUH602 杂交种质中鉴定出了一套染色体附加系和 5 个端体附加系。由于自交不育，1H 染色体及 1HL 附加系只能分别作为单体染色体附加系和单端粒染色体附加系存在。所有其他附加系均为二体或双末端体附加系。自交不育的单体 1H 或 1HL 单端体附加系在导入大麦染色体 6H 长臂后，其育性可被部分恢复。

Sherman 等（2001）利用 4H 染色体上的 9 个 STS 标记，成功地从 170 株携带 *ph1b* 的小麦—大麦 4H 二体附加系的自交或回交后代中检测出了 20 株含某些大麦特征带的小麦—大麦染色体重组体。

为了阐明不同 5H 染色体在相同小麦遗传背景下的作用，Kawahara 等（2002）对小麦 Shinchunaga —大麦 New Golden 5H 染色体附加和小麦 Shinchunaga—野生大麦 *H. vulgare* spp. *spontaneum* 5H 染色体附加系的抽穗期进行调查。结果显示，小麦抽穗期性状不仅受非整倍体效应的影响，还受大麦 5H 染色体的影响，为创制早熟材料提供了种质资源。

原亚萍等（2003）利用基因组原位杂交、重双端体测交及 RFLP 解析了来自小麦中国春—大麦 Betzes 杂种后代 15 份材料的遗传组成，从中鉴定出 6 个二体异代换系。对与中国春重双端 DDT2A、DDT2B 及 DDT2D 测交的 F$_1$ 代花粉母细胞减数分裂中期染色体构型进行观察，同时以小麦第二部分同源群短臂探针

psr131 对其后代材料进行 RFLP 分析，鉴定出一套遗传稳定的小麦—大麦 2H（A）、2H（B）和 2H（D）二体异代换系。

陈新宏等（2004）利用基因组荧光原位杂交（GISH）及种子贮藏蛋白聚丙烯酰胺凝胶电泳（PAGE）对普通小麦×大麦杂交后代中间材料进行了鉴定分析。结果发现，WBA984 和 WBA9812 是小麦—大麦 5H 附加系，WBS0215 和 WBS0264 是小麦—大麦 5H（1B）代换系，WBT02125 和 WBT02183 是小麦—大麦 1BL/5HL 端部易位系。

为了将加州野大麦的有用基因转入普通小麦，Kong 等（2008）将小麦中国春—加州大麦双二倍体与中国春回交，对其回交和自交可育后代进行形态学观察、细胞学、生化和分子标记技术分析，从中鉴定出了含两条加州野大麦染色体的附加系。利用染色体 2B 的特异性标记进行的 STS-PCR 分析，结果发现，加州野大麦的染色体 H3 归属染色体 2 同源群即为 2H。SDS-PAGE 结果发现，加州野大麦染色体 H2 属于染色体 5 同源群即 5H。对中国春—加州野大麦双二倍体和 2H 和 5H 染色体附加系进行田间抗白粉病鉴定发现，中国春—加州大麦双二倍体的白粉病抗性高于中国春。而中国春—加州野大麦 2H 和 5H 染色体附加系高感白粉病，因此，加州野大麦抗白粉病基因应该位于 2H 和 5H 以外的染色体上。

刘淑会等（2008）利用"缺体回交法"以小麦—大麦二体异附加系 WBA9816 作父本与阿勃缺体小麦杂交，F_1 再用该异附加系回交，对回交后代进行细胞学鉴定，筛选 2n = 43 的双单体植株套袋自交，从自交后代群体培育出 WBS02126。用基因组原位杂交和染色体 C 分带技术对其进行鉴定，结果发现，WBS02126 是一个小麦—大麦 2H（2D）代换系。

Sakai 等（2009）使用杀配子系对大麦染色体 3H 附加系进行诱导，用原位杂交（FISH/GISH）对其后代材料进行鉴定，结果发现，大麦 3H 结构变异体主要为染色体删除系或小麦—大麦 3H 染色体易位系，其中易位断点发生在着丝粒处、长臂和短臂的植株数比例为 1：2：2，并从中鉴定出了 50 个含小麦—大麦 3H 染色体易位的株系（可将大麦 3H 染色体分成 20 个区间）。利用这批材料为基础，将 36 个 EST 标记定位在 3H 染色体不同区段上。

Cseh 等（2011）以重复 DNA 序列 Afa 家族、pSc119.2、pTa7、大麦端粒和着丝粒特异性重复 DNA 探针 HvT01 和（AGGGAG）$_n$ 为探针，对小麦 Asakaze komugi×大麦 Manas 单体 7H 附加系后代进行荧光原位杂交，结合基因组原位杂交（GISH）及 SSR 标记分析，从中鉴定出小麦—大麦 4BS.7HL 易位系。因为存在于 7H 着丝粒区域的 HvCslF6 基因负责（1，3；1，4）-β-D-葡聚糖产生，Cseh 等（2011）对 4BS.7HL 易位系进行分析发现，该易位系的（1，3；1，4）-

β-D-葡聚糖水平较对照有所提高。

Munns 等（2011）将耐盐耐涝植物海大麦与 9 个小麦品种进行远缘杂交，获得小麦—海大麦双二倍体，经检测发现，该双二倍体叶片 Na^+ 含量低于小麦亲本，K^+ 含量较高，K^+：Na^+ 比值明显高于小麦亲本，且在盐渍条件下叶片损伤较小。在盐渍和涝渍情况下，对普通小麦 Westonia-海大麦 H90 双二倍体和硬粒小麦 Tamaroi-海大麦 H90 双二倍体处理 25 天以上，调查其生长特征，结果发现，在涝渍和盐渍条件下，两个双二倍体的生长均优于小麦亲本，为大麦耐盐耐涝基因向小麦转移提供了重要的中间材料。

邹宏达（2012）对郑麦 9023、CB037、中麦 16 等小麦品种与小麦—大麦 2H 染色体异代换系 2H（2A）及 2H（2B）的杂种幼胚组织培养，经愈伤组织诱导、继代、分化的途径最终获得 522 株结实的 SC_1 代再生植株。以大麦 Betzes 基因组 DNA 为探针，以小麦中国春基因组 DNA 为封阻的基因组原位杂交对部分 SC_4 及 SC_5 植株进行鉴定，获得了携带大麦 2HL 染色体的杂合易位、纯合易位、单端体、双端体及单等臂体遗传材料。

Del Carmen 等（2012）用种间杂交、优势回交和连续自交策略，将智利大麦 $4H^{ch}$ 染色体导入硬粒小麦，获得了硬粒小麦—智利大麦 $4H^{ch}$ 染色体代换系和附加系，发现小麦—智利大麦 $4H^{ch}$ 染色体自发易位中外源染色体片段大小发生了变化。同时，利用荧光原位杂交（FISH）和简单序列重复（SSR）标记对小麦—智利大麦渐渗系进行了鉴定。

Turkosi 等（2013）将小麦—大麦 4H（4D）代换系与中国春 phlb 突变体进行杂交，用基因组原位杂交方法对其 F_3 和 F_4 根尖细胞染色体进行分析，从中检测到了以单体形式存在的罗伯逊易位系。用大麦 4H 长臂 SSR 标记、以 pSc119.2、Afa 家族和 pTa71 为探针的荧光原位杂交对该罗伯逊易位系进行鉴定，发现该易位系为小麦—大麦 4HL.5DL 易位系。该易位系具有多小穗的特征，但穗粒数没有增加。

Alamri 等（2013）以 4 份海大麦品种为亲本与小麦中国春杂交，获得了小麦—海大麦双二倍体，并研究其对低氧和 200mM NaCl 的响应。结果发现，小麦—海大麦双二倍体在低氧和盐处理下的相对生长速率较小麦的相对生长速率好。在低氧和盐处理条件下，小麦—海大麦双二倍体叶片 Na^+ 浓度低于小麦。在低氧状态下，小麦—海大麦双二倍体基底根区可形成径向失氧量屏障，这一屏障在小麦中不存在，随缺氧量增加其不定根孔隙度增加。因此，小麦—海大麦双二倍体的耐盐性和耐涝性均高于小麦，是优异的小麦远缘杂交新材料。

孙树贵等（2014）利用形态学、细胞学及分子标记技术对从普通小麦和农家二棱大麦的杂交后代中选育的矮秆种质系 WB7-3 进行了鉴定。结果发现 WB

7-3 田间农艺性状较好且表现为矮秆，根尖细胞染色体数目为 2n = 42，花粉母细胞减数分裂中期 I 染色体构型为 2n = 21II。用基因组原位杂交（GISH）对其进行鉴定，未发现杂交信号，但位于大麦 2H 染色体短臂上的特异 STS 引物 ABC454 能在 WB7-3 中扩增出大麦特征条带，表明 WB7-3 含有大麦 2HS 的染色体片段。利用 210 对位于小麦各条染色体上的 SSR 引物对其进行扩增结果发现，2DS 上 4 对引物（Xgdm35、Xgdm5、Xgwm261 和 Xgwm455）在 WB7-3 中有条带缺失，因而确定该小麦—大麦矮秆材料 WB7-3 是一个 2DL/2HS 小片段易位系。

Fang 等（2014）用建立的加州大麦染色体特异 FISH 核型从中国春—大麦双二倍体与普通小麦品种杂交后代中鉴定出 12 个小麦外源染色体系，包括 4 个二体附加系（DAH1、DAH3 DAH5 和 DAH6）、5 个端粒附加系（MtH7L、MtH1S、MtH1L、DtH6S 和 DtH6L）、1 个包括加州野大麦 H2 染色体的多重附加系、1 个二体代换系（DSH4）和 1 个易位系（TH7S/1BL）。

昝凯等（2015）从农家二棱大麦（*Hordeum vulgare* spp. *distichon* Hsü.）与普通小麦（*Triticum aestivum* L.）7182 回交多代选育的矮秆种质 WB29，并利用细胞学鉴定和分子标记技术对该种质进行了鉴定。结果发现，WB29 根尖染色体数为 2n = 42，无基因组原位杂交信号，但大麦特异序列标签位点（STS）标记 ABG459（2HS）可在 WB29 中扩增出大麦特征条带，因此，该材料是小麦—二棱大麦 2HS 染色体小片段易位系。

Mattera 等（2017）将中国春—圆柱山羊草 2C^c 染色体附加系与小麦—智利大麦 7H^{ch}（7D）附加系进行杂交，利用荧光原位杂交技术、24 个分子标记及 7H^{ch} 上八氢番茄红素合成酶（*Psy1*）基因标记对其杂交后代进行鉴定，获得了 3 个纯合的小麦—大麦罗伯逊易位系，其中 1 个涉及 7H^{ch}S 臂（T-7H^{ch}S·A/B）、2 个涉及 7H^{ch}L 臂（T1-7H^{ch}L·A/B 和 T2-7H^{ch}L·A/B），另外还获得了杂合状态下的 7H^{ch}S 臂缺失系、7H^{ch}L·7H^{ch}L 等臂染色体和 7H^{ch}S 端体。

第九节　小麦—披碱草染色体系

Yen 等（1987）将加拿大披碱草（*Elymus canadensis*，2n = 28，SSHH）、披碱草（*E. dahuricus*）和圆柱披碱草 [*E. cylindricus*，2n = 42，SSHH??，（其中，? 表示染色体组未确定）] 与小麦中国春进行杂交并进行胚拯救。结果发现，F$_1$ 杂交种是雄性不育的，形态学处于两亲本之间。

Morris 等（1990）利用细胞遗传和生化标记等相结合从小麦—粗穗披碱草（2n = 28，S^{l}S^{l}H^{l}H^l）杂交后代中鉴定出了 6 个含 H^l 染色质的附加系或端体附加系，进一步利用形态学标记和蛋白标记发现附加到小麦中的粗穗披碱草染色体为 1H'、1H'p、5H'、6H'、7H'和7H'p。

Ahmad 等（1991）将普通小麦（2n = 6x = 42，AABBDD）与粗糙披碱草（*Elymus scabrus*，2n = 6x = 42，HHSSSS）进行杂交，利用胚拯救获得 5 个成熟杂交植株，杂交植株生长旺盛，具有双亲间的表型，杂种染色体为 2n = 6x = 42（ABDHSS）。以该材料为基础与小麦进行回交，但没有获得成功。

Lu 等（1991）将普通小麦（2n = 6x = 42，AABBDD）和缘毛披碱草（*E. pendulinus*）、高株披碱草（*E. altissimus*）、假花鳞草（*E. anthosachnoides*）、短柄披碱草（*E. brevipes*）、长芒披碱草（*E. dolichatherus*）、披碱草（*E. parviglumis*）、阿尔泰披碱草（*E. pseudonutans*）、西藏披碱草（*E. tibeticus*）、粗糙披碱草（*E. semicostatus*）、柯孟披碱草（*E. tsukushiensis*）和云山披碱草（*E. tschimganicus*）等基因组为 SSYY 或 SSHHYY 或 SSYY？（？代表染色体组未确定）的物种进行杂交，结果发现，通过拯救胚胎可获得 9 个组合的杂交植株，结实率从 1.2% ~ 30%不等。

Jiang 等（1992）将不同的小麦—披碱草附加系相互杂交，从自交和反交后代中获得了 3 个双单体附加系，21″+3BS·1Y^{c}S′+1H'S·1H'S′（粗穗披碱草细胞质）、21″+3BS·1Y^{c}S′+1H'S·1H'S′（纤毛披碱草细胞质）和 21″+3BS·1Y^{c}S′+7AL·S−1S'S′（纤毛披碱草细胞质），并对它们的染色体组成、传递率和育性进行研究。结果发现，lH'和 1S'上的 *Rf−H'*1 和 *Rf−S'*1 在纤毛披碱草细胞质背景中可恢复小麦育性，1Y^{c}上的 *Rf−Y^c*1 在粗穗披碱草背景中也可以恢复小麦育性。

Jiang 等（1994）利用染色体 C 分带、原位杂交、种子储藏蛋白、同工酶和 RFLP 等方法从小麦—粗穗披碱草（2n = 4x = 28，S'S'H'H'）杂交后代中鉴定出了一批染色体附加系、代换系和易位系，并且粗穗披碱草 28 个染色体臂中的 18 个可在这批新选育出的染色体系中检测到。基于对小麦—粗穗披碱草 5H'（5B）代换系的研究结果发现，部分小麦染色体可能对粗穗披碱草染色体具有较好的遗传补偿性，在小麦—粗穗披碱草杂交后代中还检测到了涉及 lH'或 1S'染色体自发易位。

Liu 等（1994）将 2 份披碱草 *Elymus rectisetus*（2n = 6x = 42，SSYYWW）的花粉授给栽培小麦，分别获得了 2n = 42 和 4 个 2n = 63 的杂交株系，其中，2n = 42 的株系穗部形态介于双亲之间，其花粉母细胞（PMCs）平均含有 38.36I 和 1.62 II，与其基因组组成（ABDSYW）一致，然而因该株系花粉败育未获得其回交后代。2n = 63 的株系长相更像 *Elymus rectisetus*，具有完整的 *Elymus rectisetus* 的染色体，其 PMCs 平均含有 16.30 II、25.72 I 和 1.54 个多价体（III+IV），利用该株系为父本杂交，花粉育性低于 1%，然而当该株系作为母本时，获得了染色体条数为 54 和 60 的回交材料。

Motsny 和 Simonenko（1996）分析了 5 个四倍体小麦品种与小麦—老芒麦 F_1 杂种［$2n=42$，基因组 AABBD（SH）］的减数分裂行为，结果发现了多价体联会，说明老芒麦中含有在一定程度上抑制小麦同源配对的基因，然而这种抑制作用依据小麦的基因型不同而不同。当四倍体小麦品种 Salomonis 被用为亲本时，这种抑制效应尤为显著。文中还对披碱草基因向小麦转移进行了探讨。

孙其信等（1997）以普通小麦品种 Fukuho 为母本，披碱草 *E. rectisetus* 品系 1050 为父本进行杂交，利用胚拯救技术对杂种幼胚进行愈伤组织诱导和植株再生，获得了生长正常的属间杂种 F_1。对所获杂种在幼苗期用 RAPD 标记进行了鉴定，结果发现，有 21 个引物的扩增产物 F_1 呈现共显性，分别有 61 条和 20 条引物的扩增产物 F_1 偏向父本和母本，表明杂种 F_1 为真杂种，为进一步将 *E. rectisetus* 的优异基因向小麦转移奠定了基础。

Wang 等（1999）利用标准 C 分带和基因组原位杂交技术从小麦—柯孟披碱草（$2n=6x=42$，基因组 $S^{ts}S^{ts}H^{ts}H^{ts}Y^{ts}Y^{ts}$）$BC_2$ 后代中鉴定出了 3 个附加系、1 个端体附加系和 1 个代换系。利用小麦染色体 7 个同源群的 20 个特异标记对小麦背景中的柯孟披碱草染色体同源群进行鉴定，结果显示，附加系 NAU702、NAU703、NAU701 中的柯孟披碱草染色体分别属于同源群 1、3、5，分别命名为 $1E^{ts}\#1$、$3E^{ts}\#1$、$5E^{ts}\#1$，而 NAU751 被鉴定为 $3E^{ts}\#1$（3A）代换系，其中 NAU702 抗赤霉病抗性较好，可用于小麦抗赤霉病育种染色体工程和小麦种质资源改良开发。

王长有等（2003）对小麦—披碱草 *Elymus rectisetus* 的 BC_2F_2 衍生后代的细胞学和形态学进行了研究，结果发现，其 BC_2F_5–BC_2F_7 单株体细胞染色体数目在 22~50 条之间，其中 42 条和 44 条染色体所占的比例最大，分别占鉴定植株总数的 38.0% 和 35.9%。3 个 $2n=42=21''$ 的稳定株系与普通小麦 Fukuho 杂交 F_1 花粉母细胞染色体构型为 $2n=18''+6'$，说明有三对 *Elymus rectisetus* 染色体代换到普通小麦中；3 个 $2n=44=22''$ 的稳定株系与 Fukuho 杂交 F_1 的花粉母细胞染色体构型为 $21''+1'$，即它们为二体异附加系。

王长有等（2008）对 2 个普通小麦—披碱草 *Elymus rectisetus* 衍生系 1059A1 和 1063A1 的细胞学进行研究，结果发现，2 个衍生系在形态学和细胞学上已经基本稳定，根尖体细胞染色体条数为 44，花粉母细胞减数分裂中期 I（PMC MI）染色体构型为 $2n=22II$，与普通小麦亲本 Fukuho 杂交 F_1 PMC MI 染色体构型为 $2n=20II+3I$，因此，1059A1 和 1063A1 均为普通小麦—*Elymus rectisetus* 异代换—附加系。

Lu 等（2010）将山东披碱草（*Elymus shandongensis*，$2n=4x=28$）与栽培

小麦进行杂交获得了 1 个双单倍体（n = 2x = 14）和 1 个真杂交种（2n = 5x = 35），其中，双单倍体的产生是在胚胎发育早期选择性发生了小麦染色体丢失的结果，文中还研究了杂交双亲、双单倍体和真杂种的减数分裂染色体行为。

Dou 等（2012）利用分子和细胞遗传学方法对小麦—披碱草 Elymus rectisetus（2n = 42，基因组 StStWWYY）杂交后代进行了分析，发现二体附加系 4687（2n = 44）中含有 42 条小麦染色体和一对携带抗褐斑基因和抗叶斑病基因的 1Y 染色体。二体附加系 4162 有一对 1St 染色体和 21 对小麦染色体。材料 4319 和 5899 都是染色体三重代换系（2n = 42），其中小麦 2A、4B 和 6D 被一对 W 染色体和两对 St 染色体所替代。材料 4434 是一个代换—附加系（2n = 44），其中小麦 2A、4B 和 6D 被 W 染色体和两对 St 染色体所替代，同时还含有一对 1Y 染色体。这批材料的鉴定将有助于定位和分离 Elymus rectisetus 优异农艺性状基因。

Mcarthur 等（2012）利用基因组原位杂交技术对小麦—披碱草 Elymus rectisetus 染色体附加系进行了鉴定，结果发现附加系 A1048 中含有多条（第 1 到第 6 同源群染色体）正在分离的 Elymus rectisetus 染色体。附加系 A1026 和 A1057 均携带第 1 同源群 Elymus rectisetus 染色体，而附加系 A1034 携带第 5 同源群 Elymus rectisetus 染色体。

Zeng 等（2013）将匍匐披碱草（Elymus repens，2n = 6x = 42，StStStStHH）与普通小麦杂交来转移其抗性基因给小麦，通过单粒种子传代获得了一批杂交种质，选取其中的 8 株 BC_1F_9 后代进行鉴定，结果发现，这些材料的染色体数目在 42~56 条之间，包括 44、52 和 54 条染色体的。从减数分裂染色体行为来看，供试材料在细胞学上都是稳定的。基因组原位杂交分析发现，所有供试材料中均检测到易位染色体，并且其中的小麦染色体数目在 40~44 条之间不等，易位涉及小麦染色体片段与 Elymus repens 的 St 和 H 染色体。此外，在一些植株中检测到涉及三染色体多重易位。小麦背景中的易位染色体不仅包括染色体末端易位，还包括中间插入型易位。

Cainong 等（2015）采用染色体工程技术将小麦—柯孟披碱草（Elymus tsukushiensis）染色体附加系诱导成了抗赤霉病的小麦—柯孟披碱草 $1E^{ts}$ 染色体小片段易位系，并用分子和细胞遗传学方法对其进行了鉴定，从诱导后代中不仅发现了染色体末端易位，还发现了中间插入型易位系。

为了培育多年生小麦，Summer 等（2015）研究了澳大利亚披碱草（Elymus scaber）的夏季休眠特性并报道了将其与不同基因型小麦杂交的情况。他们首先对来自澳大利亚东南部农业生态多样性地区的 E. scaber 种群进行 3 次灌溉处理，以测试其夏季休眠水平，结果发现，所有群体对夏季机会性水分的分蘖反应都是相同的，这表明夏休眠是 E. scaber 群体的特性。以 E. scaber 为花粉源对 16 个小麦品种进行了受精试验，在授粉后 24~48h 和 14d 分别采用两种技术进行胚拯救，结果发现，授粉的小麦早期结实率高，但胚拯救获得植株结实率却很低。对获得植株进行 PCR 检测，但无法检测到 E. scaber 的 DNA，存活植株完全与小麦亲本相似并完全可育，这表明这些植株要么是罕见的自花授粉的结果，要么是 E. scaber 染色体消失后小麦染色体加倍的结果，因而认为 E. scaber 不是培育多年生小麦的优先供体选择。

Fedak 等（2017）将匍匐披碱草（Elymus repens）与小麦品种 Crocus 进行杂交，通过单次种子传代获得了 BC_1F_7 材料，利用基因组原位杂交和抗病鉴定等方法从这批材料中鉴定出了抗赤霉病的小麦—匍匐披碱草染色体易位系 PI 142-3-1-5。

第十节　小麦—新麦草染色体系

陈勤等（1988）用普通小麦中国春与新麦草进行属间杂交，获得了两属之间的杂种和幼苗，并对杂种种子、幼苗特点、杂种根尖细胞染色体数目进行分析，探讨了小麦与新麦草属间杂种幼胚培养的方法及策略，为在小麦改良中利用新麦草属种质资源提供了依据。

陈漱阳等（1991）利用普通小麦与华山新麦草杂交并通过幼胚培养获得了杂种，发现杂交结实率为 0.19%，幼胚培养出苗率为 33.3%。杂种表现为双亲的中间型，杂种 F_1 体细胞染色体数为 2n＝28，花粉母细胞减数分裂中期 I 每细胞平均 0.99 个二价体、26.01 个单价体，杂种花粉粒败育，以小麦花粉与杂种回交可以获得了种子，回交结实率为 2.5%。回交一代体细胞染色体数为 2n＝49，花粉母细胞减数分裂中期 I 染色体构型多数为 21II+7I。

陈漱阳等（1996）利用普通小麦与华山新麦草杂交回交产生了七倍体杂种（AABBDDNs，2n＝49），再与普通小麦回交产生单体附加（2n＝43）。结果还发现，以七倍体作父本时，产生单体附加的频率（24.2%）高于七倍体作母本的频率（12.28%）；单体附加自交产生二体附加的频率为 7.19%；不同附加系的细胞学稳定性有差异，并随着逐代选择而有所提高。

夏光敏等（1996）用紫外线照射新麦草和高冰草原生质体作为供体，以普通小麦济南 177 原生质体为受体，用 PEG 法诱导融合获得了小麦与新麦草及高冰草属间不对称核杂种植株。

丁春邦等（1997）将华山新麦草与小麦进行杂交并对其受精情况和胚胎发育情况进行了观察，结果发现，在检查过的 210 个小麦子房中，14.29% 发生了双受精，产生了胚和胚乳；12.38% 发生了单卵受精，只产生胚而无胚乳；

10.0%发生了单极核受精，只产生胚乳而无胚；总受精率为36.67%，成胚率为26.67%。然而，从250朵授过华山新麦草花粉的小麦颖花中，没有得到种子，结实率为零。

侯文胜等（1997）利用缺体小麦与小麦—华山新麦草七倍体杂种（2n=49，AABBDDNs）杂交，F_1再与相应的缺体小麦回交2次，从BC_2F_1镜检选出2n=41的植株，从其自交后代中选育出5A和3D两种小麦—华山新麦草染色体异代换系。此外，还发现单体代换植株自交产生二体代换植株的频率为23.16%，5A代换植株在减数分裂中期Ⅰ出现21Ⅱ的频率平均为84.52%，而3D代换植株21Ⅱ的出现频率平均为62.61%。性状调查发现，选育出的小麦—华山新麦草染色体异代换系均生长旺盛，结实正常，说明新麦草染色体能较好地补偿所缺失的小麦染色体。

周荣华（1997）利用基因组原位杂交技术对小麦—新麦草属间杂交后代进行鉴定，从中鉴定出易位附加系7份、易位—易位附加系6份、双端体附加系2份和易位系1份，未鉴定出小麦—新麦草代换系和二体附加系，鉴定出的易位附加系和易位—易位附加系两种类型为首次报道，并且发现所鉴定出材料中的新麦草染色体均发生了断裂。

傅杰等（2003）以抗小麦全蚀病的小麦—华山新麦草远缘杂交中间材料H8911为供体，将其全蚀病转移给小麦，从其后代材料中选育出抗全蚀病的小麦—华山新麦草新种质13个。其中，1个小麦—华山新麦草附加系对小麦全蚀病表现为高抗，6个附加系、3个代换系和3个易位系材料则均表现为中抗。

赵继新等（2003）利用染色体C-分带技术对普通小麦—华山新麦草异代换系和附加系进行了细胞学鉴定。结果发现，普通小麦—华山新麦草的3个异代换系H921-6-12为5A/Nh5代换、H922-9-12为3B/Nh4代换、H924-3-4为3D/Nh4代换，2个异附加系H8911-1-2-6为Nh4附加、H9014-154-2为Nh7附加，推断华山新麦草的Nh5和Nh4染色体分别能补偿普通小麦的5A和3B、3D的缺失。

赵继新等（2004）利用荧光原位杂交和染色体C-分带技术对普通小麦—华山新麦草的异代换系进行了研究。结果发现，异代换系H921-6-12和H924-3-4均含有2条华山新麦草染色体。将这2份材料C-分带和华山新麦草进行染色体的C-分带带型比较，认为H921-6-12可能是普通小麦—华山新麦草的5A/N5h代换系，H924-3-4可能是3D/N4h代换系。

赵继新等（2004）利用荧光原位杂交和染色体C-分带技术对普通小麦—华山新麦草异附加系进行了研究。结果显示，异附加系H9015-17-1-9和H9017-14-16-5都附加有2条华山新麦草染色体。将这2份材料C-分带和华山新麦草进行染色体的 C-分带带型比较，初步推断 H9015-17-1-9 附加的是 Nh5 染色体，H9017-14-16-5 附加的是 Nh6 染色体。

武军等（2007）为了研究华山新麦草染色体在小麦—华山新麦草各衍生世代中的遗传规律并创制一套小麦—华山新麦草异源附加系，对小麦—华山新麦草 BC_1F_2 到 BC_1F_5 共 315 个植株进行细胞学检测和 GISH 分析，结果表明，供试植株染色体数目分布范围为 40~54 条，$2n \geqslant 43$ 的植株有 223 株，占总观察株数的 70.79%；早代植株携带华山新麦草染色体的概率较高，植株染色体数目多大于 44；统计结果发现，随着自交代数的增加，外源染色体丢失的概率也在增大，因而认为在选育小麦—华山新麦草异附加系时，在 BC_1F_4 和 BC_1F_5 世代选择效果较好。对染色体数目 $2n=44$ 的 42 个植株进行 GISH 分析，从中鉴定出 39 个二体附加系。

武军等（2007）为了获得一套完整的小麦—华山新麦草异附加系，从筛选出的 46 对在华山新麦草与小麦间具有多态性的 SSR 引物中选出 7 对扩增条带清晰的引物，对 20 个小麦—华山新麦草二体附加系进行分析，结果发现，20 份材料中出现了 11 种扩增类型，暗示这 20 个附加系中包括了华山新麦草 1~7 个同源群的附加系。

王益等（2008）对中国春 $ph2b$ 突变体与华山新麦草属间杂种 F_1 的衍生后代（BC_2 和 BC_1F_1）进行细胞学观察，结果发现，供试材料的染色体数目从 $2n=42$~52 之间变化，其中，$2n=45$ 出现频率最高（20.27%），$2n=51$ 最低（0.66%）；此外，还发现 $2n=42$ 和 $2n=44$ 的植株细胞学相对稳定，为获得华山新麦草染色体附加系、代换系或易位系等小麦遗传育种材料奠定了基础。

武军等（2010）以普通小麦 7182—华山新麦草矮秆种质 B62 为材料，在对田间农艺性状考察的基础上，利用根尖染色体计数方法对 B62 进行了鉴定，发现 B62 染色体条数为 44 条。用基因组原位杂交技术对 B62 中的华山新麦草遗传物质进行检测，发现 B62 携带 2 条华山新麦草染色体。花粉母细胞减数分裂 I 中期染色体 GISH 结果显示，2 条外源染色体能够配对，说明 2 条异源染色体是华山新麦草的 1 对同源染色体。因此，矮秆种质 B62 为普通小麦—华山新麦草二体异附加系。

何雪梅（2011）利用细胞学标记和生化标记等对普通小麦—华山新麦草双二倍体（PHW-SA）×川麦 107 和 PHW-SA×J-11 的衍生后代（F_2 和 BC_1F_1）进行研究，结果发现，F_2 和 BC_1F_1 的体细胞染色体数变化范围为 42~48，平均染色体数为 43.9。其中，以染色体数为 42 和 44 的居多，分别占 27.8% 和 44.4%。花粉母细胞减数分裂观察结果表明：在 F_2 和 BC_1F_1 中，每个细胞的平均单价体变幅在 0.06~5.10 之间；平均二价体变幅在 20.42~22.23 之间，其中，环状二价体变幅在 15.77~21.06 之间，棒状二价体变幅在 0.94~3.68 之间；平均三价体变幅在 0.06~0.11 之间。SDS-PAGE 检测发现，华山新麦草染色体或染色体片段已被导入部分 F_2 和 BC_1F_1 植株。

Kang 等（2011）将具有条锈病抗性的小麦—华山新麦草双二倍体系（PHWSA）与小麦 J-11 杂交，获得了抗条锈病的小麦—华山新麦草 3Ns 单体附加系（PW11）。对来自 PW11 的渐渗系 PW11-2、PW11-5 和 PW11-8 接种条锈病小种 CYR32 鉴定其抗性并利用分子和细胞学方法对它们进行鉴定，结果发现，这些渐渗均抗 CYR32，说明该条锈抗病基因位于华山新麦草 3Ns 染色体上。从减数分裂染色体行为来看，所有供试渐渗系在细胞学上都是稳定的，同时，在二体附加系 PW11-2 中检测到两条 3Ns 染色体；PW11-5 中的 1B 染色体被华山新麦草 3Ns 染色体代换；PW11-8 中华山新麦草 3NsS 染色体臂末端小片段易位到小麦染色体 3BL 的末端形成了 T3BL-3NsS 易位系。

为了明确普通小麦—华山新麦草衍生后代材料中所携带的外源遗传物质，邓欣等（2013）利用 SSR 引物对普通小麦—华山新麦草衍生后代 H18 和 0841 进行分析，结果发现，331 对 SSR 引物中有 271 对能在亲本华山新麦草和普通小麦 7182 间扩增出多态性，其中 85 对引物能在华山新麦草中扩增出清晰且明亮的特异条带，有 9 个标记在 H18 衍生的 8 个单株中（2n=51-54）扩增出华山新麦草特征条带。0841 的染色体数目为 42 条，利用筛选的 9 个标记对其鉴定，发现定位于小麦 3D 染色体上的标记 Xbarc71 在 0841 中可以扩增出华山新麦草特异条带，同时缺失小麦亲本 7182 的特异条带，推测 0841 可能是华山新麦草的 3Ns 染色体代换了小麦的 3D 染色体。

Du 等（2013）利用胚拯救从小麦品种 7182 和华山新麦草杂交种中选育出了小麦—华山新麦草的抗小麦条锈病新品系 3-8-10-2，并利用细胞学、基因组原位杂交、EST-SSR、EST-STS 和抗病性调查对其进行了鉴定。基因组原位杂交分析发现，3-8-10-2 中具有一对华山新麦草 Ns 染色体。分子标记分析结果显示，这对 Ns 染色体属于染色体第五同源群，因此，3-8-10-2 是小麦—华山新麦草 5Ns 附加系。

Du 等（2013）从普通小麦 7182 和华山新麦草杂交种质中选育出了一个染色体二体附加系 59-11，其种子形态与亲本 7182 相似，具有双小穗和多粒特性。利用基因组原位杂交、EST-SSR、EST-STS、醇溶蛋白等技术对其进行分析发现，59-11 染色体数目和构型为 2n=44＝22II，并且该附加系中华山新麦草染色体同源群为第六同源群，即 59-11 是小麦—华山新麦草 6Ns 二体染色体附加系。

Du 等（2013）从小麦—华山新麦草杂交后代中鉴定出了一个染色体二体附加系 2-1-6-3，并用细胞学、基因组原位杂交、EST-SSR 和 EST-STS 技术对 2-

1-6-3 进行了分析，结果发现，2-1-6-3 具有两条华山新麦草染色体，减数分裂构型为 2n＝44＝22II。分子标记分析结果显示，2-1-6-3 中的华山新麦草染色体属于同源 7 组，因此，2-1-6-3 是小麦—华山新麦草 7Ns 染色体二体附加系。

Du 等（2014）从小麦—华山新麦草杂交种质中分离出了一个在减数分裂中期 I 含有 44 条染色体并形成 22 个二价体的株系 24-6-3。以华山新麦草基因组 DNA 作为探针对 24-6-3 进行 GISH 分析，发现 24-6-3 中有一对具有强烈杂交信号的 Ns 染色体。EST-STS 分子标记分析发现，该 Ns 是属于染色体第 4 同源群，因此，24-6-3 是小麦—华山新麦草 4Ns 二体附加系。

Du 等（2014）利用基因组原位杂交（GISH）、表达标签序列标记位点（EST-STS）和序列标记扩增（SCAR）标记对小麦—华山新麦草二体附加系 12-3 进行了鉴定。有丝分裂和减数分裂 GISH 分析发现该材料中含有 42 条小麦染色体和一对华山新麦草染色体。分子标记分析结果显示，12-3 中的华山新麦草染色体属于第 1 同源群，因此，12-3 是小麦—华山新麦草 1Ns 二体附加系。

Du 等（2014）从普通小麦品种 7182 和华山新麦草的衍生系中分离出抗条锈病的小麦新种质 22-2。细胞学研究发现，22-2 染色体数目和构型为 2n＝44＝22II。以华山新麦草基因组 DNA 为探针进行对 22-2 有丝分裂和减数分裂染色体进行 GISH 分析，发现 22-2 中含有一对华山新麦草染色体。分子标记分析结果显示，22-2 中的华山新麦草染色体属于第三同源群，即 22-2 是小麦—华山新麦草染色体 3Ns 二体附加系。

苏佳妮等（2014）对小麦—华山新麦草远缘杂交材料 24-6 进行根尖细胞学鉴定，发现该材料染色体数为 42 条，以华山新麦草 Ns 基因组 DNA 为探针，以普通小麦 7182 基因组 DNA 为封阻，对其根尖与花粉母细胞染色体进行原位杂交分析，结果发现该材料是一个细胞学稳定的小麦—华山新麦草易位系。

王秀娟等（2014）利用细胞遗传学和分子标记等技术，结合田间农艺性状考察对小麦—华山新麦草七倍体材料 H8911-99 与硬粒小麦 D4286 杂交 F_4 代分离群体中选育的 12DH25 进行了鉴定。结果发现，12DH25 含有华山新麦草遗传物质；有丝分裂和花粉母细胞减数分裂中期 I 染色体数为 2n＝44＝22II；基因组原位杂交（GISH）显示 12DH25 有两条可配对的染色体具有杂交信号。分子标记分析结果表明，12DH25 是小麦—华山新麦草 7Ns 二体异附加系。

王秀娟等（2015）利用分子标记和基因组原位杂交（GISH）等技术，结合田间农艺性状调查对小麦—华山新麦草七倍体材料 H8911 与硬粒小麦 D4286 杂交 F_4 代分离群体中的株系 DH2322 进行了综合鉴定。华山新麦草基因组特异 SCAR 标记鉴定发现，DH2322 含有华山新麦草遗传物质；细胞遗传学观察显示，DH2322 染色体构型为 2n＝42＝21II；有丝分裂和花粉母细胞减数分裂中期 I 基因组原位杂交（GISH）鉴定表明，DH2322 的染色体由 40 条小麦染色体和 2 条华山新麦草 Ns 染色体构成且 2 条 Ns 染色体能完全配对为一个二价体；SSR 和 STS 分子标记分析表明，DH2322 缺失小麦 2D 染色体而含有华山新麦草的 2Ns 染色体即 DH2322 是小麦—华山新麦草 2Ns（2D）代换系。

韩颜超等（2015）对普通小麦—华山新麦草衍生后代 H1-1-3-1-9-8 进行鉴定发现，其染色体核型为 $2n=44=22II$；原位杂交鉴定结果显示，H1-1-3-1-9-8 中有两条华山新麦草具有杂交信号。EST-STS 标记和种子贮藏蛋白变性聚丙烯酰胺凝胶电泳分析结果表明，H1-1-3-1-9-8 是小麦—华山新麦草 1Ns 二体异附加系。

Du 等（2015）利用胚拯救从小麦—华山新麦草杂交种质中选育出了一个染色体代换系 16-6，并利用基因组原位杂交、荧光原位杂交、简单序列重复、表达序列标签—序列标签位点和形态学分析对该品系进行了鉴定。结果发现，16-6 株系含有 21 个二价体，小麦 2D 染色体被华山新麦草 2Ns 染色体替换，因此，16-6 是小麦—华山新麦草 2Ns（2D）代换系。成株期对 16-6 接种条锈菌 CYR31、CYR32 和 SY11-14 的混合小种，发现 16-6 系表现为抗性，抗性来源于供体种，并且其穗长、穗数和穗粒数较对照均显著增加。

敬樊等（2015）利用甲基磺酸乙酯（Ethylmethylsulfone，EMS）对小麦—华山新麦草二体异附加系 24-3-1 进行诱变处理，并用对其 M_2 进行 GISH 鉴定，结果显示，在 930 个 M_2 单株中共检测出 61 个含有小麦—华山新麦草易位染色体的植株，其中 7 个单株含有 1 条易位染色体，5 个单株含有 1 条易位染色体+1 条华山新麦草染色体，20 个单株含有 2 条易位染色体，3 个单株含有 3 条易位染色体，26 个单株含有 4 条易位染色体。根尖细胞学观察和基因组原位杂交证明，含有 2 条易位染色体的单株为小麦—华山新麦草易位系，含有 4 条易位染色体的单株为小麦—华山新麦草易位—易位附加系，为小麦育种提供了新的种质。

Kang 等（2016）从小麦—华山新麦草双二倍体 PHW-SA 和川农 16 的 BC_1F_5 群体中分离并鉴定了一个抗条锈病的小麦—华山新麦草新种质 K-13-835-3。细胞学研究发现，K-13-835-3 减数分裂时染色体平均构型为 $2n=42=0.10I+19.43II$（环状）+1.52II（棒状）。GISH 分析结果显示，K-13-835-3 的染色体组成包括 40 条小麦染色体和一对小麦—华山新麦草小片段易位染色体。FISH 结果显示，华山新麦草染色体小片段易位到小麦染色体臂 5DS 上。K-13-835-3 对我国流行的条锈病病原菌具有较好的抗性，其小穗数和穗粒数均显著高于小麦对照亲本川农 16，可作为高产抗病品种选育的新种质资源加以利用。

第十一节 小麦—赖草染色体系

马缘生等（1988）将中国赖草（*Leymus chinemsis*）与普通小麦（*T. aeseivum*）杂交，对其 F_2 代进行细胞学研究，发现在 1 个完整细胞内只有 1、2、3、4、6 等少数染色体，还有大环、长链、桥、落后染色体等异常现象。通过观察大量花粉母细胞（13892 个）及根尖细胞（435 个）染色体，筛选出高蛋白质、高赖氨酸含量、抗条锈、叶锈或白粉病的小麦—赖麦（*Triticum-Leymus*）新种质 7 个。

陈孝等（1989）将中国春小麦及其突变体中国春 *ph* 与新疆大赖草杂交授粉后 12～13 天的 400～600μm 的幼胚进行离体培养，结果发现，培养基添加 5% 蔗糖和 Norstog's 氨基酸组分的培养基中获得了较多的小麦—新疆大赖草杂交苗，成苗率高达 80%。

Plourde 等（1989）用小麦 *Triticum aestivum*（2n = 6x = 42，AABBDD）和新生赖草 *Leymus innovates*（2n = 4x = 28，JJNN）进行杂交。对 10 个杂交后代进行细胞学观察，发现其中的 8 个材料染色体数目为 35（ABDJN），减数分裂分析表明，这两个物种的基因组之间没有同源性。另外两个杂交后代含有 28 条染色体。

PlourdeA 等（1992）利用酶连免疫吸着测定法（ELISA）来测定普通小麦 Fukuho、阿尔泰黑麦 Pilger 及 Fukuho×窄颖赖草杂交 F_1（2～3 叶期接种）叶片中大麦黄矮病毒（BYDV）含量。结果发现，窄颖赖草（*Leymus angustus*）对 BYDV 康性较好，并且单倍体杂交种 F_1 代 Fukuho×窄颖赖草几乎同其野生亲本表现为相同的抗性，为抗大麦黄矮病育种提供了优异的中间材料。

张学勇等（1992）以普通小麦品种 Fuhuko、中国春（Chinese Spring）及小偃 759 和毛穗赖草杂交，发现三个品种都可与毛穗赖草（*L. paboanus*）杂交，其中 Fuhuko×毛穗赖草平均结实率高达 17.6%。对杂种幼胚进行培养，发现部分幼胚可以发育成完整的植株。

王景林（1994）将小麦与赖草杂交并对其受精情况和胚胎发育进行观察，发现赖草花粉在小麦柱头上萌发良好，花粉管可顺利长入花柱和胚囊，在检查过的 319 个小麦子房中，62 个（19.44%）发生了双受精，产生了胚和胚乳；49 个（15.36%）发生了单卵受精，只产生胚而无胚乳；7 个（2.19%）发生了单极核受精，只产生胚乳而无胚。小麦×赖草虽然总受精率可高达 36.99%，然而由于胚乳的缺乏或发育不完全，致使最后结实率很低。从 150 朵授过赖草花粉的小麦颖花中仅得到 1 粒种子。

Chen 等（1995）综合利用单花滴注鉴定赤霉病抗性、蛋白筛选、C 分带及原位杂交等方法，从小麦—大赖草杂交后代中鉴定出了高抗赤霉病的小麦—大赖草 Lr. 2 二体附加系材料。

陆瑞菊等（1995）通过对普通小麦中国春与抗赤霉病的大赖草杂种回交后代 BC_2F_3 和自交 F_4 代的花药进行培养，获得了 72 个花培植株，其中 28 株结实。这些株系的株高、穗形和成熟期等性状在 H_2 系间差异明显，但株系内整齐一致。对 28 个 H2 代株系进行根尖细胞染色体计数，25 株 2n = 42，1 株 2n = 44，2 株 2n = 46。利用花粉母细胞减数分裂中期 I 染色体配对分析和染色体 C 分带从 H2 代中选育出一个代换—附加系（2n = 44）L07，两个双重二体异附加系（2n = 46）L03-05 和 L06。

任晓琴等（1996）根据花粉母细胞减数分裂中期 I 染色体配对情况及染色体 C 分带，在中国春—大赖草杂种回交后代中选育出 1 个稳定的二体异附加系 92G460。通过分析亲本及 92G460 的苗期叶片 GOT 同工酶酶谱表型，推测 92G460 中临时编为第 11 号的大赖草染色体来自 N 染色体组，该染色体携有属于第 6 部分同源群的同工酶结构基因 Got-N2，因此，将大赖草中临时编为第 11 号的染色体命名为 6N。

Kesara 等（1997）利用普通小麦和波斯小麦与多年生赖草进行杂交，共获得了 240 个 F_1 杂交种。该杂交的胚胎中有 20% 发育成颖果，96% 发育成正常杂交植物。利用秋水仙碱对对 F_1 进行处理，对其植株根尖细胞进细胞遗传学分析发现，28 个杂种中有 21 个材料的染色体加倍成为双单倍体或双二倍体。

Qi 等（1997）利用染色体 C 分带从小麦—大赖草杂种种质中鉴定出了 5 个二体附加系、2 个双二体附加系、2 个端体附加系和 1 个二体代换系。利用 RFLP 鉴定了小麦背景中外源赖草染色体的同源群，结果发现，其中 5 个二体附加系中的 4 个外源染色体分别为 2Lr、5Lr、6Lr 和 7Lr，2 个双二体附加系的外源染色体分别为 1Lr 和 3Lr，二体代换系为小麦的 2B 染色体被大赖草的 2 Lr 染色体所代替，2 个端体附加系的外源染色体为 2Lr2S 和 7Lr1S。

孙文献等（1997）利用形态特征的观察、根尖细胞有丝分裂中期染色体计数、花粉母细胞减数分裂中期 I（PMCMI）染色体构型分析以及 C 分带从普通小麦与大赖草杂种回交后代中选育出 3 个二体异附加系：95G04，95G16 和 95G23，染色体构型分别为 0.16I + 20.25II + 1.67II，0.35I + 18.95II + 2.87II 和 0.19I + 20.07II + 1.83II。染色体 C 分带结果表明：95G04、95G16 和 95G23 分别为大赖草第 1 号、4 号和 5 号染色体的二体异附加系。

陈佩度等（1998）综合运用赤霉病抗性追踪、染色体计数和配对分析、染色体分带和原位杂交技术等方法从普通小麦/大赖草//普通小麦回交后代中筛选鉴定出抗赤霉病的分别附加了一对大赖草染色体 Lr. 2、Lr. 7 或 Lr. 14 的二体附加系 NAU501、NAU507 和 NAU515，以及附加了一对 Lr. 2 短臂的端体附加系 NAU511、附加了一对 Lr. 7 一个臂的等臂染色体附加系 NAU531。采用^{60}Co-γ 射线辐射技术，选出了 1 个涉及 4B 长臂大部分与 Lr. 2 短臂的易位系 NAU601 和涉及 5B 长臂和 Lr. 14 长臂的易位系 NAU621。

刘文轩等（1998）利用^{60}Co-γ 射线辐射普通小麦—大赖草抗赤霉病 Lr. 2 异附加系 92G169，从其后代中选育出了具有赤霉病抗性的 T4BS·4BL-Lr. 2S 易位系。该易位系易位发生在大赖草 Lr. 2 染色体的短臂与小麦 4B 染色体的长臂之间，易位断点在 4B 染色体 C 带带纹的 L2. 2 区片段长度 FL0. 42 和 FL0. 61 之间，属于顶端易位。

Variable 等（1999）利用基因组原位杂交、以 18S 和 26S 核糖体 DNA（rDNA）为探针的荧光原位杂交技术对三份不同的小麦—滨麦杂交种质进行了分析，结果发现，这三份材料染色体数目均为 42，其中包括 30 条小麦和 12 条滨麦染色体。3 份材料均具有相同的核仁组织区位点，包括 2 个 Nor-m1 和 2 个 Nor-m2。

刘文轩等（1999a）采用^{60}Co-γ 射线对小麦—大赖草 Lr. 7 单体异附加系在减数分裂期进行成株辐射处理，经过 M_1 代根尖细胞有丝分裂中期染色体 C 分带粗筛，M_2 代染色体 C 分带和荧光原位杂交鉴定，选育出 2 个小麦—大赖草 Lr. 7 易位系。其中 T02 易位系是由 Lr. 7 染色体绝大部分与一小片段小麦染色体接在一起组成的易位类型（TLr. 7·Lr. 7W），T08 易位染色体由小麦 4AL 和大赖草 Lr. 7 某臂组成。

刘文轩等（1999b）利用以大赖草基因组 DNA 为探针的荧光原位杂交技术对导入普通小麦的大赖草染色质进行检测，结果发现，根尖体细胞或花粉母细胞均可用于检测大赖草染色质。间期核中杂交信号点数与所含大赖草染色体数目之间的对应关系依染色体显强 C 带末端数不同而不同。利用荧光原位杂交，从普通小麦—大赖草单体异附加系的减数分裂前植株^{60}Co-γ 射线辐射后代中检测到一批大赖草端着丝粒染色体和小麦—大赖草染色体易位等材料。

张茂银等（1999）用花粉管通道法将新疆的大赖草 DNA 导入普通小麦花培品系 761，从 D_3 和 D_4 代变异中筛选出大穗（主穗长大于 14cm）、多穗（主穗粒数大于 60 粒）并能稳定遗传和正常结实的品系 50 个，各品系连续多年种植，在穗长、穗粒数和粒重上表现突出。经对供体、受体和转化后代进行酯酶同工酶和 RAPD 分析，证明供体 DNA 片段已进入受体并引起 DNA 重组。

李桂英等（2000）以普通小麦 J-11×窄颖赖草（花粉经 9Gy-γ 射线辐照）杂种幼胚愈伤组织及其再生植株为材料，研究了辐照花粉对其远缘杂种的细胞学效应。结果发现，辐照花粉明显增加了杂种愈伤组织的染色体数目变异幅度，使杂种愈伤组织染色体数目减少，促进了杂种染色体结构变异，增加了双着点染色体和环状染色体等的频率，获得了一大批小麦—窄颖赖草染色体结构变异体。

刘文轩等（2000a）将小麦—大赖草 Lr. 2 和 Lr. 14 染色体二体异附加系 94G15 和 94G45 即将成熟花粉经^{60}Co-γ射线辐射处理，然后分别给普通小麦品种扬麦 5 号和绵阳 11 授粉，从其后代中筛选并鉴定出了 LW8（3）1 和 LW11（3）12 个涉及大赖草 Lr. 14 染色体的小麦—大赖草易位系。

刘文轩等（2000b）将抗赤霉病的普通小麦—大赖草 Lr. 2 染色体单体异附加系花粉经过^{60}Co-γ射线处理，然后给感赤霉病的普通小麦品种扬麦 5 号授粉，杂交后代连续 2 年进行赤霉病抗性单株接种鉴定，从中选育出一个普通小麦—大赖草异易位系。经过染色体荧光原位杂交和 C 分带鉴定，发现易位发生在普通小麦 4B 染色体长臂和大赖草第 2 条染色体（Lr. 2）的短臂之间，易位断点在 4B 染色体 C 带型的 L2.2 区片段长度 FL0.42 和 FL0.61 之间，为 T4BS · 4BL-Lr. 2S 易位染色体。

魏景芳等（2000）将小麦与多枝赖草进行杂交，通过花药培养，获得纯合后代。再经过细胞学观察、田间选拔、抗性鉴定、品质分析、综合农艺性状调查以及小区产量对比试验，从中初步筛选鉴定出一批耐盐、抗旱、抗病的小麦—多枝赖草新种质。

张茂银等（2000）用花粉管通道法将新疆大赖草 DNA 导入普通春小麦花培品系 761（主穗长 9.5cm），在导入后代 D$_3$代中筛选出一个大穗、晚熟变异株，经常规选育获得大穗（平均主穗长 15.2cm，50 个系）、多粒的转化后代。以地高辛标记的 4 个大麦高度重复序列克隆为探针，对供体、受体和转化后代进行 Southern 杂交分析。结果表明转化后代中出现了受体没有而供体具有的特异带，证明新疆大赖草 DNA 片段已整合到受体基因组中。

陈发棣等（2001）利用根尖细胞有丝分裂中期染色体和花粉母细胞减数分裂中期Ⅰ（PMCMI）染色体 C 分带、以生物素标记的簇毛麦基因组 DNA 及以地高辛标记的大赖草基因组 DNA 为探针的双色荧光原位杂交等方法从 DALr. 7×T6VS/6AL F$_2$和 F$_3$群体中筛选出 3 株普通小麦—大赖草 Lr. 7 二体附加、普通小麦—簇毛麦 6VS/6AL 易位系。从 DALr. 14×T6VS/6AL F$_2$和 F$_3$群体中选出 8 株普通小麦—大赖草 Lr. 14 二体附加、普通小麦—簇毛麦 6VS/6AL 易位系，并发现所选育的普通小麦—大赖草—簇毛麦异附加、易位系对白粉病表现免疫，对赤霉病有较高抗性。

王秀娥等（2001）从小麦—大赖草杂交种质后代中鉴定出 3 个纯合的小

麦—大赖草易位系，T1BL·7Lr#1S、T4BS·4BL-7Lr#1S 和 T6AL·7Lr#1S，其中，易位系 T1BL·7Lr#1S 和 T6AL·7Lr#1S 中染色体 7Lr#1 的断裂点位于标记 MWG808 和标记 ABG476.1 之间，而 1B 和 6A 染色体上的断裂点都在着丝粒附近，易位系 T4BS·4BL-7Lr#1S 中染色体 7L#1 的断裂点位于标记 BCD349 和标记 CDO595 之间，4B 染色体断裂点则位于标记 CDO541 和标记 PSR164 之间的长臂上。

Jia 等（2002）利用 GISH 和 RFLP 技术对小麦—多枝赖草衍生系进行了鉴定，从中获得了 15 个含有多枝赖草 X 染色体或染色体片段的小麦—多枝赖草染色体系，未发现含 N 染色体或染色体片段的小麦—多枝赖草染色体系。研究结果还发现，11 个小麦—多枝赖草附加系和 4 个小麦—多枝赖草易位系中的多枝赖草染色体发生重组涉及的染色体同源群包括第 2、第 3、第 6 和第 7 同源群，仅有染色体第 1 同源群未发生重排。

李桂英等（2002）采用 3H-胸腺嘧啶标记窄颖赖草（*Leymus angustus*）花粉结合电镜自显影的方法及原位杂交技术证明受辐照的窄颖赖草花粉 DNA 进入了小麦胚囊，经辐照花粉获得的普通小麦 J-11 与窄颖赖草杂种中窄颖赖草染色体发生了数目和结构变异。

杨宝军等（2002）利用根尖体细胞有丝分裂中期染色体 C 分带和荧光原位杂交从普通小麦大赖草 Lr.2、Lr.7 异附加系辐射后代中选育出 2 个纯合易位系。其中，易位系 NAU618（MS1423），易位染色体由大赖草 Lr.7 染色体的大部分及小麦染色体 1A 短臂的一部分组成，外源染色体片段的长度约占易位染色体总长度的 4/5；易位系 NAU601（MS1014），易位染色体由小麦染色体 4B 的整个短臂和 4B 长臂近着丝粒部分（1/3）及大赖草 Lr.2 短臂的绝大部分组成，外源染色体片段占易位染色体长臂的 1/2。

袁建华等（2003）用抗赤霉病普通小麦—大赖草 Lr.2 和 Lr.7 染色体二体附加系与普通小麦—柱穗山羊草的 2C 杀配子染色体二体附加系杂交，再用中国春回交，采用染色体 C 分带技术从 BC$_1$ 中初筛出染色体结构发生变异的植株，再利用染色体 C 分带和基因组荧光原位杂交技术结合花粉母细胞减数分裂中期 I 的染色体配对分析，对其自交后代进行细胞学分析，选育出普通小麦—大赖草纯合易位系 T1DS-Lr.7L、T4AL·4AS-Lr.7S、T1BL-Lr.2S 以及一批尚待鉴定的含小麦与大赖草染色体易位植株。

Yuan 等（2003）运用含杀配子染色体的小麦—柱穗山羊草 2C 附加系分别与抗赤霉病的小麦—赖草附加系 Lr.2 和小麦—赖草附加系 Lr.7 进行杂交。然后将 F$_1$ 再与中国春回交，用染色体 C 分带鉴定染色体异常的 BC$_1$ 植株。进而，利用 C 分带和 FISH 技术对上述 BC$_1$ 自交后代进行筛选和鉴定，获得小麦—赖草染色体易位系 3 个和一批有待进一步鉴定的种质材料。

Kishii 等（2004）利用几个重复序列作为探针对小麦—大赖草杂交种质进行荧光原位杂交筛选鉴定，获得了 8 个小麦—大赖草二体附加系（A、C、F、H、I、J、k 和 L）和 2 个小麦—大赖草单体附加系（E 和 n）。RFLP 对这些材料进行赖草和小麦染色体同源性分析，发现染色体 A 和 l 属于第 2 同源群，染色体 C 和 I 属于第 5 同源群，染色体 k 属于第 6 同源群，染色体 H 和 J 与小麦第 1、第 3 和第 7 染色体同源群同源，染色体 n 与小麦 3、7 染色体同源群同源，染色体 E 和 F 与小麦第 4 染色体同源群同源。

王林生等（2008）采用 ^{60}Co-γ 射线处理小麦—大赖草单体附加系 MA7Lr 花粉，给已去雄的绵阳 85-45 授粉。经分子细胞学鉴定，从 M_1 中得到了含大赖草 7Lr#1S 端体的植株，从其自交后代中选育出一对 7Lr#1S 端着丝粒染色体代换了 1 对 7A 染色体的端二体代换系。

王林生等（2010）将 ^{60}Co-γ 射线处理处于减数分裂期的普通小麦—大赖草二体异附加系 DA5Lr 的大孢子母细胞作为花粉，授予普通小麦中国春，利用基因组原位杂交、染色体 C 分带和染色体荧光原位杂交等方法对其后代进行鉴定，从中获得了小麦—大赖草易位系 T7DS.5LrL/T5LrS.7DL 和纯合易位系 T7DS.5LrL。

Ellneskogstaam 和 Merker（2010）对源自四倍体波斯小麦与多年生四倍体赖草杂交的异源六倍体进行了染色体组成及细胞遗传稳定性分析。GISH 分析结果发现，不同的细胞系含有 11~16 条赖草染色体不等。异源体在减数分裂中期和非整倍体植株中均表现出较高的单倍体频率，容易造成细胞学不稳定导致结实率低，但可以满足种子的繁殖和保存。

Yang 等（2016）利用花粉母细胞观察、基因组原位杂交、种子储藏蛋白电泳和功能分子标记分析等方法对从小麦 7182 和八倍体小滨麦杂交后代中筛选的 M11028-1-1-5 进行了鉴定，结果发现，减数分裂中期 M11028-1-1-5 含有 44 条染色体，可形成 22 个二价体。分子标记结果表明 M11028-1-1-5 中可以扩增出滨麦染色体第六同源群特有条带。种子醇溶蛋白分析也证实该材料中引入的滨麦染色体属于第 6 同源群染色体。因此，M11028-1-1-5 是小麦—滨麦 Lm#6Ns 二体附加系。

王林生等（2018）采用 ^{60}Co-γ 射线处理小麦—大赖草二体附加系 DA7Lr，并用处理后的花粉授给去雄的普通小麦中国春，利用顺序 GISH-双色 FISH 分析、染色体 C 分带、小麦 D 组专化探针 Oligo-pAs1-2 和 B 组专化探针 Oligo-pSc119.2-2 从后代材料中鉴定出了小麦—大赖草易位系 T5AS-7LrL·7LrS。

张雅莉等（2018）利用 ^{60}Co-γ 射线处理小麦—大赖草二体附加系 DA7Lr 花

粉，授予普通小麦中国春，利用顺序 GISH-双色 FISH 分析、染色体 C 分带、小麦 D 组专化探针 Oligo-pAs1-2 和 B 组专化探针 Oligo-pSc119. 2-2 从后代材料中鉴定出了小麦—大赖草易位系 T6DL·7LrS。

第十二节　小麦—旱麦草染色体系

　　旱麦草属所包含物种较少，只有裂稃旱麦草、西奈旱麦草、旱麦草、光稃旱麦草和东方旱麦草（颜济和杨俊良，2013）。目前，已被报道与小麦杂交成功的只有东方旱麦草并且发表的文献较少，因此，在本书中仅在本节中对小麦—旱麦草介绍小麦—旱麦草染色体系，旱麦草优异基因向小麦转移及旱麦草属物种染色体分子标记建立等内容由于缺乏资料在后面几章中不再介绍。

　　刘建文和董玉琛（1995）以普通小麦为母本，以东方旱麦草为父本，成功的获得了小麦—东方旱麦草 F_1，平均结实率为 0.08%。利用植物细胞工程技术对杂种幼胚愈伤组织诱导、胚性无性系的建立、植株再生和壮苗培养等结合，获得了生长正常的杂种 F_1 植株。通过对杂种幼胚愈伤组织和根尖细胞的细胞学观察，证实二者杂种为真杂种，为旱麦草优异基因向小麦转移奠定了基础。

　　刘建文和丁敏（1996）对普通小麦 Fukuho 与东方旱麦草属间杂种 F_1 进行形态学和细胞遗传研究，发现 F_1 植株生长旺盛、分蘖力强，株高、穗长和芒长等性状介于双亲之间，少数性状如颖脊、颖壳茸毛可作为鉴别杂种的形态学标记。该 F_1 植株花粉粒空秕、无可染性，花粉高度不育，自交完全不结实。细胞学分析发现，小麦 ABD 染色体与东方旱麦草染色体组间存在微弱的部分同源关系或东方旱麦草基因组中可能存在抑制普通小麦 Ph 基因作用的抑制因子。

　　张桂芳（1997）对小麦×东方旱麦草 BC_2F_1 代材料进行细胞遗传学分析和原位杂交检测，结果发现，BC_2F_1 代部分植株花粉母细胞减数分裂单介体数较高且平均每细胞单价体数与植株回交结实率呈负相关。BC_2F_1 代 2n=44 的双单体附加植株自交产生 2n=44 植株的频率为 13.21%。BC_3F_1、BC_2F_2 代 2n=43 的单体附加植株自交后代选得 2n=44 的频率仅为 7.21%。利用原位杂交检测 BC_2F_3 代材料，共获得多个代换和附加材料，其中，2n=42 的单体代换和双体代换各 1 个，2n=43 的单体附加系至少 3 个，2n=44 的双体附加系至少 2 个，2n=44 小麦单体、附加三条外源染色体和小麦三体附加一条外源染色体各 1 个。

　　张桂芳等（1999）对普通小麦与东方旱麦草属间杂种的回交和自交不同世代（BC_2F_1、BC_3F_1、BC_2F_2、BC_3F_2 和 BC_2F_3）进行细胞遗传学研究，结果发现，BC_2F_1 代（2n=44）的植株回交产生的 BC_3F_1 代分离 2n=43 植株的比例为 41.09%，而 2n=44 的植株类型的比例仅为 4.11%。从自交后代 BC_2F_2 中分离

$2n=44$ 植株类型的比例为 13.21%。回交二代（BC_2F_1）多数单株花粉母细胞（PMC）减数分裂过程中出现的单价体数较高，且回交结实率和自交结实率分别与该植株平均每 PMC 中出现的单价体数呈负相关。对 BC_2F_3 代部分种子进行的基因组原位杂交检测，发现 $2n=44$ 的不同植株所含有的外源染色体数目仍有不同。

张桂芳等（2000）对普通小麦 Fukuho 与东方旱麦草的 96 粒 BC_2F_3 种子进行染色体数目检测，检测 15 粒 $2n=43$ 的种子，8 粒 $2n=44$ 的种子。利用基因组原位杂交对上述材料进行鉴定，鉴定出普通小麦 Fukuho-东方旱麦草单体附加系 3 个、双单体附加系 1 个、小麦三体单体附加系 1 个以及附加 3 条东方旱麦草染色那天的小麦单体 1 个。在染色体数目为 42 的材料中，鉴定出小麦 Fukuho-东方旱麦草单体代换系 1 个、双单体代换系 1 个。

参考文献

Жиров Е Г，黄相国. 1994. 高大山羊草抗白粉病基因向普通小麦转移 [J]. 麦类作物学报（4）：1-3.

艾山江·阿布都拉，文玉香，唐顺学，等. 1997. 一个多抗小麦—中间偃麦草新种质的选育和细胞分子生物学鉴定 [J]. 遗传学报，24（5）：441-446.

安调过，许红星，许云峰. 2011. 小麦远缘杂交种质资源创新 [J]. 中国生态农业学报，19（5）：1011-1019.

鲍文奎. 1977. 八倍体小黑麦育种与栽培 [M]. 贵阳：贵州人民出版社.

鲍印广. 2010. 小麦—中间偃麦草异染色体系的分子细胞遗传学鉴定与遗传分析 [D]. 泰安：山东农业大学.

别同德，冯祎高，徐川梅，等. 2009. 小麦—鹅观草易位系 T7A/1Rk#1 的选育与鉴定 [J]. 核农学报，23（5）：737-742.

别同德，汪乐，何华纲，等. 2007. 一个花粉辐射诱导的小麦—簇毛麦相互易位染色体系的分子细胞遗传学研究 [J]. 作物学报，33（9）：1432-1438.

畅志坚. 1999. 几个小麦—偃麦草新种质的创制分子细胞遗传学分析 [D]. 雅安：四川农业大学.

畅志坚，赵怀生，李生海. 1992. 小麦与天蓝偃麦草远缘杂交中结实性的研究 [J]. 山西农业科学（2）：7-10.

陈发棣，陈佩度，王苏玲. 2001. 普通小麦—大赖草—簇毛麦异附加、易位

系的选育和鉴定 [J]. 植物学报, 43 (4): 359-363.

陈静, 任正隆. 1996. 四川栽培小麦新品种 (系) 中的 1RS/1BL 染色体易位 [J]. 四川大学学报 (自然科学版), 33 (增刊): 16-20.

陈军方, 英加, 王苏玲等. 2001. 利用 *ph1b* 突变体创造普通小麦—簇毛麦 6VS 端二体代换系 [J]. 遗传学报, 8 (1:): 52-55.

陈雷, 李萌, 王洋洋, 等. 2015. 小麦—黑麦 1BL/1RS 易位系中的染色体结构变异 [J]. 麦类作物学报, 35 (8): 1038-1043.

陈佩度, 孙文献, 刘文轩, 等. 1998. 将大赖草抗赤霉病基因导入普通小麦及抗赤霉病基因的染色体定位 [J]. 遗传, 20 (增刊): 124.

陈佩度, 张守忠, 王秀娥, 等. 2002. 抗白粉病高产小麦新品种南农 9918 [J]. 南京农业大学学报, 25 (4): 1438-1444.

陈勤, 周荣华, 李立会, 等. 1988. 第一个小麦与新麦草属间杂种 [J]. 科学通报, 33 (1): 64.

陈全战, 曹爱忠, 亓增军, 等. 2008. 利用离果山羊草 3C 染色体诱导簇毛麦 2V 染色体结构变异 [J]. 中国农业科学, 41 (2): 362-369.

陈全战, 王官锋, 程华锋等. 2007. 普通小麦—簇毛麦易位系 T4VS·4VL-4A 的选育与鉴定 [J]. 作物学报, 33 (6): 871-877.

陈士强, 何震天, 张容, 等. 2017. 分子标记和辐射技术在小麦—长穗偃麦草抗赤霉病易位系创建中的应用 [J]. 核农学报, 31 (2): 225-231.

陈漱阳, 傅杰, 高立贞. 1985. 普通小麦与滨麦的杂交 [J]. 西北植物学报, 5 (4): 260-266.

陈漱阳, 高立贞, 刘麦焕. 1981. 普通小麦与簇毛麦的杂交 [J]. 遗传学报, 8 (4): 340-343.

陈漱阳, 侯文胜, 张安静, 等. 1996. 普通小麦—华山新麦草异附加系的选育及细胞遗传学研究 [J]. 遗传学报, 23 (6): 447-452.

陈漱阳, 张安静, 傅杰. 1991. 普通小麦与华山新麦草的杂交 [J]. 遗传学报, 18 (6): 505-512.

陈穗云, 罗振, 权太勇, 等. 2003. 小麦与高冰草不对称体细胞杂种 F_5 代部分株系的根尖细胞染色体分析 [J]. 热带亚热带植物学报, 11 (3): 263-266.

陈孝, 杜振华, 张文祥, 等. 1983. 大麦与提莫菲维小麦杂种及其再生植株 [J]. 中国农业科学, 16 (2): 9-13.

陈孝, 杜振华, 张文祥, 等. 1984. 栽培大麦×普通小麦杂种及其再生植株 [J]. 作物学报, 10 (1): 65-71.

陈孝，张文祥. 1989. 普通小麦与新疆大赖草杂种幼胚离体培养技术的研究
　　［J］. 农业新技术（2）：4-7.

陈新宏，王小利，刘淑会，等. 2004. 普通小麦×大麦杂交后代中间材料的
　　GISH 及 PAGE 鉴定［J］. 遗传学报，31（7）：730-734.

丁春邦，周永红. 1997. 小麦与华山新麦草远缘杂交的受精和胚胎发育
　　［J］. 四川农业大学学报，15（1）：18-20.

丁海燕，郑茂波，张利敏，等. 2011. 小麦—黑麦易位系的细胞学和 SSR 检
　　测［J］. 安徽农业科学，39（3）：1315-1317.

董凤高，陈佩度，刘大钧. 1992. 普通小麦—簇毛麦异附加系和异代换系的
　　C-分带鉴定［J］. 遗传学报，19（6）；510-512.

邓欣，郑祥博，陈春环，等. 2013. 普通小麦—华山新麦草衍生后代 H18 和
　　0841 的 SSR 标记鉴定［J］. 麦类作物学报，33（3）：423-428.

戴秀梅，钟光驰，傅大雄，等. 2004. 具有 6M^v 染色体（偏凸山羊草）的代
　　换系材料细胞学及白粉病抗性的初步研究［J］. 麦类作物学报，24（3）：
　　17-21.

傅杰，王美南，赵继新，等. 2003. 抗全蚀病小麦—华山新麦草中间材料
　　H8911 的细胞遗传学研究与利用［J］. 西北植物学报，23（12）：2157-
　　2162.

傅杰，周荣华，赵继新，等. 2001. 不同小麦背景小簇麦双二倍体的品质、
　　抗病性及分子细胞遗传学研究［J］. 西北植物学报，21（6:）：1103-
　　1109.

葛群，杨漫宇，晏本菊，等. 2014. 黑麦染色体 1R 和 5R 单体附加诱导的小
　　麦和黑麦染色体的变异和易位［J］. 麦类作物学报，34（5）：603-608.

宫文萍，李豪圣，李光蓉，等. 2019. 小麦—顶芒山羊草 2M 染色体系的鉴
　　定与评价［J］. 核农学报，33（11）：1-12.

宫文萍，李建波，李豪圣，等. 寡聚核苷酸 FISH 在鉴定小麦—单芒山羊草
　　种质中的应用［J］. 山东农业科学，2017，49（8）：12-18.

古易德斯·P.H，邱敦莲译. 2001. 小黑麦和黑麦可杂交性的遗传控制［J］.
　　国外农业—麦类作物，20（3）：43. 译自 Plant Breed，120（1）：27.

郭慧娟，张丛卓，张晓军，等. 2014. 小偃麦渗入系抗条锈性评价及细胞学
　　鉴定［J］. 核农学报，28（3）：371-377.

黄琛，张锦鹏，刘伟华，等. 2016. 普通小麦—冰草 6P 染色体中间插入易
　　位系的鉴定［J］. 植物遗传资源学报，14（4）：606-611.

何聪芬，周春江，王翠亭等. 2002. 异细胞质在八倍体小黑麦育种中的利用

研究 [J]. 麦类作物学报, 22 (2)：6-9.

韩德俊, 康振生. 2018. 中国小麦品种抗条锈病现状与存在问题及对策 [J]. 植物保护, 44 (5)：1-12.

韩方普, 何孟元, 郝水, 等. 1998. 应用荧光原位杂交技术研究小冰麦异附加系 TAI-14 中的冰草染色体变异 [J]. 植物学报, 40 (1)：33-36.

韩方普, 李集临. 1993. 硬粒小麦、提莫菲维小麦与四倍体长穗偃麦草属间杂种的形态和细胞遗传学研究 [J]. 遗传学报, 20 (1)：44-49.

郝水, 何孟元. 染色体过程与小麦改良. 1990. 植物细胞工程与育种 (胡谷, 王恒立主编) [M]. 北京：北京工业大学出版社.

何孟元, 徐宗尧, 邹明谦, 等. 1988. 两套小冰麦异附加系的建立 [J]. 中国科学 (B 辑), 18 (11)：1161-1168.

侯文胜, 陈漱阳, 王中华. 1998. 小麦选系 "7I82-0-II-I" 与黑麦可杂交性的遗传分析 [J]. 西北植物学报, 18 (1)：9-13.

侯文胜, 张安静. 1997. 普通小麦—华山新麦草异代换系的选育及细胞遗传学研究 [J]. 西北植物学报, 17 (3)：368-373.

何雪梅. 2011. 普通小麦—华山新麦草人工合成双二倍体杂交衍生后代的分子细胞遗传学研究 [D]. 雅安：四川农业大学.

韩颜超. 2015. 普通小麦—华山新麦草衍生后代的分子细胞遗传学研究 [D]. 杨凌：西北农林科技大学.

韩颜超, 王长有, 陈春环, 等. 2015. 普通小麦—华山新麦草 1Ns 二体异附加系的分子细胞遗传学研究 [J]. 麦类作物学报, 35 (8)：1044-1049.

胡静, 李欣, 阎晓涛, 等. 2014. 一个新的小麦—中间偃麦草异代换系的分子细胞学鉴定 [J]. 山西农业科学, 42 (5)：425-427.

齐津 H. B. (胡启德等译). 1957. 植物的远缘杂交 [M]. 北京：科学出版社.

贾举庆. 2010. 小麦—非洲黑麦渐渗系的鉴定与抗条锈基因的分子作图 [D]. 成都：电子科技大学.

敬樊, 王亮明, 武军, 等. 2015. 利用甲基磺酸乙酯 (EMS) 诱导小麦—华山新麦草染色体易位的研究 [J]. 农业生物技术学报, 23 (5)：561-570.

蒋华仁, 戴大庆, 孙东发. 1992. 小麦种质资源的创新研究 [J]. 四川农业大学学报, 10 (2)：255-259.

蒋继明, 刘大钧. 1990. 普通小麦与野生大麦的属间杂交 [J]. 作物学报, 16 (4)：324-328.

纪军，张玮，赵慧，等. 2015. 小麦—欧山羊草抗旱种质材料创制和鉴定 [C]. 第六届全国小麦基因组学及分子育种大会，杨凌：西北农林科技大学.

贾燕妮. 2016. *T. turgidum-Ae. umbellulata*，*T. turgidum-Ae. comosa* 双二倍体的创制及利用 [D]. 雅安：四川农业大学.

靳嵩，周璇，李政宏，等. 2014. 多年生小麦杂种 F_5 代分子细胞遗传学鉴定 [J]. 生物技术通报，22 (3)：65-72.

孔芳. 2006. 普通小麦—加州野大麦（*Hordeum californicum*）异附加系的选育及其白粉病抗性鉴定 [D]. 南京：南京农业大学.

孔令娜，李巧，王海燕，等. 2008. 普通小麦—纤毛鹅观草染色体异附加系的分子标记鉴定 [J]. 遗传，30 (10)：1356-1362.

孔令让，董玉琛，贾继增. 1999. 小麦—粗山羊草双二倍体抗白粉病基因定位及其遗传转移 [J]. 植物保护学报，26 (2)：116-120.

雷孟平，李光蓉，刘成，等. 2013. 抗条锈病的小麦—非洲黑麦异代换系的分子细胞学鉴定 [J]. 农业生物技术学报，21 (3)：263-271.

李爱博，李金荷，宋建荣，等. 2016. 小麦—中间偃麦草抗锈易位系中梁 27 的鉴定及分析 [J]. 麦类作物学报，35 (11)：1489-1493.

李爱霞. 2006. 普通小麦辉县红—荆州黑麦异染色体系的选育及其梭条花叶病和白粉病抗性鉴定 [D]. 南京：南京农业大学.

李爱霞，亓增军，裴自友，等. 2007. 普通小麦辉县红—荆州黑麦异染色体系的选育及其梭条花叶病抗性鉴定 [J]. 作物学报，33 (4) 639-645.

李大伟，胡启德. 1985. 普通小麦与四倍体球茎大麦的可交配性. 国内外小大麦杂交研究论文集（第二集）[C]. 北京：中国农业科学院作物科学研究所，江苏省农业科学院遗传生理研究所，9：54-67.

李桂萍，陈佩度，张守忠，等. 2011. 小麦—簇毛麦 6VS/6AL 易位系染色体对小麦农艺性状的影响 [J]. 植物遗传资源学报，12 (5)：744-749.

李桂英，王琳清，施巾帼. 2000 辐照花粉对普通小麦×窄颖赖草杂种的细胞学效应 [J]. 核农学报，14 (1)：6-11.

李桂英，王琳清，施巾帼，等. 2002. 受辐照窄颖赖草花粉 DNA 进入小麦胚囊的电镜自显影证据及杂种原位杂交鉴定 [J]. 核农学报，16 (3)：129-132.

李海凤，刘慧萍，戴毅，等. 2016. 四倍体小麦背景中长穗偃麦草 E 染色体传递特征 [J]. 遗传，38 (11)：1021-1030.

李海凤，罗贤磊，段亚梅，等. 2018. 小麦—长穗偃麦草 T7BS.7EL 易位系鉴定及 7EL 小片段易位诱导 [J]. 麦类作物学报, 38 (5): 513-520.

李辉, 陈孝, 李义文, 等. 2000. 荧光原位杂交分析小麦—簇毛麦杂种减数分裂与染色体易位 [J]. 遗传学报, 27 (4): 317-324.

李洪杰, 李义文, 张艳敏, 等. 2000. 组织培养创造抗白粉病小麦—簇毛麦染色体易位及分子标记辅助选择 [J]. 遗传学报, 27 (7): 608-613.

李集临, 曲敏, 张延明. 2011. 小麦染色体工程 [M]. 北京: 科学出版社.

李集临, 王宁, 郭东林, 等. 2002. 小麦—黑麦染色体代换的研究 [J]. 植物研究, 22 (2): 220-223.

李集临, 徐香铃, 徐萍, 等. 2003. 利用中国春—山羊草 2C 二体附加系与中国春—偃麦草 5E 二体附加系杂交诱发染色体易位和缺失 [J]. 遗传学报, 30 (4): 345-349.

李家洋. 2007. 李振声论文选集 [M]. 北京: 科学出版社.

李俊, 朱欣果, 万洪深, 等. 2015. 1RS-7DS.7DL 小麦—黑麦小片段易位系的鉴定 [J]. 遗传学报, 37 (6): 590-598.

李俊明, 纪军, 张玮, 等. 2015. 小麦—黑麦—偃麦草三属杂交选育强筋小麦新品种. 第六届全国小麦基因组学及分子育种大会 [C], 杨凌: 西北农林科技大学.

李立会. 1991. 普通小麦与沙生冰草、根茎冰草属间杂种的产生及其细胞遗传学研究 [J]. 中国农业科学, 24 (6): 1-10.

李立会, 董玉琛. 1990. 普通小麦与沙生冰草属间杂种的产生及细胞遗传学研究 [J]. 中国科学, 1 (5): 492-496.

李立会, 董玉琛, 付晓, 等. 1994. (普通小麦×沙生冰草) ×黑麦三属间的杂种 [J]. 作物学报, 20 (6): 751-754.

李立会, 董玉琛, 周荣华, 等. 1995. 普通小麦与冰草间杂种的细胞遗传学及其自交可育性 [J]. 遗传学报, 22 (2): 109-114.

李立会, 李秀全, 李培, 等. 1997. 小麦—冰草异源附加系的创建 I. F_3、F_2 BC_1、BC_4 和 BC_3F_1 世代的细胞学 [J]. 遗传学报, 24 (2): 154-159.

李立会, 杨欣明, 周荣华, 等. 1998. 小麦—冰草异源附加系的创建 II. 异源染色质的检测与培育途径分析 [J]. 遗传学报, 25 (6): 538-544.

李萌. 2016. 利用黑麦 6R 缺失系物理定位新开发的 6RL 特异分子标记 [D]. 雅安: 四川农业大学.

李巧, 孔令娜, 曹爱忠, 等. 2008. 普通小麦—纤毛鹅观草染色体异附加系的分子标记鉴定 [J]. 遗传, 30 (10): 1356-1362.

李万隆, 李振声, 穆素梅. 1990. 小麦品种小偃 6 号染色体结构变异的细胞

学研究 [J]. 遗传学报, 17 (6)：430-437.

李文静, 葛群, 王仙, 等. 2014. 普通小麦中间偃麦草易位系 08-738 的鉴定 [J]. 麦类作物学报, 34 (4)：443-448.

李霞. 2003. 小麦—*Agilops variabilis* 易位系 TKL1 的鉴定及遗传评价 [D]. 雅安：四川农业大学.

李小军, 姜小苓, 董娜, 等. 2014. 一个小麦—中间偃麦草二体代换系的鉴定与分析 [J]. 麦类作物学报, 34 (3)：318-322.

李小军, 李淦, 胡铁柱, 等. 2016. 小麦—中间偃麦草衍生材料农艺性状、HMW-GS 及 GISH 鉴定 [J]. 植物遗传资源学报, 17 (1)：126-131.

李义文, 唐顺学, 赵铁汉, 等. 1999. 利用两个小麦异源二体代换系杂交创造易位系 [J]. 科学通报, 44 (10)：1052-1055.

李宇欣, 张利国, 厉永鹏, 等. 2012. 小麦—黑麦二体代换系间杂交诱导染色体易位的研究 [J]. 中国农学通报, 29 (30)：41-44.

李振声. 1980. 植物远缘杂交概说 [M]. 太原：山西科学技术出版社.

李振声, 陈漱阳, 刘冠军, 等. 1962. 小麦与偃麦草远缘杂交的研究. 科学通报, 7 (4)：40-42.

李振声, 陈漱阳, 李容玲, 等. 1962. 小麦—偃麦草杂种夭亡与不孕问题的探讨 [J]. 作物学报, 1 (1)：19-26.

李振声, 穆素梅, 蒋立训, 等. 1982. 蓝粒单体小麦研究（一）[J]. 遗传学报, 6 (6)：25-33, 99-100.

李振声, 容珊, 钟冠昌, 等. 1985. 小麦远缘杂交 [M]. 北京：科学出版社.

梁邦平, 郝冬冬, 刁慧珊, 等. 2018. 小麦—黑麦 1BL/1RS 易位系 7-1 抗纹枯病的分子细胞学鉴定 [J]. 农业生物技术学报, 26 (4)：711-718.

刘成, 李光蓉, 杨足君. 2013. 簇毛麦与小麦染色体工程育种 [M]. 北京：中国农业科学技术出版社.

刘大钧, 陈佩度, 裴广铮, 等. 1983. 将簇毛麦种质转移给小麦的研究 [J]. 遗传学报, 110 (2)：103-113.

刘登才, 彭正松, 颜济等. 1998. 四倍体小麦"简阳矮兰麦"与黑麦可杂交性及其在六倍体水平上的遗传特性 [J]. 遗传, 20 (6)：26-29.

刘登才, 郑有良, 魏育明, 等. 2002. 将秦岭黑麦遗传物质导入普通小麦的研究 [J]. 四川农业大学学报, 20 (2)：75-77.

刘宏伟. 1986. 小黑麦二体、单体和端体异附加系的 Giemsa C 带研究 [J]. 遗传学报, 13 (5)：340-343.

刘建文, 丁敏. 1996. 普通小麦与东方旱麦草属间杂种的形态和细胞遗传学研究 [J]. 遗传学报, 23 (2): 117-123.

刘建文, 董玉琛. 1995. 普通小麦×东方旱麦属间杂种的产生及无性系的建立 [J]. 遗传学报, 22 (2): 116-121.

刘树兵, 王洪刚. 2002. 抗白粉病小麦—中间偃麦草 (*Thinopyrum intermedium*, 2n=42) 异附加系的选育及分子细胞遗传鉴定 [J]. 科学通报, 47 (19): 1500-1504.

刘淑会, 陈新宏, 李璋, 等. 2008. 小麦—大麦异代换系的创制及鉴定研究 [J]. 西北植物学报, 28 (8): 1554-1558.

刘文轩, 陈佩度. 2000a. 利用花粉辐射诱发普通小麦与大赖草染色体易位的研究 [J]. 遗传学报, 27 (1): 44-49.

刘文轩, 陈佩度. 1999a. 利用减数分裂期成株电离辐射选育小麦—大赖草易位系的研究 [J]. 植物学报, 41 (5): 463-467.

刘文轩, 陈佩度, 刘大钧. 1999b. 利用荧光原位杂交技术检测导入普通小麦的大赖草染色质 [J]. 遗传学报, 26 (5): 546-551.

刘文轩, 陈佩度, 刘大钧. 2000b. 一个普通小麦—大赖草易位系 T01 的选育与鉴定 [J]. 作物学报, 26 (3): 305-309.

刘文轩, 陈佩度, 刘大钧. 1998. 普通小麦—大赖草 T4BS. 4BL-Lr. 2S 易位系的选育与鉴定 [J]. 遗传, S1: 133-133.

鲁敏, 孙树贵, 张军, 等. 2013. 小麦—黑麦大粒 1BL/1RS 易位系的分子细胞学鉴定 [J]. 麦类作物学报, 33 (5): 855-861.

陆瑞菊, 陈佩度, 刘大钧. 1995. 将大赖草种质转移给普通小麦的研究 IV. 通过花药培养选育双重二体异附加系和代换—附加系 [J]. 南京农业大学学报, 18 (4): 1-6.

罗明诚, 颜济, 杨俊良. 1990. 高亲和性"桥梁资源"的筛选与鉴定简报 [J]. 四川农业大学学报, 8 (3): 257-259.

罗明诚, 颜济, 杨俊良. 1989. 四川小麦地方品种与节节麦和黑麦的可杂交性 [J]. 四川农业大学学报, 7 (2): 71-76.

罗巧玲, 郑琪, 许云峰, 等. 2014. 390 份小麦—黑麦种质材料主要农艺性状分析及优异材料的 GISH 与 FISH 鉴定 [J]. 作物学报, 40 (8): 1331-1339.

龙应霞, 刘荣鹏. 2008. 小伞山羊草与硬粒小麦和偏凸山羊草的细胞学鉴定 [J]. 种子, 27 (6): 75-77.

马渐新, 周荣华, 贾继增. 1997. 用基因组原位杂交与 RFLP 标记鉴定小麦

—簇毛麦抗白粉病代换系 [J]. 遗传学报, 24 (5)：447-452.

马缘生, 谭富娟, 郑先强, 等. 1988. 中国赖草 [*Leymus chinensis*（Trin） Tzval] 与普通小麦（*T. aestivum* L.）杂交及其后代小—赖麦（*Triticum-Leymus*）的研究 [J]. 中国农业科学, 21 (5)：15-23.

马缘生, 郑先强, 王葆军, 等. 1985. 小黑麦附加系选育研究（一）[J]. 武汉植物学报, 3 (4)：351-356.

黄炳羽, Plourde A. 1992. 小麦×窄颖赖草对大麦黄矮病的抗性 [J]. 麦类作物学报 (6)：19-22.

齐莉莉, 陈佩度, 刘大钧, 等. 1995. 小麦白粉病新抗源 *Pm*21 基因 [J]. 作物学报, 21 (3)：257-262.

亓晓蕾, 鲍印广, 李兴锋, 等. 2017. 十个八倍体小偃麦的细胞学鉴定和染色体构成分析 [J]. 作物学报, 43 (7)：967-973.

亓增军, 刘大均, 陈佩度. 2001. 利用染色体 C—分带和双色荧光原位杂交技术鉴定普通小麦—黑麦—簇毛麦双重易位系 1RS·1B, 6VS·6AL [J]. 遗传学报, 28 (3)：267-273.

任晓琴, 孙文献, 陈佩度, 等. 1996. 普通小麦—大赖草 6N 二体异附加系的选育与鉴定 [J]. 南京农业大学学报, 19 (3)：1-5.

任正隆. 1991. 黑麦种质导入小麦及其在小麦育种中的利用方式 [J]. 中国农业科学, 24 (3)：18-25.

任正隆, 张怀琼. 1997. 小麦—黑麦染色体小片段易位的诱导 [J]. 中国科学（C 辑）, 27 (3)：258-263.

石丁溧, 傅体华, 任正隆. 2008b. 抗白粉病小麦—中间偃麦草染色体小片段易位系的选育与鉴定 [J]. 植物病理学报, 38 (3)：298-303.

石丁溧, 傅体华, 任正隆. 2008a. 抗条锈病小麦中间偃麦草二体异附加系的选育和鉴定 [J]. 西南农业学报, 21 (5)：1308-1312.

宋杰, 李小军, 郎艳民, 等. 2014. 普通小麦—长穗偃麦草异附加系的分子标记鉴定 [J]. 西北农业学报, 23 (10)：55-59.

宋维富, 赵蕾, 赵海滨, 等. 2014. 六倍体小偃麦与普通小麦杂交后代的分子细胞遗传学检测 [J]. 核农学报, 28 (9)：1549-1558.

苏佳妮, 武军, 赵继新, 等. 2014. 小麦—华山新麦草易位系 24-6 的鉴定 [J]. 麦类作物学报, 34 (5)：615-620.

孙彬, 周建平, 杨足君, 等. 2011. 欧山羊草高分子谷蛋白亚基向小麦的转入及其遗传规律 [J]. 中国农学通报, 27 (1)：42-44.

孙其信, 高建伟, 倪中福, 等. 1997. 普通小麦与无融合生殖披碱草属间杂种 F$_1$ 的产生及其分子鉴定 [J]. 农业生物技术学报 (4)：313-317.

孙善澄. 1981. 小偃麦新品种与中间类型的选育途径、程序和方法 [J]. 作物学报, 21 (1)：51-58.

孙善澄, 孙玉, 袁文业, 等. 1999. 优质黑粒小麦 76 的选育及品质分析 [J]. 作物学报, 25 (1)：50-54.

孙树贵, 刘淑会, 鲁敏, 等. 2014. 小麦—大麦矮秆易位系 T2DL·2HS 的鉴定 [J]. 西北植物学报, 34 (1)：21-25.

孙文献, 陈佩度, 刘大钧. 1997. 将大赖草种质转移给普通小麦的研究 V. 三个普通小麦—大赖草二体异附加系的选育与鉴定 [J]. 南京农业大学学报, 20 (2)：6-11.

宋喜悦, 马翎健. 2002. 五种山羊草细胞质对普通小麦几个主要性状的遗传效应 [J]. 麦类作物学报, 22 (2)：18-21.

孙元枢. 2002. 中国小黑麦遗传育种研究与应用 [M]. 杭州：浙江科学技术出版社.

孙洋洋, 陈红新, 刘伟华, 等. 2018. 小麦—冰草 T7PL·7AL 罗伯逊易位系的分子细胞学鉴定 [J]. 植物遗传资源学报, 19 (6)：1038-1044.

孙玉, 孙善澄, 刘少翔, 等. 2009. 高营养饲粮兼用全黑小麦的选育 [J]. 山西农业科学, 37 (12)：3-6.

唐宗祥, 符书兰, 任正隆, 等. 2008. 小麦—黑麦双二倍体形成过程中微卫星序列的变化 [J]. 麦类作物学报, 28 (2)：197-201.

陶文静, 刘金元, 王秀娥, 等. 1999. 用 RFLP 鉴定普通小麦—纤毛鹅观草二体附加系中外源染色体的同源转化性 [J]. 作物学报, 25 (6)：657-661.

万平, 王苏玲, 陈佩度, 等. 2002. 利用 RFLP 分子标记确定导入小麦的鹅观草 (*R. kamoji*) 染色体的部分同源群归属 [J]. 遗传学报, 29 (2)：153-160.

王长有, 吉万全, 薛秀庄, 等. 1999. 小麦—中间偃麦草异附加系条锈病抗性的研究 [J]. 西北植物学报, 19 (6)：54-58.

王长有, 李小忠, 吉万全, 等. 2003. 普通小麦与 *Elymus rectisetus* 衍生后代的细胞遗传学和形态学研究 [J]. 麦类作物学报, 23 (4)：5-9.

王长有, 王秋英, 吉万全, 等. 2008. 普通小麦—*Elymus rectisetus* 衍生系的细胞学鉴定及其特征特性研究 [J]. 华北农学报, 23 (2)：77-79.

王从磊, 庄丽芳, 亓增军. 2012. 辐射诱导荆州黑麦染色 1R 结构变异的研究 [J]. 核农学报, 26 (1)：28-31.

王虹, 白杨, 李集临, 等. 2014. 小麦—黑麦小片段易位系的分子细胞遗传学分析 [J]. 植物遗传资源学报, 15 (2): 383-388.

王洪刚. 2005. 小麦—中间偃麦草二体异代换系山农 0095 的选育及其鉴定 [J]. 中国农业科学, 38 (10): 1598-1564.

王洪刚, 李丹丹. 2003. 抗白粉病小偃麦异代换系的细胞学和 RAPD 鉴定 [J]. 西北植物学报, 23 (2): 280-284.

王洪刚, 刘树兵, 高居荣, 等. 2000. 小麦与钩刺山羊草杂种的育性、抗病性和细胞遗传学研究 [J]. 麦类作物学报, 20 (3): 1-5.

王洪刚, 刘树兵, 李兴锋, 等. 2006. 六个八倍体小偃麦的选育和鉴定 [J]. 麦类作物学报, 26 (4): 6-10.

王洪刚, 刘树兵, 亓增军, 等. 2000. 中间偃麦草在小麦遗传改良中的应用研究 [J]. 山东农业大学学报 (自然科学版), 31 (3): 333-336.

王洪刚, 朱军, 刘树兵, 等. 2001. 利用细胞学和 RAPD 技术鉴定抗病小偃麦易位系 [J]. 作物学报, 27 (6): 886-890.

王黎明, 林小虎, 张平杰, 等. 2005. 小麦—中间偃麦草二体异代换系山农 0095 的选育及其鉴定 [J]. 中国农业科学, 38 (10): 1958-1964.

汪丽泉, 陈孝, 孙敬三, 等. 1985. 中国春小麦×苏联球茎大麦属间杂种 B_1 F_3 代植株分离类型和染色体变化. 国内外小大麦杂交研究论文集 (第二集) [C]. 北京: 中国农业科学院作物育种栽培研究所, 江苏省农业科学院遗传生理研究所 (9): 8-14.

王林生, 陈佩度. 2008. 抗赤霉病普通小麦—大赖草端二体代换系 7Lr#1S (7A) 的选育及减数分裂行为分析 [J]. 科学通报, 20 (2): 2493-2499.

王林生, 陈佩度, 王秀娥. 2010. 普通小麦—大赖草染色体相互易位系 T7DS·5LrL/T5LrS·7DL 的分子细胞遗传学研究 [J]. 科学通报, 8 (8): 669-674.

王林生, 张雅莉, 南广慧. 2018. 普通小麦—大赖草易位系 T5AS - 7LrL. 7LrS 分子细胞遗传学鉴定 [J]. 作物学报, 44 (10): 24-29.

王景林. 1994. 小麦与赖草远缘杂交的受精和胚胎发育 [J]. 植物学报, S1 (3): 177-180.

王秋英, 吉万全, 薛秀庄, 等. 1999. 普通小麦—簇毛麦抗白粉病异代换系的选育 [J]. 西北农业学报, 8 (1): 27-29.

王睿辉, 李立会. 2005. 小麦—冰草二体附加系的细胞学稳定性研究 [J]. 麦类作物学报, 25 (3): 11-15.

王小华, 陈春环, 王长有, 等. 2015. 普通小麦—长穗偃麦草抗白粉病异代换系的分子细胞学研究［J］.麦类作物学报，35（5）：596-602.

王秀娥，陈佩度，周波，等.2001.小麦—大赖草易位系的 RFLP 分析［J］.遗传学报，28（12）：1142-1150.

汪杏芬，吴丽芳，陈佩度，等.1995.普通小麦—鹅观草异附加系的选育与鉴定初报［J］.植物学报，37（11）：878-884.

王晓光，杨国辉，郭勇，等.2008.利用电离辐照创造小麦—冰草异源多粒新种质的初步研究［J］.植物遗传资源学报，9（3）：288-292.

王秀娟，陈新宏，庞玉辉，等.2015.小麦—华山新麦草异代换系 DH2322 的分子细胞遗传学鉴定［J］.作物学报，41（2）：207-213.

王秀娟，赵继新，庞玉辉，等.2014.小麦—华山新麦草 7Ns 异附加系的分子细胞遗传学研究［J］.麦类作物学报，34（4）：454-459.

王艳丽，王伟，陈天青，等.2016.抗条锈病小麦—中间偃麦草—华山新麦草杂种后代的分子细胞遗传学鉴定［J］.种子，35（10）：6-9.

王洋洋.2016.黑麦 4R 染色体特异分子标记开发及其染色体区段定位［D］.雅安：四川农业大学.

王益，康厚扬，原红军，等.2008.普通小麦与华山新麦草衍生后代的农艺性状和细胞遗传学研究［J］.四川农业大学学报，26（4）：405-410.

王义芹，谭伟，杨兴洪，等.2007.不同年代小麦品种旗叶的光合特性及抗氧化酶活性研究［J］.西北植物学报，27（12）：2484-2490.

王玉海.2006.偏凸—柱穗山羊草多倍双二倍体 SDAU18 的鉴定［J］.麦类作物学报，26（3）：18-21.

王玉海.2010.偏凸—柱穗山羊草双二倍体 SDAU18 的细胞遗传学鉴定［J］.山东农业科学，42（9）：1-4.

王玉海，何方，鲍印广，等.2016.高抗白粉病小麦—山羊草新种质 TA002 的创制和遗传研究［J］.中国农业科学，49（3）：418-428.

王玉海，王黎明，鲍印广，等.2009.偏凸—柱穗山羊草双二倍体与普通小麦不同杂种世代的染色体及性状分离特点［J］.作物学报，35（7）：1261-1267.

王志国，安调过，李俊明，等.2004.小偃 6 号背景下黑麦遗传物质的荧光原位杂交分析［J］.植物学报（英文版），46（4）：436-442.

魏景芳，李炜.2000.小麦与多枝赖草属间杂种后代纯系的获得及其遗传学研究［J］.河北农业科学，4（1）：9-13.

翁跃进，董玉琛.1995.普通小麦—顶芒山羊草异源附加系的创建和鉴定 I.小麦花药培养对创建普通小麦—顶芒山羊草异源附加系的作用［J］.作物学报, 21 (1): 39-44.

翁跃进, 贾继增, 董玉琛. 1997. 利用 RFLP 分子标记鉴定小麦—顶芒山羊草异代换系 [J]. 遗传学报, 24 (3): 248-254.

翁益群, 刘大钧. 1989. 鹅观草 (*Roegneria kamoji* Ohwi) 与普通小麦 (*Triticum aestivum* L.) 属间杂种 F1 的形态、赤霉病抗性和细胞遗传学研究 [J]. 中国农业科学, 22 (5): 1-7.

吴金华, 王新茹, 王长有, 等. 2009. 含抗白粉病新基因普通小麦—黑麦 1R 二体异附加系的遗传学鉴定 [J]. 农业生物技术学报, 17 (1): 153-158.

吴金华, 吉万全, 李凤珍. 2005. 黑麦在小麦改良中的应用研究进展 [J]. 麦类作物学报, 25 (1): 115-119.

吴金华, 王长有, 王秋英, 等. 2008. 小麦—黑麦二体异附加系分子细胞遗传学鉴定 [J]. 西北植物学报, 28 (1): 59-64.

武军, 马琳, 赵继新, 等. 2010. 普通小麦—华山新麦草矮秆种质 B62 的分子细胞学鉴定 [J]. 西北农林科技大学学报 (自然科学版), 38 (12): 123-127.

武军, 赵继新, 陈新宏, 等. 2007. 普通小麦—华山新麦草衍生后代的细胞学特点及 GISH 分析 [J]. 麦类作物学报, 27 (5): 772-775.

武军, 赵继新, 陈新宏, 等. 2007. 普通小麦—华山新麦草异附加系的 SSR 分析 [J]. 河北农业大学学报, 30 (4): 9-12.

吴红坡, 王亚娟, 王长有, 等. 2016. 小麦—卵穗山羊草衍生后代的 SSR 分子标记鉴定和白粉病抗性评价 [J]. 麦类作物学报, 32 (1): 22-27.

吴丽芳, 汪杏芬, 翁益群, 等. 1997. 普通小麦与鹅观草杂种回交后代的赤霉病抗性及细胞遗传学研究 [J]. 安徽农业科学, 1 (3): 7-10.

向齐君, 盛宝钦, 段霞瑜, 等. 1996. 小麦白粉病抗源材料的有效抗基因分析 [J]. 作物学报, 22 (6): 741-744.

夏光敏, 王槐, 陈惠民. 1996. 小麦与新麦草及高冰草属间不对称体细胞杂交的植株再生 [J]. 科学通报, 41 (15): 1423-1426.

辛志勇, 徐惠君, 陈孝, 等. 1991. 应用生物技术向小麦导入黄矮病抗生的研究 [J]. 中国科学 (B 辑), 21 (1): 36-42.

徐惠君, 辛志勇, 刘四新, 等. 1996. 组织培养与普通小麦异源易位系的选育 [J]. 遗传学报, 23 (5): 376-381.

徐林涛, 马莹雪, 张超, 等. 2014. 抗白粉病耐盐小麦—中间偃麦草附加系'山农 120211'的鉴定 [J]. 西北植物学报, 34 (9): 1757-1763.

徐如宏, 杨英仓, 任明见, 等. 2016. 普通小麦与偏凸山羊草代换系的细胞学和 RAPD 鉴定 [J]. 麦类作物学报, 25 (4): 10-14.

许树军, 董玉琛, 陈尚安, 等. 1990. 小麦与山羊草双二倍体抗病性的研究与利用 [J]. 作物学报, 16 (2): 106-111.

徐霞, 李振声. 1992. "缺体回交法" 选育普通小麦—山羊草异代换系的研究 [J]. 西北植物学报, 12 (1): 9-16.

薛玺, 王永清, 徐香玲, 等. 1994. 异细胞质八倍体小偃麦 (*Trititrigia* 8×) 的选育及其性状与细胞遗传 [J]. 植物研究, 14 (4): 424-433.

颜旸, 刘大钧. 1987. 纤毛鹅观草与普通小麦属间杂种的产生及其细胞遗传学研究 [J]. 中国农业科学, 20 (6): 17-21.

严育瑞, 鲍文奎. 1962. 禾本类作物多倍体育种方法的研究. 小麦与黑麦的可杂交性遗传 [J]. 作物学报, 1: 331-350.

杨宝军, 窦全文, 刘文轩, 等. 2002. 普通小麦—大赖草易位系 NAU601 和 NAU618 的选育及双端二体测交分析 [J]. 遗传学报, 29 (4): 350-354.

杨永乾, 李小军, 宋杰, 等. 2014. 小麦中间偃麦草代换系中 233 的分子细胞学鉴定 [J]. 麦类作物学报, 34 (4): 449-453.

杨欣明, 李立会, 李秀全, 等. 1999. 向普通小麦导入纤毛鹅观草抗黄矮病基因的研究 [J]. 遗传学报, 26 (4): 370-376.

杨园, 聂林曼, 付体华. 2018. 一个新的小麦—中间偃麦草的部分双二倍体及其白粉病与条锈病的抗性鉴定研究 [J]. 四川农业大学学报, 36 (3): 279-285.

袁建华, 陈佩度, 刘大钧. 2003. 利用杀配子染色体创造普通小麦—大赖草异易位系 [J]. 中国科学, 33 (2): 110-116.

余懋群, 田文兰. 1994. 易变山羊草携抗禾谷类根结线虫基因染色体向普通小麦的转移 [J]. 西南农业学报, 3 (3): 9-14.

原亚萍, 陈孝, 肖世和, 等. 2000. 应用基因组原位杂交及 RFLP 标记鉴定小麦中的大麦染色体 [J]. 遗传学报, 27 (12): 1080-1083.

原亚萍, 陈孝, 肖世和, 等. 2003. 小麦—大麦 2H 异代换系的鉴定 [J]. 植物学报, 45 (9): 1096-1102.

杨艳萍, 陈佩度. 2009. 普通小麦与鹅观草属间杂种 F_1 及 BC_1 的分子细胞遗传学、育性和赤霉病抗性研究 [J]. 遗传, 31 (3): 290-296.

杨足君, 傅体华, 任正隆. 1998. 外源抗白粉病基因向四川小麦的转移与利用 [J]. 四川大学学报 (自然科学版), 35 (1): 46-49.

杨足君, 冯娟, 周建平, 等. 2005. 原位杂交鉴定导入小麦的多年生簇毛麦

染色质 [J]. 西南农业学报, 18 (5)：608-611.

昝凯, 郑青焕, 敬樊, 等. 2015. 小麦—大麦矮秆渗入系 WB29 的分子细胞学鉴定及其矮秆遗传特性分析 [J]. 农业生物技术学报, 23 (10)：1273-1281.

曾兴权, 王长有, 刘新伦, 等. 2010. 普通小麦—奥地利黑麦抗条锈病衍生系 NR1121 的鉴定 [J]. 西北农林科技大学学报 (自然科学版), 38 (2)：63-68.

邹宏达. 2012. 小—大麦 2H 染色体重组材料创制及外源基因在小麦背景中表达研究 [D]. 长春：吉林大学.

詹海仙, 畅志坚, 李光蓉, 等. 2014. 小麦—中间偃麦草抗条锈病渗入系的分子细胞学鉴定 [J]. 农业生物技术学报, 22 (7)：841-845.

张桂芳. 1997. 小麦与旱麦草回交、自交后代的细胞遗传学研究和染色体原位杂交 (GISH) 检测 [D]. 北京：北京师范大学.

张桂芳, 刘建文, 黄远樟, 等. 1999. 普通小麦与东方旱麦草杂交世代的细胞遗传学研究 [J]. 植物学报, 41 (11)：1150-1154.

张桂芳, 刘建文, 黄远樟, 等. 2000. 普通小麦与东方旱麦草异附加系和异代换系的选育与原位杂交检测 [J]. 遗传学报, 27 (1)：50-55.

张怀琼, 任正隆. 2001. 小麦抗条锈病染色体异源易位系的选育 [J]. 四川农业大学学报, 19 (2)：105-107.

张洁, 邓光兵, 龙海, 等. 2011. 利用辐射诱变创制小麦—偏凸山羊草小片段易位系 [C]. 北京：中国的遗传学研究—遗传学进步推动中国西部经济与社会发展—2011 年中国遗传学会大会论文摘要汇编, 64.

张立琳, 李小军, 宋杰, 等. 2013. 普通小麦—长穗偃麦草杂交后代的细胞学分析 [J]. 江苏农业学报, 29 (4)：912-914.

张璐璐, 陈士强, 李海凤, 等. 2016. 小麦—长穗偃麦草 7E 抗赤霉病易位系培育 [J]. 中国农业科学, 49 (18)：3477-3488.

张茂银, 刘庆昌, 王子霞, 等. 2000. 用花粉管通道法将新疆大赖草 DNA 导入普通小麦的研究 [J]. 农业生物技术学报, 8 (2)：165-168.

张茂银, 王子霞, 海热古力, 等. 1999. 新疆大赖草 DNA 导入普通小麦获得大穗品系 [J]. 扬州大学学报 (农业与生命科学版), 20 (4)：7-10.

张素芬. 2011. 小麦—非洲黑麦渐渗系新种质资源的分子细胞遗传学分析研究 [D]. 成都：电子科技大学.

张卫兵, 徐如宏, 张庆勤. 1998. 硬粒小麦与偏凸山羊草部分双二倍体的核型研究 [J]. 种子 (2)：1-3.

张学勇，董玉琛. 1994. 小麦与彭梯卡偃麦草杂种及其衍生后代的细胞遗传学研究-Ⅱ. 来自小麦和彭梯卡（长穗）偃麦草及中间偃麦草杂种后代 11 个八倍体小偃麦的比较研究［J］. 遗传学报，4（4）：287-296.

张学勇，董玉琛，杨欣明，等. 1992. 普通小麦（*Triticum aestivum*）和毛穗赖草（*Leymus paboanus*）的杂交，杂种细胞无性系的建立及植株再生［J］. 作物学报，18（4）：258-379.

张学勇，李振声，陈漱阳. 1989. "缺体回交法"选育普通小麦异代换系方法的研究［J］. 遗传学报，9（6）：431-439.

张雅莉，王林生. 2018. 普通小麦—大赖草易位系 T6DL·7LrS 的分子细胞遗传学鉴定［J］. 生物工程学报，34（11）：1823-1830.

张延明，李宇欣，李集临，等. 2010. 小麦—黑麦代换系间、代换系与易位系间杂交后代染色体易位系的选育［J］. 分子植物育种，8（2）：214-220.

郑有良，罗明诚，颜济，等. 1993. 小麦新材料"J-11"与黑麦可杂交性的遗传研究［J］. 遗传学报，20（2）：147-154.

赵春华，崔法，鲍印广，等. 2009. 冬小麦种质矮孟牛及其衍生后代 1BL/1RS 的分子和生化标记鉴定［J］. 分子植物育种，7（2）：307-311.

赵继新，陈新宏，王小利，等. 2003. 普通小麦—华山新麦草异代换系和附加系的 C—分带鉴定［J］. 西北农林科技大学学报（自然科学版），31（6）：1-4.

赵继新，陈新宏，王小利，等. 2004. 普通小麦—华山新麦草异代换系的分子细胞遗传学研究［J］. 西北植物学报，24（13）：2277-2281.

赵继新，陈新宏，王小利，等. 2004. 普通小麦—华山新麦草异附加系的分子细胞遗传学研究［J］. 西北农林科技大学学报（自然科学版），32（11）：105-108.

赵继新，武军，陈雪妮，等. 2010. 普通小麦—华山新麦草 1Ns 二体异附加系的农艺性状和品质［J］. 作物学报，36（9）：1610-1614.

赵逢涛，王黎明，李文才，等. 2005. 小麦—中间偃麦草双体异附加系的选育和鉴定［J］. 实验生物学报，38（2）：133-140.

周爱芬，夏光敏，陈惠民. 1995. 普通小麦与簇毛麦的不对称体细胞杂交及植株再生［J］. 科学通报，40（6）：575-576.

周丽. 2015. 小麦—非洲黑麦 5R 染色体导入系的分子细胞遗传学鉴定［D］. 成都：电子科技大学.

周荣华. 1997. 用基因组原位杂交技术检测小麦—新麦草杂交后代［J］. 中

国科学, 6 (27): 543-549.

周永红, 丁春邦, 杨瑞武, 等. 1999. 普通小麦与簇毛麦远缘杂交的受精和早期胚胎发育 [J]. 西南农业学报, 12 (4): 20-24.

朱晨, 王艳珍, 陈春环, 等. 2017. 抗条锈病、耐盐小麦—十倍体长穗偃麦草 5J (E) 二体异附加系的分子细胞学鉴定 [J]. 农业生物技术学报, 25 (5): 689-699.

朱至清, 孙敬三, 王玉秀, 等. 1985. 大麦和普通小麦杂种再生植株的形态和染色体变化 [J]. 遗传学报, 12 (6): 28-31, 91-92.

Ahmad F, Comeau A. 1991. Production, morphology, and cytogenetics of *Triticum aestivum* (L.) Thell × *Elymus scabrus* (R. Br.) Love intergeneric hybrids obtained by in ovulo embryo culture [J]. Theoretical and Applied Genetics, 81 (6): 833-839.

Alamri S A, Barrettlennard E G, Teakle N L, et al. 2013. Improvement of salt and waterlogging tolerance in wheat: comparative physiology of *Hordeum marinum-Triticum aestivum* amphiploids with their *H. marinum* and wheat parents [J]. Functional Plant Biology, 40 (11): 1168-1178.

Anamthawat-Jónsson K, Bödvarsdóttir S K, Bragason B T, et al. 1997. Wide hybridization between wheat (*Triticum* L.) and lymegrass (*Leymus* Hochst.) [J]. Euphytica, 93 (3): 293-300.

An D G, Li L H, Li J M, et al. 2006. Introgression of resistance to powdery mildew conferred by chromosome 2R by crossing wheat nullisomic 2D with rye [J]. Journal of Integrative Plant Biology, 48: 838-847.

An D G, Ma P T, Zheng Q, et al. 2019. Development and molecular cytogenetic identification of a new wheat—rye 4R chromosome disomic addition line with resistances to powdery mildew, stripe rust and sharp eyespot [J]. Theoretical and Applied Genetics, 1: 257-272.

An D G, Zheng Q, Luo Q L, et al. 2015. Molecular cytogenetic identification of a new wheat—rye 6R chromosome disomic addition line with powdery mildew resistance [J]. Plos One, 10: 1371.

An D G, Zheng Q, Zhou Y L, et al. 2013. Molecular cytogenetic characterization of a new wheat—rye 4R chromosome translocation line resistant to powdery mildew [J]. Chromosome Research, 21: 419-432.

Ardalani S, Mirzaghaderi G, Badakhshan H, et al. 2016. A Robertsonian translocation from *Thinopyrum bessarabicum* into bread wheat confers high iron and zinc contents [J]. Plant breeding, 135 (3): 286-290.

Armstrong J M. 1936. Hybridization of *Triticum* and *Agropyron*. I crossing results and description of the first generation hybrids. Canad [J]. Res. Sec., 14: 190-202.

Baclchouse W O. 1916. Note on the inheritance of crossability [J]. Genet., 6: 91-94.

Banks P M, Larkin P J, Bariana H S, et al. 1995. The use of cell culture for subchromosomal introgressions of barley yellow dwarf virus resistance from *Thinopyrum intermedium* to wheat [J]. Genome, 38 (2): 395.

Bie T D, Cao Y P, Chen P D. 2007. Mass production of intergeneric chromosomal translocations through pollen irradiation of *Triticum durum-Haynaldia villosa* amphiploid [J]. Journal of Integrative Plant Biology, 49 (11): 1619-1626.

Bie T D, Zhao R H, Jiang Z N, et al. 2015. Efficient marker-assisted screening of structural changes involving *Haynaldia villosa* chromosome 6V using a double-distal-marker strategy [J]. Molecular Breeding, 35: 34.

Bielig L M, Driscoll C J. 1973. Release of a series of MAS lines [C]. Proc. 4th Int. Wheat Genet. Symp., 147-150.

Bochev B, Kostova R. 1974. Cytogenetic and biochemical investigation on intergeneric hybrids between *Aegilops* and *Triticum* [C]. 4th Int. Wheat Genet. Symp., 645-651.

Bullrich L, Tranquilli G, Pfluger L A, et al. 1998. Bread-making quality and yield performance of IBL/IRS wheat isogenic lines [J]. Plant Breed, 117: 119-122.

Burnett C J, Lorenz K J, Carver B F. 1998. Effect of 1B/1R translocation in wheat on composition and properties of grain and flour [J]. Euphytica, 117: 119-122.

Cai X W, Jones S S, Murray T D. 1996. Characterizatin of an *Agropoyron elongatum* chromosome conferring resistance to cephalosporium stipe in common wheat [J]. Genome, 39: 56-62.

Cainong J C, Bockus W W, Feng Y, et al. 2015. Chromosome engineering, mapping, and transferring of resistance to Fusarium head blight disease from *Elymus tsukushiensis* into wheat [J]. Theoretical and Applied Genetics, 128 (6): 1019-1027.

Cao A Z, Xing L P, Wang X Y, et al. 2011. Serine/threonine kinase gene *Stpk-V*, a key member of powdery mildew resistance gene *Pm*21, confers powdery mildew resistance in wheat [J]. PNAS 108 (19): 7727-7732.

Cauderon, Y, Saigne B, Dauge, M. 1973. The resistance to wheat rusts of *Agropyron intermedium* and its use in wheat improvement [C]. In: E. R. Sears & L. M. S. Sears (Eds.), Proc. 4th Int. Wheat Genet. Symp., 401-407.

Carver B F, Rayburn A L. 1994. Comparison of related wheat stocks possessing 1B or 1RS. IBL chromosome: agronomic performance [J]. Crop Sci., 34: 1505-1510.

Cauderon Y. 1958. Etude cytogenetique des *Agropyrum francais* et de leurs hybrids avec les bles [J]. Ann. Amel., 8: 389-567.

Cauderon Y. 1979. Use of *Agropyron* species for wheat improvement. Pro. Conf. Broadening Genet. Bac. Crops [C], Wagenigen, 175-186.

Ceoloni C, Forte P, Kuzmanović L, et al. 2017. Cytogenetic mapping of a major locus for resistance to Fusarium head blight and crown rot of wheat on *Thinopyrum elongatum* 7EL and its pyramiding with valuable genes from a *Th. ponticum* homoeologous arm onto bread wheat 7DL [J]. Theoretical and Applied Genetics, 130 (10): 2005-2024.

Charpentier A, Feldman M, Cauderon Y. 1986. Chromosome pairing at meiosis of F_1 hybrids and backcross derivatives of *Triticum aestivum* × hexaploid *Agropyron junceum* [J]. Canad. J. Genet. Cytol., 28 (1): 1-6.

Cheng A X, Xia G M. 2004. Somatic hybridization between common wheat and Italian ryegrass [J]. Plant Sci., 166 (5): 1219-1226.

Chen H X, Han H M, Li Q F, et al. 2018. Identification and genetic analysis of multiple P chromosomes of *Agropyron cristatum* in the background of common wheat [J]. Journal of Integrative Agriculture, 17 (6): 60345-60354.

Chen P D, Qi L L, Zhou B, et al. 1995. Development and molecular cytogenetic analysis of wheat—*Haynaldia villosa* 6VS/6AL translocation lines specifying resistance to powdery mildew [J]. Theoretical and Applied Genetics, 91 (6-7): 1125-1128.

Chen P, Liu W, Yuan J, et al. 2005. Development and characterization of wheat—*Leymus racemosus* translocation lines with resistance to Fusarium Head Blight [J]. Theoretical and Applied Genetics, 111 (5): 941-948.

Chen P, Wang Z, Wang S L, et al. 1995. Transfer of useful germplasm from *Leymus racemosus* Lam. to common wheat III. Development of additionlines with wheat Scab resistance [J]. Acta Genetica Sinica, 22 (3): 206-210.

Chen P, You C, Hu Y, et al. 2013. Radiation-induced translocations with reduced *Haynaldia villosa* chromatin at the *Pm*21 locus for powdery mildew resistance in wheat [J]. Molecular Breeding, 31 (2): 477-484.

Chen Q, Jahier J, Cauderon Y. 1989. Production and cytogenetic studies of hybrids between *T aestivum* L Thell and *A. cristatum* Gaertn C. R [J]. Acad Sci. Paris, t308, Serie III: 425-430.

Chen Q, Jahier J, Cauderon Y. 1992. Production and cytogenetic analysis of BC_1, BC_2, and BC_3progenies of an intergeneric hybrid between *Triticum aestivum* (L.) Thell. and tetraploid *Agropyron cristatum* (L.) Gaertn [J]. Theoretical and Applied Genetics, 84 (5-6): 698-703.

Chen Q, Lu Y L, Jahier J, et al. 1994. Identification of wheat—*Agropyron cristatum*monosomic addition lines by RFLP analysis using a set of assigned wheat DNA probes [J]. Theoretical and Applied Genetics, 89 (1): 70-75.

Chen S W, Chen P D, Wang X E. 2008. Inducement of chromosome translocation with small alien segments by irradiating mature female gametes of the whole arm translocation line [J]. Sci. China Ser. C-Life Sci., 51 (4): 346-352.

Chen S Y, Xia G M, Quan T Y, et al. 2004. Studies on the salt-tolerance of F_3-F_6 hybrid lines originated from somatic hybridization between common wheat and *Thinopyrum ponticum* [J]. Plant Sci., 167: 773-779.

Claesson L, Kotimaki M, Bothmer R. 1990. Production and cytogenetic analysis of the hybrids of *Elymus caninus*×*Triticum aestivum* and the backcross to *T. aestivum*. Cereal Res. Commun. [J], 18: 315-319.

Comeau A, Fedak G, St-Pierre C A, et al. 1985. Intergeneric hybrids between *Triticum aestivum* and species of *Agropyron* and *Elymus* [J]. Cereal Res. Commun., 13: 149-153.

Cseh A, Kruppa K, Molnár I, et al. 2011. Characterization of a new 4BS. 7HL wheat—barley translocation line using GISH, FISH, and SSR markers and its effect on the β-glucan content of wheat [J]. Genome, 54 (10): 795-804.

Dai S F, Zhao L, Xue X F, et al. 2014. Analysis of high-molecular-weight glutenin subunits in five amphidiploids and their parental diploid species *Aegilops umbellulata* and *Aegilops uniaristata* [J]. Plant Genetic Resources:

Characterization and Utilization, 13 (2): 1-4.

Dai Y, Duan Y, Chi D, et al. 2017. Chromosome identification by new molecular markers and genomic in situ hybridization in the *Triticum - Secale - Thinopyrum* trigeneric hybrids [J]. Genome, 60: 687-694.

Dai Y, Duan Y, Liu H, et al. 2017. Molecular cytogenetic characterization of two *Triticum - Secale - Thinopyrum* trigeneric hybrids exhibiting superior resistance to Fusarium head blight, leaf rust, and stem rust race Ug99 [J]. Frontiers in Plant Science, 8: 797.

Danilova T V, Akhunova A R, Akhunov E D, et al. 2017. Major structural genomic alterations can be associated with hybrid speciation in *Aegilops markgrafii* (Triticeae) [J]. Plant Journal, 92 (2): 317-330.

Danilova T V, Zhang G, Liu W, et al. 2017. Homoeologous recombination - based transfer and molecular cytogenetic mapping of a wheat streak mosaic virus and *Triticum* mosaic virus resistance gene *Wsm3*, from *Thinopyrum intermedium*, to wheat [J]. Theoretical and Applied Genetics, 130 (3): 549-556.

Del Carmen C M, Del Carmen R M, Antonio M, et al. 2012. Development of Hordeum chilense 4H[ch] introgression lines in durum wheat: a tool for breeders and complex trait analysis [J]. Plant Breeding, 131 (6): 733-738.

Delibes C A, Dosba F, Otero C, et al. 1981. Biochemical markers associated with two M[v] chromosomes from *Aegilops ventricosa* in wheat—*Aegilops* addition lines [J]. Theoretical and Applied Genetics, 60 (1): 5-10.

Devos K M, Atkinson M D, Chinoy C N, et al. 1992. RFLP - based genetic map of the homologous group - 3 chromosomes of wheat and rye [J]. Theoretical and Applied Genetics, 83 (8): 931-939.

Dhaliwal H S, Harjit - Singh, William M. 2002. Transfer of rust resistance from*Aegilops ovata* into bread wheat (*Triticum aestivum* L.) and molecular characterisation of resistant derivatives [J]. Euphytica, 126 (2): 153-159.

Dhaliwal H S, William H M. 2002. Transfer of rust resistance from *Aegilops ovata* into bread wheat (*Triticum aestivum* L.) and molecular characterisation of resistant derivatives [J]. Euphytica, 126 (2): 153-159.

Donini P, Koebner R M D, Ceoloni C. 1995. Cytogenetic and molecular mapping of the wheat—*Aegilops longissima* chromatin breakpoints in powdery mildew-resistant introgression lines [J]. Theoretical and Applied Genetics,

91 (5): 738-743.

Dosba F, Doussinault G, Rivoal R. 1978. Extraction, identification and utilization of the addition lines *T. aestivum* - *Ae. ventricosa* [C]. In: Ramanujam S (ed) Proc 5th Int. Wheat Genet. Symp., Indian Soc. Genetics & Plant Breeding, New Delhi, India, 332-337.

Dou Q, Lei Y, Li X, et al. 2012. Characterization of alien chromosomes in backcross derivatives of *Triticum aestivum* × *Elymus rectisetus* hybrids using molecular markers and sequential multi - color FISH/GISH [J]. Genome, 55 (5): 337-347.

Dover G A. 1973. The genetics and interactions of 'A' and 'B' chromosomes controlling meiotic chromosome pairing in the Triticeae [C]. In Sears ER, Sears LMS (Eds.): Proc. 4th Int. Wheat Genet. Symp., Missouri, USA, 653-667.

Driscoll C J. 1983. The addition of *Aegilops variabilis*, chromosomes to *Triticum aestivum*, and their identification [J]. Canadian Journal of Genetics and Cytology, 25 (1): 76-84.

Driscoll C J. 1974. Wheat - *Triticum kotschyi* (*Aegilops variabilis*) (2n = 28) addition lines [J]. EWAC Newsletter, 4: 60.

Driscoll C J, Jensen N R. 1964. Chromosomes associated with waxlessness, awnedness and time of maturity of common wheat [J]. Can. Genet. cytol., 6: 324-333.

Du H, Tang Z, Duan Q, et al. 2018. Using the 6RLKu minichromosome of rye (*Secale cereale* L.) to create wheat—rye 6D/6RLKu small segment translocation lines with powdery mildew resistance [J]. Int. J. Mol. Sci., 19: 3933.

Du W L, Wang J, Lu M, et al. 2013. Molecular cytogenetic identification of a wheat—*Psathyrostachys huashanica* Keng 5Ns disomic addition line with stripe rust resistance [J]. Molecular breeding, 31 (4): 879-888.

Du W L, Wang J, Lu M, et al. 2014. Characterization of a wheat—*Psathyrostachys*, *huashanica* Keng 4Ns disomic addition line for enhanced tiller numbers and stripe rust resistance [J]. Planta, 239 (1): 97-105.

Du W L, Wang J, Pang Y, et al. 2014. Development and application of PCR markers specific to the 1Ns chromosome of *Psathyrostachys huashanica* Keng with leaf rust resistance [J]. Euphytica, 200 (2): 207-220.

Du W L, Wang J, Pang Y H, et al. 2013. Isolation and characterization of a *Psathyrostachys huashanica* Keng 6Ns chromosome addition in common wheat [J]. Plos One, 8 (1): e53921-e53927.

Du W L, Wang J, Pang Y H, et al. 2014. Isolation and characterization of a wheat—*Psathyrostachys huashanica* Keng 3Ns disomic addition line with resistance to stripe rust [J]. Genome, 57 (1): 37-44.

Du W L, Wang J, Wang L M, et al. 2013. Development and characterization of a *Psathyrostachys huashanica* Keng 7Ns chromosome addition line with leaf rust resistance [J]. Plos One, 8 (8): e70879-e70887.

Du W L, Zhao J X, Wang J, et al. 2015. Cytogenetic and molecular marker-based characterization of a wheat—*Psathyrostachys huashanica* Keng 2Ns (2D) substitution line [J]. Plant Molecular Biology Reporter, 33 (3): 414-423.

Dvorak J. 1980. Homoeologoy between *Agropyron elongatum* chromosomes and *Triticum aestivum* chromosomes [J]. Can. Genet. Cytol., 22 (2): 237-259.

Dvorak J, Knott D R. 1974. Disomic and ditelosomic additions of diploid *Agropyron elongatum* chromosomes to *Triticum aestivum* [J]. Can. Genet. Cytol., 16 (2): 399-417.

Dvorak J. 1975. Meiotic pairing between single chromosomes of diploid *Agropyron elongatum* and decaploid *Ag. elongatum* in *Triticum aestivum* [J]. Can. Genet. Cytol., 17 (3): 329-336.

Dvorak J. 1976. The cytogenetic structure of a 56 chromosome derivative from a cross between *Triticum aestivum* and *Agropyton elongatum* (2n = 70) [J]. Can. Genet. Cytol., 18 (2): 271-279.

Dvorak J. 1985. Transfer of salt tolerance from *Elytrigia pontica* (Podp) Holub. to wheat by the addition of an incomplete *Elytrigia* genome [J]. Crop Sci., 25 (2): 306-309.

Ellneskogstaam P, Merker A. 2010. Genome composition, stability and fertility of hexaploid alloploids between*Triticum turgidum* var. *carthlicum* and *Leymus racemosus* [J]. Hereditas, 134 (1): 79-84.

Endo T R. 2007. The gametocidal chromosome as a tool for chromosome manipulation in wheat [J]. Chromosome Research, 15 (1): 67-75.

Eser V. 1998. Characterisation of powdery mildew resistant lines derived from crosses between*Triticum aestivum* and *Aegilops speltoides* and *Ae. mutica* [J].

Euphytica, 100 (1-3): 269-272.

Fang Y H, Yuan J Y, Wang Z J, et al. 2014. Development of *T. aestivum* L. —*H. californicum* alien chromosome lines and assignment of homoeologous groups of *Hordeum californicum* chromosomes [J]. Journal of Genetics and Genomics, 41 (8): 439-447.

Faris J D, Xu S S, Cai X, et al. 2008. Molecular and cytogenetic characterization of a durum wheat—*Aegilops speltoides* chromosome translocation conferring resistance to stem rust [J]. Chromosome Research, 16 (8): 1097-1105.

Fedak G. 1980. Production, morphology and meiosis of reciprocal barley-wheat hybrids [J]. Can. Genet. Cytol., 22 (1): 117-123.

Fedak G, Cao W, Wolfe D, et al. 2017. Molecular characterization of Fusarium resistance from *Elymus repens* introgressed into bread wheat [J]. Cytology and Genetics, 51 (2): 130-133.

Feldman M. 1975. Alien addition lines of common wheat containing*Triticum aestivum* chromosomes [C]. Proc. 12th Int. Bot. Cong., Leningrad, Russia, 506.

Feng D S, Xia G M, Zhao S Y, et al. 2004. Two quality-associated HMW glutenin Subunits in a Somatic hybrid line between *T. aestivum* and *A. elongatum* [J]. Theoretical and Applied Genetics, 110 (1): 136-144.

Forstery B P, Reader S M, Forsyth S A, et al. 1987. An assessment of the homoeology of six *Agropyron intermedium* chromosomes added to wheat [J]. Genet. Res. Camb., 50 (2): 91-97.

Friebe B, Badaeva E D, Gill B S, et al. 1996. Cytogenetic identification of *Triticum peregrinum* chromosomes added to common wheat [J]. Genome, 39 (2): 272-276.

Friebe B, Jiang J, Tuleen N, et al. 1995. Standard karyotype of *Triticum umbellulatum* and the characterization of derived chromosome addition and translocation lines in common wheat [J]. Theoretical and Applied Genetics, 90 (1): 150-156.

Friebe B, Jiang J M, Raupp W J, et al. 1996. Characterization of wheat—alien translocations conferring resistance to diseases and pests: current status [J]. Euphytica, 91 (1): 59-87.

Friebe B, Mukai Y, Dhaliwal H S, et al. 1991. Identification of alien chromatin specifying resistance to wheat streak mosaic and greenbug in wheat germplasm by C – banding and in situ hybridization ［J］. Theoretical and Applied Genetics, 81 （3）: 381-389.

Friebe B, Mukai Y, Gill B S. et al. 1992. C–banding and in–situ hybridization analyses of *Agropyron intermedium*, a partial wheat×*Ag. intermedium* amphiploid, and six derived chromosome addition lines ［J］. Theoretical and Applied Genetics, 84 （7-8）: 899-905.

Friebe B, Qi L L, Wilson D L, et al. 2009. Wheat–*Thinopyrum intermedium* recombinants resistant to wheat streak mosaic virus and *Triticum* mosaic virus ［J］. Crop Science, 49 （4）: 1221-1226.

Friebe B, Qi LL, Liu C, et al. 2011. Genetic compensation abilities of *Aegilops speltoides* chromosomes for homoeologous B–Genome chromosomes of polyploid wheat in disomic S （B） chromosome substitution lines ［J］. Cytogenet. Genome Res., 134 （2）: 144-150.

Friebe B, Qi L L, Nasuda S, et al. 2000. Development of a complete set of *Triticum aestivum*—*Aegilops speltoides* chromosome addition lines ［J］. Theoretical and Applied Genetics, 101 （1-2）: 51-58.

Friebe B, Schubert V, Blüthner W D, et al. 1992. C–banding pattern and polymorphism of *Aegilops caudata*, and chromosomal constitutions of the amphiploid *T. aestivum* – *Ae. caudata*, and six derived chromosome addition lines ［J］. Theoretical and Applied Genetics, 83 （5）: 589-596.

Friebe B, Tuleen N A, Gill B S. 1999. Development and identification of a complete set of *Triticum aestivum*–*Aegilops geniculata* chromosome addition lines ［J］. Genome, 42 （3）: 374-380.

Friebe B, Tuleen N A, Gill B S. 1995. Standard karyotype of *Triticum searsii* and its relationship with other S–genome species and common wheat ［J］. Theoretical and Applied Genetics, 91 （2）: 248-254.

Fu S, Chen L, Wang Y, et al. 2015. Oligonucleotide probes for ND–FISH analysis to identify rye and wheat chromosomes ［J］. Scientific Reports, 5: 10552.

Fu S, Lv Z, Qi B, et al. 2012. Molecular cytogenetic characterization of wheat—*Thinopyrum elongatum* addition, substitution and translocation lines with a novel source of resistance to wheat Fusarium head blight ［J］. J. Genet. Genomics, 39 （2）: 103-110.

Gale M D, Miller T E. 1987. Transfer of alien variation into wheat. In: wheat breeding—its scientific basis ［M］. Edited by Lupton F G H, London, UK. 173-210.

Ghazali S, Mirzaghaderi G, Majdi M. 2015. Production of a novel Robertsonian translocation from *Thinopyrum bessarabicum* into bread wheat ［J］. Titologiia I Genetika, 49 (6): 378-381.

Gong W P, Han R, Li H S, et al. 2017. Agronomic traits and molecular marker identification of wheat—*Aegilops caudata* addition lines ［J］. Frontiers in Plant Science, 8: 1743.

Gong W P, Li G R, Zhou J P, et al. 2014. Cytogenetic and molecular markers for detecting *Aegilops uniaristata* chromosomes in a wheat background ［J］. Genome, 57 (9): 489-497.

Graybosch R A, Peterson C J, Hansen L E, et al. 1990. Relationships between protein solubility characteristics, 1BL/1RS, high molecular weight glutenin composition and end - use quality in winter wheat germplasm ［J］. Cereal Chem., 67 (4): 342-349.

Grewal S, Yang C, Edwards S H, et al. 2018. Characterisation of *Thinopyrum bessarabicum* chromosomes through genome—wide introgressions into wheat ［J］. Theoretical and Applied Genetics, 131 (2): 389-406.

Gu M H, Liang G H. 1985. The crossability between *Triticum aestivum* L. ×*Agropyron intermedium* (Host) Beauv. and cytological investigations of the hybrid ［J］. Jiangsu Agri. Coll., 6: 29-34.

Guo J, He F, Cai JJ, et al. 2015b. Molecular and cytological comparison of chromosomes 7el1, 7el2, 7Ee and 7Ei derived from *Thinopyrum* ［J］. Cytogenet. Genome Res., 145 (1): 68-74.

Guo J, Zhang X, Hou Y, et al. 2015a. High - density mapping of the major FHB resistance gene *Fhb*7 derived from *Thinopyrum ponticum* and its pyramiding with *Fhb*1 by maker - assisted selection ［J］. Theoretical and Applied Genetics, 128 (11): 2301-2316.

Gupta P K, Fedark G. 1986. Hybrids of bread wheat (*Triticum aestivum*) with *Thinopyrum scirpeum* (4x) and *Thinopyrum junceum* (6x) ［J］. Plant Breeding, 97: 107-111.

Gupta P K, Fedak G. 1985. Intergeneric hybrids between *Hordeum californicum* and *Triticum aestivum* ［J］. Journal of Heredity, 76 (5): 365-368.

Gupta P K. 1979. Utilization of alien genetic resources in wheat improvementachievements, possibilities and limitations ［M］. In: Ann. Rew. Plant Sci., Edited by C P Malik. Kalyani Publishers. New Delhi, India., 183-193.

Haliwal A S, Mares D J, Marshall D R. 1987. Effect of 1B/1R chromosome translocation on milling and quality characteristics of bread wheat ［J］. Cereal Chem., 64 (2): 72-76.

Han F, Liu B, Fedak G, et al. 2004. Chromosomal variation, constitution of five partial amphiploids of wheat—*Thinopyrum* intermedium detected by GISH, seed storage protein marker and multicolor GISH ［J］. Theoretical and Applied Genetics, 109 (5): 1070-1076.

Han H M, Bai L, Su J J, et al. 2014. Genetic rearrangements of six wheat—*Agropyron cristatum* 6P addition lines revealed by molecular markers ［J］. Plos One, 9 (3): e91066.

Hao C Y, Dong Y C, Wang L F, et al. 2008. Genetic diversity and construction of core collection in Chinese wheat genetic resources ［J］. Chinese Sci Bull, 53 (10): 1518-1526.

Hao M, Liu M, Luo J T, et al. 2018. Introgression of powdery mildew resistance gene *Pm*56 on rye chromosome arm 6RS into wheat ［J］. Frontiers in Plant Science, 9: 1040.

Hart G E, Islam A K M R, Shepherd K W. 1980. Use of isozymes as chromosome markers in the isolation and characterization of wheat—*Barley* chromosome addition lines ［J］. Genetics Research, 36 (3): 311-325.

Hart G E, Tuleen N A. 1983b. Characterizing and selecting alien genetic material in derivatives of wheat—alien species hybrids by analyses of isozyme variation ［C］. In: Sakamoto S (ed) Proc. 6th Int. Wheat Genet. Symp., Kyoto, Japan, 377-385.

Hart G E, Tuleen N A. 1983c. Chromosome locations of eleven *Elytrigia elongate* (=*Agropyron elongatum*) isozyme structural genes ［J］. Genet. Res. Camb., 41: 181-202.

Hart GE, Tuleen N A. 1983a. Introduction and characterization of alien genetic material ［J］. Developments in Plant Genetics and Breeding, 1: 339-362.

He F, Xu J, Qi X, et al. 2013. Molecular cytogenetic characterization of two partial wheat—*Elytrigia elongata* amphiploids resistant to powdery mildew ［J］. Plant Breeding, 132 (6): 553-557.

He F, Wang Y H, Bao Y G, et al. 2017. Chromosomal constitutions of five

161

wheat—elytrigia elongate partial amphiploids as revealed by GISH, multicolor GISH and FISH [J]. Comparative Cytogenetics, 11 (3): 525-540.

He R, Chang Z, Yang Z, et al. 2009. Inheritance and mapping of powdery mildew resistance gene *Pm*43 introgressed from *Thinopyrum intermedium* into wheat [J]. Theoretical and Applied Genetics, 118 (6): 1173-1180.

Hou L, Jia J, Zhang M X, et al. 2016. Molecular mapping of the stripe rust resistance gene *Yr*69 on wheat chromosome 2AS [J]. Plant Disease, 100 (1): 1717-1724.

Hou L, Zhang X, Li X, et al. 2015. Mapping of powdery mildew resistance gene *pmCH*89 in a putative wheat—*Thinopyrum intermedium* introgression line [J]. International Journal of Molecular Sciences, 16 (8): 17231-17244.

Huang Q, Li X, Chen W Q, et al. 2014. Genetic mapping of a putative *Thinopyrum intermedium*-derived stripe rust resistance gene on wheat chromosome 1B [J]. Theoretical and Applied Genetics, 127 (4): 843-853.

Hu L J, Li G R, Zeng Z X, et al. 2011. Molecular cytogenetic identification of a new wheat—*Thinopyrum* substitution line with stripe rust resistance [J]. Euphytica, 177 (2): 169-177.

Iqbal N, Reader S M, Caligari P D, et al. 2000a. Characterization of *Aegilops uniaristata* chromosomes by comparative DNA marker analysis and repetitive DNA sequence in situ hybridization [J]. Theoretical and Applied Genetics, 101 (8): 1173-1179.

Iqbal N, Reader S M, Caligari P D, et al. 2000b. The production and characterization of recombination between chromosome 3N of *Aegilops uniaristata* and chromosome 3A of wheat [J]. Heredity, 84 (4): 487-492.

Islam A K M R, Shepherd K W, Sparrow D H B. 1981. Isolation and characterization of euplasmic wheat—Barley chromosome addition lines [J]. Heredity, 46 (2): 161-174.

Jauhar P P. 1992. Chromosome pairing in hybrids between hexaploid bread wheat and tetraploid crested wheatgrass (*Agropyron cristatum*) [J]. Hereditas (Lund), 116: 107-109.

Jia J, Zhou R, Li P, et al. 2002. Identifying the alien chromosomes in wheat—*Leymus multicaulis* derivatives using GISH and RFLP techniques [J]. Euphytica, 127 (2): 201-207.

Jiang J, Morris K L, Gill B S. 1994. Introgression of *Elymus trachycaulus* chromatin into common wheat [J]. Chromosome Research, 2 (1): 3-13.

Jiang J, Raupp W J, Gill B S. 1992. *Rf* genes restore fertility in wheat lines with cytoplasms of *Elymus trachycaulus* and *E. ciliaris* [J]. Genome, 35 (4): 614-620.

Jiang Q T, Zhao Q Z, Yang Q, et al. 2014. Amphidiploids between tetraploid wheat and *Aegilops sharonensis* Eig. exhibit variations in high-molecular-weight glutenin subunits [J]. Genetic Resources and Crop Evolution, 61 (2): 299-305.

Ji J, Wang Z, Sun J, et al. 2008. Identification of new T1BL · 1RS translocation lines derived from wheat (*Triticum aestivum* L. cultivar "Xiaoyan No. 6") and rye hybridization. [J] Acta Physiologiae Plantarum, 30 (5): 689-695.

Ji J, Zhang A M, Wang Z G, et al. 2012. A wheat—*Thinopyrum ponticum*-rye trigeneric germplasm line with resistance to powdery mildew and stripe rust [J]. Euphytica, 188: 199-207.

Johnson R, Kimber G. 1967. Homoeology pairing of a chromosome frome *Agropyron elongatum* with those of *Triticum aestivum* and *Aegilops speltoides* [J]. Genet. Res. Camb., 10: 63-71.

Jónsson K A. 1999. Variable genome composition in *Triticum* × *Leymus* amphiploids [J]. Theoretical and Applied Genetics, 99 (7): 1087-1093.

Kang H Y, Chen Q, Wang Y, et al. 2010. Molecular cytogenetic characterization of the amphiploid between bread wheat and *Psathyrostachys huashanica* [J]. Genetic Resources and Crop Evolution, 57 (1): 111-118.

Kang H Y, Tang L, Li D Y, et al. 2017. Cytogenetic study and stripe rust response of the derivatives from a wheat—*Thinopyrum intermedium* – *Psathyrostachys huashanica* trigeneric hybrid [J]. Genome, 60 (5): 393-401.

Kang H Y, Wang Y, Fedak G, et al. 2011. Introgression of chromosome 3Ns from *Psathyrostachys huashanica* into wheat specifying resistance to stripe rust [J]. Plos One, 6 (7): e21802-e21810.

Kang H Y, Wang Y, Sun G L, et al. 2009. Production and characterization of an amphiploid between common wheat and *Psathyrostachys huashanica* Keng ex Kuo [J]. Plant Breeding, 128, (1): 36-40.

Kang H Y, Zhang Z J, Xu L L, et al. 2016. Characterization of wheat—*Psa-*

thyrostachys huashanica, small segment translocation line with enhanced kernels per spike and stripe rust resistance [J]. Genome, 59 (4): 221-229.

Kang H Y, Zhong M Y, Xie Q, et al. 2012. Production and cytogenetics of trigeneric hybrids involving *Triticum*, *Psathyrostachys* and *Secale* [J]. Genetic Resources and Crop Evolution, 59 (3): 445-453.

Kawahara T, Taketa S, Murai K. 2002. Differential effects of cultivated and wild barley 5H chromosomes on heading characters in wheat—Barley chromosome addition lines [J]. Hereditas, 136 (3): 195-200.

Kihara H. 1937. Genomanalyse bei *Triticum* und *Aegilops*. VII. Kurze ubersicht uber die ergebnisse der jahre [G]. Mem. Coll. Agric. Kyoto Imp. Univ., 41: 1-61.

Kibirige-Sebunya I, Knott D R. 1983. Transfer of stem rust resistance to wheat from and*Agropyron chromosome* having a gametocidal effect [J]. Can. Genet. Cytol., 25 (3): 215-221.

Kihar H, Lilienfeld F. 1935. Genomanalyze bei *Triticum* and *Aegilops* VII. Weitere untersuchungen an *Aegilops×Triticum* and *Aegilops×Aegilops* bastarden [J]. Cytologia, 6: 195-216.

Kimber G. 1967. The addition of the chromosomes of *Aegilops umbellulata* to *Triticum aestivum* var. Chinese Spring [J]. Gen. Res. Camb., 9: 111-114.

King J, Newell C, Grewa S, et al. 2019. Development of stable homozygous wheat/*Amblyopyrum muticum* (*Aegilops mutica*) introgression lines and their cytogenetic and molecular characterization [J]. Frontier in Plant Sciences, doi: 10. 3389/fpls. 2019. 00034.

Kishii M, Yamada T, Sasakuma T, et al. 2004. Production of wheat—*Leymus racemosus* chromosome addition lines [J]. Theoretical and Applied Genetics, 109 (2): 255-260.

Knott D R. 1964. The effect on wheat of an *Agropyron* chromosome carrying rust resistance [J]. Can. J. Genet. Cytol., 6: 50-407.

Knott D R. 1961. The inheritance of rust resistance from *Agropyron elongatum* to common wheat [J]. Can J. Genet. Cytol., 41: 109-123.

Knott D R. 1978. The transfer of genes for rust resistance to wheat from related species [C]. Proc. 5th Int. Wheat Genet. Symp., New Delhi, India, 354-357.

Koba T, Takumi S, Shimada T. 1997. Isolation, identification and characterization of disomic and translocate barley chromosome addition lines of common wheat [J]. Euphytica, 96 (2): 289-296.

Koebner R M D, Shepherd K W. 1987. Allosyndetic recombination between a chromosome of *Aegilops umbellulata* and wheat chromosomes [J]. Heredity, 59 (1): 33-45.

Kong F, Wang H, Cao A, et al. 2008. Characterization of *T. aestivum—H. californicum* chromosome addition lines DA2H and MA5H [J]. Journal of Genetics and Genomics, 35 (11): 673-678.

Kong L N, Song X Y, Xiao J, et al. 2018. Development and characterization of a complete set of *Triticum aestivum – Roegneria ciliaris* disomic addition lines [J]. Theoretical and Applied Genetics, 131 (8): 1793-1806.

Krowlow K D. 1970. Untersuchungen ber die kreuzbarkeit zwischen weizen and roggen [J]. ZPflanzenzcht, 64: 44-72.

Kruppa K, Edina Türkösi, Mayer M, et al. 2016. McGISH identification and phenotypic description of leaf rust and yellow rust resistant partial amphiploids originating from a wheat × *Thinopyrum* synthetic hybrid cross [J]. Journal of Applied Genetics, 57 (4): 427-437.

Kruse A. 1973. *Hordeum × Triticum* hybrids [J]. Hereditas, 73 (1): 157-161.

Kuraparthy V, Chhuneja P, Dhaliwal H S, et al. 2007. Characterization and mapping of cryptic alien introgression from *Aegilops geniculata* with new leaf rust and stripe rust resistance genes *Lr*57 and *Yr*40 in wheat [J]. Theoretical and Applied Genetics, 114 (8): 1379-1389.

Lang T, La S X, Li B, et al. 2018. Precise identification of wheat—*Thinopyrum intermedium* Â translocation chromosomes carrying resistance to wheat stripe rust in line Z4 and its derived progenies [J]. Genome, 61 (3): 177-185.

Lapochkina I F, Solomatin D A, Serezhkina G V, et al. 1996. Common wheat lines with genetic material from *Aegilops speltoides* Tausch [J]. Russ. Genet., 32: 1438-1442.

Larkin P J, Banks P M. 1989. From somatic variation to variant plants mechanisms and applications [J]. Genome, 31: 705-711.

Larkin P J, Banks P M, Lagudah E S, et al. 1995a. Disomic *Thinopyrum inter-*

medium addition lines in wheat with barley yellow dwarf virus resistance and with rust resistances [J]. Genome, 38 (2): 385–394.

Larkin P J, Banks P M, Xiao C. 1995b. Registration of six genetic stocks of wheat with rust and BYDV resistance: Z1, Z2, Z3, Z4, Z5, and Z6 disomic addition lines with *Thinopyrum intermedium* chromosomes [J]. Crop Science, 35 (2): 604.

Larson K I, Atkinson T G, Sears E R, et al. 1973. Wheat—*Agropyron* chromosome substitution lines as sources of resistance to wheat streak mosaic virus and its vector Aceria tulipae [C]. Proc. 4th Int. Wheat Genet. Symp., Columiba, USA, 173–177.

Lei M P, Li G R, Liu C, et al. 2012. Characterization of new wheat—*Secale africanum* derivatives reveals evolutionary aspects of chromosome 1R in rye [J]. Genome, 55 (11): 765–774.

Lei M P, Li G R, Zhou L, et al. 2013. Identification of wheat—*Secale africanum* chromosome 2R^{afr} introgression lines with novel disease resistance and agronomic characteristics [J]. Euphytica, 194 (2): 197–205.

Leighty CE, Sando W J. 1926. Intergrneric hybrids in *Aegilops*, *Triticum* and *Secale* [J]. Agric. Res., 33: 101–141.

Lein A. 1997. The genetical basis of the crossability between wheat and rye [J]. I. Ind. Abst. Vereb1.81: 28–61, cited: Piant Breed Abs. 14: 197, 304.

Li D, Long D, Li T, et al. 2018. Cytogenetics and stripe rust resistance of wheat—*Thinopyrum elongatum* hybrid derivatives [J]. Molecular Cytogenetics, 11 (1): 16.

Li D Y, Li T H, Wu W L, et al. 2018. FISH-Based markers enable identification of chromosomes derived from tetraploid *Thinopyrum elongatum* in hybrid lines [J]. Frontiers in Plant Science, 9: 526.

Li G, Chen P, Zhang S, et al. 2007. Effects of the 6VS. 6AL translocation on agronomic traits and dough properties of wheat [J]. Euphytica, 155 (3): 305–313.

Li G, Lang T, Dai G, et al. 2015. Precise identification of two wheat—*Thinopyrum intermedium* substitutions reveals the compensation and rearrangement between wheat and *Thinopyrum* chromosomes. Molecular Breeding, 35 (1): 1–10.

Li G, Wang H, Lang T, et al. 2016. New molecular markers and cytogenetic probes enable chromosome identification of wheat—*Thinopyrum intermedium* introgression lines for improving protein and gluten contents [J]. Planta, 244 (4): 865–876.

Li G R, Gao D, La S X, et al. 2016. Characterization of wheat—*Secale africanum* chromosome 5Ra derivatives carrying *Secale* specific genes for grain hardness [J]. Planta, 243: 1203–1212.

Li G R, Gao D, Zhang H J, et al. 2016. Molecular cytogenetic characterization of *Dasypyrum breviaristatum* chromosomes in wheat background revealing the genomic divergence between *Dasypyrum* species [J]. Molecular Cytogenetics, 9 (1): 6.

Li G R, Liu C, Li C H, et al. 2013. Introgression of a novel *Thinopyrum intermedium* St-chromosome-specific HMW-GS gene into wheat [J]. Molecular Breeding, 31 (4): 843–853.

Li G R, Zhao J M, Li D H, et al. 2014. A novel wheat—*Dasypyrum* breviaristatum substitution line with stripe rust resistance [J]. Cytogenetic and Genome Research, 143 (4): 280–287.

Li H, Chen X, Xin Z Y, et al. 2005. Development and identification of wheat—*Haynaldia villosa* T6DL. 6VS chromosome translocation lines conferring resistance to powdery mildew [J]. Plant Breeding, 124: 203–205.

Li H H, Lv M J, Song L Q, et al. 2016. Production and identification of wheat—*Agropyron cristatum* 2P translocation lines [J]. Plos One, 11 (1): e0145928–e145943.

Li H J, Guo B H, Li Y W, et al. 2000. Molecular cytogenetic analysis of intergeneric chromosomal translocations between wheat (*Triticum aestivum* L.) and *Dasypyrum villosum* arising from tissue culture [J]. Genome, 43 (5): 756–762.

Li J, Lang T, Li B, et al. 2017. Introduction of *Thinopyrum intermedium* ssp. *trichophorum* chromosomes to wheat by trigeneric hybridization involving *Triticum*, *Secale* and *Thinopyrum* genera [J]. Planta, 245 (6): 1121–1135.

Li L H, Dong Y S. 1991. Hybridization between*Triticum aestivum*, L. and *Agropyron michnoi*, Roshev. 1. Production and cytogenetic study of F_1 hybrids [J]. Theoretical and Applied Genetics, 81 (3): 312–316.

Li Z S, Mu S M, Jiang L X, et al. 1983. Cytogenetic study of blue-grained wheat [J]. Journal of Plant Breeding, 90: 265–272.

Li Z S, Mu S M, Zhou H P, et al. 1986. The establishment and application of blue grained monosomics in wheat chromosome engineering [J]. Cereal Research Communication, 14: 133-136.

Li Z, Ren Z L, Tan F Q, et al. 2016. Molecular cytogenetic characterization of new wheat—rye 1R (1B) substitutionand translocation lines from a Chinese *Secale cereal* L. Aigan with resistance to stripe rust [J]. Plos One, 10: 1371.

Limin A E, Fowler D B. 1990. An interspecific hybrid and amphiploid produced from *Triticum aestivum* crosses with *Agropyron cristatum* and *Agropyron desertorum* [J]. Genome, 33 (4): 581-584.

Liu H, Dai Y, Chi D, et al. 2017. Production and molecular cytogenetic characterization of a *durum*wheat-*Thinopyrum elongatum* 7E disomic addition line with resistance to Fusarium head blight. Cytogenetic and genome research [J]. Cytogenet Genome Research, 153 (3): 165-173.

Liu S, Wang H, Zhang X, et al. 2005. Molecular cytogenetic identification of a wheat—*Thinopyron intermedium* (Host) Barkworth and DRDewey partial amphiploid resistant to powdery mildew [J]. Journal of Integrative Plant Biology, 47 (6): 726-733.

Liu W H, Luan Y, Wang J C, et al. 2010. Production and identification of wheat—*Agropyron cristatum* (1.4P) alien translocation [J]. Genome, 53 (6): 472-481.

Li Z, Ren Z, Tan F, et al. 2016. Molecular cytogenetic characterization of new wheat—rye 1R (1B) substitution and translocation lines from a Chinese *Secale cereal* L. Aigan with resistance to stripe rust [J]. Plos One, 11 (9): e0163642.

Liu Z W, Wang R R-C, Carman J G. 1994. Hybrids and backcross progenies between wheat (*Triticum aestivum* L.) and apomictic Australian wheatgrass [*Elymus rectisetus* (Nees in Lehm.) A. Love & Connor]: karyotypic and genomic analyses [J]. Theoretical and Applied Genetics, 89 (5): 599-605.

Limin A E, Fowler D B. 1990. An interspecific hybrids and amphiploid from *Triticum aestivum* crosses with *Agropyron cristatum* and *Agropyron desertorum* [J]. Genome, 33 (4): 581-584.

Liu C, Gong W P, Han R, et al. 2019. Characterization identification and evaluation of a set of wheat—*Aegilops comosa* chromosome lines [J]. Scientific Reports, 9: 4773.

Liu C, Li G R, Gong W P, et al. 2016. Molecular and cytogenetic character-ization of a powdery mildew-resistant wheat—*Aegilops mutica* partial amphiploid and addition line [J]. Cytogenetic and Genome Research, 147 (2-3): 186-194.

Liu C, Qi L, Liu W, et al., 2011. Development of a set of compensating *Triticum aestivum - Dasypyrum villosum* Robertsonian translocation lines [J]. Genome, 54 (10): 836-844.

Liu C, Yang Z J, Jia J Q, et al. 2009. Genomic distribution of a Long Terminal Repeat (LTR) *Sabrina*—like retrotransposon in Triticeae species [J]. Cereal Research Communications, 37 (3): 363-372.

Liu C, Yang Z J, Li G R, et al. 2008. Isolation of a new repetitive DNA se-quence from *Secale africanum* enables targeting of *Secale* chromatin in wheat background [J]. Euphytica, 159 (1-2): 249-258.

Liu D J, Chen P D, Pei G Z. 1988. Transfer of *Hynanadia villosa* chromosomes into *Triticum eastivum* [C]. In: Miller T. E. and Koebner, R. M. D. (Eds.) Proc. 7th Intern Wheat Genet. Symp. Cambridge. UK. 355-361.

Liu J, Chang Z, Zhang X, et al. 2013. Putative *Thinopyrum intermedium*-de-rived stripe rust resistance gene *Yr*50 maps on wheat chromosome arm 4BL [J]. Theoretical and Applied Genetics, 126 (1): 265-274.

Liu L, Deng G, Ling Y I, et al. 2010. Transmission of chromosome 6M^v from *Aegilops ventricosa* through gametes in Sichuan wheat varieties [J]. Chinese Journal of Applied & Environmental Biology, 16 (1): 50-53.

Liu W, Chen P, Liu D. 1999. Development of *Triticum aestivum-Leymus racem-osus* translocation lines by irradiating adult plants at meiosis [J]. Acta Botanica Sinica, 41 (5): 463-467.

Liu W, Jin Y, Rouse M, et al. 2011. Development and characterization of wheat—*Ae. searsii* Robertsonian translocations and a recombinant chromosome conferring resistance to stem rust [J]. Theoretical and Applied Genetics, 122 (8): 1537-1545.

Liu W, Koo D H, Friebe B, et al. 2016. A set of *Triticum aestivum-Aegilops speltoides* Robertsonian translocation lines [J]. Theoretical and Applied Genet-ics, 129 (12): 1-10.

Liu W, Koo D H, Xia Q, et al. 2017. Homoeologous recombination-based transfer and molecular cytogenetic mapping of powdery mildew-resistant gene

*Pm*57 from *Aegilops searsii* into wheat ［J］. Theoretical and Applied Genetics, 130 (4): 841-848.

Liu W X, Chen P D, Liu D J. 2000. Studies of the development of *Triticum aestivum—Leymus racemosus* translocation lines by pollen irradiation ［J］. Acta Genet Sin, 27 (1): 44-49.

Liu Z Y, Sun Q X, Ni Z F, et al. 2002. Molecular characterization of a novel powdery mildew resistance gene *pm*30 in wheat originating from wild emmer ［J］. Euphytica, 123 (1): 21-29.

Luan Y, Wang X G, Liu W H, et al. 2010. Production and identification of wheat—*Agropyron cristatum* 6P translocation lines ［J］. Planta, 232 (2): 501-510.

Lu B, Bothmer R. 1991. Production and cytogenetic analysis of the intergeneric hybrids between nine *Elymus* species and common wheat (*Triticum aestivum* L.) ［J］. Euphytica, 58 (1): 81-95.

Lu B R, Bothmer R. 2010. Cytological studies of a dihaploid and hybrid from intergeneric cross *Elymus shandongensis* × *Triticum aestivum* ［J］. Hereditas, 111 (3): 231-238.

Lucas H, Jahier J. 1988. Phylogenetic relationships in some diploid species of Triticineae: cytogenetic analysis of interspecific hybrids ［J］. Theoretical and Applied Genetics, 75 (3): 498-502.

Lukaszewski A J, Gustafson J P. 1983. Translocations and modifications of chromosomes in triticale × wheat hybrids ［J］. Theoretical and Applied Genetics, 64 (3): 239-248.

Lulcaszewski A. 1987. Cytopenetics of triticale ［J］. Plant Breed Review, 5: 56-63.

Lu M J, Lu Y Q, Li H H, et al. 2016. Transferring desirable genes from *Agropyron cristatum* 7P chromosome into common wheat ［J］. Plos One, 11 (7): e0159577-e0159591.

Luo M C, Yen C, Yang J L. 1977. Crossability percentages of bread wheat landraces from Shaanxi and Henan provinces, China with rye. II. Variations in the germination of the hybrid kernels with special reference to the effect of the D-genome ［J］. Agroplantae, 9: 143-148.

Luo P G, Luo H Y, Chang Z J, et al. 2009. Characterization and chromosomal location of *Pm*40 in common wheat: a new gene for resistance to powdery mildew derived from *Elytrigia intermedium*［J］. Theoretical and Applied Genetics, 118 (6): 1059-1064.

Mattera M G, Cabrera A. 2017. Characterization of a set of common wheat—*Hordeum chilense* chromosome 7Hch introgression lines and its potential use in research on grain quality traits［J］. Plant Breeding, 136 (3): 344-350.

Mcarthur R I, Zhu X, Oliver R E, et al. 2012. Homoeology of *Thinopyrum junceum* and *Elymus rectisetus* chromosomes to wheat and disease resistance conferred by the *Thinopyrum* and *Elymus* chromosomes in wheat［J］. Chromosome Research, 20 (6): 699-715.

McIntosh R A, Miller T E, Chapman V. 1982. Cytogenetical studies in wheat XII. *Lr*28 for resistance to *Puccinia recondita* and *Sr*34 for resistance to *Puccinia. graminis tritici*［J］. Zeitschrift Pflanzenzuhtung, 89: 295-306.

Mena M, Orellana J, LopezBraña I, et al. 1993. Characterization of wheat/*Aegilops ventricosa* introgression and addition lines with respect to the M^v genome ［J］. Theoretical and Applied Genetics, 86 (2-3): 197.

Miller T E. 1983. Preferential transmission of alien chromosomes in wheat. In: Brandham P E, Bennett M D (eds) Proc. 2th Kew. Chromosome Conf., George Allen & Unwin［G］. London, 173-182.

Miller T E, Hutchinson J, Chapman V. 1982. Investigation of a preferentially transmitted*Aegilops sharonensis* chromosome in wheat［J］. Theoretical and Applied Genetics, 61 (1): 27.

Millet E, Avivi Y, Zaccai M, et al. 1988. The effect of substitution of chromosome 5S^l of *Aegilops longissima* for its wheat homoeologues on spike morphology and on several quantitative traits［J］. Genome, 30 (4): 473-478.

Minelli S, Ceccarelli M, Mariani M, et al. 2005. Cytogenetics of *Triticum* × *Dasypyrum* hybrids and derived lines［J］. Cytogenet Genome Res, 109: 385-392.

Molnarlang M, Linc G, Friebe B R, et al. 2000. Detection of wheat—barley translocations by genomic in situ hybridization in derivatives of hybrids multiplied in vitro［J］. Euphytica, 112 (2): 117-123.

Mo Q, Wang C Y, Chen C H, et al. 2017. Molecular cytogenetic identification of a wheat—*Thinopyrum ponticum* substitution line with stripe rust resistance ［J］. Genome, 60: 1-8.

Moreno-Sevilla B, Baenziger P S, Shelton D R, et al. 1995. Agronomic performance and end-use quality IB vs. IBL/IRS genotypes derived from winter wheat "Rawhide" [J]. Corp Sci., 35: 1607-1621.

Morris KLD, Raupp WJ, Gill BS. 1990. Isolation of H^t genome additions from polyploid *Elymus trachycaulus* (S^{t}S^{t}H^{t}H^t) into common wheat (*Triticum aestivum*) [J]. Genome, 33: 16-22.

Motsny I I, Simonenko V K. 1996. The influence of *Elymus sibiricus* L. genome on the diploidization system of wheat [J]. Euphytica, 91: 189-193.

Mujeeb-Kazi A, Bernard M. 1985. Cytogenetics of intergeneric *Elymus canadensis×Triticum aestivum* [J]. Z Pflanzenzuchtg, 95: 50-62.

Mujeeb-Kazi A, Bernard M. 1982. Somatic chromosome variations in backcross-1 progenies from intergeneric hybrids involving some Triticeae. Cereal Res [J]. Cereal Res. Common., 10: 41-45.

Mujeeb-Kazi A, Roldan S, Suh D Y, et al. 1989. Production and cytogenetics of *Triticum aestivum* L. hybrids with some rhizomatous *Agropyron* species [J]. Theoretical and Applied Genetics, 77: 162-167.

Munns R, James R A, Islam A K M R, et al. 2011. *Hordeum marinum*—wheat amphiploids maintain higher leaf K$^+$: Na$^+$ and suffer less leaf injury than wheat parents in saline conditions [J]. Plant and Soil, 348 (1-2): 365-377.

Nakajima G. 1952. Cytological studies on intergeneric F$_1$ hybrid between *Triticum* and *Secale* with special reference to the number of bivalents in meiosis of PMS's [J]. Cytologia, 17: 144-155.

Nakamura H. 1966. Biochemistry of cross-incompatibility failure of hybrid seed development [J]. Seiken Ziho, 18: 49-54.

Nasuda S, Friebe B, Busch W, et al. 1998. Structural rearrangement in chromosome 2M of *Aegilops comosa* has prevented the utilization of the Compair and related wheat—*Ae. comosa* translocations in wheat improvement [J]. Theoretical and Applied Genetics, 96 (6-7): 780-785.

Netzle S, Zeller F J. 1984. Cytogenetic relationship of *Aegilops longissima* chromosomes with common wheat chromosomes [J]. Plant Syst. Evol., 145: 1-13.

Newell M, Hayes R C, Virgona J M, et al. 2015. Summer dormancy in *Elymus scaber* and its hybridity with wheat [J]. Euphytica, 204 (3): 535-556.

Niu Z, Klindworth D L, Yu G, et al. 2014. Development and characterization of wheat lines carrying stem rust resistance gene *Sr*43 derived from *Thinopyrum* *ponticum* [J]. Theoretical and Applied genetics, 127 (4): 969-980.

Ochoa V, Madrid E, Said M, et al. 2015. Molecular and cytogenetic characterization of a common wheat—*Agropyron cristatum* chromosome translocation conferring resistance to leaf rust [J]. Euphytica, 201 (1): 89-95.

Oehler E. 1933. Untersuchungen uber Ansatzverhaltnisse, Morphologie und Fertilitat bei*Aegilops*-Weizenbastarden. I. Teil: Die F_1 Generation [J]. Z Induk Abst Vererbgsl, 64: 95-153.

Oettler G. 1982. Effect of parental genotype on crossability and response to colchicine treatment in wheat—rye hybrids [J]. Z Pflanzenzuchtg, 88: 322-330.

O'mara J G. 1940. Cytogenetic studies on Triticale. A method for determing the effects of individual *Secale* chromosomes on *Triticum* [J]. Genetics, 24: 501-508.

Panayotov I, Tsujimoto H. 1997. Fertility restoration and NOR suppression caused by *Aegilops mutica* chromosomes in alloplasmic hybrids and lines [J]. Euphytica, 94 (2): 145-149.

Pang Y, Chen X, Zhao J, et al. 2013. Molecular Cytogenetic characterization of a wheat—*Leymus mollis* 3D (3Ns) substitution line with resistance to leaf rust [J]. Journal of Genetics and Genomics, 41 (4) 205-214.

Patokar C, Sepsi A, Schwarzacher T, et al. 2016. Molecular cytogenetic characterization of novel wheat—*Thinopyrum bessarabicum* recombinant lines carrying intercalary translocations [J]. Chromosoma, 125 (1): 163-172.

Pei Y, Cui Y, Zhang Y, et al. 2018. Molecular cytogenetic identification of three rust-resistant wheat—*Thinopyrum ponticum* partial amphiploids [J]. Molecular Cytogenetics, 11 (1): 27.

Percival J. 1921. The wheat plant - a monograph [G]. Duckworth and Co., London.

Petrova K A. 1960. Hybridization between wheat and *Elymus*. In: N. V. Tsitsin (Ed.) Wide Hybridization in plants [G]. Published for the NSF, Washington, DC and the Dept. of Agri. by the Israel program for scientific translations, 226-237.

Pienaar RV. 1981. Genome relationships in wheat × *Agropyron distichum* (Thumb) Beauv. hybrids [J]. Z Pflanenzuchtg, 87: 193-212.

Pietro M E, Tuleen N A, Hart G E. 1988. Development of wheat—*Triticum searsii* disomic chromosome addition lines ［C］. In: Koebner R, Miller TE (eds) Proc. 7th Int. Wheat Gen. Symp. Cambridge, UK, 409-413.

Piralov G R. 1980. Two years results from hybridizing wheat with *Haynaldia villosa* Schur ［J］. Maruzalar Az SSR Elmlarr Akad, 36 (7): 70-77.

Plourde A, Comeau A, Fedak G, et al. 1989. Production and cytogenetics of hybrids of *Triticum aestivum* x *Leymus innovatus* ［J］. Theoretical and Applied Genetics, 78 (3): 436-444.

Powling A, Islam A K M R, Shepherd K W. 1981. Isozymes in wheat—*Barley* hybrid derivative lines ［J］. Biochemical Genetics, 19 (3-4): 237-253.

Qi L L, Pumphrey M O, Friebe B, et al. 2011. A novel Robertsonian translocation event leads to transfer of a stem rust resistance gene (*Sr*52) effective against race Ug99 from *Dasypyrum villosum* into bread wheat ［J］. Theoretical and Applied Genetics, 123 (1): 159-167.

Qi L L, Wang S L, Chen P D, et al. 1997. Molecular cytogenetic analysis of *Leymus racemosus* chromosomes added to wheat ［J］. Theoretical and Applied Genetics, 95 (7): 1084-1091.

Qi X L, Li X F, He F, et al. 2015. Cytogenetic and molecular identification of a new wheat—*Thinopyrum intermedium* addition line with resistance to powdery mildew ［J］. Cereal Research Communications, 43 (3): 353-363.

Qi W, Tang Y, Zhu W, et al. 2016. Molecular cytogenetic characterization of a new wheat—rye 1BL · 1RS translocation line expressing superior stripe rust resistance and enhanced grain yield ［J］. Planta, 244 (2): 405-416.

Rabinvich S V. 1998. Important of wheat—rye translocations for breeding modern cultivars of *Triticum aestivum* L ［J］. Euphytica, 100: 323-340.

Rafiqul Islam A K M, Shepherd K W. 2000. Isolation of a fertile wheat—*Barley* addition line carrying the entire barley chromosome 1H ［J］. Euphytica, 111 (2): 145-149.

Raineri L. 1914. La stazione di granicoltura di Rieti ［J］. Ital. Agric., 51: 6-12.

Reader S M, Miller T E. 1987. The simultaneous substitution of two pairs of chromosomes from two alien species in *Triticum aestivum* cv. Chinese Spring ［J］. Cereal Research Communications, 15: 39-42.

Ren T, Tang Z, Fu S, et al. 2017. Molecular Cytogenetic characterization of novel wheat—rye T1RS. 1BL translocation lines with high resistance to diseases and great agronomic traits [J]. Frontiers in Plant Science, 8: 799.

Ren T H, Chen F, Yan B J, et al. 2012. Genetic diversity of wheat—rye 1BL·1RS translocation lines derived from different wheat and rye sources [J]. Euphytica, 183: 133-146.

Ren T, Ren Z, Yang M, et al. 2018. Novel source of 1RS from baili rye conferred high resistance to diseases and enhanced yield traits to common wheat [J]. Molecular Breeding, 38 (8): 101.

Ren T H, Yang Z J, Yan B J, et al. 2009. Development and characterization of a new 1BL·1RS translocation line with resistance to stripe rust and powdery mildew of wheat [J]. Euphytica, 169: 207-213.

Ren Z L, Lelley T, Robbelen G. 1990. The use of monosomic rye addition lines for transferring rye chromatin into bread wheat: I. The occurrence of translocations [J]. Plant Breeding, 105 (4): 257-264.

Ren Z L, Lelley T, Robbelen G. 1990. The use of monosomic rye addition lines for transferring rye chromatin into bread wheat. II. Breeding value of homozygous wheat/rye translocations [J]. Plant Breeding, 105 (4): 265-270.

Ren Z L, Zhang H Q. 1997. Induction of small-segment translocation wheat ans rye chromosomes [J]. Sci. China Ser. C, 40 (3): 323-331.

Riley R, Chapman V. 1967. The inheritance in wheat of crossability with rye [J]. Genet. Res. Camb., 9: 259-267.

Riley R, Chapman V, Johnsson R. 1968. The incorporation of alien disease resistance to wheat by genetic interference with regulation of meiotic chromosome synapsis [J]. Genet. Res. Camb., 12: 199-219.

Riley R, Chapman V, Miller T E. 1973. The determination of meiotic chromosome pairing. In: Sears E R, Sears L M S (eds) Proc. 4th Int. Wheat Genet. Symp [G]. University of Missouri, Columbia, USA, 731-738.

Sakai K, Nasuda S, Sato K, et al. 2009. Dissection of barley chromosome 3H in common wheat and a comparison of 3H physical and genetic maps [J]. Genes and Genetic Systems, 84 (1): 25-34.

Sando W J. Hybrids of wheat, rye, *Aegilops* and *Haynaldia*. 1935. A series of 122 intra-and inter-generic hybrids shows wide variations in fertility [J]. Hered., 26: 229-232.

Schneider A, Linc G, Molnár I, et al. 2005. Molecular cytogenetic characterization of *Aegilops biuncialis* and its use for the identification of 5 derived wheat *Aegilops biuncialis disomic addition lines* [J]. *Genome*, 48 (6): 1070-1082.

Schneider A, Molnár I, Molnár-Láng M. 2008. Utilisation of *Aegilops* (goatgrass) species to widenthe genetic diversity of cultivated wheat [J]. Euphytica, 163: 1-19.

Schubert V, Bluthner W D. 1995. *Triticum aestivum—Aegilops markgrafii* addition lines: production and morphology [M]. In: Li ZS, Xin ZY (Eds) Proc. 8th Wheat Int. Genet. Symp. Beijing: China Agricultural Scientech Press.

Sears E R. 1972. Chromosome engineering in wheat [J]. Stadler symposta, 4: 23-38.

Sears E R. 1983. The transfer to wheat of interstitial segments of alien chromosomes [C]. Proc. 6th Int. Wheat Genet. Symp., 5-12.

Sears E R. 1981. Transfer of alien genetic material to wheat [S]. In: wheat science-today and tomorrow, 78-89.

Sethi G S, Finch R A, Miller T E. 1986. A bread wheat (*Triticum aestivum*) × cultivated barley (*Hordeum vulgare*) [J]. Hybrid with homoeologous chromosome pairing, 28: 777-782.

Sharma D, Knott D R. 1966. The transfer of leaf rust resistance from *Agropyron* to *Triticum* by irradiation [J]. Can J Genet Cytol, 8: 137-143.

Sharma H C. 1995. How wide can a wide cross be [J]? Euphytica, 82: 43-64.

Sharma HC, Baenziger P S. 1986. Production, morphology and cytogenetic analysis of *Elymus caninus* (*Agropyron caninum*) × *Triticum aestivum* F_1 hybrids and backcross derivatives [J]. Theoretical and Applied Genetics, 71: 750-756.

Sharma H C, Gill B S. 1983a. Current status of wide hybridization in wheat [J]. Euphytica, 32: 17-31.

Sharma H C, Gill B S. 1983b. New hybrids between wheat and *Agropyron*. 2. Production, morphology and cytogenetic analysis of F_1 hybrids and backcross derivatives [J]. Theoretical and Applied Genetics, 66: 111-121.

Sharma H C, Ohm H W, Goulart L, et al. 1995. Introgression and characterization of barley yellow dwarf virus-resistance from *Thinopyrum intermedium* into wheat [J]. Genome, 38 (2): 406-413.

Sharma H C, Waines J G. 1981. Attempted gene transfer from tetraploids to diploids in *Triticum* [J]. Canad Genet Cytol, 23: 639-645.

Shen X K, Ma L X, Zhong S F, et al. 2015. Identification and genetic mapping of the putative *Thinopyrum intermedium*-derived dominant powdery mildew resistance gene *PmL962* on wheat chromosome arm 2BS [J]. Theoretical and Applied Genetics, 128 (3): 517-528.

Shen Y, Shen J, Dawadondup, et al. 2013. Physical localization of a novel blue-grained gene derived from *Thinopyrum bessarabicum* [J]. Molecular Breeding, 31 (1): 195-204.

Shepherd K W, Islam A. 1981. Wheat: barley hybrids the first eighty years. In: Evan L T, Peacock (Eds) Wheat Science Today and Tomorrow [M]. Cambridge Univ. Press, 107-128.

Shepherd K W, Islam A K M R. 2002. Fourth compendium of wheat—alien chromosome lines. In: Miller T E and Koebner R M D (eds). Proc. 7th Int. Wheat Genet. Symp [S]. Cambridge, Englanda: 1373-1395.

Sherman J D, Smith L Y, Blake T K. 2001. Identification of barley genome segments introgressed into wheat using PCR markers [J]. Genome, 44 (1): 38-44.

Shi F, Endo T R. 1999. Genetic induction of structural changes in barley chromosome added to common wheat by a gametocidal chromosome derived from *Aegilops cylindrical* [J]. Genes Genet. Syst., 74: 49-54.

Shi F, Endo T R. 2000. Genetic induction of chromosomal rearrangements in barley chromosome 7H added to common wheat [J]. Chromosoma, 109 (5): 358-363.

Sitch L A, Snape J W, Firman S J. 1985. Intrachromosomal mapping of crossability genes in wheat (*Triticum aestivum*) [J]. Theoretical and Applied Genetics, 70: 309-314.

Smith D C. 1942. Intergeneric hybridization of cereals and other grasses [J]. Agri. Res., 64: 33-47.

Smith D C. 1943. Intergeneric hybridization of *Triticum* and other grasses, principally *Agropyron* [J]. Hered., 34: 219-224.

Snape J W, Chapman V, Moss J, et al. 1979. The crossabilities of wheat varieties with *Hordeum bulbosum* [J]. Heredity, 42: 291-298.

Soliman M H, Rubiales D, Cabrera A. 2010. A fertile amphiploid between durum wheat (*Triticum turgidum*) and the × Agroticum amphiploid (*Agropyron cristatum* × *T. tauschii*) [J]. Hereditas, 135 (2-3): 183-186.

Song L Q, Jiang L L, Han H M, et al. 2013. Efficient induction of wheat—*Agropyron cristatum* 6P translocation lines and GISH detection [J]. Plos One, 8 (7): e69501-e69507.

Song L Q, Lu Y Q, Zhang J P, et al. 2016. Cytological and molecular analysis of wheat—*Agropyron cristatum* translocation lines with 6P chromosome fragments conferring superior agronomic traits in common wheat [J]. Genome, 59: 840-850.

Song X J, Li G R, Zhan H X, et al. 2013. Molecular identification of a new wheat—*Thinopyrum intermedium* ssp. *trichophorum* addition line for resistance to stripe rust [J]. Cereal Research Communications, 41 (2): 211-220.

Spetsov P, Mingeot D, Jacquemin J M, et al. 1997. Transfer of powdery mildew resistance from *Aegilops variabilis* into bread wheat [J]. Euphytica, 93 (1): 49-54.

Strampelli N. 1932. Origini, sviluppi, lavori e risultati [C]. Istituto Nazionale di Genetica per la Cerealicoltura in Roma, Rome, Italy.

Tanaka H, Nabeuchi C, Kurogaki M, et al. 2017. A novel compensating wheat—*Thinopyrum elongatum* Robertsonian translocation line with a positive effect on flour quality [J]. Breeding Science, 67 (5): 509-517.

Taketa S, Takeda K. 2001. Production and characterization of a complete set of wheat—wild barley (*Hordeumvulgare* spp. *spontaneum*) chromosome addition lines [J]. Breeding Science, 51: 199-206.

Tang Z, Wu M, Zhang H, et al. 2012. Loss of parental coding sequences in an early generation of wheat—rye allopolyploid [J]. International Journal of Plant Sciences, 173 (1): 1-6.

Tang Z X, Li M, Chen L, et al. 2014. New types of wheat chromosomal structural variations in derivatives of wheat—rye hybrids [J]. Plos One, 9 (10): e110282.

Thomas J B, Kaltsikes P J, Anderson R G. 1990. Relation between wheat—rye crossability and seed of common wheat after pollination with other species in the Hordeae [J]. Eca., 30 (1): 121-127.

Tschermak E. 1929. Ein neuer fruchtbarer Weizenartbastard (*T. turgidum* × *T. villosum*). Sonderabdruck aus: Forschungen auf dem Gebiete des Pflanzenbaus und der Pflanzenzuechtung. Festschrift K. W. Ruemker. Parey [M]. Berlin, Germany, 69-80.

Tschermak E. 1930. Neue beobachtungen am fertilen artbastard Triticum tur-gidovillosum [J]. Ber Deut Bot Ges, 48: 400-407.

Turkosi E, Cseh A, Molnar-Lang M, et al. 2013. Development and identifica-tion of a 4HL. 5DL wheat/barley centric fusion using GISH, FISH and SSR Markers [J]. Cereal Research Communications, 41 (2): 221-229.

Turner M K, DeHaan L R, Jin Y, et al. 2013. Wheatgrass-wheat partial am-phiploids as a novel source of stem rust and Fusarium head blight resistance [J]. Crop Science, 53: 1994-2005.

Villareal R L, Mujeeb-Kazi A, Rajaram S, et al. 1994. Associated effects of trans-location on agronomic traits in hexploid wheat [J]. Breed Sci, 44: 7-11.

Villareal R L, Rajaram S, Mujeeb-Kazi A, et al. 1991. The effect of chromo-some IB/IR translocation on the yield potential of certain spring wheat [J]. Plant Breed., 106: 77-81.

von Bothmer R, Claesson L. 1990. Production and meiotic pairing of intergeneric hybrids of *Triticum* × *Dasypyrum* species [J]. Euphytica, 51: 109-117.

Wang D, Zhuang L, Sun L, et al. 2010. Allocation of a powdery mildew resist-ance locus to the chromosome arm 6RL of *Secale cereal* L. cv. Jingzhouheimai [J]. Euphytica, 176 (2): 157-166.

Wang H, Yu Z, Li B, et al. 2018. Characterization of new wheat—*Dasypyrum breviaristatum* introgression lines with superior gene (s) for spike length and stripe rust resistance [J]. Cytogenetics and Genome Research, 156: 117-125.

Wang H J, Zhang H J, Li B, et al. 2018. Molecular Cytogenetic characterization of new wheat—*Dasypyrum breviaristatum* introgression lines for improving grain quality of wheat [J]. Frontiers in Plant Science, 9: 365.

Wang J, Xiang F N, Xia G M. 2005. *Agropyron elongatum* chromatin localization on the wheat chromosomes in an introgression line [J]. Planta, 221: 277-286.

Wang L S, Chen P D, Wang X E. 2010. Molecular cytogenetic analysis of *Triti-cum aestivum*—*Leymus racemosus* reciprocal chromosomal translocation T7DS. 5LrL/T5LrS · 7DL [J]. Chinese Science Bulletin, 55 (11): 1026-1031.

Wang S L, Qi L L, Chen P D, et al. 1999. Molecular cytogenetic identification of wheat—*Elymus tsukushiense* introgression lines [J]. Euphytica, 107 (3): 217-224.

Wang X E, Chen P D, Liu D J, et al. 2001. Molecular cytogenetic character-izationof *Roegneria ciliaris* chromosome additions in common wheat [J]. Theo-retical and Applied Genetics, 102: 651-657.

Wang Y, Xie Q, Yu K F, et al. 2011a. Development and characterization of wheat—*Psathyrostachys huashanica* partial amphiploids for resistance to stripe rust [J]. Biotechnology Letters, 33 (6): 1233-1238.

Wang Y, Yu K F, Xie Q, et al. 2011b. The 3Ns chromosome of *Psathyrostachys huashanica* carries thegene (s) underlying wheat stripe rust resistance [J]. Cytogenetic and Genome Research, 134 (2): 136-143.

White W J. 1940. Intergeneric crosses between *Triticum* and *Agropyron* [J]. Sci Agri, 21: 198-232.

Wilson J. 2009. Production of wheat—*Haynaldia villosa* robertsonian chromosomal translocations [D]. Manhattan: Department of Plant Pathology, Kansas State University, 21-22.

Xia G M, Xiang F N, Zhou A F, et al. 2003. Asymmetric somatic hybridization between wheat (*Triticum aestivum* L.) and *Agropyron elongatum* (Host) Nevishi [J]. Theoretical and Applied Genetics, 107 (2): 299-305.

Xing L, Hu P, Liu J, et al. 2018. Pm21 from Haynaldia villosa encodes a CC-NBS-LRR that confers powdery mildew resistance in wheat [J]. Molecular Plant, S1674205218300856.

Yan B J, Zhang H Q, Ren Z L. 2005. Molecular cytogenetic identification of a new 1RS/1BL translocation line with secalin absence [J]. Hereditas (Beijing), 27 (4): 513-517.

Yang L, Wang X G, Liu W H, et al. 2010. Production and identification of wheat—*Agropyron cristatum* 6P translocation lines [J]. Planta, 232: 501-510.

Yang W J, Wang C Y, Chen C H, et al. 2016. Molecular cytogenetic identifica-tion of a wheat—rye 1R addition line with multiple spikelets and resistance to powdery mildew [J]. Genome, 59: 277-288.

Yang X, Li X, Wang C, et al. 2017. Isolation and molecular cytogenetic charac-terization of a wheat—*Leymus mollis* double monosomic addition line and its prog-enies with resistance to stripe rust [J]. Genome, 60 (12): 1-8.

Yang X, Wang C, Chen C, et al. 2014. Chromosome constitution and origin a-nalysis in three derivatives of *Triticum aestivum*-*Leymus mollis* by molecular cyto-genetic identification [J]. Genome, 57 (11-12): 583.

Yang X, Wang C, Li X, et al. 2015. Development and molecular cytogenetic identification of a novel wheat—*Leymus mollis* Lm#7Ns (7D) disomic substitution line with stripe rust resistance [J]. Plos One, 10 (10): e0140227.

Yang X, Wang C, Li X, et al. 2016. Development and molecular cytogenetic identification of a new wheat—*Leymus mollis* Lm#6Ns disomic addition line [J]. Plant Breeding, 135 (6): 654-662.

Yang Z J, Li G R, Chang Z J, et al. 2006. Characterization of a partial amphiploid between *Triticum aestivum* cv. Chinese Spring and *Thinopyrum intermedium* ssp. *trichophorum* [J]. Euphytica, 149 (1-2): 11-17.

Yang Z J, Li G R, Feng J, et al. 2005. Molecular cytogenetic characterization and disease resistance observation of wheat—*Dasypyrum breviaristatum* partial-amphiploid and its derivatives [J]. Hereditas, 142: 80-85.

Yang Z J, Liu C, Feng J, et al. 2007. Studies on genome relationship and species-specific PCR marker for *Dasypyrum breviaristatum* in Triticeae [J]. Hereditas, 143 (2006): 47-54.

Yang Z J, Ren Z L. 2001. Chromosomal distribution and genetic expression of *Lophopyrum elongatum* (Host) A. Löve genes for adult plant resistance to stripe rust in wheat background [J]. Genetic Resour. Crop Evol., 48: 183 -187.

Yen Y, and Liu D. 1987. Production, morphology, and cytogenetics of intergeneric hybrids of *Elymus* L. species with *Triticum aestivum* L. and their backcross derivatives [J]. Genome, 29: 689-694.

Ye X L, Lu Y Q, Liu W H, et al. 2015. The effects of chromosome 6P on fertile tiller number of wheat as revealed in wheat—*Agropyron cristatum*chromosome 5A/6P translocation lines [J]. Theoretical and Applied Genetics, 128 (5): 797-811.

Yuan J, Chen P, Liu D. 2003. Development of *Triticum aestivum-Leymus racemosus* translocation lines using gametocidal chromosomes [J]. Science in China Series C Life Sciences, 46 (5): 522-530.

Yu M Q, Chen J, Deng G B, et al. 2001. Identification for *H. villosa* chromatin in wheat lines using genomic *in situ* hybridization, C-banding and gliadin electrophoresis techniques [J]. Euphytica, 121: 157-162.

Yu M Q, Deng G B, Zhang X P, et al. 2001. Effect of the *ph1b* mutant on chromosome pairing in hybrids between *Dasypyrum villosum* and *Triticum aesti-*

vum [J]. Plant Breeding, 120: 285-289.

346. Zeller F J, Hsam S L K. 1983. Broadening the genetic variability of cultivated wheat by utilizing rye chromatin [C]. Proc. 6th Int. Wheat Genet. Symp., Tokyo, Japan. 161-173.

Zeng J, Cao W, Fedak G, et al. 2013. Molecular cytological characterization of two novel *durum—Thinopyrum intermedium* partial amphiploids with resistance to leaf rust, stem rust and Fusarium head blight [J]. Hereditas, 150 (1): 10-16.

Zeng J, Cao W, Hucl P, et al. 2013. Molecular cytogenetic analysis of wheat—*Elymus repens*, introgression lines with resistance to Fusarium head blight [J]. Genome, 56 (1): 75-82.

Zhan H X, Yang Z J, Li G R, et al. 2013. Molecular identification of a new wheat—*Thinopyrum intermedium* cryptic translocation line for resistance to powdery mildew [J]. International Journal of Bioscience Biochemistry & Bioinformatics, 3 (4): 376-378.

Zhan H X, Zhang X J, Li G G, et al. 2015. Molecular characterization of a new wheat—*Thinopyrum intermedium* translocation line with resistance to powdery mildew and stripe rust [J]. International Journal of Molecular Sciences, 16 (1): 2162-2173.

Zhang H G, Li G R, Li D H, et al. 2015. Molecular and cytogenetic characterization of new wheat—*Dasypyrum breviaristatum* derivatives with post–harvest re-growth habit [J]. Genes, 6 (4): 1242-1255.

Zhang J, Jiang Y, Guo Y L, et al. 2015. Identification of novel chromosomal aberrations induced by ^{60}Co-γ-irradiation in wheat—*Dasypyrum villosum* lines [J]. International Journal of Molecular Sciences, 16 (12): 29787-29796.

Zhang J, Zhang J P, Liu W H, et al. 2015. Introgression of *Agropyron cristatum* 6P chromosome segment into common wheat for enhanced thousand-grain weight and spike length [J]. Theoretical and Applied Genetics, 128: 1827-1837.

Zhang J, Zhang J P, Liu W H, et al. 2015. Introgression of *Agropyron cristatum* 6P chromosome segment into common wheat for enhanced thousand-grain weight and spike length [J]. Theoretical and Applied Genetics, 128 (9): 1827-1837.

Zhang J, Zhang J P, Liu W H, et al. 2016. An intercalary translocation from *Agropyron cristatum* 6P chromosome into common wheat confers enhanced kernel number per spike [J]. Planta, 244 (4): 853-864.

Zhang Q, Li Q, Wang X, et al. 2005. Development and characterization of a *Triticum aestivum—Haynaldia villlosa* translocation line T4VS. 4DL conferring resistance to wheat spindle streak mosaic virus [J]. Euphytica, 145 (3): 317-320.

Zhang Q P, Li Q, Wang X E, et al. 2005. Development and characterization of a *Triticum aestivum—Haynaldia villosa* translocation line T4VS. 4DL conferring resistance to wheat spindle streak mosaic virus [J]. Euphytica, 145: 317-320.

Zhang R, Cao Y, Wang X, et al. 2010. Development and characterization of a *Triticum aestivum − H. villosa* T5VS · 5DL translocation line with soft grain texture [J]. Journal of Cereal Science, 51 (2): 220-225.

Zhang R Q, Hou F, Feng Y G, et al. 2015. Characterization of a *Triticum aestivum—Dasypyrum villosum* T2VS · 2DL translocation line expressing a longer spike and more kernels traits [J]. Theoretical and Applied Genetics, 128: 2415-2425.

Zhang R Q, Zhang M Y, Wang X E, et al. 2014. Introduction of chromosome segment carrying the seed storage protein genes from chromosome 1V of *Dasypyrum villosum* showed positive effect on bread-making quality of common wheat [J]. Theoretical and Applied Genetics, 127 (3): 523-33.

Zhang X, Shen X, Hao Y, et al. 2011. A genetic map of *Lophopyrum ponticum* chromosome 7E, harboring resistance genes to Fusarium head blight and leaf rust [J]. Theoretical and Applied Genetics, 122 (2): 263-270.

Zhang X Y, Li Z S, Chen S Y, et al. 1992. Production and identification of three 4Ag (4D) substitution lines of *Triticum aestivum − Agropyron*: relative transmission rate of alien chromosomes [J]. Theoretical and Applied Genetics, 83: 707-714.

ZhaoL B, Ning S Z, Yu J J, et al. 2016. Cytological identification of an *Aegilops variabilis* chromosome carrying stripe rust resistance in wheat [J]. Breeding Science, 66 (4): 522-529.

Zhao W C, Qi L L, Zhang G S, et al. 2010. Development and characterization of two new *Triticum aestivum—Dasypyrumvillosum* Robertsonian translocation lines T1DS. 1V#3L and T1DL. 1V#3S and their effect on grain quality [J]. Euphytica, 175 (3): 343-350.

Zheng Q, Lv Z, Niu Z, et al. 2014. Molecular cytogenetic characterization and stem rust resistance of five wheat *Thinopyrum ponticum* partial amphiploids [J]. Journal of Genetics and Genomics, 41 (11): 591-599.

Zhou A F, Xia G M, Zhang X, et al. 2014. Analysis of chromosomal and organellar DNA of somatic hybrids between *Triticum aestiuvm* and *Haynaldia villosa* Schur [J]. Mol. Genet. Genomics, 265: 387-393.

Zhou J P, Cheng Y, Yang E N, et al. 2016. Characterization of a new wheat—*Aegilops biuncialis* 1M^b (1B) substitution linewith good quality-associated HMW glutenin subunit [J]. Cereal Research Communications, 44 (2): 198-205.

Zhou J P, Yao C H, Yang E N, et al. 2014. Characterization of a new wheat—*Aegilops biuncialis* addition line conferring quality - associated HMW glutenin subunits. Genet. Mol. Res., 131 (1): 660-669.

Zhang R Q, Fan Y L, Kong L N, et al. 2018. *Pm*62, an adultplant powdery mildew resistance gene introgressed from *Dasypyrum villosum* chromosome arm 2VL into wheat. 131 (12): 2613-2620.

Zhang R Q, Sun B X, Chen J, et al. 2016. *Pm*55, a developmental-stage and tissue-specific powdery mildew resistance gene introgressed from *Dasypyrum villosum* into common wheat [J]. Theoretical and Applied Genetics, 129: 1975-1984.

第四章 小麦远缘物种优异基因/性状导入小麦现状

研究表明，小麦的近缘种属植物蕴藏着一些独特的性状，如抗虫、抗旱、耐盐碱和抗病等，因此可为改良小麦的抗病、抗逆等提供珍贵的基因库（董玉琛，2000）。随着小麦远缘杂交和染色体工程的深入开展，小麦近缘种属的优异性状被导入小麦中，获得了一大批优良的中间材料。随着外源染色体或染色体片段的导入，一些抗病抗逆等优异基因也随之引入到小麦的遗传背景中，大大丰富了普通小麦的遗传基础。

第一节 小麦远缘物种优异基因/性状导入小麦情况

到目前为止，来自偃麦草属（Knott，1961；Sharma 和 Knott，1966；Sears，1973；McIntosh et al.，1977；Kibirige-Sebunya 和 Knott，1983；Luo et al.，2009；He et al.，2009）、簇毛麦属（Chen et al.，1995；Liu et al.，1996；Qi et al.，1996；Qi et al.，2011；Zhao et al.，2013；Zhang et al.，2016）、黑麦属（Driscoll 和 Anderson，1965，1967；Zeller，1973；Macer，1975；Singh et al.，1990；Heun et al.，1990；McIntosh et al.，1995；Yu et al.，2012；An et al.，2015）、新麦草属（Kang et al.，2011）、赖草属（Chen et al.，2005；Qi et al.，2008）、山羊草属（Sears，1956；Riley et al.，1968；Dyck 和 Kerber，1970；Rowland 和 Kerber，1974；McIntosh et al.，1982；Kerber，1987；Kerber 和 Dyck，1990；Dvorak 和 Knott，1990；Bariana 和 McIntosh，1993；Cox et al.，1994；Chen et al.，1995；Singh et al.，2000 Dubcovsky et al.，1998；Raupp et al.，2001；Zeller et al.，2002；Hsam et al.，2003；Marais et al.，2005；Marais et al.，2006；Miranda et al.，2006，2007；Justin et al.，2008；Kuraparthy et al.，2007a，2007b，2011；Marais et al.，2009，2010；Liu et al.，2011a，2011b；Klindworth et al.，2012）和披碱草属（Friebe et al.，2005）的小麦远源物种的抗病、抗虫、高产或优质基因已经导入小麦。

截至目前，被正式命名的小麦抗条锈病基因、抗叶锈病病基因、抗秆锈病基因、抗白粉病基因和抗赤霉病基因分别有 80 个（Nsabiyera et al.，2018）、79

个（Qureshi et al., 2018）、60 个（Chen et al., 2017）、62 个（Sun et al., 2018）和 7 个（Guo et al., 2015），其中来源于小麦外源物种的基因个分别有 9 个、26 个、17 个、21 个和 3 个，分别占被正式命名基因的 11.3%、32.9%、28.3%、33.9%和 42.9%。

来源于小麦外源物种的 9 个抗条锈病基因分别是 *Yr*8（Riley et al., 1968）、*Yr*9（Zeller, 1973）、*Yr*17（Bariana 和 McIntosh, 1993）、*Yr*19（Chen et al., 1995）、*Yr*28（Singh et al., 2000）、*Yr*37（Marais et al., 2005）、*Yr*38（Marais et al., 2006）、*Yr*40（Kuraparthy et al., 2007a）和 *Yr*42（Marais et al., 2009）。

来源于小麦外源物种的 26 个抗叶锈病基因分别是 *Lr*9（Sears, 1956）、*Lr*19（Sharma 和 Knott DR, 1966）、*Lr*21（Rowland 和 Kerber, 1974）、*Lr*22a（Dyck 和 Kerber, 1970; Pretorius et al., 1987）、*Lr*22b（Dyck 和 Kerber, 1970）、*Lr*24（McIntosh et al., 1977）、*Lr*25（Driscoll 和 Anderson, 1967）、*Lr*26（Singh et al., 1990）、*Lr*28（Cherukuri et al., 2005）、*Lr*29（Sears, 1973）、*Lr*32（Kerber, 1987）、*Lr*35（Dyck 和 Kerber, 1990）、*Lr*36（Dvorak 和 Knott, 1990）、*Lr*37（Bariana et al., 1993）、*Lr*38（Friebe et al., 1993）、*Lr*39（Raupp et al., 2001）、*Lr*42（Cox et al., 1994）、*Lr*45（McIntosh et al., 1995）、*Lr*47（Dubcovsky et al., 1998）、*Lr*54（Marais et al., 2005）、*Lr*55（Friebe et al., 2005）、*Lr*56（Marais et al., 2006）、*Lr*57（Kuraparthy et al., 2007a）、*Lr*58（Kuraparthy et al., 2007b）、*Lr*59（Marais et al., 2008）、*Lr*62（Marais et al., 2009）和 *Lr*66（Marais et al., 2010）。

来源于小麦外源物种的 17 个抗秆锈病基因分别是 *Sr*24 和 *Sr*25（McIntosh et al., 1977）、*Sr*26（Knott et al., 1961）、*Sr*27（Singh 和 Mcintosh, 1988）、*Sr*31（McIntosh, 1988; Singh et al., 1990）、*Sr*32（Mago et al., 2013）、*Sr*34（McIntosh et al., 1982）、*Sr*38（Banana 和 McIntosh, 1993）、*Sr*39（Kerber 和 Dyke, 1990）、*Sr*43（Kibirige-Sebunya 和 Knott, 1983）、*Sr*44（Friebe et al., 1996）、*Sr*47（Justin et al., 2008）、*Sr*50（Shepherd, 1973）、*Sr*51（Liu et al., 2011a）、*Sr*52（Qi et al., 2011）、*Sr*53（Liu et al., 2011b）和 *Sr*59（Rahmatov et al., 2016）。

来源于小麦外源物种的 21 个抗白粉病基因分别是 *Pm*7（Driscoll 和 Jensen, 1965）、*Pm*8（Zeller, 1973; McIntosh et al., 1993）、*Pm*12（Miller et al., 1988）、*Pm*13（Ceoloni et al., 1988）、*Pm*17（Heun et al., 1990）、*Pm*19（Lutz et al., 1995）、*Pm*20（Friebe et al., 1994）、*Pm*21（Chen et al., 1995; Liu et al., 1996; Qi et al., 1996）、*Pm*29（Zeller et al., 2002）、*Pm*32（Hsam et al., 2003）、*Pm*34（Miranda et al., 2006）、*Pm*35（Miranda et al., 2007）、*Pm*40

（Luo et al.，2009）、*Pm*43（He et al.，2009）、*Pm*51（Zhan et al.，2014）、*Pm*53（Petersen et al.，2015）、*Pm*55（Zhang et al.，2016）、*Pm*56（Hao et al.，2018）、*Pm*57（Liu et al.，2017）、*Pm*58（Wiersma et al.，2017）和 *Pm*62（Zhang et al.，2019）。

来源于小麦外源物种的 3 个抗赤霉病基因分别是 *Fhb*3（Qi et al.，2008）、*Fhb*6（Cainong et al.，2015）和 *Fhb*7（Guo et al.，2015）。

第二节　山羊草属物种优异基因/性状导入小麦

（一）山羊草属物种抗条锈病基因向小麦转移研究

山羊草属（*Aegilops*）有 20 多个种，广泛分布于世界各地。该属与小麦属有很近的亲缘关系，小麦属的两个祖先即 D 染色体组和 B 染色体组都来自于山羊草属，因此山羊草属植物与小麦容易杂交。目前山羊草属各个种均与小麦杂交成功，许多有益基因也被转移进栽培小麦中。山羊草属作为对小麦抗锈性的优异资源，现命名的抗条锈基因中就有 8 个是来自于山羊草属。

*Yr*8 来自于顶芒山羊草（*Ae. comsa*）。Riley 等（1968）用中国春做轮回亲本与顶芒山羊草杂交，得到一个带有顶芒山羊草染色体 2M 的附加系，然后再用该附加系与具缺体特性的拟斯卑尔脱山羊草（*Ae. speltoides*）杂交在其后代得到一个具有 42 条染色体的抗病品种 Compare。Compare 是中国春 2D 和山羊草 2M 的易位系，*Yr*8 位于 2M 的长臂上。

*Yr*17 具有优异的成株期抗性，研究认为其抗性基因来自偏凸山羊草（*Ae. ventricosa*）的 2N 染色体。法国最早育成了具有 2NS·2AS 易位系 VPM1，后以 VPM1 为供体的 2NS 又转移到品种 Madsen、Thatcher 等中（Dyck，1979）。澳大利亚悉尼大学的研究发现 VPM1 带有 3 个抗锈基因，即抗叶锈基因 *Lr*37、抗秆锈基因 *Sr*38 和抗条锈基因 *Yr*17，携带有源自 VPM1 的抗性基因被广泛应用于世界小麦育种中（Bariana 和 McIntosh，1993）。

*Yr*19 被认为可能来源于拟斯卑尔脱山羊草（*Ae. speltoides*）（Chen，1995）。Chen 等（1995）研究认为，品种 Compair 携带两个抗条锈基因，除了位于小麦 2D 染色体上来自与顶芒山羊草的 *Yr*8 外，还有也个是位于 5B 染色体上。分析认为，位于 5B 染色体上的抗条锈病基因，是 *Yr*8 在由 *Ae. comsa* 向小麦转移工程中，利用拟斯卑尔脱山羊草破坏小麦同源染色体配对上带入的。

*Yr*28 来自粗山羊草（*Ae. tauschii*）。利用合成小麦（由小麦 Altar 和粗山羊草 hereafter At 杂交）与墨西哥春小麦栽培品种 Opata 85 的 F_2 单粒遗传获得的 F_7

重组自交系（RILs）为材料，Singh 等（2000）利用分子标记和条锈病鉴定的方法将来自上述重组自交系的抗条锈病基因定位在 4DS 染色体上。

$Yr37$ 来自粘果山羊草（*Ae. kotschy*）。Marais 等（2005）利用自粘果山羊草用中国春杂交回交选出二体附加系 8078，然后利用该二体附加系与中国春的单体系杂交，获得了自粘果山羊草的 2S 人染色体易位到小麦 2DL 上的新材料，抗性检验发现，该易位系材料对条锈病免疫。

$Yr38$ 来自沙融山羊草（*Ae. sharonensis*）。Marais 等（2006）利用沙融山羊草和中国春杂交，F_1 代再与中国春回交，6 次回交后产生 8028 系，抗性检验发现，该系能抗南非的大部分条锈病。利用 8028 系进行了一系列的杂交回交，创制了 0352-4 系，利用 SSR 标记做图证明，该系是在小麦 6A 染色体长臂端部用沙融山羊草的 $6L^{sh}$ 发生易位，形成了 $6AL-6L^{sh} \cdot 6S^{sh}$ 易位系。

$Yr40$ 来自卵穗山羊草（*Ae. geniculata*）。卵穗山羊草对小麦多种病虫害均具有好的抗性（Gale 和 Miller，1987；Harjit-Singh et al.，1993；Harjit-Singh 和 Dhaliwal 2000）。迄今为止，来自卵穗山羊草的优异抗性转移已经通过诱导卵穗山羊草 5Mg 染色体与小麦 5D 染色体之间的同源染色体配对实验了。Kuraparthy 等（2007a）对 $5M^gL$ 与小麦易位系进行细胞和分子遗传学鉴定，发现了一个抗条锈病的新材料 TA5599。细胞学鉴定表明，该材料为 $T5M^gS \cdot 5M^gL-5DL$ 易位系。后将来自于该易位系中 *Ae. geniculata* 染色体上的抗条锈基因命名为 $Yr40$。

$Yr42$ 来自短穗山羊草（*Ae. neglecta*）。为了转移短穗山羊草的小麦条锈病抗性，Marais 等（2009）以短穗山羊草为父本，中国春小麦为母本进行杂交。从杂交后代中筛选到中国春—短穗山羊草附加系。以该附加系为基础与小麦进行杂交回交，获得的中国春—短穗山羊草易位系 03M119-71A 具有苗期条锈抗性，抗性来自短穗山羊草，是一个未被报道过的新基因，被命名为 $Yr42$。

何名召等（2007）利用我国流行的小麦条锈菌生理小种 CY28、CY29、CY30、CY31、CY32 和水源 11 致病型 4 对 102 份硬粒小麦—粗山羊草人工合成小麦材料进行抗病鉴定，其中 CI108（组合为 GAN/*Aegilops squarrosa* 201）对上述 6 个流行生理小种均表现免疫。发现材料 CI108 的抗性受细胞核显性单基因控制，其抗条锈基因是不同于其他基因的抗条锈病新基因，暂命名为 $YrC108$。进一步筛选 $YrC108$ 的 SSR 分子标记，获得了 3 个紧密连锁的标记 Xgwm456、Wmc419 和 Wmc413。

张海泉等（2008）从粗山羊草 Y201 中鉴定出 1 个显性抗小麦条锈病基因，暂定名为 $YrY201$。应用分离群体分组法（BSA）筛选到微卫星标记 Xgwm273b、Xgwm37 和 wmc14 标记与该基因之间的遗传距离分别为 11.9cM、5.8cM 和 10.9cM。根据连锁标记所在小麦微卫星图谱的位置将 $YrY201$ 定位在 7DL 染色体上。对基因所在染色体的位置及抗病性特征进行分析，结果表明，*YrY*201 是一个新的抗小麦条锈病基因。

张海泉等（2008）用离体叶和田间鉴定方法鉴别来自不同产地的 38 份粗山羊草的抗条锈病情况，发现粗山羊草 Y212 含有 1 个显性抗小麦条锈病新基因，暂定名为 *YrY*212。根据连锁标记所在小麦微卫星图谱的位置，*YrY*212 被定位在 7DS 染色体上。应用分离群体分组法（BSA）筛选到 Wmc506、Barc184、Wmc450 和 Cfd41 标记，其与 *YrY*212 之间的遗传距离分别为 3.0cM、4.0cM、7.0cM 和 20.0cM。

张海泉等（2008）用离体叶和田间鉴定方法鉴别来自不同产地的 38 份粗山羊草的抗条锈病情况，从粗山羊草 Y201/Y2272 杂交后代中鉴定出 1 个抗小麦条锈病新基因，暂定名为 YrY201。应用 SSR 分子标记和分离群体分组法（BSA）筛选到 Xgwm273b、Xgwm37 和 Wmc14 标记，与该基因之间的遗传距离分别为 11.9cM、5.8cM 和 10.9cM，根据连锁标记所在小麦微卫星图谱的位置将 *YrY*201 定位在 7DL 染色体上。

张海泉等（2009）选取条锈病免疫材料 Y206 和高度感病材料 Y121 杂交后代进行遗传分析和抗病性鉴定。鉴定出 1 个显性抗小麦条锈病基因，暂定名为 *YrY*206。利用 SSR 标记技术将抗病新基因 *YrY*206 定位在 3DS 染色体上。遗传分析发现 *YrY*206 与微卫星标记 Wmc11a、Xgwm71c、Xgwm161 和 xgwm183 遗传距离分别为 4.0cM、3.3cM、1.5cM 和 9.3cM。

张超等（2006）对西农 97148×贵农 775 的杂交 F_2 后代人工接种条中 32 条锈病菌进行抗性鉴定并根据抗性鉴定结果划分抗感病池用 AFLP 技术寻找其连锁标记，结果发现，贵农 775 的抗病性由两对抗条锈病基因控制。从 128 个 AFLP 引物组合中筛选到与其中一个抗病基因 *YrG*775 紧密连锁的多态性标记 M8P15$_{290bp}$，该标记仅能在原始亲本偏凸山羊草中检测到。由于来源于偏凸山羊草的抗条锈病基因 *Yr*17 苗期不抗条中 32 条锈病菌。综合抗性鉴定和分子生物学试验结果推断 *YrG*775 是一个来自偏凸山羊草并与已知抗条锈病基因不同的新基因。

（二）山羊草属物种抗叶锈病基因向小麦转移研究

*Lr*9 来自小伞山羊草（*Ae. umbellulata*）。Sears（1956）将普通小麦与野生二粒小麦—小伞山羊草双二倍体进行杂交，获得杂交种用普通小麦回交 2 次，从中获得了一个抗小麦叶锈病的染色体数为 43 的植株，其中，42 条染色体来自普通小麦，1 条染色体来自小伞山羊草。该条小伞山羊草染色体对植株的花粉育性（表现为育性降低）及植株的成熟期有显著影响（表现为早熟）。利用 X 射线对

该植株进行处理，获得了含小伞山羊草等臂染色体的抗小麦叶锈病的植株。将含小伞山羊草等臂染色体的植株与未经过射线处理的正常植株进行杂交，获得6 091个杂交种子。对获得的杂交后代进行鉴定，发现132个植株抗小麦叶锈病，其中，40份材料含小麦—小伞山羊草易位系，该40份材料中，有17中不同易位系类型即含不同长度的小伞山羊草易位染色体。这些材料中的叶锈抗性来自小伞山羊草易位染色体，是一个新基因，被命名为 *Lr9*。

*Lr*21 来自粗山羊草（*Ae. tauschi*）。Rowland 和 Kerber（1974）利用普通小麦中国春端体系对普通小麦/粗山羊草杂交后代的叶锈抗病基因所在小麦染色体臂进行了定位。最终以重组体 RL 5406 为材料，将小麦叶锈病抗性基因 *Lr*21 定位在小麦 1D 染色体上。Huang 等（2003）以含 *Lr*21 的小麦与感叶锈病的小麦亲本进行杂交，用小麦微卫星引物和合成的 STS 引物为工具，从 TA1649/3 × WI（WGRC2）、WI//TA1649/2 × WI（WGRC7）和 TC6 ×//Tetra Canthatch/TA1599 组合后代中筛选到 97-87-43、00-174-6、00174-23 和 01-377 等重组体，最终图位克隆到了 *Lr*21，该基因全长 4318bp，编码 1080 个氨基酸，包含一个保守的核苷酸绑定位点区域，13 个不完整的富含亮氨酸的重复区域和 1 个在 N 末端丢失了 151 个氨基酸序列的核苷酸绑定位点—富含亮氨酸的重复的序列（相比于正常的核苷酸绑定位点—富含亮氨酸的重复蛋白）。

Lr22b 来自粗山羊草（*Ae. tauschi*）。Dyck 和 Kerber（1970）以粗山羊草 RL 5271 为父本，以合成小麦 RL 5404 为母本，将 RL5271 的叶锈病抗性基因 *Lr*22 转移给了 RL 5404。后来，Dyck（1979）发现该基因具有等位基因，因此，将该基因命名为 *Lr*22a，而其等位基因则命名为 *Lr22b*。

Riley 等（1968）将来自拟斯卑尔脱山羊草（*Ae. speltoides*）的叶锈病抗性基因转移给了普通小麦，该基因在几个小麦遗传背景中对来自印度和欧洲的几乎所有叶锈菌都均有非常高的抗性（Tomar 和 Menon，1998；Huszar *et al*，2001）。Cherukuri 等（2005）利用 RAPD 方法对 1 个含由拟斯卑尔脱山羊草 *Lr*28 基因的 F_2 分离群体进行分析，建立了与该基因连锁的 3 个 RAPD 标记，标记 $S464_{721}$ 和 $S326_{550}$ 位于 *Lr*28 的两侧 2.4 ± 0.016 cM 处。标记 $S421_{640}$ 被转化成了 SCAR 标记 $SCS421_{570}$，被用于种质的筛选。

*Lr*32 来自粗山羊草（*Ae. tauschi*）。Kerber（1987）将来自粗山羊草 RL5497-1 的叶锈病抗性转移给了普通六倍体小麦。遗传分析表明，导入的叶锈病抗性由 1 个基因控制，该基因对多种小麦叶锈菌均具有较好抗性。在二倍体小麦背景中，该基因依据环境条件表现为部分显性，而在六倍体小麦中则变现为部分显性或隐性，六倍体小麦植株抗性略低于二倍体小麦植株抗性。该基因被定于在小麦 3D 染色上，不同于 3D 染色体上的叶锈抗性基因 *Lr*24，被命名为 *Lr*32。

*Lr*39 来自粗山羊草（*Ae. tauschi*）。Raupp 等（2001）将来自粗山羊草的小麦叶锈病抗性转移给了普通小麦，该抗性由 1 个单显性基因控制。作图结果显示，该基因不同于其他已报道的叶锈抗性基因，是一个新基因，被命名为 *Lr*39。利用位于小麦 2DS 染色体上的 8 个微卫星标记对来自含有来自粗山羊草 *Lr*39 基因的小麦 Wichita TA4186 与 Wichita D 基因组单体 57 个 F_2 杂交植株进行分析，结果显示，离 *Lr*39 最近的标记为 *Xgwm*210，遗传距离为 10.7cM。

*Lr*42 来自粗山羊草（*Ae. tauschi*）。Cox 等（1994）为了拓宽硬粒冬小麦的叶锈抗性遗传基础，将粗山羊草的 5 个小麦叶锈抗性基因导入了六倍体小麦，其中一个派生系 KS90WGRC10 对 23 个叶锈菌小种均有好的抗性，其他派生材料 KS91WGRC11、KS92WGRC16、U1865 和 U1866 对其中的 3 个生理小种具有好的抗性。它们的抗性与含有 *Lr*21 的植株抗性类似。KS90WGRC10 等材料在染色体 1D 上含有一个与来自粗山羊草的其他叶锈抗性基因独立分离的完全显性基因 *Lr*41。而 WGRC11 在染色体 1D 上含有一个部分显性基因 *Lr*42，该基因与 *Lr*21 连锁。Sun 等（2010）为了建立与 *Lr*42 连锁的分子标记，以冬小麦 *Century* 为背景的近等基因系为材料，对其苗期和成株期抗性进行了鉴定，并用小麦微卫星引物对这些材料进行集群分离分析，发现标记 *Xwmc*432 与 *Lr*42 紧密连锁，遗传距离位 0.8 cM。

*Lr*35 来自拟斯卑尔脱山羊草（*Ae. speltoides*）。Kerber 和 Dyck（1990）将栽培一粒小麦—拟斯卑尔脱山羊草双二倍体与六倍体小麦品种 Marquis 进行杂交并回交，将来自前者的 1 个不完全显性成株叶锈抗性基因和 1 个与其连锁的不完全显性秆锈抗性基因导入了 Marquis。分析结果显示，成株叶锈抗性基因来自小麦 2B 染色体，被命名为 *Lr*35。Seyfarth 等（1999）对利用 80 个 RFLP 标记对 Thatcher*Lr*35（含 *Lr*35，抗小麦叶锈病）/ Frisal（不含 *Lr*35，感小麦叶锈病）杂交 F_2 分离群体进行分析，结果显示，51 个标记可以在杂交亲本间检测到多态性，其中的 3 个与 *Lr*35 紧密连锁，共分离标记 BCD260 被转化成了 EST-STS 标记。

*Lr*36 来自拟斯卑尔脱山羊草（*Ae. speltoides*）。Dvorak 和 Knott（1990）从拟斯卑尔脱山羊草/普通小麦的回交四代中筛选到了一个抗小麦叶锈病的植株 2-9-2。该植株中抗性基因与 *Lr*28 各自独立分离。单体、端体和染色体 C 分带分析表明，2-9-2 中的抗性基因 *Lr*36 在小麦 6B 染色体短臂上，并且与端体 C 分带紧密连锁。

*Lr*47 来自拟斯卑尔脱山羊草（*Ae. speltoides*）。Dubcovsky 等（1998）利用 *ph*1b 突变体为工具，将拟斯卑尔脱山羊草 7S 染色体上的叶锈和麦二叉蚜抗性基因分别转移到了普通六倍体小麦 7A 染色体短臂和长臂上，这两个基因分别被命名为 *Lr*47 和 *Gb*5。为了加速 *Lr*47 向商业小麦品种的转移，Helguera 等（2000）

将 RFLP *Xabc*465 位点序列转化成了依据 PCR 的分子标记，进而根据小麦蔗糖合成酶的共线性基因序列—大麦 ABC465 克隆来设计保守引物，设计的引物被用来扩增、克隆和测序来自小麦和拟斯卑尔脱山羊草的等位基因，这些基因序列紧接着被用来鉴定和检测等位基因突变体，其中部分序列被转化成了 CAPS 标记用于含有 *Lr*47 的杂合体。

*Lr*66 来自拟斯卑尔脱山羊草（*Ae. speltoides*）。Marais 等（2010）将 2 份拟斯卑尔脱山羊草中的 2 个小麦叶锈病抗性基因转移到了小麦中，获得了 2 份小麦—拟斯卑尔脱山羊草渐渗系 S24 和 S13。因为这两份渐渗系中含有来自拟斯卑尔脱山羊草的杀配子染色体，因此，无法应用于商业小麦中。Marais 等（2010）尝试利用染色体体工程手段将杀配子基因从这两份渐渗系中清除。虽然，实验数据揭示可能多种遗传途径影响和主导杀配子行为，但是，S13 中的杀配子基因已经被去除掉了，因此，S13 可以作为叶锈抗源用于小麦商业育种中，其中的抗叶锈基因被命名为 *Lr*66。

*Lr*37 来自偏凸山羊草（*Ae. ventricosa*）。Bariana 等（1993）在对 VPM1 进行遗传分析时发现其秆锈病、条锈病、叶锈病以及白粉病抗性均由 1 个单基因控制。这些基因来自偏凸山羊草，被分别命名为 *Sr*38、*Yr*17、*Lr*37 和 *Pm*4b。Zhang 等（2004）利用 100 条 ISSR 引物对 Thatcher 及其 20 个含有不同叶锈病抗性基因的近等基因系、3 份含 *Lr*37 和 3 份不含 *Lr*37 的材料进行分析，结果发现 2 条引物可以在这些近等基因系、Thatcher 和 *Lr*37/6 × Thatcher 中扩增出多态性，获得的多态性带分别被命名为 UBC812-1200 和 UBC848-700。而仅 UBC812-1200 可以在含有 *Lr*37 的材料中扩出，不含 *Lr*37 的材料则不能扩增出该条带，因此，UBC812-1200 与 *Lr*37 可能是连锁的。利用 *Lr*37/6 × Thatcher（抗叶锈病，含 *Lr*37）/Thatcher（感叶锈病，不含 *Lr*37）杂交 F_2 分析群体进行分析，结果再次确证 UBC812-1200 与 *Lr*37 是连锁的。

*Lr*54 来自粘果山羊草（*Ae. kotschyi*）。具有坚硬颖片的小麦—粘果山羊草附加系 8078 苗期高抗小麦叶锈病。在小麦族中，编码坚硬颖片的基因位于第二同源群染色体上（McIntosh et al., 2003），因此，小麦—粘果山羊草附加系 8078 中粘果山羊草染色体应属于第二同源群。Marais 等（2005）为了诱导 8078 中粘果山羊草染色体与小麦第二同源群染色体发生易位，他们将 8078 分别与中国春小麦 2A 单体、2B 单体和 2D 单体分别进行杂交，从其杂交 F_1 中筛选染色体条数 2n=42 的植株用于自交。获得的染色体条数为 42 的植株应为 2A、2B、2D 染色体分别和第二同源群粘果山羊草染色体组合形成的双单体。双单体与感叶锈病的小麦 W84-17 进行测交，从测交 F_2 用于筛选补偿性罗伯逊易位系，结果显示，小麦 2DL 与粘果山羊草染色体发生了罗伯逊易位，该易位系中来自粘果山羊草

染色体上的叶锈病抗性基因被命名为 Lr54。

Lr56 来自沙融山羊草 (*Ae. sharonensis*)。沙融山羊草对小麦叶锈和条锈病具有好的抗性，为了转移其优异抗性，Marais 等（2006）开展了沙融山羊草与小麦的杂交工作，并获得了大量杂交渐渗材料。以这批材料为基础，利用单体和端体分析推断抗病基因可能已经交换到小麦 6A 染色体上，利用小麦 6A 染色体上的微卫星标记进一步确证了这一点。渗入的沙融山羊草染色质涉及 6AL 近端和整个 6AS 染色体，因此，无法判定到底是那段染色体含有抗性基因并且抗性表现为非孟德尔遗传。基因符号 Lr56 和 Yr38 被分别用来命名来自沙融山羊草的小麦叶锈和条锈病抗性基因。为了研究清楚抗性基因到底位于 6AL 近端部还是6AS 染色体，Marais 等（2010）以小麦—沙融山羊草渐渗系为材料，利用 Ph1基因缺失突变体开展了沙融山羊草染色体与小麦染色体同源重组的工作。缺失Ph1 基因并且含有杂合易位染色体的材料与中国春缺体四体 N6AT6B、N6AT6D进行杂交，抗病后代材料用小麦微卫星引物进行分析，结果表明，53 个重组体中的 30 个在 Lr56 区域发生了断裂即微卫星标记检测到易位断点，Lr56 应在染色体 6AL 的近端部，离该基因最近的标记是 Xgwm427。

Lr57 来自卵穗山羊草 (*Ae. geniculata*)。Aghaee-Sarbarzeh 等（2002）发现，卵穗山羊草 5Mg 染色体抗小麦叶锈病。他们利用小麦—卵穗山羊草 5Mg（5D）代换系与面包小麦进行杂交获得了相关易位系，进而利用 Ph^I 诱导同源重组。在获得的诱导后代中鉴定出了一株包含 5MgL 染色体的抗小麦叶锈病的小片段易位系。Kuraparthy 等（2007a）对这些小片段易位系进行了进一步诱导和鉴定，鉴定出一个抗小麦叶锈病的 T5MgS·5MgL-5DL 易位系，获得了几个抗小麦叶锈病的隐性易位系。他们还对小麦—卵穗山羊草 T5MgS·5MgL-5DL 易位系与Wichita 的杂交后代进行了分子细胞细胞学分析，获得了与抗性基因共分离的分子标记-RFLP 标记 FBB276 和 cDNA 标记 GSP，该易位系中 *Ae. geniculata* 染色体上的抗叶锈基因命名为 Lr57。

Lr58 来自钩刺山羊草 (*Ae. triuncialis*)。Kuraparthy 等（2007b）利用分子标记从小麦—钩刺山羊草后代中检测到了一些原位杂交检测不到信号但是又具有包括小麦叶锈病抗性在内的钩刺山羊草性状的隐性易位。对隐性易位/普通小麦$F_{2:3}$群体分析表明，小麦叶锈病由一个单基因控制。利用分子标记对抗感集群进行分析，发现第二同源群的 RFLP 标记 *XksuF*11，*XksuH*16 和 *Xbg*123 可以在二者之间获得多态性。此外，小麦第二同源群长臂（2BL）末端的微卫星标记 *Xcfd*50与叶锈抗性共分离，说明小麦—钩刺山羊草易位发生在小麦 2BL 染色体末端区域，因而，该易位系应该是 T2BS·2BL-2'L 易位。该易位系中的抗小麦叶锈病基因被命名为 Lr58。除了上述 4 个标记外，Kuraparthy 等（2011）还建立 1 个

STS 标记 *Xncw-Lr*58-1 用于辅助 *Lr*58 向冬小麦的转育。

*Lr*59 来自柱穗山羊草 (*Ae. peregrina*)。Marais 等 (2008) 发现编号为 680 的柱穗山羊草对混合叶锈菌生理小种具有良好抗性。为了向小麦转移该抗性，他们利用柱穗山羊草 680 作为杂交亲本开展与六倍体小麦的杂交回交工作，在其自交后代中了鉴定出涉及小麦 1A 染色体易位的抗叶锈病的小麦—柱穗山羊草易位系 0306，该易位系上的抗叶锈基因被命名为 *Lr*59。

*Lr*62 来自短穗山羊草 (*Ae. neglecta*)。为了转移短穗山羊草的小麦叶锈病抗性，Marais 等 (2009) 分别以短穗山羊草和中国春小麦为父本和母本进行杂交。抗小麦叶锈病的杂交后代用于与中国春回交，然后，具有叶锈病抗性的杂交后代再与矮秆中国春进行杂交获得抗小麦叶锈病的中国春—短穗山羊草附加系。以该附加系为基础而获得的中国春—短穗山羊草易位系 03M119-71A 具有叶锈抗性，抗性来自短穗山羊草，是一个未被报道过的新基因，被命名为 *Lr*62。

Bonhomme 等 (1995) 利用 RFLP 分析对抗叶锈病的小麦—偏凸山羊草 XM^v (X 表示染色体同源群未确定) 附加系进行了鉴定，结果发现，相对于标准小麦染色体组，该附加系中的 XM^v 染色体是一个易位染色体，所发生易位是 2M^v 短臂的一段连接到缺乏短臂末端的 6M^v 染色体上。对小麦—偏凸山羊草 2M^{v}S 短臂删除系等材料进行叶锈病鉴定将抗叶锈病基因定位在 2M^{v}S-6M^{v}S·6M^{v}L 易位染色体中的 2M^{v}S 上。通过对一个自发产生的小麦—偏凸山羊草易位系进行鉴定发现，偏凸山羊草 2M^{v}S 染色体的一小部分易位到了小麦 2A 染色体上并且该易位系对小麦病具有良好抗性，确证了上述抗叶锈基因定位结果。

(三) 山羊草属物种抗秆锈病基因向小麦转移研究

*Sr*34 来自顶芒山羊草 (*Ae. comosa*)。Riley 等 (1968) 将来自顶芒山羊草与小麦进行杂交回交，获得了小麦—顶芒山羊草 2M (2A) 代换系，以该代换系为父本，以小麦为母本进行杂交，创制了小麦—顶芒山羊草 2A-2M 和 2D-2M 易位系。McIntosh 等 (1982) 将来自顶芒山羊草易位系的小麦秆锈病抗性基因导入了小麦 Compair，将其命名为 *Sr*34。

*Sr*38 来自偏凸山羊草 (*Ae. ventricosa*)。Banana 和 McIntosh (1993) 将由偏凸山羊草导入小麦的秆锈病抗性基因 *Sr*38 和 *Yr*17 定位在小麦 2A 染色体上。Banana 和 McIntosh (1994) 的研究表明，*Sr*38、*Yr*17 和 *Lr*37 均可能来自偏凸山羊草 6M 染色体。Tanguy 等 (2005) 进一步将该 6M 附加系中偏凸山羊草染色体结构进行了解析，发现其染色体组成应该是 6NvL-2NvS，因而，*Sr*38 和 *Yr*17 可以更容易的交换到小麦 2A 染色体上。

*Sr*39 来自拟斯卑尔脱山羊草 (*Ae. speltoides*)。Kerber 和 Dyke (1990) 最早

将来自拟斯卑尔脱山羊草的秆锈病基因 $Sr39$ 转移给六倍体小麦栽培品种 Marquis，并且已经将该基因定位在小麦 2B-拟斯卑尔脱山羊草 2S 易位染色体上（McIntosh et al.，1995；Friebe et al.，1996）。因为含有该基因的拟斯卑尔脱山羊草 2S 染色体片段太大，上面携带不利于农业生产的性状，因此在小麦育种中的利用并不多。鉴于此，Mago 等（2009）开展了缩短该易位系中拟斯卑尔脱山羊草染色体的工作，利用中国春 $ph1b$ 基因缺失突变体对其进行诱导，获得了可以应用于小麦育种的抗小麦秆锈病尤其是 Ug99 的小麦—拟斯卑尔脱山羊草小片段易位系。

$Sr47$ 来自拟斯卑尔脱山羊草（*Ae. speltoides*）。Justin 等（2008）利用 Ug99 和 6 个其他小麦秆锈菌对小麦—拟斯卑尔脱山羊草杂交种 DAS15 进行接种检测，发现 DAS15 对供试小麦秆锈菌具有良好抗性，因此对这份材料进行了精细鉴定，结果发现该材料是小麦—拟斯卑尔脱山羊草 T2BL-2SL·2SS 易位系，该易位系中的小麦秆锈病抗性基因被命名为 $Sr47$。为了缩短该易位系中的拟斯卑尔脱山羊草染色体，Klindworth 等（2012）利用中国春 $ph1b$ 基因缺失突变体对该易位系进行诱导，从诱导后代中鉴定出了抗小麦秆锈病尤其是 Ug99 的小麦—拟斯卑尔脱山羊草小片段易位系。

$Sr51$ 来自希尔斯山羊草（*Ae. searsii*）。Friebe 等（1995）创制了小麦—希尔斯山羊草代换系。经鉴定，Liu 等（2011a）发现，其中第三同源群附加系 DS3S^s（3A）（TA6555）、DS3S^s（3B）（TA6556）和 DS3S^s（3D）（TA6557）对小麦秆锈菌 RQKKC 和 TTSSK（Ug99）均具有良好抗性。为了获得抗秆锈病的小麦—希尔斯山羊草易位系，Liu 等（2011a）将上述 3 个代换系分别与中国春 $ph1b$ 基因缺失突变体进行杂交，分别获得 3S^s 和 3A 双单体、3S^s 和 3B 双单体、3S^s 和 3D 双单体。因为 $ph1b$ 的缺失容易造成染色体错分裂与重接，在这 3 份双单体杂交后代中他们筛选到抗秆锈病的 T3AL-3S^{s}S、T3BL-3S^{s}S、T3DL-3S^{s}S 和 T3DS-3S^{s}S-3S^{s}L 易位系，将来自这些易位系中 3S^s 染色体片段上的抗秆锈病基因命名为 $Sr51$。

$Sr53$ 来自卵穗山羊草（*Ae. geniculata*）。Liu 等（2011b）对一套小麦—卵穗山羊草山羊草进行小麦叶锈病抗性检测，发现 5M 附加系对 Ug99 和 RKQQC 具有良好抗性。为了定位抗性基因来源于 5M 短臂或长臂，他们利用 5M 端体系又进行叶锈病抗性鉴定，发现 5ML 上含有抗小麦秆锈病基因。为了获得小麦—卵穗山羊草 5M 染色体小片段易位系，Liu 等（2011b）利用 Chen 等（1994）创制的 T5DL-5MgL·MgS 易位系为基础，利用中国春 $ph1b$ 基因缺失突变体进行诱导并利用其杂交后代对抗病基因进行作图，获得了多个抗 Ug99 的小麦 5D—卵穗山羊草 5M 染色体小片段易位系。

Liu 等（2011）发现中国春—希尔斯山羊草 3S^{s}附加系高抗小麦秆锈病而对照中国春则表现为高感，为了获得抗秆锈病的染色体小片段易位系，将中国春—希尔斯山羊草 3S^{s}附加系与中国春缺体进行杂交，从杂交后代中鉴定出小麦—希尔斯山羊草整臂易位系 T3AL·3S^{s}S、T3BL·3S^{s}S、T3DL·3S^{s}S 以及小麦—希尔斯山羊草染色体小片段易位系 T3DS-3S^{s}3S^{s}L，结合抗病定鉴定将抗秆锈基因 Sr51 定位在希尔斯山羊草 3S^{s}S 染色体臂上。

Faris 等（2008）利用细胞遗传学手段对硬粒小麦—拟斯卑尔脱山羊草染色体系进行鉴定，发现材料 DAS15 中含有小麦—拟斯卑尔脱山羊草易位染色体，该易位涉及拟斯卑尔脱山羊草短臂、着丝粒和长臂的主要部分，被命名为T2BL-2SL·2SS。利用小麦秆锈菌 Ug99 和 6 个其他的菌种对硬粒小麦—拟斯卑尔脱山羊草 T2BL-2SL·2SS 易位系 DAS15 进行接种鉴定，结果显示，DAS15 对接种的 7 种秆锈菌生理小种均有抗性，而其他小麦—拟斯卑尔脱山羊草染色体易位系则不抗上述秆锈菌，与含有来自拟斯卑尔脱山羊草的抗秆锈基因 Sr32 和 Sr39 的遗传资源进行比较发现，DAS15 中可能含有新的抗秆锈病基因。

（四）山羊草属物种抗白粉病基因向小麦转移研究

山羊草属具有对小麦白粉病的优异抗性，为转移山羊草属抗白粉病基因进入小麦打下了基础（Gill et al.，1986）。Miller 等（1988）用英国冬小麦品种Wembley 作母本，与拟斯卑尔脱山羊草杂交，并以 Wembley 作轮回亲本 5 次回交和 2 代自交，获得了一个抗白粉病的新品系 Line31，Line31 携带有一个来自拟斯卑尔脱山羊草的显性抗小麦白粉病基因 Pm12，表现对欧洲的白粉病生理小种免疫，贾继增等科学家用 10 个 RFLP 探针鉴定认为，Line31 为 6S/6B 染色体易位系，连锁分析表明，抗白粉病基因 Pm12 与位于 6S 长臂的 a-Amy-S1 基因紧密连锁。

王军（2004）采用含有 Pm12 的 BC$_7$F$_2$分离群体进行 SSR 分析，发现 EST-SSR 引物 Xcau108 在抗白粉病株上有两条介于 200~300bp 的特异带，而在感病株上缺少此带，定名为 Xcau108/200-300。通过 132 个单株群体验证发现，该基因与 Xcau108/200-300 标记位点共分离。

顾锋（2004）利用 RAPD 分子标记技术对小麦抗白粉病基因 Pm12 进行了分子标记分析。以抗感杂交 F$_2$分离群体为材料，利用集群分离分析法对抗白粉病基因 Pm12 进行 RAPD 分析，从 230 个随机引物中筛选到一个与 Pm12 紧密连锁的标记 S1071900，该标记与 Pm12 之间的连锁距离为 11.98±4.00cM。

Pm13 来自高大山羊草（Ae. longissima）。Ceoloni 等（1988）发现，高大山羊草对小麦白粉病具有良好抗性，该抗性由一个显性单基因（命名为 Pm13）控制，因此，将该抗性（基因）导入了中国春小麦。经鉴定发现该抗病基因来自高大山羊草 3S^l 染色体，为了诱导产生抗白粉病的重组体，Ceoloni 等（1992）利用中国春 *ph1b* 基因缺失突变体为工具诱导小麦第三同源群染色体与高大山羊草 3S^l 染色体之间的重组。在获得含 *Pm*13 的重组体之后，他们又将该重组染色体导入了不同的普通小麦中。

粗山羊草（*Ae. tauschii*，又名 *Ae. squarrosa*），是小麦 D 染色体组的供体，具有对小麦白粉病得优良抗性。*Pm*19 来自粗山羊草。Lutz 等（1995）在对二倍体粗山羊草进行白粉病鉴定时发现，编号为 AE 457/78 的材料对小麦白粉菌具有良好抗性，因此，以 AE 457/78 为父本以感白粉病的硬粒小麦为母本合成了六倍体小麦 XX186。在对人工合成的六倍体小麦进行白粉病鉴定时发现该小麦的白粉病反应型不同于其他已经报道的白粉病抗性基因，进而，对该基因进行了染色体定位，发现该基因在合成小麦 XX186 的 7D 染色体上，是一个新基因，命名为 *Pm*19。

*Pm*29 来自卵穗山羊草（*Ae. ovata*）。Zeller 等（2002）发现，小麦 Pova 高抗小麦白粉病，而 Pova 是由小麦 Poros—卵穗山羊草附加系派生而来。单体分析表明抗病基因来自小麦 7D 染色体。AFLP 和 RFLP 分析表明，1 个 RFLP 标记和3 个 AFLP 标记与该基因连锁，该基因对多个小麦白粉菌生理小种的反应型明显不同于已报道的定位在 7D 染色体上的 *Pm*19，是一个新基因，命名为 *Pm*29。

*Pm*32 来自拟斯卑尔脱山羊草（*Ae. speltoides*）。Hsam 等（2003）将抗白粉病的拟斯卑尔脱山羊草 VIR 与小麦 Rodina 进行杂交，然后再回交 5 次，从回交后代中鉴定出了小麦—拟斯卑尔脱山羊草易位系 L501。经鉴定发现，L501 的抗性由一个主效抗性基因控制，该基因来自拟斯卑尔脱山羊草 1S 染色体短臂，该易位系上的抗白粉病基因被命名为 *Pm*32。

*Pm*34 来自粗山羊草（*Ae. tauschii*）。Miranda 等（2006）发现，小麦种质 NC97BGTD7 高抗小麦白粉病，将该种质与感白粉病小麦 Saluda 进行杂交，对其杂交 F$_2$ 衍生材料进行分析发现，该抗性由一个单基因控制。利用微卫星引物对这批材料进行分析，获得了 3 个共线性标记，X*barc*177-5D、X*barc*144-5D 和 X*gwm*272-5D，分别距离该基因 5.4cM、2.6cM 和 14cM，与已经报道的定位在 5D 染色体上的 *Pm*2 染色体位置不同，命名为 *Pm*34。

*Pm*35 来自粗山羊草（*Ae. tauschii*）。Miranda 等（2007）发现，小麦种质 NC96BGTD3 高抗小麦白粉病，将该种质与感白粉病小麦 Saluda 进行杂交，对其杂交 F$_2$ 衍生材料进行分析发现，该抗性由一个定位与小麦 5D 染色体长臂上的单基因控制。以小麦缺体四体为工具材料，利用微卫星引物对这批材料进行分析，获得了与抗病基因连锁的标记 3 个，X*cfd*7、X*gdm*43 和 X*cfd*26，分别距离该基因

10.3cM、8.6cM 和 11.9cM。该基因的反应型与已经报道 Pm2 和 Pm34 及其他基因不同。基因等位性检测表明，该基因与 Pm34 是相互独立分离的，因此是一个新基因，命名为 Pm35。

Pm53 来自拟斯卑尔脱山羊草。Petersen 等（2015）将感白粉病的小麦 Saluda 与采集于以色列海法地区抗白粉病的拟斯卑尔脱山羊草 TAU829 进行杂交并回交 2 次，从 BC$_2$F$_7$ 中选出抗白粉病的 NC-S16，将 NC-S16 与感白粉病的 Coker 68-15 再进行杂交，对其 F$_1$、F$_2$ 以及 F$_{2:3}$ 家系进行白粉病抗病鉴定，发现其抗性由 1 个显性抗病基因控制。利用 SSR 标记和 SNP 标记对抗病进行基因作图，将该基因定位在标记 Xgwm499、Xwmc759、IWA6024 和 IWA2454 之间，该区间内仅含抗白粉病基因 Pm36，用不同白粉菌生理小种对其进行分析发现，二者抗谱不同，因此，源自 NC-S16 的抗白粉病基因是一个新基因，被命名为 Pm53。

Pm57 来自希尔斯山羊草。Liu 等（2017）将小麦—希尔斯山羊草 2S^s#1 附加系与中国春 ph1b 基因缺失突变体进行杂交，其 F$_1$ 用中国春 ph1b 基因缺失突变体进行回交，利用希尔斯山羊草 2S^s#1 染色体特异标记和 ph1b 基因特异标记对其自交 F$_2$ 进行筛选，获得含纯合 ph1b 基因且含希尔斯山羊草 2S^s#1 染色体的单株进行自交，利用分子标记、基因组原位杂交和荧光原位杂交对其自交 F$_2$ 进行筛选和鉴定，从中获得小麦—希尔斯山羊草 T2BS·2BL-2S^s#1L 易位系。抗病性分析鉴定发现，希尔斯山羊草 2S^s#1L 上含有 1 个抗白粉病基因，被命名为 Pm57。

Pm58 来自粗山羊草。Wiersma 等（2017）将抗白粉病的粗山羊草与感白粉病的六倍体小麦 KS05HW14 进行杂交并对其进行回交，利用源自 GBS-SNP 的 KASP 标记对其 BC$_2$F$_4$ 群体中进行分析，发现该群体白粉病抗性由 1 个单抗病位点控制，该抗病位点两翼分子标记分别为 TP154642 和 TP159900，区间距离约为 0.8cM，将该区间抗白粉病基因命名为 Pm58。

除了已向小麦转入了的抗白粉病基因 Pm12、Pm13 和 Pm19 等基因外，从山羊草属其他物种抗性基因得转移工作也在开展。Ae. kostschyi 是山羊草的一个四倍体种，染色体组为 UUSS，Spetsov 等（1998）的研究表明，它们具有优异的成株期抗白粉病性，他们将 Ae. kostschyi 的抗性转入小麦后，进行的抗性分析表明，具有一对随体的染色体 1U 上有控制白粉病抗性和黑芒的因子。另外，Peil（1997）在一年生种物种 Ae. caudata（2n=14，染色体组为 CC）的染色体 C 附加系鉴定抗白粉病，并获得了与 5A 和 5D 的代换系。Simeone 等（1998）利用 Ae. caudata 与硬粒小麦 ph 突变体合成的双二倍体，与普通小麦杂交的后代中选育了一些抗白粉病材料，初步认为其染色体 5U 对抗白粉病性有贡献。Eser 等

（1997）用细胞学、同工酶分析结合 RAPD 分析，鉴定了抗小麦白粉病的小麦—
Ae. speltoides 的易位系和小麦—*Ae. mutica* 的染色体代换系，初步认为 *Ae. mutica*
的第 7 同源群的染色体具有对白粉病的抗性有贡献。对 *Ae. bicornis*，*Ae.
cylindrica* 的抗白粉病研究，Tosa 等（1995）用基因对基因关系的研究认为，它
们含有与普通小麦 D 染色体组的抗 *E. graminis* f. sp. *secalis* 和 f. sp. *agronpyi* 的
*Pm*15 基因的抗性。

朱振东等（2003）用离体叶段接种方法鉴定了 11 个四倍体小麦—山羊草双
二倍体、波斯小麦 PS5、硬粒小麦 DR147、5 份山羊草、杂交高代材料 Am9/莱
州 953×2 F_5 和（DR147/Ae14）//莱州 953×2 F_4 对 20 个具有不同毒力白粉菌
株的抗谱，通过与含有已知抗病基因品种或品系的反应模式比较，推测 Am9/莱
州 953×2 F_5 含有 *Pm*4b，波斯小麦 PS5 含有 *Pm*4b 与 1 个未知抗病基因，
（DR147/Ae14）//莱州 953×2 F_4 和硬粒小麦 DR147 含有 *Pm*4a 和 1 个未知抗病
基因，尾状山羊草 Ae14 和小伞山羊草 Y39 抗所有白粉菌株，由于迄今还没有在
尾状山羊草和小伞山羊草中鉴定出抗白粉病基因，推测这 2 份山羊草含有新的
抗白粉病基因。

张海泉（2006）利用分离群体分组分析法将抗小麦白粉病 E11 菌株的粗山
羊草材料 Y219 与感病材料 Y169 杂交获得分离群体，抗病性鉴定发现，F_1 代表
现抗病，F_2 代出现抗感 3∶1 分离，用 SSR 标记技术将抗病新基因 *PmAeY*1 定位
在 2D 染色体上。遗传分析发现 *PmAeY*1 与微卫星标记 Xgwm484、Wmc453、Xg-
wm515 和 Xgwm157 的遗传距离分别为 30.4cM、23.4cM、6.1cM 和 5.5cM。

张海泉等（2008）用离体叶段鉴定和田间鉴定相结合的方法，对来自不同
产地的 38 份粗山羊草进行白粉病抗性鉴定，发现 9 份材料对小麦白粉病免疫和
近免疫，并将自粗山羊草 Y215 的抗病基因已通过遗传重组导入普通小麦中。

张海泉等（2008）用矮败与粗山羊草 Y215 配制杂交组合，对杂种后代进行
抗病鉴定和遗传分析发现粗山羊草 Y215 含有一对显性抗白粉病基因，并分别在
杂种后代 BC_2F_1 和 BC_1F_2 中获得了细胞学稳定且与供体亲本一致的抗白粉病植
株，即将来自粗山羊草 Y215 的抗病基因已通过遗传重组导入普通小麦中，同时
应用 SSR 标记和分离群组分离法将其定位在 3DS 染色体上，暂时命名
为 *PmY*215。

王玉海等（2016）创制了一个细胞学稳定、农艺性状和育性良好的小麦—
山羊草渐渗系 TA002，它含有偏凸—柱穗山羊草双二倍体特有的贮藏蛋白亚基及
其双亲没有的新亚基且高抗小麦白粉病，其白粉病抗性受显性单基因控制，该
基因可能是来自偏凸山羊草或柱穗山羊草的一个新的白粉病抗性基因。

（五）山羊草属物种其他优异基因向小麦转移研究

Weng 等（2005）利用国际小麦作图计划的重组自交系作图群体为材料，接种麦二叉蚜，表型鉴定发现粗山羊草 W7984 中有一个控制麦二叉蚜抗性的显性基因。利用国际小麦作图计划群体中分子标记进行连锁分析，将该基因定位在染色体 7DL 臂上。基于 F_2 和测交植株对麦二叉蚜采食反应的分离的等位性试验表明，W7984 和另一条携带麦二叉蚜抗性基因 Gb3 的人工合成株系 Largo 的麦二叉蚜抗性不同，是由与 Gb3 连锁的位点控制的。为了对 Gb3 进行遗传作图，Weng 等（2005）参照国际小麦作图计划的参考图谱及区间作图策略，构建了包含 130 个 F_7 单株的 Largo×TAM 107 作图群体，建立了与 Gb3 共分离的 SSR 标记 Xwmc634 和 Xbarc76、Xgwm037、Xgwm428 和 Xwmc824 等 4 个与 Gb3 紧密连锁的 SSR 标记。比较基因组作图结果证实 W7984 和 Largo 中的麦二叉蚜抗性受两个不同位点控制，因而，W7984 中的麦二叉蚜抗性基因被命名为 Gb7。

Kumar 等（2019）对山羊草属物种以及小麦—山羊草染色体系进行了加工品质与营养品质进行了研究，发现希尔斯山羊草、卵穗山羊草和高大山羊草对小麦的面包加工品质有正效应，小伞山羊草的低分子谷蛋白亚基与小麦面包加工品质相关联，粘果山羊草和两芒山羊草染色体导入小麦能够提高小麦籽粒铁锌含量。

第三节　黑麦属物种优异基因/性状导入小麦

（一）黑麦属物种抗条锈病基因向小麦中转移研究

黑麦是改良小麦产量、品质及适应性的丰富基因源，栽培黑麦（S. cereale L.）是小麦远缘杂交和染色体工程育种最为成功利用的外源物种，小麦—黑麦易位系在小麦生产中得到最为广泛的应用（任正隆，1991）。来自于黑麦的抗小麦条锈病的基因最著名的当属 1RS/1BL 染色体上的 Yr9 基因。小麦—黑麦 1BL/1RS 易位系来自小麦品系 Riebesel47-51，而此品系就是通过小麦材料 Lembkes Obotriten 与栽培黑麦 Petkus Roggen 杂交，然后从其自交后代中创制而来（Zeller，1973）。由于 1R 本身所含有利基因和人工选择抗白粉病，抗条锈病基因的双重作用下，使得欧洲和世界其他国家的小麦中有大量的 1RS/1BL 易位系，如在世界各地广泛作为亲本的 Kavkaz（高加索）、Avrora（阿夫乐尔）和洛夫林等小麦品种。但在最近十余年，对栽培黑麦优异基因的转移出现低潮，主要在于以 1RS/1BL 易位系的高产特性已得到了充分发挥，该染色体上其他抗性基因

*Yr*9、*Pm*8 和 *Lr*26 在我国已失去抗病性，同时黑麦染色体 1RS 上编码的黑麦碱（*Sec*1）位点对品质的劣化影响已被认识。虽然除了位于 1RS/1BL 染色体上的 *Yr*9 基因被正式命名外，尚未见其他抗条锈病基因的命名，但国内外仍然一直在开展将黑麦中的其他抗条锈病基因向小麦中渗入工作（Rabinovich，1998），可能是不同黑麦来源的 1RS/1BL 染色体上含有 *Yr*9 的新等位基因。

薛秀庄等（1996）利用 *Ph* 基因效应及定向选择，将奥地利黑麦中的抗条锈病基因导入普通小麦中，培育了品系 M8003，表现对条中 22～29 免疫，并认为是不同于"洛类品种"1RS/1BL 类型的新的抗性材料，并用染色体 C 带鉴定证明，M8003 具有 2BS/2RS 的端部易位和 5AL/5RL 的部分易位。

刘登才等（2002）在用小麦新中长和秦岭黑麦杂交时，获得了一个自然结实的早代稳定特异小麦 99L2，抗性检测发现，99L2 表现为高抗条锈病，其后，其课题组发现 99L2 具有秦岭黑麦染色体长臂 1RL 上的高分子量黑麦亚基 *Sec*-3 和 2RS 上的基因 *Sec*-2 位点编码的 75K *γ*-*secalin* 亚基，表明黑麦 1RL 和 2RS 上相应的 DNA 片段转入了小麦。通过醇溶蛋白电泳检测并没发现 1RS/1BL 的特征条带，因此可以推测 99L2 的抗条锈特性可能来自于黑麦 1R 染色体外的其他染色体。

最近，Yang 等（2009）对新的黑麦资源—非洲黑麦（*S. africanum* Stapf.）和 2 个栽培小麦的双二倍体进行抗条锈病检验，发现非洲黑麦能对当下流行的 *Yr*9 基因失去抗性的条锈病生理小种有很好的抗性。

（二）黑麦属物种抗叶锈病基因向小麦中转移研究

*Lr*25 来自栽培黑麦（*S. cereale*）。Driscoll 和 Anderson（1967）将来自黑麦的抗小麦叶锈病基因 *Lr*25 以染色体易位的形式导入小麦 4B 染色体。最近，Singh 等（2012）利用分别含 *Lr*25 和不含 *Lr*25 的抗感叶锈病的 TcLr25 和 Agra Local 进行杂交，利用微卫星引物对其杂交 F_3 进行分析，结果发现，标记 Xg-wm251 是 4BL 染色体上距离 *Lr*25 为 3.8cM 的 1 个共显性标记。

*Lr*26 来自栽培黑麦（*S. cereale*）。Singh 等（1990）分别利用来源于 Petkus 黑麦的 Egret/Kavkaz 1BL·1RS 易位系和中国春—帝国黑麦 1BL·1RS 易位系作为杂交亲本，与小麦—King II 黑麦 1R（1B）代换系进行杂交，获得杂交 1RS/1R 染色体的 F_1 杂合体。然后再用中国春 1BL 或 1BS 端体与获得的 F_1 杂合体进行杂交，获得种子后自交。上述 1BL·1RS 易位系均抗小麦叶锈病、条锈病和秆锈病，而利用由 1RS/1R 染色体 F_1 杂合体而来的 F_2 进行分析，没有获得相关重组体，因此推断该 3 个抗性（基因）是紧密连锁的或者存在于染色体上同一个比较复杂的区段上。利用生化标记将该 3 个基因定位于离 *Sec*-1 为 5.4±1.7cM 的

地方，这 3 个基因中的叶锈抗性基因被命名为 *Lr*26。

*Lr*45 来自栽培黑麦（*S. cereale*）。日本学者 Mukade 等（1970）利用 X 射线诱导等方式开展了将黑麦基因组叶锈病抗性导入小麦的工作，获得了一大批小麦—黑麦杂交种质。McIntosh 等（1995）从日本引进的材料中鉴定出了小麦—黑麦 T2AS-2RS·2RL 易位系 ST-1，该易位系中小麦叶锈病抗性基因命名为 *Lr*45。Zhang 等（2006）利用 AFLP 技术对 Thatcher、含有不同叶锈抗性基因的近等基因系、TcLr45×Thatcher F$_2$ 后代材料进行分析，结果发现，P-AGG/M-GAG$_{261bp}$ 和 P-ACA/M-GGT$_{105bp}$ 与 *Lr*45 紧密连锁，二者分别位于 *Lr*45 两侧，遗传距离分别为 0.6cM 和 1.3cM。Yan 等（2009）利用 RAPD 方法对 TcLr45 的近等基因系及其感病亲本 Thatcher 进行分析，发现引物 OPH20 可以在抗感植株中扩增出多态性。对长度约为 1 500bp 的 OPH20 扩增产物进行克隆测序，根据获得的序列设计特异引物（引物间距离为 1272 bp）对 TcLr45×Thatcher 的 F$_2$ 群体进行分析，结果表明，标记 Ypsc20H$_{1272}$ 距离 *Lr*45 8.2cM，可以作为 SCAR 标记用于育种工作中。

（三）黑麦属物种抗秆锈病基因向小麦中转移研究

*Sr*27 来自于帝国黑麦。该基因最早于 1962 年被 Acosta AC 发现，并将相关研究发表在其毕业论文里，其后，Singh 和 Mcintosh（1988）对 *Sr*27 和抗秆锈病基因 *Sr*$_{Satu}$ 的等位性进行了检测，认为两基因是等位基因或紧密连锁的。

*Sr*31 来自于栽培黑麦。McIntosh（1988）将来自小麦—黑麦 1RS·1BL 易位系上的抗秆锈基因命名为 *Sr*31。该易位系上除了含有 *Sr*31 外，还含有抗叶锈病基因 *Lr*26 和抗条锈病基因 *Yr*9。Singh 等（1990）对 1BL·1RS/1R 杂合体与中国春 ditelocentric 1BL 的测交群体攻击 214 粒种子进行分析，结果发现，3 种病害在 214 个单株中未见发生分离现象，因此，认为 3 个基因在同一基因座位内。

*Sr*50 来自于帝国黑麦。Shepherd 最初发现小麦—帝国黑麦 1RS 易位系高抗小麦秆锈病，将来自帝国黑麦 1RS 的抗秆锈基因称为 *SrR*，后将该基因命名为 *Sr*50。另外，科学家们还发现，在 Amigo 黑麦 1RS 上还含有另一个抗秆锈病基因 *SrR*[Amigo]。Mago 等（2015）对含 *Sr*31、*Sr*50 或 *SrR*[Amigo] 的小麦—黑麦 1RS·1BL 易位系进行抗谱分析发现，*SrR*[Amigo] 对秆锈菌生理小种 TRTTF 和 TKKTP 表现为感病，而 *Sr*31 和 *Sr*50 表现为抗病；*Sr*50 对秆锈菌生理小种 QCMJC 表现为感病，而 *Sr*31 和 *SrR*[Amigo] 表现为抗病，因此，可通过 3 个基因对不同秆锈菌生理小种的抗谱来区分它们。

*Sr*59 来自栽培黑麦。Rahmatov 等（2016）将小麦—黑麦 2R（2D）代换系 SLU238 与中国春 *ph1b* 基因缺失突变体进行杂交，获得 49 粒 F$_1$ 种子。F$_1$ 种子自

交获得 863 粒 F_2 种子，利用秆锈菌接种的方式对这 863 个单株进行抗病性检测，利用分子标记、荧光原位杂交等方法对其进行鉴定，从中鉴定出了抗小麦秆锈病的小麦—黑麦 2DS·2RL 罗伯逊异易位系，将该易位染色体上的抗秆锈基因命名为 Sr59。

（四）黑麦属物种抗白粉病基因向小麦中转移研究

关于黑麦基因组对小麦生产的巨大贡献，主要在于 1RS/1BL 易位系的广泛应用。来源于黑麦染色体上的抗条锈病基因 Yr9、抗叶锈病基因 Lr26、抗秆锈病基因 Sr31 和抗白粉病基因 Pm8 等的作用（Zeller，1973；McIntosh et al.，1993）。

Heun 等（1990）用来源于小麦品种 Thatcher 与 Prolific 黑麦的一整套近等基因的小麦—黑麦附加系、代换系和易位系，分析了来源于黑麦染色体对小麦白粉病抗性的潜在价值。结果表明，Prolific 黑麦的 1R、4R、7R 对所用的白粉病菌株没有抗性。而来源于染色体 2D（2R）代换系具有较好的抗性，6R 附加系和 6R（6D）代换系表现抗所用的菌系，表明黑麦染色体 6R 具有对白粉病抗性的新基因。

Driscoll 和 Jensen（1965）将黑麦 Rosen 与普通小麦 Transec 的后代进行 X-射线处理，黑麦 5RL 染色体的一段易位到普通小麦 Transec 的 4B 上形成的易位系，该易位系高抗小麦白粉病，抗性来自黑麦，由 1 个单显性基因 Pm7 控制。Driscoll 等（1963、1967、1968）创造了小麦品系 Transec，它具有来源于黑麦的抗白粉病基因 Pm7，由于它具有相当复杂的细胞学结构，不同的研究得出的结论也并不一致。由于 Transec 的染色体 2BL 的丢失，使得带有抗白粉病基因 Pm7 和抗叶锈病基因 Lr25 的黑麦 2R 染色体片段与其互补。另外，Heun 等（1990）对黑麦的 2R 附加系和代换系得抗白粉病性明显优于 Transec 的抗性，同时用 Giemsa-C 带分析认为，Transec 的易位为 T4BS·4BL-5R#1L 易位，因而认为抗性基因 Pm7 可能由于黑麦染色体 5R 的作用。但 Friebe 等（1996）用中国春—Imperial 黑麦的 2R、5R 附加系对 Transec 进行减数分裂配对分析，则认为 Transec 的易位染色体只涉及 2R 长臂，而不是 5RL，所以易位应为 T4BS.4BL-2R#1L，当然由于染色体末端的同源并不一定保证减数分裂的配对，因此也不能排除有 5RL 对易位的参与。

Pm8 位于 1R 染色体上，该基因通过 1R（1B）代换系或 1BL/1RS 易位系导入普通小麦中。Pm8 是应用最为广泛的抗白粉病基因，但由于致病性小种的不断变异，其抗性已经丧失。Hurni 等（2014）对含 1BL·1RS 易位系但感白粉病的材料进行了分析，结果表明，含 1BL·1RS 易位系感白粉病并不是因为 Pm8 基因的缺失或基因序列突变，而是该基因的表达受到了抑制。瞬时单细胞芯片试验结果表明，黑麦 *Pm*8 的表达受到了其同源基因小麦白粉病抗病基因 *Pm*3 的抑制，类似的结论被 *Pm*8 和 *Pm*3 转基因株系的抗病性结果进一步印证。表达分析表明，抑制也不仅仅是基因沉默的结果或是因为携带 *Pm*8 或同时具有 *Pm*8 和 *Pm*3 等位基因的转基因基因型 1RS 易位系造成的结果，在单拷贝或双拷贝纯合子转基因株系中，*Pm*8 和 *Pm*3 蛋白的丰度相似，提示有翻译后机制参与了对 *Pm*8 的抑制。*Pm*8 和 *Pm*3 基因在烟粉虱叶片中的共表达及免疫共沉淀分析表明，两种蛋白相互作用。因此，异质蛋白复合物的形成可能导致防御反应中信号的降低或缺失。

*Pm*17 是通过普通小麦与八倍体小黑麦的杂交种子经射线处理后得到 T1AL·1RS 易位系来转育到栽培小麦的（Heun 等，1990），这段 1RS 上含有一个不同于 *Pm*8 的抗白粉病基因，命名为 *Pm*17，等位性试验证实 *Pm*17 和 *Pm*8 是等位基因（Hsam 和 Zeller，1997）。*Pm*20 来自栽培黑麦 Prolific 的 6R 染色体。Friebe 等（1994）以 6RL（6D）单体代换系为材料，利用染色体工程方法将该材料诱导成 T6BS·6RL 易位系，该易位系含有 1 个新的白粉病抗病基因，命名为 *Pm*20。

小麦品种 Amigo 的系谱为 Teewon（*A. elongatu*）/八倍体小黑麦 Gauch/63PC42-3/Teewonsib，由于其对麦蝇具有优良抗性被大面积推广应用。Heun 等（1990）利用染色体 C 带方法结合种子储藏蛋白得电泳分析，认为 Amigo 小麦具有来源于 Insave 黑麦的 1RS 染色体臂，代替了小麦的 1AS，形成 1RS/1AL 易位。分别与含 *Pm*8 和 *Pm*3 的品种杂交的 F$_2$ 代群体的抗病性分析表明，抗性基因不同于位于 1AS 上的 *Pm*3 基因，也不同于源于 Petkus 黑麦的 1RS 上的 *Pm*8 基因，因而命名为 *Pm*17 基因。Hasm 等（1995）将 Amigo 小麦与含 1RS/1BL 易位系得小麦品种 Helios 杂交，获得了品系 Helami-105，其染色体 1BL 和 1RS 来源于 Amigo，1A 来源于 Helios。

Singh 等（2018）克隆了位于小麦品种 Amigo 中 1RS 染色体上的抗白粉病基因 *Pm*17，序列分析发现，*Pm*17 基因是早期克隆的 *Pm*8 基因的直系同源基因，它们的蛋白质水平达到了 82.9% 的相似性，转基因功能研究和进化分析证明，*Pm*8/*Pm*17/*Pm*3 基因在进化上具有保守性，因此，进一步从黑麦近缘种属中可能发现更多的类似抗病等位基因，对育种具有重要的应用价值。

Heun 等（1990）报道了在小麦品种 Thatcher 与 Prolific 黑麦的染色体附加系和代换系的抗性鉴定中，发现在黑麦 6R 上的新抗白粉病基因资源。Friebe 等（1994）用来源于黑麦 Prolific 的小麦—黑麦 6R（6D）的代换系中，将染色体臂 6RL 转移到 6RL/6BS 易位系 KS93WGRC28 中，将位于 6R 上的抗性基因命名为 *Pm*20。

Zhuang 等（2011）用染色体 C 分带、GISH 和分子标记等方法从辉县红—荆州黑麦杂交后代中鉴定出了一个抗白粉病的小麦—黑麦染色体代换系 H-J DA2RDS1R（1D）。该代换系含有 44 条染色体，其中包括两对黑麦染色体 1R 和 2R，缺少一对小麦染色体 1D。根据 H-J DA2RDS1R（1D）对不同白粉病病原菌生理小种的反应型，发现其抗性基因与早期命名的位于黑麦染色体 1R 和 2R 上的 Pm8 和 Pm7 基因不同。为了确定其抗白粉病基因的染色体位置，将 H-J DA2RDS1R（1D）与小麦辉县红杂交，对 F$_2$ 群体及其 F$_{2:3}$ 家系进行白粉病抗性和分子标记鉴定，将其抗白粉病基因 PmJZHM2RL 定位在荆州黑麦染色体臂 2RL 上。

An 等（2013）利用远缘杂交和染色体工程手段从小偃 6 号—德国白粒黑麦杂交后代中选育出了编号为 WR41-1 的渐渗系。顺序基因组原位杂交（GISH）、多色原位杂交（mc-FISH）和 EST-SSR（expressed sequence tag-simple sequence repeat）分析表明，该小麦—黑麦渐渗系中含 T4BL·4RL 和 T7AS·4RS 易位。白粉病鉴定结果表明，WR41-1 苗期抗供试 23 个白粉菌生理小种中的 13 个，成株期对白粉病表现为高抗。抗谱分析显示，WR41-1 中可能含有不同于来源黑麦的抗白粉病基因 Pm7、Pm8、Pm17 和 Pm20 的新基因，是小麦育种的优异基因源。

An 等（2015）利用远缘杂交和染色体工程手段将德国白粒黑麦（*Secale cereal* L. Baili，2n=2x=14，基因组 RR）染色质导入小偃 6 号，利用顺序基因组原位杂交（GISH）、多色荧光原位杂交（multicolor fluorescence *in situ* hybridization，mc-FISH）和多色基因组原位杂交（multicolor GISH，mc-GISH）以及 EST（expressed sequence tag）标记对小偃 6 号—德国白粒黑麦杂交后代中鉴定出了 6R 染色体附加系 WR49-1。白粉病抗病性鉴定发现，WR49-1 苗期抗所用 23 个白粉菌中的 19 个小种，且成株期高抗小麦白粉病。依据 WR49-1 及来自黑麦 6RL 的 Pm20 对不同白粉菌生理小种的抗谱，认为 WR49-1 上可能含有不同于 Pm20 的抗白粉病新基因，可以利用染色体工程对其进行诱导产生小麦育种所需的抗病染色体易位系。

Yu 等（2012）通过鉴定发现，小麦材料 07jian126 高抗小麦四川省小麦白粉菌，为了对该抗性位点/基因进行定位，他们利用抗感分离群体对该材料的白粉病抗性进行了遗传分析，结果发现，该材料中的白粉抗性由一个与 SSR 标记 Xbarc183 连锁的显性抗病基因控制，暂命名为 Pm07J126。用黑麦染色质特异标记 O5，同时利用染色体观察、酸性聚丙烯酰胺凝胶电泳（A-PAGE）对该材料进行检测，结果显示，Pm07J126 来源于黑麦但非 1RS 染色体臂，并且与标记 Xbarc183 和 O5 共分离。利用 21 个不同的白粉菌生理小种进行鉴定发现，

Pm07J126 的抗谱不同于已发表的来自黑麦的白粉病抗病基因 *Pm*7、*Pm*8、*Pm*17 和 *PmJZHM2RL*。因此，*Pm07J126* 可以用于小麦抗白粉病育种，分子标记 Xbarc183 和 O5 可以用于分子标记辅助选择工作。

*Pm*56 来自秦岭黑麦。Hao 等 (2018) 从开县罗汉麦育中国春杂交种质中选出 D-2-3-4，并用该种质作为母本与秦岭黑麦进行杂交，利用抗病性鉴定和核型分析等手段从其 F_{11} 后代中选育出了抗白粉病的小麦—秦岭黑麦 6R (6A) 代换系。将该代换系分别与中国春和中国春 *ph1b* 基因缺失突变体进行杂交，获得 6A+6R 双单体，利用分子标记和荧光原位杂交等技术从其自交后代中鉴定出了 6RS·6AS 和 6RS·6AL 易位系，抗病性鉴定发现，该两易位系均免疫小麦白粉病，因而，将来自秦岭黑麦 6RS 上的抗白粉病基因命名为 *Pm*56。

（五）黑麦属物种其他基因向小麦中转移研究

可溶性铝是高酸性土壤（占世界可耕地的 50%）中植物生长的主要限制因素。植物耐铝的主要机制是与铝离子螯合通过释放有机酸进入根际。部分候选铝耐受基因已在多种植物中得到鉴定。Silva-Navas 等 (2012) 从 5 个不同的黑麦品种中分离到了与编码大麦铝活化柠檬酸转运蛋白 HvAACT1 基因同源的 *ScAACT*1 基因。该基因由 13 个外显子和 12 个内含子组成，编码 1 个预测的膜蛋白，该蛋白包含 MatE 区域和至少 7 个假定的跨膜区域，位于 7RS 染色体臂上距离 *ScALMT*1 铝耐受基因 25 cM 的区域。其表达受铝诱导但不同品种间表达水平存在差异。在 7RS 染色体臂上检测到的 *ScAACT*1 基因是黑麦铝耐受的新定量性状位点，也是提高黑麦耐铝性的候选基因，因此，可通过染色体工程手段将该染色体片段导入小麦提高铝耐受性。

矮秆基因在谷物半矮化品种育种中发挥了重要作用，但在黑麦中矮化基因还不常见。目前，仅有少数几个黑麦的隐性和显性矮化基因被报道。在已知的黑麦显性矮化基因中，有两个具有很好的特征，一个是来自黑麦 5RL 染色体的 *Ddw*1，另一个是位于黑麦 7R 染色体上的 *Ddw*2。Stojałowski 等 (2015) 从种植于波兰源自矮化材料 K11 的矮化基因进行了研究，分子作图分析表明，源自矮化材料 K11 的矮化基因位于 1RL 染色体上，与已知的 *Ddw*1 和 *Ddw*2 基因无关，因此被命名为 *Ddw*3。Stojałowski 等 (2015) 还分析了供试材料 2~3 个生育期株高、基部第 2 节间长度、节间数、分蘖、穗长、每穗小穗数等农艺性状特征，发现该基因对产量相关性状没有负效应或有微弱影响。对矮秆材料幼苗进行赤霉素反应处理，结果发现 *Ddw*3 对该生长调节剂具有敏感性。

细胞质雄性不育 (cytoplasmic male sterility, CMS) 是一种可靠和显著的杂交制种遗传机制，而杂交种的选育需要有效的育性恢复基因 (fertility-restoring gene）作为其前提。Hackauf 等（2017）利用建立的 41 个 EST 标记将伊朗黑麦种群 Altevogt 14160 中冬黑麦 Pampa 细胞质恢复系基因精细定位到了 4R 染色体长臂末端 1 个 38.8cM 的片段上。进而他们利用 1 个雄性不育系与恢复系衍生出的 21 个染色体重组体和 6 个非重组体进行杂交来综合研究该雄性不育位点，结果确证了该位点上存在于黑麦 4RL 上，含 1 个新的育性恢复位基因，被命名为 *Rfp*3。分子标记分析结果显示，*Rfp*3 存在于 1 个 2.5cM 的区间内，与 EST 标记 c28385 共分离。Hackauf 等（2017）建立的基因水平的 COS（conserved ortholog set）标记使研究和定位来自黑麦和大麦不同遗传资源的恢复系基因成为可能。对来自黑麦的 *Rfp*3 和来自黑麦—大麦 4RL/6HS 染色体上的 *Rfm*1 的染色体位置进行分析发现二者存在于 1 个共线性区段上，为进一步克隆这两个育性恢复基因奠定了基础。

小黑麦〔*Triticale* ×（*Triticosecale* Wittmack）〕是欧洲一些国家喜欢种植的一种新谷物类作物，据报道，在波兰小黑麦种植面积占到了其耕地面积的 12%（http：//www. stat. gov. pl），这不仅是由于小麦对不同栽培环境有较强的适应能力，更重要的是种植该作物能够大大降低生产成本。小黑麦对土壤中铝离子（Al^{3+}）具有一定的耐受性。然而，控制小黑麦铝耐性的基因数目及其染色体位置还不清楚。为了研究清楚该问题，Niedziela 等（2014）利用 AFLP、SSR、DArT 和特异性 PCR 标记对 MP1 和 MP15 杂交 F_2 分离群体的铝耐受性进行分析，构建了染色体 7R、5R 和 2B 的遗传连锁图谱，并将铝耐受 QTL 定位到 7R 染色体上，该 QTL 可解释 25%（MP1）和 36%（MP15）的表型变异并且发现标记 B1、B26 和 Xscm150 与铝耐受性高度相关。此外，分子标记 B1、B26、Xrems1162 和 Xscm92 以前被报道过与编码铝活化苹果酸转运体（ScALMT1）的 Alt4 位点相关，该位点参与了黑麦 Al 耐受过程。因此，可以利用染色体工程手段诱导小麦—黑麦 7R 附加系或代换系，获得耐铝胁迫的小麦—黑麦 7R 染色体小片段易位系。

李韬等（2016）利用黑麦 1RS 特异标记 Xscm9 对 192 个来自不同国家的品种/系构成的小麦自然群体和宁 7840/Chokwang F_7 重组自交系的 184 个株系进行分子检测，并于 2011—2013 年采用单花滴注法于温室中进行赤霉病抗性鉴定。结果发现，自然群体中有 22 个品种携带黑麦 1RS，携带 1RS 的株系三季赤霉病平均病小穗率（PSS）均显著低于不携带 1RS 株系的 PSS（$P<0.01$），表明黑麦 1RS 对降低病小穗率有显著作用。分子标记和基因组原位杂交（GISH）检测结果表明，宁 7840 中含有黑麦 1RS。此外，通过对宁 7840/Chokwang 衍生的 RIL 群体进行赤霉病抗性鉴定和基因型分析，发现不论主效赤霉病抗性基因 *Fhb*1 存在与否，携带 1RS 株系的 PSS 显著低于不携带 1RS 株系的 PSS（$P<0.01$），方

差分析表明，宁 7840 携带的 *Fhb*1 与 1RS 在赤霉病抗扩展性上无显著互作（*P*>0.05），因此，认为黑麦 1RS 染色体很可能携带赤霉病扩展抗性相关基因并且与 *Fhb*1 基因有累加效应。

多年生黑麦（*Secale cereanum*，2n=2x=14，基因组 RR）栽培品种 Kriszta 的蛋白质和膳食纤维含量高，携带多种抗病基因，抗冻耐旱，能很好地适应不利的栽培和天气条件，是小麦育种的优异基因源。Schneider 等（2016）为了把其优异农艺性状导入小麦，利用 GISH、FISH 和 SSR 等研究手段从栽培小麦 Mv9kr1 与 Kriszta 的杂交回交后代中筛选鉴定出了 Mv9kr1-Kriszta 1R、4R 和 6R 附加系。质量测定发现，Kriszta 染色体 4R 和 6R 的导入提高了小麦总蛋白含量。4R 染色体导入小麦后，其阿拉伯木聚糖含量略高于亲本小麦，而 1R 和 6R 染色体导入小麦后，其阿拉伯木聚糖含量明显高于亲本小麦。抗病性鉴定结果发现，6R 附加系抗小麦条锈病，含有与 1RS·1BL 易位系所携带的抗条锈病基因不同的新基因。

第四节　簇毛麦属物种优异基因/性状导入小麦

（一）簇毛麦属物种抗条锈病基因导入小麦

Yildirim 等（2000）对不同来源的簇毛麦、一套小麦—簇毛麦附加系、代换系和易位系分别接种 *Pseudocercosporella herpotrichoides* 和 *Puccinia striiformis* 等 3 个生理小种来鉴定这些材料的眼斑病和条锈病抗性。115 份簇毛麦种质被用于鉴定条锈病抗性，其中 33 份（28.6%）抗至少 1 个生理小种，8 份种质对所有生理小种全抗。219 份簇毛麦种质被用于鉴定眼斑病抗性，其中 158 份（72%）的葡萄糖醛酸酶活性比小麦 VPM-1 的低。抗小麦条锈病的簇毛麦主要来源于希腊，而抗眼斑病的簇毛麦则没有地域局限。对附加系、代换系和易位系的鉴定结果表明，簇毛麦染色体 4V 含有抗眼斑病基因，6VS 染色体上至少含有 1 个抗小麦条锈病基因，将小麦—簇毛麦 6VS/6AL 易位系上的抗小麦条锈病基因命名为 *Yr*26（McIntosh 等，2003）。

Ma 等（2001）将抗小麦条锈病的 6VS/6AL 易位系 R55 与感条锈病的小麦 Yumai18 进行杂交，利用其分离 F$_2$ 群体为材料，他们发现该易位系上的抗小麦条锈病基因与抗小麦白粉病基因 *Pm*21 独立分离，因此，他们推断该条锈病抗性基因可能不在 *Pm*21 所在的簇毛麦 6VS 染色体片段上。进而，利用集群分离分析的方法对 Yumai 18/R55 F$_2$ 群体进行分析，结果发现，*Yr*26 应定位在距离标记 Xgwm11/Xgwm18 1.9cM，而距离标记 Xgwm413 3.2cM 靠近染色体端部方向的位置。这几个标记都是小麦染色体 1B 上的微卫星标记，因此，*Yr*26 来源于杂交亲本圆锥小麦（*Triticum turgidum* L.）1B 染色体。

Li 等（2006）为了定位中国小麦栽培品种川麦 42 中的抗条锈病基因，并测试 *Yr*24 和 *Yr*26 的等位性，利用小麦微卫星引物对川麦 42/Taichung（感病亲本）的 787 株 F_2 植株和 186 株 F_3 植株进行分析。同时，还对 197 株川麦 42/Yr24/3 × Avocet S（感病亲本）F_2 植株、726 株川麦 42/ Yr26/3 * Avocet S 的 F_2 植株进行基因等位性测试。结果发现，川麦 42 的抗小麦条锈病基因由 1 个单显性基因控制，命名为 *YrCH*42。微卫星分析将 *YrCH*42 定位在小麦 1B 染色体上，其两侧的微卫星标记分别为 Xwmc626、Xgwm273、Xgwm11、Xgwm18、Xbarc137、Xbarc187、Xgwm498、Xbarc240 和 Xwmc216，与标记 Xgwm498 和 Xbarc187 紧密连锁，离这 2 个标记的遗传距离分别为 1.6cM 和 2.3cM。苗期抗病性鉴定和基因等位性测试结果暗示 *YrCH*42、*Yr*24 和 *Yr*26 可能是同 1 个基因。

侯璐等（2008）为揭示 2 个小簇麦易位系（V9128-1、V9129-1）苗期抗条锈性的遗传机制，用中国当前流行的 7 个条锈菌生理小种（CY29、CY30、CY31、CY32、Su24、Sur11 和 Sur14）接种 2 个易位系及簇毛麦；用 CY29 接种 V9128-1 与感病品种铭贤 169 配制的正反交 F_1、BC_1F_1 代以及 F_2 代群体；用 CY29、CY30、CY31 和 Su24 接种 V9129-1 与铭贤 169 配制的正交 F_1、BC_1F_1 代以及 F_2 代群体进行苗期抗锈性鉴定分析。结果表明，V9128-1 对 CY29 的抗条锈性由一显二隐二对独立作用基因控制，V9129-1 对 CY29、CY30、CY31 和 Su24 的抗性都由三对显性基因控制，其中二对基因表现为累加作用，另外一对基因表现为独立作用。因而，这 2 个小簇麦易位系中含有丰富的抗条锈基因，可作为优良种质加以开发利用。

王睿等（2011）采用中国当前流行的 7 个条锈菌生理小种 CYR29、CYR30、CYR31、CYR32、CYR33 以及 Sul1-4 和 Sul1-11 对簇毛麦易位系 V9125-2 和铭贤 169 的杂交后代进行苗期抗条锈性遗传分析。以接种 CYR29 的 F2 抗感分离群体为研究对象，应用 BSA 法用 289 对普通小麦的 SSR 标记引物对 V9125-2 进行 SSR 分析，并用分离群体验证标记连锁性。用黄淮麦区主栽品种检测与 V9125-2 抗条锈基因的同源性。结果发现，易位系 V9125-2 对 CYR29 的抗病性由 1 对显性基因控制；对 CYR30、CYR32、CYR33 以及 Sul1-11 的抗病性由一显二隐二对基因控制；对 CYR31 以及 Sul1-4 的抗病性由二对独立的显性基因控制。从 289 对 SSR 引物中筛选到六对与抗病基因 *YrWV*（暂命名）连锁的多态性微卫星标记：Xbarc87、Xwmc463、Xwmc405、Xbarcl26、Xwmc438 和 Xgwm473，其遗传距离分别为 9.1cM、3.9cM、5.1cM、12.6cM、29.0cM 和 57.4cM，位于小麦染色体 7DS 上。经 F_3 群体验证，发现 6 个标记与 *YrWV* 连锁，其可能是 1 个来自簇毛麦的新基因。

周新力等（2008）对 7 个小麦—簇毛麦易位系种质 V9128-1、V9128-3、V9129-1、V3、V4、V5 和 V12 的抗条锈性进行遗传研究。用小麦条锈菌对供试材料苗期接种鉴定，结果表明，7 个易位系的抗病谱存在着明显的差异。据基因推导原理和系谱分析，可初步推测这 7 个易位系所包含的抗条锈基因不尽相同。进而对两个抗病谱较宽的易位系的抗条锈性进行了遗传分析。结果表明：小麦—簇毛麦易位系 V9128-1 对条锈菌 CY30 的抗条锈性由 1 对显性基因控制，小麦—簇毛麦易位系 V3 对条锈菌 CY31 的抗条锈基因由一显一隐二对基因控制。揭示了小麦—簇毛麦易位系抗条锈性为寡基因控制，为尽快利用这些宝贵抗病基因，培育小麦抗锈品种提供了科学依据。周新力等（2008）还用小麦条锈菌条中 30 号生理小种，对小麦抗病种质小麦—簇毛麦易位系 V9128-1 和铭贤 169 的杂交后代进行抗条锈性遗传分析，结果发现，小麦—簇毛麦易位系 V9128-1 的抗病性符合 1 对显性抗条锈病基因控制。根据 F2 抗、感病单株分离比例组建抗感池，用 SSR 技术寻找与抗病基因连锁的分子标记。从 121 个 SSR 引物组合中筛选到 2 个与抗病基因 $YrV1$（暂命名）紧密连锁的微卫星标记 Xgwm566 和 Xgwm376，遗传距离分别为 3.6cM 和 5.5cM，因此，该抗条锈病基因位于小麦 3B 染色体短臂上。这 2 个标记不仅能在小麦—簇毛麦易位系 V9128-1 中被检测到，而且在抗病基因供体亲本簇毛麦中也能被检测到。因此，推断 $YrV1$ 很可能是 1 个来自簇毛麦并与已知抗条锈病基因不同的新基因。

小麦抗病种质贵农 775 是原贵州大学张庆勤教授利用远缘杂交育成的著名抗源材料，在抗病育种和生产上具有应用价值。葛昌斌等（2007）利用分子标记的相关片段克隆和荧光原位杂交技术对其进行了研究，将贵农 775 中与抗小麦条锈病基因 $YrGA$ 连锁的标记片段克隆、测序。用荧光原位杂交技术鉴定，贵农 775 为簇毛麦的新的易位系，用特异引物 S2018 扩增作探针与贵农 775 体细胞中期染色体杂交，证明了与其连锁的 $YrGA$ 基因来自簇毛麦。葛昌斌等（2008）以西农 97148×贵农 775 的杂交群体为材料，利用 RAPD、SCAR 分子标记和荧光原位杂交技术研究其抗性基因来源及在染色体上的位置。结果认为，贵农 775 中的 $YrGA$ 基因来自于簇毛麦，特异标记与抗条锈病基因 $YrGA$（暂命名）遗传距离约为 0.355cM，荧光原位杂交结果显示，贵农 775 为小麦—簇毛麦新的易位系。与 $YrGA$ 连锁的特异片段位于染色体长臂，因此，推断 $YrGA$ 很可能是 1 个来自簇毛麦并与已知抗条锈病基因不同的新基因。

尹军良等（2015）对小麦—簇毛麦易位系 V9125-3 和 V9125-4 进行了苗期抗条锈性遗传分析，同时利用小麦—簇毛麦易位系 V9125-2 抗条锈基因 $YrWV$ 的 2 个侧翼分子标记分析 3 个易位系抗病基因间的关系。结果表发现，2 个易位系对当前国内 7 个优势菌系均表现良好的抗病性，但对不同菌系抗病性的抗病基因遗传特点有所不同，并且 V9125-3 对 CYR29、CYR30 和 CYR31 的抗病性由二对显性基因独立控制，对 CYR32、CYR33 和 Sun11-11 的抗病性由一显一隐二对基因控制，对 Sun11-4 的抗病性由二对显性基因互补控制；V9125-4 对 CYR30、Sun11-4 和 Sun11-11 的抗病性由二对显性基因独立控制，对 CYR32 和 CYR33 的抗病性由一显一隐二对基因控制，对 CYR29 和 CYR31 的抗病性由二对显性基因互补控制；V9125-3 对 CYR29 的抗病基因其中之一可能是 *YrWV*，而另 1 个为未知基因。

方正武等（2015）发现，普通小麦—簇毛麦易位系 V8360 抗条锈性和白粉病。用条锈菌小种 CYR32 对 V8360 与感病品种铭贤 169 配置的 F_1、F_2、F_3 和 BC_1 代材料进行苗期抗条锈性遗传分析，结果发现，V8360 对条锈菌 CYR32 的抗病性由 1 对显性核基因控制，暂命名为 *Yr*V8360。分子标记分析结果显示，SSR 标记 Xwmc161、Xgwm565、Xgwm494 和 Xcfd257 与该基因连锁。

Zhao 等（2015）对创制的小麦—簇毛麦 T1DL·1V#3S 和 T1DS·1V#3L 易位系进行条锈病抗性鉴定和籽粒品质检测，结果发现，相比对照中国春，T1DL·1V#3S 易位系对条锈菌生理小种 CYR33 和 Su11-4 表现为中感—中抗，而 T1DS·1V#3L 易位系则对上述两小种表现出高抗到近免疫的抗性，因此，将抗条锈病抗病基因定位在簇毛麦 1VL 染色体上。

（二）簇毛麦属物种抗叶锈病基因导入小麦

Bizzarri（2009）和 Bizzarri 等（2009）从中国春×V32 二体代换系中鉴定出了两个姊妹系。GISH 结果表明，姊妹系之一是染色体 6V#4 单体代换系（MS6V#4，2n=41），被代换的小麦染色体可能是 6B；在意大利的罗马和维泰博和匈牙利的 Martonvar 对家系感染天然病原体（CS×V32-R）时发现，该家系具有成株抗性。另一缺乏 6V#4 号染色体的姐妹系（CS×V32-S）则表现为易感该天然病原体。这些结果证明，6V#4 染色体携带有成株抗叶锈病基因。对中国春—簇毛麦 6V 染色体附加系 DA6V#4、DA6V#4、DA6V#7 和二体 DS6V#4 代换系苗期接种几个不同的小麦叶锈菌生理小种，发现几份材料均表现有所差异。在这些家系的旗叶叶片接种叶锈病致病型的混合物做对照，DA6V#4 和 DS6V#7 系表示强的 APR（分别为 0 和 0~10 斑点），而中国春是高感（每旗叶叶片 40~80 斑点）。

Bizzarri（2009）还对 DA6V#4 和 DA6V#1 附加系进行杂交，研究 $F_{2:3}$ 后代生长中 6V#4 号染色体成株抗小麦叶锈菌的遗传基础。通过空气传播叶锈菌引起的抗感评价是通过计算每个植物的旗叶和它下面的的叶的斑点数量来衡量的。DA6V#4 平均 4.4 小斑点（最少为 0 点，最多位 20 点，标准误差为 6.4 个），被认为是抗病的；DA6V#1 平均为 80 斑点（最少的为 30 点，标准误差为 30.9 个），因此被认为是易感的。在 F_2 代 236 植物中，150 株单株少于 20 斑点，被认为是抗病的，而又 86 株单株超过过 20 斑点，最高达 350 斑点，被认为是感病的；中国春平均 94.7 个斑点。卡方检验证明 $F_{2:3}$ 植株比例为 10R：6S（R＝抗，S＝感）；这个比例证明 $F_{2:3}$ 后代的 F_2 亲本分离比是 3R：1S（Bizzarri 等，2009）。对 6V#4 渐渗系的成株抗性是否由单一抗性基因（暂定为 Lr6V#4）控制的研究目前尚未见报道。

小麦—簇毛麦易位系 V3 对中国流行的 7 种小麦条锈菌流行小种全期均具有良好抗性。为了阐明其遗传基础，Hou 等（2013）利用 CYR29、CYR31、CYR32-6、CYR33、Sun11-4 和 Sun11-11 等 6 个生理小种对抗病亲本 V3、感病亲本铭贤 169 及二者的杂交 F_2 分离群体进行接种鉴定，同时利用小种 Sun11-11 对 V3/铭贤 169 的杂交 F_1 和 F_3 进行接种鉴定，结果显示，V3 对小种 CYR29 的抗病性受两个独立的显性基因控制，对小种 CYR31 的抗病性则由 1 个显性基因和 1 个隐性基因、或单个显性基因控制，对小种 CYR32-6 和 Sun11-4 的抗病性由两个互补的显性基因控制，对小种 CYR33 的抗病性由 2 个独立的显性基因或 3 个（其中的 2 个基因具有叠加效应）显性基因控制，对 Sun11-11 的抗病性由 1 个独立的显性基因控制。为了定位 V3 中的抗条锈病基因（暂时命名为 YrV3），Hou 等（2013）利用抗病基因类似物多态性（RGAP）和简单重复序列（SSR）引物对含有 221 个单株的 F_2 分离群体和 $F_{2:3}$ 家系进行分析，构建了含有 2 个 RGAP 标记和 7 个 SSR 标记的连锁图谱，进而利用 RGAP 标记 RG1 和 7 个 SSR 标记扩增中国春缺体四体，将 YrV3 定位在 1BL 染色体臂上。建立的连锁图谱的遗传距离为 25.0cM，其中，SSR 标记 Xgwm124 和 Xcfa2147 均与 YrV3 连锁，遗传距离分别为 3.0cM 和 3.8cM。YrV3 的获得为小麦抗病育种提供给了优异的基因源，与 YrV3 连锁的分子标记的建立，为分子标记辅助育种提供了可能。

Zhang 等（2018）从中国春—簇毛麦 3V 附加系和中国春杂交后代中鉴定出了抗条锈病的株系 CD-3。非变性荧光原位杂交结果显示，CD-3 含有 42 条染色体，该 42 条染色体中含 1 对簇毛麦 3V 染色体且一对小麦 3D 染色体已经丢失，因此，CD-3 是小麦—簇毛麦 3V（3D）代换系。对 52 株 CD-3/中国春杂交 F_2 群体、CD-3、中国春以及簇毛麦进行苗期条锈菌接种鉴定，结果显示，7 株含一对 3V 染色体的 CD-3/中国春杂交 F_2、CD-3 和簇毛麦高抗条锈病，10 株含 1 条 3V 染色体的 CD-3/中国春杂交 F_2 和中国春高感条锈病，因此，CD-3 的条锈抗性应该来自簇毛麦的一个隐性抗病基因。为了方便追踪小麦背景中簇毛麦 3V 染色质，Zhang 等（2018）根据小麦籽粒大小相关基因 TaGS5 对应簇毛麦中的同源基因 DvGS5-1443 开发了一个 SCAR 标记，为将簇毛麦 3V 上的抗条锈基因应用于小麦遗传改良提供了检测手段。

(三) 簇毛麦属物种抗秆锈病基因导入小麦

Sears（1953）得到二倍体一年生簇毛麦抗秆锈病和小麦叶锈病的标记。阿根廷 Vallega 和 Zhukovsky（1956）报道，小麦和二倍体一年生簇毛麦之间的自发杂交获得的小簇麦抗秆锈病。Meletti 等（1996）发现，2 个 *Haynaldoticum sardoum* 或 *Denti de cani* 系其中 1 个表现高抗秆锈病。

Pumphre 等（2008）发现，在美国堪萨斯州立大学小麦遗传和基因组资源中心保存的 95 种二倍体一年生簇毛麦种质几乎对北美秆锈菌免疫，认为这些种质中可能包含抗秆锈病的新基因。此外，他们还对这些种质也进行了抗秆锈病小种 TTKS 筛选（类似 UG99，从乌干达分离的一种秆锈菌生理小种，对 *Sr*31 致病），发现部分种质具有高抗性。对一套中国春—簇毛麦二体附加系进行抗病性鉴定，结果显示，6V 染色体提供一个或多个基因使 6V 附加系在苗期感染秆锈病菌后以产生"低"的感染类型。这些基因被暂命名 *SrHv*6，*SrHv*6 对所有北美小种和 TTKS 均有抗性。

Xu 等（2008）认为，在秆锈病抗性育种中，携带有 *SrHv*6 基因的抗性中国春—簇毛麦 6V 二体附加系和中国春 6D 染色体单体之间进行杂交预计可以获得有益的小麦种质资源。最初是由 Chen 等（1995）建立的 6AL/6VS 易位系对小麦秆锈菌生理小种 TTKSK 无抗性（Xu 等，2009），说明抗性基因可能定位在 6VL。

Qi 等（2011）利用 Ug99 对一套中国春—簇毛麦附加系进行接种鉴定，发现 DA6V#3 中抗 Ug99。为了创制小麦—簇毛麦抗 Ug99 易位系，她们将 DA6V#3 于中国春 6D 单体进行杂交，从杂交后代中筛选染色体数目为 42 的 6V 和 6D 双单体用于自交，自交 F_2 用于 GISH 分析，结果从 F_2 后代中鉴定出了 T6AS·6V#3L 和 T6AL·6V#3S 易位系，鉴定发现前者具有 Ug99 抗性，该易位系上的抗秆锈病基因是 1 个温度敏感性基因，被命名为 *Sr*52。

(四) 簇毛麦属物种抗白粉病基因导入小麦

南京农业大学细胞遗传研究所多年来进行的研究表明，完整的抗白粉病的附加系，代换系和易位系都含 6V#2S 染色体（Chen et al., 1995；Liu et al., 1996；Qi et al., 1996）。在 6V 染色体短臂上的抗白粉病基因被命名为 *Pm*21，该基因在不同小麦遗传背景下均能表达。而形态标记似乎总是与抗白粉病相关，事实上，编码黑芒的基因位于染色体上的 6VS（Chen et al., 1995）。最初，确定与 *Pm*21 紧密紧密连锁的分子标记没有成功。随后，*Pm*21 基因被 RFLP 标记

（Li et al., 1995；Li et al., 2005）、基于 PCR 的显性标记如 OPH17$_{1900}$（Qi et al., 1996）和 SCAR 标记 SCAR$_{1400}$和 SCAR$_{1256}$（Liu et al., 1999）所定位。抗白粉病基因 Pm12 是从拟斯卑尔脱山羊草转移到小麦 Wembley 的，具体转移方式是小麦—拟斯卑尔脱山羊草 T6BS-6SS.6SL 易位系；Pm21 存在于小麦—簇毛麦 T6AL/6VS 易位系，两个基因对小麦白粉菌均表现广谱抗性。Pm12 和 Pm21 基因均位于第六同源群短臂，分别是 6SS 和 6VS。EST-SSR 标记 Xcau127 可以在染色体臂 6AS、6BS、6DS、6VS 和 6SS 中扩增多态性片段。因此，它可以用来同时区分包含 2 个抗性基因和易感基因的并且是小麦育种中基因聚合的 1 个有用的"双基因标记"（Song et al., 2008）。Shi 等（1996）也介绍了抗小麦白粉病的簇毛麦基因转移情况。

Fan 等（2000）用含有 Pm21 基因的 6VS/6AL 易位系构建一个 TAC（转化人工染色体）库。用 PCR 标记 Xcinau15-902 来筛选 TAC 文库和阳性克隆，筛选出含产生丝氨酸/苏氨酸激酶结构域的 HV-S/TPK 基因序列的 TAC15。Chen 等（2008）获得了 1 个 30kb 的阳性克隆子和 5kb 的亚克隆，亚克隆测序表明，它包含 4 个外显子和 3 个内含子，外显子合并序列同原始的 Hv-S/TPK 的 cDNA 序列完全同源。用 HV-S/TPK 的全长基因构建重组载体 pAHC-HVS/TPK，bar 基因作为选择标记。转化易感 BGT 的 CV。通过基因枪轰击得到扬麦 158，其 T$_1$ 和 T$_2$ 代植物确定抗白粉病（Chen et al., 2008）。

在小麦—簇毛麦 6V 附加系、6V（6A）代换系、6VS/6AL 易位系中，用 TAC15 作探针进行原位杂交，用簇毛麦基因组作探针进行 GISH，构建 HV-S/TPK 基因的物理图谱（Yang et al., 2008；Chen et al., 2008）。计算杂交位点的比例长度（FL），即从着丝粒到杂交信号的距离比染色体臂总长度。进行了超过 10 条染色体的 FL 计算和标准偏差估计。用 TAC15 做探针，在小麦—簇毛麦附加系 06R33、6V（6A）代换系 06R41 和 6VS/6AL 易位系 92R137 中 HV-S/TPK 位点的 FL 分别确定为 0.573+0.0330、0.587+0.040 和 0.566+0.034（Yang et al., 2008）。从 HV-S/TPK 序列开发出的 Xcinau15-902 标记也定位在相同的位点。

通过对 6VS/6AL 易位系 92R137 的成熟雌配子进行射线照射处理获得 M$_2$ 系，在两个杂合子间易位系 NJ2-1 和 NJ2-2 的 6VS 的 FL0.45 和 FL0.58 之间得到的一个片段（Chen et al., 2008）。这些系抗白粉病并存在 Xcinau15902 标记位点。因此，推断 Xcinau15902 标记、Hv-S/TPK 基因、Pm21 基因位点均定位在 6VS 上。

中国农业科学院作物科学研究所农业部作物遗传育种重点实验室也在开展簇毛麦白粉病抗病基因导入小麦的研究。将硬粒小麦与簇毛麦杂交获得小麦—

簇毛麦双二倍体（2n＝42，基因组为 AABBVV）。从杂交 TH3 开发了表达抗 BG 的三系：Pm97033、Pm97034 和 Pm97035。Chen 等（1996b）也将前苏联四倍体小麦"Mexicali75"（2n＝28，基因组为 AABB）与簇毛麦进行杂交，经过 2 个回交和幼胚和花药培养得到小麦品种"宛 7107"。杂种幼胚的培养用来产生生物染色体断裂，端着丝粒染色体和外来染色体易位。GISH 分析表明，持双体易位系 T6DL·6VS 是因为它们缺乏具体的生化位点，RFLP 标记位于染色体 6DS 和 6VL（Li et al.，2005）。

在意大利，早先进行二倍体一年生簇毛麦抗白粉病基因导入小麦的是 Tuscia Viterbo 大学和 Bari 大学。Blanco 等（1987）和 De Pace 等（1988）报道来自不同意大利地区的二倍体一年生簇毛麦种质的抗白粉病。Blanco 等（1987）推断，小麦—二倍体一年生簇毛麦单体附加系的短臂存在基因，后来确定该附加系为 6V 单体附加。De Pace 等（1988）证明，六倍体小簇麦（基因组 AABBVV）和八倍体小簇麦（AABBDDVV）对小麦白粉菌表现高抗。

最近，意大利的拉丁姆对收集的二倍体一年生簇毛麦生态型的 6V 染色体导入到中国春获得了中国春—二倍体一年生簇毛麦 6V#4 二体附加系（Bizzarri et al.，2007；Bizzarri et al.，2009；Bizzarri，2009；Vaccino et al.，2010）。该附加系在成株期和苗期均免疫白粉病，Sears E R 将它和易感小麦白粉病的二体附加系的 6V#1 进行杂交，利用其杂交后代进行植物病理学和分子生物学分析，以评估抗性的遗传基础（Bizzarri et al.，2007；Vaccino et al.，2007）。F_2 的白粉病分离状况是 3 抗 1 感，说明抗性由 1 个单显性基因控制。所有的抗性植株的 F_3 的种子表达 Gli-V2 编码的醇溶蛋白亚基位点，由于 Gli-V2 位于 6VS 和存在共分离白粉病反应表型，推断 6V#4S 携带抗性等位基因而 6V#1S 存在易感等位基因。在 6V#4S 上的抗性等位基因和 Pm2 之间的测试中，位点被暂时表示 Pm21-VT，等位基因是抗 Pm21-VT#4 和易感 Pm21-VT#1。Qi 等（1996）开发的 PCR 分子标记 $OPH17_{1900}$ 与抗 BGT 等位基因 Pm21#2 紧密相连，与抗 BGT 基因 Pm21-Vt#4 不连锁。所以，$OPH17_{1900}$ 标记不能作为 Pm21-VT#4 位点上的 BGT-抗性基因的分子标记（Bizzarri，2009）。Cao 等确定基于 NAU/xibao15902 的 PCR 分子标记只能鉴定 6V 的存在，但不能分别辨别 6V#4 和 6V#1 染色体上的的 Pm21VT#4 和 Pm21-VT#1 等位基因（Bizzarri，2009）。

曹爱忠等（2006）为了筛选抗白粉病基因 Pm21 介导的抗病途径中的防卫基因，采用芯片杂交技术筛选携带或不携带 Pm21 基因的材料之间或抗病材料经白粉菌诱导与非诱导样品之间的差异表达基因，并采用 RT-PCR 方法分析了被筛选出的草酸盐氧化酶类似蛋白基因（Oxalate Oxidase Like Protein，OxOLP）的表达情况，进一步利用 TAIL-PCR 方法分离簇毛麦基因 Hv-OxOLP 中的全长序列。芯片杂交结果表明，探针 Contig3156（一个推导的草酸盐氧化酶类似蛋白基因）在抗病簇毛麦中受白粉菌诱导的程度最大，在抗病易位系中该探针的杂交信号比在感病扬麦 5 号中的杂交信号强。半定量 RT-PCR 结果表明，在抗、感白粉病的材料中草酸盐氧化酶类似蛋白基因都受白粉菌诱导表达，但在抗病材料中达到表达峰值的时间早。用 TAIL-PCR 方法分离的 *Hv-OxOLP* 有一个内含子和两个外显子，ORF 包含 690 个核苷酸，在启动子区包含两个 W-box，在终止密码子后面还有一个 polyA 的加尾信号。作为 1 个受白粉菌诱导表达的基因，*HvOxOLP* 在抗白粉病反应中可能起重要的作用。

刘润堂等（2003）以簇毛麦为抗源，采用杂交与辐射、组织培养相结合的方法，将簇毛麦的抗白粉病基因导入小麦，选育出高产、抗白粉病的小麦新品种和农艺性状较好、抗白粉病的小麦新种质。经 AFLP 分析，确定 4 个抗白粉病种质均为含有一段簇毛麦 DNA 的易位系。并得到 3 个可能与抗性基因紧密连锁的标记。刘润堂（2008）以簇毛麦为抗源，采用杂交与生物技术相结合的方法，将簇毛麦的抗白粉病基因导入小麦，选育出农艺性状较好、抗白粉病的小麦新种质和高产、抗白粉病的小麦新品种。经 AFLP 分析，确定抗白粉病种质均含有一段簇毛麦的 DNA。

张志雯等（2006）利用形态学、细胞学以及 SSR 标记技术对从硬簇麦和 Am3 的杂种后代中选育的种质系山农 030713 进行了鉴定，结果表明，种质系山农 030713 大田生长整齐一致，农艺性状较好且对白粉病免疫，其根尖细胞染色体数目为 2n = 42 花粉母细胞减数分裂中期 I，(PMCM I) 染色体构型为 2n = 21Ⅱ；它与普通小麦的杂种 F_1 PMCM I 多数细胞中形成 21 个二价体且常有四价体出现，可能伴有染色体的结构变异。SSR 分析证明，山农 030713 基本染色体组成为 AABBDD，引物 Xgwm99-1A 在山农 030713 中扩增出簇毛麦的特异带，表明山农 030713 中有来自于簇毛麦的遗传物质，此特异带可作为识别山农 030713 的 SSR 标记。综合形态学、细胞学和 SSR 分析结果推测，山农 030713 是 1 个免疫小麦白粉病的小麦—簇毛麦易位系。

王长有等（2008）利用 92R149/咸 87（30）//小偃 6 号杂交组合选育 N95175 和远丰 175，并以 N95175、远丰 175 及其亲本 92R149、咸 87（30）和小偃 6 号为材料，利用与抗白粉病基因 *Pm*21 共分离的 SCAR 标记及与抗条锈病基因 *Yr*26 紧密连锁的 SSR 标记 Xgwm11 和 Xgwm18 对 N95175 和远丰 175 所携带的抗病基因进行分子标记辅助鉴定。结果发现，N95175 中扩增出与 92R149 相同的 SCAR 标记特异条带，而在 2 个感病亲本咸 87（30）、小偃 6 号和远丰 175 中没有扩增出该条带。N95175 和远丰 175 的扩增产物与抗条锈病亲本 92R149 相同而与 2 个感病亲本不同。因此，认为导入 N95175 的抗白粉病基因为 *Pm*21。

余懋群等（1997）通过分子细胞生物学方法，对抗白粉病、高蛋白质含量小麦×簇毛麦杂种后代端体附加系进行染色体组荧光原位杂交分析。结果表明，附加端体染色体为簇毛麦染色体，染色体 C-带分析结果显示，该端体可能为簇毛麦 6VS 或 7VS 染色体，该端体染色体携有抗白粉病和高蛋白质基因，利用染色体显微操作技术可对这些优良基因进行分离、克隆并加以利用。染色体原位杂交结果还发现，通过小麦×簇毛麦易位系 6VS/7AL 易位染色体转移操作，已将易位染色体转移到推广小麦品种川育 12 中。

近年来，别同德等（2015）对含麦—簇毛麦染色体 T6VS·6AL 易位系的扬麦 18 原始区域试验种子衍生的抗白粉病姊妹系、感白粉病姊妹系组群进行主要农艺和品质性状比较，结果发现，T6VS·6AL 易位对小麦的千粒质量、株高和穗长有极显著正向效应，对每穗小穗数呈显著正向效应，对小穗密度呈极显著负向效应，对单株总粒数、每穗粒数、单株穗数、株系产量没有显著影响；T6VS·6AL 易位总体上对小麦品质没有影响，因此建议在利用 T6VS·6A 易位系进行滚动回交育种时，建议选择中矮秆、综合丰产性和广适性好的品种作为最晚轮回亲本。此外，王海燕等（2016）还以携带抗小麦白粉病基因 Pm21 小麦—簇毛麦小片段顶端易位系 NAU418（T1AS·1AL-6VS）和小片段中间插入易位系 NAU419（T4BS·4BL-6VS-4BL）为亲本分别与来源于不同生态区的郑麦 9023 等 12 个小麦品种杂交，杂种 F_1 分别与来源于不同生态区的农艺亲本进行正反回交，研究了 2 种易位染色体在不同小麦背景中的遗传稳定性及其通过雌雄配子的传递规律。结果发现，在杂种 F_1 花粉母细胞减数分裂中期 I 2 种易位染色体分别可以与对应的小麦染色体配对形成棒状二价体，且 NAU418 中的小片段顶端易位染色体 T1AS·1AL-6VS 通过雌配子和雄配子的传递率分别 8.00%～50.98% 和 7.89%～45.07%，NAU419 中的小片段中间插入易位染色体 T4BS·4BL-6VS-4BL 通过雌配子和雄配子的传递率分别 29.17%～52.38% 和 7.69%～47.06%。为综合评价和利用该易位系提供了理论依据。

Liu 等（2014）利用京 411 作为回交亲本，将小麦—簇毛麦 T6VS·6AL 易位系导入京 411 进而进行连续回交建立了一个近等基因系。利用白粉菌生理小种 15 对京 411、小麦—簇毛麦 T6VS·6AL 易位系、簇毛麦以及创建的近等基因系进行接种鉴定，近等基因系中可观察到大量的瓣膜附着胞、扭曲的和细长的生殖管。在宿主细胞中检测到胞浆凝聚、乳头状突起和超敏反应，这些结果表明，近等基因系从 T6VS·6AL 易位系遗传了对白粉菌的抗性。另外，Liu 等（2014）还利用扩增片段长度多态性（ALFP）技术对京 411、小麦—簇毛麦 T6VS·6AL 易位系、簇毛麦以及近等基因系等材料进行分析，获得簇毛麦 6VS 特异 AFLP 片段 21 个，其中，标记 EACG/M14-301 在 T6VS·6AL 易位系和簇毛麦中扩增的片段完全相同，表明 EACG/M14-301 是检测簇毛麦遗传物质进入普通小麦的直接证据。

Zhang 等（2016）对一套中国春—簇毛麦附加系和整臂易位系进行白粉病抗性鉴定，结果发现簇毛麦 5V 染色体上含有苗期后白粉病抗性。通过对小麦—簇毛麦 5V 附加系花粉进行电离辐射后进行分子和细胞遗传学，从中鉴定出了 3 个含 5V 染色质的小麦—簇毛麦渐渗系。利用基因组原位杂交、染色体 C 条带和 EST-STS 标记对其中植株生长旺盛和育性较好的 NAU421 进行进一步鉴定，结果显示，该渐渗系是一个纯合的 T5VS · 5AL 易位系。对获得的小麦—簇毛麦渐渗系苗期和成株期进行白粉病抗性鉴定，结果显示，抗白粉病基因 Pm55 被定位到簇毛麦染色体片段长度 0.60~0.80 的区间。分析发现，Pm55 具有生长阶段和组织特异依赖抗性，为白粉病的防治提供了新抗源。

张瑞奇等（2015）分别以扬麦 13、扬麦 15 为轮回亲本的高代 T5VS · 5DL 易位系回交品系（BC_4F_4）及其分离群体（BC_5F_2）为材料，利用 GISH、5VS 染色体臂特异分子标记及苗期和成株期抗病性鉴定对这些材料进行了鉴定；同时，在大棚及大田两种环境下调查了这些材料的株高、穗长、小穗数、穗粒数、千粒重等主要农艺性状，并对这些材料的水溶剂保持力、碳酸钠溶剂保持力、蔗糖溶剂保持力、乳酸溶剂保持力、蛋白和籽粒硬度等品质性状进行了分析。结果发现，两种环境下含 T5VS · 5DL 易位系材料的主要农艺性状与其轮回亲本相比，差异均不显著，表明簇毛麦 5VS 染色体臂代替普通小麦 5DS 染色体臂后，对产量性状的补偿性较好，没有显著的不利影响。而含 T5VS · 5DL 易位系材料的籽粒硬度值（SKCS）均显著低于其轮回亲本，暗示簇毛麦 Dina/Dinb 基因型比普通小麦的 Pina/Pinb 基因型具有更软质胚乳特性；含 T5VS · 5DL 易位系材料的水溶剂保持力与碳酸钠溶剂保持力也显著低于轮回亲本，而蔗糖溶剂保持力、乳酸溶剂保持力及蛋白质含量的差异不显著，说明 T5VS · 5DL 易位染色体对弱筋小麦品质指标可能有一定的正向效应。此外，含有 T5VS · 5DL 易位染色体高代回交品系及其轮回亲本苗期均高感白粉病，但在成株期含 T5VS · 5DL 易位系的材料高抗白粉病，而其轮回亲本仍高感白粉病，说明 T5VS · 5DL 上携带白粉病成株抗性基因。依据对抗性分离群体进行的分析结果暗示 1 个显性白粉病成株抗性基因与 T5VS · 5DL 易位染色体共分离，并可用 EST 分子标记 5EST-237 和 Pinb-1 对 T5VS · 5DL 易位染色体进行分子标记辅助选择。

小麦—簇毛麦 T6V#2S · 6AL 和 T6V#4S · 6DL 易位染色体均具有良好的抗白粉病性，但其配对和堆叠行为尚不清楚。Liu 等（2017）根据基因组原位杂交结果发现二者的 F_1 杂种中两个不同来源的 6VS 染色体的配对频率仅为 18.9%。由 T6V#4 · 6DL 易位系 Pm97033 与其感白粉病小麦品种 Wan7107 杂交产生 F_2 代抗白粉病植株数量少于预期。但是从 T6V#2S·6AL 和 T6V#4S·6DL 易位系的杂交结果来看，F_2 代抗白粉病植株数与感白粉病植株数比例正好符合 15∶1，且 T6V#2S·6AL 和 T6V#4S·6DL 特异分子标记结果显示 F_2 群体中纯合子∶杂合子∶缺失型很好地符合 1∶2∶1 的期望值，因此，推测两个外源染色体臂的配对促进了 T6V#4S·6DL 易位染色体从 F_1 代向 F_2 代的传递，同时在含有两对易位染色体的纯合子植物的 21% 花粉母细胞中也观察到四价染色体。6V#2S 和 6V#4S 的染色体配对结果表明，获得重组体并阐明不同来源且同源群相同的外源染色体臂上的抗白粉病是否相同是可行的。

细菌人工染色体（Bacterial artificial chromosomes，BACs）或酵母人工染色体（Yeast artificial chromosomes，YACs）含有大量插入物，可作为荧光原位杂交的探针用于特定 DNA 序列尤其是单拷贝或低拷贝序列的物理定位。前期研究发现 Stpk-V 是 1 个位于簇毛麦 6VS 染色体臂上与白粉病抗性相关基因，并且也获得了一批含有 Stpk-V 基因的小麦—簇毛麦染色体系，但是 Stpk-V 基因在 6VS 染色体上的确切物理位置尚不清楚。Yang 等（2013）以 TAC15 为探针的 TAC 荧光原位杂交和基因组原位杂交相结合来确定 Stpk-V 基因在包含附加系、代换系和易位系等在内的不同小麦—簇毛麦染色体系中的物理位置。结果表明，Stpk-V 所在 6V 染色体短臂上的片段长度为 0.575±0.035，因此，可所采用相同的细胞学定位策略来定位外源基因所在染色体位置。

Pm21 是来自簇毛麦 6V 染色体对所有白粉菌生理小种都具有优异抗性的一个广谱全生育期抗病基因，为了精细定位该基因，He 等（2017）对不同来源的簇毛麦进行了白粉病抗性筛选，从中筛选到苗期感白粉病的簇毛麦 DvSus-1。根据短柄草、水稻和小麦族物种基因共线性开发了 25 个基因标记，对感病的簇毛麦 DvSus-1、含 Pm21 的抗病簇毛麦 DvRes-1、以及 DvSus-1/DvRes-1 的 F_2 分离群体进行分析，结果将 Pm21 定在标记 6VS-08.4b 和 6VS-10b 之间 1 个 0.01cM 的区间内，为图位克隆该基因奠定了基础。

Li 等（2016）从簇毛麦中分离了二硫化物异构酶基因（PDI-V）并发现该基因在对小麦抗白粉病中发挥作用。PDI-V 蛋白包含两个保守的硫氧还蛋白（TRX）活性结构域和 1 个非活性结构域，PDI-V 与 E3 连接酶 CMPG1-V 蛋白相互作用，是白粉病反应的正向调节剂。PDI-V 被 CMPG1-V 单泛素化并且未发生降解，位于簇毛麦 5V 染色体上，编码内质网蛋白。用白粉菌接种叶片可诱导 PDI-V 表达。病毒介导的小麦—簇毛麦双二倍体中 PDIs 基因沉默使得该二倍体的白粉抗性降低。扬麦 158 中过表达 PDI-V 的稳定转基因株系在幼苗和成株期均表现出较好的白粉抗性。相反，过表达点突变 PDI-VC57A 并没有增加扬麦 158 的抗性水平。这表明 PDI-V 在白粉病抗性中起关键作用，保守的硫氧还蛋白活性结构域 a 对其功能至关重要。

小麦 6AS 上的 NAM-A1 基因具有提供籽粒蛋白含量的作用，而含抗白粉病基因 *Pm*21 的小麦—簇毛麦 6AL/6VS 易位系中小麦 6AS 被 6VS 替换，为了验证来自簇毛麦 6VS 的 *NAM-A1* 的同源基因的功能，Zhao 等（2016）对来自簇毛麦小麦 *NAM-A1* 的同源基因进行了克隆。结果显示，簇毛麦 *NAM* 基因 *NAM-V1* 是 1 个具有完整的开放阅读框和编码 407 个氨基酸的新 NAM 家族成员，与小麦 NAM 基因家族成员 *NAM-A1*、*NAM-B1*、*NAM-D1* 同源。蛋白含量检测发现，对含 *Pm*21 的 4 个 F_2 群体进行分析发现，*NAM-V1* 替换 *NAM-A1* 后，小麦籽粒蛋白含量有所提高。序列比对发现，小麦 *NAM* 基因家族成员和簇毛麦 *NAM-V1* 具有单核苷酸多态性。Zhao 等（2016）利用此多态性建立了可以检测小麦背景中簇毛麦 *NAM-V1* 和 *Pm*21 的分子标记 CauNAM-V1。

Wang 等（2017）从簇毛麦中克隆了对白粉病具有较强的抗性的 L 型凝集素受体激酶基因 *LecRK-V*。接种小麦白粉菌或几丁质后，*LecRK-V* 表达量迅速上调，并且叶片的转录水平高于根、茎、穗和愈伤组织等。在干白粉病小麦品种扬麦 158 单细胞瞬时过表达 *LecRK-V* 导致吸器指数下降。将 *LecRK-V* 稳定转化为扬麦 158 后，幼苗和成株白粉病抗性均有显著提高。苗期转基因株系高抗 23 个白粉菌生理小种中的 18 个，并且转基因株系对 22 个白粉菌小种都产生超敏反应，在白粉菌感染位点积累了较多 ROS，说明 *LecRK-V* 对白粉病具有广谱抗性并且是通过 ROS 和 SA 途径提高了小麦白粉病抗性。

小麦—簇毛麦易位染色体 T6V#2S·6AL 和 T6V#4S·6DL 对小麦白粉病具有良好的抗性。然而，由于迄今尚未发现对这两个来源的易位系具有毒性的白粉菌，因此很难通过二者对不同生理小种的抗病情况来对进行区分。为了揭示两易位系中抗白粉病基因的异同，Lin 等（2013）从簇毛麦（编号 1026）及其衍生的 6V#4（6D）代换系 RW15 以及 T6V#4S·6DL 易位系 Pm97033 中对 *Pm*21 位点白粉病抗病基因 *Stpk-V* 的同源基因进行了克隆。结果从簇毛麦中克隆得到 *Stpk-V2* 和 *Stpk-V3* 基因。序列比对表明，*Stpk-V2* 和 *Stpk-V3* 与 *Stpk-V* 的同源性分别为 98.2% 和 96.2%，与 *Stpk-V* 编码氨基酸的同源性分别为占 99.3% 和 100%。与 *Stpk-V* 相比，*Stpk-V2* 和 *Stpk-V3* 内含子 4 中分别存在一个 22 bp 的直接序列重复和一个反向重复转座因子。然而，在 RW15 和 Pm97033 中均未发现 *Stpk-V2*，说明 *Stpk-V2* 对 RW15 和 Pm97033 的白粉病抗性没有贡献。实时定量 RT-PCR 分析显示，易位系中 *Stpk-V* 和 *Stpk-V3* 基因的表达水平是由病原菌诱导的，但接种白粉菌 12 小时后，*Stpk-V* 的表达水平高于 *Stpk-V3*。因此，*Stpk-V* 基因的多样性将有助于小麦育种中探索新的抗白粉病基因。

Zhu 等（2015）从簇毛麦中克隆出的 1 个、编码了 1 个 U-box E3 泛素连接酶的抗病基因，并将其命名为 *CMPG1-V*。接种白粉菌后，*CMPG1-V* 在簇毛麦叶片和茎中表达，抗白粉病基因 *Pm*21 的存在对其快速诱导至关重要。*CMPG1-V* 保留了 E3 连接酶的关键残基，在体外和体内均具有 E3 连接酶活性。*CMPG1-V* 定位于细胞核、内质网和质膜，部分位于分泌高尔基体网络/早期核内体囊泡中；过表达 *CMPG1-V* 的转基因小麦在幼苗和成株期表现出较好的广谱白粉病抗性，这与 SA 应答基因的增加、H_2O_2 的积累以及白粉菌感染位点细胞壁蛋白交联有关；因此，在 SA、ABA 和 H_2O_2 处理时，簇毛麦中 *CMPG1-V* 的表达增加；这些结果表明，E3 连接酶参与了小麦对白粉菌的防御应答，并提示活性氧（ROS）和植物激素通路与 *CMPG1-V* 介导的白粉病抗性有关。

Zhu 等（2018）利用簇毛麦 6VS 结构变异体对抗白粉病基因 *Pm*21 进行了物理定位，结果显示，6VS 染色体臂可被分成 8 个染色体区段，其中，*Pm*21 被定位到片段长度 b4-b5/b6 区间，其侧翼分子标记分别是 6VS-08.6 和 6VS-10.2。利用比较基因组作图将含 *Pm*21 的 b4-b5/b6 区间缩短到对应在短柄草含 19 个基因长度为 117.7kb 的区间以及对应水稻含 5 个基因长度为 37.7kb 的区间，为图位克隆 *Pm*21 奠定了基础。

He 等（2018）在发掘感白粉病簇毛麦种质和遗传作图的基础上，结合比较基因组学手段，克隆了抗白粉病基因 *Pm*21，综合运用病毒诱导的基因沉默、EMS 突变体以及天然启动子控制的转基因和白粉菌抗谱分析证实 *Pm*21 抗性是由编码典型的 CC-NBS-LRR 抗病蛋白的单基因 *DvRGA2* 控制。以此同时，Xing 等（2018）也利用染色体工程极小片段渐渗系创制、感病突变体筛选和分析、抗病基因富集和三代测序、易位染色体分拣测序与组装、基因沉默、瞬间表达与稳定转化等技术相结合，成功克隆出抗白粉病 *Pm*21 位点的 *NLR1-V* 基因，同时也发现该基因也编码典型 CC-NBS-LRR 抗病蛋白。

*Pm*62 来自簇毛麦。Zhang 等（2019）将中国春与小麦—簇毛麦 2V#5 附加系进行杂交，并利用中国春对其 F_1 进行回交，利用分子标记、基因组原位杂交、荧光原位杂交和抗病性鉴定等技术对 298 株 BC_1F_1 材料进行筛选鉴定，在 2VL#5 上发现了一个新的抗白粉病基因，将其命名为 *Pm*62。进而利用上述技术手段从其小麦—簇毛麦 2V#5 后代材料中鉴定出了 T2BS·2VL#5 易位系和小片段易位系，为小麦抗白粉病育种提供了抗源。

（五）簇毛麦属物种抗梭条花叶病基因和其他抗病、抗逆性导入小麦

Zhang 等（2005）将小麦—簇毛麦 4V（4D）代换系与扬麦 5 号进行杂交，获得 4V、4D 双单体，将该双单体自交，利用染色体 C 分带、基因组原位杂交等手段从其自交后代中筛选到了抗小麦梭条花叶病的 4VS·4DL 易位系，并利用 RFLP 对其进行了鉴定。该易位系上抗小麦梭条花叶病的基因被命名为 *Wss1*。

Xiao 等（2017）利用流式细胞术对簇毛麦染色体 4VS 短臂进行分拣并利用 Illumina 测序仪对其进行测序及组装，获得了约 170.6Mb 的序列。序列分析发现，重复元件约占 4VS 序列的 64.6%，编码片段对应 1977 个已注释的基因，占 4VS 序列的 1.5%。共线性区段分析表明，簇毛麦 4VS 与小麦 4AL、4BS、4DS、短柄草 1 号染色体和 4 号染色体、水稻 3 号染色体和 11 号染色体、高粱 1 号染色体、5 号染色体和 8 号染色体上的区段具有共线性。基于基因组拉链分析，Xiao 等（2017）还构建了包含 735 个基因位点的簇毛麦 4VS 序列信息，并从中鉴定了包括 *Rht*-1 基因在内的小麦第四同源群染色体上的多个同源等位基因。这些序列为定位和克隆位于 4VS 上的例如小麦黄花叶病毒抗性基因 Wss1 等提供了有价值的信息。

为了更好的利用簇毛麦 4VS 染色体上的抗小麦梭条花叶病毒基因 *Wss1*，Zhao 等（2013）利用 *ph1b* 基因诱导簇毛麦 4VS 使其变短，利用荧光原位杂交和分子标记共鉴定出 35 个含 4VS 不同片段长度的小麦—簇毛麦易位系。田间抗病性调查结果显示，所有含 4VS 小片段的 4VS.4DS 易位系均高抗小麦梭条花叶病毒，而 4VS 插入 4DS 的中间易位系均高感小麦梭条花叶病毒。利用 32 个 4VS 染色体臂特异标记对这两类易位系进行分析，结果发现，两类易位系中的 4VS 片段长度不同。其中的 5 个分子标记可以用于检测含 4VS 最小片段的易位系 NAU421，因此，可以用于分子标记辅助育种工作。依据抗病性鉴定、基因组原位杂交和分子标记分析将抗小麦梭条花叶病毒基因 Wss1 定位到簇毛麦染色体末端片段长度为 0.78~1.00 的一个区间内，为图位克隆该基因打下了基础。

王海燕等（2012）用小麦—簇毛麦 T4DL·4VS 易位系为亲本组配的 5 个 F$_2$ 群体为试验材料来研究 T4DL·4VS 易位染色体在不同遗传背景中对小麦农艺性状的影响。结果发现，所有组合中 T4DL·4VS 易位染色体对有效穗数、每穗小穗数和穗粒数无明显影响；在与郑麦 9023、周 9823 和绵阳 26 配置的 3 个组合中，T4DL·4VS 易位染色体对株高表现出一定的正向效应；在与周 9823、石 4185 和扬麦 15 配置的 3 个组合中，T4DL·4VS 易位染色体对千粒重表现出负向效应；在与郑麦 9023、周 9823 和扬麦 15 配置的 3 个组合中，T4DL·4VS 易位染色体对穗长表现出负向效应；在与扬麦 15 配置的组合中，T4DL·4VS 易位染色体对叶面积表现出一定的负向效应。此外，王海燕等（2013）用小麦—簇毛麦 T4DL·4VS 易位系与来源于不同生态区的 5 个小麦品种郑麦 9023、周 9823、绵阳 26、石 4185、扬麦 15 进行杂交，杂种 F$_1$ 分别与上述品种进行正反回交，研究了小麦—簇毛麦 T4DL·4VS 易位染色体在不同小麦背景中的遗传稳定性及其在配子中的传递。结果发现，在杂种 F_1 花粉母细胞减数分裂中期 I 中 T4DL·4VS 易位染色体通常可以与 4D 染色体配对形成棒状二价体。在不同组合的 F_2 分离群体中，T4DL·4VS 易位染色体在不同小麦遗传背景中的遗传方式不相同。测交结果显示，T4DL·4VS 易位染色体通过雌配子和雄配子的传递率分别为 50.59% 和 24.02%。

Oliver 等（2005）对 6AL.6VS/Xiang5 和 Yangmai158/6AL·6VS/Yangmai15 的 2 个易位系进行了赤霉病抗性鉴定，结果发现，在接种 2~3 周后再控制条件的情况下，该 2 个易位系对赤霉病具有抗性。Lu 等（1998）和 Cai 等（2008）也分别在温室条件下鉴定出了抗赤霉病的小麦—簇毛麦渐渗系。

Nielsen（1978）在簇毛麦群体里发现了抗小麦散黑穗病的簇毛麦种质。认为，簇毛麦对小麦散黑穗病的抗病性并不能排除其对小麦穗子的感染。Vakar（1966）将簇毛麦与小麦进行杂交，获得了抗小麦散黑穗病的小麦—簇毛麦双二倍体。Bizzarri（2009）将小麦—簇毛麦与小麦进行杂交，利用分离群体证实了该抗性来自簇毛麦，利用含有簇毛麦染色质的非整倍体进行研究，发现一些簇毛麦种质的 1V 和 7V 染色体上具有抗小麦腥黑穗病基因。

小麦全蚀病主要对小麦根部进行侵染，而簇毛麦则高抗小麦全蚀病（Foex，1935；Scott，1981）。Huang 等（2007）利用 GISH 鉴定了一个小麦—簇毛麦双二倍体及小麦—簇毛麦染色体单端体，该两份种质都抗小麦全蚀病，分析认为，小麦—簇毛麦单端体中的单体为簇毛麦 3V 端体，因此，3V 染色体上可能含有抗小麦全蚀病的基因。

Sprague（1936）、Heun 和 Mielke（1983）分别报道，收集的簇毛麦高抗眼斑病。Murray 等（1994）对簇毛麦及小麦—簇毛麦附加系进行眼斑病抗性鉴定，认为簇毛麦 4V 上含有抗眼斑病基因，并且认为该基因的抗性比来自偏凸山羊草（*Aegilops ventricosa*）$7D^V$ 染色体上的 *Pch*1 基因（Doussinault 等，1983），比来自法国面包小麦 Cappelle-Desprez 的 7A 染色体上的 *Pch*2 基因（Law 等，1976）的抗性更好。将 Sear 培育的抗病的小麦—簇毛麦 4V 附加系和南京农业大学培育的感病的 4V（4D）进行杂交，利用其分离 F_2 对该基因进行定位，将该基因命名为 *Pch*2（Yildirim 等，1997）和 *PchDv*（Yildirim 等，1998），最终将该基因定位于簇毛麦 4V 长臂的末端（Yildirim 等，2000）。Uslu 等（1998）的研究结果也证实，簇毛麦 4V 染色体对眼斑病具有抗性，还发现其他染色体例如 1V、2V 等染色体对眼斑病也具有抗性。

董建力等（2009）为小麦抗全蚀病育种提供更有效的抗病鉴定方法和便于利用的抗源材料。以感病小麦品种宁春 4 号为供试材料，将小麦全蚀病菌种制成菌饼或菌粒，设菌饼法、菌粒法、菌粒+菌饼法和空白对照 4 个处理调查统计病根率、严重度和病茎率，用于筛选有效的抗病鉴定方法；选择22个遗传背景不同的小麦材料，采用优选出的抗病鉴定方法对其进行抗性鉴定。结果显示，菌饼+菌粒法对宁春4号的致病力明显高于菌饼法和菌粒法，其病根率、严重度和病茎率分别达到100%、57.3%和28.6%。22个遗传背景不同的小麦材料间抗病性差异较大，其中小麦—簇毛麦易位系Pm97033的抗病性最强，病根率和严重度分别为11.3%和5.4%；代换系Wan7107次之，病根率和严重度分别为21.4%和10.6%；硬粒小麦—簇毛麦双二倍体（TH1）与普通小麦品种杂交后代的抗病性强于粗山羊草与普通小麦品种杂交后代。因此，TH1是一个很好的抗全蚀病育种材料。

陈全战等（2010）研究了扬麦158、硬簇麦以及小麦—簇毛麦异染色体系DA1V、DS2V、DA3V、DA4V、DS4V、DA5V、DS6V、DA6V和DA7V等11个材料的苗期耐盐性和扬花期的光合生理特性。11个材料在四叶期分别用浓度为100mmol/L、150mmol/L、200mmol/L和250mmol/L的NaCl溶液处理，进行了相对电导率的测试。在扬花期进行了气孔导度、胞间CO_2浓度和净光合速率的测定。结果发现高浓度盐胁迫（250mmol/L的NaCl）下，簇毛麦2V、3V和7V染色体能有效缓解盐胁迫对小麦的危害；簇毛麦3V染色体对不同浓度盐胁迫均表现耐盐性，3V染色体上可能携有耐盐基因；簇毛麦2V、5V、7V染色体上可能携有高光效基因，DS2V、DA5V和DA7V可作为培育高光效小麦的育种材料。

Xing等（2017）克隆并鉴定了簇毛麦AP2/ERF转录因子基因家族的一个乙烯反应元件结合因子基因 ERF1-V。序列和系统发育分析显示，ERF1-V 可能是B2型ERF基因。EERF1-V最初被鉴定为白粉菌上调基因，后来被发现是由干旱、盐胁迫和寒冷胁迫诱导的。在激素应答中，ERF1-V 被乙烯和脱落酸上调，但被水杨酸和茉莉酸下调。在小麦中过量表达 ERF1-V 可提高小麦对白粉病、盐和干旱胁迫的抗性。盐胁迫处理后，扬麦158与其转基因植株叶绿素含量、丙二醛含量、超氧化物歧化酶和过氧化物酶活性有显著差异。干旱和盐处理后，部分应激反应基因的表达水平存在差异。虽然 ERF1-V 被构建的启动子激活，但其开花时间、株高、有效分蘖数、每穗小穗数和粒径等农艺性状变化不明显，因此，ERF1-V 基因是小麦基因工程改良的重要基因资源。

禾谷孢囊线虫（Cereal cyst nematodes，CCN））是严重危害小麦生产的全球性病害，生理小种 Heterodera filipjevi 是最为常见和传播最为流行的。将小麦远缘物种的CCN抗性导入小麦培育小麦新品种是最为绿色和有效的方法之一。Zhang等（2016）以一套小麦—簇毛麦附加系、T6V#4S·6AL易位系以及供体亲本进行 Heterodera filipjevi 抗性鉴定，结果显示，簇毛麦和小麦—簇毛麦6V#4附加系对 Heterodera filipjevi 表现为抗病，而T6V#4S·6AL易位系则对 Heterodera filipjevi

表现为感病，因此，推测簇毛麦和小麦—簇毛麦 6V#4 附加系的 CCN 抗性来自于簇毛麦 6V#4L 染色体臂。为了确证该结论，Zhang 等（2016）创制并利用分子和细胞学手段鉴定了小麦—簇毛麦 T6V#4L·6AS 和 T6V#4L-4BL·4BS 易位系以及 DT6V#4L 端体系。对获得的这批小麦—簇毛麦渐渗系在温室中进行 *Heterodera filipjevi* 抗性鉴定，结果发现，小麦—簇毛麦 6V#4 附加系、小麦—簇毛麦 T6V#4L·6AS 易位系、T6V#4L-4BL·4BS 易位系、T6V#4L·6V#4S-7BS 易位系以及 DT6V#4L 端体系的 *Heterodera filipjevi* 抗性均优于其小麦亲本，然而，小麦—簇毛麦 Del6V#4L-1 删除系和小麦—簇毛麦 T6V#4S·6AL 易位系的抗性和对照中国春均表现为高感，确证了来自簇毛麦 6VL 上的抗禾谷孢囊线虫基因的存在，并将该基因定位在 6V#4L 片段长度 FL 0.80~1.00 的区间，被临时命名为 *CreV*。为了更好的在小麦育种中应用该基因，小麦—簇毛麦 T6V#4L·6AS 被转育到小麦品种矮抗 58 中，为抗小麦 CCN 提供了优异的种质资源。

（六）簇毛麦属物种品质性状相关基因导入小麦

De Pace 等（2001）利用簇毛麦单染色体的附加或代换系检测了种子贮藏蛋白的组成、小麦籽粒蛋白质含量（GPC）和 SDS 沉降量（SSV）的检测，结果发现，决定小麦籽粒品质性状的蛋白由染色体 1V、4V、6V 上的基因编码。包含簇毛麦染色体的植株的种子蛋白质含量范围从 13.9 到 17.1%，明显高于中国春的种子蛋白质含量（12.9%），明显低于簇毛麦系的种子蛋白质含量（20%）。对 SSV 影响最大的是包含 1V 短臂（包括 Gli-V1/GluV3 位点）的渐渗系，包含一部分 1V 长臂（包括了高分子量的谷蛋白编码基因的位点）的渐渗系和携带的 Glu-B1 位点小麦 1B 长臂的末端。DV4V 和 6V 染色体不利于质量的提高，可能是因为对应小麦 Gli 相应基因位点，Gli-V2 和 Gli-V3 不能提高小麦品质。

Mariani 等（2003）证明，在六倍体小麦中的簇毛麦染色体片段渗入为预育种和基于分析复杂的遗传性状作用准备初级作图群体是有用的。Vaccino 等（2007）在分析有簇毛麦染色体渗入的 IBL 小麦的基因与环境的相互作用时发现那些包含有隐形簇毛麦染色体渗入 IBLs（如 CS×V60）的植株具有如下性状：抽穗早，产量高，多年环境稳定。Vaccino 等（2008，2010）为了对面包制作质量提供有用信息，通过小规模质量测量分析（千粒重、蛋白质含量、沉降值、特定的沉降量）和大型（Brabender 粉质仪和测试面包）质量测量分析的方法对相同的 IBLs 进行了比较分析，认为来自簇毛麦和小麦的醇溶蛋白基因在 IBLs 中共同表达。簇毛麦染色质，包括在 Glu-V1 位点的基因，可提高小麦面包的质量，来自 6V 短臂的染色质可以提高蛋白和微量营养素含量。在小规模和大规模分析的水平中都证明，簇毛麦 Glu-V1 的位点渗入中国春有最强的和积极的影响。而

1V 的缺乏，可大幅度减少了 SSV，其原因可能是高分子量谷蛋白的组成部分和改进面包制作参数有关（De Pace 等，2001；Montebove 等，1987 年）。

Vaccino 等（2009）对小簇麦与小麦杂交得来的六倍体系的分析结果显示，在重复的田间试验中该系具有较好（高）的玻璃质感/易脆特征农艺性状、产量、容重、千粒重。此外，该系的特点是经 SDS 沉淀试验、Brabender 粉质仪，Chopin 吹泡仪的测量显示具有非常好的面包制作质量。

王从磊等（2009）通过分子标记结合白粉病抗性鉴定，筛选出 66 个包含和 94 个不包含 T6VS · 6AL 的纯合家系，并分别组成两个亚群体，于 2005—2006 年分别在江苏南京和河南郑州通过随机区组设计（各 3 个重复）进行 14 个品质性状差异比较。结果表明，高分子量麦谷蛋白基因在群体及其两个亚群体中均符合 1∶1 分离。方差分析发现，T6VS · 6AL 亚群体面粉平均吸水率、面团稳定时间、最大抗延阻力和 50mm 处抗延阻力均显著高于非 T6VS · 6AL 亚群体，揭示该易位系对这些性状表现正向效应；T6VS · 6AL 亚群体籽粒平均容重、面粉峰值黏度和面团弱化度显著低于非 T6VS · 6AL 亚群体，揭示该易位系对这些性状具有负向效应，而 T6VS · 6AL 亚群体面粉平均蛋白质含量、干面筋、湿面筋、出粉率、形成时间、拉伸面积和延伸度与非 T6VS · 6AL 亚群体无显著差异，揭示该易位系对这些性状影响较小。

Zhao 等（2010）将中国春 1D 单体与小麦—簇毛麦 1V 附加系进行杂交获得 1D、1V 双单体，将双单体进行自交后利用分子标记和基因组原位杂交、染色体 C 分带等方法筛选和鉴定其后代，从中筛选出了小麦—簇毛麦 T1DL · 1V#3S 和 T1DS · 1V#3L 罗伯逊易位系。前者的 Zeleny 沉降值明显高于对照中国春小麦，而后者则低于中国春，因此，认为簇毛麦 1V#3S 染色体可以提高小麦面筋强度并提高小麦质量。Zhao 等（2015）对创制的小麦—簇毛麦 T1DL · 1V#3S 和 T1DS · 1V#3L 易位系进行品质检测结果显示，T1DS · 1V#3L 易位系相比对照中国春，其形成时间和稳定时间更短，面筋强度更弱，淀粉品质指标更低。而 T1DL · 1V#3S 易位系的上述指标显著优于中国春，或许可用于小麦品质改良。

曹亚萍等（2011）以小麦—簇毛麦 1V 异染色体系材料为基础，用普通小麦连续回交，结合原位杂交和 PCR 标记鉴定方法，分析 1V 染色体以及 1V 结构变异体通过雌、雄配子的传递行为。结果表明，簇毛麦 1V 染色体以及 1V 结构变异体在 BC_1、BC_2、BC_3 的平均传递率均低于理论值，且随着回交世代的增加，传递率逐渐增大；至 BC_3 两种易位染色体通过雌、雄配子的传递均符合 1∶1 分离规律，而端体系和整条 1V 染色体传递率仍低于理论值 50%；不同类型 1V 染色体通过雌配子的传递率在世代间相对大小是一致的，均为 W · 1VL>1VS · W>1V>MtlVL>MtlVS，并且高于通过雄配子的传递率。品质测试结果表明，1V 异染色体系材料与中国春和硬粒小麦相比，蛋白质和湿面筋含量均高，可望成为当前小麦品质改良的优异资源。

董剑等（2013）于2008—2010年在陕西杨凌连续2个生长季对补偿性中国春—簇毛麦罗伯逊易位系T1DS·1VL和T1DL·1VS易位系和对照中国春的主要农艺性状和加工品质性状进行了研究。结果发现，这2个易位系的抽穗期和成熟期均比中国春晚1~2天，T1DS·1VL的其他农艺性状与中国春相似，T1DL·1VS的春季单株分蘖、千粒重和单株粒重显著高于中国春；2个易位系的籽粒蛋白质含量与中国春无显著差异，T1DS·1VL的Zeleny沉淀值、面团形成时间、稳定时间和粉质仪质量指数显著降低，但T1DL·1VS的这些性状值较对照显著提高，说明T1DS·1VL易位系对小麦的面团强度有显著的负向效应，而T1DL·1VS易位系显著增强面筋强度。

Zhang等（2014）利用电离辐射对中国春—簇毛麦1V#4附加系的成熟雌配子体，从中鉴定出了6个含有簇毛麦1V#4不同片段长度的小麦—簇毛麦渐渗系。利用基因组原位杂交、染色体C分带、12个1V#4染色体特异EST-STS标记以及种子储藏蛋白等技术手段将簇毛麦品质相关的 $Glu-V1$ 和 $Gli-V1/Glu-V3$ 位点定位在1V#4片段长度为0.50~1.00的区间内。品质检测结果显示，$Glu-V1$ 的等位基因 $Glu-V1a$ 以及 $Gli-V1/Glu-V3$ 位点对小麦籽粒蛋白含量、沉降值以及流变学特性参数均具有正向效应。对已育成的含 $Glu-V1$ 和 $Gli-V1/Glu-V3$ 位点的小麦—簇毛麦T1V#4S-6BS·6BL、T1V#4S·1BL和T1V#4S·1DS易位系进行品质检测，结果显示，1V#4S对面包品质具有正向效应，因此，小麦—簇毛麦T1V#4S-6BS·6BL和T1V#4S·1BL易位系可用于小麦遗传改良，建立的1V#4S染色体臂特异分子标记可用于小麦背景中簇毛麦1V#4S染色质的检测。

杨华等（2014）利用设计的高分子量谷蛋白（HMW-GS）特异引物，从簇毛麦中克隆到HMW-GS基因序列，然后将具有完整编码区的4个基因在宿主菌 *Escherichia coli* 中诱导表达，通过SDS-PAGE分析表达的蛋白质和种子提取的HMW-GS，同时用Western blot检测确证表达产物。通过His-Trap HP柱纯化表达蛋白，回收产物经SDS-PAGE再次确证后加入中国春面粉中，利用微量掺粉试验确证了簇毛麦来源的4个HMW-GS对于面粉加工品质均具有显著的正向效应。

杨帆等（2014）根据数据库中全长 α-醇溶蛋白基因设计通用引物，从一年生簇毛麦中扩增获得到52条序列，分析结果发现，相比对照序列，KJ004677、KJ004686、KJ004714和KJ004696含有1个额外的Cys。为了分析来自簇毛麦的额外Cys的 α-醇溶蛋白所具有的品质效应，杨帆等（2014）选取KJ004708（具有典型的6个Cys）和KJ004714（具有1个额外的Cys）分别构建表达载体，经

IPTG 诱导后获得目标蛋白。将目的蛋白用串联质谱鉴定确证后进行配粉试验，结果证实，KJ004708 和 KJ004714 均能改善面团的加工品质，但后者对面粉品质的改善更为显著。

Wen 等（2016）利用分子和细胞遗传学手段鉴定了一个小麦—簇毛麦 T1VS·6BL 易位系材料 NAU425，对其进行品质检测发现，NAU425 对小麦粉面团的蛋白质含量、Zeleny 沉降值、湿面筋含量和流变学特性均有正向影响，而与对照中国春相比分析发现，这些品质指标的提高是由于小麦中导入了簇毛麦 1VS 上的高分子量谷蛋白亚基基因所致。考虑到谷蛋白含量对面包小麦最终品质的重要性以及 T1VS·6BL 易位系具有良好的植株活力、全生育力和细胞遗传稳定性，因此，NAU425 可能对面包小麦品质的改善有重要价值。

Wang 等（2018）利用荧光原位杂交和分子标记从小麦—多年生簇毛麦杂交种质中鉴定出了 1V^b 附加系和 1V^{b}L·5V^{b}L 易位系。细胞遗传学分析发现，多年生簇毛麦 1V^b 染色体的导入，引起了小麦 5BS 末端重复序列的删除并且形成了 5B~7B 易位，表明多年生簇毛麦 1V^b 上可能含有促进染色体重组的基因。此外，Wang 等（2018）还从小麦—多年生簇毛麦杂交种质中克隆了 10 个高分子谷蛋白亚基基因，序列分析发现，这些序列比小麦的高分子谷蛋白亚基基因短，且从中鉴定出 1 个新型高分子谷蛋白亚基基因 *Glu-Vb1y*。农艺性状调查和品质指标测定结果显示，鉴定出的小麦—多年生簇毛麦渐渗系的株高较对照有所降低，但分蘖力更强、籽粒蛋白含量和湿面筋含量均比对照显著提高，因而，可用于小麦品质改良。

第五节　偃麦草属物种优异基因/性状导入小麦

（一）偃麦草属物种抗条锈病基因/性状导入小麦

偃麦草属（*Elystrigia*）物种自然分布极广，遍及欧亚，在北美和世界其他温带的许多地区已有分布，为多年生牧草，是小麦的重要抗锈病资源。中间偃麦草染色体组成表示为 E^{e}E^{e}E^{b}E^{b}StSt，是偃麦草属中最先同小麦杂交成功，并为小麦育种提供许多有益基因的物种之一。国内较早开展中间偃麦草与小麦远缘杂交的是山西省农业科学院的孙善澄等，先后培育出中 1–中 5 等 5 个八倍体小偃麦。经抗性鉴定，这 5 个双二倍体都抗条锈病（孙善澄，1981）。

以中 1–中 5 等 5 个八倍体小偃麦为新抗源，全国多家单位用它与普通小麦回交选出优良新品种、新品系。张忠军等（1994）从中 4 与感条锈病普通小麦铭贤 169 的杂交回交后代中选出了含一对中间偃麦草染色体的 3 个抗条锈病的二体附加系 A1、A2 和 A3。对以上 3 个附加系组织病理学观察发现，它们的组织学抗病机制不完全相同，A2 所附加的染色体不同于 A1 和 A3 所附加的染色体，即中 4 至少有 2 个染色体与抗条锈病性有关，其中 1 条染色体控制不被条锈病菌侵入，而另 1 条染色体限制条锈病菌丝的扩展。

薛秀庄等（1996）利用中 4 和农艺性状优良的普通小麦杂交获得了对条锈免疫小麦品种陕麦 8007。对其抗条锈病基因染色体定位分析认为，其抗条锈病性基因分别由染色体 2B 和 6B 上的 2 对互补基因控制。

甘肃省农业科学院植物保护研究所利用"中 5"与小麦 S394 和咸农 4 号杂交（中 5/S394//咸农 4 号）创制了中梁 22。经抗性鉴定，中梁 22 苗期及成株期均对混合条锈病菌免疫，其抗锈性居国内领先水平，经系谱和分子标记检测证明，中梁 22 的抗性基因来自于中间偃麦草，命名为 $YrZhong22$，经中国春单体定位，将 $YrZhong22$ 定位在 5B 染色体长臂上（杨敏娜，2008）。

马渐新等（1999）对一套小麦—长穗偃麦草二体代换系进行了条锈病抗性鉴定、抗性遗传和生化分析。结果表明，长穗偃麦草携带有新的抗小麦条锈病基因，位于 3E 染色体上，在小麦背景中呈显性遗传，定名为 YrE。

杨足君等（2001）对中国春—长穗偃麦草双二倍体和七个长穗偃麦草的中国春单体附加系进行抗条锈病鉴定发现，双二倍体和 7E^e 对条锈病免疫，又用代换系 DS7E^e（7D）、DS7E^e（7B）和 DS7E^e（7A），进一步证明长穗偃麦草的 7E^e 染色体上携带抗条锈病基因。

殷学贵等（2006）从小麦与十倍体长穗偃麦草（$Thinopyrum$ $ponticum$ Host）杂交后代材料中筛选出材料 A-3，抗性检测发现 A-3 对条锈病免疫，A-3 对条中 31 号和 32 号的抗性由一显一隐 2 对基因控制，定名为 $YrTp1$ 和 $YrTp2$，分别位于 2BS 和 7BS。

刘爱峰等（2007）利用十倍体长穗偃麦草（$2n = 70$，StStStStE^{e}E^{e}E^{b}E^{b}E^{x}E^x）与普通小麦品种鲁麦 5 号和济南 13 复合杂交（长穗偃麦草/鲁麦 5 号//济南 13），从其杂种后代中筛选鉴定出抗病种质系山农 87074 及其若干衍生系。山农 87074-519 是一个附加了 1 对长穗偃麦草 St 基因组染色体的双体异附加系。它对条锈病免疫，暂命名为 $YrSt$。

刘爱峰等（2008）发现小偃麦山农 87074-557 是小麦—长穗偃麦草双体异代换系，保留了偃麦草的许多优良特性，是小麦抗病育种和遗传改良的基础材料。利用接种鉴定法对山农 87074-557 的抗病性进行鉴定和遗传分析，结果发现，该材料对白粉病和条锈病均表现免疫，其抗性基因来源于长穗偃麦草且其白粉病和条锈病抗性均分别受 1 个显性基因控制。在 592 对小麦 SSR 引物中寻找到 1 个标记 Xgwm344120/150 与白粉病抗性基因和条锈病抗性基因连锁，推测白粉病抗性基因可能为新基因，条锈病抗性基因可能不同于已定位的抗小麦条锈病基因。

胡利君（2011）在小麦—茸毛偃麦草部分双二倍体与小麦杂交后代中筛选一个高抗条锈病的材料 AS1667，经细胞分子标记鉴定为 1St（1D）代换系。胡利君（2011）在小麦—彭提卡偃麦草（部分）双二倍体杂于小麦杂交后代材料中筛选到一个高抗条锈病的材料 X005，经细胞分子标记鉴定为 6J^e（6B）代换系。

刘洁等（2013）对衍生于中间偃麦草的多抗性小偃麦种质系 CH223 进行抗条锈性分析，结果发现，其抗条锈性由 1 个显性基因控制，暂时命名为 *YrCH*223。利用 SSR 分子技术对抗感分离群体进行分析，获得了与抗病基因连锁的共显性 SSR 标记 5 个，并将 *YrCH*223 定位于小麦 4B 染色体的长臂上。

刘洁等（2013）对衍生于普通小麦与八倍体小偃麦小偃 7430 杂种后代的抗条锈病新种 CH7102 进行抗性鉴定和遗传分析，结果发现，CH7102 的条锈抗性来自彭提卡偃草，其抗性受 1 个显性核基因控制，并且该基因与已知的抗 CYR31 和 CYR32 的抗条锈基因 *Yr*5、*Yr*10、*Yr*15、*Yr*24/*Yr*26 和 *Yr*41 不存在等位关系，是一个新的抗条锈病基因。

Liu 等（2013）将抗条锈病的小麦—中间偃麦草部分双二倍体 TAI7047 与感病小麦杂交，从后代中筛选出抗条锈病的 CH223。利用基因组原位杂交对 CH223 进行鉴定，未发现中间偃麦草染色体片段。分子遗传分析发现，CH223 的条锈抗性由一个显性基因控制。基因作图发现，该基因与 4BL 染色体上的 Xgwm540、Xbarc1096、Xwmc47、Xwmc310 和 Xgpw7272 等 5 个共显性 SSR 标记连锁，距离两翼标记 Xbarc1096 和 Xwmc47 的遗传距离分别是 7.2cM 和 7.2cM，将其命名为 *Yr*50。

詹海仙等（2014）发现，小麦—中间偃麦草渗入系 CH5383 免疫条锈病，且抗性来源于中间偃麦草。遗传分析发现，其条锈病抗性由 1 对显性核基因控制，暂命名为 *YrCH*5383。SSR 标记分析发现，引物 Xgwm108、Xbar206 和 Xbarc77 与 *YrCH*5383 连锁，遗传距离分别为 8.2cM、10.7cM 和 13.6cM。将抗病基因定位到 3B 染色体长臂上，因为 3B 染色体的长臂还未见有正式命名的抗条锈病基因的报道，因此，*YlCH*5383 可能是一个源于中间偃麦草的新抗条锈病基因。

Huang 等（2014）发现，细胞学稳定的小麦—中间偃麦草渐渗系 L693 高抗小麦条锈菌 CYR32、CYR33 和 V26。将 L693 与感病系 L661 杂交，利用其 F_1、F_2 和 $F_{2:3}$ 进行抗性遗传分析发现，L693 的条锈抗性由一个显性基因控制。用 479 个 $F_{2:3}$ 株系和 781 对基因组简单序列重复引物对该条锈抗性基因进行染色体定位，结果发现，该基因存在于 1B 染色体上，根据绘制了高密度遗传图谱、系谱和抗谱分析发现，L693 中的条锈病抗性基因是一个新抗条锈基因，命名为 *YrL*693。

侯丽媛等（2015）发现，携带中间偃麦草抗病基因的渗入系 CH5026 的抗条锈病基因由一对显性核基因控制，SSR 标记技术分析获得 3 个与抗性基因连锁的 SSR 标记，Xgwm210、Xumc382 和 Xgpu710I，且抗性基因与两翼连锁标记 Xumc382 和 Xgpu710I 的遗传距离分别为 6.0cM 和 4.7cM。该基因被定位于 2AS 上，且不同于 2AS 上已知的抗条锈基因，可能是 1 个新基因，暂将其命名为 *YrCH*5026。

（二）偃麦草属物种抗叶锈病基因/性状导入小麦

*Lr*19 来自长穗偃麦草（*Th. elongatum*）。Sharma 和 Knott（1966）利用高抗小麦叶锈病的 Agrus 与感小麦叶锈病的 Thatcher 进行杂交，然后回交 4 次，对抗小麦叶锈病且含 Thatcher 染色质的后代材料用射线进行诱导，将来自长穗偃麦草的叶锈抗性基因 *Lr*19 导入了小麦。Gupta 等（2006）利用 RAPD 方法对 Thatcher 的近等基因系（Tc+*Lr*19）/Agra Local（感病）的杂交 $F_{2:3}$ 群体（340 个单株）进行分析，结果发现有 12 个 RAPD 标记与 *Lr*19 共分离。其中，9 个标记定位在小麦 7DL 染色体上。RAPD 标记 $S265_{512}$ and $S253_{737}$ 分别是 *Lr*19 的两翼标记。为了获得更为稳定的标记，他们将这两个 RAPD 标记转化成了 SCAR 标记。

*Lr*24 来自彭梯卡偃麦草（*Th. ponticum*）。McIntosh 等（1977）将来自梯卡偃麦草的叶锈病抗性基因 *Lr*24 定位在小麦 3D 染色体上。Dedryver 等（1996）以含 *Lr*24 的回交系 RL6064 及其感病杂交亲本 Thatcher 为材料，筛选 125 条 RAPD 引物。结果表明引物 OPH5 可以在抗感材料中检测到多态性（抗病植株具有多余感病植物的带纹）。用 OPH5 对 RL6064/中国春（中国春感病）F_2 分离群体进行扩增，结果表明，该标记与 *Lr*24 完全连锁。为了获得更为稳定的标记，他们将多态性 RAPD 片段进行克隆测序，之后又设计特异引物将 RAPD 标记转化成了 SCAR 标记。张娜等（2008）从定位于小麦 3D 染色体的 22 对 SSR、EST-SSR 引物中筛选出 4 对揭示 *TcLr*24 多态性的引物，用 468 株 F_2 抗感群体对这 4 对引物进一步检测，得到 1 个与 *Lr*24 共分离的 EST-SSR 标记 Xcwem17。对该标记进行测序，并设计了 STS 引物。用设计的 STS 引物及已知的 *Lr*24 SCAR 引物对试验群体进行验证，两对引物在该 F_2 群体中均表现共分离，且 Xcwem17 可在 *TcLr*24 单基因系和已知含 *Lr*24 的农家品种泰山 1 号中可扩增出 180bp 单一条带，感病对照及其余 7 个近等基因系无扩增，即建立了 *Lr*24 的 STS 标记。

*Lr*38 来自中间偃麦草（*Th. intermedium*）。Wienhues（1973）创制了一批小麦—中间偃麦草易位系。从这批易位系中，Friebe 等（1993）鉴定出含 *Lr*38 的 5

中不同类型易位系 T4、T7、T24、T25 和 T33, 即含有 7Ai#2L 染色体片段分别易位到小麦 3DS、6DL、5AS、1DL 和 2AL 上。Mebrate 等 (2008) 利用小麦微卫星引物对 Thatcher 近等基因系 RL6097/感病亲本埃塞俄比亚小麦栽培种 Kubsa 的 94 株 F_2 群体进行分析, 结果发现, 在 54 对引物中, 15 对可以在双亲间获得多态性。标记 Xwmc773 和 Xbarc273 在 Lr38 的两侧, 遗传距离分别是 6.1cM 和 7.9cM。

Lr29 来自长穗偃麦草 (Th. elongatum)。Sears (1973) 通过诱导同源重组以 7A-7Ag 的易位方式将 Lr29 从长穗偃麦草导入小麦。Procunier 等 (1995) 利用多重 PCR 分析抗感杂交后代, 获得了与 Lr29 连锁的 RAPD 标记, 紧接着, 将 RAPD 标记转化成了 SCAR 标记。Tar 等 (2002) 用含 Lr29 的抗病亲本与不含 Lr29 的感病亲本 GK Delibab 杂交, 用其杂交 F_2 作为研究材料, 用 81 条 RAPD 引物进行分析, 发现 OPY10 可以在抗感材料中扩增出多态性, 将其进行克隆测序然后转化成与 Lr29 紧密连锁的分子标记。

Salina 等 (2015) 对来自小麦—偃麦草杂交后代选育的高抗条锈病、白粉病和秆锈病的面包小麦品种 Tulaikovskaya 5、Tulaikovskaya 10 和 Tulaikovskaya 100 进行 C 分带、原位杂交、PLUG 和 SSR 标记分析, 结果发现, 小麦 6D 染色体被中间偃麦草的 6Ai 取代, 这条染色体不同于之前报道的 6Ai#1, 被命名为 6Ai#2。利用拟鹅观草和簇毛麦基因组 DNA 为探针进行原位杂交, 发现 6Ai#2 应该是 E (=J) 染色体, 并且发现该染色体在长期的育种选择过程中仍保持着其完整性。对 Tulaikovskaya 10 和感叶锈病亲本杂交 F_2 和 F_3 进行遗传分析, 发现染色体 6Ai#2 至少携带一个叶片锈病抗性基因位点, 被命名为 Lr6Ai#2。

(三) 偃麦草属物种抗秆锈病基因/性状导入小麦

Sr24 和 Sr25 来自彭梯卡偃麦草 (Th. ponticum)。McIntosh 等 (1977) 发现, 小麦栽培品种 Agent 和 Agatha 分别含有一个抗小麦叶锈病和小麦秆锈病基因, 2 个基因是紧密连锁的。Agent 中的抗小麦秆锈病基因定在在小麦 3D 染色体上, 被命名为 Sr24。Agatha 中的抗小麦秆锈病基因定在在小麦 7D 染色体上, 被命名为 Sr25。Sr24 对几乎所有供试的秆锈菌生理小种都具有较好抗性, 而 Sr25 在成株期抗性性对较差, 因此, 前者在小麦育种中更具利用价值。据 Jin 等 (2008) 报道, Sr24 对包括 TTKS (Ug99) 在内的多个秆锈菌生理小种都具有非常好的抗性, 因此可以作为小麦育种的优异基因源。

Sr26 来自长穗偃麦草 (Th. elongatum)。Knott (1961) 发现, 合成的含 56 条染色体的小麦—偃麦草材料的秆锈病抗性是 1 个单基因控制的。以该材料为基础开展向普通小麦转移小麦秆锈病抗性的工作, 获得了在花粉母细胞含 21 个二价体（小麦）和 1 个单价体（偃麦草）的植株。利用 X 射线和热中子对该植株进行辐射处理，获得了抗小麦秆锈病的小麦—长穗偃麦草易位系，该易位系中的抗小麦秆锈病基因被命名为 *Sr*26。Mago 等（2005）分离利用 *Sr*24 和 *Sr*26 的近等基因系建立抗感池，利用 RFLP、AFLP、SSR 等方法对其分析，对获得的多态性带进行克隆测序重新设计引物获得了与该两基因连锁的分子标记。

Kibirige-Sebunya 和 Knott（1983）分离利用中国春 N5BT5D 缺体四体与中国春 *ph*1b 基因缺失突变体两种方法来诱导长穗偃麦草 7el$_2$ 染色体和小麦染色体之间的同源重组，两种方法都可以将来自偃麦草的叶锈病抗性通过染色体重组的方式转移给小麦，并且两种方法都是通过此胚子传递偃麦草染色体或重组染色体。获得的小麦—长穗偃麦草重组染色体上的抗小麦秆锈病基因被命名为 *Sr*43。

*Sr*44 来自中间偃麦草。Cauderon（1966）和 Cauderon 等（1973）先后从小麦—中间偃麦草杂交后代中筛选出了抗秆锈病的含中间偃麦草染色质的材料 L1 和 TAF2。Friebe 等（1992）利用细胞遗传学方法对这两份材料进行了鉴定，结果发现，L1 和 TAF2 中偃麦草染色体均为第 7 同源群，因此二者都是小麦—中间偃麦草 7Ai 附加系。其后，McIntosh 利用诱导同源重组的方法将含有抗秆锈病基因 *SrAgi* 的 7Ai 附加系诱导成了小麦—中间偃麦草 T7DS-7Ai#1L·7Ai#1S 染色体易位系，因此；*SrAgi* 被重新命名为 *Sr*44。

Liu 等（2013）创制了补偿性小麦—中间偃麦草 T7DL·7J#1S 罗伯逊异位系，抗病性鉴定发现，该易位系高抗小麦秆锈菌 Ug99 和 TRTTF 等，将抗秆锈基因 *Sr*44 定位在中间偃麦草 7J 染色体上，为小麦抗秆锈育种提供了基因资源。

Mago 等（2019）发现，1 个小麦—长穗偃麦草抗秆锈病材料 W3757，具有 6Ae#3（6D）代换系，携带 *SrB* 抗性基因，将它与含有 Sr26 的 6AS·6AL-6Ae#1 易位系杂交，从后代中选育了聚合这 2 个抗秆锈病基因的新型易位系材料，表现优异的持久抗性，并获得了辅助育种选择的分子标记。

（四）偃麦草属物种抗白粉病基因/性状导入小麦

*Pm*40 来自中间偃麦草（*Th. intermedium*）。Luo 等（2009）在小麦—中间偃麦草的杂交回交后代中筛选到了免疫小麦白粉病的后代材料 GRY19，其抗性由 1 个显性基因控制。利用绵阳 11/GRY19D 的 F$_2$ 分离群体为材料，他们将该基因位点标记和基因的顺序定义为 Xwmc426−Xwmc335−*Pm*40−Xgwm297−Xwmc364−Xwmc476，遗传距离分别为 5.9cM、0.2cM、0.7cM、1.2cM 和 2.9cM。

*Pm*43 来自中间偃麦草（*Th. intermedium*）。He 等（2009）发现，小麦—中间偃麦草杂交后代的白粉病抗性由 1 个显性基因控制。利用的 CH5025/CH5065 抗感杂交 F$_2$ 分离群体为材料，他们将该基因位点标记和基因的顺序定义为

$Xcfd233-Xwmc41-Pm43-Xbarc11-Xgwm539-Xwmc175$，遗传距离分别为 2.6cM、2.3cM、4.2cM、3.5cM 和 7.0cM。利用缺体四体和端体系为材料将该基因定位在小麦 2DL 上，之前在 2DL 上没有发现小麦白粉病抗性基因，因此，该基因是一个新基因，命名为 $Pm43$。

$Pm51$ 来自彭提卡偃麦草。Zhan 等（2014）发现，小麦—彭提卡偃麦草渐渗系 CH7086 高抗小麦白粉病，为了研究清楚其抗病遗传基础，对 CH7086 分别与感白粉病的台长 29、晋太 170、SY95-71 和 CH5241 间的 F_1 及 4 个 F_2 分离群体进行白粉病抗性鉴定，结果发现，4 个 F_1 均抗白粉病且 4 个 F_2 群体的分离比均符合单基因遗传。利用 F_2 和 $F_{2:3}$ 家系进行基因作图，将该抗病定位在一个长度为 4.7cM 的区间内，与该区间内其他抗白粉病基因等位性测试结果显示，该基因是一个新的抗白粉病基因，将其命名为 $Pm51$。

郭慧娟等（2013）发现，抗白粉病的八倍体小偃麦 TAI7047 与高感小麦品种晋太 170 杂交回交后代衍生高代选系 CH09W83 高抗白粉病，遗传分析发现，其白粉抗性由 1 个隐性核基因控制，暂命名为 $pmCH83$。分子做图发现，$pmCH83$ 与 4BL 染色体两翼邻近标记 Xwmc652 和 Xgwm251 的遗传距离分别为 3.8cM 和 4.3cM。原位杂交和染色体配对及连锁标记分析认为 CH09W83 可能是 1 个小麦—中间偃麦草的隐形异源渗入系。

Shen 等（2015）将中间偃麦草的抗白粉病转移到小麦 L962，与感病系 L983 杂交，对其 F_1、F_2 和 $F_{2:3}$ 进行遗传分析，结果发现，L962 的白粉抗性由 1 个显性基因控制。利用 781 对 SSR 引物对 373 个 $F_{2:3}$ 株系进行扩增，将抗性基因定位在 2BS 染色体上，其两翼分子标记为 Xwmc314 和 be443737，距离抗病基因的遗传距离分别为 2.09cM 和 3.74cM。基因所在染色体位置分析发现该基因是一种新的抗白粉病基因，暂命名为 $PmL962$。

李建波等（2015）发现，八倍体小偃麦 TAI8335 与高感白粉病小麦品种晋麦 33 杂交后代衍生的小麦新种质 CH7124 高抗小麦白粉病，利用白粉病菌株 E09 对该杂交组合的分离群体进行遗传分析，发现其抗性由 1 个显性核基因控制，暂命名为 $PmCH7124$。分子作图发现，$PmCH7124$ 与 5 个 SSR 标记连锁，与两翼标记 Xgwm501 和 Xbarc101 的遗传距离分别为 1.7cM 和 4.5cM。遗传分析发现该基因在小麦 2B 染色体长臂上，不同于 2BL 上已知的抗白粉病基因 $Pm6$、$Pm33$、$PmJM22$、$MIZec1$、$MIABI0$ 和 $MILX99$。

马原丽等（2015）发现，八倍体小偃麦 TAI7047 与高抗小麦白粉病品种晋太 170 杂交回交选育出的抗白粉病小麦新种质 CHO9W80 免疫白粉病，其抗性受 1 对显性核基因控制且来源于中间偃麦草，利用 SSR 标记技术将此基因定位于 2AL 染色体上。

Hou 等（2015）发现，小麦—中间偃麦草部分双二倍体 TAI7045 与感白粉病病小麦杂交后代株系 CH09W89 对白粉病小种 E09、E20、E21、E23、E26、Bg1 和 Bg2 表现为免疫或高抗，利用 CH09W89 与感病材料配置分离群体，遗传分析发现，CH09W89 的白粉抗性由一个单隐性基因控制，命名为 *pmCH*89。遗传分析发现，与 *pmCH*89 紧密连锁的 SSR 标记 Xwmc310 和 Xwmc125 与该基因遗传距离分别为 3.1cM 和 2.7cM。利用中国春非整倍性和删除系将该新基因定位在 4BL 片段为 0.68~0.78 的区段上。

He 等（2017）从十倍体长穗偃麦草与烟农 15 杂交后代材料发现株系 SN0224 对白粉病表现为免疫，细胞学鉴定发现 SN0224 含有 42 条染色体，遗传分析发现 SN0224 的白粉病抗性由一个显性基因控制，暂命名为 *PmSn*0224。利用分子标记将 *PmSn*0224 定位到 2A 染色体上。分子标记分析结果显示，*PmSn*0224 可能是来源于长穗偃麦草的抗白粉病新基因。

张晓军等（2017）为确定来源于中间偃麦草的八倍体小偃麦 TAI7047 为桥梁亲本选育的高抗白粉病的小麦新品系 CH1302 的抗白粉病基因来源及其在染色体上的位置，对绵阳 11×CH1302 的 F_1、F_2 及 $F_{2:3}$ 家系进行了遗传分析，结果发现，CH1302 的白粉病抗性可能是由 1 个来源于中间偃麦草的基因控制，暂命名为 *PmCH*1302。利用 iSelect 90K SNP 芯片对抗、感病池进行扫描，发现 2AL 染色体 100~105cM 和 150~155cM 2 个区域附近多态性位点最多。在上述位点筛选出与 *PmCH*1302 连锁的分子标记 Xwmc522、Xgwm356 和 Xgwm526，其中 Xgwm356 和 Xgwm526 位于 PmCH1302 两侧，连锁距离分别为 3.1cM 和 7.8cM。利用遗传图谱以及中国春缺体、双端体将 *PmCH*1302 定位于小麦 2AL 染色体上，进一步与位于 2AL 上的 *Pm*4、*Pm*50 比较发现，*PmCH*1302 可能是 1 个新基因或等位基因。

第六节 冰草属物种优异基因/性状导入小麦

李立会等（1998）对普通小麦 Fukuho×冰草 Z559 的杂种后代（BC_2F_3、BC_3F_2、BC_4F_1 和 BC5）进行了农艺性状、抗病性、蛋白质含量和抗逆性分析，结果发现，一些遗传稳定（异源易位系）的杂种后代表现为株型好、大穗多粒、兼抗白粉病和黄矮病、蛋白质含量高（17.01%~20.72%）、抗旱和抗寒等特点，说明不仅已将冰草 Z559 的优异基因导入小麦，而且这些外源优异基因能够在小麦背景下充分表达。

4844 是从小麦品种 Fukoho 和冰草的杂交后代种中选育出的小花数和穗粒数均显著多于小麦的一个株系。为了研究清楚该系株系多小花和多粒的遗传控制，

Wu 等（2006）用原位杂交、微卫星（SSR）标记和种子麦谷蛋白分析等方法对 4844 衍生的小麦—冰草染色体附加和代换系进行了分析。以生物素化标记的 P 基因组 DNA 为探针进行的原位杂交分析表明，穗部小花和粒数的增加与冰草染色体的渗入有关。用来自山羊草的重复序列 pAs1 进行荧光原位杂交，结果表明小麦 6D 染色体被冰草染色体所代换。小麦 SSR 标记、EST-SSR 标记及醇溶蛋白分析均证实该代换系为 6P（6D）代换系，因此，小麦—冰草杂交种中多小花和多籽粒数性状是由冰草 6P 染色体上的基因控制。

小麦—冰草新种质 3228 具有多粒特性（>90 粒/穗），为了探讨的遗传及其利用价值，王健胜等（2009）将该材料在 5 个不同小麦种植区进行种植评价了该材料多粒特性的稳定性；采用主基因+多基因混合遗传模型分析方法对 3228（♀）×京 4839（♂）的 F_2 单株表型进行遗传分析。结果发现，3228 多粒特性在不同环境下表现稳定，其穗粒数均大于 90；3228 与京 4839（41 粒左右/穗）F_2 群体遗传分析表明，该多粒特性主要受 1 对主效基因控制，因此，有望利用该多粒基因通过提高穗粒数实现小麦高产育种目标。

为了探讨小麦—冰草衍生系 3228 的多粒特性在育种中的可利用性，王健胜等（2010）以 3228 与黄淮冬麦区 5 个主栽品种进行杂交，并将其杂种 F_1 分别种植于北京市、陕西省和四川省，采用 MINQUE 统计方法及 AD 模型对主要产量性状进行了遗传分析。结果发现，3228 在穗粒数方面具有极显著的加性和显性效应，在穗长、小穗数方面也具有极显著的加性效应，说明利用该种质在提高小麦的穗粒数方面具有重要作用。

杨国辉等（2010）发现，小麦—冰草附加系Ⅱ-21-2（附加 1·4 重组 P 染色体）的减数分裂中存在染色体联会异常的现象。对该附加系进行细胞遗传学和 Ph1 基因扩增等分析与检测发现，附加系Ⅱ-21-2 的 Ph1 基因扩增正常，未见缺失；小麦—冰草附加系Ⅱ-21-2 减数分裂中期每个花粉母细胞出现六价体或四价体的数目分别为 0.41 和 0.13，而附加系受体小麦 Fukuho 减数分裂无染色体异常联会。双色 GISH/FISH 检测表明，附加系Ⅱ-21-2 的 P 染色体不直接参与多价体的组成，多价体为小麦自身染色体构成。附加系Ⅱ-21-2 中 1·4 重组 P 染色体能够抑制小麦 Ph 基因的作用，从而引起小麦部分同源染色体之间的联会，并造成包括小麦 3B-3D 等部分同源染色体之间的易位，因而，小麦—冰草附加系的 P 染色体在促进小麦部分同源染色体联会的作用或特性在未来小麦的遗传改良中具有潜在应用价值。

Han 等（2014）对 6 个普通小麦—冰草二体附加系进行表型鉴定、基因组原位杂交（GISH）及分子标记分析。通过比较作图发现 6 个附加系种的冰草染色体均属于染色体第六同源群，并且将其中的冰草 6P 染色体分为四中类型，即

6PI、6PII、6PIII 和 6PIV，但与小麦染色体相比，冰草 6P 染色体在不同的附加系中均发生了明显重排，其中含 6PI 型染色体的附加系携带抗白粉病基因，具有多穗粒数等特点，是小麦的优异基因源。

Song 等（2016）利用^{60}Co-γ 对小麦—冰草二体附加系 4844-12 进行辐照，同时利用柱穗山羊草杀配子染色体对其进行诱导，从其后代中鉴定获得了 26 个遗传稳定的小麦—冰草 6P 染色体系并用基因组原位杂交（GISH）和冰草 6P 染色体特异序列标记位点（STS）标记对其进行了鉴定，以这些材料为基础，将建立的 255 个 6P 染色体特异 STS 新标记物理定位到 6P 染色体的 14 个区段上。大田对 6P 染色体删除系等材料进行抗锈病调查，结果发现，冰草 6P 染色体 0.81~1.00 区域含有抗叶锈基因，为小麦新品种的选育和改良提供了重要种质资源，也为冰草染色体组中的优异基因发掘和定位的提供了重要工具材料。

Lu 等（2016）利用^{60}Co-γ 射线对高千粒重和抗旱性强的小麦—冰草二体附加系 II-5-1 进行辐射，从其后代中鉴定了 18 个小麦—冰草染色体易位系和 3 个小麦—冰草染色体删除系，以这些材料为基础，将来自冰草的高千粒重基因定位在染色体区段 7PS1-3 内。

Li 等（2016）利用基因组原位杂交（GISH）方法从小麦—冰草杂交种质中鉴定出了小麦—冰草 2P 染色体二体附加系 II-9-3，并用冰草 2P 染色体特异性位点扩增片段测序标记对小麦染色体与冰草 2P 染色体进行同源性分析。抗病性鉴定发现，II-9-3 在幼苗和成株期均对小麦白粉菌表现出较强的抗性。将 II-9-3 与感病小麦品种 Fukuho 杂交获得 F_2 群体，利用该群体进行遗传分析，发现该群体白粉病抗性由 II-9-3 中冰草 2P 染色体提供。此外还发现 II-9-3 对中国北方流行的 17 个白粉菌菌株均有抗性，因此值得利用染色体工程对其进行诱导获得抗病易位系进而应用与小麦育种。

Li 等（2016）用基因组原位杂交（GISH）和特异性位点扩增片段测序（SLAF-seq）法对小麦—冰草衍生株系 5113 进行了鉴定，发现该株系是一个新的小麦—冰草二体 6P 附加系。性状调查发现，与小麦亲本 Fukuho 相比，5113 具有最上节间/株高比率高、较旗叶大、长穗长、穗粒数和穗小穗多、中间小穗的籽粒数多、单株分蘖数多和具有白粉病与叶锈病抗性等多个优良的农艺性状。SLAF-seq 标记对 Fukuho/5113F_1、BC_1F_1 和 BC_1F_2 群体鉴定结果显示，上述优良性状基因可被定位在冰草 6P 染色体上，为 5113 在小麦育种中的应用奠定了基础。

Lu 等（2016）发现，小麦—冰草渐渗系 Pubing74 在幼苗和成株期均对白粉病具有良好抗性。利用基因组原位杂交（GISH）对 Pubing74 进行检测，未发现有冰草染色质信号但可以检测到冰草特异的 STS 标记，因而 Pubing74 中含有冰草染色质但超出了 GISH 的检测灵敏度。遗传分析发现，Pubing74 携带 1 个抗白粉病显性基因，暂命名为 *PmPB*74。分子定位结果显示，*PmPB*74 位于小麦染色体臂 5DS 上，距 Xcfd81 和 HRM02 的遗传距离分别为 2.5cM 和 1.7cM。与小麦 5DS 染色体臂上的抗白粉基因相比，*Pubing*74 对中国北方不同小麦产区分离的 28 个小麦白粉病菌均具有抗性。等位性试验表明 *PmPB*74 与 *PmPB*3558 或 *Pm*2 不具有等位性，因此，*PmPB*74 是一个具有广谱白粉病抗性的新基因。

Zhang 等（2017）于 2015—2016 年和 2016—2017 年在两点用两种条锈菌混合生理小种对小麦—冰草 6P 二体附加系 4844-12、10 个小麦—冰草染色体易位系、5 个小麦—冰草染色体删除系和小麦—冰草 6P 整臂易位系的 BC_2F_2 和 BC_3F_2 2 个群体进行抗病性鉴定，同时利用基因组原位杂交（GISH）和分子标记对这些材料进行基因分型。结果发现，抗条锈病基因定位于冰草 6P 短臂末端 20% 的区间内。研究还建立了基因所在区间冰草 6P 特异序列标记位点（STS）标记 29 个，为冰草抗条锈病基因的精细定位提供了依据。

Jiang 等（2018）利用包括 THT 和 PHT 两个中国主要显性叶锈病种以及从中国 11 个省、1 个自治区、1 个直辖市收集的另外 48 个不同叶锈菌生理小种对小麦—冰草 2P 染色体易位系及其回交群体进行抗性鉴定。结果发现，来自冰草的新抗叶锈位点对所有供试叶锈菌生理小种均表现为免疫或近免疫。用叶锈菌生理小种 THT 对幼苗和成株期的含不同冰草 2PL 片段长度的染色体易位系及其回交群体进行抗病性鉴定，并用 2P 特异性 STS 标记进行检测，将抗叶锈基因定位在冰草 2PL 染色体片段长度为 0.66~0.86 的区间，为今后小麦育种提供了新的抗源。

Zhang 等（2018）利用细胞遗传学和分子生物学的方法对小麦—冰草 6P 衍生系进行了鉴定。结果发现，Pubing260（2n = 42）是一个 T3BL.3BS-6PL 易位系，并且染色体断裂位点发生在 3BS9-0.57~0.75 片段长度内。与对照亲本 Fukuho 相比，Pubing260 的旗叶更宽，每穗的小穗数和籽粒数更多。对 Pubing260 的 BC_1F_2 和 BC_2F_1 群体进行遗传分析，结果发现，控制上述农艺性状的基因位点位于片段长度 6PL-0.72~1.00 区间内。对 Pubing260 的分子细胞学鉴定及其农艺性状基因位点的解析，将有助于将其应用于小麦育种工作。

第七节　大麦属物种优异基因/性状导入小麦

阎新甫等（1994）将抗白粉病的大麦 DNA 通过花粉管途径直接导入感病的小麦品种花 76 中，后代出现 13 株抗白粉病变异株。其中 5 株在以后的世代中抗性稳定，另 8 株则继续分离。第 2 代分离株系的抗病株形成的第 3 代株系（或株行）中，抗性有分离的株行与无分离的株行比例为 1.9∶1，而分离株行内抗病株与不抗病株比例为 335∶1。抗性稳定株系与感病亲本杂交，F_1 表现高抗病，再与感病亲本回交，后代抗感病株比例为 1∶1。自交 Fn 的比例为 2.8∶1，说明所获得的抗白粉病性受一对完全显性基因控制。与已知抗白粉病基因的比较发现，这个抗病基因可能是来自大麦的一个新基因。

Murai 等（1997）对小麦中国春—大麦 Betzes 染色体 2H-7H 附加系（CS-Be2H-CS-Be7H）、小麦 Shinchunaga—大麦 New Golden 染色体 5H（Shi-NG5H）和 6H（Shi-NG6H）附加系的抽穗时间进行了调查研究。结果发现，除 Be6H 外，所有大麦染色体均影响中国春或 Shinchunaga 的春化需求。Be5H 染色体也微弱的影响了中国春的光周期敏感性。Shi-NG5H 附加系与 Shinchunaga 相比，春化要求明显降低，但 CS-Be5H 与 CS 无明显差异。Shi-NG5H/CS-Be5H 的杂交 F_1 与 Shi-NG5H 附加系均表现出类似的春化不敏感性，在 F_2 代中，有春化需求和无春化需求的植株分离比为 1∶3，这表明，Shi-NG5H 附加株系春化需求的降低是由位于 NG5H 大麦染色体上的春化习性主要显性基因 Sh2 造成的。此外，还发现大麦 Sh2 基因对小麦春化反应的影响与小麦春化不敏感基因 Vrn1 相似，但作用相对较弱。

Taketa 等（2002）发现，大麦 1HL 附加到小麦中后，植株减数分裂异常并完全不育。为了绘制 1H 遗传连锁图谱，Taketa 等（2002）将小麦 Shinchunaga 与小麦—大麦 St. 13559 的 5 个易位系进行杂交，获得了一系列含 1H 易位染色体的附加系，将不育基因位于 1HL 臂中间 25% 的区域。利用序列标记位点（STS）标记和简单重复序列（SSR）标记对已知位点和该不育基因进行了物理定位比较分析，并将其被命名为 Shw，为创制不育系提供了基因资源。

原亚萍等（2003）创制了小麦—大麦 2H（A）、2H（B）和 2H（D）二体异代换系，并对其生长势及其他农艺性状进行调查分析，发现大麦 2H 染色体对小麦染色体 2B 和 2D 的补偿作用较好。通过考种观察到携带大麦 a 淀粉酶抑制蛋白基因的 2H 染色体导入小麦后，淀粉品质发生了改变，外观品质由原来中国春的半粉质转变为代换系的半角质。

Alamri 等（2013）以 4 份海大麦品种为亲本与小麦中国春杂交，获得了小麦—海大麦双二倍体，对其研究发现，小麦—海大麦双二倍体在低氧和盐处理下的相对生长速率较小麦的相对生长速率好，叶片 Na^+ 浓度低于小麦，基底根区可形成径向失氧量屏障，是优异的小麦远缘杂交新材料。

第八节　披碱草属物种优异基因/性状导入小麦

*Lr*55 来自粗穗披碱草（*Elymus trachycaulis*，2n = 4x = 28，S'S'H'H'）。Sharma（1983）以粗穗披碱草为材料，开始了将该种质导入小麦的研究工作，通过胚拯救技术获得了一批小麦—粗穗披碱草杂交后代材料。Gill 等（1988）、Morris 等（1990）和 Jiang 等（1994）分别从这批珍贵材料中筛选并鉴定出了一批小麦—粗穗披碱草附加系、代换系、易位系和端体系等材料。随后 Friebe 等（2005）又从鉴定出的这批材料中利用抗病性检测的方法获得了抗叶锈病的小麦—粗穗披碱草 1H'S.1BL 罗伯逊易位系，该易位系中的叶锈抗性基因被命名为 *Lr*55。目前，我们正在利用中国春 *ph1b* 基因缺失突变体对该易位染色体进行缩短工作。

Jiang 等（1992）发现含粗穗披碱草（*E. trachycaulis*，2n = 4x = 28，S'S'H'H'）和纤毛披碱草（*E. ciliaris*，2n = 4x = 28，S^cS^cY^cY^c）细胞质的植株雄性不育且活力较低。研究还发现可育的上述植株育性也可被恢复，但它们基因组内往往附加了 1H'或 1S'或 1Y^c的完整或部分染色体并携带披碱草特异谷蛋白亚基基因和育性恢复（*Rf*）基因，将 1H'、1S'和 1Y^c上的 *Rf* 基因分别命名为 *Rf-H*'1、*Rf-S*'1 和 *Rf-Y*^c1。将不同的小麦—粗穗披碱草附加系相互杂交，从自交和反交后代中获得了 3 个双单体附加系，21″+3BS·1Y^cS'+1H'S·1H'S'（粗穗披碱草细胞质）、21″+3BS·1Y^cS'+1H'S·1H'S'（纤毛披碱草细胞质）和 21″+3BS·1Y^cS'+7AL·S–1S'S'（纤毛披碱草细胞质），并对它们的染色体组成、传递率和育性进行研究。结果发现，1H'和 1S'上的 *Rf-H*'1 和 *Rf-S*'1 在纤毛披碱草细胞质背景中可恢复小麦育性，1Y^c上的 *Rf-Y*^c1 在粗穗披碱草背景中也可以恢复小麦育性。

Jiang 等（1993）发现具有纤毛披碱草（*E. ciliaris*，2n = 4x = 28，S^cS^cY^cY^c）细胞质的小麦—纤毛披碱草杂交植株表现为雄性不育且活力较低，而含纤毛披碱草 1S^c或 1Y^c染色体（用谷蛋白亚基基因 *Gli-Sc*1 和 *Gli-Yc*1 标记检测）的植株育性好且生长旺盛，1S^c和 1Y^c上的育性恢复（*Rf*）基因分别命名为 *Rf-S*'1 和 *Rf-Y*^c1。Jiang 等（1993）分离到涉及 1Y^c的两个染色体易位，第一个纤毛披碱草 1Y^cS 和小麦 3BS，而第二个涉及纤毛披碱草 1Y^cS 和纤毛披碱草染色体 L 短臂（L 表示未鉴定），后者植株中还含有另外 1 条纤毛披碱草染色体 A 且其中的 6A 染色体缺失，该材料对小麦叶锈病具有较好抗性。

Mcarthur 等（2012）利用基因组原位杂交技术对小麦—披碱草 *Elymus rectisetus* 杂交后代进行了鉴定，发现部分小麦—披碱草 *E. rectisetus* 染色体附加系抗赤霉病、褐斑病、叶斑病和秆锈病，是小麦改良的优异基因源。

Zeng 等（2013）将匍匐披碱草（*E. repens*，2n = 6x = 42，StStStStHH）与普

通小麦杂交，通过单粒种子传代获得了 BC_1F_9 后代材料，基因组原位杂交和抗病性鉴定分析发现，供试 8 株材料中均检测到易位染色体，均具有赤霉病抗性，是小麦育种的优异基因源。

Cainong 等（2015）采用染色体工程技术将小麦 1AS 染色体相应的同源区域替换为含柯孟披碱草（*E. tsukushiensis*）抗赤霉病基因 *Fhb6* 的 1Ets 染色体，将定位在柯孟披碱草 1Ets 染色体短臂的亚末端区域的抗赤霉病基因 *Fhb6* 转移给了小麦。在这里染色体工程创制的材料中，不仅有染色体末端易位，还有中间插入型易位系。抗病性鉴定发现，含该抗病基因的植株对赤霉病具有良好抗性。

Fedak 等（2017）将匍匐披碱草（*E. repens*，$2n = 6x = 42$，StStStStHH）与小麦品种 Crocus 进行杂交，通过单次种子传代获得了 BC_1F_7 材料。根据植株农艺性状选择其中的 16 株进行了赤霉病抗性评价，从中鉴定出 8 个抗赤霉病的株系。细胞学分析发现，材料 PI142-3-1-5 具有 42 条染色体，并且其中一对染色体在两条染色体端部均发生了易位。SSR 标记鉴定结果发现，发生易位的小麦染色体是 3D 染色体。对含单个易位系的材料的评价表明，赤霉病抗性是由染色体 3D 长臂上的易位系贡献的，虽然该易位系具有微弱的连锁累赘，但仍可以用于小麦抗病育种工作。

第九节　新麦草属物种优异基因/性状导入小麦

曹张军等（2005）对普通小麦—华山新麦草易位系 H9020175 的条锈病抗性进行了遗传分析，发现 H9020175 的条锈抗性是由单基因控制的显性性状，并且抗性基因来自于华山新麦草，暂定名为 *YrHua*。为了标记这个来自华山新麦草的抗条锈病基因，曹张军等（2005）利用 H9020175 与感病小麦品种铭贤 169 杂交，建立了 F_2 分离群体。利用 81 对 AFLP 引物对 119 个经条锈菌生理小种 CY30 接种鉴定的 F_2 单株进行分析，结果获得了两个位于 *YrHua* 两侧且与其连锁的 AFLP 标记 PM14（301）和 PM42（249），遗传距离分别为 5.4cM 和 2.7cM。为了方便利用，将标记片段克隆测序后，根据序列信息和酶切位点多态性设计特异性引物，将 AFLP 标记 PM14（301）转换成了简单的 PCR 标记，为标记辅助育种提供了分子选择工具，也为精细定位和图位克隆 *YrHua* 基因奠定了基础。

刘佩等（2008）将抗条锈病的小麦—华山新麦草易位系 H9020-1-6-8-3 与感条锈病品种铭贤 169 进行杂交，对 F_2 分离群体接种条锈菌 CY29 鉴定苗期条锈抗性，结果发现，H9020-1-6-8-3 中含有 1 个显性抗条锈病基因，暂命名为 *YrHs*。利用 BSA 法从 2DL 上获得 2 个标记 Xgwm261 和 Xgwm455，到 *YrHs* 的距离分别为 4.3cM 和 5.8cM，为分子标记辅助育种奠定了基础。

Cao 等（2008）将华山新麦草与普通小麦进行杂交获得了小麦—华山新麦草染色体易位系 H9020-17-15，该易位系对中国所有条锈菌生理小种均变现为抗病，推断 H9020-17-15 中的抗病基因来源于华山新麦草。经鉴定发现，该易位系条锈病抗性受一个单显性基因控制，暂时命名为 YrHua。为了定位 YrHua，由 H9020-17-15 和感条锈小麦品种铭贤 169 杂交，获得了由 119 个株系构成的 F_2 代分离群体。通过对分离群体进行分析，评价了 166 个简单重复序列（SSR）标记与 YrHua 的连锁关系，将 YrHua 被定位到 6A 染色体的长臂上，与 SSR 标记 Xgwm169 连锁，遗传距离为 28.7cM。为了获得与 YrHua 遗传距离更近的分子标记，使用 AFLP 标记分析 F_2 代群体，获得分别位于 YrHua 两侧的两个 AFLP 标记 PM14（301）和 PM42（249），与 YrHua 的遗传距离分别为 5.4cM 和 2.7cM。为了使标记利用起来更加方便，将 PM14（301）转化为序列标签位点（STS）标记。

为了解普通小麦—华山新麦草衍生系 H9021 对全蚀病抗性的遗传特点，魏芳勤等（2009）将 H9021 与感全蚀病材料 96（15）进行杂交，利用 IECM 算法对 H9021×96（15）F_2 分离群体的抗病性进行了估算。结果发现，H9021 对全蚀病抗性由两对主基因+多基因控制，主基因表现为加性—显性—上位性模型，两个重复中 F_2 群体控制抗性的主基因遗传率分别为 96.7% 和 94.6%。

姚强等（2010）通过杂交回交方式获得了普通小麦—华山新麦草染色体易位系 H9020-20-12-1-8。抗病性鉴定发现，H9020-20-12-1-8 苗期对中国小麦生产上流行的条锈菌生理小种 CYR32 表现出良好抗性。遗传分析表明，H9020-20-12-1-8 对 CYR32 的抗病性是由一对显性基因 YrHy（暂命名）独立控制的。通过对 H9020-20-12-1-8 和感病品种铭贤 169 杂交 F_2 分离群体进行 SSR 分子标记分析发现，抗病基因 YrHy 位于小麦 2BS 染色体上，并且微卫星标记 Xgwm429、Xwgm770 和 Xwmc154 与 YrHy 紧密连锁，遗传距离分别为 5.4cM、6.4cM 和 11.3cM。

赵继新等（2010）对新培育的普通小麦—华山新麦草 1Ns 二体附加系 H9021-28-5 的农艺性状、面粉加工品质和籽粒矿物质元素含量进行了考察和测定，结果发现，与亲本 7182 相比，附加系 H9021-28-5 的株高、分蘖数、穗粒数、小穗数和结实率等性状值显著降低，籽粒重量和粒径等性状值显著升高，条锈病抗性增强；沉降值、稳定时间、弱化度、拉伸曲线面积等品质指标得到显著改善，籽粒中镁、铜、锌、钼等元素的含量显著提高。因此，华山新麦草 1Ns 染色体对小麦部分农艺性状、面粉加工品质指标和矿物质元素含量具有正向效应。

何雪梅（2011）对普通小麦—华山新麦草双二倍体（PHW-SA）×川麦 107

和 PHW-SA×J-11 的衍生后代（F_2 和 BC_1F_1）进行抗条锈病鉴定，结果发现，在 F_2 和 BC_1F_1 中，编号 141 的材料高抗条锈病，其余材料均中感或中抗条锈病。

田月娥等（2011）通过杂交回交从小麦—华山新麦草杂交种质中选育出了普通小麦—华山新麦草易位系 H122。为明确其抗条锈病基因及遗传特点，利用我国小麦条锈菌流行小种 CYR29、CYR31、CYR32、CYR33 和致病类型 Su11-4、Su11-11 对 H122 进行苗期抗性鉴定，根据鉴定结果选用 CYR32、CYR33 和 Su11-4 对其与铭贤 169 杂交 F_1、F_2 及 BC_1 代进行遗传分析，同时用 258 对 SSR 引物对来自 H122/铭贤 169 的 185 个 F_2 单株作图群体进行了 PCR 分析。结果表明，H122 对供试小种均表现免疫或近免疫，对 CYR32 的抗病性由 1 对显性基因控制，对 CYR33 的抗病性由 1 对隐性基因控制，对 Su11-4 的抗病性亦由 1 对显性基因控制，将其暂命名为 YrH122。研究还发现，YrH122 来源于华山新麦草，可能是 1 个不同于目前已知抗条锈病基因的新基因，位于小麦染色体 1DL 上，SSR 标记 Xbarc229、Xwmc339 和 Xwmc93 与其连锁，遗传距离分别为 7.7cM、4.3cM 和 11.0cM。

Du 等（2013）对小麦—华山新麦草 5Ns 附加系 3-8-10-2 和小麦对照等材料进行抗条锈病鉴定，结果发现，3-8-10-2 高抗条锈病并且其抗性来源可能是华山新麦草，因此，3-8-10-2 可作为小麦育种的优异抗病基因源。

Du 等（2013）从普通小麦 7182 和华山新麦草杂交种质中选育出了小麦—华山新麦草 6Ns 二体染色体附加系 59-11。59-11 具有双小穗和多粒特性，该特性与华山新麦草 6Ns 导入有关，为利用华山新麦草拓宽小麦遗传基础和提高小麦产量提供了可能。

Du 等（2013）从小麦—华山新麦草杂交后代中鉴定出了小麦—华山新麦草 7Ns 染色体二体附加系 2-1-6-3。抗叶锈病鉴定发现，华山新麦草 7Ns 染色体携带有新的叶锈病抗性基因，并且 2-1-6-3 具有多花多实特性，可能与华山新麦草 7Ns 染色体的导入有关，为小麦遗传改良提供了基因资源。

Ma 等（2013）从小麦 7182 与华山新麦草杂交种质中选育出高抗条锈病的小麦—华山新麦草染色体易位系 H9014-121-5-5-9。为了对其抗病基因进行定位，对 H9014-121-5-5-9 与感病品种铭贤 169 的杂交 F_1、F_2、$F_{2:3}$ 代幼苗材料接种条锈菌 CYR31 进行抗病性鉴定。结果发现，H9014-121-5-5-9 的条锈抗性是由一个显性基因控制的。利用集团分离分析法和简单序列重复序列（SSR）建立与抗性基因位点关联多态性标记，结果发现，该抗病基因位于小麦 1AL 染色体上，是一个新的抗条锈病基因，暂命名为 YrHA，且有 7 个 SSR 标记与 YrHA 相关联，为分子标记辅助抗条锈病育种奠定了基础。

Ma 等（2013）发现，冬小麦小麦—华山新麦草易位系 H9014-14-4-6-1 具有全期条锈病抗性。为了定位 H9014-14-4-6-1 中的条锈病抗性基因，对来自 H9014-14-4-6-1、感条锈小麦品种铭贤 169 及其二者 F_1、F_2、F_3 和 BC$_1$ 代幼苗进行抗条锈病鉴定，从中鉴定了 2 个抗条锈病基因，1 个显性基因对条锈菌生理小种 SUN11-4 具有抗性，暂命名为 YrH9014，另 1 个隐性基因对条锈菌生理小种 CYR33 具有抗性。采用集团分离分析法和简单序列重复序列（SSR）建立与 YrH9014 连锁的分子标记，结果发现，YrH9014 位于染色体臂 2BS 上，是 1 个新的条锈病抗性基因，且分子标记 Xbarc13 和 Xbarc55 离 YrH9014 遗传距离最近，分别为 1.4cM 和 3.6cM。

Du 等（2014）对成株期小麦—华山新麦草 4Ns 二体附加系等材料接种条锈菌混合种进行抗病性鉴定并进行农艺性状调查，结果显示，24-6-3 分蘖数较对照增加且对条锈病表现为高抗，分析发现，其条锈抗性和多分蘖性状可能来源于其亲本华山新麦草染色体 4Ns，为小麦遗传优良提供了新的种质资源。

Du 等（2014）对小麦、小麦—华山新麦草染色体 3Ns 二体附加系等材料接种 CYR31、CYR32 和水源 14 等条锈菌混合小种鉴定其条锈病抗性，结果发现，22-2 对条锈病具有较高的抗性，并且其条锈抗性可能是由华山新麦草提供的，为小麦改良提供了基因资源。

Liu 等（2014）发现，小麦—华山新麦草染色体易位系 H9020-1-6-8-3 对我国大多数条锈菌生理小种具有抗性。为对 H9020-1-6-8-3 中的抗条锈基因进行遗传定位，将 H9020-1-6-8-3 与感病品种铭贤 169 杂交，在温室条件下用条锈菌小种 CYR32 对亲本幼苗、杂交 F_1、F_2、F_3、BC$_1$ 株系进行接种鉴定，结果发现，H9020-1-6-8-3 中的条锈抗性由一个显性基因控制，暂命名为 YrH9020a。分子标记分析结果发现，微卫星标记 Xbarc196、Xbarc202、Xbarc96、Xgpw4372、Xbarc21 和 Xgdm141 等 6 个微卫星标记与 YrH9020a 连锁，其中标记 Xbarc96 和 Xbarc202 分别位于 YrH9020a 的两侧，遗传距离为 4.5cM 和 8.3cM。

马东方等（2015a）用我国当前流行的小麦条锈菌小种和致病类型对普通小麦—华山新麦草易位系 H9015-17 进行苗期抗条锈性鉴定，并用当前主要流行小种 CYR32 对 H9015-17 与铭贤 169 的杂交后代及其双亲进行抗条锈性遗传分析，结果发现，H9015-17 对条锈菌小种 CYR31、CYR32、CYR33 和致病类型 Su11-4、Su11-7、V26、Su11-11 均有良好的抗病性，对 CYR32 的抗病性由一对显性基因控制，暂命名为 YrHua1。采用分子标记定位技术筛选到 5 个与抗病基因 YrHua1 连锁的 RGAP 标记（M1、M2、M3、M4 和 M5）和 1 个 SSR 标记（Xgwm292），与抗病基因 YrHua1 的遗传距离分别为 17.3cM、15.7cM、13.1cM、3.3cM、2.9cM 和 11.2cM，为分子标记辅助选择改良小麦抗条锈性提供宝贵的种质材料。

马东方等（2015b）在温室条件下以我国目前流行的条锈菌生理小种

CYR29、CYR30、CYR31、CYR32 和 CYR33 对华山新麦草与小麦 7182 远缘杂交获得的抗条锈病新种质 9020-17-25-6、感病对照铭贤 169 及其二者杂交 F_1、F_2、F_3 和 BC_1 群体进行抗病性鉴定，结果发现，9020-17-25-6 在苗期对 5 个条锈菌生理小种均表现免疫或近免疫，推测其抗性来源于华山新麦草。9020-17-25-6 对 CYR32 和 CYR33 的抗病性均由 1 对显性基因控制。利用基因组原位杂交（GISH）技术对 9020-17-25-6 含有的外源染色体片段进行鉴定发现，9020-17-25-6 含有来自华山新麦草的染色体或大的染色体片段，是一个普通小麦—华山新麦草易位系，为我国小麦抗锈育种中提供了抗源。

为明确普通小麦—华山新麦草易位系 9020-17-25-6 的抗条锈病基因及其遗传特点，马东方等（2015c）利用条锈菌小种 CYR29 对 9020-17-25-6、铭贤 169 及其杂交后代 F_1、F_2、F_3 代材料进行苗期抗条锈性鉴定及遗传分析，并选取 48 条 RGAP 引物和 491 对 SSR 引物对接种 CYR29 的 F_2 代群体进行扩增，结果发现，9020-17-25-6 对 CYR29 具有良好抗性，其抗性由定位在 3A 染色体上的一对显性基因独立控制，暂命名为 YrHua9020。RGAP 标记（M1 和 M2）和 SSR 标记（Xwmc11、Xwmc532、Xcfd79、Xgwm2）与 YrHua9020 连锁，遗传距离分别为 6.9cM、9.5cM、17.8cM、12.2cM、7.2cM 和 17.8cM。与已定位于 3A 染色体上的抗条锈病基因的比较研究发现，YrHua9020 是一个与已知基因不同的新的抗条锈病基因。

Wang 等（2015）用 SCAR、EST-SSR 和 EST-STS 等分子标记以及基因组原位杂交技术对小麦—华山新麦草杂交后代 25-10-3 进行鉴定，结果显示，25-10-3 是小麦—华山新麦草 6Ns 二体染色体附加系。经田间试验开花初期阶段和连续 3 年的双目显微镜观察，认为该品种为早熟品种，且比小麦亲本早熟 10~14d。另外，其光合速率和经济价值均高于普通小麦品种 7182，即每穗的小穗数多、小花数多、穗粒数多、千粒重高，是小麦遗传改良的优异基因源。

王亮明等（2015）以小麦—华山新麦草全套二体附加系为材料，就附加染色体对幼穗发育进程及光合效应进行了观察和测定，结果发现，6Ns 附加系幼穗发育速度最快，成熟期比对照亲本 7182 缩短 14~16d。光合指标测定结果表明，1Ns 附加系和 5Ns 附加系的光合速率最高，与亲本小麦 7182 差异显著（$P < 0.05$），呈现出正效应，推测 6Ns 和 1Ns 染色体上可能分别存在促使幼穗发育和高光合效应的基因，可作为种质资源改良现有品种。

Ma 等（2016）发现，小麦—华山新麦草渐渗系 H9020-17-25-6-4 对包括包括中国 3 个毒性最强的 CYR32、CYR33 和 V26 在内的现有所有条锈菌生理小种都具有抗性。利用铭贤 169 与 H9020-17-25-6-4 杂交 F_1、F_2、$F_{2:3}$ 进行遗传分析，发现 H9020-17-25-6-4 对 CYR29 和 CYR33 的抗性由一个定在小麦 3A

染色体上暂命名的单显性基因 *YrHu* 控制，距 EST－STS 标记 BG604577 和
BE489244 遗传距离分别约 0.7cM 和 1.5cM。

第十节 赖草属物种优异基因/性状导入小麦

傅杰等（1993）利用赖草属的滨麦草（*Leymus mollis*，JJNN，2n＝28）与普通小麦人工合成的八倍体小滨麦为桥梁材料，育成了多个农艺性状好，抗病、优质、高产的异附加系和易位系材料，从而为拓宽小麦遗传背景，创造新种质，培育新品种奠定了良好基础。

陈佩度等（1998）对小麦—大赖草染色体 Lr.2、Lr.7 或 Lr.14 二体附加系，以及附加了一对 Lr.2 短臂的端体附加系、附加了一对 Lr.7 一个臂的等臂染色体附加系进行赤霉病抗性鉴定，并将大赖草的抗赤霉病基因定位在 Lr.2 短臂和Lr.7、Lr.14 染色体上。

周宪晨等（2001）曾利用荧光原位杂交和 AFLP 技术对滨麦草抗条锈病基因进行了分析，证明小滨麦品系 93748 的条锈病抗性是单基因（*YrLm*）控制的，且位于易位的滨麦草染色体片段上。

杨宝军等（2002）利用根尖体细胞有丝分裂中期染色体 C 分带和荧光原位杂交从普通小麦大赖草 Lr.2、Lr.7 异附加系辐射后代中选育出 2 个纯合易位系NAU618 和 NAU601。连续 3 年单花滴注法进行的田间赤霉病抗性接种鉴定结果发现，NAU618 对赤霉病的抗性与抗病对照品种苏麦 3 号相仿，易位系 NAU601对赤霉病抗性低于苏麦 3 号，但明显高于感病亲本中国春。

魏景芳等（2004）以小麦与多枝赖草属间杂种花药培养获得的纯合后代纯系为材料，经过细胞学观察、田间选拔、抗性鉴定、综合农艺性状调查以及小区产量对比试验，从中初步筛选鉴定出具有多枝赖草耐盐性状且农艺性状好的材料，进而再利用基因组原位杂交从中鉴定春纯合易位系。

葛荣朝等（2006）利用含 0.4% NaCl 的人工模拟盐池对小麦—多枝赖草杂交后代 Line15 进行耐盐性鉴定，对其根尖细胞和花粉母细胞的染色体数目进行检测，并利用荧光原位杂交和微卫星标记技术对其遗传物质进行鉴定，结果发现，Line15 为一个具有较高耐盐特性的材料，其染色体组成为 2n＝44＝22II，是一个小麦—多枝赖草二体异附加系。根据 SSR 检测结果表明，Line15 附加的一对多枝赖草染色体与小麦染色体第 2 同源群长臂、第 3 同源群着丝粒和第 7 同源群短臂密切相关。

刘光欣等（2006）利用 C 分带、荧光原位杂交和 SSR 技术从小麦—大赖草杂交种质中筛选出 8 个纯合易位系，并将不同易位系相互进行杂交，配制了 11

个杂交组合，对各易位系及其杂种后代进行赤霉病抗性鉴定。结果表明，大赖草各易位系对赤霉病的抗性接近于苏麦 3 号，但不同地点及年份间差异较大。涉及不同大赖草染色体的易位系间的杂种 F_1 与其抗性较高的易位系亲本相比抗性有所提高。但涉及大赖草 Lr. 7 或 5Lr#1 同一条染色体的不同易位系间杂种 F_1 的抗性仅位于两亲本之间，因此，位于大赖草不同染色体上的抗赤霉病基因具有累加效应。

王金平等（2008）对小麦品种烟农 15 与八倍体小滨麦杂交后代中选育的小滨麦种质系山农 0096 进行抗条锈病分析，推测山农 0096 的条锈病抗性由显性单基因控制，抗条锈病基因来源于滨麦草，暂将其命名为 YrSn0096，并将该抗条锈病基因定位在 4A 染色体上。

Wang 等（2008）将小麦—赖草单体附加系的花粉经 $^{60}Co-\gamma$ 射线辐照，然后授粉于绵阳 85-45。利用染色体 C 分带和基因组原位杂交对其后代材料进行鉴定，获得 9 株含有 7Lr#1S 的植株，并从 M_1 自交后代中获得 7Lr#1S 双端体代换系，分子标记结果显示，被代换的小麦染色体为 7A 染色体。赤霉病抗病调查发现，这些含 7Lr#1S 的材料均抗赤霉病。

Qi 等（2008）利用分子和细胞遗传学手段鉴定了小麦—大赖草渐渗系 T01、T09 和 T14，结果发现，T09 中含有小麦—大赖草易位系，用 RFLP 标记对 T09 进行检测发现，该易位系为 T7AL·7Lr#1S 罗伯逊易位。小麦—大赖草渐渗系 T01 和 T14 均存在两个独立的易位，分别为 T4BS·4BL-7Lr#1S+T4BL-7Lr#1S·5Lr#1S 和 T6BS·6BL-7Lr#1S+T6BL·5Lr#1S。赤霉病抗病调查发现，T09、T01、T14 和含有 7Lr#1 的二体附加系均抗赤霉病，但含 5Lr#1 的二体附加系感赤霉病，说明 7Lr#1S 上存在一个新的抗 FHB 基因，命名为 Fhb3。

Wang 等（2009）将小麦—赖草 Lr. 7 附加系与小麦—株穗山羊草 2C 附加系杂交，用中国春进行回交，利用染色体 C 分带、以小麦 A 和 D 染色体组特异 BAC 序列 676D4 和 9M13、质粒 DNA pAs1 和 pSc119.2 以及 45S rDNA 为探针进行的荧光原位杂交、基因组原位杂交、双端体测交以及 SSR 标记相结合从 BC_1F_3 代材料中鉴定出了 3 份小麦—赖草易位附加系 NAU636、NAU637 和 NAU638，其易位染色体分别为 T3AS-Lr7S，T6BS-Lr7S 和 T5DS-Lr7L。赤霉病抗病调查发现，T3AS-Lr7S 高抗小麦赤霉病，是小麦育种的优异基因源。

Per-Olov 和 Merker（2010）利用 3 个具有广谱毒性白粉菌生理小种混合小种对抗白粉病的小麦—赖草杂交六倍体与感病面包小麦杂交后代进行抗性鉴定，从中鉴定出了对上述混合小种表现为抗性的 6 株小麦—赖草纯合株系。

为了获得小麦染色体与赖草 5Lr 的染色体易位，Wang 等（2010）用 $^{60}Co-\gamma$ 射线辐照小麦—赖草 5Lr 附加系有丝分裂时期的小孢子，2~3 天后将其花粉授于中国春小麦。用 GISH 在 M_1 中检测到一个含有 5Lr 长臂和短臂两个易位染色体的株系。该株系与小麦—赖草 5Lr 附加系进行杂交,对含有 1 条 5Lr 和 2 条易位染色体的后代进行花粉母细胞染色体配对进行分析,发现两易位染色体是互相易位。染色体 C 分带分析表明,相互易位的小麦染色体为 A 或 D 基因组。以 pSc119.2 和 pAs1 为探针进行原位杂交,发现两个易位染色体的小麦染色体片段中仅存在 pAs1 信号,因此将染色体易位系命名为 T7DS·5LrL/5LrS·7DL。从该易位系自受精后代中鉴定出具有一对易位染色体 T7DS·5LrL 的纯合子易位系。抗病性鉴定发现,该材料对小麦赤霉病具有较强的抗性,可作为小麦赤霉病抗性改良的基因源。

崔承齐等(2013)利用染色体 C-分带、荧光原位杂交和分子标记技术从普通小麦—大赖草 7Lr#1 单体异附加系的花粉辐射后代中选育出易位系 T7BS·7Lr#1S(NAU639)和 T2AS·2AL-7Lr#1S(NAU640)。赤霉病抗性鉴定结果显示,这 2 个易位系的赤霉病抗性均显著高于感病亲本中国春、感病对照绵阳 8545 和石麦 4185。

Habora 等(2013)从滨麦中克隆了丙二烯氧化环化酶基因(*LmAOC*),该基因在盐胁迫下高表达,编码区长度为 717bp,编码 238 个氨基酸,其蛋白序列与大麦和其他单子叶植物的 *AOC* 序列高度相似,亚细胞定位发现它是一种叶绿体蛋白。*LmAOC* 是一种多拷贝基因,部分拷贝在小麦—滨麦附加系中稳定表达,并且在干旱、热、冷、损伤胁迫、茉莉酸或脱落酸处理下其表达量上调,因此,*LmAOC* 在滨麦响应非生物胁迫中发挥着重要作用。

为获得耐铝资源,Mohammed 等(2013)以中国春小麦、30 个小麦—外源物种染色体附加系为材料,在不同铝浓度的水培条件下,研究了铝的吸收、氧化应激、细胞膜完整性、相对根系生长等情况,对供试材料进行了耐铝性评价。结果发现,发现小麦—赖草染色体 A 和 E 附加系对铝的耐受性显著增强于对照小麦。在最高浓度 200μmol/L 下,小麦—赖草附加系 E 对铝的耐受性最强,其耐受性主要归因于细胞膜完整性。小麦—赖草染色体 A 和 E 附加系值得利用染色体工程诱导以致培育耐铝小麦品种。

Pang 等(2013)利用基因组原位杂交、荧光原位杂交、SSR 标记和 EST-STS 标记对八倍体小滨麦 M842-16 与硬粒小麦 D4286 杂交 F_5 材料进行了鉴定,发现编号为 10DM57 的材料 $2n=42=21II$,含有 40 条小麦染色体(1 对 3D 染色体丢失)和 1 对赖草 3Ns#1 染色体,因此,该材料是小麦—赖草 3D(3Ns#1)二体代换系。农艺性状调查发现,10DM57 高抗叶锈病,穗长、穗数及产量较对照均显著提高,是小麦育种的优异基因源。

Zhao 等(2013)对八倍体小滨麦 M842-12 与硬粒小麦 Trs-372 杂交 F_5 进行

筛选与鉴定，该材料05DM6含有42条染色体，对其进行基因组原位杂交发现，该材料含36条小麦染色体和6条来自滨麦Ns基因组染色体。分子标记分析表明，与小麦相比，05DM6丢失了1D、5D和6D染色体，说明自滨麦Ns基因组的6条染色体与分别属于染色体第1、第5和第6同源。种子贮藏蛋白电泳分析发现，05DM6中含有滨麦染色体第1同源群的蛋白产物。抗病性鉴定及农艺性状调查发现，05DM6抗条锈病且株高较亲本降低，值得利用染色体工程对其进行诱导。

裴自友等（2014）对小麦—大赖草二体附加系、代换系和亲本中国春进行生理学和农艺性状调查，发现大赖草A、F染色体有增加气孔导度的正向效应，K染色体具有提高蒸腾速率的正向效应，E染色体具有增加水分利用效率的正向效应，E和J染色体能够提高小麦单穗粒重和千粒重，对提高小麦产量具有正效应。因此，大赖草附加系DALr#E、DALr#J可用于小麦产量性状的改良。

Yang等（2014）利用花粉母细胞、分子标记、基因组原位杂交和抗病性鉴定等方法对普通小麦7182和赖草杂交渐渗系M47、M51和M42进行了鉴定，结果发现，M47染色体组成为2n=56=42T. a+14L. m（T. a=小麦染色体；L. m=赖草染色体），成株期高抗白粉病，近免疫条锈病；M42染色体组成为2n=54=42 T. a+12L. m，不含赖草第7同源染色体，抗条锈病但感白粉病；M51染色体组成为2n=48=42T. a+6L. m，不含赖草2、4、5、7同源染色体，感白粉病和条锈病。

Alnor等（2014）对12个中国春—赖草附加系和2个中国春—赖草代换系进行了高温适应性和耐性试验。结果发现，含有赖草A、2Lr#1和5Lr#1染色体附加系对高温具有较强的适应性，含有赖草I和n染色体附加系具有较强的耐热性，该两个附加系的穗粒数较对照有提高。另外还发现含有7Lr#1染色体材料具有高产潜力。

Yang等（2015）利用形态学调查、花粉母细胞观察、基因组原位杂交、荧光原位杂交和功能分子标记分析等方法对从小麦7182与八倍体小滨麦M47的BC_1F_5代材料中选育出的M11003-3-1-15-8进行了鉴定。结果发现，M11003-3-1-15-8含有42条染色体，在减数分裂中期可以形成21个二价体，含有20对小麦染色体（1对小麦7D染色体丢失）和1对滨麦第7同源染色体Lm#7Ns，因此，该材料是小麦—滨麦Lm#7Ns（7D）二体代换系。抗病性调查结果发现，该材料对条锈病具有成株抗性。

解睿等（2015）对小麦—大赖草二体附加系、代换系和亲本中国春进行农艺性状、抗病和耐热性鉴定发现，大赖草H染色体有增加穗长、小穗数、提早抽穗期和增加黄矮病抗性的效应，H、A染色体具有增加耐热性的效应，J染色体对粒长、粒宽和粒厚均有正向效应，A、L染色体含有控制芒的基因，F染色体具有再生性和复小穗基因。

张雅莉等（2015）以中国春和普通小麦—大赖草异附加系 DA5Lr、DA7Lr、AddLr11″、AddLr2″DA7Lr#1S 和 DA5Lr#1L 为试材，研究 NaCl 对其种子萌发和幼苗生长的影响，结果发现，DA7Lr 材料受抑制程度明显低于其他材料，表现出了较高的耐盐性，说明大赖草 7Lr 上可能有耐盐基因。

朱玫等（2017）利用 20% PEG6000 溶液和不同浓度 NaCl 溶液对 10 份小麦—大赖草二体附加系、代换系和亲本中国春进行干旱和盐胁迫处理，调查萌发期相对芽长和盐害指数。结果发现，大赖草的耐旱和耐盐性受多条染色体控制。大赖草 F、J、L 和 N 染色体附加具有增加萌发期耐旱性的正向效应，E、F、I、J 和 N 等 5 条染色体附加具有增加耐盐性的正向效应。

参考文献

别同德，高德荣，张晓，等. 2015. 基于高代姊妹系组群研究小麦—簇毛麦染色体 T6VS·6AL 易位的遗传效应 [J]. 江苏农业学报，31（6）：1206-1210.

曹爱忠，王秀娥，王苏玲，等. 2006. 受白粉菌诱导表达的簇毛麦草酸氧化酶基因（$Hv\text{-}OxOLP$）的克隆和分析 [J]. 麦类作物学报，26（5）：27-32.

崔承齐，王林生，陈佩度. 2013. 普通小麦—大赖草易位系 T7BS·7Lr#1S 和 T2AS·2AL-7Lr#1S 的分子细胞遗传学鉴定 [J]. 作物学报，39（2）：191-197.

陈佩度，孙文献，刘文轩，等. 1998. 将大赖草抗赤霉病基因导入普通小麦及抗赤霉病基因的染色体定位 [J]. 遗传，2（S1）：126-126.

陈全战，张边江，周峰，等. 2010. 簇毛麦染色体对小麦生理指标的影响 [J]. 华北农学报，25（5）：137-140.

曹亚萍，张明义，范绍强，等. 2011. 簇毛麦 1V 染色体的传递及品质效应分析 [J]. 华北农学报，26（5）：122-126.

曹张军，王献平，王美南，等. 2005. 小麦背景中来自华山新麦草的抗条锈病基因的遗传学分析和分子标记 [J]. 遗传学报，32（7）：738-743.

董剑，杨华，赵万春，等. 2013. 普通小麦中国春—簇毛麦易位系 T1DL·1VS 和 T1DS·1VL 的农艺和品质特性 [J]. 作物学报，39（8）：1386-1390.

董建力，惠红霞，黄丽丽，等. 2009. 小麦全蚀病抗性鉴定方法的优化及抗

源筛选研究 [J]. 西北农林科技大学学报, 37 (3): 159-162.

董玉琛. 2000. 小麦的基因源 [J]. 麦类作物学报, 20 (3): 78-81.

傅杰, 陈漱阳, 张安静. 1993. 八倍体小滨麦的形成及细胞遗传学研究 [J]. 遗传学报, 20 (4): 317-323.

方正武, 马东方. 2015. 普通小麦—簇毛麦易位系 V8360 抗条锈病基因的遗传分析 [J]. 湖北农业科学, 54 (5): 1042-1045.

葛昌斌, 徐如宏, 郭春强, 等. 2007. 贵农 775 抗条锈病基因标记的相关片段克隆及荧光原位杂交 [J]. 种子, 26 (5): 40-43.

葛荣朝, 张敬原, 黄占景, 等. 2006. 一个耐盐小麦—多枝赖草二体异附加系外源染色体的鉴定 [J]. 中国农业科学, 39 (1): 193-198.

顾锋. 2004. 小麦抗白粉病基因 $Pm3b$ 和 $Pm12$ 的分子标记 [D]. 泰安: 山东农业大学.

郭慧娟, 孙翠花, 畅志坚, 等. 2013. 小麦—中间偃麦草隐形渗入系抗白粉病基因 $pmCH83$ 分子定位 [J]. 作物学报, 39 (12): 2107-2114.

侯丽媛, 乔麟轶, 张晓军, 等. 2015. 抗条锈病基因 $YrCH5026$ 的遗传分析及分子定位 [J]. 华北农学报, 30 (5): 7-15.

侯璐, 杨敏娜, 丁朋辉, 等. 2008. 两个小簇麦易位系的苗期抗条锈性遗传分析 [J]. 麦类作物学报, 28 (3): 393-396.

胡利君. 2011. 偃麦草染色质向小麦中转移及小麦—偃麦草抗性新种质的鉴定 [D]. 成都: 电子科技大学.

何名召, 王丽敏, 张增艳, 等. 2007. 硬粒小麦—粗山羊草人工合成小麦 CI108 抗条锈病新基因的鉴定、基因推导与分子标记定位 [J]. 作物学报, 33 (7): 1045-1050.

何雪梅. 2011. 普通小麦—华山新麦草人工合成双二倍体杂交衍生后代的分子细胞遗传学研究 [D]. 雅安: 四川农业大学.

李建波, 乔麟轶, 李欣, 等. 2015. 小麦—中间偃麦草渗入系抗白粉病基因 $PmCH7124$ 的分子定位 [J]. 作物学报, 41 (1): 49-56.

刘爱峰. 2007. 小偃麦种质系的鉴定及其抗病基因的染色体定位和 SSR 分子标记 [D]. 泰安: 山东农业大学.

刘爱峰, 李豪圣, 刘建军, 等. 2008. 小偃麦异代换系抗病基因的鉴定及其 SSR 分子标记 [J]. 分子植物育种, 2: 257-262.

刘登才. 2002. 小麦与黑麦可杂交性的遗传研究, 郑有良 (主编) [M]. 小麦特异种质资源研究. 成都: 四川科学技术出版社.

刘光欣, 陈佩度, 冯祎高, 等. 2006. 小麦—大赖草易位系对赤霉病抗性的

聚合 [J]. 麦类作物学报, 26 (3): 34-40.

刘洁, 畅志坚, 李欣, 等. 2013. 小偃麦新种质 CH7102 抗条锈病特性的遗传分析 [J]. 中国农学通报, 29 (9): 51-56.

刘洁, 畅志坚, 李欣, 等. 2013. 源于中间偃麦草的抗条锈基因 *YrCH*223 的遗传分析及 SSR 定位 [J]. 山西农业科学, 41 (1): 1-7.

李立会, 杨欣明, 李秀全, 等. 1998. 通过属间杂交向小麦转移冰草优异基因的研究 [J]. 中国农业科学, 31 (6): 1-5.

刘佩, 杨敏娜, 周新力, 等. 2008. 普通小麦—华山新麦草易位系 H9020-1-6-8-3 抗条锈病基因的遗传分析和 SSR 标记 [J]. 植物病理学报, 38 (1): 104-107.

刘润堂. 2008. 小麦抗白粉病种质的创新利用 [J]. 山西农业科学, 36 (11): 41-43.

刘润堂, 白建荣, 温琪汾, 等. 2003. 小麦白粉病抗性基因的导人及 AFLP 分析 [J]. 植物遗传资源学报, 4 (4): 331-333.

李韬, 郑飞, 秦胜男, 等. 2016. 小麦—黑麦易位系 T1BL·1RS 在小麦品种中的分布其与小麦赤霉病抗性的关联 [J]. 作物学报, 42 (3): 320-329.

马东方, 方正武, 李强, 等. 2015a. 普通小麦—华山新麦草易位系 H9015-17 抗条锈病基因的标记定位 [J]. 植物病理学报, 45 (5): 501-508.

马东方, 刘署艳, 方正武, 等. 2015b. 华山新麦草易位系 9020-17-25-6 抗条锈病遗传分析及细胞学鉴定 [J]. 西北农林科技大学学报 (自然科学版), 43 (1): 53-57.

马东方, 尹军良, 刘署艳, 等. 2015c. 普通小麦—华山新麦草易位系 9020-17-25-6 抗条锈性遗传分析及分子标记 [J]. 植物保护学报, 42 (3): 327-333.

马渐新, 周荣华, 董玉琛, 等. 1999. 来自长穗偃麦草的抗小麦条锈病基因的定位 [J]. 科学通报, 44 (1): 65-69.

马原丽, 畅志坚, 郭慧娟, 等. 2015. 小麦新种质 CH09W80 抗白粉病基因遗传分析及分子定位 [J]. 山西农业科学, 43 (9): 1069-1072.

裴自友, 温辉芹, 张立生, 等. 2014. 大赖草染色体对小麦光合特性和产量性状的效应研究 [J]. 农学学报, 4 (7): 8-12.

任正隆. 1991. 黑麦种质导入小麦及其在小麦育种中的利用方式 [J]. 中国农业科学, 24 (3): 18-25.

孙善澄. 1981. 小偃麦新品种与中间类型的选育途径、程序和方法 [J]. 作物学报，7（1）：51-58.

田月娥，黄静，李强，等. 2011. 源于华山新麦草抗条锈病基因 *YrH*122 遗传分析和 SSR 标记 [J]. 植物病理学报，41（1）：64-71.

王从磊，马秋香，亓增军，等. 2009. 普通小麦—簇毛麦 T6VS·6AL 易位染色体对小麦品质的影响 [J]. 麦类作物学报，29（5）：787-729.

王长有，吉万全，王秋英，等. 2002. 小麦—中间偃麦草抗条锈衍生系的分子细胞遗传学研究 [J]. 西北植物学报，22（3）：530-534.

王长有，王耀勇，张改生，等. 2008. 小麦抗白粉病和条锈病基因的分子标记辅助鉴定 [J]. 西北农林科技大学学报，36（3）：181-186.

魏芳勤，武军，赵继新，等. 2009. 普通小麦和华山新麦草衍生系 H9021 对全蚀病抗性的遗传分析 [J]. 麦类作物学报，29（1）：153-156.

王海燕，肖进，袁春霞，等. 2016. 携带抗白粉病基因 *Pm*21 的小麦—簇毛麦小片段易位染色体在不同小麦背景中的传递率及遗传稳定性 [J]. 作物学报，42（3）：361-367.

王海燕，赵仁慧，袁春霞，等. 2012. 小麦—簇毛麦 T4DL·4VS 易位染色体对小麦农艺性状的影响 [J]. 麦类作物学报，32（6）：1032-1036.

王海燕，赵仁慧，袁春霞，等. 2013. 小麦—簇毛麦 T4DL·4VS 易位染色体在不同背景中的遗传稳定性及其在配子中的传递 [J]. 麦类作物学报，33（1）：13-17.

王军. 2004. 与小麦抗白粉病基因 *Pm*12 和 *Pm*16 紧密连锁的 SSR 分子标记建立 [D]. 北京：中国农业大学.

魏景芳，秦君，王淳，等. 2004. 小麦与多枝赖草耐盐纯合易位系的培育及 GISH 鉴定 [J]. 华北农学报，19（1）：40-43.

王金平，王洪刚，赵瑾，等. 2008. 小滨麦易位系山农 0096 抗条锈基因的微卫星标记和染色体定位 [J]. 分子植物育种，3（6）：475-479.

王健胜，刘伟华，王辉，等. 2010. 小麦—冰草衍生系 3228 主要产量性状的遗传分析 [J]. 植物资源遗传学报，11（2）：147-151.

王健胜，王辉，刘伟华，等. 2009. 小麦—冰草多粒新种质及其多粒性遗传分析 [J]. 中国农业科学，42（6）：1889-1895.

王亮明，敬樊，刘洋，等. 2015. 小麦—华山新麦草二体附加系不同 Ns 染色体对小麦幼穗发育进程及光合作用的影响 [J]. 农业生物技术学报，23（8）：1002-1010.

王睿，张书英，徐中青，等. 2011. 簇毛麦易位系 V9125-2 抗条锈基因 *YrWV* 的遗传分析和 SSR 分子标记 [J]. 中国农业科学，44（1）：9-19.

王玉海，何方，鲍印广，等. 2016. 高抗白粉病小麦—山羊草新种质 TA002 的创制和遗传研究 [J]. 中国农业科学，49（3）：418-428.

解睿，温辉芹，裴自友，等. 2015. 大赖草染色体对小麦农艺性状和抗病、耐热性的效应研究 [J]. 作物学报，5（9）：22-26.

薛秀庄，王翔正，许喜堂，等. 1996. 利用染色体工程选育抗病小麦新种质 [J]. 作物学报，4（1）：57-68.

薛秀庄，王翔正，许喜堂，等. 1996. 中国小麦育种研究进展 [M]. 北京：农业出版社.

杨宝军，窦全文，刘文轩，等. 2002. 普通小麦—大赖草易位系 NAU601 和 NAU618 的选育及双端二体测交分析 [J]. 遗传学报，29（4）：350-354.

杨国辉，杨欣明，王睿辉，等. 2010. 小麦—冰草附加系 1·4 重组 P 染色体对 Ph 基因的抑制作用 [J]. 科学通报，55（6）：463-467.

杨华，高翔，陈其皎，等. 2014. 簇毛麦新型 HMW-GS 的序列分析及加工品质效应鉴定 [J]. 作物学报，40（4）：600-610.

尹军良，王睿，唐明双，等. 2015. 两个小麦—簇毛麦易位系抗条锈基因的遗传分析和 SSR 标记检测 [J]. 植物保护学报，42（2）：153-159.

杨敏娜，徐智斌，王美南. 2008. 小麦品种中梁 22 抗条锈病基因的遗传分析和分子作图 [J]. 作物学报，34（7）：1280-1284.

余懋群，邓光兵，Cerbah M，等. 1997. 染色体组荧光原位杂交及 C-带鉴定小麦中的簇毛麦染色体 [J]. 应用与环境生物学报，3（4）：301-304.

姚强，王阳，贺苗苗，等. 2010. 普通小麦—华山新麦草易位系 H9020-20-12-1-8 抗条锈病基因 SSR 标记 [J]. 农业生物技术学报，18（4）：676-681.

阎新甫，刘文轩，王胜军，等. 1994. 大麦 DNA 导入小麦产生抗白粉病变异的遗传研究 [J]. 遗传，16（1）：26-30.

殷学贵，尚勋武，庞斌双，等. 2006. A-3 中抗条锈新基因 $YrTp1$ 和 $YrTp2$ 的分子标记定位分析 [J]. 中国农业科学，39（1）：10-17.

原亚萍，陈孝，肖世和，等. 2003. 小麦—大麦 2H 异代换系的鉴定 [J]. 植物学报，45（9）：1096-1102.

张超，徐如宏，思彬彬，等. 2006. 用 AFLP 标记来自偏凸山羊草的抗条锈病新基因 $YrG775$ [J]. 中国农业科学，39（4）：673-678.

朱玫，温辉芹，裴自友，等. 2017. 大赖草染色体对小麦耐旱和耐盐性的效应研究 [J]. 北方农业学报，45（3）：1-5.

张海泉. 2006. 染色体定位粗山羊草抗小麦白粉病基因 $PmAeY1$ [J]. 中国

农业科技导报, 8 (4): 19-22.

张海泉. 2008. 粗山羊草抗白粉病性鉴定及与普通小麦远缘杂交研究 [J]. 西北农林科技大学学报 (自然科学版), 36 (7): 71-78.

张海泉, 符海霞, 马淑琴. 2009. 粗山羊草间杂交及抗条锈病新基因遗传分析和分子标记 [J]. 应用与环境生物学报, 15 (1): 44-47.

张海泉, 贾继增, 杨虹, 等. 2008. 来自粗山羊草抗条锈病基因的 SSR 标记 [J]. 遗传, 30 (4): 491-494.

张海泉, 贾继增, 张宝石, 等. 2008. 粗山羊草抗条锈病遗传分析及抗病基因 SSR 标记 [J]. 中国农业大学学报, 13 (1): 11-15.

张海泉, 郎杰, 马同锁, 等. 2008. 粗山羊草抗条锈病鉴定及抗病基因 $YrY212$ SSR 标记 [J]. 西北农林科技大学学报 (自然科学版), 36 (9): 156-160.

张海泉, 马淑琴. 2008. 粗山羊草抗病基因向普通小麦转移及抗病基因标记的研究 [J]. 中国农业大学学报, 13 (4): 5-11.

赵继新, 武军, 程雪妮, 等. 2010. 普通小麦—华山新麦草 1Ns 二体异附加系的农艺性状和品质 [J]. 作物学报, 36 (9): 1610-1614.

张娜, 陈玉婷, 李亚宁, 等. 2008. 小麦抗叶锈病基因 $Lr24$ 的一个新 STS 标记 [J]. 作物学报, 34 (2): 212-216.

张瑞奇, 冯祎高, 侯富, 等. 2015. 普通小麦—簇毛麦 T5VS·5DL 易位染色体对小麦主要农艺性状、品质和白粉病抗性的遗传效应分析 [J]. 中国农业科学, 48 (6): 1041-1051.

张晓军, 马原丽, 郭慧娟, 等. 2017. 抗白粉病基因 $PmCH1302$ 的遗传分析及染色体定位 [J]. 植物遗传资源学报, 18 (2): 318-324.

周新力, 胡茂林, 邵军民, 等. 2008. 小麦—簇毛麦易位系的抗条锈性遗传分析 [J]. 植物遗传资源学报, 9 (1): 51-54.

周新力, 吴会杰, 张如佳, 等. 2008. 来自簇毛麦抗条锈病新基因的 SSR 标记 [J]. 植物病理学报, 38 (1): 69-74.

周兖晨, 张相岐, 王献平, 等. 2001. 滨麦抗条锈病基因的染色体定位和分子标记 [J]. 遗传学报, 28 (9): 864-869.

张雅莉, 王林生. 2015. 盐胁迫对普通小麦—大赖草异附加系种子萌发及幼苗生长的影响 [J]. 种子, 34 (1): 40-43.

朱振东, 周荣华, 董玉琛, 等. 2003. 几个四倍体小麦—山羊草双二倍体及其部分亲本的抗小麦白粉病基因分析 [J]. 植物遗传资源学报, 4 (2): 137-143.

张忠军, 张熠. 1994. 抗条锈病小偃麦异附加系及其染色体稳定性的研究 [J]. 北京农业大学学报, 20 (3): 294-296.

张志雯, 陈于和, 王黎明, 等. 2006. 小麦—簇毛麦种质系 "山农 030713" 的细胞学和 SSR 鉴定 [J]. 西北植物学报, 5 (6): 921-926.

Alamri S A, Barrettlennard E G, Teakle N L, et al. 2013. Improvement of salt and waterlogging tolerance in wheat: comparative physiology of *Hordeum marinum—Triticum aestivum* amphiploids with their *H. marinum* and wheat parents [J]. Functional Plant Biology, 40 (11): 1168-1178.

Alnor Mohammed Y S, Ali Tahir I S, Kamal N M, et al. 2014. Impact of wheat—*Leymus racemosus* added chromosomes on wheat adaptation and tolerance to heat stress [J]. Breeding Science, 63 (5): 450-460.

An D G, Zheng Q, Luo Q L, et al. 2015. Molecular cytogenetic identification of a new wheat—rye 6R chromosome disomic addition line with powdery mildew resistance [J]. Plos one, 10: 1371.

An D G, Zheng Q, Zhou Y L, et al. 2013. Molecular cytogenetic characterization of a new wheat—rye 4R chromosome translocation line resistant to powdery mildew [J]. Chromosome Res., 21: 419-432.

Banana H S, McIntosh R A. 1993. Cytogenetic studies in wheat. XV. Location of rust resistance genes in VPM1 and their genetic linkage with other disease resistance genes in chromosome 2A [J]. Genome, 36: 476-482.

Bizzarri M. 2009. Espressione di nuovi geni che conferiscono resistenza ad oidio, ruggine bruna e carie in linee di frumento tenero derivate da ibridaz ione *Triticum aestivum* L. × *Dasypyrum villosum* (L.) P. Candargy. MS Thesis, Department of Agrobiology and Agrochemistry [R], University of Tuscia, Viterbo, Italy.

Bizzarri M, Pasquini M, Matere A, et al. 2009. *Dasypyrum villosum* 6V chromosome as source of adult plant resistance to *Puccinia triticina* in wheat [C]. In: Proceedings of the 53rd Italian Sciety of Agricultural Genetics Annual Congress, Torino, Italy, 16-19.

Blanco A, Simeone R, Resta P. 1987. The addition of *Dasypyrum villosum* (L.) Candargy chromosomes to durum wheat (*Triticum durum* Desf.) [J]. Theoretical and Applied Genetics, 74: 328-333.

Bonhomme A, Gale M D, Koebner R M, et al. 1995. RFLP analysis of an *Aegilops ventricosa* chromosome that carries a gene conferring resistance to leaf rust

(*Puccinia recondita*) when transferred to hexaploid wheat [J]. Theoretical and Applied Genetics, 90 (7-8): 1042.

Cainong J C, Bockus W W, Feng Y, et al. 2015. Chromosome engineering, mapping, and transferring of resistance to Fusarium head blight disease from *Elymus tsukushiensis* into wheat [J]. Theoretical and Applied Genetics, 128 (6): 1019-1027.

Cao Z J, Deng Z Y, Wang M N, et al. 2008. Inheritance and molecular mapping of an alien stripe-rust resistance gene from a wheat—*Psathyrostachys huashanica* translocation line [J]. Plant Science, 174 (5): 544-549.

Cauderon Y. 1966. Etude cytogentique del evolution du materiel issu de croisement entre *Triticum aestivum* et *Agropyron intermedium* [J]. Ann. Del. Amel. Plantes, 16: 43-70.

Cauderon Y, Saigne B, Dauge M. 1973. The resistance to wheat rusts of *Agropyron intermedium* and its use in wheat improvement [J]. In: E. R. Sears & L. M. S. Sears (Eds.). Proc. 4th Int. Wheat Genet. Symp. Columbia, Missouri, USA. 401-407.

Ceoloni, C. DelSignore, G. Ercoli, et al. 1992. Locating the alien chromatin segment in common wheat—*Aegilops longissima* mildew resistance transfers [J]. *Hereditas*, 116: 239-245.

Ceoloni C, Delsigorge G, Pasquinmi M, et al. 1988. Transfer of mildew resistance from *Triticum longissimum* into wheat by induced homoeologous recombination [J]. Proc. 7th Int. Wheat Genet. Symp., Cambridge, UK, 221-226.

Chen P D, Chen S W, Cao A Z, et al. 2008. Transferring, mapping, cloning of powdery mildew resistance gene of Haynaldia villosaand its utilization in common wheat [C]. In: Appels R, Eastwood R, Lagudah E, Langridge P, Mackay M, McIntyre L, Sharp P (eds) Proceedings of the 11th Interntaional Wheat Genetics Symposium. Sydney: University Press.

Chen P D. Qi L L, Zhou B, et al. 1995. Development and molecular cytogenetic analysis of wheat—*Haynaldia villosa* 6VS/6AL translocation lines specifying resistance to powdery mildew [J]. Theoretical and Applied Genetics, 91: 1125-1129.

Chen S, Guo Y, Briggs J, et al. 2017. Mapping and characterization of wheat stem rust resistance genes *SrTm5* and *Sr60* from *Triticum monococcum* [J]. Theoretical and Applied Genetics, 131 (3): 1-11.

Chen S W, Chen P D, Wang X E. 2008. Inducement of chromosome transloca-
tion with small alien segments by irradiating mature female gametes of the whole
arm translocation line [J]. Sci. China Ser. C-Life Sci., 51 (4): 346-352.

Chen X M, Jones S S, Line R F. 1995. Chromosomal location of genes for stripe
rust resistance in spring wheat cultivars Compair, Fielder, Lee and Lemhi and
interactions of aneuploid wheats with races of *Puccinia striiformis* [J]. Phyto-
pathology, 85: 375-381.

Cherukuri D P, Gupta S K, Charpe A, et al. 2005. Molecular mapping of *Ae-
gilops speltoides* derived leaf rust resistance gene *Lr*28 in wheat [J].
Euphytica, 143: 19-26.

De Pace C, Montebove L, Delre V, et al. 1988. Biochemical versality of am-
phiploids derived from crossing *Dasypyrum villosum* Candargy and wheat:
genetic control and phenotypical aspects [J]. Theoretical and Applied
Genetics, 76: 513-529.

De Pace C, Snidaro D, Ciaffi M, et al. 2001. Introgression of *Dasypyrum villo-
sum* chromatin into common wheat improves grain protein quality [J]. Euphyti-
ca, 117: 67-75.

Dedryver F, Jubier M F, Thouvenin J, et al. 1996. Molecular markers linked to
the leaf rust resistance gene *Lr*24 in different wheat cultivars [J]. Genome.,
39 (5): 830-835.

Doussinault G, Delibes A, Sanchez-Monge R, et al. 1983. Transfer of a domi-
nant gene for resistance to eyespot disease from a wild grass to hexaploid wheat
[J]. Nature, 303: 698-700.

Driscoll C J, Anderson L M. 1967. Cytogenetic studies of transeca wheat—rye
teranslocation line [J]. Can. Genet. Cytol., 9: 375-380.

Driscoll C J, Bielig L M. 1968. Mapping of transec wheat rye translocation [J].
Can. Genet. Cytol., 10: 421-425.

Driscoll C J, Jensen N F. 1963. A genetic methodes for detecting induced inter-
generic translocation [J]. Genetics, 48: 459-468.

Driscoll C J, Jensen N F. 1965. Release of a wheat—rye translocation stock
involving leaf rust and powdery mildew resistances [J]. Crop Sci., 5: 279-280.

Du W L, Wang J, Lu M, et al. 2013. Molecular cytogenetic identification of a
wheat—*Psathyrostachys huashanica* Keng 5Ns disomic addition line with stripe
rust resistance [J]. Molecular breeding, 31 (4): 879-888.

Du W L, Wang J, Lu M, et al. 2014. Characterization of a wheat—*Psathyrostachys*, *huashanica* Keng 4Ns disomic addition line for enhanced tiller numbers and stripe rust resistance [J]. Planta, 239 (1): 97–105.

Du W L, Wang J, Pang Y H, et al. 2013. Isolation and characterization of a *Psathyrostachys huashanica* Keng 6Ns chromosome addition in common wheat [J]. Plos One, 8 (1): e53921–e53927.

Du W L, Wang J, Pang Y H, et al. 2014. Isolation and characterization of a wheat—*Psathyrostachys huashanica* Keng 3Ns disomic addition line with resistance to stripe rust [J]. Genome, 57 (1): 37–44.

Du W L, Wang J, Wang L M, et al. 2013. Development and characterization of a *Psathyrostachys huashanica* Keng 7Ns chromosome addition line with leaf rust resistance [J]. Plos One, 8 (8): e70879–e70887.

Dubcovsky J, Lukaszewski A J, Echaide M, et al. 1998. Molecular characterization of two *Triticum speltoides* interstitial translocations carrying leaf rust and greenbug resistance genes [J]. Crop Sci., 38: 1655–1660.

Dvorak J and Knott D R. 1990. Location of a *Triticum speltoides* chromosome segment conferring resistance to leaf rust in *Triticum aestivum* [J], Genome, 33: 892–897.

Dyck P L. 1979. Identification of the gene for adult–plant leaf rust resistance in Thatcher [J]. Can. Plant Sci., 59: 499–501.

Dyck P L, Kerber E R. 1970. Inheritance in hexaploid wheat of adult–plant leaf rust resistance derivedfrom *Aegilops squarrosa* [J]. Can. Genet. Cytol., 12: 175–180.

Eser V, Braun H J, Altay F, et al. 1997. Characterization of powdery mildew resistance lines derived from crosses between *Triticum aestivum* and *Aegilops speltoides* and *Ae mutica* [J]. In: Proc. 5th Intern. Wheat Confer., 335–338.

Fan Y D, Liu Y G, Wu H, et al. 2000. Construction of a transformationcompetent artificial chromosome (TAC) library of a wheat—*Haynaldia villosa* translocation line [J]. Chin. Biotechnol., 16 (4): 433–436.

Faris J D, Xu S S, Cai X, et al. 2008. Molecular and cytogenetic characterization of a durum wheat—*Aegilops speltoides* chromosome translocation conferring resistance to stem rust [J]. Chromosome Research, 16 (8): 1097–1105.

Fedak G, Cao W, Wolfe D, et al. 2017. Molecular characterization of Fusarium resistance from *Elymus repens* introgressed into bread wheat [J]. Cytology and

Genetics, 51 (2): 130-133.

Foex E T. 1935. Quelques observations sur les maladies du pieddes cereales. CR Hebd [J]. Acad. Agric. France, 21: 501-505.

Francois M, Ansie M, Brent M, et al. 2009. Resistance genes Lr62 and Yr42 from Aegilops neglecta Req. ex Bertol. to common wheat [J]. Crop Sci., 49: 871-879.

Friebe B, Heun M, Tuleen N, et al. 1994. Cytogenetically monitored transfer of powdery mildew resistance from rye into wheat [J]. Crop Sci., 34: 621-625.

Friebe B, Jiang J, Gill B S, et al. 1993. Radiation-induced nonhomoelogous wheat—Agropyron intermedium chromosomal translocations conferring resistance to leaf rust [J]. Theoretical and Applied Genetics, 86: 141-149.

Friebe B, Jiang J M, Raupp W J, et al. 1996. Characterization of wheat alien translocation conferring resistance to diseases and pests: current status [J]. Eupytica, 91: 58-87.

Friebe B, Tuleen N A, Gill B S. 1995. Standard karyotype of Triticum searsii and its relationship with other S-genome species and common wheat [J]. Theoretical and Applied Genetics, 91: 248-254.

Friebe B, Wilson D L, Raupp W J, et al. 2005. Notice of release of KS04WGRC45 leaf rust-resistant hard white winter wheat germplasm [J]. Annual Wheat Newsletter, 51: 188-189.

Gale M D, Miller T E. 1987. The introduction of alien genetic variation into wheat. In: Lupton FGH (ed) Wheat Breeding: its Scientific basis [C], Chapman & Hall, London, 173-210.

Gill B S, Raupp W J, Sharma H C, et al. 1986. Resistance in Aegilopssquarrosa to wheat leaf rust, wheat powdery mildew, greenbug, and hessian fly [J]. Plant Disease, 70: 553-556.

Guo J, Zhang X, Hou Y, et al. 2015. High-density mapping of the major FHB resistance gene Fhb7derived from Thinopyrum ponticum and its pyramiding with Fhb1 by marker-assisted selection [J]. Theoretical and Applied Genetics, 128 (11): 2301-2316.

Gupta K S, Charpe A, Prabhu V, et al. 2006. Identification and validation of molecular markers linked to the leaf rust resistance gene Lr19 in wheat [J]. Theoretical and Applied Genetics, 113: 1027-1036.

Habora M E E, Eltayeb A E, Oka M, et al. 2013. Cloning of allene oxide cyclase gene from *Leymus mollis* and analysis of its expression in wheat—*Leymus* chromosome addition lines [J]. Breeding Science, 63 (1): 68-76.

Hackauf B, Bauer E, Korzun V, et al. 2017. Fine mapping of the restorer gene *Rfp*3 from an Iranian primitive rye (*Secale cereale* L.) [J]. Theoretical and Applied Genetics, 130: 1179-1189.

Han H M, Bai L, Su J J, et al. 2014. Genetic rearrangements of six wheat—*Agropyron cristatum* 6P addition lines revealed by molecular markers [J]. Plos One, 9 (3): e91066-e91067.

Hao M, Liu M, Luo J, et al. 2018. Introgression of powdery mildew resistance gene *Pm*56 on rye chromosome arm 6RS into wheat [J]. Frontier in Plant Sciences, 9: 1040.

Harjit-Singh, Dhaliwal H S. 2000. Intraspecific genetic diversity for resistance to wheat rusts in wild *Triticum* and *Aegilops* species [J]. Wheat Inf. Serv., 90: 21-30.

Harjit-Singh, Dhaliwal H S, Kaur J, et al. 1993. Rust resistance and chromosome pairing in *Triticum-Aegilops* crosses [J]. Wheat Inf. Serv., 76: 23-26.

Hasm S L, Cermeno C C, Friebe B, et al. 1995. Transfer of Amigo wheat powdery mildew resistance gene *Pm*17 from T1AL. 1RS to the T1BL·1RS wheat—rye translocated chromosome [J]. Heredity, 74: 497-501.

He F, Bao Y, Qi X, et al. 2017. Molecular cytogenetic identification of a wheat—*Thinopyrum ponticum* translocation line resistant to powdery mildew [J]. Journal of Genetics, 96 (1): 165-169.

He H, Zhu S, Zhao R, et al. 2018. *Pm*21, encoding a typical CC-NBS-LRR protein, confers broad-spectrum resistance to wheat powdery mildew disease [J]. Molecular Plant, 11 (6): 879-882.

He H G, Ji Y Y, Zhu S Y, et al. 2017. Genetic, physical and comparative mapping of the powdery mildew resistance gene *Pm*21 originating from *Dasypyrum villosum* [J]. Frontiers in Plant Science, 8: 1914.

He R, Chang Z, Yang Z, et al. 2009. Inheritance and mapping of powdery mildew resistance gene *Pm*43 introgressed from *Thinopyrum intermedium* into wheat [J]. Theoretical and Applied Genetics, 118: 1173-1180.

Helguera H, Khan I A, Dubcovsky J. 2000. Development of PCR markers for the wheat leaf rust resistance gene *Lr*47 [J]. Theoretical and Applied Genetics, 100: 1137-1143.

Heun M, Friebe B, Bushuk W. 1990. Chromosomal location of powdery mildew resistance gene of Amigo wheat [J]. Phytopathology, 80: 1129-1133.

Heun M, Mielke H. 1983. Breeding for resistance to *Pseudocercosporella herpotrichoides* and *Gaeumannomyces graminis* in wheat [J]. Plant Breed., 53: 2298.

Hou L, Ma D F, Hu M L, et al. 2013. Genetic analysis and molecular mapping of an all-stage stripe rust resistance gene in *Triticum aestivum-Haynaldia villosa* translocation line V3 [J]. Journal of Integrative Agriculture, 12 (12): 2197-2208.

Hou L Y, Zhang X J, Li X, et al. 2015. Mapping of powdery mildew resistance gene *pmCH89* in a putative wheat—*Thinopyrum intermedium* introgression line [J]. International Journal of Molecular Sciences, 16 (8): 17231-17244.

Huang Q, Li X, Chen W Q, et al. 2014. Genetic mapping of a putative *Thinopyrum intermedium*-derived stripe rust resistance gene on wheat chromosome 1B [J]. Theoretical and Applied Genetics, 127 (4): 843-853.

Hsam S L K, Lapochkina I F, Zeller F J. 2003. Chromosomal location of genes for resistance to powdery mildew in common wheat (*Triticum aestivum* L. em Thell.). 8. Gene *Pm32* in a wheat—*Aegilop speltoides* translocationline [J]. Euphytica, 133: 367-370.

Hsam S L K, Zeller F J. 1997. Evidence of allelism between genes *Pm8* and *Pm17* and chromosomal location of powdery mildew and leaf rust resistance genes in the common wheat cultivar 'Amigo' [J]. Plant Breed., 116: 119-122.

Huang D H, Lin Z S, Chen X, et al. 2007. Molecular characterization of a *Triticum durum-Haynaldia villosa* amphiploid and its derivatives for resistance to *Gaeumannomyces graminis* var. *tritici* [J], Agricultural Sciences in China, 6: 513-521.

Huang L, Brooks S A, Li W L, et al. 2003. Map-based cloning of leaf rust resistance gene *Lr21* from the large and polyploid genome of bread wheat [J]. Genetics, 164: 655-664.

Hurni S, Brunner S, Stirnweis D, et al. 2014. The powdery mildew resistance gene *Pm8* derived from rye is suppressed by its wheat ortholog *Pm3* [J]. The Plant Journal, 79: 904-913.

Huszar J, Bartos P, Hanzalova A. 2001. Importance of wheat disease resistance for sustainable agriculture [J]. Acta Fytotechnica et Zootechnica, 4: 292-294.

Jiang B, Liu T G, Li H H, et al. 2018. Physical mapping of a novel locus conferring leaf rust resistance on the long arm of *Agropyron cristatum* chromosome 2P [J]. Frontier in Plant Sciences, 9: 817-829.

Jiang J, Raupp W J, Gill B S. 1992. *Rf* genes restore fertility in wheat lines with cytoplasms of *Elymus trachycaulus* and *E. ciliaris* [J]. Genome, 35: 614-620.

Jiang J M, Chen P D, Friebe B, et al. 1993. Alloplasmic wheat—*Elymus ciliaris*, chromosome addition lines [J]. Genome, 36 (2): 327-333.

Jin Y, Szabo L J, Pretorius Z A, et al. 2008. Detection of virulence to resistance gene *Sr24* within race TTKS of *Puccinia graminis* f. sp. *tritici* [J]. Plant Dis., 92: 923-926.

Justin D F, Xu S S, Cai X W, et al. 2008. Molecular and cytogenetic characterization of a durum wheat—*Aegilops speltoides* chromosome translocation conferring resistance to stem rust [J]. Chromosome Research, 16: 1097-1105.

Kang H Y, Wang Y, Fedak G, et al. 2011. Introgression of Chromosome 3Nˢ from *Psathyrostachys huashanica* into wheat specifying resistance to stripe rust [J]. Plos One, 6 (7): e21802.

Kerber E R, Dyck P L. 1990. Transfer to hexaploid wheat of linked genes for adult-plant leaf rust and seedling stem rust resistance from an amphiploid of *Aegilops speltoides'Triticum monococcum* [J]. Genome, 33: 530-537.

Kerber E R. 1987. Resistance to leaf rust in hexaploid wheat: *Lr32*, a third gene derived from *Triticum tauschii* [J]. Crop Science, 27: 204-206.

Kibirige-Sebunya I, Knott D R. 1983. Transfer of stem rust resistance to wheat from an *Agropyron* chromosome having a gametocidal effect [J]. Canadian Journal of Genetics and Cytology, 25 (3): 215-221.

Klindworth D L, Niu Z X, Chao S, et al. 2012. Introgression and characterization of a goatgrass gene for a high level of resistance to Ug99 stem rust in tetraploid wheat [J]. G3, 2: 655-673.

Knott D R. 1961. The inheritance of rust resistance VI. The transfer of stem rust resistance from *Agropyron elongatum* to common wheat [J]. Canadian Journal of Plant Science, 41: 109-123.

Kumar A, Kapoor P, Chunduri V, et al. 2019. Potential of *Aegilops* sp. for improvement of grain processing and nutritional quality in wheat (*Triticum aestivum*) [J]. Frontier in Plant Sciences, doi: 10.3389/fpls.2019.00308.

Kuraparthy V, Chhuneja P, Dhaliwal H S, et al. 2007a. Characterization and mapping of cryptic alien introgression from *Aegilops geniculata* with leaf rust and stripe rust resistance genes *Lr*57 and *Yr*40 in wheat [J]. Theoretical and Applied Genetics, 114: 1379-1389.

90. Kuraparthy V, Sood S, Chhuneja P, et al. 2007b. A cryptic wheat—*Aegilops triuncialis* translocation with leaf rust resistance gene *Lr*58 [J]. Crop Sci., 47: 1995-2003.

Kuraparthy V, Sood S, Guedira G, et al. 2011. Development of a PCR assay and marker-assisted transfer of leaf rust resistance gene *Lr*58 into adapted winter wheats [J]. Euphytica, 180: 227-234.

Law C N, Scott P R, Worland A J, et al. 1976. The inheritance of resistance to eyespot *Cercosporella herpotricoides* in wheat [J]. Genet. Res. Camb., 25: 73-79.

Li G Q, Li Z F, Yang W Y, et al. 2006. Molecular mapping of stripe rust resistance gene *YrCH*42 in Chinese wheat cultivar Chuanmai 42 and its allelism with *Yr*24 and *Yr*26 [J]. Theoretical and Applied Genetics, 112: 1434-1440.

Li H, Chen X, Xin Z Y, et al. 2005. Development and identification of wheat—*Haynaldia villosa* T6DL. 6VS chromosome translocation lines conferring resistance to powdery mildew [J]. Plant Breed., 124: 203-205.

Li Q F, Lu Y Q, Pan C L, et al. 2016. Characterization of a novel wheat—*Agropyron cristatum* 2P disomic addition line with powdery mildew resistance [J]. Crop Science, 56: 2390-2400.

Li Q F, Lu Y Q, Pan C L, et al. 2016. Chromosomal localization of genes conferring desirable agronomic traits from wheat—*Agropyron cristatum* disomic addition line 5113 [J]. Plos One, 11 (11): e0165957-e0165970.

Li W L, Chen P D, Qi L L, et al. 1995. Isolation, characterization and application of a species-specific repeated sequence from *Haynaldia villosa* [J]. Theoretical and Applied Genetics, 90: 526-533.

Li Y B, Cheng J Y, Zhao J, et al. 2016. A disulphide isomerase gene (*PDI-V*) from *Haynaldia villosa* contributes to powdery mildew resistance in common wheat [J]. Scientific Reports, 6: 24227.

Lin Z S, Zhang Y L, Wang M J, et al. 2013. Isolation and molecular analysis of genes *Stpk-V*2 and *Stpk-V*3 homologous to powdery mildew resistance gene *Stpk-V* in a Dasypyrum villosum accession and its derivatives [J]. Journal of Applied Genetics, 54 (4): 417-426.

Liu C, Ye X G, Wang M J, et al. 2017. Genetic behavior of *Triticum aestivum*-*Dasypyrum villosum* translocation chromosomes T6V#4S · 6DL and T6V#2S · 6AL carrying powdery mildew resistance [J]. Journal of Integrative Agriculture, 16 (10): 2136-2144.

Liu D J, Qi L L, Chen P D, et al. 1996. Precise identification of an alien chromosome segment introduced in wheat and stability of its resistance gene. Acta. Genet [J]. Sin., 23: 18-23.

Liu J, Chang Z, Zhang X, et al. 2013. Putative *Thinopyrum intermedium*-derived stripe rust resistance gene *Yr*50 maps on wheat chromosome arm 4BL [J]. Theoretical and Applied Genetics, 126 (1): 265-274.

Liu W, Danilova T V, Rouse M N, et al. 2013. Development and characterization of a compensating wheat—*Thinopyrum intermedium* Robertsonian translocation with *Sr*44 resistance to stem rust (Ug99) [J]. Theoretical and Applied Genetics, 126 (5): 1167-1177.

Liu W, Koo D H, Xia Q, et al. 2017. Homoeologous recombination-based transfer and molecular cytogenetic mapping of powdery mildew-resistant gene *Pm*57 from *Aegilops searsii* into wheat [J]. Theoretical and Applied Genetics, 130 (4): 841-848.

Liu W X, Jin Y, Rouse M, et al. 2011a. Development and characterization of wheat—*Ae. searsii* Robertsonian translocations and a recombinant chromosome conferring resistance to stem rust [J]. Theoretical and Applied Genetics, 122: 1537-1545.

Liu W, Koo D H, Xia Q, et al. 2017. Homoeologous recombination-based transfer and molecular cytogenetic mapping of powdery mildew-resistant gene *Pm*57 from *Aegilops searsii* into wheat [J]. Theoretical and Applied Genetics, 130 (4): 841-848.

Liu W X, Rouse M, Friebe B, et al. 2011b. Discovery and molecular mapping of a new gene conferring resistance to stem rust, *Sr*53, derived from *Aegilops geniculata* and characterization of spontaneous translocation stocks with reduced alien chromatin [J]. Chromosome Res, 19: 669-682.

Liu X Y, Fan B L, Wang Z Y, et al. 2014. Sequence evidence for intergeneric DNA introgression from *Haynaldia villosa* 6VS chromosome into wheat near-isogenic lines [J]. Australian Journal of Crop Science, 8 (10): 1421-1427.

Liu Z G, Yao W Y, Shen X X, et al. 2014. Molecular mapping of a stripe rust

265

resistance gene *YrH9020a* transferred from *Psathyrostachys huashanica* Keng on wheat chromosome 6D ［J］. Journal of integrative agriculture, 13 （12）: 2577-2583.

Lu M J, Lu Y Q, Li H H, et al. 2016. Transferring desirable genes from *Agropyron cristatum* 7P chromosome into common wheat ［J］. Plos One, 11 （7）: e0159577-e0159591.

Lu Y Q, Yao M M, Zhang J P, et al. 2016. Genetic analysis of a novel broad-spectrum powdery mildew resistance gene from the wheat—*Agropyron cristatum* introgressionline Pubing74 ［J］. Planta, 244 （3）: 713-723.

Luo P G, Luo H Y, Chang Z J, et al. 2009. Characterization and chromosomal location of *Pm*40 in common wheat: a new gene for resistance to powdery mildew derived from *Elytrigia intermedium* ［J］. Theoretical and Applied Genetics, 18: 1059-1064.

Lutz J, Hsam S L K, Limpert E, et al. 1995. Chromosomal location of powdery mildew resistance genes in *Triticum aestivum* L. (common wheat). 2. Genes *Pm*2 and *Pm*19 from *Aegilops squarrosa* L ［J］. Heredity, 74: 152-156.

Ma D F, Fang Z W, Yin J L, et al. 2016. Molecular mapping of stripe rust resistance gene *YrHu* derived from *Psathyrostachys huashanica* ［J］. Molecular Breeding, 36 （6）: 64-72.

Ma D F, Hou L, Tang M S, et al. 2013. Genetic analysis and molecular mapping of a stripe rust resistance gene *YrH9014* in wheat line H9014-14-4-6-1 ［J］. Journal of Integrative Agriculture, 12 （4）: 638-645.

Ma D F, Zhou X L, Hou L, et al. 2013. Genetic analysis and molecular mapping of a stripe rust resistance gene derived from *Psathynrostachys huashanica* Keng in wheat line H9014-121-5-5-9 ［J］. Molecular Breeding, 32 （2）: 365-372.

Ma J X, Zhou R H, Dong Y S, et al. 2001. Molecular mapping and detection of the yellow rust resistance gene *Yr*26 in wheat transferred from *Triticum turgidum* L. using microsatellite markers ［J］. Euphytica, 120: 219-226.

Macer R C F. 1975. Plant pathology in a changing world ［J］. Trans. Br. Mycol. Soc., 65: 351-374.

Mago R, Bariana H S, Dundas I S, et al. 2005. Development of PCR markers for the selection of wheat stem rust resistance genes *Sr*24 and *Sr*26 in diverse wheat germplasm ［J］. Theoretical and Applied Genetics, 111: 496-504.

Mago R, Zhang P, Bariana H S, et al. 2009. Development of wheat lines carrying stem rust resistance gene *Sr*39 with reduced *Aegilops speltoides* chromatin and simple PCR markers for marker–assisted selection [J]. Theoretical and Applied Genetics, 119: 1441-1450.

Mago R, Zhang P, Xia X. et al. 2019. Transfer of stem rust resistance gene *SrB* from *Thinopyrum ponticum* into wheat and development of a closely linked PCR-based marker [J]. Theoretical and Applied Genetics, 132: 371-382.

Mago R, Zhang P, Vautrin S. 2015. The wheat*Sr*50 gene reveals rich diversity at a cereal disease resistance locus [J]. Nature Plants, 1 (12): 15186.

Marais F, Marais A, McCallum B, et al. 2009. Resistance Genes *Lr*62 and *Yr*42 from *Aegilops neglecta* Req. ex Bertol. to common wheat [J]. Crop Sci., 49: 871-879.

Marais G F, Bekker T A, Eksteen A, et al. 2010. Attempts to remove gametocidal genes co–transferred to common wheat with rust resistance from *Aegilops speltoides* [J]. Euphytica, 171: 71-85.

Marais G F, McCallum B, Marais A S. 2006. Leaf rust and stripe rust resistance genes derived from *Aegilops sharonensis* [J]. Euphytica, 149: 373-380.

Marais G F, Mccallum B, Marais A S. 2008. Wheat leaf rust resistance gene *Lr*59 derived from *Aegilops peregrine* [J]. Plant Breeding, 127: 340-345.

Marais G F, McCallum B, Snyman J E, et al. 2005. Leaf rust and stripe rust resistance genes *Lr*54 and *Yr*37 transferred to wheat from *Aegilops kotschyi* [J]. Plant Breeding, 124: 538-541.

Mariani M, Minelli S, Ceccarelli M, *et al.* 2003. *Dasypyrum villosum* chromosome segments introgressed in hexaploid wheat provide opportuni ties for pre-breeding and preparing primary mapping populations for analyzing complex genetic traits [C]. In: Proceedings of the 10th Interntaional Wheat Genetics Symposium. Inst Sperimentale per la Cerealicoltura, Rome, Italy, 613-615.

Mcarthur R I, Zhu X, Oliver R E, et al. 2012. Homoeology of *Thinopyrum junceum* and *Elymus rectisetus* chromosomes to wheat and disease resistance conferred by the *Thinopyrum* and *Elymus* chromosomes in wheat [J]. Chromosome Research, 20 (6): 699-715.

McIntosh R A. 1988. Catalogue of gene symbols for wheat [C]. In: Miller TE, Koebner RMD (eds) Proc 7th Int Wheat Genet. Syrup. Cambridge, England, 1225-1323.

McIntosh R A, Dyck P L, Green G J. 1977. Inheritance of leaf rust and stem rust resistances in wheat cultivars Agent and Agatha [J]. Australian Journal of Agricultural Research, 28: 37-45.

McIntosh R A, Friebe B, Jiang J, et al. 1995. Cytogenetical studies in wheat XVI. Chromosome location of a new gene for resistance to leaf rust in a Japanese wheat—rye translocation line [J]. Euphytica, 82: 141-147.

McIntosh R A, Hart G E, Gale M D. 1993. Catalogue of gene symbols for wheat [C]. Proceedings of the 8th International Wheat Genetics Symposium, Beijing, China, 1333-1500.

McIntosh R A, Miller T E, Chapman V. 1982. Cytogenetical studies in wheat XII. *Lr*28 for resistance to *Puccinia recondita* and *Sr*34 for resistance to *P. graminis tritici* [J]. Zeitschrift fur Pflanzenzuchtung, 89: 295-306.

McIntosh R A, Yamazaki Y, Devos K M, et al. 2003. Catalogue of gene symbols [C]. In: Komug-Integrated Wheat Science Database. http: //shigen. lab. nig. ac. jp/wheat/ komugi/top/top. jsp.

Mebrate S A, Oerke E C, Dehne H W, et al. 2008. Mapping of the leaf rust resistance gene *Lr*38 on wheat chromosome arm 6DL using SSR markers [J]. Euphytica, 162: 457-466.

Meletti P, Onnis A, Sbrana V, et al. 1996. "Dentide cani" (*Haynaldoticum sardoum*) frumento esaploide spontaneo: caratterizzazione agronomica e tecnologica [J]. Sementi Elette, 6: 33-41.

Miller T E, Reader S M, Ainsworth C C, et al. 1988. The introduction of a major gene for resistance to powdery mildew of wheat, *Erysphe graminis* f. sp. *tritici*, from *Aegilops speltoides* into wheat, *Triticum aestivum*. In: Jorna M L, Slootmaker L A J (eds) Cereal breeding related to integrated cereal production [C]. Pudoc. Netherlands, 179-183.

Miranda L, Murphy M, Marshall J, et al. 2006. *Pm*34: A new powdery mildew resistance gene transferred from *Aegilops tauschii* Coss. To common wheat (*Triticum aestivum* L.) [J]. Theoretical and Applied Genetics, 113: 1497-1504.

Miranda L, Murphy M, Marshall J, et al. 2007. Chromosomal location of *Pm*35, a novel *Aegilops tauschii* derived powdery mildew resistance gene introgressed into common wheat (*Triticum aestivum* L.) [J]. Theoretical and Applied Genetics, 114: 1451-1456.

Mohammed Y S A, Eltayeb A E, Tsujimoto H. 2013. Enhancement of aluminum tolerance in wheat by addition of chromosomes from the wild relative *Leymus racemosus* [J]. Breeding Science, 63 (4): 407-416.

Montebove L, De Pace C, Jan CC, et al. 1987. Chromosomal location of isozyme and seed storage protein genes in *Dasypyrum villosum* (L.) Candargy [J]. Theoretical and Applied Genetics, 73: 836-845.

Mukade K, Kamio M, Hosoda K. 1970. The transfer of leaf rust resistance from rye to wheat by intergeneric addition and translocation [J]. Gamma Field Symposia No. 9. 'Mutagenesis in Relation to Ploidy level', 69-87.

Murai K, Koba T, Shimada T. 1997. Effects of barley chromosome on heading characters in wheat—*Barley* chromosome addition lines [J]. Euphytica, 96: 281-287.

Murray T D, De La Pena R C, Yildirim A, et al. 1994. A new source of resistance to *Pseudocercosporella herpotrichoides*, cause of eyespot disease of wheat, located on chromosome 4V of *Dasypyrum villosum* [J]. Plant Breed., 113: 281-286.

Niedziela A, Bednarek P T, Labudda M, et al. 2014. Genetic mapping of a 7R Al tolerance QTL in triticale (× Triticosecale Wittmack) [J]. J. Appl. Genet., 55: 1-14.

Nielsen J. 1978. Host range of the smut species *Ustilagonuda* and *Ustilago tritici* in the tribe Triticeae [J]. Can. Bot., 56: 901-915.

Nsabiyera V, Bariana H S, Qureshi N, et al. 2018. Characterisation and mapping of adult plant stripe rust resistance in wheat accession Aus27284 [J]. Theoretical and Applied Genetics, 131 (8): 1-9.

Cox T S, Raupp W J, Gill B S. 1994. Leaf rust-resistance genes*Lr*41, *Lr*42, and *Lr*43 transferred from *Triticum tauschii* to common wheat [J]. Crop Sci., 34: 339-343.

Pang Y, Chen X, Zhao J, et al. 2013. Molecular cytogenetic characterization of a wheat—*Leymus mollis* 3D (3Ns) substitution line with resistance to leaf rust [J]. Journal of Genetics and Genomics, 41 (4): 205-214.

Peil A, Schubert V, Schumann E, et al. 1997. RAPDs as molecular markers for detection of *Aegilops markgrafii* chromatin in addition and euploid introgression lines of hexaploid wheat [J]. Theoretical and Applied Genetics, 94: 934-940.

Petersen S, Lyerly J H, Worthington M L, et al. 2015. Mapping of powdery mildew resistance gene *Pm*53 introgressed from *Aegilops speltoides* into soft red winter wheat [J]. Theoretical and Applied Genetics, 128 (2): 303–312.

Per – Olov Forsström, Merker A. 2010. Sources of wheat powdery mildew resistance from wheat—rye and wheat—*Leymus* hybrids [J]. Hereditas, 134 (2): 115–119.

Pretorius Z A, Rijkenberg F H J, Wilcoxson R D. 1987. Characterization of adult–plant resistance toleaf rust of wheat conferred by the gene *Lr22a* [J]. Plant Disease, 71 (6) 542–545.

Procunier J D, Townley–Smith T F, Fox S, et al. 1995. PCR–based RAPD/DGGE markers linked to leaf rust resistance genes *Lr*29 and *Lr*25 in wheat (*Triticum aestivum* L.) [J]. Journal of Genetics and Breeding, 49: 87–92.

Pumphrey M, Jin Y, Rouse M, et al. 2008. Resistance to stem rust race TTKS in wheat relative *Haynaldia villosa* [C]. In: Appels R, Lagudah E, Langridge P, Mackay M (eds) Proceedings of the 11th International Wheat Genetics Symposium. Sydney: University Press.

Qi L L, Cao M, Chen P, et al. 1996. Identification, mapping and application of polymorphic DNA associated with resistance gene *Pm*21 of wheat [J]. Genome, 39: 191–197.

Qi L L, Pumphrey M O, Friebe B, et al. 2011. A novel Robertsonian translocation event leads to transfer of a stem rust resistance gene (*Sr*52) effective against race Ug99 from *Dasypyrum villosum* into bread wheat [J]. Theoretical and Applied Genetics, 123 (1): 159–167.

Qi L L, Pumphrey M O, Friebe B, et al. 2008. Molecular cytogenetic characterization of alien introgressions with gene *Fhb*3 for resistance to Fusariumhead blight disease of wheat [J]. Theoretical and Applied Genetics, 117 (7): 1155–1166.

Qureshi N, Bariana H, Kumran V V, et al. 2018. A new leaf rust resistance gene *Lr*79 mapped in chromosome 3BL from the durum wheat landrace Aus26582 [J]. Theoretical and Applied Genetics, 131 (2): 1–8.

Rabinovich S V. 1998. Importance of wheat—rye translocation for breeding modern cultivars of *Triticum aestivum* L [J]. Euphytica, 100: 323–340.

Rahmatov M, Rouse M N, Nirmala J, et al. 2016. A new 2DS · 2RL Robertsonian translocation transfers stem rust resistance gene *Sr*59, into wheat [J].

Theoretical and Applied Genetics, 129 (7): 1383-1392.

Raupp W J, Singh S, Brown-Guedira G L, et al. 2001. Cytogenetic and molecular mapping of the leaf rust resistance gene *Lr*39 in wheat [J]. Theoretical and Applied Genetics, 102: 347-352.

Riley R, Chapman V, Johnson R. 1968. Introduction of yellow rust resistance of *Aegilops comosa* into wheat by genetically induced homeologous recombination [J]. Nature, 217: 378-384.

Rowland G G, Kerber E R. 1974. Telocentric mapping in hexaploid wheat of genes for leaf rust resistance and other characters derived from *Aegilops squarrosa* [J]. Canadian Journal of Genetics and Cytology, 16 (1): 137-144.

Salina E A, Adonina I G, Badaeva E D, et al. 2015. A *Thinopyrum intermedium* chromosome in bread wheat cultivars as a source of genes conferring resistance to fungal diseases [J]. Euphytica, 204 (1): 91-101.

Schneider A, Rakszegi M, Molnar-Lang, et al. 2016. Production and cytomolecular identification of new wheat-pernnial rye (*Secale cereanum*) disomic addition lines with yellow rust resistance (6R) and increased arabinoxylan and protein content (1R, 4R, 6R) [J]. Theoretical and Applied Genetics, 129: 1045-1059.

Scott P R. 1981. Variation in host susceptibility. In: Asher M J C, Shipton P J (eds) Biology and control of take-all [C]. Academic, London, UK, 219-236.

Sears E R. 1953. Addition of the genome of *H. villosa* to *T. aestivum* [J]. Am. J. Bot., 40: 168-174.

Sears E R. 1956. The transfer of leaf rust resistance from *Aegilops umbellulata* to wheat [J]. Brookhaven Symp. Biol., 9: 1-21.

Sears E R. 1973. Agropyron-wheat transfers induced by homoeologous pairing [C]. In: Sears E R and Sears L M S (Eds.), Proceedings of the 4th International Wheat Genet. Symposium. Agricultural Experiment Station, College of Agriculture, University of Missouri, Columbia, 191-199.

Seyfarth R, Feuillet C, Schachermayr G, et al. 1999. Development of a molecular marker for the adult plant leaf rust resistance gene *Lr*35 in wheat [J]. Theoretical and Applied Genetics, 99: 554-560.

Sharma D, Knott D R. 1966. The transfer of leaf rust resistance from *Agropyron* to *Triticum* by irradiation [J]. Can. Genet. Cytol., 8: 137-143.

Shen X K, Ma L X, Zhong S F, et al. 2015. Identification and genetic mapping of the putative *Thinopyrum intermedium*-derived dominant powdery mildew resistance gene *PmL*962 on wheat chromosome arm 2BS [J]. Theoretical and Applied Genetics, 128 (3): 517-528.

Shepherd K W. 1973. Homelogy of wheat and alien chromosome controlling endosperm protein phenotypes [C]. In Proc. 4th International Wheat Genetics Symposium (eds Sears, E. R. & Sears, L. M. S.). 745-760.

Shi A N, Leath L, Chen X, et al. 1996. Transfer of resistance to wheat powdery mildew from *Dasypyrum villosum* to *Triticum aestivum* [J]. Phytopathology, 86: S46.

Singh SP, Hurni S, Ruinelli M, et al. 2018. Evolutionary divergence of the rye *Pm*17 and *Pm*8 resistance genes reveals ancient diversity [J]. Plant Mol. Biol., 98 (3): 249-260.

Silva-Navas J, Benito C, Te'llez-Robledo B, et al. 2012. The *ScAACT*1 gene at the *Qalt*5 locus as a candidate for increased aluminum tolerance in rye (*Secale cereale* L.)[J]. Mol. Breed., 30: 845-856.

Simeone R, Blanco A, Pignone D, et al. 1998. Isolation of wheat—*Aegilops caudata* recombinant lines resistant to powdery mildew [J]. Proc. 9th Int. Wheat Genet. Symp., 3: 320-322.

Singh A, Pallavi J K, Gupta P, et al. 2012. Identification of microsatellite markers linked to leaf rust resistance gene *Lr*25 in wheat [J]. Appl. Genet., 53: 19-25.

Singh N K, Shepherd K W, Mcintosh R A. 1990. Linkage mapping of genes for resistance to leaf, stem and stripe rusts and ω-secalins on the short arm of rye chromosome 1R [J]. Theoretical and Applied Genetics, 80 (5): 609-616.

Singh R P, Nelson J C, Sorrells M E. 2000. Mapping *Yr*28 and other genes for resistance to stripe rust in wheat [J]. Crop Science, 40 (4): 1148-1155.

Singh S J, Mcintosh R A. 1988. Allelism of two genes for stem rust resistance in triticale [J]. Euphytica, 38 (2): 185-189.

Song L Q, Lu Y Q, Zhang J P, et al. 2016. Physical mapping of *Agropyron cristatum*chromosome 6P using deletion lines in common wheat background [J]. Theoretical and Applied Genetics, 129 (5): 1023-1034.

Song W, Xie C, Du J, et al. 2008. A 'one-marker-for-two-genes' approach for efficient molecular discrimination of *Pm*12 and *Pm*21 conferring resistance to powdery mildew in wheat [J]. Molecular Breeding, 23: 357-363.

Spetsov P, Ivanov P, Ivanova I. 1998. Introgression of powdery mildew resistance from *Ae kostschyi* into bread wheat [J]. Proc 9th Int. Wheat Genet Symp, 2: 112-114.

Sprague R. 1936. Relative susceptibility of certain species of Gramineae to *Cercosporella herpotrichoides* [J]. Agric. Res., 53: 569-670.

Stojałowski S, Myskow B, Hanek M. 2015. Phenotypic effect and chromosomal localization of *Ddw3*, the dominant dwarfing gene in rye (*Secale cereale* L.) [J]. Euphytica, 201: 43-52.

Sun H, Hu J, Song W, et al. 2018. *Pm61*: a recessive gene for resistance to powdery mildew in wheat landrace Xuxusanyuehuang identified by comparative genomics analysis [J]. Theoretical and Applied Genetics, 131 (1): 1-13.

Sun X C, Bai G H, Carver B F, et al. 2010. Molecular mapping of wheat leaf rust resistance gene *Lr*42 [J]. Crop Sci., 50: 59-66.

Taketa S, Choda M, Ohashi R, et al. 2002. Molecular and physical mapping of a barley gene on chromosome arm 1HL that causes sterility in hybrids with wheat [J]. Genome, 45 (4): 617-625.

Tanguy A M, Coriton O, Abelard P, et al. 2005. Structure of *Aegilops ventricosa* chromosome 6N[v], the donor of wheat genes *Yr*17, *Lr*37, *Sr*38, and *Cre*5 [J]. Genome, 48: 541-546.

Tar M, Purnhauser L, Csosz L, et al. 2002. Identification of molecular markers for an efficient leaf rust resistance gene (*Lr*29) in wheat [J]. Acta Biologica Szegediensis, 46 (3-4): 133-134.

Tomar S M S, Menon M K. 1998. Adult plant response of nearisogenic lines and stocks of wheat carrying specific *Lr* genes against leaf rust [J]. Indian Phytopathol, 51: 61-67.

Tosa Y, Matsumura K, Hosaka T, et al. 1995. Genetic analysis of interactions between *Aegilops* species and formae species of *Erysiphe graminis* [J]. Jpn. Genet., 70 (1): 127-134.

Uslu E, Miller T E, Rezanoor N H, et al. 1988. Resistance of *Dasypyrum villosum* to the cereal eyespot pathogens, *Tapesia yallundae* and *Tapesia acuformis* [J]. Euphytica, 103: 203-209.

Vaccino P, Banfi R, Corbellini M, et al. 2010. Broadening and improving the wheat genetic diversity for end-use grain quality by introgression of chromatin from the wheat wild relative *Dasypyrum villosum* [J]. Crop Sci., 50: 528-540.

Vaccino P, Banfi R, Corbellini M, et al. 2008. Wheat breeding for responding to environmental changes: enhancement of modern varieties using a wild relative for introgression of adapted genes and genetic bridge [C]. In: Proceedings of the 52nd Italian Society of Agriculture Genetics Annual Congress, Padova, Italy, Abstract 4. 5.

Vaccino P, Corbellini M, Cattaneo M, et al. 2007. Analysis of genotype–by–environment interaction in wheat using aneuploid lines with chromatin introgressed from *Dasypyrum villosum* [C]. In: Proceedings of the 51st Italian society of agriculture genetics annual congress, Palazzo dei Congressi, Riva del Garda (TN), Abstract A23.

Vaccino P, Corbellini M, De Pace C. 2009. Optimizing low input production systems using improved and stable wheat inbred lines arising from a new breeding scheme. In: Farming Systems Design [C]. In: International symposium on methodologies for integrated analysis of farm production systems, Monterey, CA, USA, Session Paper 3. 4.

Vakar B A. 1966. An observation on wheat of the genus *Haynatricum* Zhukd and on meiosis in this genus [J]. Zap. Sverdlovsk Otd. Vses. Bot. Obsc., 4: 143–146.

Vallega J, Zhukovsky P M. 1956. Boll 1st [J] Fitopatologia dell URSS, 2: 23.

Wang H G, Zhang H G, Li Bin, et al. 2018. Molecular cytogenetic characterization of new wheat—*Dasypyrum breviaristatum* introgression lines for improving grain quality of wheat [J]. Frontiers in Plant Science, 9: 365.

Wang L, Liu Y, Du W L, et al. 2015. Anatomy and cytogenetic identification of a wheat—*Psathyrostachys huashanica* Keng Line with early maturation [J]. Plos One, 10 (10): e0131841–e0131852.

Wang L, Yuan J, Bie T, et al. 2009. Cytogenetic and molecular identification of three *Triticum aestivum–Leymus racemosus* translocation addition lines [J]. Journal of Genetics and Genomics, 36 (6): 379–385.

Wang L S, Chen P D. 2008. Development of *Triticum aestivum–Leymus racemosus*, ditelosomic substitution line 7Lr#1S (7A) with resistance to wheat scab and its meiotic behavior analysis [J]. Chinese Science Bulletin, 53 (22): 3522–3529.

Wang L S, Chen P D, Wang X. 2010. Molecular cytogenetic analysis of *Triticum aestivum-Leymus racemosus* reciprocal chromosomal translocation T7DS. 5LrL ／ T5LrS. 7DL [J]. Chinese Science Bulletin, 55 (11): 1026-1031.

Wang Z, Cheng J, Fan A, *et al.* 2017. *LecRK-V*, an L-type lectin receptor kinase in *Haynaldia villosa*, plays positive role in resistance to wheat powdery mildew [J]. Plant Biotechnology Journal, 16 (1): 50-62.

Wen M, Feng Y, Chen J, et al. 2016. Characterization of a *Triticum aestivum—Dasypyrum villosum* T1VS·6BL translocation line and its effect on wheat quality [J]. Brazilian Journal of Botany, 40 (2): 1-7.

Weng Y, Li W, Devkota R N, et al. 2005. Microsatellite markers associated with two *Aegilops tauschii*-derived greenbug resistance loci in wheat [J]. Theoretical and Applied Genetics, 110 (3): 462-469.

Wienhues A. 1973. Translocations between wheat chromosomes and an *Agropyron* chromosome conditioning rust resistance [C]. In: Sears ER, Sears LMS (eds) Proceedings of the Fourth International Wheat Genetic Symposium, Columbia, MO, University of Missouri, Columbia, 201-207.

Wiersma A T, Pulman J A, Brown L K, et al. 2017. Identification of *Pm*58 from *Aegilops tauschii* [J]. Theoretical and Applied Genetics, 130 (6): 1123-1133.

Wu J, Yang X M, Wang H, et al. 2006. The introgression of chromosome 6P specifying for increased numbers of florets and kernels from *Agropyron cristatumin* to wheat [J]. Theoretical and Applied Genetics, 114 (1): 13-20.

Xiao J, Dai K, Fu L, et al. 2017. Sequencing flow-sorted short arm of *Haynaldia villosa* chromosome 4V provides insights into its molecular structure and virtual gene order [J]. BMC Genomics, 18 (1): 791.

Xing L, Hu P, Liu J, et al. 2018. *Pm*21 from *Haynaldia villosa* encodes a CC-NBS-LRR that confers powdery mildew resistance in wheat [J]. Molecular Plant, 11 (6): 874-878.

Xing L P, Di Z C, Yang W W, et al. 2017. Overexpression of *ERF*1-V from *Haynaldia villosa* can enhance the resistance of wheat to powdery mildew and increase the tolerance to salt and drought stresses [J]. Frontiers in Plant Science, 8: 1948.

Xu S S, Dundas I S, Pumphrey M O, et al. 2008. Chromosome engineering enhance utility of alien-derived stem rust resistance [C]. In: Appels R, East wood R, Lagudah E, et al. (eds) Proceedings of the 11th International

Wheat Genetics Symposium. Sydney: University Press.

Xu S S, Jin Y, Klindworth D L, et al. 2009. Evaluation and characterization of seedling resistances to stem rust Ug99 races in wheat—alien species derivatives [J]. Crop Sci., 49: 2167-2175.

Yang X, Wang C, Li X, et al. 2015. Development and molecular cytogenetic identification of a novel wheat—*Leymus mollis* Lm#7Ns (7D) disomic substitution line with stripe rust resistance [J]. Plos One, 10 (10): e0140227.

Yang X F, Wang C Y, Chen C H, et al. 2014. Chromosome constitution and origin analysis in three derivatives of *Triticum aestivum—Leymus mollis* by molecular cytogenetic identification [J]. Genome, 57: 583-591.

Yang X M, Cao A Z, Sun Y L, et al. 2013. Tracing the location of powdery mildew resistance-related gene *Stpk-V* by FISH with a TAC clone in *Triticum aestivum—Haynaldia villosa* alien chromosome lines [J]. Chinese Science Bulletin, 58 (33): 4084-4091.

Yang X M, Sun Y L, Cao A Z, et al. 2008. Physical mapping of a powdery mildew resistance related gene *Hv-S/TPK* by FISH with a TAC clone in wheat [C]. In: Appels R, Eastwood R, Lagudah E, Langridge P, Mackay M, McIntyre L, Sharp P (eds) Proceedings of the 11th International Wheat Genetics Symposium. Sydney: University Press.

Yang Z J, Li G R, Jia J Q, et al. 2009. Molecular cytogenetic characterization of wheat—*Secale africanum* amphiploids and the introgression lines for stripe rust resistance [J]. Euphytica, 167 (2): 197-202.

Yang Z J, Ren Z L. 2001. Chromosomal distribution and genetic expression of *Lophopyrum elongatum* (Host) A. Löve genes for adult plant resistance to stripe rust in wheat background [J]. Genetic Resources and Crop Evolution, 48: 183-187.

Yildirim A, Jones S S. 2000. Evaluation of *Dasypyrum villosum* populations for resistance to cereal eyespot and stripe rust pathogens [J]. Plant Dis., 84: 40-44.

Yildirim A, Jones S S, Murray T D. 1998. Mapping a gene conferring resistance to *Pseudocercosporella herpotrichoides* on chromosome 4V of *Dasypyrum villosum* in a wheat background [J]. Genome, 41: 1-6.

Yildirim A, Jones S S, Murray T D. 1997. Mapping of a new eyespot resistance gene, *Pch3*, in wheat [C]. In: Plant and Animal Genome-V Conference,

Abstr., 186.

Yu S Y, Long H, Yang H, et al. 2012. Molecular detection of rye (*Secale cereale* L.) chromatin in wheat line 07jian126 (*Triticum aestivum* L.) and its association to wheat powdery mildew resistance [J]. Euphytica, 186: 247-255.

Zeller F J. 1973. 1B/1R wheat—rye chromosome substitutions and translocations In: Proceedings of the 4th International Wheat Genetics Symposium, held 6-11 August 1973, Columbia, Missouri. Edited by Sears E R and L M S. Sears [C]. Missouri Agricultural Experiment Station, University of Missouri, Columbia. 209-221.

Zeller F J, Kong L, Hartl L, et al. 2002. Chromosomal location of genes for resistance to powdery mildew in common wheat (*Triticum aestivum* L. em Thell.) 7. Gene *Pm*29 in line Pova [J]. Euphytica, 123: 187-194.

Zeng J, Cao W, Hucl P, et al. 2013. Molecular cytogenetic analysis of wheat—*Elymus repens*, introgression lines with resistance to Fusarium head blight [J]. Genome, 56 (1): 75-82.

Zhan H, Li G, Zhang X, et al. 2014. Chromosomal location and comparative genomics analysis of powdery mildew resistance gene *Pm*51 in a putative wheat—*Thinopyrum ponticum* introgression line [J]. Plos One, 9 (11): e113455.

Zhang J, Jiang Y, Wang Y, et al. 2018. Molecular markers and cytogenetics to characterize a wheat—*Dasypyrum villosum* 3V (3D) substitution line conferring resistance to stripe rust [J]. Plos One, 13 (8): e0202033.

Zhang J, Ma H H, Zhang J P, et al. 2018. Molecular cytogenetic characterization of an *Agropyron cristatum* 6PL chromosome segment conferring superior kernel traits in wheat [J]. Euphytica, 214 (11): 198.

Zhuang L F, Sun L, Li A X, et al. 2011. Identification and development of diagnostic markers for a powdery mildew resistance gene on chromosome 2R of chinese rye cultivar Jingzhouheimai [J]. Molecular Breeding, 27 (4): 455-465.

Zhang L R, Xu D Q, Yang W X, et al. 2004. A molecular marker of leaf rust resistance gene *Lr*37 in wheat [J]. Journal of Agricultural Biotechnology, 12 (1): 86-89.

Zhang N, Yang W X, Yan H F, et al. 2006. Molecular markers for leaf rust resistance gene *Lr*45 in wheat based on AFLP analysis [J]. Agricultural Sciences in China, 5: 938-943.

Zhang Q P, Li Q, Wang X E, et al. 2005. Development and characterization of a *Triticum aestivum* −*Haynaldia villosa* translocation line T4VS. 4DL conferring resistance to wheat spindle streak mosaic virus ［J］, Euphytica, 145：317−20.

Zhang R, Feng Y, Li H, et al. 2016. Cereal cyst nematode resistance gene *CreV* effective against *Heterodera filipjevi* transferred from chromosome 6VL of *Dasypyrum villosum* to bread wheat ［J］. Molecular Breeding, 36 (9)：122.

Zhang R Q, Fan Y L, Kong L N, et al. 2018. *Pm*62, an adult−plant powdery mildew resistance gene introgressed from *Dasypyrum villosum* chromosome arm 2VL into wheat ［J］. 131 (12)：2613−2620.

Zhang R Q, Sun B X, Chen J, et al. 2016. *Pm*55, a developmental−stage and tissue−specific powdery mildew resistance gene introgressed from *Dasypyrum villosum* into common wheat ［J］. Theoretical and Applied Genetics, 129：1975−1984.

Zhang R Q, Zhang M Y, Chen P D, et al. 2014. Introduction of chromosome segment carrying the seed storage protein genes from chromosome 1V of *Dasypyrum villosum* showed positive effect on bread−making quality of common wheat ［J］. Theoretical and Applied Genetics, 127 (3)：523−533.

Zhang Z, Song L Q, Han H M, et al. 2017. Physical localization of a locus from *Agropyron cristatum* conferring resistance to stripe rust in common wheat ［J］. International Journal of Molecular Sciences, 18 (11)：2403−2416.

Zhao C, Lv X, Li Y, *et al.* 2016. *Haynaldia villosa NAM−V*1 is linked with the powdery mildew resistance gene *Pm*21 and contributes to increasing grain protein content in wheat ［J］. BMC Genetics, 17 (1)：82.

Zhao J X, Du W L, Wu J, et al. 2013. Development and identification of a wheat—*Leymus mollis* multiple alien substitution line ［J］. Euphytica, 190 (1)：45−52.

Zhao R H, Wang H Y, Xiao J, et al. 2013. Induction of 4VS chromosome recombinants using the CS *ph1b* mutant and mapping of the wheat yellow mosaic virus resistance gene from *Haynaldia villosa* ［J］. Theoretical and Applied Genetics, 126：2921−2930.

Zhao W C, Gao X, Dong J, et al. 2015. Stripe rust resistance and dough quality of new wheat—*Dasypyrum villosum* translocation lines T1DL · 1V#3S and T1DS · 1V#3L and the location of HMW−GS genes ［J］. Genetics and

Molecular Research, 14 (3): 8077-8083.

Zhao W C, Qi L L, Zhang G S, et al. 2010. Development and characterization of two new *Triticum aestivum* - *Dasypyrumvillosum* Robertsonian translocation lines T1DS. 1V#3L and T1DL. 1V#3S and their effect on grain quality [J]. Euphytica, 175 (3): 343-350.

Zhu Y, Li Y, Fei F, et al. 2015. An E3 ubiquitin ligase gene *CMPG*1-*V* from *Haynaldia villosa* L. contributes to the powdery mildew resistance in common wheat [J]. Plant Journal, 84 (1): 154-168.

Zhu S Y, Ji Y Y, Ji J, et al. 2018. Fine physical bin mapping of the powdery mildew resistance gene *Pm*21 based on chromosomal structural variations in wheat [J]. International Journal of Molecular Sciences, 19 (2): 643.

第五章　小麦远缘物种染色质标记研究

小麦近缘物种遗传多样性丰富、具有许多可以改良小麦抗性、品质的优异基因，而通过远缘杂交将这些优异性状导入小麦中，是小麦改良的重要途径之一。在目的基因向小麦中转移的过程中，对被转移的基因及其外源染色体或者染色体片段进行追踪，可以提高选择的准确性，这样不但可以缩短育种周期还可以提高育种的效率。因而，对转移到小麦中的外源染色体、染色体的片段或者染色体所携带的外源基因进行准确的鉴定非常重要。随着理论的成熟和技术的发展，传统的鉴定手段已经被改良或者被替代，与此同时，也产生了许多精确的分子生物学的鉴定方法，加快了分子标记辅助外源基因导入小麦中的步伐，为外源遗传物质的有效利用开辟了新的领域。

随着理论的成熟和技术的发展，传统的鉴定手段已经被改良或者被替代，与此同时也产生了许多精确的分子生物学的鉴定方法，加快了分子标记辅助外源基因导入小麦中的步伐，为外源遗传物质的有效利用开辟了新的领域。目前，用于小麦背景中外源物质鉴定的方法主要有形态学标记（morphological marker）、细胞学标记（cytological marker）、原位杂交（in situ hybridization）、生物化学标记（biochemical marker）和分子标记（molecular marker）等。此外，综合应用分子和细胞技术的原位杂交技术也越来越受到小麦育种家的重视，并被广泛应用到小麦育种工作中（Chen et al., 1995）。

（一）形态学标记

形态学标记包括可被直接观测到的植物的茎、叶、穗子、籽粒等的色泽、形状或大小等。经典遗传学中孟德尔就是利用豌豆相对性状在形态学上的差异作为遗传标记来研究性状间的相互关系的。李振声等（1982）利用偃麦草 4E 染色体蓝色胚乳标记在小麦—长穗偃麦草杂交后代中选育出 4E 代换系，并将其用于蓝粒单体系的培育。

Miller 和 Reader（1987）根据对小麦—远缘杂交种质多年研究，将黑颖片性状基因定位在染色体第 1 同源群短臂上，将紫胚芽鞘和紫秆性状基因定位在染色体第 7 同源群短臂上，将红粒基因及穗轴易断基因定位在染色体第 3 同源群上，将小麦远缘物种染色体导入导致小麦矮化的基因定位在染色体第 1、第 3 和第5同源群长臂上，将导致小麦株高变高的基因定位在染色体第6同源群上，将导致小麦秆子变细的基因定位在染色体第2和第6同源群长臂上，将导致小麦秆子变粗的基因定位在染色体第5同源群长臂上，将导致小麦叶片变窄的基因定位在染色体第2同源群上，将导致小麦穗子变小的基因定位在染色体第1和第3同源群上，将导致小麦锥形穗基因定位在染色体第7同源群上，将导致小麦密穗、窄穗和宽棒状穗基因分别定位在染色体第3、第7同源群和第5同源群长臂上，将导致穗子顶部1/3小穗不育的基因定位在染色体第4同源群上，将圆颖片、窄颖片和硬颖片基因分别定位在染色体第6同源群长臂、第2同源群长臂和第2同源群上，将籽粒圆粒、长粒、皱粒、籽粒纹理粗糙、籽粒角质基因分别定位在染色体第6同源群长臂、第2同源群长臂、第7同源群、第5同源群长臂和第2同源群上，将短芒、植株直立、晚熟和感白粉病性状基因分别定位在染色体第2同源群长臂、第4同源群、第6同源群长臂和第5同源群长臂上。因此，可通过对小麦远缘杂交材料进行上述性状调查，确定导入小麦的外源染色体同源群归属。

任正隆（1991）通过对小麦—黑麦杂交后代的形态学性状观察，筛选鉴定出了小麦—黑麦小片段易位系。

Xin等（1991）利用中间偃麦草7Ai-1染色体上的抗大麦黄矮病基因与芽鞘颜色相关关系选育出抗大麦黄矮病的小麦—中间偃麦草易位系。

李淑梅等（2009）利用护颖颖脊刚毛性状来辨认含簇毛麦2V短臂的杂交后代。

形态学鉴定的方法被认为是最简便和最基础的方法。但形态学鉴定需要丰富的经验，并且很容易受各种主客观因素的影响，所以其应用受到了很大的限制。因此，形态学鉴定适用于对大量材料进行初步筛选。

（二）细胞学标记

细胞学鉴定是指在细胞水平上对外源物质进行分析的一种方法。细胞学鉴定分为两种：核型分析和带型分析。

核型分析主要是通过光学显微镜对染色体的大小、数目、形状、着丝点的位置、臂以及随体的有无进行分析，然后与标准核型对比鉴定外源染色体的情况。染色体核型分析是一种传统的方法，对于小片段易位系的检测很困难且准确性较低，另外小麦中只有含有随体的1B、6B以及5B染色体容易辨认，其他的染色体大多为中部着丝点染色体，很难通过简单的染色体核型分析准确鉴定外源染色体，因而，单靠染色体核型分析很难满足研究需求，需要综合其他方法来判定。

染色体带型分析是检测那些容易显带且其特征带纹清晰可辨的外源染色体的一种方法（姚启伦等，2004）。带型分析主要是依据染色体在酸、碱、盐、温度等因素的作用下，通过 Giemsa 等染料染色，在显微镜下可观察到的明暗相间的带纹，根据带纹的大小、位置和颜色深浅差异将染色体区分开。目前已经发展起来的分带技术包括 C 带、N 带、Q 带和 T 带等，但应用最广泛的当属 C 带。Gill 等（1974）首先利用建立的 C 带技术完成了小麦染色体带型鉴定。1982 年国际会议上，通过了黑麦染色体 C-带标准带型（赵燕莉等，2006）。Friebe 等（1987）利用 C 带技术对簇毛麦染色体进行了鉴定。由于小麦的 21 对染色体有其特定且相对稳定的带型，黑麦染色体也有自己特异的带型，所以，可依据带纹的位置区分不同的染色体。染色体分带技术提供了一种简便、直观、快速且经济的鉴定外源遗传物质的方法，它最大的优点是可以通过与标准带型比较鉴定出导入的外源染色体具体是哪一条。但这种技术也有其自身的缺陷：①染色体带型受实验条件的影响比较大，重复性差，不同实验的结果可比性比较差；②对较小的外源染色体片段或不显带的染色体很难做出准确的判断；③同一个材料的不同的品系之间存在较大的带型多态性，影响了鉴定结果的可靠性。由于这种技术的局限性的存在所以在染色体同源群鉴定时需要结合其他的鉴定方法如分子标记分析等才能获得更为准确的鉴定结果。

（三）原位杂交

原位杂交由 Gall 等和 John 等 2 个小组于 1969 年发明（邓辉南等，1996），是 DNA 序列定位的常规方法，也是检测染色体易位、重组的重要手段。原位杂交是利用碱基互补配对的原理，用经同位素或非同位素标记的已知 DNA 片段为探针，然后在染色体制片上进行分子杂交，检测特定 DNA 在染色体上分布的一种分子细胞学技术。原位杂交时染色体 DNA 和探针 DNA 被高温处理后，双链解开成单链，温度降低后，探针 DNA 与染色体 DNA 单链按照碱基互补配对原则重新形成氢键（王昌留等，2003）。原位杂交有生物素标记的原位杂交和地高辛标记的原位杂交等。

生物素标记的原位杂交是用同位素标记的外源核酸做探针与染色体上经过变性后的 DNA（RNA）杂交，形成的杂交分子用放射性自显影的方法显示它在染色体上的位置（吴刚等，1999）。目前，最常用的是携带酶促标记的抗体地高辛技术。由于它放射性标记的探针敏感性强，对于单拷贝 DNA 序列的检测非常有用，但因为它的实验周期长，乳胶层上的同位素只能产生有限的分辨率限制了它的应用。这种方法放大了杂交信号，这种信号不但不会消退，而且灵敏度高。

荧光原位杂交是用荧光标记的核酸做探针，杂交后用荧光分子偶联的单克隆抗体与探针结合，在荧光显微镜下检测荧光杂交结果。荧光原位杂交探针的标记方法有直接法和间接法两种。直接法是指将荧光物质直接标记在核酸上，杂交后直接检测。而间接标记法是先在 DNA 探针上接半抗原，镜检时用与半抗原特异结合的蛋白质进行检验（杨国华等，2002；Jiang et al.，2019）。荧光原位杂交常用的探针的类型有：①染色体特异性重复序列探针：这种探针靶序列一般大于 1Mb，它能与靶序列结合成高度浓缩的区域，所以容易检测。特别是最近基于合成寡核苷酸探针的荧光原位杂交技术，可以代替原来的重复序列探针的原位杂交，大幅度降低成本，提高检测效率，正在成为小麦及其近缘物种检测的重要手段（Tang et al.，2014；Lang et al.，2019）。②单拷贝序列探针：这种探针应用在基因组中单拷贝或者低拷贝的序列。③总基因组探针：高等物种的基因组含有很多的重复序列，这些重复序列可能具有物种特异性。④染色体文库探针：这种探针可应用于中期染色体重组及间期核结构分析。⑤RNA 探针：RNA 探针主要用于 RNA 的原位杂交中。它比 DNA 探针具有优越性，特别是有义链可作为非特异性杂交的背景对照，因此它的应用在 RNA 原位杂交中最广泛（陈绍荣和杨弘远，2000）。

基因组原位杂交（Genomic in situ hybridization，GISH）是 20 世纪 80 年代末发展起来的一种原位杂交技术。该方法能跟踪检查杂种的真实性，它能对外源染色体或片段计数，显示他们的大小、位点和形态，是一个快速、灵敏、准确的研究工具，在分子细胞遗传领域发挥着重要作用。它将供体总基因组 DNA 切割成合适的片段，标记后作为探针，用受体的总基因组 DNA 以适当的浓度做封阻，在靶染色体上进行原为杂交。封阻 DNA 优先与一般序列杂交，剩下的特异序列主要与标记探针杂交（余舜武等，2001）。GISH 技术具有一定的局限性，仅靠这一项技术，不能区分导入的具体是哪条染色体或染色体片段。

（四）生化标记

生化标记是基因表达产物即蛋白质标记的总称，分为同工酶和非酶蛋白两大类。其中同工酶包括淀粉酶、过氧化物酶等。同工酶是结构不同但功能相同的一类酶，是基因的直接产物，是基因表达的结果。经电泳染色；同一遗传材料可同时显示几条酶带，而不同的遗传材料显示不同的酶带。因此可利用同工酶作为鉴定的标准。

麦醇溶蛋白是由多基因家族编码决定的，不受栽培的环境条件的影响，因此麦醇溶蛋白组分的差异能够反映出基因组成上的不同（Marchylo 和 Laberge，1980；Zillman 和 Bushuk，1979）。聚丙烯酰胺凝胶电泳（A-PAGE）可作为一种鉴定麦类作物品种蛋白质的常规方法，在实践中得到了广泛的应用。大量试验证明，种子醇溶蛋白的聚丙烯酰胺凝胶电泳图谱可以作为麦类品种的生化"指纹"，因此可用于对小麦品种的鉴定，纯度的检验以及品质的研究中（Draper，1987）。1986 年国际种子检验协会颁布了用于小麦和大麦品种的酸性聚丙烯酰胺凝胶电泳标准程序（颜启传等，1989）。其优点是所需要的储备液种类少，凝胶聚合快且电泳时间短，这一程序近十年来被广泛的应用。含谷蛋白亚基 5+10 的小麦被公认为是高品质小麦，因此谷蛋白亚基 5+10 也就成为了高品质小麦选育的最优势亚基之一（刘悦，2006）。

Lane 等（1993）就以草酸氧化酶作为植物早期发育和抗逆反应的一个蛋白标记。非酶蛋白主要指包括醇溶蛋白和麦谷蛋白在内的储藏蛋白。醇溶蛋白和谷蛋白的亚基存在丰富的变异类型，不受环境的影响能稳定的遗传，因此在鉴定外源物质中得到了普遍应用。

（五）分子标记

分子标记有广义和狭义之分。广义的分子标记是指可遗传的并可检测的 DNA 序列或蛋白质。狭义分子标记是指能反映生物个体或种群间基因组中某种差异的特异性 DNA 片段。这里所指的是狭义分子标记。分子标记是以个体间遗传物质内核苷酸序列变异为基础的遗传标记，是 DNA 水平遗传多态性的直接的反映。分子标记大致可分为如下两类。

（1）以分子杂交为核心的分子标记技术，应用最广泛应是限制性片段长度多态性标记（Restriction fragment length polymorphism，简称 RFLP 标记）。RFLP 技术是依据不同物种或者材料间基因组 DNA 的限制性酶切位点不同，通过基因组 DNA 特定的限制性内切酶消化，产生大小不一的 DNA 片段，经电泳后转移到固定支撑上，再用特定放射性标记的 DNA 片段杂交检测多态性。RFLP 在鉴定小麦外源染色体同源群的有用性和可信度已被全世界科学家公认，但是它的缺点是倘若小麦外源染色体发生了重组，那么就需要筛选大量的探针以确定重组断点位置。并且 RFLP 耗时较长而且其探针标记具有放射性，这就需要科研人员花费大量的时间和精力以及面对放射性辐射。

（2）以聚合酶链式反应（Polymerase chain reaction，简称 PCR 反应）为核心的或以 PCR 结合序列测定结果为核心的分子标记技术，包括随机扩增多态性 DNA 标记（Random amplification polymorphism DNA，简称 RAPD 标记）、DNA 扩增指纹印迹（DNA amplification fingerprinting，简称 DAF）、简单序列重复标记（Simple sequence repeat，简称 SSR 标记）或简单序列长度多态性（Simple sequence length polymorphism，简称 SSLP 标记）、扩展片段长度多态性标记（Amplified fragment length polymorphism，简称 AFLP 标记）、序列标签位点（Sequence tagged sites，简称 STS 标记）、序列特征化扩增区域（Sequence charactered ampli-fied region，简称 SCAR 标记）、表达序列标签（Expressed sequences tags，简称 EST 标记）、随机引物 PCR（arbitrarily primed polymerase chain reaction，简称 AP-PCR）、基于 PCR 的特异基因标记（PCR-based landmark unique gene 简称 PLUG 标记）和保守同源位点（Conserved ortholog sets，简称 COS 标记）、单核苷酸多态性（Single nuleotide polymorphism，简称 SNP 标记）、切割扩增产物多态性序列（Cleaved amplified polymorphic sequence，简称 CAPS）、竞争性等位基因特异性 PCR（Kompetitive Allele-Specific PCR，简称 KASP）标记等。与形态学标记、生物化学标记、细胞学标记相比，DNA 分子标记因为具有检测手段简单、迅速，大多数为共显性等优点，被广泛应用于辅助遗传育种（Zhang et al.，2005）、物种亲缘关系鉴别（Ohta 和 Morishita，2001）、基因定位与克隆（Fu et al.，2009）等方面。

RAPD 是依据聚合酶链式反应，用不同核苷酸序列的随机引物（一般为 10 个碱基）对基因组 DNA 进行扩增，对扩增产物进行电泳，检测多态性，是一种分离重复序列的有效手段，已成功地应用于基因定位、遗传多样性检测、品系鉴定及系统学研究等诸多领域。

DNA 扩增指纹印迹是一种改进的 RAPD 分析技术，与 RAPD 技术不同的是，DNA 扩增指纹印迹分析中所使用的引物浓度更高，长度更短（一般为 5~8bp），因此它所提供的谱带信息比 RAPD 大得多，如当使用 5 个核苷酸的引物时，引物和模板的组合大约可扩增出 10~100 个 DNA 片段。PCR 扩增产物是在凝胶上进行分离，通过银染即可产生非常复杂带型。

SSR 是以 1~6 个碱基为基本单元的串联重复序列。它们普遍存在于多数真核生物的编码区和非编码区，并且重复数具有高频率的变异。利用这些专化位点的多态性，通过设计特异引物进行 PCR，由于不同物种或者材料具有的重复单元的多少不一，而存在多态性，通过 PCR 产物电泳检测多态性。

AFLP 是基于 PCR 技术扩增基因组 DNA 限制性片段，基因组 DNA 先用限制性内切酶切割，然后将双链接头连接到 DNA 片段的末端，接头序列和相邻的限制性位点序列，作为引物结合位点。限制性片段用两种酶切割产生，一种是罕见切割酶，另一种是常用切割酶。它结合了 RFLP 和 PCR 技术特点，具有 RFLP 技术的可靠性和 PCR 技术的高效性。由于 AFLP 扩增可使某一品种出现特定的 DNA 谱带，而在另一品种中可能无此谱带产生，因此，这种通过引物诱导及 DNA 扩增后得到的 DNA 多态性可作为一种分子标记。

SCAR 标记通常是由 RAPD、SRAP 和 SSR 标记转化而来。SCAR 标记是将特异标记片断从凝胶上回收并进行克隆和测序，根据其碱基序列设计一对特异引物；也可对 RAPD 标记末端进行测序，在原 RAPD 所用 10 碱基引物的末端增加 14 个左右的碱基，成为与原 RAPD 片段末端互补的特异引物。SCAR 标记一般表现为扩增片断的有无，是一种显性标记，当扩增区域内部发生少数碱基的插入、缺失、重复等变异时，表现为共显性遗传的特点。若待检 DNA 间的差异表现为扩增片段的有无，则可直接在 PCR 反应管中加入溴化乙锭，通过在紫外灯下观察有无荧光来判断有无扩增产物，检测 DNA 间的差异，从而省去电泳的步骤，使检测变得更方便、快捷，可用于快速检测大量个体。相对于 RAPD 标记，SCAR 标记所用引物较长且引物序列与模板 DNA 完全互补，可在严谨条件下进行扩增，因此结果稳定性好、可重复性强。

随机引物 PCR 是指在对模板顺序一无所知的情况下，通过随意设计或选择一个非特异性引物，在 PCR 反应体系中，首先在不严格条件下使引物与模板 DNA 中许多序列通过错配而复性。在理论上，并不一定要求整个引物都与模板复性，而只要引物的一部分特别是 3' 端有 3~4 个以上碱基与模板互补复性，既可使引物延伸。

STS 是依据单拷贝的 DNA 片段两端的序列，设计出一对特异引物，对基因组 DNA 进行扩增而产生的一段长度为几百 bp 的特异序列。STS 是基于 EST 产生的，如果 EST 来自单拷贝的 DNA，而不是基因家族的成员，就可以被用作 STS 标记。

PLUG 标记是一种 EST-PCR 标记，它是有 2 个或 3 个小麦的外显子设计成的。由于小麦簇和水稻基因组之间的共线性，它们具有相同的 EST 但其内含子存在多态性。以这种标记设计引物，PCR 扩增后，经过电泳检测多态性。

CAPS 技术实质上是 PCR 技术与 RFLP 技术结合的一种方法。CAPS 的基本原理是利用已知位点的 DNA 序列资源设计出一套特异性的 PCR 引物（19~27bp），然后用这些引物扩增该位点上的某一 DNA 片段，接着用一种专一性的限制性内切酶切割所得扩增产物，凝胶电泳分离酶切片段，染色并进行 RFLP 分析。CAPS 标记揭示的是特异 PCR 片段的限制性长度变异的信息。CAPS 是一类共显性分子标记，其优点是避免了 RFLP 分析中膜转印这一步骤，又能保持 RFLP 分析的精确度。另外由于很多限制性内切酶均可与扩增 DNA 酶切，所以检测到多态性机会较大。

KASP 技术不需要针对每个 SNP 位点都去合成特异的荧光引物，它基于自己独特的 ARM PCR 原理，让所有的位点检测最终都使用通用荧光引物扩增，这大大降低了 KASP 的试剂成本，既准确又降低了使用成本，比 Taqman 还具有更好的位点适应性。KASP 技术可在广泛的基因组 DNA 样品中，对 SNPs 和特定位点上的 InDels 进行精准的双等位基因判定。KASP 可应用于 QTL 精细定位、种子质量控制、大样本量的分子标记验证、分子辅助育种、种子资源鉴定等工作，可以在短时间内准确判断分子标记类型。

对于分子标记的使用要根据实验目的、实验条件选择能稳定遗传且多态性好的标记。作为亲本的遗传材料应考虑这两个亲本间的 DNA 序列的多态性，亲本纯度以及杂交后代等因素。

第一节　山羊草属物种染色质标记

（一）尾状山羊草染色体分子标记

Friebe 等（1992）对来自土耳其、希腊和前苏联的 19 个不同的尾状山羊草（基因组 CC）进行分析，建立了尾状山羊草的标准 C 带核型，该核型显示，所有的 C 基因组染色体都有染色体特异性的 C 带，虽然不同尾状山羊草间 C 带差异较小，但仍存在大量的多态性，这使得对 7 对染色体的识别成为可能。利用建立的标准核型对小麦—尾状山羊草双二倍体体以及六个附加系进行分析，结果显示，该双二倍体种含有 7 对尾状山羊草染色体，小麦—尾状山羊草附加系 Ⅰ、Ⅱ、Ⅲ、Ⅳ、Ⅴ、Ⅷ中分别携带一对尾状山羊草 B、C、D、F、E 和 G 染色体（B-G 表示同源群暂未确定）。该标准 C 带核型的建立为小麦背景中尾状山羊草的识别提供了有效途径。

尾状山羊草染色体上含有抗白粉病、叶锈病和条锈病基因，籽粒粗蛋白和赖氨酸含量高，是小麦遗传改良的优异基因源，这些重要的性状基因分布在尾状山羊草不同染色体上。Peil 等（1997）利用 RAPD 技术对小麦、小麦—尾状山羊草附加系进行分析，获得了分布尾状山羊草 B、C、D、E、F、G 染色体上的特异 RAPD 片段 3 个、3 个、3 个、2 个、1 个和 7 个。与上述附加系相比，仅有 2 个 RAPD 引物能鉴定具有不同小麦遗传背景的小麦—尾状山羊草 5C（5A）和 5C（5D）代换系。在尾状山羊草染色体 F 中扩增出的特异性片段能都在尾状山羊草所有染色体中出现，但是在染色体 F 删除附加系（部分 F 染色体区段丢失）中扩增不出该片段，说明该标记位于 F 染色体缺失染色体区段上。

Peil 等（1998）利用 88 对小麦微卫星引物对小麦、尾状山羊草、小麦—尾状山羊草 B-G 附加系进行分析，结果发现，其中的 20 对引物能够用于识别出小麦背景中的尾状山羊草染色体。建立的微卫星标记中的 6 个、3 个、3 个、1 个和 6 个可以作为单染色体标记用于分别检测尾状山羊草 B、C、D、F 和 G 染色体。虽然小麦—尾状山羊草染色体 A 附加系还未被分离到，但是利用尾状山羊草、小麦—尾状山羊草双二倍体和小麦对照等为材料，建立了尾状山羊草 A 染色体特异标记 3 个。建立的 20 个微卫星标记中未发现能用于检测尾状山羊草 E 染色体的标记。

孔秀英等（1999）以野生一粒小麦、乌拉尔图小麦、野生二粒小麦、普通小麦、顶芒山羊草、尾状山羊草、希尔斯山羊草、大麦、滨麦、披碱草等为研究材料，利用 RFLP、Southern blot 和 FISH 等方法从尾状山羊草基因组克隆了其基因组特异重复序列 pAeca 212，发现该序列序列长 204 bp，GC 含量为 51%，分布在 C 染色体组除着丝点和次缢痕外的所有位置。在供试的禾本科植物中，除黑麦外，pAeca 212 与其他基因组几乎无杂交信号，是研究小麦族起源与进化及 C 染色质检测的一个有效的分子标记。

徐国辉（2011）用 40 条 10 碱基随机引物对普通小麦中国春、中国春—杀配子染色体 2C 二体附加系以及柱穗山羊草进行 RAPD 分析，筛选到 2C 染色体特异引物 OPF03。从中国春—杀配子染色体 2C 二体附加系中克隆了该 DNA 片段，长度为 1496bp。根据 OPF03$_{1496}$ 的序列设计 SCAR 引物 2C-F586 和 2C-R586，对普通小麦中国春、中国春—杀配子染色体 2C 二体附加系、柱穗山羊草、二倍体长穗偃麦草、中国春—长穗偃麦草 7E 二体附加系等材料进行了 SCAR 分析，结果发现，该相应标记仅在中国春—杀配子染色体 2C 二体附加系和柱穗山羊草中有扩增，因此，该 SCAR 标记可以作为 2C 染色体特异标记用于快速跟踪检测小麦背景中的 2C 染色质。

Gong 等（2017）以小麦和小麦—尾状山羊草附加系等为材料，筛选 EST-STS、COS 和 PLUG 引物，获得尾状山羊草染色体特异标记 55 个。基于分子标记结果分析发现，尾状山羊草 B-G 染色体均有染色体重组现象，尾状山羊草染色体同源群归属推断 C-F 染色体应是 5C、6C、7C 和 3C 染色体。

（二）高大山羊草染色体分子标记

王正询等（1992）建立了高大山羊草（*Aegilops longissima*）的 C-带，对中国春—高大山羊草双端体异附加系、双端体异代换系、2 个二体异代换系和易位系进行了鉴定，结果表明该方法可以作为高大山羊草特异细胞遗传学标记对小麦背景中高大山羊草进行有效检测。

Cenci 等（1999）利用 RFLP、RAPD、STS 和 DDRT-PCR 技术对小麦、含抗白粉病基因 *Pm*13 的小麦—高大山羊草易位系进行分析，结果发现，8 个 RFLP 克隆和 1 个 STS 标记可以用于检测到高大山羊草 3S^l 染色体特异片段及小麦—高大山羊草外源染色体易位断裂点位置。此外，还获得高大山羊草 3S^{l}S 特异 RAPD 片段和 DDRT-PCR 片段，进而将这些片段转化成 RFLP 标记和 STS 标记，用于 *Pm*13 标记在辅助选择育种中的应用。

刘旭等（2000）利用 132 条随机引物对高大山羊草及对照进行分析，获得了高大山羊草基因组 RAPD 片段并对其进行克隆，建立了可以用于检测小麦背景中高大山羊草染色体的 RAPD 标记 7 个。

刘晓明等（2016）建立了高大山羊草 1S^l 染色体特异分子标记 9 个，其中染色体短臂标记 2 个，长臂标记 6 个，同时定位于长臂和短臂的标记 1 个。建立的分子标记对杂交群体可以对分离群体进行有效筛选与鉴定。

（三）希尔斯山羊草染色体分子标记

Sun 等（2006）对希尔斯山羊草高分子量谷蛋白进行分析时发现，其高分子量谷蛋白亚基与小麦 Glu-1 相似，也存在 x 和 y 基因，在希尔斯山羊草 IG49077 中还发现了含额外半胱氨酸残基的新型 y 亚基，并且该亚基存在希尔斯山羊草 1S^s 染色体上，因此，可以作为检测小麦背景中 1S^s 染色体的生化标记。

Garg 等（2009）对 177 份小麦—远缘物种附加系进行蛋白含量和面包加工品质指标进行测定时发现，希尔斯山羊草 1S^s 染色体导入小麦可显著提高小麦籽粒蛋白含量、SDS 沉降值和面筋强度等指标，对中国春—希尔斯山羊草 1S^s-7S^s 附加系进行分析发现，希尔斯山羊草 1S^s 染色体上含有新型高分子量谷蛋白亚基，并对希尔斯山羊草 1S^s 染色体上的高分子量谷蛋白亚基基因进行了克隆并建立了分子标记。

Liu 等（2011）以中国春、希尔斯山羊草、中国春—希尔斯山羊草 3S^s 附加系及端体系为材料，筛选小麦 EST-STS 引物，获得了希尔斯山羊草 3S^s 染色体特异标记 20 个，用这批标记鉴定了涉及希尔斯山羊草 3S^s 染色体的整臂易位系，结合抗病性鉴定将抗秆锈病基因定位在 3S^{s}S 染色体上。

Gong 等（2016）以小麦中国春、绵阳 11、绵阳 15、希尔斯山羊草、小麦—希尔斯山羊草 1S^s-7S^s 附加系、小麦—希尔斯山羊草染色体端体系为材料，筛选 EST-STS、EST-SSR、COS、PLUG 和 SSR 引物，建立了希尔斯山羊草 1S^{s}S、1S^{s}L、2S^{s}S 和 2S^{s}L 染色体臂特异标记各 1 个、4 个、2 个和 10 个，并对相应杂交后代群体材料进行了扩增验证，为小麦背景中希尔斯山羊草染色体的检测提供了方法。

Liu 等（2017）以中国春、希尔斯山羊草、中国春—希尔斯山羊草 2S^s 附加系及端体系为材料，筛选小麦 EST-STS 引物，获得了希尔斯山羊草 2S^s 染色体特异标记 4 个（长臂和短臂各 2 个），用这些标记鉴定了涉及希尔斯山羊草 2S^s 染色体小片段易位系，结合抗病性鉴定将抗白粉病基因 Pm57 定位在 2S^{s}L 染色体上。

（四）偏凸山羊草染色体分子标记

*Yr*17 是从偏凸山羊草导入小麦 2A 染色体且广泛存在于许多欧洲小麦品种中的一个基因，对小麦条锈病具有良好抗性，该基因与叶锈病抗性基因 *Lr*37 和秆锈病抗性基因 *Sr*38 紧密连锁形成一个基因簇。为了开发该基因组分子标记，Robert 等（1999）用 RAPD 引物对 Thatcher、含 *Lr*37 的 Thatcher 的近等基因系 RL6081 进行筛选，并利用 VPM1/Thesee 杂交的 F_2 分离群体后代记性验证，结果发现，RAPD 标记 OP-Y15$_{580}$ 与 *Yr*17 基因连锁。为了方便利用，将 RAPD 标记 OP-Y15$_{580}$ 转化为 SCAR 标记。

Vrga1D 是来自偏凸山羊草的具有核苷酸结合位点且亮氨酸富集的抗病基因序列超家族的基因序列，该基因家族与小麦抗锈病基因 *Yr*17、*Lr*37 和 *Sr*38 存在于偏凸山羊草 2N'S 染色体并易位到了小麦染色体 2AS 上。Seah 等（2001）对来自不同国家的小麦基因型进行检测，结果表明，小麦抗锈病基因 *Yr*17、*Lr*37 和 *Sr*38 的导入，往往导致 Vrga1 基因家族成员或其相关基因的丢失。根据偏凸山羊草的 Vrga1 基因成员 3' 端未翻译区序列设计引物，建立了检测小麦背景中抗锈病基因 *Yr*17、*Lr*37 和 *Sr*38 的 PCR 检测方法，为小麦育种中的标记辅助选择奠定了基础。

Hard 等（2003）利用 13 个限制性片段长度多态性（RFLP）标记对含抗叶锈病基因 *Lr*37、抗秆锈病基因 *Sr*38 和抗条锈病基因 *Yr*17 的小麦—偏凸山羊草 2NS/2AS 易位系进行鉴定发现，2NS 易位片段大约替换了 2A 染色体短臂的一半（距离染色体末端约 25~38cM）。为了促进该易位系向小麦转移，以 RFLP 标记 cMWG682 为基础，克隆过了该标记在小麦 A、B、D 和偏凸山羊草 N 染色体组中的对应序列，通过序列比对设计 N 染色体组特异引物，开发出了 2NS 的特异 PCR 检测方法。此外，还开发了 TaqMan 检测方法作为高校检测大规模分离群体中的 2NS/2AS 易位系。

徐如宏等（2016）对偏凸山羊草与普通小麦杂种后代抗白粉病种质 BC5-2 及其亲本材料进行 RAPD 鉴定，结果发现，100 个随机引物中有 2 个引物能在 BC5-2 中扩增出偏凸山羊草的特异 DNA 带，记为 S2011550 和 S20031000，可以用于检测小麦背景中的偏凸山羊草染色质。

（五）单芒山羊草染色体分子标记

Iqbal 等（2000）RFLP 方法分析小麦和小麦—单芒山羊草附加系和易位系，从中鉴定除了 1N、3N、4N、5N、7N 染色体以及 2N 染色体长臂和短臂的一部分。其中，染色体 3N 染色体是不对称倒位染色体，该易位是染色体 3B 和 3N 长臂在着丝粒处融合的产物。建立的 RAPD 标记和微卫星标记可用于单芒山羊草染色体的鉴定。单倍体染色体在这组加成系中可用。除此之外，Iqbal 等（2000）还以重复 DNA 序列 pAs1、pSc119.2 和 pTa71 为探针，建立了一种结合探针预退火和封阻 DNA 预杂交为步骤的新型基因组原位杂交方法，可用于鉴定小麦背景中的单芒山羊草染色体。

Gong 等（2014）以小麦、单芒山羊草、偏凸山羊草、三芒山羊草、小麦—单芒山羊草双二倍体和附加系等为材料，建立了单芒山羊草标准 C 分带；筛选 EST-STS、PLUG 和 COS 引物等，建立了单芒山羊草染色体特异标记 42 个；用寡聚核苷酸探针（GAA）$_8$ 对上述材料进行分析建立了单芒山羊草标准 FISH 核型；上述分子和细胞遗传学标记均可用于小麦背景中单芒山羊草染色体的鉴定。

宫文萍等（2017）用寡聚核苷酸 Oligo-pSc119.2-1 和 Oligo-pTa-535-1 为探针的双色 FISH 和以（GAA）$_8$ 为探针的单色 FISH 分别对小麦—单芒山羊草双二倍体、中国春—单芒山羊草附加系进行分析，建立了可以同时鉴定小麦和单芒山羊草全部染色体的 FISH 标准核型，为小麦背景中单芒山羊草染色体的鉴定提供了研究方法。

（六）其他山羊草染色体分子标记

Schachermayr 等（1994）利用随机扩增的多态性 DNA 引物和限制性片段长度多态性标记从分子水平上分析了叶锈病抗性基因 *Lr*9（来自小伞山羊草）的近等基因系多态性，结果发现，在 395 个 RAPD 引物中，有 3 个在 *Lr*9 近等基因系之间呈多态性。对获得的多态性 RAPD 带进行克隆和测序，并设计合成特异引物对抗叶锈近等基因系、抗叶锈近等基因系/Oberkulmer 杂交 F$_2$ 进行扩增验证，建立了可以用于检测该基因的 STS 标记。此外，还建立了与 *Lr*9 连锁的 RFLP 标记 cMWG684 和 PSR546。所获 3 个标记均可以在独立选育的品系和品种中检测到 *Lr*9 基因，因而在小麦育种中具有普遍适用性。

翁跃进等（1997）利用 29 个小麦探针和 6 种限制性内切酶对顶芒山羊草 M 染色体组进行 RFLP 分析，获得 RFLP 分子标记 55 个，其中 15 个标记为小麦与顶芒山羊草共有，40 个标记为顶芒山羊草特异标记。Liu 等（2018）利用 PLUG 引物对小麦、小麦—顶芒山羊草双二倍体进行筛选，用获得多态性的引物对小麦—顶芒山羊草附加系等进行扩增，将特异 PLUG 片段定位在顶芒山羊草染色上，获得 M 染色体特异标记 47 个。

Naik 等（1998）利用随机引物对 8 个小麦品种背景下 *Lr*28 近等基因系进行 RAPD 分析，结果发现，随机检测的 80 条引物中，有一个 RAPD 引物可以将抗病 *Lr*28 近等基因系和抗病供体亲本与感病亲本区分开来，对扩增出的序列进行克隆和测序，将其转化成了特异性 STS 标记并对抗感 F_3 家族的分离群体进行了分析验证。

Seyfarth 等（1999）利用 80 个 RFLP 探针对来自抗叶锈病小麦 Thatcher $Lr35$ 和感叶锈病品种 Frisal 的 96 株杂交 F_2 分离群体进行分析，结果发现，80 个 RFLP 探针中的 51 个探针可以检测到杂交亲本之间的多态性，其中 3 个与来自拟斯卑尔脱山羊草的抗叶锈基因 $Lr35$ 相关联。为了更便捷地利用这些标记，Seyfarth 等（1999）将共分离探针 BCD260 转化为了基于 PCR 的 STS 标记。

叶锈病抗性基因 $Lr47$ 来自拟斯卑尔脱山羊草，对多种叶锈病菌株具有广谱抗性。为促进 $Lr47$ 向商品品种的转化，Helguera 等（2000）根据大麦克隆 ABC465 与 I 型小麦蔗糖合成酶基因同源的信息设计序列间保守区域引物，利用这些保守引物对拟斯卑尔脱山羊草和小麦进行扩增，对扩增出的序列进行克隆和测序，然后利用该序列信息识别拟斯卑尔脱山羊草序列，进而再设计特异性引物，对 4 个回交群体进行分析证实，将与该基因完全连锁的限制性片段长度多态性位点标记转化为基于 PCR 的 CAPS 分子标记，为将该基因应用于标记辅助育种工作奠定了基础。

Vanzetti 等（2006）利用定位在小麦 7AS 染色体上微卫星引物对含来自拟斯卑尔脱山羊草抗叶锈基因 $Lr47$ 的品种/育种株系以及不含 $Lr47$ 的品种/育种株系进行扩增分析，结果发现，微卫星 gwm60 是唯一与 $Lr47$ 完全共分离的分子标记，为 $Lr47$ 向小麦种质资源中导入提供了一个有价值的标记。

Mago 等（2013）利用 $ph1b$ 缺失突变体诱导获得的小麦—拟斯卑尔脱山羊草染色体重组体 2D-2S#1 易位系 C82.2 携带对秆锈菌生理小种 Ug99 具有抗性的抗秆锈病基因 $Sr32$。抗病性鉴定发现，被 $ph1b$ 缺失突变体诱导前的易位系短臂染色体上含 $Sr32$，长臂上含抗秆锈病基因 $SrAes1t$。对这些材料进行分子分析，建立了能够检测小麦中 $Sr32$ 和 $SrAes1t$ 的分子标记，为分子标记辅助育种奠定了基础。

吴红坡等（2012）选取均匀分布于小麦各条染色体的 400 对小麦 SSR 引物对中国春、卵穗山羊草和陕优 225 以及小麦—卵穗山羊草衍生后代进行筛选，获得卵穗山羊草特异 SSR 标记 10 个。对 3 个亲本材料和 19 株小麦—卵穗山羊草衍生后代进行成株期白粉病抗性鉴定，结果显示，这 19 株衍生后代中有 3 株衍生后代的白粉病抗性完全遗传自卵穗山羊草，上述 SSR 标记的建立为小麦分子育种提供了检测方法。

Zhao 等（2016）利用 pSc119.2、pTa71 和 pTa-713 为探针，建立的易变山羊草 FISH 核型。利用 SSR 引物对小麦—易变山羊草（2S^v + 4S^v）附加系、2S^v（2B）和 2S^v（2D）代换系以及小麦对照等材料进行扩增分析，发现引物

gwm148 可以在含 2S^v 的材料中扩增出特异片段，因此，可以作为分子标记用于检测小麦背景中的 2S^v 染色质。

董磊等（2017）以荧光标记的寡核苷酸 Oligo-pTa535 和 Oligo-pSc119.2 为探针对不同拟斯卑尔脱山羊草、四倍体小麦和普通小麦进行荧光原位杂交分析，建立了拟斯卑尔脱山羊草的 FISH 核型，分析并明确不同来源拟斯卑尔脱山羊草的 FISH 核型特点，比较不同拟斯卑尔脱山羊草及其与普通小麦的 FISH 核型差异，结果发现，拟斯卑尔脱山羊草染色体上含有丰富的与 pSc119.2 高度同源的重复序列，不含有与 pTa535 高度同源的重复序列。不同来源的拟斯卑尔脱山羊草之间在 pSc119.2 的分布上具有遗传多样性，认为该双色 FISH 可以准确区分拟斯卑尔脱山羊草的不同染色体，并能将拟斯卑尔脱山羊草与小麦的染色体区分开来，可以作为检测小麦背景中拟斯卑尔脱山羊草的细胞遗传学标记。

Przewieslik-Allen 等（2019）利用来自多个小麦重测序且经过 Axiom HD 小麦基因芯片验证过的 819 571 个 SNP 对山羊草属物种 DNA 进行分析，结果发现，其中 94% 的 SNP 可在山羊草属物种中检测到。用这些 SNP 小麦—沙融山羊草染色体系、小麦—拟斯卑尔脱山羊草染色体系进行分析，建立了包含 22 258 个 SNP 的图谱，为小麦背景中山羊草染色质的鉴定提供了高通量鉴定平台。

第二节 黑麦属物种染色质标记

Narayana 等（1982）利用位于黑麦 C 染色体（同源群为鉴定）短壁上的醇脱氢酶（ADH）和长臂上的 6-磷酸葡萄糖酸脱氢酶（6-PGD）两种酶标记物对黑麦 C 染色体与中国春小麦 4A 染色体的单体和和双体代换系进行鉴定，认为 ADH 和 6-PGD 可以作为检测黑麦 C 染色体的生物化学标记。

张文俊和 Snape（1995）以普通小麦 6R/6D 代换系和小麦对照为材料，开发了黑麦 6R 染色体上抗白粉病基因分子标记 Psr687，对抗白粉病的小麦—黑麦 6R 染色体小片段易位系的创制与鉴定以及分子标记辅助育种具有十分重要的意义。

Francis 等（1995）采用混合分组分析法，获得了 1BL·1RS 黑麦染色体臂 RAPD 标记。序列分析发现，该标记扩增序列与小麦和大麦具有较低的同源性。遗传分析表明，扩增序列存在于每条黑麦染色体上，为小麦背景中黑麦染色质的快速检测提供了有用的工具。

Koebner（1995）开发了黑麦寡核苷酸引物，并用这些引物对小麦和黑麦等材料进行扩增分析，结果发现这些引物可以扩增出不同黑麦染色体或染色体片段的特异 DNA 片段，为小麦背景中黑麦染色质检测提供了检测手段。

Froidmont（1998）开发了 2 对特异引物，对黑麦染色体臂 1RS 和小麦染色体臂 1BS 进行多重 PCR 扩增，结果发现，该多重 PCR 可用于冬小麦育种系中杂合或纯合 1BL/1RS 易位的快速检测。

魏育明和周荣华（1999）利用 A-PAGE 和 RFLP 技术对导入黑麦多小穗等性状创制的小麦新种质 10-A 进行检测，结果发现，10-A 与其他 1RS/1BL 易位系一样，含有 1RS 的醇溶蛋白标记位点 Gld1B3。用 25 个 RFLP 探针对其进行 Southern 分析，发现 10-A 含有黑麦 1RS 的特异限制性片段，而小麦 1BS 特异限制性片段丢失，因而，多小穗小麦新种质 10-A 属于 1RS/1BL 易位系，所用 A-PAGE 和 RFLP 可作为检测小麦中的生化和分子标记。

王二明等（1999）根据黑麦与小麦 rRNA 基因间隔区序列差异合成了黑麦特异引物 NORR1。运用该引物对不同植物材料进行 PCR 扩增，结果发现，含有黑麦 1R 染色体的植物材料均扩增出黑麦的特异带，但含有其他黑麦染色体的小麦种质、普通小麦品种及其近缘物种长穗偃麦草、簇毛麦及大麦皆没有扩增产物。为小麦遗传背景中黑麦 1R 染色体鉴别提供了可靠的分子标记。

Brunell 等（1999）用 489 条随机扩增多态性 DNA（RAPDs）引物对纯合的小麦—黑麦（2RS·2BL 和 2BS·2RL）整臂易位系进行扩增，获得 65 个清晰且可重复的 RAPD 多态性片段。为了将获得的多态性定位到 2R 染色体长臂或短臂上，通过染色体着丝粒错分离将易位臂分离，并筛选具有所需染色体结构的后代。结果将 17 个标记定位到黑麦染色体臂 2RS 上，将 15 标记定位到黑麦 2RL 上，这些标记对小麦—黑麦染色体易位断点的鉴定具有重要意义。

Yong 等（2001）用 64 对引物对小麦—黑麦 2BS/2RL 易位系及小麦对照进行 AFLP 分析，结果发现，9 个引物组合共计可在含 2RL 的材料中获得 12 个可重复的多态性片段。对这 12 片段进行克隆并测序以期将其转化成 STS 标记。12 个 STS 引物组中有 2 个 STS 引物（SJ07 和 SJ09）能够检测携带 2RL 的 Coker 797 及其近等基因系间的多态性。用 SJ07 和 SJ09 对含 2RL 和不含 2RL 的材料进行扩增分析发现，SJ07 可以作为检测小麦中 2RL 的诊断性标记。

Ko 等（2002）利用随机扩增多态性 DNA（RAPD）引物对黑麦、小麦等材料进行扩增，结果发现引物 C10 和 H20 均可以在黑麦、六倍体黑麦、小麦—黑麦附加系和小麦—黑麦 1RS·1BL 易位系等材料中扩增出黑麦特异 DNA 片段，将这两个片段分别记为 pSc10C 和 pSc20H，序列克隆测序发现其长度分别为 1012 bp 和 1494 bp。序列分析表明，pSc10C 和 pSc20H 均与逆转录转座子有关，广泛存在于植物基因组中。利用荧光原位杂交对两者在染色体上的位置进行研究发现，探针 pSc10C 主要与黑麦染色体的近着丝粒区，而探针 pSc20H 分布在除端粒区和核仁组织区外的黑麦染色体上。这两个标记对小麦—黑麦易位系的选择跟踪，以及涉及黑麦染色体近端和远端的易位断点鉴定都有利用价值。

González C 等（2002）用 140 条 RAPD 引物对小麦中国春、帝国黑麦、小麦—黑麦双二倍体和小麦—黑麦 1R-7R 附加系基因组 DNA 进行扩增，获得了黑麦染色体 RAPD 标记 46 个，其中，1R、2R、3R、4R、5R、6R 和 7R 染色体特异标记分别为 5 个、8 个、11 个、8 个、8 个、10 个和 6 个。小麦—黑麦 1R~7R 附加系仅用 OPA16、OPF19 和 GEN3-605 即可将其区分开，可以作为检测小麦中黑麦染色质的有效方法。

Katto 等（2004）根据黑麦重复序列设计了三对 PCR 引物对供试材料进行扩增，结果发现，其中一对引物能在黑麦品种中扩增出一个清晰约 1.4kb 的片段，但在二倍体、四倍体或六倍体小麦中扩增不出该片段。进而利用这对引物对不同野生黑麦、携带不同黑麦染色体的植株、携带不同长度的黑麦 1R 染色体片段的植株、携带黑麦 B 染色体的植株进行 PCR 扩增，结果发现，所有被检测植株均能扩增出这条 1.4kb 的片段，因此，该 PCR 引物可作为小麦基因组中黑麦染色体片段检测的通用 PCR 标记。

万雪秋等（2005）根据覆盖黑麦染色体的全部区域重复序列（AF305943）设计合成了一对新型 PCR 引物，对小麦族遗传资源与小麦染色体工程新材料进行 PCR 检测，结果发现，该引物可以在黑麦属野生种森林黑麦和非洲黑麦、六倍体小黑麦、小麦—帝国黑麦染色体附加系和小麦—黑麦 1RS/1BL 易位系中扩增出约 1 400bp 的特异带，而小麦扩增不出该特异带，因此，该 PCR 标记对黑麦属物种染色体具有广泛适用性。因此，该黑麦染色体组特异 PCR 标记 20H 的建立，对于检测渗入小麦基因中的各类黑麦染色体片段是非常有用的，可以广泛应用于育种工作中。

周建平等（2005）用随机扩增多态性 DNA（RAPD）引物对黑麦、小麦及其他麦类植物材料进行扩增分析，发现引物 OPH20 在所有黑麦中扩增出两条特异带。将这两条带 DNA 回收克隆测序，得到两序列的长度分别为 1495bp 和 1147bp，分别命名为 pSc20H.1 和 pSc20H.2。荧光原位杂交结果发现，pSc20H.1 分布黑麦所有染色体的除端部和核仁组织区域的所有部位，pSc20H.2 分布在黑麦所有染色体上。因而，pSc20H.2 是黑麦新的特异 DNA 序列，可用于检测小麦背景中的黑麦染色体成分。

王春梅等（2007）根据已定位于普通小麦第一部分同源群的 EST 序列设计 104 对 STS 引物，对中国春和黑麦进行多态性分析，进而利用普通小麦—黑麦 1R-7R 二体异附加系对获得多态性片段进行染色体定位，结果共筛选出黑麦 1R 染色体特异标记 5 个，分别是 CINAU 19-500、CINAU20-950、CINAU21-1500、CINAU22-310 和 CINAU23-2000，为快速检测和追踪导入普通小麦背景中的黑麦 1R 染色体或染色体片段提供了检测手段。

张怀渝和任正隆（2007）以中国春、小麦 My8443、威岭黑麦 No. 147 等为材料，筛选黑麦 SSR 引物，建立了黑麦染色体特异的 SCM9-1RS、SCM43-2R、SCM102-3RS 和 SCM5-3RL 等 SSR 标记 11 个，并从威岭黑麦与 My8443 远缘杂交的 BC_2F_6 后代中鉴定出一个新的小麦—黑麦易位系。

曾雪等（2008）以非洲黑麦、小麦—非洲黑麦双二倍体、安岳排灯麦等为材料筛选 100 条 ISSR 引物，结果发现，引物 UBC815 可在非洲黑麦、瓦维洛夫黑麦、森林黑麦中扩增出 1 条长 561bp 的特异性片段（命名为 $pSaUBC815_{561}$），而小麦对照均未扩出该片段。根据 $pSaUBC815_{561}$ 设计特异 PCR 引物 U815-F、U815-R，对小麦族多物种进行扩增，发现 $pSaUBC815_{561}$ 为黑麦属特有。利用一套中国春—帝国黑麦二体附加系及小麦—黑麦异源材料进行扩增，发现 $pSaUBC815_{561}$ 分布在黑麦整套染色体上，因而可作为特异性标记用来检测小麦背景中的黑麦染色质。

Kofler 等（2008）黑麦 1RS 染色体臂进行分拣，构建了 4 个富集 AG、AAG、AC 和 AAC 微卫星基序的 DNA 文库，并对 1290 个克隆进行了测序。将来自 1RS 特异 BAC 文库的 2778 个 BAC 末端序列用于微卫星引物筛选和标记开发，结果发现，724 对设计引物中，有 119 对可扩增出 1RS 特异条带，其中 74 对在 10 个黑麦基因型中表现出多态性，并将这 76 个多态性标记定位在 1RS 上 3 个物理区域，其中的 29 个、30 个和 17 个标记分别被分定位 1RS 臂末端、中间和近着丝粒区。

Vaillancourt 等（2008）用 ISSR 引物对不同的小麦、黑麦和小黑麦的总 DNA 进行 PCR 扩增，建立了黑麦特异 ISSR 标记 3 个，其中 1 个标记为山地黑麦的诊断性标记。对所扩增的 ISSR 特异片段进行克隆测序并重新设计引物，将其转化成了 SCAR 标记。2 个 SCAR 标记中有 1 个为黑麦基因组特异标记，另 1 个标记可以用于鉴定黑麦 2R、3R、4R 和 7R 染色体。这些新开发的 ISSR 标记和 SCAR 标记对筛选可能含有黑麦染色质的小麦新材料具有重要意义。

Zhuang 等（2008）根据已报道的与小麦盐分胁迫和茎秆相关的表达序列标记设计了 81 对 SSR 引物，对小麦、黑麦、簇毛麦和大麦进行扩增，结果发现，这些引物可在上述物种中扩增出 67 个、46 个、18 个和 61 个稳定的扩增子。进一步的实验结果显示，有 8 个 SSR 标记可被分别定位到黑麦的 1R、4R、5R 和 R7 染色体上，另外还有 7 个 SSR 标记被位到黑麦超过 1 条不同的染色体上。

唐怀君等（2009）用 15 个 1BL·1RS 特异性 STS、SCAR 和 RAPD 标记及 22 个 1RS 染色体上的 SSR 标记，检测不同来源的 1BL·1RS 易位系 78 份以及非 1BL·1RS 易位系品种 10 份和黑麦材料 3 份，结果发现，7 个 STS 标记、1 个

SCAR 标记、3 个 RAPD 标记和 3 个黑麦 SSR 标记可作为鉴别 1BL・1RS 易位系的可靠分子标记，其中 ω-sec-p1/ω-sec-p2、ω-sec-p3/ω-sec-p4、H20 和 SECA2/SECA3 标记最好，扩增效果稳定，重复性好，条带清晰，实验操作简单。

Wang 等（2009）以小麦染色体第一同源群 EST 序列为基础，设计了 35 个序列标记位点（STS）引物，对小麦、小麦 1R－7R 附加系及小麦—黑麦 1RS.1BL 易位系等进行扩增，结果发现，引物 STS（WE3）和 STS（WE126）可在含黑麦 1RS 染色体臂的材料中分别扩增出长度为 1750bp 和 850bp 的特异片段，而在小麦—黑麦 2R-7R 等材料中未扩增出该片段，因此，是黑麦 1RS 特异分子标记，同时还用该两标记对小偃 6 号和德国白粒黑麦的杂交后代进行了检测，结合荧光原位杂交结果，认为建立的 1RS 特异标记可用于标记辅助选择和小麦新品种选育。

尹冬冬（2010）利用定位于黑麦和普通小麦染色体上的 EST 序列设计并合成了 EST-SSR 引物 895 对引物和 EST-STS 引物 296 对，对中国春和帝国黑麦进行扩增和多态性分析，发现有 414 对引物能在黑麦中扩增出特异片段。然后，用中国春—帝国黑麦 1R-7R 附加系、10 个端体附加系和 1 个易位系材料对这些特异片段进行了染色体定位分析，结果发现，在 414 对特异引物中，有 32 对（7.7%）引物分别只在其中一个二体附加系、相应的端体附加系或易位系和黑麦中扩增出特异片段，而在其他材料中均没有扩增出特异片段，因此，这些标记可以确定为相应黑麦染色体（长/短臂）特异的分子标记。为了检测这些标记的实用性，对 4 份经原位杂交鉴定的普通小麦小偃 6 号和德国白粒黑麦的后代材料进行检测。结果发现，分子标记的检测结果与原位杂交鉴定的结果一致。因此，这些黑麦染色体特异标记可以用于普通小麦背景中黑麦染色体或染色体片段的检测鉴定。

陈婷婷（2010）用 2571 对引物对辉县红、荆州黑麦、辉县红—荆州黑麦双二倍体荆辉 1 号和辉县红—荆州黑麦 2R 附加系进行扩增分析，筛选出 2R 染色体特异 EST 标记 22 个和 SSR 标记 8 个。以这些标记为基础，从 2R 附加系-1/辉县红杂种 F_2 中，鉴定出 25 个单株只含 2R 长臂标记 Xscm75 而不含短臂标记 Xscm32 的材料，用 GISH 对其进行鉴定，发现这些单株为 2RL 单端体附加系；另外有 29 个单株只含 Xscm32 而不含 Xscm75，GISH 分析发现这些单株为 2RS 单端体附加系。利用 2RS 端体附加系和 2RL 端体附加系对 2R 染色体特异分子标记进行定位，结果发现，19 个标记（Xz100、Xscm38、Xscm171、Xscm175、Xscm99、Xscm119、Xscm149、Xz514、Xz917、Xz919、Xksm16、X2EST－62、Xz1062、Xz1075、Xz1080、Xz1121、XWXE342、XWXE358 和 XWXE389）定位在 2RL 上，11 个标记（Xscm32、Xscm33、Xscm153、Xz74、Xz248、Xz268、

Xz536、Xz667、Xz805、Xedm23 和 Xedm70）定位在 2RS 上。

贾举庆（2010）从非洲黑麦中分离得到 3 个黑麦基因组特异重复序列 pSaP131165、pSaP13662 和 pSaO5411。以这 3 个序列作为探针，用荧光原位杂交分析了它们在非洲黑麦染色体上的分布情况，发现 pSaP131165 和 pSaO5411 弥散状分布在除端部外的所有黑麦染色体臂上，而在小麦染色体上没有分布。pSaP13662 在黑麦染色体上没有原位杂交信号。将这 3 个重复序列转化为 SCAR 标记 P13LF/R、P13SF/R 和 O5F/R，通过对黑麦属物种、部分小麦族近缘物种及小麦—非洲黑麦的渐渗系材料的 PCR 扩增检验发现，这 3 个新的 SCAR 标记能很好的用于黑麦染色质的特异性检测。此外，贾举庆（2010）还利用分子标记对近等基因系的鉴定，认为小麦—非洲黑麦衍生系材料 L2 中的抗条锈病基因为 *Yr17* 基因。通过对 *Yr17* 基因进行分子作图，开发出了两个与 *Yr17* 基因紧密连锁的 SCAR 标记 SC-385、SC-372 和一个基于 EST 的标记 Xbcd348，其中标记 SC-385 与 *Yr17* 基因的距离为 3.4cM，是至今建立的距离 *Yr17* 基因最近的连锁标记。

Chai 等（2010）利用来自 ω 黑麦碱序列设计 2 对引物，对小麦、黑麦和小麦—黑麦 1RS·1BL 易位系等进行扩增，发现含黑麦 1RS 的材料分别能扩增出长为 0.4kb 和 1.1kb 的特异片段，而不含黑麦 1RS 的材料均扩增不出这两特异片段，因此，两个片段均可用于快速检测 1BL·1RS 易位。将其中长度为 1.1kb 的特异片段与另外一对引物扩增的小麦 1BS 上 *Glu-B3* 基因 0.6kb 的特异片段结合使用，可以清楚地鉴定 1BL·1RS 的纯合与杂合状态。

Yediay 等（2010）对 9 个可用于检测黑麦染色体 1RS 的特异性标记物进行评价，结果发现，标记 PAWS5/S6、SCM9 和 O-SEC5′-A/O-SEC3′-R 扩增出小麦—黑麦易位系 1AL·1RS 和 1BL·1RS 相关特异性条带，因此，这 3 个标记为小麦背景中 2 种小麦—黑麦易位鉴别提供了一种快速、可靠的工具。利用供试 9 个标记中有 6 个标记对来自土耳其的 107 份面包小麦或硬粒小麦品种进行分子检测，结果发现，Seri-82、Yıldız-98、Tahirova 和 Osmaniyem 等 4% 的品种含 1BL·1RS 易位，而未发现 1AL·1RS 易位系。

Fu 等（2010）利用不同来源的黑麦筛选 80 对小麦 SSR 引物，结果发现，其中 15 对引物可在黑麦中扩增出 28 个特异片段，并且部分 SSR 引物只能在部分黑麦中扩增出相应特异片段。利用这 15 对引物对小麦—黑麦附加系进行扩增发现，Xgwm260 扩增出的长度为 988bp 的片段为黑麦 4R 染色体特有，Xgwm232 扩增出的长度为 491bp 的片段为黑麦 6R 染色体特有，Xgwm644 扩增出的长度为 742bp 的片段为黑麦 1R、3R、4R 和 6R 染色体特有，其余 12 个 SSR 标记为被定位到黑麦染色体上。

　　Wang 等（2010）以创制的小麦—荆州黑麦 6R 单体附加系、二体附加系、6RS 单端体附加系、6RL 单端体附加系和 6RL 端二体附加系等材料，筛选 13 对黑麦 EST 引物、25 对大麦 STS 引物、299 对小麦 EST 引物或 EST-SSR 引物等共计 840 对 EST 引物，建立了黑麦 6R 染色体特异标记 15 个，其中，6RS 标记 6 个，6RL 特异标记 9 个。

　　Zhou（2010a）等对传统 GISH 进行了改良建立了基因组原位杂交条带技术（GISH-banding）。利用该技术对阿富汗黑麦、荆州黑麦、瓦维洛夫黑麦、中国春—黑麦附加系和易位系等进行了研究，发现该技术可以对小麦背景中的黑麦 1R-7R 染色体进行有效区分，并且还发现了不同黑麦染色体的 GISH 显带多态性，是鉴定黑麦染色体的优异细胞遗传标记。

　　Zhou 等（2010b）分别以荆州黑麦基因组 DNA、串联重复序列 pSc200 和 pSc250 作为探针对分支小黑麦染色体进行杂交，结果发现，pSc200 和 pSc250 二者在黑麦染色体上的杂交信号有所差异，并且 pSc200 在黑麦染色体上的分布情况与 GISH 显带模式高度一致，可以将黑麦 1R-7R 完全区分开，因此，可作为检测小麦中黑麦染色体的细胞遗传学标记。

　　张素芬（2011）以小麦、非洲黑麦、小麦—非洲黑麦 2R^{afr}（2D）代换系等为材料，筛选小麦 EST 引物和水稻 PLUG 引物等，建立了黑麦染色体特异标记多个，其中包括黑麦 1RS 特异标记 TOP1017、1RL 特异标记 KUR1001、2RS 特异标记 NSFT03P2 - Contig4445、3RS 特异标记 TNAC1248 和 6RL 特异标记 TNAC1702。

　　Lei 等（2012）利用建立的 29 个非洲黑麦 1R^{afr}染色体特异分子标记、染色体 C 分带和原位杂交技术从小麦—非洲黑麦杂交后代中鉴定出了新的小麦—非洲染色体 1R^{afr}附加系、1R^{afr}（1D）代换系、1BL·1R^{afr}S 和 1DS·1R^{afr}L 易位系。抗病性鉴定结果表明，1R^{afr}S 染色体携带抗条锈病基因。建立的非洲黑麦染色体第一同源群的 29 个分子标记中，有 20 个标记可以对栽培黑麦染色体 1R 的衍生系进行有效扩增，表明野生黑麦和栽培黑麦的 1R 染色体可能具有高度的保守性。然而，还有另外 9 个标记不能在非洲黑麦和栽培黑麦 1R 染色体上获得相同的扩增，表明黑麦在进化或驯化过程中可能发生了基因复制和序列分化。

　　Xu 等（2012）以小麦中国春和帝国黑麦筛选了 1098 对小麦 EST 引物和 93 对黑麦 EST 引物，结果发现其中的 414 对引物可以在黑麦中扩增出特异条带。进而利用上述筛选出的 414 对引物对小麦—黑麦 1R-7R 染色体附加系、10 个端体附加系和 1 个易位系进行 PCR 扩增，结果发现，其中的 31 个特异片段可以被定位到除了 6RS 外的所有黑麦染色体臂上，为小麦背景中黑麦染色体的鉴定提供了检测手段。

Li 等（2013）以中国春、帝国黑麦等为材料，筛选源自水稻的 144 对 PLUG 引物，结果发现，131 对引物可在供试材料中扩增出 PCR 产物。利用限制性内切酶对上述 131 对引物的 PCR 产物进行酶切后电泳，结果发现，有 110 对引物或引物/酶组合可以获得黑麦特异 DNA 条带。以中国春—帝国黑麦染色体附加系为材料将上述 110 个标记进行染色体定位，结果将 12 个标记定位到染色体 1R 上，8 个标记定位到染色体 2R 上，11 个标记定位到染色体 3R 上，8 个标记定位到染色体 4R 上，16 个标记定位到染色体 5R 上，12 个标记定位到染色体 6R 上，12 个标记定位到染色体 7R 上。此外，还利用 13 个普通小麦—帝国黑麦端体系（除 3RL 外）将 79 个 PLUG 标记定位到黑麦不同染色体短臂或长臂上。

邱玲等（2014）利用 SLAF-seq 技术得到黑麦序列，根据这些序列设计引物 1107 对。利用从普通小麦绵阳 11×黑麦 Kustro 杂交后代中鉴定出的 1 套小麦—黑麦单体附加系和单端体附加系为材料，对合成的黑麦引物进行筛选。建立了黑麦 1RS、2RS、3RS、4RS、5RS 和 7RS 染色体臂特异标记 10 个、10 个、23 个、24 个、14 个、16 个和 23 个，此外还建立了黑麦 1RL、2RL、3RL、4RL、5RL、6RL 和 7RL 染色体臂特异标记分别为 26 个、23 个、20 个、46 个、28 个、32 个和 18 个。进而，用来自中国春×帝国黑麦和 Holdfast×黑麦 King Ⅱ 的两套小麦—黑麦二体附加系对上述黑麦染色体特异分子标记进行验证，结果表明 1R-7R 染色体上存在多态性的标记分别为 4 个、3 个、21 个、10 个、5 个、4 个和 9 个。为快速准确地鉴定小麦遗传背景中 1R-7R 全部黑麦染色体，以及研究黑麦遗传多样性奠定了坚实的基础。

Tang 等（2014）开发了寡核苷酸探针 Oligo-pAs1-1、Oligo-pSc119.2-1 和 Oligo-pTa535-1，对小麦、小麦—黑麦双二倍体、小麦—黑麦附加系等材料进行分析，结果发现，Oligo-pAs1-1 和 Oligo-pSc119.2-1 结合使用，或 Oligo-pSc119.2-1 和 Oligo-pTa535-1 结合使用，可以取代重复序列 pAs1、pSc119.2、pTa-535、pTa71、CCS1 和 pAWRC 对小麦和黑麦染色体的鉴定效果，即可以有效鉴定小麦中黑麦所有染色体，因此，可以作为检测小麦背景中黑麦染色体的细胞遗传学标记。

Fu 等（2015）开发了寡聚核苷酸探针 Oligo-1162、Oligo-pSc200 和 Oligo-pSc250，并将它们用于非变性荧光原位杂交（non-denaturing fluorescence in situ hybridization，ND-FISH）方法的建立上，结果发现，ND-FISH 方法可用于小麦背景黑麦染色体鉴定。此外，Fu 等（2015）还对他们课题组原来开发的寡聚核苷酸探针 Oligo-pSc119.2-1、Oligo-pSc119.2-2、Oligo-pTa535-1、Oligo-pTa535-2、Oligo-pTa71-2、Oligo-pAWRC.1 和 Oligo-CCS1 进行了 ND-FISH 验证，结果发现这些探针也可以用于小麦—黑麦 ND-FISH 分析。

丁桃春（2015）根据百萨偃麦草转录组信息和黑麦转录组信息分别开发了特异引物342对和233对，对小麦、黑麦、小麦—黑麦染色体附加系进行扩增分析，结果发现，来源于百萨偃麦草的50对引物和来源于荆州黑麦的125对引物可以在黑麦中扩增出特异条带。利用这些引物对辉县红—荆州黑麦异染色体系进行扩增，共定位了53个特异标记，其中50个（由47对引物扩增出）源自黑麦转录组序列，3个源自百萨偃麦草转录组序列。在定位的53个标记中，25个只在一条染色体上出现，为染色体专化标记，包括7个定位于1RL染色体上，1个定位于5RS染色体上，4个定位于2RS染色体上，2个定位于2RL染色体上，5个定位于6RS染色体上，3个定位于6RL染色体上，其余28个标记在2条以上染色体上具有重复位点。

Lee等（2015）从公共数据库中下载小麦染色体第一同源群短臂表达序列，与禾本科9种植物的EST和成熟转录本进行了比对分析并设计引物，对小麦—黑麦1BL·1RS易位系、非1BL·1RS易位系、中国春、Petkus黑麦的扩增产物进行测序，开发了黑麦1RS特异性标记4个，为小麦—黑麦1BL·1RS易位系的鉴定提供了检测工具。

Li等（2015）利用分子标记对杀配子系统诱导获得的15份含有山地黑麦1R^{m}染色体材料以及之前创制的24份帝国黑麦的1R^{i}解析株系进行解析，将帝国黑麦1R^{i}附加系的97个特异标记中有68个定位到了山地黑麦1R^{m}染色体上。

王洋洋（2016）基于SLAF-seq技术筛选黑麦Kustro 4R染色体特异的SLAF序列，从中随机选择800条设计引物。对小麦—黑麦单体附加系MA1R^{Ku}-7R^{Ku}进行PCR扩增，筛选到381个黑麦Kustro的4R染色体特异分子标记。以4R二体附加系DA4R^{Ku}及其易位变异系为材料，实现对Kustro 4R染色体特异分子标记进行染色体区段定位，将314个标记定位成功的定位到4R染色体的7个区段，7个区段特异分子标记的数目分别为109个、9个、19个、27个、18个、6个和126个。

李萌（2016）利用SLAF-seq技术开发出了300对新的黑麦Kustro 6RL特异引物，利用6RS单端体附加系MTA6RS^{Ku}、6RL单端体附加系MTA6RL^{Ku}、6R缺失系DEL6R^{Ku}和6RL缺失系DEL6RL^{Ku}将这300对引物分别定位到黑麦6RL的4个区段，并将黑麦6RL上的抗白粉病基因定位于6RL的2.3~2.5之间的断裂点到6RL端部区域，同时将127个分子标记被定位到了该区段上。

刘冰（2016）设计了8对黑麦1R特异引物（其中7对位于1R染色体短臂，1对位于1R染色体长臂）、2对黑麦5R染色体短臂的特异引物以及小麦1B等染色体特异引物，对小麦—黑麦易位系后代材料进行鉴定，结果发现，材料W12-35-71、W12-35-71-27、W12-36-42、W12-36-43、D12-8-10、D12-128-

33、D12-128-35 中含有 1R 短臂染色体片段，缺失 1B 长臂染色体片段，是小麦—黑麦 1BL/1RS 易位系。W13-21-1、W13-21-2、W13-21-3、W13-21-4、W13-21-5、W13-21-6、W13-26-8、W13-46-6 中含有 5R 短臂染色体片段，为小麦—黑麦 5RS 易位系。

Qiu 等（2016）利用 SLAF-seq 技术开发了黑麦特异标记 578 个，并发现其中的 76 个标记在 Kustro 黑麦、帝国黑麦、King II 黑麦中具有多态性。利用一套小麦绵阳 11-Kustro 黑麦染色体附加系和 13 个单端体附加系对这些标记进行定位，结果发现，其中的 427 个和 387 个标记可以被分别定位到 Kustro 黑麦染色体或染色体臂上。开发的这套标记可用于小麦背景中特定黑麦染色体片段的识别，在小麦育种中具有应用价值。

Li 等（2016）利用 SLAF-seq 技术开发了黑麦 6RL 特异性标记 300 个，并利用小麦—黑麦 6R 和 6RL 缺失系将这些标记物理定位到 6RL 臂的 4 个区域上。300 个标记中有 127 个标记被物理上定位到 2.3~2.5 之间抗白粉病所在区域，为促进黑麦 6RL 上抗白粉病基因在小麦育种中的应用奠定了基础。

Ji 等（2016）利用 cDNA 扩增片段长度多态性（cDNA-AFLP）分析鉴定了黑麦 1RS 特异性干旱响应基因。进而，利用公共数据库对 144 个差异表达转录衍生片段（TDF）中年的 84 个的功能和染色体位置进行了鉴定。同时利用实时定量 PCR 与 cDNA-AFLP 结果进行验证，结果显示，4 个 TDF 显著上调。此外，通过比较小麦和黑麦染色体第一同源群短臂的 TDF，建立了两种小麦—黑麦易位系特异标记 2 个，其中 1 个可用于鉴定 1BL·1RS 易位系，而另外 1 个标记可用于鉴定 1AL·1RS 易位系和 1BL·1RS 易位系。

Duan 等（2017）构建了 Kustro 黑麦 $4R^{Ku}$ 染色体荧光原位杂交（FISH）图谱并利用 SLAF-seq 技术开发了 301 个新的 $4R^{Ku}$ 染色体特异分子标记，进而开展了利用新的 FISH 图谱和含 $4R^{Ku}$ 不同片段长度的材料将这批分子标记与之前他们团队开发的 99 个 $4R^{Ku}$ 特异性标记物理定位到 $4R^{Ku}$ 染色体精确的特异区段上的工作，结果显示，400 个标记中有 338 个已成功定位到 $4R^{Ku}$ 染色体的 6 个区域。抗病性鉴定发现，$4R^{Ku}L$ 臂上含有抗白粉病基因且该基因被物理定位到 L.4~L.8 之间的区域上，分子标记物理定位图谱显示，该区域含有 115 个 $4R^{Ku}L$ 特异性标记。

第三节　簇毛麦属物种染色质标记

马渐新和周荣华（1997）用定位在小麦第 6 部分同源群上的 RFLP 探针 psr113 和 psr371 对小麦品系 GN21 和 GN22 进行 Southern 分析，发现 GN22 是普通小麦—簇毛麦 6A (6V) 代换系，结合同工酶等电聚焦电泳分析首次把簇毛麦编码的 α-淀粉酶-1 生化位点定位在簇毛麦 6V 染色体长臂上，暂命名为 α-Amy-V1。因此，psr113 和 psr371 以及 α-Amy-V1 可分别作为检测小麦背景中簇毛麦 6V 染色质的分子标记和生化标记。

刘守斌等 (2002) 用 100 条 10 碱基随机引物对普通小麦中国春、中国春—簇毛麦二体附加系以及不同来源的簇毛麦进行 RAPD 扩增。发现引物 OPF02 能在不同来源的簇毛麦及所有中国春—簇毛麦二体附加系中扩增出一条长约 750bp 的片段 OPF02$_{750}$，而普通小麦和硬粒小麦不能扩增出该片段。因此，OPF02$_{750}$ 为分布于簇毛麦所有染色体上的一个簇毛麦染色体组特异片段。用引物 OPF02 对普通小麦—簇毛麦双二倍体、硬粒小麦—簇毛麦双二倍体以及几个普通小麦的簇毛麦二体代换系、二体附加系进行检测，发现 NAU302 已经丢失了其所附加的簇毛麦 3V 染色体。

刘守斌等 (2003) 以普通小麦中国春、簇毛麦、中国春—簇毛麦二体附加系和代换系为材料进行 RAPD 分析，筛选出一个簇毛麦基因组特异性 RAPD 片段 OPF02$_{757}$，该片段分布于簇毛麦所有染色体上。在对 OPF02$_{757}$ 进行克隆、测序的基础上，设计一对 PCR 引物，建立了簇毛麦基因组特异性 PCR 标记。用这对 PCR 引物对不同普通小麦品种、不同硬粒小麦品种、不同居群的簇毛麦、中国春—簇毛麦二体附加系、中国春—簇毛麦二体代换系、普通小麦—簇毛麦双二倍体、硬粒小麦—簇毛麦双二倍体等材料进行扩增，凡具有簇毛麦染色体的材料都能扩增出一条长为 677bp 的 DNA 片段，而不具簇毛麦染色体的材料包括大麦、黑麦、长穗偃麦草、中间偃麦草等不能扩增出该片段。所以，该特异性 PCR 标记可用于快速跟踪检测小麦背景中的簇毛麦染色体。

刘守斌等 (2004) 选用位于普通小麦 1A、1B、1D 染色体上的 32 对微卫星引物对普通小麦中国春、簇毛麦、6 个中国春—簇毛麦二体附加系和 1 个普通小麦—簇毛麦二体代换系进行 SSR 分析，发现引物 Xgwm498 在簇毛麦中扩增出 2 条长分别为 110bp 和 190bp 的片段（即 Xgwm498/110 和 Xgwm498/190），这两个片段仅在簇毛麦、中国春—簇毛麦 1V 附加系中出现，其余 2V、4V、5V、6V、7V 附加系、3V 代换系和中国春中都缺少这两个片段。对不同居群的簇毛麦进行扩增，发现这两个片段与簇毛麦的居群无关，因此，Xgwm498/110 和 Xgwm498/190 为簇毛麦 1V 染色体所特有，可以用来快速跟踪导入普通小麦背景中的簇毛麦的 1V 染色体。

洪敬欣和彭永康 (2004) 利用 105 条 S 系列和 100 条 Operon 随机引物对小麦—簇毛麦 6V (6A) 代换系、6VS/6AL 和 6VS/6DL 易位系及亲本簇毛麦（基因组 VV）、硬粒小麦（基因组 AABB）和栽培小麦（基因组 AABBDD）的多态性进行了筛选分析。结果发现，80.95%的 S 系列引物扩增出了结果，且条带较清晰；在 100 条 Operon 系列引物中均扩增出结果，条带清晰可见。从 205 条随机引物中发现，只有引物 OPW03 在含有簇毛麦 V 染色体的 4 个材料中均扩增出 1 条约 570bp 的谱带，而栽培小麦和硬粒小麦中没有扩增出该带。认为这个分子标记（OPW03-570）是位于簇毛麦 V 染色体短臂上的。

李辉等（2005）分析了来自前苏联簇毛麦及其抗病衍生系的抗白粉病基因对不同生理小种的抗性反应。用 120 个随机引物对 6D/6V 代换系 Pm930640 进行 RAPD 分析，检测到 5 条引物 OPAN03、OPAI01、OPAL03、OPAD07 和 OPAG15，分别在大约 1 700bp、700bp、750bp、480bp 和 580bp 处有区别于小麦亲本的多态性条带。对 Chancellor×Pm930640 F_2 群体进行 OPAN03、OPAI01 和 OPAL03 共 3 个 RAPD 标记与抗白粉病基因的连锁分析，结果表明，这些标记同簇毛麦的抗白粉病基因是连锁的。对大部分分别含有 Pm1-Pm20 的已知抗病基因、含有簇毛麦抗病基因及其相关亲本的 29 个小麦品系进行 RAPD 标记分析，发现这些标记不仅可以鉴定簇毛麦的抗病基因，而且可以判断其遗传背景。O-PAL03 仅出现在含有前苏联簇毛麦 6VS 染色体的抗病材料中，可作为区别于 Pm21 的分子标记。

迟世华等（2006）以普通小麦中国春、绵阳 11、川农 17 和 R111 以及多年生簇毛麦、硬粒小麦—多年生簇毛麦双二倍体 TDB-3 为材料，用 120 条随机引物进行 RAPD 分析，发现引物 M2 可以在簇毛麦中扩增出一条特异 RAPD 片段，而小麦对照物没有该特异条带。克隆测序发现该片段全长为 937bp，记为 $OPM2_{937}$。将 $OPM2_{937}$ 在 NCBI 中进行序列比对，发现没有与其同源性高的序列，说明它是 1 个新的序列。继而，以 $OPM2_{937}$ 为基础设计了一对特异引物，并用该特异引物对多年生簇毛麦、二倍体簇毛麦、一套中国春—二倍体簇毛麦附加系 CSDA1V-CSDA7V 与小麦—多年生簇毛麦衍生后代进行了扩增，结果发现，凡具有簇毛麦染色体的材料均可扩增出目标 DNA 片段，而不具簇毛麦染色体的材料均未能得到扩增，这表明，该 DNA 序列标记可用于快速跟踪检测小麦背景中的簇毛麦染色体。

张志雯等（2006）利用形态学、细胞学以及 SSR 标记技术对从硬簇麦和 Am3 的杂种后代中选育的种质系"山农 030713"进行了鉴定。SSR 分析证明"山农 030713"基本染色体组成为 AABBDD，引物 Xgwm99-1A 在"山农 030713"中扩增出簇毛麦的特异带，说明"山农 030713"中有来自于簇毛麦的遗传物质，该特异带可作为识别"山农 030713"的 SSR 标记。

Zhang 等（2006）以小麦和簇毛麦为材料筛选位于小麦第 1 到第 7 同源群的 276 对 SSR 引物，结果发现，148 对引物可以在簇毛麦和小麦中国春间扩增出多

态性。分别位于小麦 1BS、2BS、3DS、4AL、5DS、6AL 和 7BL 上的引物
wmc49、wmc25、gdm36、gdm145、wmc233、wmc256 和 gwm344 可以分别在簇毛
麦 1V-7V 染色体上扩增出特异带。位于小麦 6DS 染色体上的引物 gwm469 可以
在簇毛麦 2V 染色体上扩增出多态性带。位于小麦染色体 2DS 上的引物 gdm107
可以在簇毛麦 6V 染色体上扩增出多态性带。这些 SSR 标记对检测和鉴定小麦—
簇毛麦附加系、代换系和易位系中的簇毛麦染色体非常实用，可广泛应用于小
麦育种中。

　　刘成等（2006a）以多年生簇毛麦、普通小麦中国春、山羊草等为材料，用
142 个 10 碱基随机引物进行 RAPD 分析，筛选出 1 个簇毛麦特异 RAPD 片段，
经克隆测序得其全长为 1182bp，命名为 $OPH12_{1182}$。以 $OPH12_{1182}$ 为探针进行原位
杂交，发现该序列能够杂交多年生簇毛麦所有染色体上处端部和着丝粒以外的
所有区域，因此，$OPH12_{1182}$ 是簇毛麦基因组一个特异高度重复序列。以
$OPH12_{1182}$ 为基础设计特异 PCR 引物，对供试材料进行扩增，发现该序列分布在
簇毛麦全部染色体上，可以作为分子标记检测具有簇毛麦染色质的后代。

　　刘成等（2006b）选位于普通小麦 1A-7A、1B-7B、1D-7D 染色体上的 102
对微卫星引物对多年生簇毛麦、二倍体簇毛麦、小麦—簇毛麦双二倍体与后代
和普通小麦中国春、R25、R111、MY11 进行了 PCR 扩增，发现引物对 Xgwm301
可以在含簇毛麦染色体的材料中扩出一条长 415bp 的特异片段（命名为
Xgwm301/415），而所有供试小麦均未扩出此片段。进而用一套中国春—二倍体
簇毛麦附加系来进行扩增，发现 1V-7V 染色体均可以扩出该片段，说明该片段
为簇毛麦 1V-7V 染色体所共有。因此，Xgwm301/415 是簇毛麦染色体组上的一
个特异片段，可以用来快速跟踪检测导入普通小麦背景的簇毛麦染色体中。

　　王振英等（2007）利用 RAPD 和 AFLP 分子标记方法对含有 6V 染色质的小
麦—簇毛麦代换系、易位系 6AL/6VS 和 6DL/6VS 进行分子标记筛选。结果发
现，RAPD 引物扩增出的 OPK08910 特异片段存在于含簇毛麦 6V 染色体的代换
系（6A/6V）、易位系（6AL/6VS，6DL/6VS）和簇毛麦中。AFLP 检测显示，
PstI+AGG/Mse+CAC、PstI+ACC/MseI+CCT 和 PstI+AAG/MseI+CGC 共 3 对引物
分别可以在 6A/6V、6AL/6VS、6DL/6VS 和簇毛麦 V 基因组中扩增出长度为
264bp、218bp 和 232bp 特异带，并与抗白粉病基因 $Pm21$ 共分离，因此，上述
来源于 6VS 上的 4 个新的分子标记，可作为源自簇毛麦 $Pm21$ 基因的选择标记用
于小麦抗病育种。

　　王春梅等（2007）根据定位于普通小麦第一部分同源群的 EST 序列设计
104 对 STS 引物，对中国春、鹅观草、黑麦及簇毛麦进行多态性分析。发现在
104 对 STS 引物中有 53 对在对照普通小麦中国春与鹅观草、黑麦及簇毛麦之间

存在多态性。利用获得多态性引物对普通小麦—簇毛麦 1V-7V 二体异附加系进行扩增，建立了簇毛麦 1V 染色体特异标记 CINAU23-1700、CINAU24-1050、CINAU25-1650、CINAU26-500 和 CINAU27-620 等 5 个，这些标记可用于快速检测和追踪导入普通小麦背景中的簇毛麦 1V 染色体或染色体片段。

曹爱忠等（2007）根据抗病基因保守域设计简并引物对小麦和簇毛麦等材料进行 PCR 分析，结果检测到 1 条簇毛麦的特异 PCR 产物，酶切分析与测序结果表明，这条特异带由 4 类不同的片段组成，且都与反转录转座子具有同源性。以其中 1 个片段 pHv29 为探针进行 Southern 杂交，发现只有含有簇毛麦染色质的材料产生强的杂交信号，表明 pHv29 是一个对簇毛麦专化的反转录转座子序列。根据 pHv29 序列重新设计 1 对特异引物 pHv29-F 和 pHv29-R，用含有簇毛麦染色质的易位系或附加系基因组 DNA 为模板进行 PCR 扩增，证实 $pHv29_{433}$ 是可以作为鉴定簇毛麦染色质的分子标记。

王春梅等（2007）用 11 个 RGA 和 17 对 STS 引物对普通小麦扬麦 5 号、簇毛麦及普通小麦—簇毛麦 6VS·6AL 易位系进行多态性分析，结果发现，1 个 RGA 引物和 1 对 STS 引物可以在含簇毛麦的材料中分别扩增出长度约 1000bp 和 800bp 的多态性片段，根据测序结果将两个标记分别命名为 CINAU17-1086 和 CINAU18-723。运用上述两对引物对含簇毛麦染色质的材料进行扩增，发现只有含 6V 染色体短臂的材料才能扩增出相应的特异条带，因而，这两个标记均位于簇毛麦 6VS 上。进而，用簇毛麦 6VS 缺失附加系和易位系将 CINAU17-1086 标记定位在簇毛麦 6VS FL0.58 与 FL0.70 之间，将 CINAU18-723 标记定位在簇毛麦 6VS FL0.45 与着丝粒之间。因此，标记 CINAU1-1086 和 CINAU18-723 可用来快速检测和追踪导入普通小麦背景中的簇毛麦 6VS 染色体片段。

陈全战（2007）以含簇毛麦 2V、4V 和 6V 染色质的材料与小麦对照为基础，筛选获得可分别追踪簇毛麦 2VS 和 2VL 的分子标记 Xwmc25-120 和 NAU/STSBCD135-1，并证实簇毛麦护颖脊背刚毛基因位于 2VS；获得了克追踪簇毛麦 4V 染色质的 SSR 标记 Xgwm637 和 Xpsr115；获得了可以追踪簇毛麦 6VS 的分子标记 CINAU15、NAU/xibao16 和 6VS-381、近着丝粒区标记 CINAU18-723 和 6VL 末端标记 6VL-358，为小麦背景中 2V、4V 和 6V 染色质的追踪提供了检测方法。

唐祖强等（2007）以二倍体簇毛麦和小麦中国春等为材料对 96 条 ISSR 引物进行 PCR 筛选，发现引物 UBC848 可在二倍体簇毛麦中扩出一条长 388bp 的特异性片段，命名为 pDv848/388，而中国春等小麦均未扩出该片段。利用 UBC848 对小麦近缘种偏凸山羊草、荆州黑麦和节节麦等进行扩增，发现它们均未扩出 pDv848/388。进而用一套中国春—二倍体簇毛麦附加系 CSDA1V-

CSDA7V 对 pDv848/388 进行染色体定位，将目标片段定位在二倍体簇毛麦 5V 染色体上。进一步用 UBC848 对多年生簇毛麦、小麦—簇毛麦双二倍体、部分双二倍体及其衍生后代进行扩增，发现它们均能扩出 pDv848/388，表明 pDv848/388 可作为簇毛麦 5V 染色体上的一个特异性 ISSR 标记用于快速跟踪检测簇毛麦遗传物质向栽培小麦中的导入。

陈升位（2008）以定位于小麦染色体第六部分同源群短臂的 EST 序列为基础，利用 PRIMER5.0 软件设计 PCR 引物，对小麦、簇毛麦、小麦—簇毛麦 6V 染色体易位系进行扩增，成功开发出 6VS 特异的分子标记 6BS28-386、6DS38-730 和 6AS6-740 等。利用小麦、簇毛麦第六部分同源群染色体短臂的 12 个缺失系对簇毛麦 6VS 的 8 个特异性分子标记进行定位，结果发现，标记 6VS19-381 和 CINAU17-1086 分别位于 FL 0.58～0.99、FL 0.58～1.00 的染色体区段，标记 CINAU15-902 位于 FL 0.45～0.58 染色体区段，标记 CINAU16-1650、6BS28-386 和 6DS38-730 位于 FL 0.35～0.45 染色体区段。标记 CINAU18-723、6AS6-740 被定位在 FL 0.00～0.45 的染色体区段。这些特异性分子标记可用于簇毛麦 6VS 小片段结构变异鉴定和 6VS 精细作图等研究。

刘成等（2008）选用 100 条 ISSR 引物对多年生簇毛麦、不同居群的二倍体簇毛麦、小麦—多年生簇毛麦双二倍体、二粒小麦—多年生簇毛麦双二倍体、硬粒小麦—二倍体簇毛麦双二倍体和 6 份小麦进行 PCR 扩增分析，结果发现，引物 ISSR808 和 ISSR811 均可在含有簇毛麦染色质的材料中扩增出 1 条长度约为 900bp 的特异 DNA 片段，而对照组小麦没有相应带纹。对这两个特异片段进行克隆测序，发现其长度分别为 860bp 和 898bp，分别被命名为 ISSR808$_{860}$ 和 ISSR811$_{898}$。用中国春—簇毛麦 CSDA1V-CSDA7V 附加系为材料对 ISSR808$_{860}$ 和 ISSR811$_{898}$ 进行染色体定位，发现 ISSR808$_{860}$ 是簇毛麦 3V 和 4V 染色体特异标记，ISSR811$_{898}$ 是簇毛麦 4V 染色体特异标记，为含簇毛麦 3V 或 4V 染色质材料的检测奠定了基础。

曹亚萍等（2009）根据水稻和小麦的 EST 序列合成了 240 对 STS 引物，对小麦和簇毛麦等材料进行扩增发现，其中的 34 对引物可在普通小麦中国春与簇毛麦间扩增出多态性。利用这些引物对簇毛麦二体异附加系进行 PCR 扩增分析，发现标记 CINAU32-300 可追踪簇毛麦 1V 染色体，标记 CINAU33-280、CINAU34-510、CINAU35-1100、CINAU36-380 和 CINAU37-400 可追踪簇毛麦 2V 染色体，标记 CINAU38-250 可追踪簇毛麦 3V 染色体，标记 CINAU39-950 和 CINAU40-800 可追踪簇毛麦 4V 染色体，标记 CINAU41-745 和 CINAU42-1050 可追踪簇毛麦 5V 染色体，标记 CINAU44-765 和 CINAU45-495 可追踪簇毛麦 7V 染色体。

李淑梅等（2009）综合利用根尖细胞有丝分裂中期染色体 C 分带、花粉母细胞减数分裂中期 I 染色体构型分析、荧光原位杂交和分子标记等技术从普通小麦—簇毛麦 2V（2D）异代换系与含有 *Ph* 抑制基因的中国春高配对材料的杂交后代中选育出了分别含有簇毛麦 2V 长臂和短臂的普通小麦—簇毛麦 2V 端体异附加系。以获得的 2VL 和 2VS 端体系为材料，将控制护颖颖脊刚毛性状的基因定位在簇毛麦 2VS 上，筛选并建立了可以追踪 2V 染色体短臂的 SSR 标记 wmc25。

Song 等（2009）利用 EST-SSR 引物对中国春、中国春染色体第六同源群端体系、含 *Pm*12 的材料、含 *Pm*21 的材料以及京 411 等进行扩增，结果发现，引物 CAU127 可一次将小麦 6AS、6BS、6DS 以及簇毛麦 6VS（含 *Pm*21）和拟斯卑尔脱山羊草 6SS（含 *Pm*12）完全分开，为一个标记同时检测两个基因提供了鉴定手段。

Li 等（2009）从簇毛麦属物种中克隆了 α 醇溶蛋白基因，并对基因结构和系统进化关系进行了分析。根据对基因序列分析结果，设计 SCAR 引物 Db1F、SC-R、DVF 和 SC-R，对中国春、二倍体簇毛麦、中国春—二倍体簇毛麦 CS-DA1V-CADA7V 附加系、多年生簇毛麦、小麦—多年生簇毛麦部分双二倍体进行扩增，结果发现，引物 Db1F/SC-R 仅在含多年生簇毛麦染色质的材料中扩增出特异片段，而小麦和含二倍体簇毛麦的材料中扩增出该特异片段；引物 DVF/SC-R 可在二倍体簇毛麦、中国春—二倍体簇毛麦 6V 附加系及含 6VS 的易位系中扩增出特异片段，而在含多年生簇毛麦的材料和小麦中扩增不出该特异片段。因此，Db1F/SC-R 和 DVF/SC-R 可分别作为检测小麦背景中多年生簇毛麦和二倍体簇毛麦 6VS 染色质的分子标记。

Yang 等（2010）从多年生簇毛麦基因组中克隆了一个 RAPD 片段，对该片段进行荧光标记获得探针 pDb12H。以小麦基因组总 DNA 为封阻，以 pDb12H 为探针对小麦—多年生簇毛麦部分双二倍体进行杂交，发现该探针在多年生簇毛麦出着丝粒和染色体末端外的所有区域均具有杂交信号，因此，pDb12H 可作为标记用于小麦—多年生簇毛麦杂交种质的筛选和鉴定工作。

Cao 等（2010）利用大麦基因芯片对接种白粉菌的材料进行检测，发现苏氨酸/丝氨酸激酶基因的表达被白粉菌接种诱导，根据该基因序列设计引物 NAU/xibao15F 和 NAU/xibao15R，对簇毛麦、硬粒小麦—簇毛麦双二倍体、小麦—簇毛麦 1V-7V 附加系、6VS·6AL 易位系、中国春缺体四体和删除系等进行扩增，结果发现，该对引物可以对小麦 6AS、6BS、6DS 以及簇毛麦 6VS（含 *Pm*21）进行有效区分，因此，可以用于检测小麦背景中的 6VS 染色体。

Chen 等（2010）利用抑制消减杂交对含 *Pm*21 的材料及感白粉病的亲本小

麦扬麦 5 号进行研究，发现一个编码 219 个氨基酸富含亮氨酸重复的基因在 *Pm*21 的材料中表达，将其命名为 Ta-LRR2。连锁分析发现，Ta-LRR2 可作为检测小麦背景中 *Pm*21 的多态性标记，为分子标记辅助育种提供了检测方法。

Liu 等（2011a）以小麦中国春、簇毛麦，涉及簇毛麦 2V、3V、5V 和 7V 的中国春—簇毛麦罗伯逊易位系为材料，筛选 EST-STS 引物，获得簇毛麦 2V、3V、5V 和 7V 染色体特异 EST-STS 标记 14 个，其中 2V、3V、5V 和 7V 染色体特异标记分别为 3 个（BE517627-STS、BE443711-STS 和 BE444894-STS）、3 个（BE495182-STS、BE517931-STS 和 BE482769-STS）、4 个（BE474700-STS、BE314062-STS、BE145263-STS 和 BE406996-STS）和 4 个（BE473825-STS、BE585744-STS、BE498849-STS 和 BE442572-STS）。

Liu 等（2011b）从小麦—多年生簇毛麦杂交种质中鉴定出了小麦—多年生簇毛麦附加系 Y93-1-6-6 和 Y93-1-A6-4。以该两附加系和小麦对照为材料筛选 PLUG 引物和 EST-STS 引物，获得多年生簇毛麦染色体特异标记 51 个，其中 PLUG 标记 6 个、EST-STS 标记 45 个。其中，能够鉴定多年生簇毛麦第二同源群染色体的标记有 5 个、第一同源群染色体的标记有 3 个、第六同源群染色体的标记有 9 个，其余标记可以鉴定多年生簇毛麦第七同源群染色体。

张云龙等（2012）以与 *Pm*21 抗白粉病相关的丝氨酸/苏氨酸蛋白激酶 *Stpk*-V 基因的基因组和 cDNA 序列为基础，在包含至少 1 个内含子的 2 个编码区设计引物，从供试材料中扩增获得相应片段。对特异扩增片段测序并重新设计引物，扩增筛选获得 2 个引物对，发现其中引物对 PK-F1/PK-R 可专一扩增 6VS·6DL 易位系 Pm97033 及其抗病亲本，而 PK-F2/PK-R 可同时特异扩增 2 个不同来源的簇毛麦 6VS 染色体，且二者间的特异片段具有多态性。

赵万春等（2012）根据定位于普通小麦 1DS 和 1BL 上的 EST 序列设计 96 对 STS 引物，对中国春、簇毛麦、中国春—簇毛麦 1V 附加系和易位系进行扩增分析，开发出簇毛麦 1V 染色体臂的 STS 标记 4 个，其中，BE499250-STS 和 BE591682-STS/RsaI 为共显性标记，可以扩增出 1 条 1VS 片段和 1 条 1DS 片段，并能将 1DS 和 1AS、1BS 区分开来。BE581358-STS/HaeIII 和 BE585781-STS/RsaI 是显性标记，能分别扩增出 2 条和 1 条 1VL 片段。这些标记已成功地应用于小麦—簇毛麦补偿性整臂易位系 T1DL·1V#3S 和 T1DS·1V#3L 的筛选与鉴定。

Zhang 等（2012）根据小麦 EST 序列设计跨内含子引物 5EST-237 和 5EST-238，对小麦、簇毛麦以及含簇毛麦 5VS 不同片段长度的小麦—簇毛麦渐渗系进行扩增，建立了簇毛麦 5VS（含软粒基因）特异分子标记，为分子标记辅助选育软粒小麦奠定了基础。

Zhao 等（2013）利用 607 对 EST 引物和 82 对 SSR 引物对中国春、簇毛麦、中国春—簇毛麦双二倍体、4V（4D）代换系、4DL·4VS 易位系和 5DL·4VL 易位系进行扩增，结果从中鉴定出簇毛麦 4VS 特异标记 32 个、4VL 特异标记 26 个，为小麦背景中簇毛麦 4V 染色质的检测与鉴定提供了技术手段。

Zhang 等（2013）以小麦、簇毛麦、黑麦、山羊草等为材料，用 100 条 10 碱基随机引物进行 RAPD 分析，结果发现，引物 OPA5 可以在簇毛麦中扩增出一个特异 RAPD 片段，经克隆测序得其全长为 1 224bp，命名为 C1-10。以 C1-10 为探针对硬粒小麦—簇毛麦双二倍体和小麦—簇毛麦 6AL·6VS 易位系进行原位杂交，发现该探针能够杂交簇毛麦所有染色体上处端部和着丝粒以外的所有区域，因此，C1-10 是簇毛麦基因组一个特异高度重复序列。以 C1-10 为基础设计特异 PCR 引物，对供试材料进行扩增，发现该序列存在于簇毛麦 1V-7V 染色体上，可以作为分子标记检测具有簇毛麦染色质的后代。

为了调查 DNA 重复序列 pSc119.2 和 pAs1 以及两个 rDNA 多基因家族序列 45S rDNA 和 5S rDNA 在染色体上的分布模式并用于小麦外源染色体的准确识别及小麦育种工作，Zhang 等（2013）利用小麦—簇毛麦 1V-7V 附加系为材料，研究了上述 DNA 序列在簇毛麦 1V-7V 染色体上的杂交情况。结果发现，rDNA 探针 pTa71（45S rDNA）和 pTa794（5S rDNA）分别位于簇毛麦 1VS 和 5VS 上，可作为普通小麦背景下识别 1VS 和 5VS 的标记。以 pSc119.2 和 pAs1 为探针进行的荧光原位杂交结果显示，二者结合使用可以同时对簇毛麦 1V-7V 染色体进行区分与鉴定，为小麦背景中簇毛麦染色体的识别提供了检测手段。

He 等（2013）根据短柄草第三同源群短臂序列及小麦表达序列标签设计了 12 对内含子扫描引物（conserved-intron scanning primers，CISPs）对小麦和簇毛麦进行扩增，结果发现，其中的 11 对引物可以在小麦和簇毛麦中扩增出产物，其中的 6 对可以在簇毛麦 6V 染色体中扩增出多态性。对在供试材料中能扩增出但没有多态性的 6 条 DNA 带进行测序后设计引物，又获得了 5 个 6V 染色体特异标记。在在 9 个 6VS 特异共显性标记中，有 6 个可以有效地追踪 T6AL·6VS 与扬麦 18 F_2 杂种后代中的抗白粉病基因 $Pm21$。

EST-PCR 标记不仅可以广泛应用于小麦背景中外源染色体的检测，还可以用于小麦染色体与外源同源染色体的贡献性关系。Zhao 等（2014）为了获得簇毛麦 4V 染色体高密度特异标记，依据小麦 4A、4B 和 4D 共计 23 个区段上 EST 序列设计了 607 对 EST 引物，对小麦—簇毛麦双二倍体和涉及簇毛麦 4V 染色体的小麦—毛麦染色体系进行扩增，结果发现 607 对引物中的 9.23% 能在含 4V 染色质的材料中扩增出特异片段，并且其中的 30 个和 26 个特异标记可以被分别定位到簇毛麦 4VS 和 4VL 染色体臂上。建立的这批 4V 染色体特异标记可以用于鉴定涉及 4V 染色体的结构变异体，也可以应用于将 4V 染色体上优异基因向小麦转移的辅助选择。

马海丽等（2014）根据 NBS-LRR 类型 R 基因的保守序列设计引物，从簇毛麦基因组 DNA 和 cDNA 中扩增获得 23 条相关序列。根据其中的部分抗病基因同源序列设计引物，对小麦、簇毛麦、硬粒小麦—簇毛麦双二倍体及其杂种以及已知携带个别簇毛麦染色体或染色体臂的材料进行 PCR 扩增，结果发现，有 3 对引物可对簇毛麦和硬粒小麦—簇毛麦双二倍体进行特异扩增。进一步的扩增分析表明，源于序列 H-66/b2 的引物可对簇毛麦 1VL 和 6VL 染色体臂进行特异扩增，源于序列 CDS40 的引物可在同时携带 1VL 和 2VS 或同时携带 2VS 和 4V 的材料以及具有 6VL 的材料中特异扩增，为小麦背景中簇毛麦染色质的追踪与鉴定提供了新的分子标记。

为了确定导入小麦背景中的多年生四倍体簇毛麦染色体整臂片段的归属，李东海（2015）用 145 对 PLUG 引物、256 对 EST 引物和 56 对 COS 引物对小麦、小麦—多年生簇毛麦双二倍体及渐渗系进行扩增分析，结合限制性内切酶酶切分析，结果发现，引物 TNAC1485、TNAC1554、TNAC1567、TNAC1618、CINAU157a、CINAU446、CINAU448、CINAU455 和 COS93 可以在含多年生四倍体簇毛麦染色体 $5V^bL$ 或 $5V^bS$ 的材料中扩增出特异片段，是多年生四倍体簇毛麦染色体特异新分子标记，可以快速准确地鉴定和跟踪导入小麦背景中的多年生四倍体簇毛麦染色体片段。

Bie 等（2015a）依据短柄草及小麦族物种基因共线性关系，用苏氨酸丝氨酸激酶基因 *Stpk-V* 的序列基因间隔区设计引物，对含 *Pm21* 的 6V#2S 和含 *PmV* 的 6V#4S 等材料进行扩增，结果发现，标记 MBH1 不仅可以同时鉴定小麦 6AS 和 6DS，还可以同时鉴定含 *Pm21* 的 6V#2S 和含 *PmV* 的 6V#4S，为区分和追踪含 *Pm21* 和含 *PmV* 以及为分子标记辅助育种提供了检测方法。

Bie 等（2015b）根据小麦染色体第六同源群 EST 设计引物 6S-19 和 6L-4，对小麦、簇毛麦以及含簇毛麦不同 6VS 片段长度的小麦—簇毛麦渐渗系进行扩增，将分子标记 $6VS-_{381}$ 和 $6VL-_{358}$ 分别定位在簇毛麦 6VS 和 6VL 染色体末端。

Zhang 等（2015）以多年生簇毛麦、小麦、小麦—多年生簇毛麦部分双二倍体、小麦—簇毛麦双二倍体为材料，筛序源自水稻的 PLUG 引物和源自小麦的 EST 引物，建立了多年簇毛麦染色体 $5V^bL$ 特异标记 10 个、$5V^bS$ 特异标记 3 个。同时，还利用寡聚核苷酸探针 Oligo-pSc119.2、Oligo-pTa535 和 Oligo-$(GAA)_7$ 对小麦—多年生簇毛麦部分双二倍体 TDH-2 进行杂交，结果发现，结合染色体长度及长臂/短臂比例，Oligo-pSc119.2 和 Oligo-pTa535、Oligo-$(GAA)_7$ 均能够有效区分多年生簇毛麦全部染色体，为小麦背景中多年生簇毛麦染色体鉴定提供了方法。

Li 等（2016）利用寡聚核苷酸探针 Oligo-pSc119.2、Oligo-pTa535 和 Oligo-$(GAA)_7$对小麦—多年生簇毛麦部分双二倍体 TDH-2 和硬粒小麦—簇毛麦双二倍体进行 FISH 分析，结果发现，三探针在多年生簇毛麦和簇毛麦上的杂交信号有所不同，可以用于小麦背景中两物种染色体的鉴定。利用 PLUG 引物对中国春、中国春缺体四体、小麦—多年生簇毛麦部分双二倍体及小麦—多年生簇毛麦附加系等材料进行扩增，建立了多年生簇毛麦 $7V^b$ 特异 PLUG 标记 13 个。

簇毛麦属包含一年生二倍体簇毛麦、多年生二倍体簇毛麦和多年生四倍体簇毛麦，对于非分类学家来说，很难将这几个物种区分开，Hu 等（2016）利用 RAPD 技术对簇毛麦属物种进行分析，建立了可以有效区分该属物种的 RAPD 标记，进而将获得的 RAPD 标记转化为了扩增效果更好和更加稳定的 SCAR 标记。

Zhang 等（2017）从小麦—簇毛麦双二倍体的花粉进行辐射，利用基因组原位杂交和荧光原位杂交以及分子标记从其后代中鉴定出了中国春背景中的 4 个小麦—簇毛麦染色体罗伯逊易位、7 个小麦—簇毛麦染色体大片段易位和 9 个小麦—簇毛麦染色体小片段易位。利用细胞学和分子生物学技术手段对这批材料进行进一步鉴定，发现 4 个染色体中间易位系分别为 T5DL·4VL、T4BL·7VS、T4BS·7VL 和 T7AL·7VS 易位系。以已经鉴定清楚的涉及簇毛麦 42 个染色体区段的 52 个小麦—簇毛麦易位系或染色体删除系为材料，将建立的 72 个 EST-STS 标记定位到簇毛麦 42 个染色体区段中的 37 个区段上。

为了有效地检测小麦背景中的簇毛麦染色质，Zhang 等（2017）利用 RAPD 技术分离出簇毛麦基因组两个新的反转录转座子序列并成功转化为 2 个 SCAR 标记，并构建了簇毛麦染色体标准核型，为小麦背景中簇毛麦染色体的准确检测提供了有效方法。

建立覆盖簇毛麦整个染色体组并均匀分布在不同的染色体区域的分子标记，不仅有助于小麦背景中簇毛麦染色质的检测，还可以为小麦族物种同源染色体间的共线性关系提供信息。为了获得均匀分布在簇毛麦染色体上的高密度分子标记，Zhang 等（2017）对簇毛麦叶片基因组 DNA 进行了测序和组装。所有小麦染色体序列的外显子—外显子序列被用于识别和定位簇毛麦基因组中的基因内含子，进而评价了基于基因外显子设计引物扩增内含子长度多态性的可行性，研究共设计了 1624 个内含子靶向标记。利用中国春小麦、硬粒小麦—簇毛麦双二倍体和测序的簇毛麦 DNA 文库，建立了簇毛麦染色体特异 IT 分子标记 841 个。利用小麦—簇毛麦 1V-7V 附加系为材料，将 841 个 IT 标记分别定位到簇毛麦 7 对染色体上，其中 1V-7V 染色体特异标记分别为 135 个、175 个、120 个、89 个、140 个、71 个和 111 个。进而，利用小麦—簇毛麦端体系和整臂易位系为材料将这批标记分别定位到簇毛麦不同的染色体臂上，为研究簇毛麦单条染色体结构变异以及在簇毛麦染色体上的有用基因的选择和利用提供了有效的检测工具。

簇毛麦 4VS 染色体臂上含有抗黄花叶病毒基因 *Wss1* 和抗全蚀病基因。为了建立 4VS 染色体臂特异分子标记用于分子标记辅助育种工作，Wang 等（2017）利用流式细胞仪对 4VS 染色体臂进行了分拣并用 Illumina 测序仪对分拣的 4VS 臂进行了测序，进而利用 Hecate 软件对获得的序列进行组装。为了确定簇毛麦外显子序列及定位外显子间内含子序列，将组装好的 4VS 染色体臂序列与小麦 4AL、4BS、4DS 染色体臂以及粗山羊草 4DS 染色体臂序列进行比对，结果发现，簇毛麦外显子间（IT）长度片段多态性符合引物设计与标记开发的要求。Wang 等（2017）设计了 359 对引物，结果发现其中的 232 个簇毛麦 4VS 染色体特异标记，可用于小麦背景中簇毛麦 4VS 染色质的检测。

Li 等（2017）对接种白粉菌的小麦—簇毛麦染色体易位系 6V#4S·6DL（Pm97033）进行转录组测序，根据测序结果设计引物对小麦、簇毛麦、小麦—簇毛麦易位系 6V# 4S·6DL 等材料进行扩增，建立了簇毛麦 6V#4S 染色体特异标记 25 个。利用这 25 个标记对含 *Pm21*（6V#2S）和含 *PmV* 的材料进行分析，结果发现，其中有 3 个标记可用于区分 6V#4S 和 6V#2S，有 4 个标记仅能在 6V#4S 中扩增出特异片段，另外 18 个标记扩增的多态性结果没有差异，可用于鉴定小麦背景中的 6V#2S 和 6V#4S。

簇毛麦 6V#2S 和 6V#4S 染色体臂分别携带抗白粉病基因 *Pm21* 和 *PmV*，在与小麦的杂种后代中，抗病基因与外源染色体臂共分离。刘畅等（2017）对携带 6V#4S·6DL 染色体的小麦—簇毛麦易位系 Pm97033 及感病小麦亲本宛 7107 接种白粉菌的叶片转录组进行测序，通过差异基因筛选、共线性分析、簇毛麦基因组扩增及测序验证的方法鉴定出来自 6V#4S 的表达序列 P21461 和 P33259。根据序列 P21461 设计引物 P461-5，对含簇毛麦 6V#2S 和 6V#4S 染色体臂的材料进行扩增，结果发现，二者扩增产物具有 30bp 的插入缺失和 4 个核苷酸的多态性，将该多态性转化为标记 P461-5a，可以用于鉴定抗白粉病小麦品种和高代品系所含的外源染色体。根据 P33259 开发的标记 P259-1 仅在含 6V#4S 染色体臂的材料中有特异扩增，可作为 6V#4S·6DL 易位染色体的特异分子标记进行辅助育种工作。

为了追踪多年生簇毛麦 $1V^b$ 染色体，张洪军（2017）利用 PLUG 引物对小麦、小麦—多年生簇毛麦部分双二倍体、含 $1V^b$ 或含 $1V^bL$ 染色体的小麦—多年生簇毛麦渐渗系等材料进行扩增，获得了可用于检测小麦中多年生簇毛麦 $1V^bL$ 的分子标记 7 个（TNAC1017、TNAC1038、TNAC1057、TNAC1063、TNAC1071、

TNAC1076 和 TNAC1086）及 $1V^b S$ 的分子标记 5 个（TNAC1004、TNAC1005、TNAC1006、TNAC1008 和 TNAC1009）。

Sun 等（2018）根据小麦染色体第 6 同源群 EST 序列设计 297 对 EST 引物，对硬粒小麦—簇毛麦双二倍体、中国春—簇毛麦 1V-7V 附加系、小麦—簇毛麦 6V（6A）代换系、小麦—簇毛麦 6AS·6VL 和 6AL·6VS 易位系等材料进行扩增，相比对照小麦，发现有 32 对引物可以在含簇毛麦 6V 染色质的材料中扩增出特异片段。标记定位结果发现，其中 31 个为簇毛麦 6VL 特异标记，1 个为 6VS 特异标记。

第四节　偃麦草属物种染色质标记

Autrique 等（1995）利用 RFLP 标记对携带不同叶锈抗性基因的近等基因系进行多态性分析，结果发现，分别被定位到 7DL 和 3DL 染色体臂上的 8 个分子标记分别与来自长穗偃麦草的抗叶锈基因 Lr19 和 Lr24 共分离。其中，与 Lr9 共分离的 1 个 RFLP 标记，与 Lr32 紧密连锁的两个 RFLP 标记分别被定位到与抗性基因 3.3cM+/−2.6cM 和 6.9cM+/−3.6cM 的区间，获得的这些 RFLP 标记可用于抗叶锈基因 Lr19 和 Lr24 向感叶锈病的栽培小麦的转移辅助小麦抗病育种工作。

Gupta 等（2006）将与抗叶条锈病基因 Lr24 共分离的 6 个随机扩增的多态性 DNA（RAPD）标记中的 3 个 RAPD 标记（S130$_{2609}$、S1326$_{615}$ 和 OPAB$_{−1388}$）成功的转化为了多态性序列特异性扩增区（SCAR）标记。这些标记仅在含有 Lr24 的近等基因系中有扩增，因而，在分子标记辅助选择（MAS）育种中具有潜在的应用价值。

石丁溧等（2008）利用 160 对 SSR 引物对兼抗小麦条锈病和白粉病的普通小麦—中间偃麦草新种质 AF-2（可能是小麦—中间偃麦 2E 附加系）和小麦对照进行扩增，结果发现，引物 Xgwn382 能在中间偃麦草和 AF-2 中稳定地扩增出一条大约 90bp 的特异条带，而小麦亲本中不能扩增出该条带，因此，Xgwm382 可作为 AF-2 所附加中间偃麦草染色体的特异分子标记。

Linc G 等（2012）利用高度重复 DNA 序列作为多色 FISH 探针对小麦—长穗偃麦草二体附加系和 11 个双端体附加系进行核型进行分析，结果发现，多色 FISH 可以有效识别偃麦草每一条染色体和端体。此外，研究还发现，不同地理来源的 4 个长穗偃麦草的 FISH 核型杂交模式存在较大差异，但不影响对长穗偃麦草全部染色体鉴定。

陈士强等（2013）基于 SLAF-seq 技术获得了长穗偃麦草 1E 染色体特异片

段 368 个，随机选取其中的 80 个特异片段设计引物，开发了 20 个长穗偃麦草 1E 染色体特异分子标记、2 个长穗偃麦草基因组特异分子标记及 26 个其他特异分子标记。用这些特异标记能稳定检测出不同小麦—长穗偃麦草衍生材料中的 1E 染色体或染色体片段。

Chen 等（2013）基于 SLAF-seq 技术在长穗偃麦草 7E 染色体上成功扩增了 518 个特异片段，随机选取其中的 135 个片段设计引物 135 对，对小麦—长穗偃麦草 7E 附加系及小麦等材料进行扩增分析，获得了长穗偃麦草的特异性分子标记 89 个，为小麦背景中长穗偃麦草 7E 染色质的检测奠定了基础。

刘紫垠等（2013）利用细胞学和 SSR 技术对小麦与八倍体小偃麦杂交组合 NZ2W5 的衍生后代 12 个衍生单株进行鉴定，发现 NZ2W5 组合衍生后代的根尖细胞染色体数目均为 2n = 42。利用均匀分布于小麦各条染色体上的 480 对 SSR 引物对其进行分析，结果发现，Xbarc008、Xbarc195、Xwmc489、Xcfb3440、Xwmc331 和 Xgwm608 等 20 对引物可在中间偃麦草中扩增出特异条带，因此，可作为检测小麦背景中的分子标记。

Song 等（2013）以小麦、小麦—茸毛偃麦草 7St 染色体附加系 X484-3 等为材料，筛选源自水稻的 PLUG 引物，结果发现，145 对 PLUG 引物中 TNAC1805、TNAC1806、TNAC1812 和 TNAC1815 可在含茸毛偃麦草 7St 染色体的材料中扩增出特异 DNA 片段，而在对照中扩增不出这些 DNA 片段，因此，这些特异 DNA 片段可作为检测茸毛偃麦草 7St 染色体的特异分子标记。

为鉴定高抗白粉病的小麦—中间偃麦草衍生品系 CH5382，Zhan 等（2013）利用 125 对 PLUG 引物对 CH5382 和小麦等材料进行分子筛选，结果发现，TNAC1102 和 TNAC1567 可以在中间偃麦草、小麦—中间偃麦草部分双二倍体 TAI7044 和 CH5382 扩增出特异的条带，而对照小麦中扩增不出这些特异条带，因此，TNAC1102 和 TNAC1567 扩增出的这些特异条带是中间偃麦草特异分子标记。

Shen 等（2013）为定位来自百萨偃麦草 4J 染色体的蓝粒基因，利用物理定位在小麦染色体 4A、4B 和 4D 上的 EST，开发了 725 对 EST 引物，对百萨偃麦草、中国春、中国春—百萨偃麦草染色体系进行扩增，获得了 X4est174 和 X4est238 等 85 个百萨偃麦草 4J 染色体的特异分子标记。

Deng 等（2013）对小麦—中间偃麦草附加系 TAi-27 和中间偃麦草进行染色体涂染，发现在 TAi-27 中一对最小的外源染色体整条染色体上都有杂交信号，另一对外源染色体杂交信号分布在着丝粒周围，因此，所用原位杂交探针具有特异性。在中间偃麦草中，14 条染色体在着丝粒周围有强烈的信号，9 条染色体有窄而弱信号，剩余染色体上没有杂交信号。利用拟鹅观草基因组 DNA

和 pDb12H 进行的顺序 FISH/GISH 结果表明，最小的外源染色体是 St 染色体，并且不同染色体中重复序列分布可能是相似的。因此，将染色体涂染用于物种鉴定研究可行的，对多倍体植物不同基因组的染色体变异和重复序列分布的检测是有用的。

Ma 等（2013）利用基因组原位杂交和 RAPD 方法等对含小麦—中间偃麦草 7Ai-1 染色质的杂交后代材料进行鉴定，结果发现，抗大麦黄矮病的 Y95011 和 Y960843 中小麦染色体末端含有来源于 7Ai-1 的染色体片段。利用 120 条随机引物对含 7Ai-1 抗病植株和不含 7Ai-1 感病植株进行 RAPD 扩增，结果发现，有两条引物可在抗病植株中扩增出特异片段而感病植株中扩增不出这些特异片段，因此，可作为分子标记用于鉴定小麦背景中含大麦黄矮病抗病基因的 7Ai-1 染色质。此外，研究还发现，从中间偃麦草中分离的特异反转录转座子类似序列 pTi28 可用于鉴定小麦背景中的中间偃麦草染色质。

Gong 等（2013）以二倍体长穗偃麦草基因组 DNA 和小麦基因组 DNA 为模板，利用 280 条 RAPD 引物对其进行扩增寻找 E 基因组特异性片段。获得了 6 个长穗偃麦草基因组特异 RAPD 片段，再对其进行克隆测序以及对含 E 基因组物种和小麦族不同染色体组材料进行扩增验证的基础上，将这些 RAPD 标记转化为 SCAR 标记。以荧光标记的克隆 RAPD 片段为探针对小麦—二倍体长穗偃麦草双二倍体进行荧光原位杂交，结果发现，其信号在除染色体末端和着丝粒处均具有弥散杂交信号，因此，可以作为检测小麦背景二倍体长穗偃麦草染色质的细胞遗传标记。

秦树文等（2014）用 TRAP 技术设计了 138 对 SCAR 引物，对中国春、长穗偃麦草、中国春—长穗偃麦草附加系等材料进行 PCR 扩增，获得了 30 个长穗偃麦草特异 SCAR 标记。利用这些特异 SCAR 标记对硬粒小麦（AABB）与异源六倍体小偃麦（AABBEE）杂交 F_2 中 38 个单株进行扩增鉴定，发现 9 个单株仅附加了 1 条 E 染色体，部分单株含多条 E 染色体，因此，这些 SCAR 标记可用于检测小麦背景中的长穗偃麦草染色体。

李晨旭等（2015）利用百萨偃麦草分蘖期叶片 RNA-seq 获得的 EST 序列与节节麦 D 基因组序列进行比对，鉴定出 4957 条没有相似性的序列作为筛选百萨偃麦草特异序列的基础序列。从这些基础序列中随机选择部分序列设计 EST-PCR 引物 507 对，对普通小麦中国春、百萨偃麦草和中国春—百萨偃麦草双二倍体中的扩增分析，获得百萨偃麦草特异扩增引物 204 对。利用 8 个中国春—百萨偃麦草异染色体系，共定位了 198 个百萨偃麦草特异标记，分别位于染色体 1J（31 个）、2JS（15 个）、2JL（26 个）、3JS（20 个）、4JS（12 个）、4JL（12 个）、5J（27 个）、6JS（13 个）、6JL（22 个）和 7JS（20 个）。利用定位于 1J

和 6J 的特异标记确定了 4 个易位系的染色体身份，其中 1 个涉及 1J 的大片段易位，2 个涉及 6JS 的不同区段易位，1 个为小片段中间插入易位；利用这些易位系将 30 个 1J 和 12 个 6J 特异标记分别定位于 2 个物理区段。

Zhan 等（2015）利用 155 对 PLUG 引物对小麦、小麦—中间偃麦草部分双二倍体 TAI7047 与小麦系绵阳 11 杂交后代 CH13-21 进行鉴定，获得 TNAC1752、TNAC1702 等 10 个 CH13-21 特异分子标记。因为这些引物均属于染色体第六同源群，结合细胞学鉴定认为 CH13-21 是一个新的 T6BS·6Ai#1L 罗伯逊易位系。

Qi 等（2015）利用 EST-STS、SSR 等引物对小麦—中间偃麦草 2J 附加系和小麦对照等进行扩增分析，结果发现，BE425942、BF482714、Xgdm93 和 BV679214 等引物可以在 SN100109 扩增出特异 DNA 片段，因此，上述引物扩增出的中间偃麦草特异性片段可以作为检测小麦背景中的中间偃麦草 2J 染色质。

Dundas 等（2015）筛选了 32 个小麦族物种染色体第六同源群长臂的探针，结果发现，其中的 24 个探针可以在长穗偃麦草染色体 6Ae#1 和小麦中获得多态性，可以作为检测小麦背景中长穗偃麦草染色体 6Ae#1 染色质。利用上述 24 个探针、顺乌头酸酶和戊二酸戊二酸转氨酶等同工酶、秆锈病鉴定等方法筛选 *ph1bph1b* 背景下小麦—偃麦草种质 1406 个幼苗，发现有 11 个株系的 6Ae#1 染色体发生重组，且其中 7 份抗秆锈病，检测结果发现它们均含抗秆锈基因 *Sr*26。其中 6 个株系涉及小麦 6A 染色体重组，其中 4 个株系涉及 6D 染色体重组。进而根据物理图谱将基因 *Sr*26 定位在 6Ae#1 染色体末端。

Chen 等（2015）根据大麦和水稻的反转录酶和长末端重复保守区设计 11 对引物，利用这 11 对引物左引物和右引物相互组合，从中选取 52 对引物对扩增中国春—长穗偃麦草附加系、代换系及亲本进行扩增，获得了分布于长穗偃麦草七个 E 染色体组简单序列间重复（ISSR）、反转录子扩增多态性（IRAP）和反转录子微卫星扩增多态性（REMAP）片段 145 个。对其中的 60 个特异片段进行克隆测序，在 GenBank 上进行比对，发现 34 个序列是长穗偃麦草特异序列，与小麦序列完全不同源。利用这 34 个序列设计了 34 对特异引物，对供试材料进行扩增分析，开发获得了长穗偃麦草染色体特异 SCAR 分子标记 13 个。

崔雨等（2016）利用 RNA-seq 技术对中间偃麦草及其基因组供体二倍体长穗偃麦草、百萨偃麦草、拟鹅观草的苗期叶片进行转录组测序，根据测序结果设计合成 200 对 EST-SSR 引物。利用合成的引物对普通小麦、中间偃麦草及其基因组供体材料进行 DNA 扩增分析，结果发现，有 75 对引物（37.5%）在中间偃麦草、二倍体长穗偃麦草、百萨偃麦草和拟鹅观草中具有特异扩增，表明利用 RNA-seq 技术开发 EST-SSR 引物可以高效地用于中间偃麦草基因组特异分子标记开发。

姚涵等（2016）构建了十倍体长穗偃麦草小片段质粒文库并对文库进行高密度点杂交筛选，结合荧光原位杂交技术获得 7 条偃麦草基因组特异的重复序列，利用 FISH 对这些重复序列在不同基因组及染色体上的分布特点进行分析，结果发现，其在十倍体长穗偃麦草和六倍体中间偃麦草所有染色体两臂上均呈弥散型分布，且在不加小麦封阻 DNA 的情况下，能明确区分八倍体小偃麦中的偃麦草和小麦染色体，因而，可以作为偃麦草染色体的细胞遗传标记。此外，基于这些特异重复序列还开发了 90 对引物，对中国春、十倍体长穗偃麦草和八倍体小偃麦等进行扩增，筛选出 36 个偃麦草基因组特异 PCR 标记。

基于百萨偃麦草染色体 4JL 的 DNA 序列，Du 等（2016）开发了百萨偃麦草特异的新寡聚核苷酸探针 4 个，用于筛选鉴定可以快速有效鉴别小麦中百萨偃麦草染色体的细胞遗传标记。结果发现，探针 DP4J27982 可以有效迅速的鉴定中国春—百萨偃麦草附加系、中国春—百萨偃麦草渐渗系中的小麦和百萨偃麦草染色体。

小麦—长穗偃麦草 7EL 端体附加系抗小麦赤霉病，具有重要研究价值。Fedak 等（2016）对感染赤霉菌的中国春、中国春—长穗偃麦草 7EL 端体附加系进行 RNA 测序，发现了一批与赤霉抗性相关的差异表达基因，并设计引物对其中的 135 个候选基因进行了检测。此外，还成功开发了 48 个 7EL 染色体 EST 标记，对 CS-7E（7D）×2 * $CSph1b$ 组合的两个 BC_1F_2 群体进行分析鉴定，认为这些标记在鉴定涉及小麦 7D 染色体–偃麦草 7E 染色体重组体非常有用。

He 等（2017）发现十倍体长穗偃麦草与烟农 15 杂交后代株系 SN0224 对白粉病表现免疫，利用 SSR 引物对烟农 15、长穗偃麦草等材料进行扩增，结果发现，Barc212、Xwmc522 和 Xbarc1138 可以在含偃麦草染色质的材料中扩增出特异 DNA 片段，因此，可以作为检测小麦背景中偃麦草染色质的分子标记。

Cui 等（2018）利用 pSc119.2-1、pAs1-4、$(GAA)_{10}$、$(AAC)_6$ 和 pTa71 等寡核苷酸探针组合对小麦、中间偃麦草和小麦—中间偃麦草双二倍体 TE256-1 进行荧光原位杂交，结果发现，上述探针结合使用可以对 TE256-1 的全部染色体进行清晰的分类和鉴定，建立了中间偃麦草细胞遗传学标记。

Lang 等（2018）为鉴定 Z4（2n=44）的染色体组成，利用多色荧光原位杂交和分子标记对其进行分析，结果发现，Z4 含有两对非罗伯逊易位系，T3DS-3AS·3AL-7JSS 和 T3AL-7JSS·7JSL，同时缺失了一对小麦染色体 3A。利用定位在染色体第 7 同源群的 50 对 PLUG 引物对 Z4 及相关对照的 DNA 进行扩增，结果发现，TNAC1771 和 TNAC1797 等 42 对引物可在 Z4 中扩增出特异条带，而小麦对照中没有扩增出这些条带，因此，TNAC1771 和 TNAC1797 等引物扩增的 Z4 特异条带是中间偃麦草 7Js 的分子标记。

刘新伦等（2017）研究发现，普通小麦—十倍体长穗偃麦草衍生新品种西农 509、西农 511 和西农 529 中抗赤霉病。PCR 扩增发现，105 个长穗偃麦草 E 基因组特异标记中有 7 个在 3 个新品种中均能扩增出长穗偃麦草的特异条带，其中 5 个标记定位于 7EL 染色体臂上，2 个标记定位于 7ES 染色体臂上。利用 97 个定位于 7E 染色体的特异标记进一步对小偃 693、小偃 597 和上述 3 个新品种的遗传片段进行鉴别，结果表明，20 个标记能在 5 个长穗偃麦草衍生品种/系中扩增出十倍体长穗偃麦草的特异条带，其中包括与 *Fhb*7 紧密连锁的 XsdauK8、XsdauK144、XsdauK27、XsdauK99、Xcfa2040 和 XsdauK116 等 6 个标记。

Tanaka 等（2017）小麦—长穗偃麦草 1E 附加系、小麦—长穗偃麦草罗伯逊易位系 T1AS·1EL、中国春、Norin 61 等为材料，筛选源自水稻的 PLUG 引物，发现引物 TNAC1009、TNAC1010 和 TNAC1035 等引物可以在 1E 附加系或/和易位系 T1AS·1EL 扩增出多态性条带，而在对照小麦中扩增不出这些条带，建立了长穗偃麦草 1E 特异标记 33 个，其中，20 个是 1EL 染色体特异标记，13 个是 1ES 染色体特异标记。

Lou 等（2017）分析中国春与中国春—长穗偃麦草双二倍体转录组数据，获得 E 基因组基因与小麦间差异 SNPs 共计 35 193 个，利用比较基因组学技术对随机选取的 420 个 SNP 进行染色体定位，结果将其中的 373 个分别定位到长穗偃麦草 1E-7E 染色体上。利用其中的 14 个 SNPs 可以作为检测小麦背景中长穗偃麦草染色质的分子标记，对 78 个小麦—长穗偃麦草杂交后代材料进行检测，筛选到一个 6E-7E 染色体重组体。

Grewal 等（2018）以寡聚核苷酸 pSc119.2 和 pAs-1 为探针对小麦—百萨偃麦草杂交种质进行鉴定，发现两探针在百萨偃麦草 1J-7J 染色体上的杂交信号不同，可以用于小麦中百萨偃麦草染色体识别，是百萨偃麦草细胞遗传标记。同时，利用芯片对小麦—百萨偃麦草杂交种质进行分析，获得 SNP 共计 22 606个。对获得的 SNP 进行染色体物理定位，共将 1 150个 SNP 标记定位到百萨偃麦草染色体上。

Lang 等（2018）以小麦—中间偃麦草种质 Z4、小麦—中间偃麦草染色体易位系 T3DS-3AS·3AL-7J^{s}S 和 T3AL-7JSS·7J^{s}L、小麦对照为材料筛选 PLUG 引物，获得了可以检测小麦背景中中间偃麦草 7J^s 染色体的特异标记 41 个，其中 7J^{s}S 特异标记 22 个，另外 19 个为 7J^{s}S 或 7J^{s}L 特异标记。

Liu 等（2018）基于特异性位点扩增片段测序（SLAF-seq）技术开发了 67 个长穗偃麦草特异性分子标记和 8 个长穗偃麦草特异的 FISH 探针。这些标记和探针可用于小麦中长穗偃麦草染色质的检测。

Li 等（2018）利用不同的重复序列探针鉴定小偃麦 8801 和两个四倍体长穗

偃麦草，结果发现，探针 pSc119.2、pTa535、pTa71 和 pTa713 结合使用可以有效鉴定所有的 E 染色体，建立了长穗偃麦草染色体特异细胞学标记。利用这些标记对 8 个小麦—长穗偃麦草杂交后代进行分析和鉴定，发现这些标记可以快速识别小麦背景中的长穗偃麦草染色体。

Cui 等（2018）利用 pSc119.2-1、pAs1-4、$(GAA)_{10}$、$(AAC)_6$ 和 pTa71 等多重寡核苷酸探针组合对小麦、中间偃麦草和小麦—中间偃麦草双二倍体 TE256-1 进行荧光原位杂交，发现上述探针可以对 TE256-1 的全部染色体进行清晰分类和鉴定，并检测到 TE256-1 中小麦染色体的结构变异，为小麦背景中中间偃麦草染色体的鉴定提供了鉴定方法。

第五节　鹅观草属物种染色质标记

陶文静等（1999）用小麦族物种染色体 7 个同源群的 40 个 RFLP 探针对小麦—纤毛鹅观草二体附加系进行分析，在证实了原有细胞学鉴定结果的基础上，又进一步提供了纤毛鹅观草染色体部分同源群的分子证据。对经染色体 C 分带筛选到的异附加系及其衍生后代株系共 7 份材料进行 Southern 杂交，结果发现，RFLP 标记仅在 4 份材料中检测到纤毛鹅观草染色质。染色体 C 分带的结果认为 96K025、96K030 中分别附加了纤毛鹅观草染色体 B、D。用来自染色体第 2 同源群长臂和短臂探针 Psr101、Psr934、BCD292、CDO418、KSUF11 和 CDO684（其中探针 Psr101、Psr912、KSUF11 位于两臂着丝粒附近）对 96K025 和 96K030 进行检测，发现二者中含有完全相同的纤毛鹅观草特异带，因而，上述探针可用于检测小麦背景中的纤毛鹅观草染色质。

Wang 等（2001）利用染色体 C 分带、GISH、FISH 和 RFLP 鉴定了小麦—鹅观草染色体系 DA2S^c#1、Dt2S^c#1L、DA3S^c#1、dDA1S^c#2+5Y^c#1、DA5Y^c#1、DA7S^c#1、DA7Y^c#1 和 MA? Y^c#1。以重复序列 pCbTaq4.14 为探针的 RFLP 可在含 S^c 染色体的材料中上检测到信号，因此，该探针可作用 S^c 染色体组的特异标记。以序列 pCbTaq2.5 为探针的 RFLP 结果显示，pCbTaq2.5 可在 DA7Y^c#1、DA7S^c#1、DA5Y^c#1 和 dDA1S^c#2+5Y^c#1 材料中获得杂交信号，因此，可作为检测鹅观草 7Y^c#1、7S^c#1 和 5Y^c#1 等染色体的标记。

万平等（2002）选用来自小麦族 7 个部分同源群的 26 个 DNA 探针对 45 个小麦—鹅观草衍生后代株系及鹅观草、中国春和扬麦 5 号亲本进行 RFLP 分析。结果表明，探针 CD0658-1 能在附加系 K139 和 K141 中检测到鹅观草遗传物质，探针 CD0658-2 能在附加系 K177、K214 和 K218 中检测到鹅观草遗传物质，探针 CD0658-3 能在附加系 K203 和 K219 中检测到鹅观草遗传物质，探针 BCD442-1

能在附加系 K139 和 K141 中检测到鹅观草遗传物质，探针 BCD442-2 能在附加系 K141 和 K147 中检测到鹅观草遗传物质，探针 BCD442-3 能在附加系 K193、K203、K219 和 K224 中检测到鹅观草遗传物质，探针 BCD738 能在附加系 K139、K141、中检测到鹅观草遗传物质。探针 CD0395、BCD22、BCD828、CD01335、BCD508-1、BCD508-2、BCD508-3、CD0342、PSR113-1、PSR113-2、PSR113-3、PSR113-4、CD1091-1、CD1091-2、BCD1338 和 CD01199 均能在附加系 K136、K139、K141 等 14 个附加系中的至少 1 个附加系中检测到鹅观草遗传物质，因此，均可作为分子标记检测小麦背景中的鹅观草染色质。

王春梅等（2007）利用中国春和鹅观草间扩增出多态性带的 33 对 EST-STS 引物对鹅观草二体异附加系 DA1Rk#1、异代换系 DS1Rk#1（1A）、端体系 DA1Rk#1L、易位系 T1Rk#1S·W 和长臂缺失系 Del1Rk#1L 进行分析，从中筛选出 5 个鹅观草 1Rk#1 特异标记，$CINAU27-_{960}$、$CINAU28-_{1360}$、$CINAU29-_{480}$、$CINAU30-_{560}$ 和 $CINAU31-_{520}$。其中 $CINAU27-_{960}$ 和 $CINAU29-_{480}$ 位于鹅观草 1Rk#1 短臂上，$CINAU30-_{560}$ 可能位于鹅观草 1Rk#1 短臂中部；$CINAU31-_{520}$ 位于鹅观草 1Rk#1 长臂上；$CINAU28-_{1360}$ 位于鹅观草 1Rk#1 长臂上，通过长臂缺失系将其定位在 1Rk#1 长臂远端。

孔令娜等（2008）随机选取定位于小麦和大麦染色体 7 个同源群上的 135 对 EST、27 对 STS 和 253 对 SSR 引物对中国春、Inayama Komugi、纤毛鹅观草和 Inayama Komugi—纤毛鹅观草双二倍体基因组 DNA 进行扩增，筛选出能在小麦和纤毛鹅观草间扩增多态性的引物 55 对，并用这些引物对 24 个可能的二体异附加系进行扩增，结果发现，有 31 对引物可以在 17 个异附加系中扩增出纤毛鹅观草特异多态性条带。其中，定位于小麦第一部分同源群的 EST 引物 BE494853 和 BE500374，定位于小麦第二部分同源群的 EST 引物 BF293175、CD453628、BE442924-2 和 SSR 引物 Xgdm93 和 Xwmc407，定位于小麦第 6 部分同源群的多态引物 BE443156、BE471191、BE442865、BG263579-1、BE490604、BF201597、BE445161、CINAU15 和 Xgdm127 在纤毛鹅观草、普通小麦—纤毛鹅观草双二倍体中扩增出纤毛鹅观草特异条带。因此，上述引物扩增出的纤毛鹅观草特异多态性片段可作为分子标记用于检测小麦背景中纤毛鹅观草染色质。

别同德等（2009）对小麦—鹅观草 1Rk#1 附加缺失系（DA1Rk#1）进行顺次 C 分带/45S rDNA-FISH，结果发现，1Rk#1 短臂具有 45S rDNA 位点。为了确定 45S rDNA 位点与 GISH 后的红色带纹是否一致，对小麦—鹅观草二体附加系经辐照后的 M_2 代个体进行了顺序 GISH 和 45S rDNA-FISH 分析，发现 GISH 图像中具有红色带纹的外源片段的相应区域对应 1 对 45S rDNA 信号位点，因此，GISH 图像中的红色带纹可以作为 1Rk#1S 染色体臂的位置标记。

Kong 等（2018）用定位到小麦染色体 7 个同源群上的 1 845 个 EST-SSR 引物对中国春、Inayama komugi、Inayama komugi—纤毛鹅观草双二倍体和纤毛鹅观草进行扩增分析，共建立纤毛鹅观草染色体特异标记 162 个，其中，$1S^c$ 标记 24 个（1EST-258-750bp 等）、$1Y^c$ 标记 5 个（1EST-258-650bp 等）、$2S^c$ 标记 11 个（2EST-125-750bp 等）、$2Y^c$ 标记 15 个（2EST-125-300bp 等）、$3S^c$ 标记 12 个（3EST-21-650bp 等）、$3Y^c$ 标记 16 个（3EST-21-800bp 等）、$4S^c$ 标记 25 个（4EST-19-650bp 等）、$4Y^c$ 标记 20 个（4EST-19-350bp 等）、$5S^c$ 标记 9 个（5EST-10-450bp 等）、$5Y^c$ 标记 15 个（5EST-10-150bp 等）、$6S^c$ 标记 26 个（6EST-6-800bp 等）、$6Y^c$ 标记 26 个（6EST-6-350bp 等）、$7S^c$ 标记 3 个（7EST-213-300bp 等）和 $7Y^c$ 标记 10 个（7EST-213-600bp 等）。

第六节　拟鹅观草属物种染色质标记

刘成等（2007）以拟鹅观草（*Pseudoroegneria spicata*）、偏凸山羊草（*Aegilops ventricosa*）、二倍体簇毛麦（*Dasypyrumvillosum*）、荆州黑麦（*Secale cereale* cv. Jingzhou rye）、普通小麦中国春（Chinese Spring）等 15 个物种为材料，用 200 条 10 碱基随机引物进行 RAPD 分析，筛选到拟鹅观草基因组中 1 个 542bp 的特异 DNA 片段（DQ992032），命名为 $OPH11_{542}$。根据 $OPH11_{542}$ 设计特异引物，对小麦族物种进行 PCR 扩增，发现拟鹅观草可以扩增 $OPH11_{542}$ 以及分子量分别为 742bp（DQ992033，记为 $OPH11_{742}$）和 743bp（EF014218，记为 $OPH11_{743}$）的 DNA 片段，而其他材料均未扩增出这 3 个片段。经序列比对结合多个软件的分析结果认为该 3 个片段为同一类新重复序列。利用特异引物对 15 份含 St 染色体的物种进行扩增，发现含 StY 染色体组的物种均能扩增出 $OPH11_{742}$ 或 $OPH11_{743}$，而含 StH 染色体组的物种均能扩增出 $OPH11_{542}$。认为 St 染色体组在与其他染色体组组合形成多倍体的过程中往往会出现不同程度的重组或修饰，并且 $OPH11_{542}$、$OPH11_{742}$ 和 $OPH11_{743}$ 可以作为检测 St 染色体的分子标记。

曾子贤等（2008）以拟鹅观草（*Pseudoroegneria spicata*）、中间偃麦草（*Thinopyrum intermedium*）、长穗偃麦草（*Th. elongatum*）、二倍体簇毛麦（*Dasypyrum villosum*）、澳冰草（*Australopyrum retrof ractum*）等 10 份小麦族物种为材料，对 100 条 ISSR 引物进行分析，结果显示引物 811 可以在拟鹅观草（GenBank 登录号为 EU368859）和中间偃麦草中扩增出一条长 441bp 的特异 DNA 片段命名为 St_{441}，而其他供试物种均未扩出。经序列比对、软件分析结合原位杂交结果认为 St_{441} 为一类新的低拷贝重复序列。利用 ISSR 引物 811 对 10 份不同居群的中间偃麦草、20 份披碱草属物种、4 份小麦—偃麦草部分双二倍体、6 份小麦—茸毛偃麦草后代和 12 份小麦对照进行扩增，结果发现除对照小麦外均能扩增出 St_{441}；进而对小麦—中间偃麦草两套附加系进行扩增，将 St_{441} 初步定位于包括第四同源群在内的 8 条 St 染色体上。同时，发现只含有整条 St 染色体和 St 染色体片段的材料能扩增出 St_{441}，而仅有 Js 染色体的材料未扩增出 St_{441}。因此，该标记 St_{441} 可以作为检测不同背景下 St 染色质的分子标记。

第七节 冰草属物种染色质标记

吴嫚等（2007）以二倍体、四倍体和六倍体冰草以及中国春、Fukuho、栽培一粒小麦和硬粒小麦等为材料进行 RAPD 分析，从 520 个 RAPD 随机引物中，筛选出 2 个 P 基因组特异的 RAPD 分子标记 OPC04 和 OPP12。利用 OPC04 和 OPP12 对小麦族其他基因组植物和 8 个小麦—冰草二体附加系进行扩增，结果表明 OPC04 和 OPP12 在 ABD、C、E、AG、I、M、R、S、V 和 Y 等基因组中没有扩增，而 8 个小麦—冰草二体附加系均能扩增出此 2 个标记，因此，OPC04 和 OPP12 是冰草 P 基因组的特异 RAPD 标记，可用于鉴定小麦—冰草重组系中的 P 基因组染色质。

Wu 等（2010）采用随机扩增多态性 DNA 鉴定和分离获得了 3 个 P 基因组特异性重复序列 OPX07-1036、OPX11-817 和 OPC05-1539。3 个 RAPD 标记均可以在冰草、小麦—冰草附加系等含冰草染色质材料中获得扩增。为了方便用于小麦 P 基因组染色质的检测，Wu 等（2010）又将 RAPD 标记转化成了 SCAR 标记。荧光标记 DNA 为探针的原位杂交表明，它们分布在冰草的所有染色体上，因此在研究小麦 P 基因组染色质的基因渗入具有重要意义。

Luan 等（2010）利用开发的 7 个 6P 特异性序列标签位点（STS）标记（For3-G02260，For5-E08121，For8-G11181，For14-B02114，For15-D06610，For22-B10185 和 For22-E03150）和一个序列特异性扩增区（SCAR）标记 $SC5_{815}$ 对小麦—冰草易位系进行了分析。结果发现，15 个供试小麦—冰草染色体易位系和 2 个渐渗系均能扩增出冰草染色体 6P 的特异性标记，因此它们都含冰草 6P 染色质。其中，小麦—冰草 6PS 易位系 WAT18-1 和 WAT24-1 能扩增出标记 For3-G02260、For5-E08121 和 For22-B10185，因此它们是冰草 6PS 特异性标记。小麦—冰草 6PL 易位系 WAT17-1、WAT19-1、WAT23-1 和 WAT26-3 能扩增出标记 For8-G11181、For14-B02114、For15-D06610 和 For22-E03150，因此这 4 个标记是冰草 6PL 特异性标记。SCAR 标记 $SC5_{815}$ 能在含冰草 6P 染色体短臂或长臂材料中获得扩增，因此，$SC5_{815}$ 是冰草 6P 染色体特异标记。

为高效率检测由小麦—冰草 6P 附加系衍生的易位系和渐渗系，代程等（2012）以普冰 4844-12 及其亲本普通小麦 Fukuho 和冰草 Z559（2n = 4x = 28，PPPP）为材料，通过利用冰草转录组测序获得的 EST 序列设计 P 基因组 EST 引物，筛选在普通小麦背景下的 6P 染色体特异分子标记。结果从 1 453 对 P 基因组 EST 引物中筛选出 130 对小麦—冰草 6P 附加系特异标记引物。对其中部分具有功能注释的 EST 标记对中国春、小麦—冰草 6P 易位系等材料进行了检测，证实这些标记是 6P 染色体特异标记。这些冰草 6P 染色体特异标记的开发为大规模地鉴定小麦—冰草衍生后代中 P 染色质成分奠定了基础。

Han 等（2014）利用 SSR 引物以及 Chen 等（2005）设计的 EST-SSR 引物农机 563 对引物对小麦、小麦—冰草附加系等材料进行分析，从中获得 Wmc716、Xgwm268、Swes215 等 51 个 P 基因组特异 SSR 或 EST-SSR 标记。

Zhang 等（2015）通过对四倍体冰草的旗叶和幼穗进行转录组测序，获得了 9000 万的原始数据，组装成 73664 个功能基因，并将所有的功能基因注释到 KEGG、COG 和 Gene 数据库。进而以冰草转录组数据库为基础，开发了冰草特异 EST-STS 标记和冰草 P 基因组特异的 SLAF 标记 9 个，并用获得的分子标记对小麦—冰草附加系和易位系进行了鉴定。

Dai 等（2016）从小麦—冰草杂交后代中筛选出一个携带小麦—冰草 5A-6P 易位染色体的小麦株系 SM2-244，该株系较对照小麦可育分蘖数和穗粒数显著增加。基因组原位杂交（GISH）分析发现，其子代材料中含有 4 种新的易位染色体，标记为 TC-A、TC-L、TC-S 和 TC-T。将冰草 6PL 自着丝粒到染色体末端按片段长度 0~0.32、0.32~0.69、0.69~1 分为 3 段。用 6P 特异性 EST 引物进行筛选，将 24、30、20、56 个 EST 标记分别分配到 C-6PL-0.32、6PL-0.32-0.69、6PL-0.69-1 和 6PS 片段上，为小麦育种中冰草染色体 6P 上的理想基因所在区段标记的开发和利用提供了实验资源和工具。

Song 等（2016）以小麦—冰草 6P 染色体易位系和小麦对照为材料筛选 STS 引物，获得冰草 6P 染色体特异 STS 标记 255 个，构建了含冰草 6P 染色体的 31 个区段的精细物理图谱，为小麦背景中冰草 6P 染色质的追踪提供了工具。

Han 等（2017）利用简并寡核苷酸引物聚合酶链反应（degenerate oligonucleotide primed-polymerase chain reaction，DOP-PCR）分离了来自冰草的 DNA 序列，利用点杂交和序列分析确证其中的 48 个序列为 P 基因组序列并用荧光原位杂交对这些序列的染色体位置进行了定位。进而，通过与小麦物种对应序列进行比对分析，并对小麦族物种及小麦—冰草渐渗系进行扩增，建立了冰草 P 染色体组特异标记 34 个。

Zhou 等（2017）对冰草及小麦进行转录组测序，从中鉴定出 214854 个转录本，对其中 3457 个重点性状基因进行了鉴定，发现其中大部分基因在小麦和冰草间保守性较强（亲缘关系大于 95%）。从另外那匹配性较差的 5% 序列信息中鉴定出了 862340 个序列变异位点。进而，以小麦、冰草及含 P 染色体组的其他种质为材料，利用 KASP 技术对其中的 53 个 SNP 进行检测，获得了小麦与冰草多态性标记信息。

Said 等（2018）对冰草基因组 DNA 进行测序并对新的串联重复序列进行了发掘，进而利用荧光原位杂交技术（FISH）对除了 5S 和 45S 核糖体 DNA 外的 5 个重复序列和黑麦亚端粒重复序列 pSc119.2 和 pSc200 在冰草染色体上的分布情况进行了研究。结果发现，用一个串联重复和 45S rDNA 联合使用可以鉴定清楚冰草所有染色体。利用单拷贝 cDNAs 为探针的 FISH 分析结果表明，小麦和冰草基因共线性较差，并且冰草 2P、4P、5P、6P 和 7P 染色体都发生了染色体重排，为小麦族的基因组进化提供了新的见解，也为促进冰草基因组的优异基因导入小麦提供了理论支撑。

Zhou 等（2018）用 660K SNP 芯片对冰草间杂交分离群体等材料进行分析，构建了长为 839.7cM 且含 913 个 SNP 标记的冰草遗传连锁图谱。利用获得的 SNP 标记对 35 个小麦—冰草染色体附加系或代换系进行检测分析，验证了这批标记在冰草染色体上的位置。

第八节　大麦属物种染色质标记

Islam（1980）用染色体 N 带对大麦染色体进行了鉴定，并证实 N 带可以用于鉴定小麦背景中的各条大麦染色体，进而，利用 N 带对小麦—大麦 F_1 杂交种以及小麦—大麦附加系进行了分析，证实了 N 带检测小麦—大麦染色体易位系或代换系的价值。

Mukai 和 Gill（1991）以按 1∶2 比例配比的生物素标记的大麦基因组 DNA 和封阻 DNA 对小麦—大麦染色体附加系进行鉴定分析，建立了检测小麦背景中大麦染色质的原位杂交鉴定技术。同时，还发现一个包含大麦特异性分散重复序列的 a-淀粉酶基因（gRAmy56）的基因组克隆也可以被用于检测小麦背景种的大麦染色体。

Giese 等（1993）将来自大麦的抗白粉病基因位点 Ml（La）位于大麦 2H 染色体上，并将其命名为 M1La。对来自冬性品种 Vogelsanger Gold 和春性品种 Alf 杂交后染色体加倍获得的含 72 条染色体春性材料后代进行连锁分析，构建了长度为 119cM 两侧为两个过氧化物酶基因位点的大麦 2H 染色体图谱，该图谱除包含大麦的 Laevigatum 抗性位点外，还包括 9 个 RFLP 标记、2 个过氧化物酶基因位点和大麦六棱基因位点，为大麦 2H 染色体特异标记的建立奠定了基础。

Nieto-Lopez 等（1994）筛选获得大麦 STS 标记，并利用这些 STS 标记已对抗蚜虫的小麦—大麦染色体杂交重组材料进行了检测。

Blake 等（1996）依据已有的大麦 RFLP 图谱将大麦的 RFLP 标记转换成了 STS 标记，转换后的 115 对引物能扩增出 135 个大麦特异带，遍布大麦所有染色体，其中 2H 染色体转化后的 STS 标记有 24 个，这样在对小大麦后代进行鉴定时，可以对照大麦的原 RFLP 图谱，选择合适的 STS 引物，进行标记辅助选择。

Shan 等（1999）分别用 12 对和 14 对 AFLP 引物组合检测了 21 个小麦缺体四体和 5 个小麦—大麦附加系，结果发现，小麦缺体四体中 36.8% 的 AFLP 片段和 22.3% 的小麦—大麦附加系的 AFLP 片段可以被定位到特定的染色体上，其中，小麦缺体四体 AFLP 标记 461 个，小麦—大麦附加系染色体特异 AFLP 标记 174 个。从聚丙烯酰胺凝胶中分离得到大麦染色体 AFLP 片段 10 个和小麦 3BS 和 4BS 染色体臂 AFLP 片段 16 个，对其进行重扩增、克隆并测序，然后根据这些序列设计大麦特异引物，对小麦和大麦基因组 DNA 进行扩增，结果发现，其中的 1 对引物可以在预期染色体上获得扩增，5 对引物能够在大麦所有染色体上扩增出特异片段而在小麦染色体上扩增不出这些片段，为小麦背景中大麦染色质的检测提供了技术手段。

Hernáhndez 等（1999）利用 RAPD 引物对小麦—智利大麦附加系等材料进行扩增，对获得 12 个特异 RAPD 片段进行克隆测序，并将其转化成了 STS 标记，对小麦—智利大麦双二倍体等材料的进一步的 PCR 结果显示，其中 11 个 STS 标记可以用于检测小麦背景中智利大麦染色质。

黄朝峰等（2000）对大麦、小麦和小麦—大麦 6H 染色体附加系进行 RAPD 分析，筛选出对 6H 染色体特异的 RAPD 标记 2 个，进而将其转换为特异性 PCR 标记并利用该标记对不同植物材料进行 PCR 扩增鉴定。

余波澜等（2001）选取大麦 1H 染色体的 STS 标记 MWG 913 特异性扩增小麦，对获得的特异片段进行克隆测序，把得到的序列同大麦的序列进行比较，依据比较结果，选取对大麦序列可以进行特异酶切的限制性内切酶，对来自大麦、小麦、黑麦、长穗偃麦草、中间偃麦草、簇毛麦的 MWG913 扩增产物进行酶切，建立了大麦 1H 染色体特异的 CAPs 标记。同时依据酶切位点碱基差异设计引物对扩增的产物进行第二次扩增，得到该位点染色体特异性 ASA 标记。

原亚萍等（2003）以小麦第二部分同源群短臂探针 psr131 对小麦—大麦杂交种质进行分析鉴定，发现小麦第二部分同源群短臂探针 psr131 可作为追踪大麦 2H 染色体的 RFLP 标记。

Cho 等（2005）利用 Barley1 Affymetrix 基因芯片对大麦 Betzes、中国春小麦

和中国春—Betzes 染色体附加系的转录本表达模式进行分析。结果在 Betzes 中检测到了 4 014 个大麦特异转录本，在小麦—大麦 2H、3H、4H、7H、6H 和 1H 染色体附加系中分别检测出 365 份、271 份、265 份、323 份、194 份和 369 份转录本。因此，在小麦遗传背景中共计检测到 1 787 个大麦转录本并利用这批附加系为材料，将获得转录本定位到大麦染色体上，为小麦背景中大麦染色质的检测提供了分子标记。

Ashida 等（2007）利用杀配子系统对普通小麦—大麦 5H 染色体附加系进行诱导，利用细胞遗传学方法对其后代进行鉴定，从中鉴定出了包含 5H 染色体片段缺失或易位等在内的涉及 5H 染色体结构变异的植株。利用 23 个含 5H 染色体片段（可将 5H 染色体分成 20 个区段）的株系为材料，将 97 个大麦 EST 标记定位到 5H 染色体上。

Somers 等（2007）利用 Affymetrix Barley1 基因芯片对大麦品种 Betzes、小麦品种中国春和中国春—Betzes 双末端体附加系进行了比较转录分析，将大麦的 1 257 个基因定位到染色体臂 1HS、2HS、2HL、3HS、3HL、4HS、4HL、5HS、5HL、7HS 和 7HL 上，其中单个染色体臂上的基因数目从 24~197 个不等。这些基因染色体位置的获得为大麦分子标记建立、不同物种基因组拉链信息获得以及大麦重要功能基因精细定位提供了重要信息。

Castillo 等（2008）利用 82 对 EST-SSR 引物对不同的智利大麦记性扩增，结果发现，82 个 EST-SSRs 位点中有 21 个（26%）在智利大麦中具有多态性。利用鉴定的多态标记对禾本科植物进行多态性检测，并用小麦—大麦附加系对这些 EST-SSR 标记进行染色体定位，发现鉴定出的 21 个多态性 EST-SSR 标记不仅可用于对智利大麦和野生大麦的近缘物种如 *H. murinum* 多态性分析，还可用于小麦标记辅助导入育种。

Said 和 Cabrera（2009）设计了 106 对大麦染色体 4H 特异引物（SSR 引物 62 对和 STS 引物 44 对）对智利大麦和小麦进行扩增，结果发现，8 对 SSR（12.9%）和 4 对 STS（9.1%）引物在智利大麦、普通小麦和硬粒小麦中可以扩增出出多态性。对之前获得的 18 个位于大麦 4H^{ch} 染色体上的 EST-SSR 大麦标记物进行多态性筛选，发现其中的 15 个在智利大麦、硬粒小麦和普通小麦中具有多态性。物理作图结果显示，共有 25 个标记（6 个 SSR、4 个 STS 和 5 个 EST-SSR 标记）被定位到染色体 4H^{ch}，其中 4H^{ch}S 上 8 个、4H^{ch}L 近端 30% 的区域 8 个、4H^{ch}L 远端 70% 的区域 9 个。

邹宏达（2012）以大麦 Betzes、小麦中国春、小麦—大麦 2H 染色体附加系、小麦—大麦 2H 染色体代换系 2H（2A）、2H（2B）和 2H（2D）为材料筛选出 10 对分别位大麦 2H 染色体短臂和长臂的染色体特异 SSR 分子标记。通过大麦第二部分同源群特异 SSR 分子标记，对组培 SC_1 代再生植株及其自交后代 SC_{2-5} 代植株进行逐代筛选，以追踪和鉴定大麦 2H 染色体。同时，用荧光 AFLP 对上述材料进行分析，结果检测到了多条大麦 2H 染色体及小麦 2A、2B、2D 染色体特异的 AFLP 片段，经回收测序后，将 AFLP 分子标记转换成 STS 分子标记并进行验证，共获得 2 条大麦 2H 染色体特异的 AFLP-STS 分子标记。

Fang 等（2014）以加州大麦基因组总 DNA、pTa71、pTa794 和 pSc119.2 为探针，用基因组原位杂交（GISH）和多色荧光原位杂交（FISH）技术对小麦品种中国春—加州野大麦双二倍体（$2n = 6x = 56$，AABBDDHH）进行分析，建立了加州野大麦的细胞遗传学标记，该标记可明确地从小麦染色体背景区分出加州野大麦染色体。此外，还建立了加州野大麦染色体的 482 个 EST（表达序列标签）或 SSR（简单序列重复）特异标记，将其中的 47、50、45、49、21、51 和 40 个标记分别定在到加州大麦 H1、H2、H3、H4、H5、H6 和 H7 染色体上，并根据这些标记的染色体分布，将大麦染色体 H2、H3、H4、H5、H7 命名为 $5H^{ch}$、$2H^{ch}$、$6H^{ch}$、$3H^{ch}$ 和 $1H^{ch}$。H1 和 H6 染色体参照位于黑麦染色体上的 SSR 标记，分别命名为 $7H^c$ 和 $4H^c$。

Mattera 等（2015）利用染色体第 7 同源群上的 EST 和 COS 引物对智利大麦和小麦等材料进行扩增，结果发现，32 对引物可以在智利大麦和小麦之间扩增出多态性，此外还有 28 个表达序列标签（EST）标记也被定位到智利大麦染色体第 7 同源群上。定位结果发现，60 个标记中，28 个可被定位到 $7H^{ch}S$ 上，22 个可被定位到 $7H^{ch}L$ 上。

第九节　披碱草属物种染色质标记

Gill 等（1988）用 18S-28S rDNA（Nor）、5S DNA、*Adh*、*a*-淀粉酶、葡聚糖酶基因克隆以及 S 基因组和 H 基因组重复 DNA 序列对中国春—粗穗披碱草的 10 个附加系、代换系和易位系进行了鉴定。结果发现，在高度严格的 Southern blot 分析下，S 基因组的 rDNA 结合 S、H 基因组的 5S DNA 可以对粗穗披碱草所有染色体上进行区分，因此，可以作为披碱草的细胞遗传学标记。同时，单基因或低拷贝基因探针可以识别不同的中国春—粗穗披碱草附加系。S 基因组或 H 基因组重复 DNA 探针虽然不能用于粗穗披碱草染色体同源群的鉴定，但均可用于鉴定中国春—粗穗披碱草附加系，因此，是检测小麦背景中粗穗披碱草的有效标记。

Tsujimoto 等（1991）从粗穗披碱草 SH 基因组和布顿大麦（*Critesion bogdanii*）H 基因组中分离得到 pEt1、pEt2、pCb1 和 pCb3 共 4 个重复 DNA 序

列，其中，克隆 Et1（与黑麦基因组 350bp 家族序列具有同源性）是一个串联排列的端粒序列，Et2 是一个分布于单染色体的串联重复序列，和 Et2 相比 Cb1 序列在染色体上的分布更为均匀，Cb3 均匀分布在 S 和 H 基因组物种染色体上，上述重复序列 DNA 均可以作为粗穗披碱草染色体特异标记，用于检测小麦背景中的粗穗披碱草染色质。

薛秀庄等（1999）将披碱草 *Elymus rectisetus* 种质转移给小麦，获得 36 个 BC_2F_2 衍生株系，利用染色体原位杂交对其鉴定，结果发现，36 个株系中大多数系含 1 对 *Elymus rectisetus* 染色体，少数系含 3 条以上 *Elymus rectisetus* 染色体。利用 RAPD 引物对其进行分析，结果发现，有 13 个随机引物（OPBA-08、OPB-14、OPEA-09、OPF-05、OPF-09、OPJ-05、OPK-03、OPN-12、OPP-20、OPS-12、OPT-20、OPZ-09 和 OPZ-11）能够在这 36 个株系中分别扩增出普通小麦所没有的 *Elymus rectisetus* 特异 DNA 片段。其中特异片段 $OPF-05_{480bp}$、$OPF-09_{650bp}$ 和 $OPZ-11_{350bp}$ 只能够在"1048"系统的全部 8 个株系中扩增出；$OPN-12_{350bp}$ 只能够在"1057"系统的全部 6 个株系中扩增出；$OPB-14_{900bp}$ 和 $OPM-05_{420bp}$ 只能在"1034"和"1026"2 个系统的全部 22 个株系和"1057"-5-3 株系中扩增出。

鲁玉柱等（2002）用筛选出的 12 条 10 碱基随机引物对小麦—披碱草 *Elymus rectisetus* 杂交 16 株系的 72 个 BC_2F_5 单株进行扩增，结果发现，12 条随机引物中有 10 条能够在 16 个株系的 68 个单株中分别扩增出普通小麦所没有的 *Elymus rectisetus* 的 DNA 片段，可以作为检测小麦背景中 *Elymus rectisetus* 染色质的分子标记。

Dou 等（2012）依据披碱草 *Elymus rectisetus*（$2n = 42$，基因组 StStWWYY）W 和 Y 基因组特异性 RAPD 标记，获得了 W 和 Y 基因组特异性的序列标记位点（STS）标记。结合基因组原位杂交技术，这些 STS 标记能够鉴定小麦背景中的 W 染色体和 Y 染色体。其次还发现可以利用实时定量 PCR、STS 标记、SSR 标记、rDNA 基因和/或多色荧光原位杂交来鉴定 5 个小麦—披碱草 *Elymus rectisetus* 衍生材料中 6 条 *Elymus rectisetus* 染色体。

宫文萍等（2012）利用接种条锈菌 CY32 对小麦—粗穗披碱草 1H'S.1BL 易位系及其杂交亲本进行鉴定，结果发现，小麦亲本高感小麦条锈病，而该易位系和粗穗披碱草表现近免疫，说明粗穗披碱草 1H'S 上可能含有未报道的抗小麦条锈病新基因。为了获得 1H'S 染色体特异标记对杂交后代进行筛选鉴定，宫文萍等（2012）筛选了位于小麦第一同源短臂的 87 对 EST-STS、8 对 EST-SSR、8 对 COS 和 11 对 PLUG 引物，PCR 产物分别用 *Hae*III 和 *Msp*I 进行酶切。结果从 250 个引物/酶组合中筛选到 6 个 1H'S 染色体特异标记（引物/酶组合），包括 2

个 EST-STS 标记（BF291549/HaeIII）, 1 个 EST-SSR 标记（MAG2137/HaeIII）,
1 个 COS 标记（COS29/HaeIII）和 3 个 PLUG 标记（TNAC1041/HaeIII、
TNAC1063/HaeIII 和 TNAC1063/MspI）。

宫文萍等（2013）用位于小麦 1DS 染色体的 87 对 EST-STS 引物对中国春、
粗穗披碱草和 1H'S·1BL 易位系进行扩增分析，未发现多态性标记。对其中扩
增较好的引物 BE44859 的 PCR 产物进行随机克隆测序，获得了 14 个序列，序列
比对分析发现，这些序列与已发表的小麦蛋白质二硫键异构酶基因序列具有
97% 以上的同源性，均包含 3 个外显子和 2 个内含子，经分析发现仅 2 个序列含
有 HaeIII 酶切位点。验证实验结果表明，BE444859/HaeIII 组合可以在供试材料
中获得多态性。用 BE444859/HaeIII 对一套中国春—粗穗披碱草附加系和 151 株
诱导后代材料进行分析，结果显示，特异多态性条带仅出现在含 1H'S 的材料
中。因此，BE444859/HaeIII 可以作为粗穗披碱草蛋白质二硫键异构酶基因
CAPS 标记，用于检测小麦背景中的 1H'S 染色体。

Cainong 等（2015）以小麦—柯孟披碱草染色体易位系、小麦对照等为材
料，筛选并建立了可以检测小麦背景中柯孟披碱草 EST-STS 标记 BE591682、
BG607503 和 BE426771，还基于水稻、短柄草、大麦等模式生物 cDNA 开发的柯
孟披碱草分子标记 tplb0017E15、tplb0029J02 和 AK357509 以及 KASP 标记 wg1S_
snp，为柯孟披碱草染色质检测提供了方法。

第十节　新麦草属物种染色质标记

何雪梅（2011）利用 SSR 引物对普通小麦—华山新麦草双二倍体（PHW-
SA）×川麦 107 和 PHW-SA×J-11 的衍生后代（F_2 和 BC_1F_1）进行扩增分析，结
果发现，13 对 SSR 引物在华山新麦草中共扩增出 106 个片段，在 J-11 中共扩增
出 104 个片段，在双二倍体 PHW-SA 中共扩增出 91 个片段。在普通小麦 J-11
的遗传背景下，双二倍体共获得 42 个多态性片段，占扩增总条数的 46.15%。
引物 Xwmc619、Xwmc553、Xbarc127 和 Xgwm344 分别稳定扩增出一条华山新麦
草和 PHW-SA 具有而 J-11 没有出现的条带，可作为鉴定华山新麦草 Ns 基因组
的特异性标记。

Kang 等（2011）用小麦 SSR 引物对鉴定出的小麦—华山新麦草 3Ns 附加
系、小麦—华山新麦草 3Ns（1B）代换系和小麦—华山新麦草 T3BL-3NsS 易位
系等材料进行分析，结果发现，Xgwm181 和 Xgwm161 可以作为华山新麦草 3Ns
染色体特异性标记，用于快速识别和跟踪 3Ns 染色体片段。

Du 等（2013）从华山新麦草中克隆了 1 个由 OPU10 扩增出的随机扩增多态

性 DNA 片段 pHs27，测序结果显示，该片段长度为 938bp。为了方便使用，将其转化为序列特征扩增区（SCAR）标记 RHS141。利用该标记对华山新麦草、小麦—华山新麦草二体附加系（1Ns-7Ns）和未测定华山新麦草染色体同源群的小麦—华山新麦草附加系进行扩增，结果发现，该 SCAR 标记是华山新麦草 Ns 基因组的特异标记，可用于小麦中 Ns 基因组染色质的检测。

Du 等（2013）用定位在小麦染色体第一到第七同源群上的 255 对 EST-SSR 和 EST-STS 引物对小麦—华山新麦草 5Ns 附加系和小麦对照等材料进行分析，结果发现，有 90 对引物可以在供试材料间扩增出多态性，其中有 2 个 EST-SSR 标记和 6 个 EST-STS 标记可以定位到华山新麦草 5Ns 染色体上，是华山新麦草染色体特异新标记。

Wang 等（2013）对 DNA 片段 pHs11 进行克隆测序，发现其长度为 900bp，对 21 种不同植物进行了检测发现，该片段可以作为华山新麦草特异性 RAPD 标记，为了方便使用，将 pHs11 转化为了能较清晰地区分小麦—华山新麦草衍生系中华山新麦草的 DNA 重复序列的序列特征扩增区（SCAR）标记 RHS-23。利用该标记对 21 种不同的植物和一整套的小麦—华山新麦草二体附加系进行扩增发现，该标记分布在华山新麦草 7 对染色体上。因此，SCAR 标记 RHS-23 可用于鉴定小麦背景中的华山新麦草染色体。

Du 等（2014）用 EST-STS 引物对小麦、小麦—华山新麦草 4Ns 二体附加系等材料进行扩增分析，结果发现，位于小麦染色体第 4 同源群上的引物 BE404973、BE442811、BE446061、BE446076、BE497324、BE591356、BF473854、BG274986、BQ161513 和 CD373484 可以在 24-6-3 中扩增出华山新麦草特有条带，可以作为检测小麦背景中的华山新麦草 4Ns 分子标记。

Du 等（2014）选用 EST-STS 引物对小麦—华山新麦草 1Ns 二体附加系及小麦对照等材料进行分析，结果发现，位于染色体第 1 同源群的 8 个 EST-STS 引物可以在 1Ns 二体附加系 12-3 中扩增出华山新麦草特有的多态性条带，因而，可以作为华山新麦草 1Ns 染色体特异分子标记使用。此外，对随机扩增的多态 DNA 片段 OPAG10986 和简单序列重复 Xgwm601135 片段进行克隆测序并将其转化为 SCAR 标记 RHS153 和 shs10。用不同物种和小麦—华山新麦草 1Ns-7Ns 二体附加系对获得的 SCAR 标记进行验证，结果表明，所获 SCAR 标记是华山新麦草的 1Ns 染色体特异标记，为小麦背景中华山新麦草的 1Ns 染色体检测提供了检测方法。

Du 等（2014）用 EST-SSR 和 EST-STS 小麦、小麦—华山新麦草染色体 3Ns 二体附加系等材料进行分析，结果发现，染色体 3 同源群上有 1 对 EST-SSR 引物和 17 对 EST-STS 引物可以在 22-2 种扩增出华山新麦草特有多态性条带，可以作为分子标记检测导入小麦背景中的华山新麦草 3Ns 染色体。

为了迅速有效地追踪小麦中华山新麦草的染色质，Wang 等（2014）以小麦7182 和 21 个不同的小麦近缘物种为材料，通过 RAPD 方法获得了华山新麦草基因组一个长度为 1665bp 的重复序列 pHs8，以标记 pHs8 为探针的 Southern 杂交显示，该探针在华山新麦草上具有强烈的杂交信号，但在供试其他 20 个种中没有杂交信号，因此，该重复序列是华山新麦特异重复序列。通过对该 RAPD 片段进行克隆测序后将其转化成了序列特异性扩增（SCAR）标记 RHS12。利用 21 个不同的小麦近缘物种和一整套小麦—华山新麦草二体附加系进行验证发现，该 SCAR 标记存在于华山新麦草的所有 7 对染色体上。

王秀娟等（2014）选取位于小麦染色体第 7 同源群上的 28 对 STS 引物对小麦—华山新麦草 7Ns 二体异附加系 12DH25 及其亲本基因组 DNA 进行扩增，结果发现，BE591127 和 BG274576 能在 12DH25 中扩增出华山新麦草特征条带，为小麦背景中华山新麦草 7Ns 染色质的检测提供了方法。

韩颜超等（2015）选取普通小麦染色体 7 个同源群上的 64 对 EST-STS 引物对小麦—华山新麦草 1Ns 二体异附加系 H1-1-3-1-9-8 及小麦对照进行分析，结果发现，第 1 同源群上的 BE443796、BE446010、BE497584、BF202643、BG262410、BG607965 和 BM140362 七对引物可以扩增出了华山新麦草的特异条带；种子贮藏蛋白变性聚丙烯酰胺凝胶电泳分析发现，H1-1-3-1-9-8 具有华山新麦草特有的高分子量谷蛋白亚基，为检测华山新麦草 1Ns 提供了分子和生化标记。

苏佳妮等（2015）用 150 条 10bp 的随机引物对华山新麦草、普通小麦7182、中国春及华山新麦草 1Ns-7Ns 附加系进行 RAPD 分析，获得华山新麦草3Ns 染色体上 2 个特异 RAPD 片段 FR-113 和 FR-125。对这 2 个片段进行克隆测序发现，其长度分别为 543bp 和 515bp。分析序列后对其分别设计 SCAR 引物，重新对供试材料进行 SCAR 分析，结果显示，SCAR 引物只在华山新麦草和小麦—华山新麦草 3Ns 二体附加系上扩增出了特异条带，为含 3Ns 染色质的小麦—华山新麦草杂交后代检测提供了分子手段。

张洁等（2017）利用 204 余条随机引物对华山新麦草、普通小麦的基因组DNA 进行随机扩增多态性 DNA 标记分析，发现随机引物 OP-D15 和 OP-F19 能在华山新麦草基因组 DNA 中稳定扩增出长度分别为 1106 和 1344bp 特异的 DNA片段 Psh-D15 和 Psh-F19。经序列比对分析发现，Psh-D15 和 Psh-F19 分别属于 Gypsy 类型和 Copia 类型的反转录转座子序列。根据序列比对结果设计 SCAR引物 Psh-D15 F/R 和 Psh-F19 F/R，对小麦族不同属物种基因组 DNA 进行 PCR扩增检验 SCAR 标记的有效性和特异性。结果发现，两对引物均只在华山新麦草的基因组 DNA 中扩增出了目标条带 Psh-D15$_{270}$ 和 Psh-F19$_{558}$，因此，这 2 个 SCAR 标记是华山新麦草的 Ns 基因组所特有标记，为小麦—华山新麦草杂种材料的分子鉴定提供了新的有力工具。

第十一节 赖草属物种染色质标记

柴守诚等（1997）从大赖草中克隆得到 3 个特种专化 DNA（pLr NAU344，pLr NAU426 和 pLr NAU647）重复序列。Suothern 杂交证明，pLr NAU426 和 pLr NAU647 对导入小麦的 8 条不同的大赖草染色体（其中 3 条携带有小平麦赤霉病抗性基因）和两条染色体臂部都有检测效果，可作为赖草属染色质的分子标记进一步研究和利用。

Qi 等（1997）利用 RFLP 方法对小麦—大赖草 2Lr、5Lr、6Lr 和 7Lr 二体附加系、1Lr 和 3Lr 双二体附加系、2Lr2S 和 7Lr1S 端体附加系进行了鉴定，结果发现，分子标记 NAU525 可用于检测小麦背景中的 1Lr，NAU516 和 NAU551 可用于检测小麦背景中的 2Lr，NAU509 可用于检测小麦背景中的 2Lr2S，NAU524 可用于检测小麦背景中的 3Lr，NAU504 和 NAU514 可用于检测小麦背景中的 5Lr，NAU512 可用于检测小麦背景中的 6Lr，NAU501 可用于检测小麦背景中的 7Lr，NAU511 可用于检测小麦背景中的 7Lr1S。

王秀娥等（2001）利用 RFLP 对鉴定出的 3 个纯合的易位系：T1BL·7Lr#1S、T4BS·4BL—7Lr#1S 和 T6AL·7Lr#1S 进行分析，发现所选用的 67 个探针中，55 个探针检测到普通小麦与大赖草之间的多态性。在所选用的 19 个小麦第 7 部分同源群专化的探针中，有 18 个可检测到小麦与大赖草之间的多态性，其中 13 个多态带在小麦—大赖草异附加系 DA7Lr #1 中显示，表明这 13 个 RFLP 探针可作为分子标记用于检测小麦背景中的 7Lr #1 染色体。

Jia 等（2002）利用 RFLP 技术对小麦—多枝赖草附加系进行分析，结果发现，探针 PSR112 可以对小麦中的多枝赖草 X 基因组进行有效检测，为小麦背景中多枝赖草染色质追踪提供了检测方法。

吴彬等（2004）发现定位于小麦 7 个部分同源群上的 337 对 SSR 引物中有 113 对 SSR 引物可检测到大赖草与普通小麦基因组间多态性，对小麦—大赖草 Lr. 2、Lr. 7 和 Lr. 14 的异附加系和易位系的进一步分析表明，小麦 7BL 上的 SSR 引物 gwm112 可用来追踪 Lr. 2；5AS 上的 SSR 引物 gwm205、5AL 的 gwm156 和 5DL 上的 gwm212 可用于追踪 Lr. 7 和 Lr. 14；而 7AL 上的 SSR 引物 gwm63 仅在大赖草染色体 Lr. 7 上具有扩增位点揭示了 Lr. 7 可能存在第 5 和第 7 部分同源群染色体重排。引物 gwm205、gwm156、gwm212 与 gwm63 相结合可分别追踪大赖草 Lr. 7 和 Lr. 14 染色体及其片段。

Kishii 等（2004）用 RFLP 标记对小麦—赖草 A、C、F、H、I、J、k 和 l 二体附加系、小麦—赖草 E 和 n 单体附加系及小麦对照进行分析，共获得赖草染色体特异标记 37 个，其中 BCD98 能有效鉴定赖草 H 和 J 染色体，BCD808 能有效鉴定赖草 H、F 和 E 染色体，PSR666 能有效检测 A、I 和 n 染色体，PSR311、PSR129 和 KSUD 可有效检测赖草 J 染色体，KSU128、CDO534 和 KSUD17 可有效检测赖草 K 染色体。

刘光欣等（2006）利用 SSR 技术对小麦—大赖草易位系的 11 个杂交组合后代进行分析，结果从 150 对 SSR 引物中筛选到 2 对可用来追踪大赖草染色体的特异性引物 Xgwm304 和 Xgwm156，其中，Xgwm304 在小麦—大赖草 Lr. 7 染色体易位系中扩增出一条约 180bp 的特异带，而在普通小麦中扩增不出该条带。Xgwm156 在小麦—大赖草 DA5Lr#1 中扩增出一条片段约 160bp 的特异带，而在普通小麦中扩增不出该条带。因此，Xgwm304 和 Xgwm156 可分别用于小麦背景中大赖草 Lr. 7 和 5Lr 染色体的追踪。

王林生和陈佩度（2008）以小麦—大赖草 7Lr#1S（7A）代换系为材料，对合成的 16 对 EST-SSR 引物进行筛选，结果发现，大赖草、小麦—大赖草 7Lr 附加系、小麦—大赖草 7Lr 端二体代换系及涉及该外源片段的易位系中可扩增出分子标记 CINAU31，而中国春中扩增不出该条带，因此 CINAU31 可作为检测大赖草 7Lr 染色质的分子标记。

Qi 等（2008）以大赖草 EST 序列设计了 82 对引物，以中国春小麦，中国春—大赖草 T7AL·7Lr#1 异位系为材料进行 PCR 扩增，获得了 3 个针对 7Lr#1 的 pcr 标记 BE586744-STS、BE404728-STS 和 BE586111-STS。另外为了区分杂合和纯合的小麦 7Lr#1S 异位系，选择 15 个覆盖整个 7A 染色体的 SSR 标记对小麦—赖草 T7AL·7Lr#1S 的罗宾逊易位系进行检测。结果发现 7 个 SSR 标记（GWM233、GWM471、BARC127、CFA2049、GWM60、CFA2174 和 GWM260）在小麦—赖草 T7AL·7Lr#1S 的罗宾逊易位系中无法扩增 7AS 特异片段。这 7 个 SSR 标记可以与上述 3 个 STS 标记结合用于选择纯合的 T7AL·7Lr#1 异位系材料。

李媛等（2015）通过构建 Cot-1 DNA 文库以及利用荧光原位杂交技术，从赖草中克隆获得 1 个在染色体标记 pLs-90，该标记不仅可作为赖草种质鉴定和利用中染色体识别的理想标记，也可作为研究小麦族不同物种染色体组进化的有力工具。

Yang 等（2016）利用小麦—滨麦 Lm#6Ns 二体附加系和小麦对照等为材料，筛选小麦微卫星引物、EST-STS 引物以及水稻 PLUG 引物，结果发现，引物

Xwmc256、Xgpw312、Swes123、CD452568、BF483643、BQ169205、TNAC1748、TNAC1751 和 TNAC1752 可在小麦—滨麦 Lm#6Ns 二体附加系中均扩增出特异条带，可以作为检测小麦背景中的滨麦 Lm#6Ns 染色体。此外，研究还利用醇溶蛋白电泳对小麦—滨麦 Lm#6Ns 二体附加系和小麦等为材料进行了分析，结果发现，小麦—滨麦 Lm#6Ns 二体附加系含有特异醇溶蛋白条带，可以作为检测小麦中滨麦 Lm#6Ns 染色体的生化标记。

王林生等（2018）以 ^{60}Co-γ 射线处理小麦—大赖草二体附加系 DA7Lr 后代材料中鉴定出的小麦—大赖草易位系 T5AS-7LrL·7LrS 和小麦对照为材料，筛选 81 对 EST-STS 引物，获得可追踪该易位系的 3 个 EST-STS 分子标记，BE591127、BQ168298 和 BE591737。

Edet 等（2018）分析了大赖草 DNA 和 mRNA 重测序获得的序列信息，开发了 110 个多态性标记，并应用 DArT-seq 基因分型技术开发了的 9990 个 SNP 标记。对小麦—赖草染色体渐渗系分析结果发现，约 52% 的标记能有效应用于 22 个小麦—赖草染色体渐渗系的鉴定，为分析小麦—赖草染色体易位染色体断点具有重要作用。

参考文献

别同德, 冯祎高, 徐川梅, 等. 2009. 小麦—鹅观草易位系 T7A/1Rk#1 的选育与鉴定 [J]. 核农学报, 23 (5): 737-742.

曹爱忠, 陈全战, 王海燕, 等. 2007. 基于专化的反转录转座子序列开发鉴定簇毛麦染色质的 PCR 分子标记 [J]. 西北植物学报, 27 (6): 1078-1084.

曹亚萍, 曹爱忠, 王秀娥, 等. 2009. 基于 EST-PCR 的簇毛麦染色体特异分子标记筛选及应用 [J]. 作物学报, 35 (1): 1-10.

柴守诚, 刘大钧, 陈佩度, 等. 1997. 用物种专化 DNA 重复序列作分子标记检测导入小麦的大赖草染色质 [J]. 作物学报, 23 (6): 641-645.

陈全战. 2007. 离果山羊草 3C 染色体诱导簇毛麦 2V、4V 和 6V 染色体结构变异的研究 [D]. 南京: 南京农业大学.

陈绍荣, 杨弘远. 2000. RNA 原位杂交技术及其在植物基因表达研究中的应用 [J]. 武汉植物学研究, 18 (1): 57-63.

陈升位. 2008. 簇毛麦 6V 染色体短臂小片段易位的高效诱导和鉴定 [D]. 南京: 南京农业大学.

陈士强, 秦树文, 黄泽峰, 等. 2013. 基于 SLAF-seq 技术开发长穗偃麦草染色体特异分子标记 [J]. 作物学报, 39 (4): 727-734.

陈婷婷. 2010. 荆州黑麦 2R 染色体结构变异体的选育及分子标记分析 [D]. 南京: 南京农业大学.

迟世华, 杨足君, 冯娟, 等. 2006. 簇毛麦基因组特异 DNA 序列标记的建立和应用 [J]. 麦类作物学报, 26 (4): 1-5.

崔雨, 鲍印广, 王洪刚, 等. 2016. 基于 RNA-seq 技术开发中间偃麦草基因组特异分子标记 [J]. 麦类作物学报, 36 (6): 699-707.

代程, 张锦鹏, 武晓阳, 等. 2012. 小麦背景下冰草 6P 染色体特异 EST 标记的开发 [J]. 作物学报, 38 (1): 1791-1801.

丁桃春. 2015. 基于转录组测序的荆州黑麦基因组特异标记开发与染色体定位分析 [D]. 南京: 南京农业大学.

董磊, 董晴, 张文利, 等. 2017. 拟斯卑尔脱山羊草的 FISH 核型分析 [J]. 中国农业科学, 50 (8): 1378-1387.

宫文萍, 李光蓉, 刘成, 等. 2012. 粗穗披碱草 1H'S 染色体特异 PCR 标记 [C]. 北京: 中国作物学会学术年会.

宫文萍, 李建波, 李豪圣, 等. 2017. 寡聚核苷酸 FISH 在鉴定小麦—单芒山羊草种质中的应用 [J]. 山东农业科学, 49 (8): 12-18.

宫文萍, 刘成, 李光蓉, 等. 2013. 粗穗披碱草 1H'S 染色体的蛋白质二硫键异构酶基因 CAPS 标记 [J]. 麦类作物学报, 33 (3): 409-415.

韩颜超, 王长有, 陈春环, 等. 2015. 普通小麦—华山新麦草 1Ns 二体异附加系的分子细胞遗传学研究 [J]. 麦类作物学报, 35 (8): 1044-1049.

何雪梅. 2011. 普通小麦—华山新麦草人工合成双二倍体杂交衍生后代的分子细胞遗传学研究 [D]. 雅安: 四川农业大学.

洪敬欣, 彭永康. 2004. 小麦—簇毛麦染色体代换系、易位系 V 染色体 RAPD 标记筛选 [J]. 华北农学报, 19 (3): 103-105.

黄朝峰, 张文俊, 余波澜, 等. 2000. 大麦 6H 染色体特异性标记的筛选和鉴定 [J]. 遗传学报, 27 (8): 713-718.

贾举庆. 2010. 小麦—非洲黑麦渐渗系的鉴定与抗条锈基因的分子作图 [D]. 成都: 电子科技大学.

孔令娜, 李巧, 王海燕, 等. 2008. 普通小麦—纤毛鹅观草染色体异附加系的分子标记鉴定 [J]. 遗传, 30 (10): 1356-1362.

孔秀英, 周荣华, 董玉琛, 等. 1999. 尾状山羊草 C 基因组特异重复序列的克隆 [J]. 科学通报, 44 (8): 828-832.

李晨旭, 刘志涛, 庄丽芳, 等. 2015. 基于 RNA-seq 的百萨偃麦草染色体特异分子标记开发与应用［J］. 中国农业科学，48（6）：1052-1062.

李东海. 2015. 小麦—多年生簇毛麦渐渗系的鉴定和新型分子标记的分离［D］. 成都：电子科技大学.

李辉，陈孝，施爱农，等. 2005. 簇毛麦抗白粉病基因的 RAPD 及 RFLP 标记［J］. 中国农业科学，38（3）：439-445.

李萌. 2016. 利用黑麦 6R 缺失系物理定位新开发的 6RL 特异分子标记［D］. 雅安：四川农业大学.

李淑梅，徐川梅，周波，等. 2009. 普通小麦—簇毛麦 2V 染色体端体异附加系的选育与鉴定［J］. 南京农业大学学报，32（1）：1-5.

李媛，喻凤，赵闫闫，等. 2015. 赖草［Leymus secalinus（Georgi）Tzvel.］中一个染色体标记的克隆与鉴定［J］. 植物遗传资源学报，16（4）：823-827.

李振声，穆素梅，蒋立训. 1982. 蓝粒单体小麦研究（一）［J］. 遗传学报，9（6）：431-439.

刘冰. 2016. 小麦/黑麦易位系后代的精细鉴定［D］. 哈尔滨：哈尔滨师范大学.

刘畅，李仕金，王轲，等. 2017. 簇毛麦 6VS 特异转录序列 P21461 及 P33259 的获得及其分子标记在鉴定小麦—簇毛麦抗白粉病育种材料中的应用［J］. 作物学报，43（7）：983-992.

刘成，贾举庆，曾子贤，等. 2008. 簇毛麦 3V 和 4V 染色体特异分子标记的建立［J］. 四川农业大学学报（自然科学版），45（增刊）：154-158.

刘成，杨足君，冯娟，等. 2006b. 利用小麦微卫星引物建立簇毛麦染色体组特异性标记［J］. 遗传，28（12）：1573-1579.

刘成，杨足君，李光蓉，等. 2006a. 多年生簇毛麦基因组长末端重复序列片段的克隆、定位与应用［J］. 作物学报，32（11）：1656-1662.

刘成，杨足君，刘畅，等. 2007. 小麦族中含 St 染色体组物种的特异分子标记的建立［J］. 遗传，29（10）：1271-1279.

刘光欣，陈佩度，冯祎高，等. 2006. 小麦—大赖草易位系对赤霉病抗性的聚合［J］. 麦类作物学报，26（3）：34-40.

刘守斌，唐朝晖，尤明山，等. 2002. 簇毛麦染色体组特异性 RAPD 标记的筛选、定位和应用［J］. 遗传学报，29（5）453-457.

刘守斌，唐朝晖，尤明山，等. 2003. 簇毛麦基因组特异性 PCR 标记的建立和应用［J］. 遗传学报，30（4）：350-356.

刘守斌，唐朝晖，尤明山，等. 2004. 簇毛麦 1V 染色体 SSR 标记的筛选［J］. 作物学报，30（2）：138-142.

刘晓明, 张姝倩, 宫文英, 等. 2016. 高大山羊草 1S¹ 染色体特异分子标记的开发与应用 [J]. 农业科学与技术学报, 17 (3): 490-493.

刘新伦, 王超, 牛丽华, 等. 2017. 普通小麦—十倍体长穗偃麦草衍生新品种抗赤霉病基因的分子鉴别 [J]. 中国农业科学, 50 (20): 3908-3917.

刘旭, 汪瑞琪, 贾继增, 等. 2000. 山羊草属 S 基因组与小麦 B/G 基因组 RAPD 标记和特异 DNA 片段克隆及研究 [J]. 植物遗传资源科学, 1 (1): 15-24.

刘悦. 2006. 四川与重庆地方小麦品种贮藏蛋白等位基因的遗传多样性研究 [D]. 成都: 电子科技大学.

刘紫垠, 王长有, 陈春环, 等. 2013. 小麦—中间偃麦草衍生后代的细胞学和 SSR 标记鉴定 [J]. 麦类作物学报, 33 (3): 435-439.

鲁玉柱, 薛秀庄, 王长有, 等. 2002. 应用 RAPD 标记检测导入普通小麦中的 *Elymus rectisetus* 遗传物质 [J]. 西北植物学报, 22 (1): 51-55.

马海丽, 张云龙, 林志珊, 等. 2014. 簇毛麦 NBS 类 R 基因相关序列的分子标记开发及其染色体定位 [J]. 植物遗传资源学报, 15 (3): 568-575.

马渐新, 周荣华. 1997. 用基因组原位杂交与 RFLP 标记鉴定小麦—簇毛麦抗白粉病代换系 [J]. 遗传学报, 5: 447-452.

秦树文, 戴勇, 陈建民. 2014. 基于 TRAP 的长穗偃麦草 SCAR 标记的开发及应用 [J]. 麦类作物学报, 34 (12): 1595-1602.

邱玲. 2014. 黑麦染色体特异分子标记开发 [D]. 雅安: 四川农业大学.

任正隆. 1991. 黑麦种质导入小麦及其在小麦育种中的利用方式 [J]. 中国农业科学, 24 (3): 18-25.

石丁溧, 傅体华, 任正隆. 2008. 抗条锈病小麦中间偃麦草二体异附加系的选育和鉴定 [J]. 西南农业学报, 21 (5): 1308-1312..

苏佳妮, 郭静, 王超杰, 等. 2015. 华山新麦草 3Ns 染色体特异 SCAR 标记的开发 [J]. 麦类作物学报, 35 (1): 1-6.

唐怀君, 殷贵鸿, 夏先春, 等. 2009. 1BL·1RS 特异性分子标记的筛选及其对不同来源小麦品种 1RS 易位染色体的鉴定 [J]. 作物学报, 35 (11): 2107-2115.

唐祖强, 杨足君, 李光蓉, 等. 2007. 簇毛麦 5V 染色体特异性 ISSR 标记的建立及其对亲缘物种的检测 [J]. 农业生物技术学报, 15 (5): 799-804.

陶文静, 刘金元, 王秀娥, 等. 1999. 用 RFLP 鉴定普通小麦—纤毛鹅观草二体附加系中外源染色体的同源转化性 [J]. 作物学报, 25 (6): 657-661.

万平, 王苏玲, 陈佩度, 等. 2002. 利用 RFLP 分子标记确定导入小麦的鹅观草 (*R. kamoji*) 染色体的部分同源群归属 [J]. 遗传学报, 29 (2): 153-160.

万雪秋, 杨足君, 冯娟, 等. 2005. 黑麦染色体组特异 PCR 标记的建立 [C]. 北京: 2005 年全国作物遗传育种学术研讨会暨中国作物学会分子育种分会成立大会论文集 (一).

王昌留, 张士璀, 王勇军, 等. 2003. 荧光原位杂交技术的发展及其在染色体基因定位中的应用 [J]. 海洋科学, 27 (9): 21-23.

王春梅, 别同德, 陈全战, 等. 2007. 簇毛麦 6V 染色体短臂特异分子标记的开发和应用 [J]. 作物学报, 33 (10): 1595-1600.

王春梅, 冯祎高, 庄丽芳, 等. 2007. 普通小麦近缘物种黑麦 1R、簇毛麦 1V 及鹅观草 1RK#1 染色体特异分子标记的筛选 [J]. 作物学报, 33 (11): 1741-1747.

王二明, 邢宏燕, 张文俊, 等. 1999. 黑麦 1R 染色体特异性 PCR 引物的分子证据 [J]. 植物学报 (英文版), 41 (6): 603-608.

王林生, 陈佩度. 2008. 抗赤霉病普通小麦—大赖草端二体代换系 7Lr#1S (7A) 的选育及减数分裂行为分析 [J]. 科学通报, (20): 2493-2499.

王林生, 张雅莉, 南广慧. 2018. 普通小麦—大赖草易位系 T5AS-7LrL·7LrS 分子细胞遗传学鉴定 [J]. 作物学报, 44 (10): 24-29.

王秀娥, 陈佩度, 周波, 等. 2001. 小麦—大赖草易位系的 RFLP 分析 [J]. 遗传学报, 28 (12): 1142-1150.

王秀娟, 赵继新, 庞玉辉, 等. 2014. 小麦—华山新麦草 7Ns 异附加系的分子细胞遗传学研究 [J]. 麦类作物学报, 34 (4): 454-459.

王洋洋. 2016. 黑麦 4R 染色体特异分子标记开发及其染色体区段定位 [D]. 雅安: 四川农业大学.

王振英, 赵红梅, 洪敬欣, 等. 2007. 簇毛麦 6VS 上 4 个新分子标记的鉴定及与抗白粉病基因 *Pm*21 的连锁分析 [J]. 作物学报, 33 (4): 605-611.

王正询, Zeller F J. 1992. 高大山羊草 Giemsa C—带的研究及对 "中国春" 小麦—高大山羊草异附加系、异代换系和易位系的鉴定 [J]. 遗传学报, 19 (6): 517-522.

魏育明, 周荣华. 1999. 应用荧光原位杂交和 RFLP 标记检测多小穗小麦新种质 10-A 中的黑麦染色质 [J]. 植物学报, 41 (7): 722-725.

翁跃进, 贾继增, 董玉琛. 1997. 小麦 M 染色体组的 RFLP 标记 [J]. 农业生物技术学报, 5 (3): 211-215.

吴彬, 周波, 陈佩度. 2004. 利用小麦 SSR 标记追踪大赖草染色体 Lr2、Lr7、Lr14 及其片段 [J]. 南京农业大学学报, 27 (3): 1-6.

吴刚, 崔海瑞, 夏英武, 等. 1999. 原位杂交技术在植物遗传育种上的应用 [J]. 植物学通报, 16 (6): 625-630.

吴红坡, 王亚娟, 王长有, 等. 2012. 小麦—卵穗山羊草衍生后代的 SSR 分子标记鉴定和白粉病抗性评价 [J]. 麦类作物学报, 32 (1): 22-27.

吴嫚, 张晓科, 刘伟华, 等. 2007. 冰草 P 基因组特异 RAPD 标记的筛选 [J]. 西北植物学报, 27 (8): 1550-1557.

徐国辉. 2011. 山羊草属杀配子染色体 2C 特异 SCAR 标记的建立 [J]. 草业学报, 20 (4): 305-310.

徐如宏, 杨英仓, 任明见, 等. 2016. 普通小麦与偏凸山羊草代换系的细胞学和 RAPD 鉴定 [J]. 麦类作物学报, 25 (4): 10-14.

薛秀庄, Wang R R-C. 1999. 用 RAPD 和染色体原位杂交检测 *Elymus rectisetus* 染色体附加到普通小麦中 [J]. 遗传学报, 26 (5): 539-545.

颜启传, 黄亚军, 徐媛, 等. 1989. 我国适用的小麦和大麦种子醇溶蛋白聚丙烯酰胺凝胶电泳鉴定品种的标准方法 [J]. 种子 (6): 55-57.

杨国华, 英加, 李滨, 等. 2002. 荧光原位杂交技术在植物细胞遗传学和绘制基因图谱中的应用现状与展望 [J]. 西北植物学报, 22 (2): 421-429.

姚涵, 汤才国, 赵静, 等. 2016. 偃麦草基因组特异重复序列的分离与应用 [J]. 中国农业科学, 49 (19): 3683-3693.

姚启伦, 戴玄, 李昌满, 等. 2004. 遗传标记在植物遗传育种上的应用 [J]. 涪陵师范学院学报, 20 (5): 86-88.

尹冬冬. 2010. 基于 EST 序列黑麦染色体特异分子标记的开发与应用 [D]. 北京: 中国科学院研究生院.

余波澜, 黄朝峰, 周文娟, 等. 2001. 大麦 1H 特异性 CAPs 标记和 ASA 标记的创制 [J]. 遗传学报, 28 (6): 550-555.

余舜武, 张端品, 宋运淳. 2001. 基因组原位杂交的新进展及其在植物中的应用 [J]. 武汉植物学研究, 19 (3): 248-254.

原亚萍, 陈孝, 肖世和, 等. 2003. 小麦—大麦 2H 异代换系的鉴定 [J]. 植物学报, 45 (9): 1096-1102.

曾雪, 杨足君, 李光蓉, 等. 2008. 非洲黑麦染色体特异性标记的建立与应用 [J]. 遗传, 30 (8): 1056-1062.

曾子贤, 杨足君, 胡利君, 等. 2008. 拟鹅观草 St 基因组 ISSR 特异标记的建立 [J]. 西北植物学报, 28 (8): 1533-1540.

张洪军. 2017. 多年生簇毛麦 1V^b 染色体导入小麦及分子细胞遗传学鉴定 [D]. 成都：电子科技大学.

张怀渝，任正隆. 2007. 威岭栽培黑麦抗白粉病特性导入小麦的研究 [J]. 分子细胞生物学报，40（1）：31-40.

张洁，蒋云，郭元林，等. 2017. 华山新麦草 Ns 基因组特异序列的克隆及分子标记的建立 [J]. 农业生物技术学报，25（9）：1391-1399.

张素芬. 2011. 小麦—非洲黑麦渐渗系新种质资源的分子细胞遗传学分析研究 [D]. 成都：电子科技大学.

张伟，高安礼，周波，等. 2006. 筛选利用小麦微卫星标记追踪簇毛麦各条染色体（英文）[J]. 遗传学报，33（3）：236-243.

张文俊，Snape J W. 1995. 分子标记技术定位黑麦 6R 染色体上的抗小麦白粉病基因 [J]. 科学通报，40（24）：2274-2276.

张云龙，王美蛟，张悦，等. 2012. 不同簇毛麦 6VS 染色体臂的白粉病抗性特异功能标记的开发及应用 [J]. 作物学报，38（10）：1827-1832.

张志雯，陈于和，王黎明，等. 2006. 小麦—簇毛麦种质系"山农 030713"的细胞学和 SSR 鉴定 [J]. 西北植物学报，26（5）：921-926.

赵万春，董剑，高翔，等. 2012. 簇毛麦 1V 染色体臂的 EST-STS 标记的开发与应用 [J]. 麦类作物学报，32（3）：393-397.

赵燕莉，王占斌，李集临，等. 2006. 染色体 C-带在小麦—黑麦易位系和代换系鉴定中的作用 [J]. 植物研究，26（3）：333-336.

周建平，杨足君，冯娟，等. 2005. 黑麦特异 DNA 重复序列的分离与鉴定 [J]. 西南农业学报，18（5）：598-602.

邹宏达. 2012. 小麦—大麦 2H 染色体重组材料创制及外源基因在小麦背景中表达研究 [D]. 长春：吉林大学.

Ashida T, Nasuda S, Sato K, et al. 2007. Dissection of barely chromosome 5H in common wheat [J]. Genes and Genetic Systems, 82：123-133.

Autrique E, Tanksley S D, Sorrells M E, et al. 1995. Molecular markers for four leaf rust resistance genes introgressed into wheat from wild relatives [J]. Genome, 38（1）：75-83.

Bie T, Zhao R, Zhu S, et al. 2015a. Development and characterization of marker MBH1 simultaneously tagging genes *Pm*21 and *PmV* conferring resistance to powdery mildew in wheat [J]. Molecular Breeding, 35（10）：189.

Bie T, Zhao R, Jiang Z, et al. 2015b. Efficient marker-assisted screening of structural changes involving *Haynaldia villosa* chromosome 6V using a double-distal-marker strategy [J]. Molecular Breeding, 35 (1): 34.

Blake T K, Kadyrzhanova D, Shepherd K W, et al. 1996. STS-PCR markers appropriate for wheat—barley introgression [J]. Theoretical and Applied Genetics, 93 (5-6): 826-832.

Brunell M S, Lukaszewski A J, Whitkus R. 1999. Development of arm specific RAPD markers forrye chromosome 2R in Wheat [J]. Crop Science, 39 (6): 1702-1706.

Cainong J C, Bockus W W, Feng Y, et al. 2015. Chromosome engineering, mapping, and transferring of resistance to Fusarium head blight disease from *Elymus tsukushiensis* into wheat [J]. Theoretical and Applied Genetics, 128 (6): 1019-1027.

Cao A Z, Wang X E, Chen Y P, et al. 2010. A sequence-specific PCR marker linked with *Pm*21 distinguishes chromosomes 6AS, 6BS, 6DS of *Triticum aestivum* and 6VS of *Haynaldia villosa* [J]. Plant Breeding, 125 (3): 201-205.

Castillo A, Budak H, Varshney R K, et al. 2008. Transferability and polymorphism of barley EST-SSR markers used for phylogenetic analysis in *Hordeum chilense* [J]. BMC Plant Biology, 8 (1): 97-105.

Cenci A, D'Ovidio R, Tanzarella O A, et al. 1999. Identification of molecular markers linked to *Pm*13, an *Aegilops longissima* gene conferring resistance to powdery mildew in wheat [J]. Theoretical and Applied Genetics, 98 (3-4): 448-454.

Chai J F, Zhou R H, Jia J Z, et al. 2010. Development and application of a new codominant PCR marker for detecting 1BL · 1RS wheat—rye chromosome translocations [J]. Plant Breeding, 125 (3): 302-304.

Chen H M, Li L Z, Wei X Y, et al. 2005. Development, chromosome location and genetic mapping of EST-SSR markers in wheat [J]. Chinese Science Bulletin, 50 (20): 2328-2336.

Chen P D. Qi L L, Zhou B, et al. 1995. Development and molecular cytogenetic analysis of wheat—*Haynaldia villosa* 6VS/6AL translocation lines specifying resistance to powdery mildew [J]. Theoretical and Applied Genetics, 91: 1125-1129.

Chen Y P, Wang H Z, Cao A Z, et al. 2010. Cloning of a resistance gene analog from wheat and development of a co-dominant PCR marker for *Pm*21 [J]. Journal of Integrative Plant Biology, 48 (6): 715-721.

Chen S, Gao Y, Zhu X, et al. 2015. Development of E-chromosome specific molecular markers for in a wheat background [J]. Crop Science, 55 (6): 2777-2785.

Chen S, Huang Z, Dai Y, et al. 2013. The development of 7E chromosome-specific molecular markers for *Thinopyrum elongatum* based on SLAF-seq technology [J]. Plos One, 8 (6): e65122.

Cho S, Garvin D F, Muehlbauer C J. 2005. Transcriptome analysis and physical mapping of barley genes in wheat—barley chromosome addition lines [J]. Genetics, 172 (2): 1277-1285.

Cui Y, Zhang Y, Qi J, et al. 2018. Identification of chromosomes in *Thinopyrum intermedium* and wheat—*Th. intermedium* amphiploids based on multiplex oligonucleotide probes [J]. Genome, 61 (7): 515-521.

Dai C, Gao A N. 2016. Identification of wheat—*Agropyron cristatum* 6P translocation lines and localization of 6P-specific EST markers [J]. Euphytica, 208 (2): 265-275.

Deng C, Bai L, Fu S, et al. 2013. Microdissection and chromosome painting of the alien chromosome in an addition line of wheat—*Thinopyrum intermedium* [J]. Plos One, 8 (8): e72564.

Dou Q, Lei Y, Li X, et al. 2012. Characterization of alien chromosomes in backcross derivatives of *Triticum aestivum* × *Elymus rectisetus* hybrids using molecular markers and sequential multi-color FISH/GISH [J]. Genome, 55 (5): 337-347.

Draper S R. 1987. ISTA variety committee report of the working for biochemical tests for cultivar identification [J]. Seed Science, 15: 431-434.

Du P, Zhuang L, Wang Y, et al. 2016. Development of oligonucleotides and multiplex probes for quick and accurate identification of wheat and *Thinopyrum bessarabicum* chromosomes [J]. Genome, 60 (2): 1-11.

Du W L, Wang J, Wang L M, et al. 2013. A novel SCAR marker for detecting *Psathyrostachys huashanica* Keng chromatin introduced in wheat [J]. Genetics & Molecular Research, 12 (4): 4797-4806.

Du W L, Wang J, Lu M, et al. 2013. Molecular cytogenetic identification of a wheat—*Psathyrostachys huashanica* Keng 5Ns disomic addition line with stripe

343

rust resistance [J]. Molecular breeding, 31 (4): 879-888.

Du W L, Wang J, Lu M, et al. 2014. Characterization of a wheat—*Psathyrostachys, huashanica* Keng 4Ns disomic addition line for enhanced tiller numbers and stripe rust resistance [J]. Planta, 239 (1): 97-105.

Du W L, Wang J, Pang Y, et al. 2014. Development and application of PCR markers specific to the 1Ns chromosome of *Psathyrostachys huashanica* Keng with leaf rust resistance [J]. Euphytica, 200 (2): 207-220.

Du W L, Wang J, Pang Y H, et al. 2014. Isolation and characterization of a wheat—*Psathyrostachys huashanica* Keng 3Ns disomic addition line with resistance to stripe rust [J]. Genome, 57 (1): 37-44.

Duan Q, Wang Y Y, Qiu L, et al. 2017. Physical location of new PCR-based markers and powdery mildew resistance gene (s) on rye (*Secale cereale* L.) chromosome 4 using 4R dissection lines [J]. Frontiers in Plant Sciences, 8: 1716.

Dundas I, Zhang P, Verlin D, et al. 2015. Chromosome engineering and physical mapping of the translocation in wheat carrying the rust resistance gene *Sr26* [J]. Crop Science, 55 (2): 648-657.

Edet O U, Kim J S, Okamoto M, et al. 2018. Efficient anchoring of alien chromosome segments introgressed into bread wheat by new *Leymus racemosus* genome-based markers [J]. BMC Genetics, 19 (1): 18.

Fang Y H, Yuan J Y, Wang Z J, et al. 2014. Development of *T. aestivum* L. - *H. californicum* alien chromosome lines and assignment of homoeologous groups of *Hordeum californicum* chromosomes [J]. Journal of Genetics and Genomics, 41 (8): 439-447.

Fedak G, Tinker N A, Ouellet T, et al. 2016. Development and validation of *Thinopyrum elongatum* expressed molecular markers specific for the long arm of chromosome 7E [J]. Crop Science, 56 (1): 354-363.

Francis H A, Leitch A R, Koebner R M D. 1995. Conversion of a RAPD-generated PCR product, containing a novel dispersed repetitive element, into a fast and robust assay for the presence of rye chromatin in wheat [J]. Theoretical and Applied Genetics, 90 (5): 636-642.

Friebe B. 1987. Identification of *Haynaldia villosa* chromosomes by means of Giemsa C-banding [J]. Theoretical and Applied Genetics, 73: 337-342.

Friebe B, Schubert V, Blüthner W D, et al. 1992. C-banding pattern and polymorphism of *Aegilops caudata* and chromosomal constitutions of the amphiploid *T. aestivum*−*Ae. caudata* and six derived chromosome addition lines [J]. Theoretical and Applied Genetics, 83 (5): 589−596.

Froidmont D D. 1998. A co−dominant marker for the 1BL/1RS wheat—rye translocation via multiplex PCR [J]. Journal of Cereal Science, 27 (3): 229−232.

Fu D L, Uauy C, Distelfeld A, et al. 2009. A Kinase−START gene confers temperature−dependent resistance to wheat stripe rust [J]. Science, 323 (6): 1357−1360.

Fu S L, Chen L, Wang Y Y, et al. 2015. Oligonucleotide probes for ND−FISH analysis to identify rye and wheat chromosomes [J]. Scientific Reports, 10: 1038.

Fu S, Tang Z, Ren Z, et al. 2010. Isolation of rye−specific DNA fragment and genetic diversity analysis of rye genus *Secale* L. using wheat SSR markers [J]. Journal of Genetics, 89 (4): 489−492.

Garg M, Tanaka H, Ishikawa N, et al. 2009. A novel pair of HMW glutenin subunits from *Aegilops searsii* improves quality of hexaploid wheat [J]. Cereal Chemistry, 86 (1): 26−32.

Giese H, Holmjensen A, Jensen H, et al. 1993. Localization of the Laevigatum powdery mildew resistance gene to barley chromosome 2 by the use of RFLP markers [J]. Theoretical and Applied Genetics, 85 (6−7): 897−900.

Gill B S, Kimber G. 1974. C−banding and the evolution of wheat [J]. Proc. Nat. Acad. Sci. USA, 71: 4086−4090.

Gill B S, Morris K L D, Appels R. 1988. Assignment of the genomic affinities of chromosomes from polyploid *Elymus* species added to wheat [J]. Genome, 30: 70−82.

Gong W, Gong W, Han R, et al. 2016. Chromosome arm−specific markers from *Aegilops searsii* permits targeted introgression [J]. Biologia, 71 (1): 87−92.

Gong W, Li G, Zhou J, et al. 2014. Cytogenetic and molecular markers for detecting *Aegilops uniaristata* chromosomes in a wheat background [J]. Genome, 57 (9): 489−497.

Gong W, Ran L, Li G R, et al. 2013. Development and utilization of new sequenced characterized amplified region markers specific for E genome of *Thinopyrum* [J]. Frontiers in Biology, 8 (4): 451−459.

Gong W P, Han R, Li H S, et al. 2017. Agronomic traits and molecular marker identification of wheat—*Aegilops caudata* addition lines [J]. Frontiers in Plant Science, 8: 1743.

González C, Camacho M V, Benito C. 2002. Chromosomal location of 46 new RAPD markers in rye (*Secale cereale* L.) [J]. Genetica, 115 (2): 205–211.

Grewal S, Yang C, Edwards S H, et al. 2018. Characterisation of *Thinopyrum bessarabicum* chromosomes through genome-wide introgressions into wheat [J]. Theoretical and Applied Genetics, 131: 389–406.

Gupta S K, Charpe A, Koul S, et al. 2006. Development and validation of SCAR markers co-segregating with an *Agropyron elongatum* derived leaf rust resistance gene *Lr*24 in wheat [J]. Euphytica, 150 (1–2): 233–240.

Han H, Liu W, Lu Y, et al. 2017. Isolation and application of P genome-specific DNA sequences of *Agropyron* Gaertn. in Triticeae [J]. Planta, 245 (2): 425–437.

Han H M, Bai L, Su J J, et al. 2014. Genetic rearrangements of six wheat—*Agropyron cristatum* 6P addition lines revealed by molecular markers [J]. Plos One, 9 (3): e91066–e91067.

Hard I, Spring R, Lines W, et al. 2003. PCR assays for the *Lr*37–*Yr*17–*Sr*38 cluster of rust resistance genes and their use [J]. Crop Science, 43 (5): 1839–1847.

He F, Bao Y, Qi X, et al. 2017. Molecular cytogenetic identification of a wheat—*Thinopyrum ponticum* translocation line resistant to powdery mildew [J]. Journal of Genetics, 96 (1): 165–169.

He H, Zhu S, Sun W, et al. 2013. Efficient development of *Haynaldia villosa* chromosome 6VS-specific DNA markers using a CISP-IS strategy [J]. Plant Breeding, 132 (3): 290–294.

Helguera M, Khan I A, Dubcovsky J. 2000. Development of PCR markers for the wheat leaf rust resistance gene *Lr*47 [J]. Theoretical and Applied Genetics, 100 (7): 1137–1143.

Hernández P, Hemmat M, Weeden N F, et al. 1999. Development and characterization of *Hordeum chilense* chromosome-specific STS markers suitable for wheat introgression and marker-assisted selection [J]. Theoretical and Applied Genetics, 98 (5): 721–727.

Hu M, Baum B R, Johnson D A. 2016. SCAR markers that discriminate *between Dasypyrum* species and cytotypes [J]. Genetic Resources & Crop E-volution, 64 (3): 1-10.

Iqbal N, Reader S M, Caligari P D S, et al. 2000. Characterization of *Aegilops uniaristata* chromosomes by comparative DNA marker analysis and repetitive DNA sequence in situ hybridization [J]. Theoretical and Applied Genetics, 101 (8): 1173-1179.

Islam A K M R. 1980. Identification of wheat—barley addition lines with N-banding of chromosomes [J]. Chromosoma, 76 (3): 365-373.

Ji H J, Jung W J, Kim D Y, et al. 2016. cDNA-AFLP analysis of 1BL · 1RS under water-deficit stress and development of wheat—rye translocation-specific markers [J]. New Zealand Journal of Experimental Agriculture, 45 (2): 150-164.

Jia J, Zhou R, Li P, et al. 2002. Identifying the alien chromosomes in wheat—*Leymus multicaulis* derivatives using GISH and RFLP techniques [J]. Euphytica, 127 (2): 201-207.

Jiang J. 2019. Fluorescence in situ hybridization in plants: recent developments and future applications [J]. Chromosome Res., 27 (3): 153-165.

Katto C M, Endo T R, Nasuda S. 2004. A PCR-based marker for targeting small rye segments in wheat background [J]. Genes & Genetic Systems, 79 (4): 245-250.

Kang H Y, Wang Y, Fedak G, et al. 2011. Introgression of chromosome 3Ns from *Psathyrostachys huashanica* into wheat specifying resistance to stripe rust [J]. Plos One, 6 (7): e21802-e21810.

Kishii M, Yamada T, Sasakuma T, et al. 2004. Production of wheat—*Leymus racemosus* chromosome addition lines [J]. Theoretical and Applied Genetics, 109 (2): 255-260.

Koebner R M D. 1995. Generation of PCR-based markers for the detection of rye chromatin in a wheat background [J]. Theoretical and Applied Genetics, 90 (5): 740-745.

Kofler R, Bartos J, Gong L, et al. 2008. Development of microsatellite markers specific for the short arm of rye (*Secale cereale* L.) chromosome 1 [J]. Theoretical and Applied Genetics, 117 (6): 915-926.

Ko J M, Do G S, Suh D Y, et al. 2002. Identification and chromosomal organization of two rye genome-specific RAPD products useful as introgression markers in wheat [J]. Genome, 45 (1): 157-164.

Kong L N, Song X Y, Xiao J, et al. 2018. Development and characterization of a complete set of *Triticum aestivum* - *Roegneria ciliaris* disomic addition lines [J]. Theoretical and Applied Genetics, 131: 1793-1806.

Lane B G, Dunwell J M, Ray J A, et al. 1993. Germin, a protein marker of early plant development, is an oxalate oxidase [J]. Bio. Chem., 268 (17): 12239-12242.

Lang T, La S X, Li B, et al. 2018. Precise identification of wheat—*Thinopyrum intermedium* translocation chromosomes carrying resistance to wheat stripe rust in line Z4 and its derived progenies [J]. Genome, 61 (3): 177-185.

Lang T, Li G, Wang H, et al. 2019. Physical location of tandem repeats in the wheat genome and application for chromosome identification [J]. Planta, 249: 663-675.

Lee Y J, Seo Y W. 2015. Development of gene-based markers for the identification of wheat—rye translocations possessing 1RS [J]. New Zealand Journal of Crop & Horticultural Science, 43 (4): 241-248.

Lei M P, Li G R, Liu C, et al. 2012. Characterization of new wheat—*Secale africanum* derivatives reveals evolutionary aspects of chromosome 1R in rye [J]. Genome, 55: 765-774.

Li D Y, Li T H, Wu W L, et al. 2018. FISH-Based markers enable identification of chromosomes derived from tetraploid *Thinopyrum elongatum* in hybrid lines [J]. Frontiers in Plant Science, 9: 526.

Li G, Gao D, Zhang H, et al. 2016. Molecular cytogenetic characterization of *Dasypyrum breviaristatum* chromosomes in wheat background revealing the genomic divergence between *Dasypyrum* species [J]. Molecular Cytogenetics, 9 (1): 6.

Li G R, Liu C, Zeng Z X, et al. 2009. Identification of α-gliadin genes in *Dasypyrum* in relation to evolution and breeding [J]. Euphytica, 165 (1): 155.

Li J, Endo T R, Saito M, et al. 2013. Homoeologous relationship of rye chromosome arms as detected with wheat PLUG markers [J]. Chromosoma, 122 (6): 555-564.

Li J, Gyawali Y P, Zhou R, et al. 2015. Comparative study of the structure of chromosome 1R derived from *Secale* montanum and *Secale cereale* [J]. Plant

Breeding, 134 (6): 675-683.

Li M, Tang Z, Qiu L, et al. 2016. Identification and physical mapping of new PCR-based markers specific for the long arm of rye (*Secale cereale* L.) chromosome 6 [J]. Journal of Genetics & Genomics, 43 (4): 199-206.

Li S, Lin Z, Liu C, et al. 2017. Development and comparative genomic mapping of *Dasypyrum villosum* 6V#4S - specific PCR markers using transcriptome data [J]. Theoretical and Applied Genetics, 130 (10): 2057-2068.

Linc G, Sepsi A, Molnár - Láng M. 2012. A Fish karyotype to study chromosome polymorphisms for the *Elytrigia elongata* E genome [J]. Cytogenetic and Genome Research, 136 (2): 138-144.

Liu C, Gong W P, Guo J, et al. 2019. Characterization identification and evaluation of a set of wheat—*Aegilops comosa* chromosome lines [J]. Scientific Reports, 9: 4773.

Liu C, Li G, Yan H, et al. 2011b. Molecular and cytogenetic identification of new wheat—*Dasypyrum breviaristatum* additions conferring resistance to stem rust and powdery mildew [J]. Breed Sci., 61 (4): 366-372.

Liu C, Qi L, Liu W, et al. 2011a. Development of a set of compensating *Triticum aestivum* - *Dasypyrum villosum* Robertsonian translocation lines [J]. Genome, 54 (10): 836-844.

Liu L Q, Luo Q L, Teng W, et al. 2018. Development of *Thinopyrum ponticum*-specifc molecular markers and FISH probes based on SLAF-seq technology [J]. Planta, 247: 1099-1108.

Liu W, Jin Y, Rouse M, et al. 2011. Development and characterization of wheat—*Ae. searsii* Robertsonian translocations and a recombinant chromosome conferring resistance to stem rust [J]. Theoretical and Applied Genetics, 122 (8): 1537-1545.

Liu W, Koo D H, Xia Q, et al. 2017. Homoeologous recombination - based transfer and molecular cytogenetic mapping of powdery mildew - resistant gene *Pm*57 from *Aegilops searsii* into wheat [J]. Theoretical and Applied Genetics, 130 (4): 841-848.

Lou H, Dong L, Zhang K, et al. 2017. High-throughput mining of E-genome-specific SNPs for characterizing *Thinopyrum elongatum* introgressions in common wheat [J]. Molecular Ecology Resources, 17 (6): 1318-1329.

Luan Y, Wang X G, Liu W H, et al. 2010. Production and identification of wheat—*Agropyron cristatum* 6P translocation lines [J]. Planta, 232 (2): 501-510.

Ma Y Z, Tomita M. 2013. *Thinopyrum* 7Ai-1-derived small chromatin with barley yellow dwarf virus (BYDV) resistance gene integrated into the wheat genome with retrotransposon [J]. Cytology and Genetics, 47 (1): 1-7.

Mago R, Verlin D, Zhang P, et al. 2013. Development of wheat—*Aegilops speltoides* recombinants and simple PCR-based markers for *Sr*32 and a new stem rust resistance gene on the 2S#1 chromosome [J]. Theoretical and Applied Genetics, 126 (12): 2943-2955.

Marchylo B A, Laberge D E. 1980. Barley cultivar identification by electrophoretic analysis of horde in proteins, extraction and separation of *Hordein* proteins and environmental effects on the *Hordein* electrophoregram [J]. Plant Science, 60: 343-350.

Mattera M G, Ávila C M, Atienza S G. 2015. Cytological and molecular characterization of wheat—*Hordeum chilense* chromosome 7Hch introgression lines [J]. Euphytica, 203 (1): 165-176.

Miller T E, Reader S M. 1987. A guide to the homoeology of chromosomes within the Triticeae [J]. Theoretical and Applied Genetics, 74: 214-217.

Mukai Y, Gill B S. 1991. Detection of barley chromatin added to wheat by genomic, in situ, hybridization [J]. Genome, 34 (3): 448-452.

Naik S, Gill K S, Rao V S P, et al. 1998. Identification of a STS marker linked to the *Aegilops speltoides*-derived leaf rust resistance gene *Lr*28 in wheat [J]. Theoretical and Applied Genetics, 97 (4): 535-540.

Narayana Rao I, Prabhakara Rao M V. 1982. Identification of the chromosomes involved in a wheat—rye translocation using isozyme markers [J]. Genetical Research, 39 (1): 105-109.

Nieto-Lopez R M, Blake T K. 1994. Russian wheat aphid resistance in barley inheritance and linked molecular markers [J]. Crop Science, 34: 655-659.

Ohta S, Morishita M. 2001. Genome relationships in the genus *Dasypyrum* (Gramineae) [J]. Hereditas, 135: 101-110.

Peil A, Korzun V, Schubert V, et al. 1998. The application of wheat microsatellites to identify disomic *Triticum aestivum*-*Aegilops markgrafii* addition lines [J]. Theoretical and Applied Genetics, 96 (1): 138-146.

Peil A, Schubert V, Schumann E, et al. 1997. RAPDs as molecular markers for the detection of *Aegilops markgrafii* chromatin in addition and euploid introgression lines of hexaploid wheat [J]. Theoretical and Applied Genetics, 94 (6-7): 934-940.

Przewieslik-Allen A M, Burridge A J, Wilkinson P A, et al. 2019. Developing a high-throughput SNP-based marker system to facilitate the introgression of traits from *Aegilops* species into bread wheat (*Triticum aestivum*) [J]. Frontier in Plant Sciences, doi: 10.3389/fpls.2018.01993.

Qi L L, Pumphrey M O, Friebe B, et al. 2008. Molecular cytogenetic characterization of alien introgressions with gene *Fhb3* for resistance to Fusarium head blight disease of wheat [J]. Theoretical and Applied Genetics, 117 (7): 1155-1166.

Qi L L, Wang S L, Chen P D, et al. 1997. Molecular cytogenetic analysis of *Leymus racemosus* chromosomes added to wheat [J]. Theoretical and Applied Genetics, 95 (7): 1084-1091.

Qi X L, Li X F, He F, et al. 2015. Cytogenetic and molecular identification of a new wheat—*Thinopyrum intermedium* addition line with resistance to powdery mildew [J]. Cereal Research Communications, 43 (3): 353-363.

Qiu L, Tang Z X, Li M, et al. 2016. Development of new PCR-based markers specific for chromosome arms of rye (*Secale cereale* L.) [J]. Genome, 59 (3): 159-165.

Robert O, Abelard C, Dedryver F. 1999. Identification of molecular markers for the detection of the yellow rust resistance gene *Yr17* in wheat [J]. Molecular Breeding, 5 (2): 167-175.

Said M, Cabrera A. 2009. A physical map of chromosome 4Hch from *H. chilense* containing SSR, STS and EST-SSR molecular markers [J]. Euphytica, 167 (2): 253-259.

Said M, Hribova E, Danilova T V, et al. 2018. The *Aropyron cristatum* karyotype, chromosome structure and cross-genome homoeology as revealed by fluorescence in situ hybridization with tandem repeats and wheat single-gene probes [J]. Theoretical and Applied Genetics, 131 (10): 2213-2227.

Schachermayr G, Siedler H, Gale M D, et al. 1994. Identification and localization of molecular markers linked to the *Lr9* leaf rust resistance gene of wheat [J]. Theoretical and Applied Genetics, 88 (1): 110-115.

Seah S, Bariana H, Jahier J, et al. 2001. The introgressed segment carrying rust resistance genes *Yr*17, *Lr*37 and *Sr*38 in wheat can be assayed by a cloned disease resistance gene–like sequence [J]. Theoretical and Applied Genetics, 102 (4): 600–605.

Seyfarth R, Feuillet C, Schachermayr G, et al. 1999. Development of a molecular marker for the adult plant leaf rust resistance gene *Lr*35 in wheat [J]. Theoretical and Applied Genetics, 99 (3–4): 554–560.

Shan X, Blake T K, Talbert L E. 1999. Conversion of AFLP markers to sequence–specific PCR markers in barley and wheat [J]. Theoretical and Applied Genetics, 98 (6–7): 1072–1078.

Shen Y, Shen J, Dawadondup, et al. 2013. Physical localization of a novel blue–grained gene derived from *Thinopyrum bessarabicum* [J]. Molecular Breeding, 31 (1): 195–204.

Somers D, Bilgic H, Cho S, et al. 2007. Mapping barley genes to chromosome arms by transcript profiling of wheat—barley ditelosomic chromosome addition lines [J]. Genome, 50 (10): 898–906.

Song L Q, Lu Y Q, Zhang J P, et al. 2016. Cytological and molecular analysis of wheat—*Agropyron cristatum* translocation lines with 6P chromosome fragments conferring superior agronomic traits in common wheat [J]. Genome, 59: 840–850.

Song W, Xie C, Du J, et al. 2009. A "one–marker–for–two–genes" approach for efficient molecular discrimination of *Pm*12 and *Pm*21 conferring resistance to powdery mildew in wheat [J]. Molecular Breeding, 23 (3): 357–363.

Song X J, Li G R, Zhan H X, et al. 2013. Molecular identification of a new wheat—*Thinopyrum intermedium* ssp. *Trichophorum* addition line for resistance to stripe rust. Cereal research communications, 41 (2): 211–220.

Sun H J, Song J J, Xiao J, et al. 2018. Development of EST–PCR markers specific to the long arm of chromosome 6V of *Dasypyrum villosum* [J]. Journal of Integrative Agriculture, 17 (8): 1720–1726.

Sun X, Hu S, Liu X, et al. 2006. Characterization of the HMW glutenin subunits from *Aegilops searsii* and identification of a novel variant HMW glutenin subunit [J]. Theoretical and Applied Genetics, 113 (4): 631–641.

Tanaka H, Nabeuchi C, Kurogaki M, et al. 2017. A novel compensating wheat—*Thinopyrum elongatum* robertsonian translocation line with a positive effect on flour quality [J]. Breeding Science, 67 (5): 509-517.

Tang Z, Yang Z, Fu S. 2014. Oligonucleotides replacing the roles of repetitive sequences pAs1, pSc119.2, pTa-535, pTa71, CCS1, and pAWRC.1 for FISH analysis [J]. Journal of Applied Genetics, 55 (3): 313-318.

Tsujimoto H, Gill B S. 1991. Repetitive DNA sequences from polyploid, *Elymus trachycaulus* and the diploid progenitor species: detection and genomic affinity of *Elymus* chromatin added to wheat [J]. Genome, 34 (5): 782-789.

Vaillancourt A, Nkongolo K K, Michael P, et al. 2008. Identification, characterisation, and chromosome locations of rye and wheat specific ISSR and SCAR markers useful for breeding purposes [J]. Euphytica, 159 (3): 297-306.

Vanzetti L S, Brevis J C, Dubcovsky J, et al. 2006. Identification of microsatellites linked to *Lr*47 [J]. Electronic Journal of Biotechnology, 9 (3): 267-271.

Wang C M, Li L H, Zhang X T, et al. 2009. Development and application of EST-STS markers specific to chromosome 1RS of *Secale cereale* [J]. Cereal Research Communications, 37 (1): 13-21.

Wang D, Zhuang L, Sun L, et al. 2010. Allocation of a powdery mildew resistance locus to the chromosome arm 6RL of *Secale cereal* L. cv. Jingzhouheimai [J]. Euphytica, 176 (2): 157-166.

Wang H, Dai K, Xiao J, et al. 2017. Development of intron targeting (IT) markers specific for chromosome arm 4VS of *Haynaldia villosa* by chromosome sorting and next-generation sequencing [J]. BMC Genomics, 18 (1): 167.

Wang J, Du W L, Wu J, et al. 2014. Development of a specific SCAR marker for the Ns genome of *Psathyrostachys huashanica*, Keng [J]. Canadian Jurnal of Plant Science, 94 (8): 1-7.

Wang J, Lu M, Du W L, et al. 2013. A novel PCR-based marker for identifying Ns chromosomes in wheat—*Psathyrostachys huashanica* Keng derivative lines [J]. Spanish Journal of Agricultural Research, 11 (4): 1094-1100.

Wang X E, Chen P D, Liu D J, et al. 2001. Molecular cytogenetic characterization of *Roegneria ciliaris* chromosome additions in common wheat [J]. Theoretical and Applied Genetics, 102: 651-657.

Wu M, Zhang J P, Wang J C, et al. 2010. Cloning and characterization of repetitive sequences and development of SCAR markers specific for the P genome of *Agropyron cristatum*. Euphytica, 172: 363-372.

Xin Z Y, Xu H J, Chen X, et al. 1991. Research on introducing yellow dwarf resistance to common wheat using biotechnology [J]. Science in China (Series B), 21 (1): 36−42.

Xu H, Yin D, Li L, et al. 2012. Development and application of EST−based markers specific for chromosome arms of rye (*Secale cereale* L.) [J]. Cytogenetic & Genome Research, 136 (3): 220−228.

Yang X, Wang C, Li X, et al. 2016. Development and molecular cytogenetic identification of a new wheat—*Leymus mollis* Lm#6Ns disomic addition line [J]. Plant Breeding, 135 (6): 654−662.

Yang Z J, Liu C, Feng J, et al. 2010. Studies on genome relationship and species−specific PCR marker for *Dasypyrum breviaristatum* in Triticeae [J]. Hereditas, 143 (2006): 47−54.

Yediay F E, Baloch F S, Kilian B, et al. 2010. Testing of rye−specific markers located on 1RS chromosome and distribution of 1AL · RS and 1BL · RS translocations in Turkish wheat (L. Desf.) varieties and landraces [J]. Genetic Resources & Crop Evolution, 57 (1): 119−129.

Yong W S, Jang C S, Johnson J W. 2001. Development of AFLP and STS markers for identifying wheat—rye translocations possessing 2RL [J]. Euphytica, 121 (3): 279−287.

Zhan H X, Yang Z J, Li G R, et al. 2013. Molecular identification of a new wheat—*Thinopyrum intermedium* cryptic translocation line for resistance to powdery mildew [J]. International Journal of Bioscience Biochemistry & Bioinformatics, 3 (4): 376−378.

Zhan H X, Zhang X J, Li G G, et al. 2015. Molecular characterization of a new wheat—*Thinopyrum intermedium* translocation line with resistance to powdery mildew and stripe rust [J]. International Journal of Molecular Sciences, 16 (1): 2162−2173.

Zhang H, Li G, Li D, et al. 2015. Molecular and cytogenetic characterization of new wheat—*Dasypyrum breviaristatum* derivatives with post−harvest re−growth habit [J]. Genes, 6 (4): 1242−1255.

Zhang J, Long H, Pan Z, et al. 2013. Characterization of a genome−specific *Gypsy*−like retrotransposon sequence and development of a molecular marker specific for *Dasypyrum villosum* (L.) [J]. Journal of Genetics, 92 (1): 103−108.

Zhang J, Jiang Y, Xuan P, et al. 2017. Isolation of two new retrotransposon sequences and development of molecular and cytological markers for *Dasypyrum villosum* (L.) [J]. Genetica, 145 (4-5): 371-378.

Zhang J P, Liu W H, Han H M, et al. 2015. De novo transcriptome sequencing of *Agropyron cristatum* to identify available gene resources for the enhancement of wheat [J]. Genomics, 106: 129-136.

Zhang Q P, Li Q, Wang X E, et al. 2005. Development and characterization of a *Triticum aestivum - Haynaldia villosa* translocation line T4VS. 4DL conferring resistance to wheat spindle streak mosaic virus [J], Euphytica, 145: 317-320.

Zhang R Q, Wang X E, Chen P D. 2012. Molecular and cytogenetic characterization of a small alien-segment translocation line carrying the softness genes of *Haynaldia villosa* [J]. Genome, 55: 639-646.

Zhang R, Yao R, Sun D, et al. 2017. Development of V chromosome alterations and physical mapping of molecular markers specific to *Dasypyrum villosum* [J]. Molecular Breeding, 37 (5): 67.

Zhang X, Wei X, Xiao J, et al. 2017. Whole genome development of intron targeting (IT) markers specific for *Dasypyrum villosum* chromosomes based on next - generation sequencing technology [J]. Molecular Breeding, 37 (9): 115.

Zhang W, Zhang R Q, Feng Y G, et al. 2013. Distribution of highly repeated DNA sequences in *Haynaldia villosa* and its application in the identification of alien chromatin [J]. Chinese Science Bulletin, 58 (8): 890-897.

Zhao L B, Ning S Z, Yu J J, et al. 2016. Cytological identification of an *Aegilops variabilis* chromosome carrying stripe rust resistance in wheat [J]. Breeding Science, 66 (4): 522-529.

Zhao R, Wang H, Xiao J, et al. 2013. Induction of 4VS chromosome recombinants using the CS *ph1b* mutant and mapping of the wheat yellow mosaic virus resistance gene from *Haynaldia villosa* [J]. Theoretical and Applied Genetics, 126 (12): 2921-2930.

Zhao R H, Wang H Y, Yuan C X, et al. 2014. Development of EST - PCR markers for the chromosome 4V of *Haynaldia villosa* and their application in identification of 4V chromosome structural aberrants [J]. Journal of Integrative Agriculture, 13 (2): 282-289.

Zhou J, Yang Z, Li G, et al. 2010b. Diversified chromosomal distribution of tandemly repeated sequences revealed evolutionary trends in *Secale* (Poaceae) [J]. Plant Systematics & Evolution, 287 (1-2): 49-56.

Zhou J P, Yang Z J, Li G R, et al. 2010a. Discrimination of repetitive sequences polymorphism in secale cereale by genomic in situ hybridization - banding [J]. Journal of Integrative Plant Biology, 50 (4): 452-456.

Zhou S H, Yan B Q, Li F, et al. 2017. RNA-Seq analysis provides the first insights into the phylogenetic relationship and interspecific variation between *Agropyron cristatum* and wheat [J]. Frontiers in Plant Sciences, 8: 1644.

Zhou S H, Zhang J P, Che Y H, et al. 2018. Construction of *Agropyron* Gaertn. genetic linkage maps using a wheat 660K SNP array reveals a homoeologous relationship with the wheat genome [J]. Plant Biotechnology Journal, 16: 818-827.

Zhuang L F, Song L X, Feng Y G, et al. 2008. Development and chromosome mapping of new wheat EST-SSR markers and application for characterizing rye chromosomes added in wheat [J]. Acta Agronomica Sinica, 34 (6): 926-933.

Zillman R R, Bushuk W. 1979. Wheatcultivar identification by gliadin electrophoregrams: III. Catalogue of electrophoregram formulas of Canadian wheat cultivars [J]. Canadian Journal of Plant Science, 59: 287-298.

第六章 外源染色质导入对小麦主要农艺性状的影响

外源染色质的导入可能会对小麦农艺性状产生影响，这些影响主要表现在对株高、分蘖数、穗长、芒、小穗数、旗叶长、旗叶宽、穗粒数、千粒重等方面。加强对小麦远缘杂交材料的农艺学性状研究，尤其是对外源染色质导入对小麦主要农艺性状造成的影响进行研究，对综合评价和利用这些材料具有重要意义。

李桂萍等（2011）对小麦—簇毛麦 6VS·6AL 易位系的 F_2 群体和高代品系的产量、株高、穗长、穗粒数等农艺性状进行调查研究发现，6VS·6AL 对小麦穗长和千粒重有一定的正向效应，而对其他农艺性状无明显影响。Wu 等（2006）和 Zhang 等（2015）分别发现冰草 6P 染色体片段的导入可对小麦千粒重和穗宽产生正向效应。李俊等（2015）发现小麦—黑麦 1RS-7DS·7DL 易位系对小麦千粒重无负作用。任天恒等（2017）发现以白粒黑麦为供体新育成的 1RS·1BL 易位系 T956-13 可以提高小麦千粒重和穗数从而达到提高产量的目的。小麦远缘物种较多，与小麦杂交获得成功的例子较多，小麦远缘物种染色质导入小麦对小麦农艺性状产生影响的报道也较多，在此就不一一列举了。

为了调查小麦—远缘杂交种质材料的农艺性状，作者于 2015 年 10 月将小麦—远缘杂交种质材料分别播种于山东省济南市（山东省农业科学院作物研究所试验基地）、德州市（德州市农业科学研究院试验基地）、菏泽市（菏泽市农业科学院试验基地）和临沂市（临沂市农业科学院试验基地）四地，浇水、施肥、锄草和病虫害处理等管理条件一致。为保证每供试材料有足够植株可供调查，各材料分别随机排布的种植 1 个小区，各 7 行，株距 20 cm，行距 33 cm。材料周边种植 18 行本实验室育成的小麦品种济麦 22，消除边角效应的影响。2016 年 5 月，供试材料落黄后卷叶前，调查株高、穗长、旗叶长、旗叶宽、分蘖数和小穗数等农艺性状，上述数据均取自四地各单株最高分蘖，每个供试材料随机调查 10 株。6 月，待完全成熟后，每材料随机收 30 穗，手工脱粒后干燥，调查穗粒数和千粒重，济南试验田倒茬，部分晚熟材料收获时种子未完全成熟，未统计该两项指标。另外极少数材料的农艺性状指标可能有漏统计现象，具体见农艺性状柱状图所示。农艺性状统计方法、籽粒蛋白质含量和湿面筋含量测定方法参照文献（宫文萍等，2015）。调查结果输入 EXCEL2010 进行方差分析，对试验材料四地农艺性状调查结果中，同一性状的四地调查结果趋势完全一致或三地结果一致（第四地结果没影响）才被认为是遗传（或外源染色体导入）引起的。除此之外的表型变化，均认为是环境—基因互作引起的。本书中仅对小麦—尾状山羊草染色体系和小麦—单芒山羊草染色体系的千粒重和 30 穗穗粒数做了方差分析，对其余材料千粒重和 30 穗粒数未做显著性差异分析。小麦远缘杂交种质农艺性状如图 1 至图 19 所示（图在书末尾，不同），小麦远缘杂交种质穗型图如图 20 至图 45 所示，小麦远缘杂交种质种子图如图 46 至图 89 所示。

第一节　外源染色质导入对小麦株高的影响

（一）外源染色质导入一年四地均使小麦株高显著变高

相比小麦对照，试验未发现外源染色质导入小麦在一年四点条件下均使小麦株高显著/极显著（如下叙述中将显著/极显著均简称为显著）变高的情况。

（二）外源染色质导入一年三地均使小麦株高显著变高但第四地没有影响

相比小麦对照，外源染色质导入小麦使小麦在一年三地条件下株高均显著变高但第四地没有影响的情况，仅在中国春—帝国黑麦 2R 附加系（图 13A）中检测到。因此，黑麦 2R 上可能有增高株高的基因。

（三）外源染色质导入一年四地均使小麦株高显著降低

相比小麦对照，ALCD—尾状山羊草 F#1 附加系（图 1A），中国春—高大山羊草 4S^l#3 附加系、中国春—高大山羊草 5S^l#3 附加系和中国春—高大山羊草 6S^l#3 附加系（图 2A），中国春—希尔斯山羊草 1S^s#1 附加系（图 3A），中国春—拟斯卑尔脱山羊草 1S^g#3 附加系、中国春—拟斯卑尔脱山羊草 2S^g#3 附加系和中国春—拟斯卑尔脱山羊草 7S^g#3 附加系（图 4A），中国春—卵穗山羊草 2U^g#1附加系、中国春—卵穗山羊草 3U^g#1 附加系、中国春—卵穗山羊草 5U^g#1 附加系和中国春—卵穗山羊草 7U^g#1 附加系（图 5A），中国春—卵穗山羊草 1M^g#1 附加系、中国春—卵穗山羊草 4M^g#1 附加系和中国春—卵穗山羊草 7M^g#1 附加系（图 6A），中国春—两芒山羊草 1U^{bi}#1 附加系和中国春—两芒山羊草 2M^{bi}#1附加系（图 7A），中国春—易变山羊草 5U^v#1 附加系和中国春—易变山羊草 6U^v#1 附加系（图 10A），中国春—顶芒山羊草 5M 附加系（图 11A），中国春—无芒山羊草 5?T 附加系（图 12A），中国春—长穗偃麦草 7E 附加系（图 15A），中国春—纤毛披碱草 1Y^c 附加系（图 18A），中国春—粗穗披碱草 1H^t 附加系、中国春—粗穗披碱草 5H^t 附加系、中国春—粗穗披碱草 6H^t 附加系和中国春—粗穗披碱草 7H^t 附加系（图 19A）的株高显著降低，因此，尾状山羊草 F#1 染色体，高大山羊草 4S^l#3、5S^l#3 和 6S^l#3 染色体，希尔斯山羊草 1S^s#1 染色体，拟斯卑尔脱山羊草 1S^g#3、2S^g#3 和 7S^g#3 染色体，卵穗山羊草 2U^g#1、3U^g#1、5U^g#1、7U^g#1、1M^g#1、4M^g#1 和 7M^g#1 染色体，两芒山羊草 1U^{bi}#1 和 2M^{bi}#1 染色体，易变山羊草 5U^v#1 和 6U^v#1 染色体，顶芒山羊草 5M 染色体，无芒山羊草 5?T 染色体，长穗偃麦草 7E 染色体，纤毛披碱草 1Y^c 染色体以及粗穗披碱草 1H^t、5H^t、6H^t 和 7H^t 染色体上可能含有降低株高的基因。

（四）外源染色质导入一年三地均使小麦株高显著降低但第四地没有影响

相比小麦对照，ALCD—尾状山羊草 E#1 附加系（图 1A），中国春—高大山羊草 2S^l#3 附加系（图 2A），中国春—希尔斯山羊草 6S^s#1 附加系（图 3A），中国春—卵穗山羊草 1U^g#1 附加系、中国春—卵穗山羊草 4U^g#1 附加系和中国春—卵穗山羊草 6U^g#1 附加系（图 5A），中国春—两芒山羊草 2U^{bi}#1 附加系和中国春—两芒山羊草 5U^{bi}#1 附加系（图 7A），中国春—单芒山羊草 2N 附加系、中国春—单芒山羊草 3N 附加系和中国春—单芒山羊草 5N（只有三地数据）附加系（图 8A），中国春—易变山羊草 4S^v#1 附加系（图 9A），中国春—顶芒山羊草 3M 附加系、中国春—顶芒山羊草 4M 附加系和中国春—顶芒山羊草 6M 附加系（图 11A），中国春—无芒山羊草 2?T 附加系、中国春—无芒山羊草 7T 附加系和中国春—无芒山羊草 2T? 附加系（图 12A），中国春—帝国黑麦 1R 附加系和中国春—帝国黑麦 3R 附加系（图 13A），中国春—簇毛麦 6V#3 附加系（图 14A），中国春—长穗偃麦草 1E 附加系和中国春—长穗偃麦草 2E 附加系（图 15A），中国春—大麦 2H 附加系、中国春—大麦 4H 附加系和中国春—大麦 7H 单体附加系（图 16A），中国春—智利大麦 1H^{ch}+1H^{ch}S 附加系（图 17A）以及中国春—纤毛披碱草 5Y^c 附加系（图 18A）的株高显著降低，因此，尾状山羊草 E#1 染色体，高大山羊草 2S^l#3 染色体，希尔斯山羊草 6S^s#1 染色体，卵穗山羊草 1U^g#1、4U^g#1 和 6U^g#1 染色体，两芒山羊草 2U^{bi}#1 和 5U^{bi}#1 染色体，单芒山羊草 2N、3N 和 5N 染色体，易变山羊草 4S^v#1 染色体，顶芒山羊草 3M、4M 和 6M 染色体，无芒山羊草 2?T、7T 和 2T?染色体（?表示同源群未鉴定），帝国黑麦 1R 和 3R 染色体，簇毛麦 6V#3 染色体，长穗偃麦草 1E 和 2E 染色体，大麦 2H、4H 和 7H 染色体，智利大麦 1H^{ch}+1H^{ch}S 染色体以及纤毛披碱草 5Y^c 染色体上可能含有降低株高的基因。

第二节 外源染色质导入对小麦穗长的影响

（一）外源染色质导入一年四地均使小麦穗长显著变长

相比小麦对照，中国春—顶芒山羊草 6M 附加系（图 11B），中国春—簇毛麦 2V#3 附加系（图 14B），中国春—长穗偃麦草 3E 附加系（图 15B），中国春—智利大麦 5H^{ch}附加系（图 17B）和中国春—纤毛披碱草 7Y^{c}附加系（图 18B）的穗长显著变长，因此，顶芒山羊草 6M 染色体、簇毛麦 2V#3 染色体、长穗偃麦草 3E 染色体、智利大麦 5H^{ch}染色体和纤毛披碱草 7Y^{c}染色体上可能含有使穗长变长的基因。

（二）外源染色质导入一年三地均使小麦穗长显著变长但第四地没有影响

相比小麦对照，中国春—高大山羊草 3S^l#3 附加系和中国春—高大山羊草 5S^l#3 附加系（图 2B），中国春—拟斯卑尔脱山羊草 6S^g#3 附加系（图 4B），中国春—两芒山羊草 5U^{bi}#1 附加系（图 7B），中国春—易变山羊草 1S^v#1 附加系（图 9B），中国春—簇毛麦 1V#3 附加系和中国春—簇毛麦 7V#3 附加系（图 14B），中国春—长穗偃麦草 4E 附加系（图 15B），中国春—大麦 4H 附加系（图 16B），中国春—纤毛披碱草 3S^{c}附加系、中国春—纤毛披碱草 7S^{c}附加系和中国春—纤毛披碱草 5Y^{c}附加系（图 18B）和中国春—粗穗披碱草 5H^{l}附加系（图 19B）的穗长显著变长，因此，高大山羊草 3S^l#3 和 5S^l#3 染色体，拟斯卑尔脱山羊草 6S^g#3 染色体，两芒山羊草 5U^{bi}#1 染色体，易变山羊草 1S^v#1 染色体，簇毛麦 1V#3 和 7V#3 染色体，长穗偃麦草 4E 染色体，大麦 4H 染色体以及纤毛披碱草 3S^c、7S^c、5Y^{c}染色体和粗穗披碱草 5H^{l}染色体上可能含有使穗长变长的基因。

（三）外源染色质导入一年四地均使小麦穗长显著变短

相比小麦对照，ALCD—尾状山羊草 F#1 附加系（图 1B），中国春—希尔斯山羊草 1S^s#1 附加系（图 3B），中国春—卵穗山羊草 1M^g#1 附加系和中国春—卵穗山羊草 7M^g#1 附加系（图 6B），中国春—易变山羊草 7U^{v}1 附加系（图 10B），中国春—顶芒山羊草 6M（6A）代换系（图 11B），中国春—无芒山羊草 2?T 附加系、中国春—无芒山羊草 7?T 附加系和中国春—无芒山羊草 2T?附加系（图

12B)、中国春—簇毛麦 3V#3 附加系（图 14B）和中国春—纤毛披碱草 1S^c 附加系（图 18B）的穗长显著变短，因此，尾状山羊草 F#1 染色体，希尔斯山羊草 1S^s#1 染色体，卵穗山羊草 1M^g#1 和 7M^g#1 染色体，易变山羊草 7U^{v}1 染色体，无芒山羊草 2?T、7?T 和 2T?染色体（?代表染色体同源群未鉴定），簇毛麦 3V#3 染色体和纤毛披碱草 1S^c 染色体上可能含有使穗长变短的基因。中国春—顶芒山羊草 6M（6A）代换系（图 11B）穗长变短应该是由顶芒山羊草 6M 的导入和小麦 6A 染色体的丢失共同作用导致的。

（四）外源染色质导入一年三地均使小麦穗长显著变短但第四地没有影响

相比小麦对照，中国春—两芒山羊草 2M^{bi}#1 附加系（图 7B），中国春—单芒山羊草 3N 附加系（图 8B，只有三地数据），中国春—无芒山羊草 3T/4T?端体附加系和中国春—无芒山羊草 7T 附加系（图 12B）和中国春—粗穗披碱草 1H^{t}附加系（图 19B）的穗长显著变短，因此，两芒山羊草 2M^{bi}#1 染色体，单芒山羊草 3N 染色体，无芒山羊草 3T/4T?（? 表示染色体同源群未鉴定）和 7T 染色体以及粗穗披碱草 1H^t 染色体上可能含有使穗长变短的基因。

第三节　外源染色质导入对小麦旗叶长和旗叶宽的影响

（一）外源染色质导入一年四地均使小麦旗叶长显著变长

相比小麦对照，试验未发现外源染色质导入小麦在一年四点条件下均使小麦旗叶长显著变长的情况。

（二）外源染色质导入一年三地均使小麦旗叶长显著变长但第四地没有影响

相比小麦对照，ALCD—尾状山羊草 G#1 附加系（图 1C）和中国春—卵穗山羊草 4M^g#1 附加系（图 6C）的旗叶长显著变长，因此，尾状山羊草 G#1 染色体和卵穗山羊草 4M^g#1 染色体上可能含有使旗叶长变长的基因。

（三）外源染色质导入一年四地均使小麦旗叶长显著变短

相比小麦对照，ALCD—尾状山羊草 F#1 附加系（图 1C）、中国春—两芒山羊草 1U^{bi}#1 附加系、中国春—两芒山羊草 2U^{bi}#1 附加系和中国春—两芒山羊草 2M^{bi}#1 附加系（图 7C），中国春—易变山羊草 5U^v#1 附加系（图 10C），中国春—顶芒山羊草 2/7M 附加系、中国春—顶芒山羊草 2M 附加系和中国春—顶芒山羊草 4M 附加系（图 11C），中国春—纤毛披碱草 5Yᶜ 附加系（图 18C）的旗叶长显著变短，因此，尾状山羊草 F 染色体，两芒山羊草 1Uᵇⁱ#1、2Uᵇⁱ#1 和 2Mᵇⁱ#1 染色体，易变山羊草 5Uᵛ#1 染色体，顶芒山羊草 2/7M、2M 和 4M 染色体以及纤毛披碱草 5Yᶜ 染色体上可能含有使旗叶长变短的基因。

（四）外源染色质导入一年三地均使小麦旗叶长显著变短但第四地没有影响

相比小麦对照，中国春—拟斯卑尔脱山羊草 1Sᵍ#3 附加系、中国春—拟斯卑尔脱山羊草 2Sᵍ#3 附加系和中国春—拟斯卑尔脱山羊草 3Sᵍ#3 附加系（图 4C），中国春—卵穗山羊草 5Uᵍ#1 附加系（图 5C），中国春—两芒山羊草 5Uᵇⁱ#1 附加系（图 7C），中国春—易变山羊草 3Sᵛ#1 附加系和中国春—易变山羊草 4Sᵛ#1 附加系（图 9C），中国春—无芒山羊草 2T? 附加系（图 12C），中国春—长穗偃麦草 6E 附加系（图 15C），中国春—粗穗披碱草 1Hᴵ附加系（图 19C）的旗叶长显著变短，因此，拟斯卑尔脱山羊草 1Sᵍ#3、2Sᵍ#3 和 3Sᵍ#3 染色体，卵穗山羊草 5Uᵍ染色体，两芒山羊草 5Uᵇⁱ染色体，易变山羊草 3Sᵛ#1 和 4Sᵛ#1 染色体，无芒山羊草 2T? 染色体（? 表示染色体同源群未鉴定），长穗偃麦草 6E 染色体和粗穗披碱草 1Hᴵ染色体上可能含有使旗叶长变短的基因。

（五）外源染色质导入一年四地均使小麦旗叶宽显著变宽

相比小麦对照，试验未发现外源染色质导入小麦在一年四点条件下均使小麦旗叶宽显著变宽的情况。

（六）外源染色质导入一年三地均使小麦旗叶宽显著变宽但第四地没有影响

相比小麦对照，中国春—高大山羊草 3Sᴵ#3 附加系（图 2D），中国春—簇毛麦 6V#3 附加系（图 14D）和中国春—大麦 4H 附加系（图 16D）的旗叶宽显著变宽，说明高大山羊草 3Sᴵ#3 染色体，簇毛麦 6V#3 染色体和大麦 4H 染色体上可能含有使旗叶宽变宽的基因。

（七）外源染色质导入一年四地均使小麦旗叶宽显著变窄

相比小麦对照，ALCD—尾状山羊草 D#1 附加系、ALCD—尾状山羊草 E#1 附加系和 ALCD—尾状山羊草 F#1 附加系（图 1D），中国春—高大山羊草 1Sᴵ#3 附加系（图 2D），中国春—希尔斯山羊草 1Sˢ#1 附加系和中国春—希尔斯山羊草

7S^s#1 附加系（图 3D），中国春—拟斯卑尔脱山羊草 2S^g#3 附加系（图 4D），中国春—两芒山羊草 2M^{bi}#1 附加系（图 7D），中国春—易变山羊草 3S^v#1 附加系（图 9D），中国春—顶芒山羊草 2M 附加系、中国春—顶芒山羊草 3M 附加系和中国春—顶芒山羊草 5M 附加系（图 11D），中国春—无芒山羊草 2T？附加系（图 12D），中国春—纤毛披碱草 5Y^{c}附加系（图 18D）和中国春—粗穗披碱草 1H^{t}附加系（图 19D）的旗叶宽显著变窄，因此，尾状山羊草 D#1、E#1 和 F#1 染色体，高大山羊草 1S^l#3 染色体，希尔斯山羊草 1S^s#1 和 7S^s#1 染色体，拟斯卑尔脱山羊草 2S^g#3 染色体，两芒山羊草 2M^{bi}#1 染色体，易变山羊草 3S^v#1 染色体，顶芒山羊草 2M、3M 和 5M 染色体，无芒山羊草 2T？染色体（？表示染色体同源群未鉴定），纤毛披碱草 5Y^{c}染色体和粗穗披碱草 1H^{t}染色体上可能含有使旗叶宽变窄的基因。

（八）外源染色质导入一年三地均使小麦旗叶宽显著变窄但第四地没有影响

相比小麦对照，ALCD—尾状山羊草 C#1 附加系（图 1D），中国春—希尔斯山羊草 4S^s#1 附加系（图 3D），中国春—顶芒山羊草 2/7M 附加系、中国春—顶芒山羊草 6M（6A）代换系和中国春—顶芒山羊草 7M 附加系（图 11D），中国春—无芒山羊草 5？T 附加系（图 12D），中国春—簇毛麦 2V#3 附加系（图 14D），中国春—长穗偃麦草 2E 附加系（图 15D），中国春—纤毛披碱草 1S^{c}附加系和中国春—纤毛披碱草 7Y^{c}附加系（图 18D）的旗叶宽显著变窄，因此，尾状山羊草 C#1 染色体，希尔斯山羊草 4S^s#1 染色体，顶芒山羊草 2/7M 和 7M 染色体，无芒山羊草 5？T 染色体（？表示染色体同源群未鉴定），簇毛麦 2V#3 染色体，长穗偃麦草 2E 染色体，纤毛披碱草 1S^{c}和 7Y^{c}染色体上可能含有使旗叶宽变窄的基因。中国春—顶芒山羊草 6M（6A）代换系旗叶宽变窄的基因是由顶芒山羊草 6M 的导入及小麦 6A 染色体丢失共同作用导致。

第四节　外源染色质导入对小麦分蘖数的影响

（一）外源染色质导入一年四地均使小麦分蘖数显著增加

相比小麦对照，试验未发现外源染色质导入小麦在一年四点条件下均使小麦分蘖数显著增加的情况。

（二）外源染色质导入一年三地均使小麦分蘖数显著增加但第四地没有影响

相比小麦对照，试验未发现外源染色质导入小麦在一年三点条件下均使小麦分蘖数显著增加但第四地没有影响的情况。

（三）外源染色质导入一年四地均使小麦分蘖数显著减少

相比小麦对照，试验未发现外源染色质导入小麦在一年四点条件下均使小麦分蘖数显著减少的情况。

（四）外源染色质导入一年三地均使小麦分蘖数显著减少但第四地没有影响

相比小麦对照，中国春—拟斯卑尔脱山羊草 $3S^g$#3 附加系（图 4E），中国春—卵穗山羊草 $4M^g$#1 附加系（图 6E），中国春—两芒山羊草 $1U^{bi}$#1 附加系、中国春—两芒山羊草 $2U^{bi}$#1 附加系和中国春—两芒山羊草 $2M^{bi}$#1 附加系（图 7E），中国春—顶芒山羊草 2/7M 附加系、中国春—顶芒山羊草 5M 附加系和中国春—顶芒山羊草 6M（6A）代换系（图 11E），中国春—帝国黑麦 5R 附加系（图 13E），中国春—长穗偃麦草 2E 附加系（图 15E），中国春—大麦 2H 附加系和中国春—大麦 3H 附加系（图 16E），中国春—纤毛披碱草 $1S^c$ 附加系和中国春—纤毛披碱草 $5Y^c$ 附加系（图 18E）和中国春—粗穗披碱草 $1H^l$ 附加系（图 19E）的分蘖数显著减少，因此，拟斯卑尔脱山羊草 $3S^g$#3 染色体，卵穗山羊草 $4M^g$#1 染色体，两芒山羊草 $1U^{bi}$#1、$2U^{bi}$#1 和 $2M^{bi}$#1 染色体，顶芒山羊草 2/7M 和 5M 染色体，帝国黑麦 5R 染色体，长穗偃麦草 2E 染色体，大麦 2H 和 3H 染色体，纤毛披碱草 $1S^c$、$5Y^c$ 染色体和粗穗披碱草 $1H^l$ 染色体上含有使分蘖数减少的基因。中国春—顶芒山羊草 6M（6A）代换系分蘖数显著减少是由顶芒山羊草 6M 的导入及小麦 6A 染色体丢失共同作用导致。

第五节　外源染色质导入对小麦小穗数的影响

（一）外源染色质导入一年四地均使小麦小穗数显著增加

相比小麦对照，中国春—拟斯卑尔脱山羊草 $1S^g$#3 附加系（图 4F）和中国春—簇毛麦 2V#3 附加系（图 14F）的小穗数显著增加，因此，拟斯卑尔脱山羊草 $1S^g$#3 染色体和簇毛麦 2V#3 染色体上可能含有使小穗数增加的基因。

（二）外源染色质导入一年三地均使小麦小穗数显著增加但第四地没有影响

相比小麦对照，ALCD—尾状山羊草 G#1 附加系（图 1F），中国春—高大山羊草 3S^l#3 附加系（图 2F）和中国春—卵穗山羊草 3M^g#1 附加系（图 6F）的小穗数显著增加，因此，尾状山羊草 G#1 染色体，高大山羊草 3S^l#3 染色体和卵穗山羊草 3M^g#1 染色体上可能含有使小穗数增加的基因。

（三）外源染色质导入一年四地均使小麦小穗数显著减少

相比小麦对照，ALCD—尾状山羊草 E#1 附加系和 ALCD—尾状山羊草 F#1 附加系（图 1F），中国春—拟斯卑尔脱山羊草 7S^g#3 附加系（图 4F），中国春—卵穗山羊草 7U^g#1 附加系（图 5F），中国春—卵穗山羊草 1M^g#1 附加系（图 6F），中国春—两芒山羊草 2M^{bi}#1 附加系（图 7F），中国春—单芒山羊草 5N 附加系（图 8F），中国春—顶芒山羊草 2/7M 附加系、中国春—顶芒山羊草 2M 附加系、中国春—顶芒山羊草 3M 附加系和中国春—顶芒山羊草 7M 附加系（图 11F），中国春—无芒山羊草 3T/4T？端体附加系和中国春—无芒山羊草 7T 附加系（图 12F），中国春—长穗偃麦草 7E 附加系（图 15F），中国春—纤毛披碱草 7S^{c}附加系和中国春—纤毛披碱草 5Y^{c}附加系（图 18F）的小穗数显著减少，因此，尾状山羊草 E#1 和 F#1 染色体，拟斯卑尔脱山羊草 7S^g#3 染色体，卵穗山羊草 7U^g#1 和 1M^g#1 染色体，两芒山羊草 2M^{bi}#1 染色体，单芒山羊草 5N 染色体，顶芒山羊草 2/7M、2M、3M 和 7M 染色体，无芒山羊草 3T/4T？和 7T 染色体（？表示染色体同源群未鉴定），长穗偃麦草 7E 染色体以及纤毛披碱草 7S^{c}和 5Y^{c}染色体上可能含有使小穗数减少的基因。

（四）外源染色质导入一年三地均使小麦小穗数显著减少但第四地没有影响

相比小麦对照，ALCD—尾状山羊草 C#1 附加系（图 1F），中国春—希尔斯山羊草 1S^s#1 附加系（图 3F），中国春—拟斯卑尔脱山羊草 3S^g#3 附加系（图 4F），中国春—卵穗山羊草 3U^g#1 附加系（图 5F），中国春—卵穗山羊草 7M^g#1 附加系（图 6F），中国春—两芒山羊草 2U^{bi}#1 附加系（图 7F），中国春—单芒山羊草 9/6N 附加系（只有三地数据）和中国春—单芒山羊草 7N 附加系（图 8F），中国春—易变山羊草 7S^v#1 附加系（图 9F），中国春—易变山羊草 5U^v#1 附加系和中国春—易变山羊草 7U^{v}1 附加系（图 10F），中国春—顶芒山羊草 4M 附加系、中国春—顶芒山羊草 5M 附加系和中国春—顶芒山羊草 6M（6A）代换系（图11F），中国春—无芒山羊草2? T附加系、中国春—无芒山羊草5T附加系和中国春—无芒山羊草5? T附加系（图12F），中国春—簇毛麦6V#3附加系（图14F），中国春—粗穗披碱草1H'附加系、中国春—粗穗披碱草6H'附加系和中国春—粗穗披碱草7H'附加系（图19F）的小穗数显著减少，因此，尾状山羊草C#1染色体，希尔斯山羊草1S#1染色体，拟斯卑尔脱山羊草3S#3染色体，卵穗山羊草3U#1和7M#1染色体，两芒山羊草2U#1染色体，单芒山羊草9/6N（可能是6N染色体）和7N染色体，易变山羊草7S#1、5U#1和7U1染色体，顶芒山羊草4M和5M染色体，无芒山羊草2? T、5T和5? T染色体（? 表示染色体同源群未鉴定），簇毛麦6V#3染色体，粗穗披碱草1H'、6H'和7H'染色体上可能含有使小穗数减少的基因。顶芒山羊草6M（6A）代换系小穗数显著减少，是由顶芒山羊草6M的导入及小麦6A染色体丢失共同作用导致。

第六节　外源染色质导入对小麦千粒重的影响

（一）外源染色质导入一年四地均使小麦千粒重升高

相比小麦对照，试验未发现外源染色质导入小麦在一年四点条件下均使小麦千粒重升高的情况。

（二）外源染色质导入一年三地均使小麦千粒重升高但第四地没有影响

相比小麦对照，中国春—簇毛麦7V#3附加系（图14G）一年三地均使小麦千粒重升高但第四地没有影响。

（三）外源染色质导入一年四地均使小麦千粒重降低

相比小麦对照，ALCD—尾状山羊草F#1附加系（图1G）、中国春—高大山羊草1S#3附加系（图2G）、中国春—希尔斯山羊草1S#1和7S#1附加系（图3G）、中国春—拟斯卑尔脱山羊草1S#3-7S#3附加系（图4G）、中国春—卵穗山羊草1U#1、3U#1和4U#1附加系（图5G）、中国春—卵穗山羊草1M#1、3M#1-5M#1和7M#1附加系（图6G）、中国春—两芒山羊草1U#1、2U#1、2M#1和3M#1附加系（图7G）、中国春—单芒山羊草3N附加系（图8G）、中国春—易变山羊草1S#1、3S#1、4S#1和7S#1附加系（图9G）、中国春—易变山羊草4U#1-6U#1附加系（图10G）、中国春—顶芒山羊草2/7M附加系（图11G）、中国春—帝国黑麦1R和1R-5R附加系（图13G）、中国春—簇毛麦

1V#3 和 3V#3-6V#3 附加系（图 14G）、中国春—长穗偃麦草 1E-7E 附加系（图 15G）、中国春—大麦 2H-5H 附加系（图 16G）、中国春—纤毛披碱草 2S^c、3S^c、1Y^c 和 5Y^c 附加系（图 18G）、中国春—粗穗披碱草 1H^l、6H^l、7H^l 和 1S^l 附加系（图 19G）一年四地情况下均使小麦千粒重降低。

（四）外源染色质导入一年三地均使小麦小麦千粒重降低但第四地没有影响

相比小麦对照，中国春—顶芒山羊草 2M 附加系（图 1G）、中国春—两芒山羊草 5U^{bi}#1 附加系（图 7G）、中国春—易变山羊草 1U^v#1、2U^v#1 和 7U^v#1 附加系（图 10G）、中国春—顶芒山羊草 2M 附加系（图 11G）、中国春—大麦 7H 附加系（图 16G）、中国春—智利大麦 1Hch+1H^{ch}S、4H^{ch}、5H^{ch} 和 7H^{ch} 附加系（图 17G）、中国春—纤毛披碱草 1S^c 附加系（图 18G）一年三地均使小麦小麦千粒重降低但第四地没有影响。

第七节　外源染色质导入对小麦穗粒数的影响

（一）外源染色质导入一年四地均使小麦穗粒数增加

相比小麦对照，试验未发现外源染色质导入一年四地均使小麦穗粒数增加的情况。

（二）外源染色质导入一年三地均使小麦穗粒数增加但第四地没有影响

相比小麦对照，试验未发现外源染色质导入一年三地均使小麦穗粒数增加但第四地没有影响的情况。

（三）外源染色质导入一年四地均使小麦穗粒数减少

相比小麦对照，ALCD—尾状山羊草 C#1、D#1、E#1 和 F#1 附加系（图 1H）、中国春—高大山羊草 1S^l#3、2S^l#3、5S^l#3 和 6S^l#3 附加系（图 2H）、中国春—希尔斯山羊草 1S^s#1 和 7S^s#1 附加系（图 3H）、中国春—拟斯卑尔脱山羊草 2S^g#3、5S^g#3 和 6S^g#3 附加系（图 4H）、中国春—卵穗山羊草 4U^g#1、5U^g#1 附加系和中国春—卵穗山羊草 7U^g#1 单体附加系（图 5H）、中国春—卵穗山羊草 1M^g#1、2M^g#1、4M^g#1、5M^g#1 和 7M^g#1 附加系（图 6H）、中国春—两芒山羊草 5U^{bi}#1 和 2M^{bi}#1 附加系（图 7H）、中国春—单芒山羊草 1N、4N、5N 和 7N

附加系（图8H）、中国春—易变山羊草1S^v#1附加系（图9H）、中国春—易变山羊草5U^v#1和6U^v1附加系（图10H）、中国春—顶芒山羊草2/7M、2M−7M附加系（图11H）、中国春—无芒山羊草2? T、3T/4T?、5T、5? T、7T、7? T和2T? 附加系（图12H）、中国春—簇毛麦6V#3附加系（图14H）、中国春—长穗偃麦草1E、5E和7E附加系（图15H）、中国春—大麦2H、3H和5H附加系（图16H）、中国春—智利大麦1H^{ch}+1H^{ch}S附加系（图17H）、中国春—纤毛披碱草7S^c和5Y^c附加系（图18H）、中国春—粗穗披碱草1H^t、5H^t−7H^t和1S^t附加系（图19H）一年四地均使小麦穗粒数减少。

（四）外源染色质导入一年三地均使小麦穗粒数减少但第四地没有影响

相比小麦对照，中国春—单芒山羊草2N和9/6N附加系（图8H）、中国春—易变山羊草2U^v#1和7U^v#1附加系（图10H）、中国春—簇毛麦7V#3附加系（图14H）、中国春—纤毛披碱草1S^c附加系（图18H）一年三地均使小麦穗粒数减少但第四地没有影响。

参考文献

宫文萍，楚秀生，韩冉，等. 2015. 单芒山羊草染色体组优异基因发掘 [J]. 山东农业科学，47（7）：11−15.

李桂萍，陈佩度，张守忠，等. 2011. 小麦—簇毛麦6VS/6AL易位系染色体对小麦农艺性状的影响 [J]. 植物遗传资源学报，12（5）：744−749.

李俊，朱欣果，万洪深，等. 2015. 1RS−7DS.7DL小麦—黑麦小片段易位系的鉴定 [J]. 遗传，37（6）：590−598.

任天恒，李治，晏本菊，等. 2017. 新育成的1RS·1BL初级易位系T956−13的育种价值 [J]. 麦类作物学报，37（12）：1534−1540.

Wu J, Yang X, Wang H, et al. 2006. The introgression of chromosome 6P specifying for increased numbers of florets and kernels from *Agropyron cristatum* into wheat [J]. Theoretical and Applied Genetics, 114（1）：13−20.

Zhang J, Zhang J, Liu W, et al. 2015. Introgression of *Agropyron cristatum* 6P chromosome segment into common wheat for enhanced thousand−grain weight and spike length [J]. Theoretical and Applied Genetics, 128（9）：1827−1837.

第七章 外源染色质导入对小麦抗病抗逆性及籽粒蛋白含量的影响

为了调查小麦—远缘杂交种质材料的抗病性，笔者在电子科技大学生命科学学院对供试材料接种条锈菌为 CY32、CY33 和 Su-4 的混合生理小种鉴定其条锈病抗性；在河北农业大学植物保护学院对供试材料接种叶锈菌为 09-9-1441-1、09-9-1426-1、09-7-922-1、09-7-949-1 和 09-9-1505-1 的混合生理小种鉴定其叶锈病抗性；在沈阳农业大学植物保护学院对供试材料接种秆锈菌为 34MKGQM 和 21C3CTHSM 的混合生理小种鉴定其秆锈病抗性；在山东省农业科学院作物研究所接种山东省白粉菌混合菌株鉴定其白粉病抗性。四种病害接种方式、发病条件及发病等级统计方法分别参照文献（Hu et al., 2011；刘成等，2013；Liu et al., 2016；韩冉等，2018）。

大多研究发现，以 1.5%~2.0% 的 NaCl 溶液对小麦品种或品系萌发期耐盐性筛选与鉴定比较合适（刘旭等，2001；王萌萌等，2012；张巧凤等，2013）。为了选择小麦—远缘杂交种质耐盐性进行鉴定的最佳盐浓度，我们用 1.8%~2.0% 的 NaCl 溶液处理小麦远缘杂交种质资源，结果发现，供试材料相对耐盐指数与对照小麦亲本差异不显著，而在 2.2% 的盐浓度下可以对材料耐盐性进行有效鉴定。因而用 2.2% 的 NaCl 溶液对供试小麦远缘杂交种质材料进行处理。试验设 1 个对照组（无盐胁迫）和 1 个处理组（2.2% NaCl 胁迫），重复 3 次。每个重复均挑选 50 粒饱满无损伤的种子用 0.1% $HgCl_2$ 消毒 10min，灭菌水冲洗 2 次后置于铺有 2 层滤纸的培养皿中。对照组每个培养皿加入 10mL 灭菌去离子水，处理组每个培养皿中加入 10mL 灭菌去离子水配置的 2.2% NaCl 溶液。置于温度 25℃ 的恒温箱中，在光、暗处理各 12h 的条件下培养 7d。由公式［相对盐害指数（%）=（CK-T）/CK×100%］计算相对盐害指数，其中，CK 代表对照组的平均发芽率，T 代表处理组的平均发芽率。根据芽期鉴定结果，选择相对盐害指数低于中国春的材料进行幼苗期耐盐性鉴定。参照文献（张巧凤等，2013）对供试材料进行幼苗期耐盐性处理，方法略作改动。为了保证幼苗期种子的生长一致，先将种子在蒸馏水中吸涨催芽 2 天，挑选发芽情况一致的 15 粒种子置于 20 目的筛网上。筛网四周粘有塑料泡沫，使筛网能悬浮在液体表面。将筛网放入与其配套的塑料盒中。在塑料盒中加入含盐 Hoagland 营养液，处理 7 天；对照组中加入 Hoagland 营养液培养 7 天。培养条件为 25℃，光、暗处理各 12h。每个处理和对照均随机选取 9 株测量苗高、根长。计算不同材料的相对生长量作为研究小麦幼苗期对盐胁迫的反应指标，其中，相对苗高=处理芽长/对照芽长；相对根长=处理根长/对照根长。

试验对小麦对照和小麦—远缘物种染色体系等供试材料共计 219 份进行了条锈病、叶锈病、秆锈病、白粉病和耐盐性鉴定。本书只对抗性较好或可能是小麦育种新抗源的材料及其对照进行分析，感病的试验材料抗性结果就不再赘述。

第一节　外源染色质导入对小麦条锈病抗性的影响

目前，来源于山羊草属的抗条锈病基因有 7 个，$Yr8$（Riley et al.，1968）来源于顶芒山羊草，$Yr17$（Bariana 和 McIntosh，1993）来源于偏凸山羊草，$Yr28$（McIntosh，1988）来源于粗山羊草，$Yr37$（Marais et al.，2005）来源于粘果山羊草，$Yr38$（Marais et al.，2006）来源于沙融山羊草，$Yr40$（Kuraparthy et al.，2005）来源于卵穗山羊草，$Yr42$（Marais et al.，2009）来源于短柄山羊草。其中，来源于顶芒山羊草的 $Yr8$ 是 Riley 等利用遗传诱导同源重组技术导入小麦的（Riley et al.，1968），然而，该基因对中国条锈菌生理小种已经失去抗性（Wan et al.，2007）。我们的试验结果显示，对照小麦品种 Hobbit "sib" 高感小麦条锈病，而 Hobbit "sib"—顶芒山羊草 2M 附加系、2M（2D）代换系、2M/2A 易位系和 2M/2D 易位系（近期被鉴定为 2AS-2ML·2MS 易位系和 2DS-2ML·2MS 易位系（宫文萍等，2019）则对条锈菌 CYR32、CYR33 和 Su34 混合生理小种均表现为近免疫，因此，顶芒山羊草 2M 染色体上可能存在一个新的抗条锈病基因。

小麦对照中国春、中国春—卵穗山羊草 1M^g#1-6M^g#1、1U^g#1、2U^g#1、4U^g#1-6M^g#1 附加系以及 3U^g#1 单体附加系均中感或高感条锈病，而中国春—卵穗山羊草 7M^g#1 附加系、中国春—卵穗山羊草 7M^g#1（7A）代换系、中国春—卵穗山羊草 7M^g#1（7B）代换系、中国春—卵穗山羊草 7M^g#1（7D）代换系均高抗条锈病，上述已被命名的抗条锈基因 $Yr40$ 来自卵穗山羊草 5M^{g}染色体，没有发现来自 7M^{g}染色体的抗条锈基因，因此，卵穗山羊草 7M^{g}染色体上可能含有抗条锈病新基因。

小麦对照中国春、中国春—单芒山羊草 2N-7N 附加系均中感到高感条锈病，而中国春—顶芒山羊草 1N 附加系高抗小麦条锈病，上述已被命名的抗条锈基因中没有来自单芒山羊草的，因此，单芒山羊草 1N 染色体上可能含有新的抗条锈病基因。

小麦对照中国春、中国春—顶芒山羊草 3M~7M 附加系高感白粉病，而中国春 2/7M 附加系和 2M 附加系均近免疫条锈病，因为来自顶芒山羊草 2M 染色体的抗条锈基因 *Yr*8 已经失去抗性，因此，本试验所用顶芒山羊草和 Riley 等（1968）所用的顶芒山羊草应该不是同一来源，因而，本试验所用顶芒山羊草 2M 染色体上可能含有抗条锈新基因。

小麦—欧山羊草 1M（1B）代换系和 1U 附加系均免疫条锈病，因为二者的亲本之一是小麦对照川农 19，因此，小麦—欧山羊草 1M（1B）代换系和 1U 附加系的条锈抗性可能来源于免疫条锈病川农 19，或者欧山羊草 1M 和 1U 染色体上可能含有抗条锈病基因，三者均可作为小麦抗条锈育种的优异潜在基因源。

目前，已有研究将来自披碱草的抗叶锈病基因 *Lr*55（Friebe et al.，2005）和抗赤霉病基因 *Fhb*6（Cainong et al.，2015）导入小麦，但是，未发现披碱草属物种条锈抗性转移给小麦并命名抗条锈病基因的报道。小麦对照中国春、中国春—粗穗披碱草 5H'、6H'、7H'、T2H'S.5H'L 附加系以及 5S' 单体附加系均中感或高感条锈病，而中国春—粗穗披碱草 1H'、1S' 和 1H'S·1BL 罗伯逊易位系，因为目前尚未发现披碱草属抗条锈基因被命名的报道，因而，粗穗披碱草 1S' 和 1H'S 染色体上可能存在新的抗条锈病基因。

小麦对照中国春、中国春—纤毛披碱草 2S^c、3S^c、7S^c、1Y^c、5Y^c 和 7Y^c 附加系均中感或高感条锈病，而中国春—纤毛披碱草 1S^c 高抗条锈病，因此，纤毛披碱草 1S^c 染色体上可能存在新的抗条锈病基因。

小麦对照中国春、中国春—帝国黑麦 2R~7R 附加系均高感条锈病，而中国春—帝国黑麦 1R 附加系免疫条锈病，说明帝国黑麦 1R 上含有抗条锈病基因，因为当前来自黑麦 1RS 的抗条锈基因 *Yr*9 已经失去抗性，因而，帝国黑麦 1R 上可能含有抗条锈新基因。

小麦对照绵阳 11 和川育 12 高感条锈病，而小麦—非洲黑麦 1R^afc（1D）代换系、小麦—非洲黑麦 1R^afcS.1BL 易位系、小麦—非洲黑麦 R^afcS·1BL+1DS·1R^afcL 双易位系、小麦—非洲黑麦 2R^afc（2D）代换系、小麦—非洲黑麦 5R^afc·5DL 易位系和小麦—非洲黑麦 6R^afc（6D）代换系均免疫条锈病，因此，上述小麦—非洲黑麦染色体系的条锈病或者来源于非洲黑麦不同染色体或者来自其小麦亲本绵阳 26（本试验中未鉴定其条锈抗性），上述小麦—非洲黑麦染色体系是小麦抗病育种的潜在基因源。

偃麦草属物种已有多个抗条锈基因被正式命名或临时命名，其中，*Yr*E（马渐新等，1999）位于长穗偃麦草 3E 染色体上，*YrTp*1 和 *YrTp*2（殷学贵等，

2006）分别位于 2BS 和 7BS、*YrSt*（刘爱峰等，2007）位于十倍体长穗偃麦草 St 染色体上，*YrZhong*22（杨敏娜，2008）定位在 5B 染色体长臂上，*YrCH*223 和 *Yr*50（刘洁等，2013；Liu et al.，2013）位于 4B 染色体长臂上，*YlCH*5383（詹海仙等，2014）位于 3B 染色体上，*YrL*693（Huang et al.，2014）位于 1B 染色体上，*YrCH*5026（侯丽媛等，2015）位于 2AS 染色体上。本试验发现，小麦对照中国春、中国春—长穗偃麦草 1E、2E、4E-7E 均中感或高感条锈病，而中国春—长穗偃麦草 3E 附加系、小麦—茸毛偃麦草 1St（1D）代换系、1DS·1StL 易位系、1StS.1DL 易位系和小麦—彭提卡偃麦草 6Js（6B）代换系+1RS·1BL 易位系均中抗、高抗或免疫条锈病。中国春—长穗偃麦草 3E 附加系抗条锈原因可能是存在抗条锈病基因 *YrE* 的缘故。小麦—茸毛偃麦草 1St（1D）代换系、1DS·1StL 易位系和 1StS·1DL 易位系抗条锈病可能是存在 *YrSt* 基因的缘故；小麦—彭提卡偃麦草 6Js（6B）代换系+1RS·1BL 易位系抗条锈病可能是彭提卡 6J^s 或黑麦 1RS 或者二者上面含有抗条锈病基因的缘故。这些材料可以应用于染色体工程将其诱导成可直接在育种应用的抗条锈资源并加以利用。

第二节　外源染色质导入对小麦叶锈病抗性的影响

小麦远缘物种中，山羊草属命名的抗叶锈病基因数最多，被正式命名的抗叶锈病基因有 20 个。其中，*Lr*9（Sears，1956）来自于小伞山羊草，*Lr*21（Rowland 和 Kerber，1974）、*Lr*22b（Dyck 和 Kerber，1970）、*Lr*32（Kerber，1987）、*Lr*39（Raupp et al.，2001）以及 *Lr*41-*Lr*43（Cox et al.，1994）来自粗山羊草，*Lr*28（Riley et al.，1968；Cherukuri et al.，2005）、*Lr*35（Kerber 和 Dyck，1990）、*Lr*36（Dvorak 和 Knott，1990）、*Lr*47（Dubcovsky et al.，1998）以及 *Lr*66（Marais et al.，2010）来自拟斯卑尔脱山羊草，*Lr*37（Bariana et al.，1993）来自偏凸山羊草，*Lr*54（McIntosh et al.，2003；Marais et al.，2005）来自粘果山羊草，*Lr*56（Marais et al.，2006）来自沙融山羊草，*Lr*57（Kuraparthy et al.，2007a）来自卵穗山羊草，*Lr*58（Kuraparthy et al.，2007b）来自钩刺山羊草，*Lr*59（Marais et al.，2008）来自柱穗山羊草，*Lr*62（Marais et al.，2009）来自短穗山羊草。我们的试验结果显示，对照小麦品种 ALCD、ALCD—尾状山羊草 B#1、C#1、E#1-G#1 附加系均中感或高感叶锈病，而 ALCD—尾状山羊草 D#1 附加系近免疫或高抗（对不同小种反应型不同）叶锈病，因上述被命名的抗叶锈基因没有来自尾状山羊草的，因此，尾状山羊草 D 染色体上可能含有抗叶锈新基因。

对照小麦中国春、中国春—高大山羊草 1S^l#3-7S^l#3 附加系、中国春—高大山羊草 1S^l#2 附加系、中国春—高大山羊草 1S^l#2（1B）、1S^l#2（1D）-4S^l#2（4D）、6S^l#2（6B）、7S^l#2（7D）代换系以及中国春—高大山羊草 1S^l#3（1D）代换系均中感或高感叶锈病，而中国春—高大山羊草 5S^l#2（5D）代换系对叶锈菌混合小种的反应型为近免疫、高抗和中感（对不同小种反应型不同），因为上述被命名抗叶锈基因中没有来自高大山羊草的，因此，高大山羊草 5S^l 染色体上可能含有抗部分叶锈菌小种的新基因。

对照小麦中国春、中国春—希尔斯山羊草 1S^s#1、2S^s#1、5S^s#1-7S^s#1 附加系、中国春—希尔斯山羊草 1S^s#1（1A）、1S^s#1（1B）、1S^s#1（1D）代换系、2S^s#1（2D）代换系和 5S^s#1（5D）-7S^s#1（7D）代换系代换系均中感或高感叶锈病，而中国春—希尔斯山羊草 3S^s#1 附加系 3S^s#1（3D）代换系中抗叶锈病，中国春—希尔斯山羊草 4S^s#1 附加系和 4S^s#1（4D）代换系近免疫或高抗叶锈病（对不同生理小种反应型不同），因为上述已被命名抗叶锈基因中没有来自希尔斯山羊草的，因此，希尔斯山羊草 3S^s#1 和 4S^s#1 染色体上可能含有抗叶锈基因。

对照小麦中国春、中国春—拟斯卑尔脱山羊草 1S#3、2S#3、4S#3、6S#3 和 7S#3 附加系均中感叶锈病，中国春—拟斯卑尔脱山羊草 3S#3 和 5S#3 附加系对部分叶锈菌生理小种抗性表现为近免疫或高抗，因为目前命名的来自拟斯卑尔脱山羊草的抗叶锈基因主要源自染色体第 2、第 4 和第 7 同源群等，因此，拟斯卑尔脱山羊草 3S#3 和 5S#3 染色体上可能含有抗部分叶锈小种的基因。

对照小麦中国春、中国春—两芒山羊草 1U^{bi}#1、2U^{bi}#1、5U^{bi}#1、2M^{bi}#1 和 3M^{bi}#1 附加系均中感或高感叶锈病，而中国春—两芒山羊草 4M^{bi}#1 附加系对部分叶锈菌生理小种表现为近免疫或高抗，因为上述已被命名抗叶锈基因中没有来自两芒山羊草的，因此，两芒山羊草 4M^{bi}#1 染色体上可能含有抗部分叶锈菌小种的基因。

对照小麦中国春、中国春—易变山羊草 1S^v#1-5S^v#1、7S^v#1 附加系均中感或高感叶锈病，而中国春—易变山羊草 6S^{v}S#1 端体附加系对部分叶锈菌生理小种表现为近免疫或高抗，因为上述已被命名抗叶锈基因中没有来自易变山羊草的，因此，易变山羊草 6S^{v}S#1 染色体上可能含有抗部分叶锈菌小种的基因。

目前，来自披碱草且被正式命名的抗叶锈病基因仅有 Lr55（Friebe et al.，2005）。抗叶锈病鉴定发现，对照小麦中国春、中国春—粗穗披碱草 5H^t-7H^t、T2H^{t}S·5H^{t}L 附加系和中国春—粗穗披碱草 5S^t 单体附加系均中感或高感叶锈病，而中国春—粗穗披碱草 1H^t 附加系和中国春—粗穗披碱草 1H^{t}S·1BL 罗伯逊易位系均近免疫叶锈病，二者的叶锈抗性是由抗叶锈基因 Lr55 提供的，可以将其用于小麦抗病育种。

对照小麦中国春、中国春—纤毛披碱草 2S^c、3S^c、1Y^c、5Y^c、7Y^{c}附加系均中感或高感叶锈病，而中国春—纤毛披碱草 1S^c 和 7S^c 附加系对部分叶锈菌生理小种抗性为近免疫，因此，纤毛披碱草 1S^c 和 7S^c 上可能含有抗叶锈基因。

小麦—黑麦 1RS. 1Bl 易位系上含有包括 Lr26 等基因在内的多个抗病基因，为我国小麦育种做出了重要贡献。抗病性调查结果显示，对照小麦中国春、中国春—帝国黑麦 2R-7R 附加系附加系中感或高感叶锈病，而中国春—帝国黑麦 1R 附加系免疫叶锈病，其叶锈抗性应该是 1RS 上存在 Lr26 的作用；此外，小麦—非洲黑麦 2R^{afc}（2D）代换系中抗或高抗小麦叶锈病（对不同小种反应型不同），因此，非洲黑麦 2R^{afc} 染色体上可能含有抗叶锈病基因。

来自偃麦草属物种被命名的抗叶锈基因有 4 个，其中，Lr19（Sharma 和 Knott DR，1966）来自长穗偃麦草，Lr24（McIntosh et al.，1977）来自彭梯卡偃麦草，Lr29（Sears，1973）来自长穗偃麦草，Lr38（Wienhues，1973；Friebe et al.，1993）来自中间偃麦草。抗病性鉴定发现，小麦—茸毛偃麦草 1St（1D）代换系、小麦偃麦草 Z4、Z6 附加系、小麦—多年生簇毛麦附加系 A6-4 对小麦叶锈菌混合小种或部分叶锈菌抗性较好，虽然无法确定上述材料中的抗病基因是否就是 Lr19、Lr24、Lr29 或 Lr38，但这些材料可以作为小麦叶锈抗源加以改造并应用于小麦育种工作。

第三节　外源染色质导入对小麦秆锈病抗性的影响

目前，来自山羊草且被正式命名的抗秆锈病基因有 6 个，其中，Sr34（Riley et al.，1968；McIntosh et al.，1982）来自顶芒山羊草，Sr38（Banana 和 McIntosh，1993）来自偏凸山羊草，Sr39（Kerber 和 Dyke，1990）、Sr47（Justin et al.，2008）来自拟斯卑尔脱山羊草，Sr51（Liu et al.，2011a）来自希尔斯山羊草，Sr53（Liu et al.，2011b）来自卵穗山羊草。秆锈病抗性鉴定发现，对照 ALCD、ALCD—尾状山羊草 B#1-D#1、F#1、G#1 附加系均中感或高感秆锈病，而 ALCD—尾状山羊草 E#1 附加系高抗秆锈病，因为上述被正式命名的抗秆锈基因中没有来自尾状山羊草的，因此，尾状山羊草 E#1 染色体上可能含有抗秆锈新基因。

对照中国春、中国春—高大山羊草 1S^l#3-5S^l#3 附加系、7S^l#3 单体附加系、3S^l#2 和 5S^l#2 附加系、2S^l#2（2D）和 4S^l#2（4D）代换系均高感秆锈病，而中国春—高大山羊草 6S^l#3 附加系和 6S^l#2（6B）代换系分别免疫和高抗秆锈病，因为上述被正式命名的抗秆锈基因中没有来自高大山羊草的，因此，高大山羊草 6S^l#3 和 6S^l#2 染色体上可能含有抗秆锈新基因。

对照中国春、中国春—希尔斯山羊草 1S#1、2S#1、4S#1-7S#1 附加系均中感或高感秆锈病，而中国春—希尔斯山羊草 3S#1 高抗秆锈病，其秆锈抗性是由 3S#1 染色体上的抗秆锈病基因 Sr51 提供的，该材料可以做为秆锈抗源用于小麦染色体工程。

对照中国春、中国春—拟斯卑尔脱山羊草 1S#3、3S#3-7S#3 附加系均中感或高感秆锈病，而中国春—拟斯卑尔脱山羊草 2S#3 附加系高抗秆锈病，其秆锈抗性是由 2S#3 染色体上的抗秆锈病基因 Sr47 提供的，是小麦秆锈病优异抗源。

对照中国春、中国春—卵穗山羊草 1M^g#1-4M^g#1、6M^g#1、1U^g#1、2U^g#1、4U^g#1-6U^g#1 附加系、中国春—卵穗山羊草 3U^g#1 和 7U^g#1 单体附加系均中感或高感秆锈病，而中国春—卵穗山羊草 5M^g#1 附加系中抗秆锈病，其秆锈病抗性是由 5M^g#1 染色体上的 Sr53。中国春—卵穗山羊草 7M^g#1 附加系、7M^g#1（7A）、7M^g#1（7B）和 7M^g#1（7D）代换系均免疫或高抗秆锈病，因为上述被正式命名的抗秆锈基因中没有来自卵穗山羊草的，因此，卵穗山羊草 7M^g#1 染色体上可能含有抗秆锈新基因。

对照中国春、中国春—单芒山羊草 1N-5N 和 7N 附加系均高感秆锈病，而中国春—单芒山羊草 9/6N（可能是 6N）附加系免疫秆锈病，其条锈抗性可能是由 Sr38 提供的，虽然 Sr38 来自偏凸山羊草 6N^{v}L-2N^{v}S 染色体，但是其单芒山羊草 6N 染色体是偏凸山羊草 6N^v 染色体的供体，另外该结果也说明 9/6N 染色体是 6N 染色体。

对照中国春、中国春—易变山羊草 1S^v#1-5S^v#1、7S^v#1、1U^v#1-7U^v#1 附加系均高感秆锈病，而中国春—易变山羊草 6S^{v}S#1 端体附加系免疫秆锈病，因为上述被正式命名的抗秆锈基因中没有来自易变山羊草的，因此，易变山羊草 6S^{v}S#1 染色体臂上含有抗秆锈新基因。

小麦—欧山羊草 1M（1B）代换系和 1U 附加系均免疫秆锈病，因为其杂交亲本川农 19 免疫秆锈病，因此，暂不能确定欧山羊草 1M 和 1U 染色体上是否有抗秆锈基因。然而，二者都是小麦秆锈病优异基因源。

目前，来自黑麦且被正式命名的抗秆锈病基因有 4 个，其中，Sr27（Singh 和 Mcintosh，1988）和 Sr50（Mago 等，2015）来自于帝国黑麦，Sr31（McIntosh，1988）和 Sr59（Rahmatov et al.，2016）来自于栽培黑麦。抗秆锈鉴定发现，小麦对照中国春、绵阳 11、绵阳 26 和川育 12、中国春—帝国黑麦 1R-5R、7R 附加系、小麦—非洲黑麦 1R^{afc}S·1BL 易位系和 5R^{afc}·5DL 易位系均高感秆锈病，而中国春—帝国黑麦 6R 附加系、小麦—非洲黑麦 1R^{afc}（1D）代换系、2R^{afc}（2D）代换系、6R^{afc}（6D）代换系均高抗秆锈病，其中，非洲黑麦 2R^{afc} 染色体上的抗秆锈基因可能与栽培黑麦 2R 染色体上的 Sr59 为同一基因。因

为 *Sr*31 和 *Sr*50 均来自黑麦 1RS 染色体，因此，帝国黑麦 6R、非洲黑麦 1R^afcL 和 6R^afc 染色体上可能含有新抗秆锈基因。

小麦—彭提卡偃麦草 6Js（6B）代换系+1RS·1BL 易位系、小麦—偃麦草 Z1-Z4、Z6 附加系均免疫或高抗秆锈病，是小麦抗秆锈育种的优异基因源。

迄今为止，未发现来自大麦属抗小麦秆锈病基因被命名的报道。抗秆锈鉴定发现，对照中国春、中国春—智利大麦 1H^ch+1H^chS 附加系、4H^ch、5H^ch 和 7H^ch 附加系均高感秆锈病，而中国春—智利大麦 6H^ch 附加系免疫秆锈病，因此，智利大麦 6H^ch 染色体上可能含有抗秆锈新基因。

第四节　外源染色质导入对小麦白粉病抗性的影响

目前，来自山羊草且被正式命名的抗白粉病基因有 10 个，其中，*Pm*12（Miller et al.，1988）、*Pm*32（Hsam et al.，2003）和 *Pm*53（Petersen et al.，2015）来自拟斯卑尔脱山羊草，*Pm*13（Ceoloni et al.，1988）来自高大山羊草，*Pm*19（Lutz et al.，1995）、*Pm*34（Miranda et al.，2006）、*Pm*35（Miranda et al.，2007）和 *Pm*58（Wiersma et al.，2017）来自粗山羊草，*Pm*29（Zeller et al.，2002）来自卵穗山羊草，*Pm*57（Liu et al.，2017）来自希尔斯山羊草。白粉病抗性鉴定发现，对照小麦 ALCD、ALCD—尾状山羊草 B#1-D#1、F#1 和 G#1 附加系均中感或高感白粉病，而 ALCD—尾状山羊草 E#1 附加系免疫白粉病，因为上述基因中没有来自尾状山羊草的抗白粉病基因，因此，尾状山羊草 E#1 可能含有抗白粉病新基因。

对照中国春、中国春—高大山羊草 1S^l#3-5S^l#3 附加系、7S^l#3 单体附加系、1S^l#2、2S^l#2、4/7S^l#2、5S^l#2、6S^l#2、7/4S^l#2 附加系、中国春—高大山羊草 1S^l#2（1B）、1S^l#2（1D）、1S^l#3（1D）、2S^l#2（2D）、4S^l#2（4D）、5S^l#2（5D）、6S^l#2（6B）和 7S^l#2（7D）代换系均中感或高感白粉病，而中国春—高大山羊草 6S^l#3 附加系、3S^l#2 附加系、3S^l#2（3D）代换系均近免疫白粉病，后两者的抗性可能由高大山羊草 3S^l 染色体上的 *Pm*13 提供，但目前尚没有报道高大山羊草 6S^l 抗白粉病的，因此，高大山羊草 6S^l#3 染色体上可能含有抗白粉新基因。

对照中国春、中国春—希尔斯山羊草 1S^s#1、4S^s#1-7S^s#1 附加系、1S^s#1（1A）、1S^s#1（1B）、1S^s#1（1D）、4S^s#1（4D）-7S^s#1（7D）均中感或高感白粉病，而中国春—希尔斯山羊草 2S^s#1 附加系、3S^s#1 附加系、2S^s#1（2D）代换系和 3S^s#1（3D）代换系均近免疫白粉病，中国春—希尔斯山羊草 2S^s#1 附加系 2S^s#1（2D）代换系的白粉抗性是由 2S^s#1 染色体上的抗白粉病基因 *Pm*57 提供的，但目前尚没有报道希尔斯山羊草 3Sˢ 抗白粉病的，因此，希尔斯山羊草 3Sˢ#1 染色体上可能含有未被报道的抗白粉新基因。

对照中国春、中国春—沙融山羊草 4Sˢʰ#3 附加系、4Sˢʰ#4 附加系、4Sˢʰ#5 附加系、4Sˢʰ#6 附加系、4Sˢʰ#8 附加系、4Sˢʰ#10 附加系、中国春—沙融山羊草 2Sˢʰ、4Sˢʰ、5Sˢʰ？（？表示同源群未鉴定）、6？Sˢʰ（？表示同源群未鉴定）和 6Sˢʰ 附加系均中感或高感白粉病，而中国春—沙融山羊草 7Sˢʰ 附加系近免疫白粉病，因为上述已被命名抗白粉病基因中没有来自沙融山羊草的，因此，沙融山羊草 7Sˢʰ 染色体上可能含有抗白粉病新基因。

对照中国春、中国春—两芒山羊草 1Uᵇⁱ#1、2Uᵇⁱ#1、5Uᵇⁱ#1、3Mᵇⁱ#1 附加系以及 4Mᵇⁱ#1 单体附加系均中感或高感白粉病，而中国春—两芒山羊草 2Mᵇⁱ#1 附加系近免疫白粉病，因为上述已被命名抗白粉病基因中没有来自两芒山羊草的，因此，两芒山羊草 2Mᵇⁱ#1 染色体上可能含有抗白粉病新基因。

对照中国春、中国春—顶芒山羊草 2/7M、2M–6M 附加系和中国春—顶芒山羊草 6M（6A）代换系均中感或高感白粉病，而中国春—顶芒山羊草 7M 附加系近免疫白粉病，因为上述已被命名抗白粉病基因中没有来自顶芒山羊草的，因此，顶芒山羊草 7M 染色体上可能含有抗白粉病新基因。

对照中国春、中国春—无芒山羊草 2？T（？表示同源群未鉴定，下同）、2T？、5T、5？T 附加系和 3T/4T？端体附加系均中感或高感白粉病，而中国春—无芒山羊草 7T 和 7？T 附加系对部分白粉菌生理小种表现为近免疫，因为上述已被命名抗白粉病基因中没有来自无芒山羊草的，因此，无芒山羊草 7T 染色体上可能含有抗白粉病新基因。

小麦—欧山羊草 1M（1B）代换系和 1U 附加系均高抗白粉病，因为其杂交亲本川农 19 中感白粉病，因此，欧山羊草 1M 和 1U 染色体上可能含有抗白粉病基因。

目前，来自黑麦且被正式命名的抗白粉病基因有 5 个，包括 Pm7（Driscoll 和 Jensen，1965）、Pm8（Zeller，1973；McIntosh et al.，1993）、Pm17（Heun et al.，1990）、Pm20（Friebe et al.，1994）和 Pm56（Hao et al.，2018）。抗秆锈鉴定发现，小麦—非洲黑麦 1Rᵃᶠᶜ（1D）代换系近免疫白粉病，而小麦对照中国春、绵阳 11、绵阳 26 和川育 12、中国春—帝国黑麦 1R–7R 附加系、小麦—非洲黑麦 1RᵃᶠᶜS·1BL 易位系、5Rᵃᶠᶜ·5DL 易位系、2Rᵃᶠᶜ（2D）代换系、6Rᵃᶠᶜ（6D）代换系均高感白粉病，因此，非洲黑麦 1RᵃᶠᶜL 染色体上含有抗白粉病基因。因为上述被命名的 Pm8 和 Pm17 均来自黑麦 1RS 染色体，Pm20 等基因不是来自染色体第一同源群，因此，非洲黑麦 1RᵃᶠᶜL 染色体上可能含有抗白粉病新基因。

目前，来自簇毛麦属物种且被正式命名的抗白粉病基因有 3 个，包括来自簇毛麦 6V 染色体的 *Pm*21（Chen et al.，1995）、来自 5V 染色体的 *Pm*55（Zhang et al.，2016）和来自 2V 染色体的 *Pm*62（Zhang et al.，2019）。抗白粉病鉴定发现，对照中国春、中国春—簇毛麦 1V#3-4V#3、6V#3 和 7V#3 附加系、中国春—簇毛麦 1DS·1V#3L、1DL·1V#3S、2BS·2V#3L、3DS·3V#3L、3DL·3V#3S、4DS·4V#3L、4DL·4V#3S、6AS·6V#3L、6AL·6V#3S、7DL·7V#3S 和 7DS·7V#3L 罗伯逊易位系均中感或高感白粉病，而中国春—簇毛麦 5V#3 附加系、5DL·5V#3S 罗伯逊易位系、小麦—多年生簇毛麦附加系 A6-4 均近免疫或高抗白粉病，前二者白粉抗性可能是由 5V 染色体的 *Pm*55 提供，后者的白粉病抗性可能是由不同于 *Pm*21 的抗白粉病基因（白粉菌抗谱不同于 *Pm*21）提供，都是小麦抗白粉病育种的优异基因源。

第五节　外源染色质导入对小麦耐盐性的影响

随着全球气候变暖、海平面上升和环境污染加重，土壤盐碱化已成为中国未来粮食安全的潜在威胁。据全国第二次土壤普查数据，中国盐渍土总面积为 3 600 万 hm^2，耕地中盐渍化面积约为 930 万 hm^2（全国土壤普查办公室，1998）。小麦是人类最主要的粮食作物之一，在小麦产量已经达到较高水平的情况下，开发和利用盐碱地是实现粮食增产的重要途径（李翠玲，2008；张蕾等，2016）。从现有小麦品种（系）中筛选耐盐性较好的小麦品种（系）并进行推广应用是有效利用中国盐碱地的有效手段，但是，耐盐小麦品种极为有限（李翠玲，2008），通过少数几个耐盐小麦间相互杂交进行耐盐小麦新品种培育，很容易造成其遗传基础狭窄，极大地限制了耐盐小麦新品种的培育进程。

小麦近缘物种中含有丰富的耐盐和抗逆基因，是小麦育种的优异基因源。据报道，沙融山羊草（*Aegilops sharonensis*）、二角山羊草（*Ae. bicornis*）、窄颖赖草（*Leymus angustus*）、披碱草（*Elymus dahuricus*）、彭提卡偃麦草（*Thinopyrum ponticum*）和智利大麦（*Hordeum chlense*）等物种均具有较好的耐盐性（Nevo 和 Chen，2010）。通过远缘杂交可将这些物种中的优良基因导入普通小麦（Yuan 和 Tomita，2015）。小麦—近缘物种染色体系（包括附加系、代换系和易位系等）是向小麦转育其近缘物种优异基因的良好载体和中间桥梁（刘成等，2013；韩冉等，2015）。鉴定清楚小麦—近缘物种染色体系的耐盐性是定位耐盐基因所在小麦近缘物种染色体（片段）的基础。作物芽期和苗期鉴定能有效反映其综合耐盐性（Yoshiro 和 Kazuyoshi，1997），可以用于筛选耐盐小麦（刘旭等，2001；马雅琴和翁跃进，2005；王萌萌等，2012；吴纪中等，2014）。我们利用芽期和幼苗期耐盐性鉴定对小麦—近缘物种染色体系进行了耐盐性评价，筛选出了耐盐性较好的种质资源。

耐盐鉴定结果发现，对照小麦中国春的相对盐害指数（考察盐胁迫下材料发芽情况）为 0.62，相对盐害指数低于中国春的有 11 份，相对盐害指数范围为 0.39%~0.61%。差异显著性分析发现，11 份材料中，仅中国春—高大山羊草 6S^l#2（6B）代换系（TA6516）和中国春—纤毛披碱草 1Y^{c}附加系（TA7584）与中国春的相对盐害指数具有显著性差异，说明 TA6516 和 TA7584 芽期耐盐性显著高于中国春小麦（$P<0.05$）。

对芽期耐盐性优于中国春的 11 份中国春—近缘物种染色体系进行幼苗期耐盐性鉴定，结果发现，仅中国春—纤毛披碱草 1Y^{c}附加系（TA7584）的相对根长显著高于中国春，而中国春—高大山羊草 6S^l#2（6B）代换系（TA6516）、中国春—帝国黑麦 5R 附加系（TA3606）、中国春—卵穗山羊草 1U^g#1 附加系（TA7662）、中国春—卵穗山羊草 3M^g#1 附加系（TA7657）和中国春—希尔斯山羊草 5S^s#1 附加系（TA3584）的相对根长显著或极显著低于中国春。

相对苗长显著高于中国春的有中国春—希尔斯山羊草 6S^s#1（6D）代换系（TA6566）和中国春—卵穗山羊草 1U^g#1 附加系（TA7662）。中国春—帝国黑麦 5R 附加系（TA3606）的相对苗长显著低于中国春。

在小麦近缘物种耐盐性鉴定方面，Colmer 等（2005）认为，偃麦草（Thinopyrum spp.）和海滨大麦（H. marinum）的耐盐性显著好于栽培小麦。Gorham 等（1991）认为，盐胁迫下小伞山羊草和顶芒山羊草的叶片钠离子含量较其他物种低的多，因此具有更好的耐盐性。马小廷（2010）对中间偃麦草（Th. intermedium）、长穗偃麦草及两者正反交 F$_1$ 代进行耐盐性鉴定，发现四者之间耐盐性顺序为：长穗偃麦草>反交种 F$_1$>正交种 F$_1$>中间偃麦草。Mahmood 和 Quarrie（1993）认为，长穗偃麦草 3E 染色体和百萨偃麦草 5J 染色体具有降低小麦叶片钠离子含量的功能。Forster 等（1988）则认为，百萨偃麦草 2J 染色体具有降低小麦叶片钠离子含量的功能。Omielan 等（1991）发现，长穗偃麦草 3E 染色体导入小麦后，其叶片钠离子含量确实有所降低即增强了小麦的耐盐性。然而我们的实验结果表明中国春—长穗偃麦草 3E 染色体附加系的相对盐害指数较中国春并没有显著差异，不过该结果和 Omielan 等（1991）的研究结果并不冲突，因为对钠离子含量测定仅是对 1 个生理指标的考察，而小麦发芽是一个复杂过程，长穗偃麦草 3E 染色体导入中国春并不足以显著影响其相对盐害情况。

在小麦—近缘物种耐盐种质创制方面，Islam 等（2007）合成了小麦—海大麦（H. marinum）双二倍体，但未见后续向小麦转育其耐盐性的报道。张蕾等（2016）鉴定了小麦—中间偃麦草（Th. intermedium）耐盐种质。Yuan 和 Tomita

（2015）创制了耐盐碱的小麦—彭提卡偃麦草（*Th. ponticum*）染色体易位系。夏光敏课题组将长穗偃麦草（*E. elongata*）的染色体小片段整合到普通小麦品种济南177基因组中，获得了一系列的细胞杂种渐渗析，并从中选育了耐盐高产新品种山融3号（Wang et al.，2008）。截至目前，未见有关小麦—纤毛披碱草种质的耐盐报道，我们对包括小麦—纤毛披碱草附加系在内的小麦—近缘物种染色体系进行耐盐性筛选和鉴定，发现在对小麦幼苗期耐盐性鉴定时，相对根长对于相对苗长来说更能准确的反映小麦的耐盐性强弱（张巧凤等，2013），如综合考察二者则可对幼苗期小麦耐盐性进行准确鉴定。研究表明小麦—近缘物种染色体系的相对根长和相对苗长，发现中国春—纤毛披碱草1Y^{c}染色体附加系在芽期和幼苗期耐盐性上均显著高于其对照材料中国春，说明在纤毛披碱草1Y^{c}染色体上存在有耐盐基因，因此，该材料值得利用染色体工程诱导获得耐盐小麦—纤毛披碱草1Y^{c}染色体易位系。

本章对供试材料抗病抗逆鉴定结果全部列于表7-1。

表7-1 供试材料抗病性和芽期耐盐性鉴定结果

序号	编号	材料	条锈病	叶锈病	秆锈病	白粉病	芽期盐害指数
1	ALCD	小麦品种 ALCD	;	3	3	4	—
2	TA3558	ALCD—尾状山羊草 B#1 附加系	;1	3	4	4	0.90
3	TA3559	ALCD—尾状山羊草 C#1 附加系	;1	4	3	3	1.00
4	TA3560	ALCD—尾状山羊草 D#1 附加系	1	;1	3	3	1.00
5	TA3562	ALCD—尾状山羊草 E#1 附加系	1	3	1	0	1.00
6	TA3561	ALCD—尾状山羊草 F#1 附加系	1	3	4	4	—
7	TA3563	ALCD—尾状山羊草 G#1 附加系	1	4	4	4	1.00
8	JIC-46	小麦品种 Hobbit 'sib'	4	—	4	4	1.00
9	JIC-10	Hobbit 'sib'—顶芒山羊草 2M 附加系	;	—	4	4	1.00
10	JIC-11	Hobbit 'sib'—顶芒山羊草 2M（2D)代换系	;	—	4	4	1.00
11	JIC-12	Hobbit 'sib'—顶芒山羊草 2M/2A 易位系	;	—	4	4	1.00
12	JIC-17	Hobbit 'sib'—顶芒山羊草 2M/2D 易位系	;	—	4	4	—
13	TA7543	中国春—高大山羊草 1S^l#3 附加系	3	3	4	3	0.94
14	TA7544	中国春—高大山羊草 2S^l#3 附加系	4	3	4	3	0.72
15	TA7545	中国春—高大山羊草 3S^l#3 附加系	3	3	4	3	0.92
16	TA7546	中国春—高大山羊草 4S^l#3 附加系	4	3	4	3	0.93
17	TA7547	中国春—高大山羊草 5S^l#3 附加系	4	3	4	3	0.77
18	TA7548	中国春—高大山羊草 6S^l#3 附加系	4	—	0	;	0.93

续表

序号	编号	材料	条锈病	叶锈病	秆锈病	白粉病	芽期盐害指数
19	TA7549	中国春—高大山羊草 7S^l#3 单体附加系	4	3	4	3	0.73
20	TA3573	中国春—高大山羊草 1S^l#2 附加系	3	3	4	4	0.48
21	TA3574	中国春—高大山羊草 2S^l#2 附加系	—	–	—	3	—
22	TA3575	中国春—高大山羊草 3S^l#2 附加系	—	–	4	;	—
23	TA3576	中国春—高大山羊草 4/7S^l#2 附加系	—	–		4	
24	TA3577	中国春—高大山羊草 5S^l#2 附加系	—	–	4	4	
25	TA3578	中国春—高大山羊草 6S^l#2S 附加系	—	–		4	
26	TA3579	中国春—高大山羊草 7/4S^l#2 附加系	—	–		4	—
27	TA6503	中国春—高大山羊草 1S^l#2（1D）代换系	3	3	—	4	0.65
28	TA6506	中国春—高大山羊草 2S^l#2（2D）代换系	3	3	4	2	0.63
29	TA6509	中国春—高大山羊草 3S^l#2（3D）代换系	3	3	—	;	0.72
30	TA6512	中国春—高大山羊草 4S^l#2（4D）代换系	4	—	4	3	0.86
31	TA6515	中国春—高大山羊草 5S^l#2（5D）代换系	3; 1 3			3	0.82
32	TA6516	中国春—高大山羊草 6S^l#2（6B）代换系	3	3	1+	4	0.39
33	TA6519	中国春—高大山羊草 7S^l#2（7D）代换系	4	3	4	4	0.92
34	TA6502	中国春—高大山羊草 1S^l#2（1B）代换系	3	3	—	4	0.72
35	TA6501	中国春—高大山羊草 1S^l#3（1D）代换系	3	3	—	3	0.75
36	TA3580	中国春—希尔斯山羊草 1S^s#1 附加系	4	3	4	4	0.90
37	TA3581	中国春—希尔斯山羊草 2S^s#1 附加系	3	3	4	;	0.98
38	TA3582	中国春—希尔斯山羊草 3S^s#1 附加系	3	2	1-	;	—
39	TA3583	中国春—希尔斯山羊草 4S^s#1 附加系	3	;1C	4	4	0.98
40	TA3584	中国春—希尔斯山羊草 5S^s#1 附加系	4	3	3+	4	0.61
41	TA3585	中国春—希尔斯山羊草 6S^s#1 附加系	3	3	4	3	0.86
42	TA3586	中国春—希尔斯山羊草 7S^s#1 附加系	4	3	4	4	0.75
43	TA6549	中国春—希尔斯山羊草 1S^s#1（1A）代换系	3	3	—	4	0.72
44	TA6550	中国春—希尔斯山羊草 1S^s#1（1B）代换系	3	3	—	3	0.73
45	TA6551	中国春—希尔斯山羊草 1S^s#1（1D）代换系	3	3	—	3	0.86
46	TA6554	中国春—希尔斯山羊草 2S^s#1（2D）代换系	3	3	—	;	0.74
47	TA6557	中国春—希尔斯山羊草 3S^s#1（3D）代换系	3	2	—	;	0.67

序号	编号	材料	条锈病	叶锈病	秆锈病	白粉病	芽期盐害指数
48	TA6560	中国春—希尔斯山羊草 4S^s #1（4D）代换系	3	;1C	—	4	0.72
49	TA6563	中国春—希尔斯山羊草 5S^s #1（5D）代换系	4	3	—	4	0.94
50	TA6566	中国春—希尔斯山羊草 6S^s #1（6D）代换系	3	3	—	3	0.45
51	TA6569	中国春—希尔斯山羊草 7S^s #1（7D）代换系	4	3	—	3	0.83
52	TA7713	中国春—沙融山羊草 4S^{sh}#3 附加系	4	3	4	4	0.94
53	TA7714	中国春—沙融山羊草 4S^{sh}#4 附加系	4	3	4	4	0.90
54	TA7715	中国春—沙融山羊草 4S^{sh}#5 附加系	4	3	4	4	0.91
55	TA7716	中国春—沙融山羊草 4S^{sh}#6 附加系	4	3	4	4	1.00
56	TA7718	中国春—沙融山羊草 4S^{sh}#8 附加系	3	3	4	4	1.00
57	TA7720	中国春—沙融山羊草 4S^{sh}#10 附加系	4	3	4	4	1.00
58	JIC-32	中国春—沙融山羊草 2S^{sh}附加系	4	3	4	4	0.91
59	JIC-33	中国春—沙融山羊草 4S^{sh}附加系	3	3	4	4	—
60	JIC-34	中国春—沙融山羊草 5S^{sh}? 端体附加系	3	3	4	4	—
61	JIC-35	中国春—沙融山羊草 6?S^{sh}附加系	3	4	4	3	1.00
62	JIC-36	中国春—沙融山羊草 6S^{sh}附加系	3	3	4	4	—
63	JIC-37	中国春—沙融山羊草 7S^{sh}附加系	3	—	4	0;	—
64	TA7689	中国春—拟斯卑尔脱山羊草 1S#3 附加系	4	3	4	4	0.71
65	TA7690	中国春—拟斯卑尔脱山羊草 2S#3 附加系	3	3	1+	4	1.00
66	TA7691	中国春—拟斯卑尔脱山羊草 3S#3 附加系	3 3; 1		4	4	1.00
67	TA7692	中国春—拟斯卑尔脱山羊草 4S#3 附加系	3	3	4	4	0.96
68	TA7693	中国春—拟斯卑尔脱山羊草 5S#3 附加系	3; 1	3	3	4	0.92
69	TA7694	中国春—拟斯卑尔脱山羊草 6S#3 附加系	3	3	4	4	0.84
70	TA7695	中国春—拟斯卑尔脱山羊草 7S#3 附加系	4	3	4	4	0.96
71	TA7655	中国春—卵穗山羊草 1M^g#1 附加系	3	3	4	3	0.96
72	TA7656	中国春—卵穗山羊草 2M^g#1 附加系	3	3	4	3	0.86
73	TA7657	中国春—卵穗山羊草 3M^g#1 附加系	3	3	4	3	0.61
74	TA7658	中国春—卵穗山羊草 4M^g#1 附加系	4	—	4	4	0.64
75	TA7659	中国春—卵穗山羊草 5M^g#1 附加系	3	3	2	3	0.75
76	TA7660	中国春—卵穗山羊草 6M^g#1 附加系	4	3	4	3	0.72

续表

序号	编号	材料	条锈病	叶锈病	秆锈病	白粉病	芽期盐害指数
77	TA7661	中国春—卵穗山羊草7M^g#1 附加系	1	3	0	4	0.87
78	TA7662	中国春—卵穗山羊草1U^g#1 附加系	3	3	3	4	0.53
79	TA7663	中国春—卵穗山羊草2U^g#1 附加系	3	3	3+	3	0.88
80	TA7688	中国春—卵穗山羊草3U^g#1 单体附加系	3	3	—	3	0.86
81	TA7664	中国春—卵穗山羊草4U^g#1 附加系	3	3	4	4	0.92
82	TA7665	中国春—卵穗山羊草5U^g#1 附加系	3	3	4	4	1.00
83	TA7666	中国春—卵穗山羊草6U^g#1 附加系	3	3	4	3	0.82
84	TA7667	中国春—卵穗山羊草7U^g#1 单体附加系	3	3	4	3	0.94
85	TA6646	中国春—卵穗山羊草7M^g#1（7A）代换系	1	3	0	3	0.71
86	TA6647	中国春—卵穗山羊草7M^g#1（7B）代换系	1	—	0	4	0.74
87	TA6648	中国春—卵穗山羊草7M^g#1（7D）代换系	1	3	1	3	0.69
88	TA7725	中国春—两芒山羊草1U^{bi}#1 附加系	2	3	4	3	0.94
89	TA7726	中国春—两芒山羊草2U^{bi}#1 附加系	3	3	4	3	0.84
90	TA7729	中国春—两芒山羊草5U^{bi}#1 附加系	4	3	4	3	1.00
91	TA7733	中国春—两芒山羊草2M^{bi}#1 附加系	3	3	4	;	1.00
92	TA7734	中国春—两芒山羊草3M^{bi}#1 附加系	4	3	3+	4	0.84
93	TA7735	中国春—两芒山羊草4M^{bi}#1 单体附加系	4	3; 1	4	3	0.75
94	TA7562	中国春—小伞山羊草1U#1 附加系	—	-	4	3	—
95	TA7563	中国春—小伞山羊草2U#1 附加系	—	-	4	4	—
96	TA7564	中国春—小伞山羊草4U#1 单体附加系	—	-	4	4	—
97	TA7565	中国春—小伞山羊草5U#1 附加系	—	-	4	4	—
98	TA7566	中国春—小伞山羊草6U#1 附加系	—	-	4	4	—
99	TA7567	中国春—小伞山羊草7U#1 附加系	—	4	4	4	—
100	1N	中国春—单芒山羊草1N 附加系	1	3	4	3	0.88
101	2N	中国春—单芒山羊草2N 附加系	4	3	3	4	1.00
102	3N	中国春—单芒山羊草3N 附加系	3	3	4	3	0.85
103	4N	中国春—单芒山羊草4N 附加系	3	3	4	3	0.85
104	5N	中国春—单芒山羊草5N 附加系	4	3	—	3	—
105	9/6N	中国春—单芒山羊草9/6N 附加系	3	3	0	4	0.96
106	7N	中国春—单芒山羊草7N 附加系	3	4	4	3	0.96

续表

序号	编号	材料	条锈病	叶锈病	秆锈病	白粉病	芽期盐害指数
107	TA7594	中国春—易变山羊草 1S^v#1 附加系	3	3	4	3	0.67
108	TA7595	中国春—易变山羊草 2S^v#1 附加系	4	3	4	4	0.80
109	TA7596	中国春—易变山羊草 3S^v#1 附加系	3	4	4	3	0.84
110	TA7597	中国春—易变山羊草 4S^v#1 附加系	4	3	4	4	0.71
111	TA7598	中国春—易变山羊草 5S^v#1 附加系	3	—	4	3	—
112	TA7599	中国春—易变山羊草 6S^{v}S 端体附加系	3	;1 3	0	4	0.96
113	TA7600	中国春—易变山羊草 7S^v#1 附加系	3	3	4	4	0.96
114	TA7614	中国春—易变山羊草 1U^v#1 附加系	3	3	4	3	0.71
115	TA7615	中国春—易变山羊草 2U^v#1 附加系	3	3	4	3	0.63
116	TA7616	中国春—易变山羊草 3U^v#1 附加系	3	3	4	3	0.76
117	TA7617	中国春—易变山羊草 4U^v#1 附加系	3	4	4	3	0.94
118	TA7618	中国春—易变山羊草 5U^v#1 附加系	4	3	4	3	0.94
119	TA7619	中国春—易变山羊草 6U^{v}1 附加系	4	3	4	3	1.00
120	TA7620	中国春—易变山羊草 7U^{v}1 附加系	4	3	3+	3	0.96
121	JIC-2	中国春—顶芒山羊草 2/7M 附加系	;	3	4	4	—
122	JIC-3	中国春—顶芒山羊草 2M 附加系	;	3	3	4	—
123	JIC-4	中国春—顶芒山羊草 3M 附加系	4	4	4	4	—
124	JIC-5	中国春—顶芒山羊草 4M 附加系	4	3	4	3	—
125	JIC-6	中国春—顶芒山羊草 5M 附加系	4	4	3	4	—
126	JIC-7	中国春—顶芒山羊草 6M 附加系	4	3	4	4	1.00
127	JIC-8	中国春—顶芒山羊草 7M 附加系	4	3	3	0;	1.00
128	JIC-9	中国春—顶芒山羊草 6M (6A) 代换系	4	3	—	4	0.97
129	JIC-21	中国春—无芒山羊草 2? T 附加系	3	3	4	4	—
130	JIC-22	中国春—无芒山羊草 3T/4T? 端体附加系	3	3	—	4	0.98
131	JIC-23	中国春—无芒山羊草 5T 附加系	3	4	4	4	—
132	JIC-24	中国春—无芒山羊草 5? T 附加系	3	3	4	4	—
133	JIC-25	中国春—无芒山羊草 7T 附加系	2	3	4	;4	—
134	JIC-27	中国春—无芒山羊草 7? T 附加系	2	3	4	;4	—
135	JIC-29	中国春—无芒山羊草 2T? 附加系	4	4	4	3	1.00
136	大5	小麦—欧山羊草 1M (1B) 代换系	0	2, 3	0	1	—
137	小118	小麦—欧山羊草 1U 附加系	0	2, 3	0	1	—

序号	编号	材料	条锈病	叶锈病	秆锈病	白粉病	芽期盐害指数
138	川农 19	川农 19	0	2,3	0	3	—
139	CS	中国春	4	4	4	4	0.62
140	TA7552	中国春—粗穗披碱草 1H^{I}附加系	;	—	4	4	0.74
141	TA7557	中国春—粗穗披碱草 5H^{I}附加系	3	4	4	3	0.98
142	TA7558	中国春—粗穗披碱草 6H^{I}附加系	3	3	4	4	0.76
143	TA7559	中国春—粗穗披碱草 7H^{I}附加系	3	3	4	4	0.87
144	TA7556	中国春—粗穗披碱草 1S^{I}附加系	;	—	4	3	—
145	TA5532	中国春—粗穗披碱草 T2H^{I}S·5H^{I}L 附加系	3	3	4	4	1.00
146	TA7580	中国春—粗穗披碱草 5S^{I}单体附加系	3	3	4	3	0.84
147	TA5072	中国春—粗穗披碱草 1H^{I}S·1BL 罗伯逊易位系	;	;	—	3	0.98
148	TA7583	中国春—纤毛披碱草 1S^{c}附加系	1	3;	3-	3	0.85
149	TA7705	中国春—纤毛披碱草 2S^{c}附加系	3	3	4	4	0.74
150	TA7706	中国春—纤毛披碱草 3S^{c}附加系	3	3	4	4	0.98
151	TA7707	中国春—纤毛披碱草 7S^{c}附加系	4	3;	4	3	0.88
152	TA7584	中国春—纤毛披碱草 1Y^{c}附加系	3	3	4	4	0.48
153	TA7708	中国春—纤毛披碱草 5Y^{c}附加系	4	3	4	4	1.00
154	TA7709	中国春—纤毛披碱草 7Y^{c}附加系	3	3	4	4	0.96
155	TA3601	中国春—帝国黑麦 1R 附加系	0	0	4	3	0.84
156	TA3603	中国春—帝国黑麦 2R 附加系	3	3	4	3	0.74
157	TA3604	中国春—帝国黑麦 3R 附加系	3	3	4	3	0.51
158	TA3605	中国春—帝国黑麦 4R 附加系	3	3	4	3	0.98
159	TA3606	中国春—帝国黑麦 5R 附加系	4	3	4	3	0.52
160	TA3608	中国春—帝国黑麦 6R 附加系	4	3	4	1	0.90
161	TA3609	中国春—帝国黑麦 7R 附加系	3	3	4	3	0.74
162	MY11	绵阳 11	4	4	4	4	—
163	MY26	绵阳 26	—	-	4	4	—
164	CY12	川育 12	4	4	4	4	—
165	F138-1-2	小麦—非洲黑麦 1R^{afc}（1D）代换系	0;	—	1	;	—
166	09060240H-4	小麦—非洲黑麦 1R^{afc}S·1BL 易位系	0	—	4	4	—
167	09060295H-2	小麦—非洲黑麦 R^{afc}S·1BL+1DS·1R^{afc}L 双易位系	0	—	—	4	—

序号	编号	材料	条锈病	叶锈病	秆锈病	白粉病	芽期盐害指数
168	LF33	小麦—非洲黑麦 2R^{afc} (2D) 代换系	0	1,2	1N	4	—
169	LF34	小麦—非洲黑麦 2R^{afc} (2D) 代换系	0	—	0	4	—
170	N39-3-27	小麦—非洲黑麦 5R^{afc}·5DL 易位系	0	—	4	4	—
171	MN512-9	小麦—非洲黑麦 6R^{afc}· (6D) 代换系	0;	—	0	3	—
172	TA3664	中国春—长穗偃麦草 1E 附加系	4	3	4	3	0.71
173	TA3665	中国春—长穗偃麦草 2E 附加系	3	3	3	3	0.83
174	TA3666	中国春—长穗偃麦草 3E 附加系	2	4	4	3	0.80
175	TA3667	中国春—长穗偃麦草 4E 附加系	3	3	4	4	0.98
176	TA3704	中国春—长穗偃麦草 5E 附加系	4	3	3	4	0.91
177	TA3668	中国春—长穗偃麦草 6E 附加系	3	3	4	3	0.53
178	TA3706	中国春—长穗偃麦草 7E 附加系	3	3	3	3	0.76
179	1677	小麦—茸毛偃麦草 1St (1D) 代换系	0	1,2	4	4	—
180	1233	小麦—茸毛偃麦草 1DS·1StL 易位系	1	—	4	4	—
181	E9-2	小麦—茸毛偃麦草 1StS·1DL 易位系	2	—	4	4	—
182	X005	小麦—彭提卡偃麦草 6Js (6B) 代换系+1RS·1BL 易位系	0	2	0	4	—
183	Z1	小麦—偃麦草 Z1 附加系	—	3	0	4	—
184	Z2	小麦—偃麦草 Z2 附加系	—	3	0	3	—
185	Z3	小麦—偃麦草 Z3 附加系	—	3	0	2	—
186	Z4	小麦—偃麦草 Z4 附加系	—	0	1	4	—
187	Z6	小麦—偃麦草 Z6 附加系	—	1 3	4	4	—
188	TA3698	中国春—大麦 2H 附加系	3	3	4	4	0.96
189	TA3699	中国春—大麦 3H 附加系	4	3	4	3	0.71
190	TA3700	中国春—大麦 4H 附加系	3	3	4	3	0.79
191	TA3701	中国春—大麦 5H 附加系	3	3	4	3	0.71
192	TA3702	中国春—大麦 6H 附加系	3	3	3	3	—
193	TA3697	中国春—大麦 7H 单体附加系	4	3	4	4	1.00
194	XX029	中国春—智利大麦 1H^{ch}+1H^{ch}S 附加系	4	3	4	4	0.98
195	TA7587	中国春—智利大麦 2H^{ch}S 端体附加系	4	3	—	4	—
196	TA7588	中国春—智利大麦 4H^{ch} 附加系	3	3	4	3	0.80
197	TA7589	中国春—智利大麦 5H^{ch} 附加系	3	3	4	3	0.80
198	TA7590	中国春—智利大麦 6H^{ch} 附加系	3	3	0	4	0.52

续表

序号	编号	材料	条锈病	叶锈病	秆锈病	白粉病	芽期盐害指数
199	TA7591	中国春—智利大麦 7H^{ch} 附加系	3	3	4	4	0.73
200	A6-4	小麦—多年生簇毛麦附加系	4	;	—	;	0.90
201	TA7677	中国春—簇毛麦 1V#3 附加系	4	3	—	3	0.98
202	TA7678	中国春—簇毛麦 2V#3 附加系	4	4	—	3	0.76
203	TA7679	中国春—簇毛麦 3V#3 附加系	3	3	—	3	0.94
204	TA7680	中国春—簇毛麦 4V#3 附加系	4	4	—	3	0.72
205	TA7681	中国春—簇毛麦 5V#3 附加系	4	3	—	1	0.75
206	TA7682	中国春—簇毛麦 6V#3 附加系	4	3	—	3	0.96
207	TA7683	中国春—簇毛麦 7V#3 附加系	4	3	—	3	0.90
208	TA5615	中国春—簇毛麦 1DS·1V#3L 罗伯逊易位系	3	3	—	4	0.94
209	TA5616	中国春—簇毛麦 1DL·1V#3S 罗伯逊易位系	3	3	—	3	0.96
210	TA5634	中国春—簇毛麦 2BS·2V#3L 罗伯逊易位系	4	3	—	3	0.96
211	TA5637	中国春—簇毛麦 3DS·3V#3L 罗伯逊易位系	3	3	—	4	0.88
212	TA5636	中国春—簇毛麦 3DL·3V#3S 罗伯逊易位系	3	3	—	3	0.74
213	TA5594	中国春—簇毛麦 4DS·4V#3L 罗伯逊易位系	3	3	—	3	0.78
214	TA5595	中国春—簇毛麦 4DL·4V#3S 罗伯逊易位系	3	3	—	4	0.80
215	TA5638	中国春—簇毛麦 5DL·5V#3S 罗伯逊易位系	4	3	—	1	0.94
216	TA5617	中国春—簇毛麦 6AS·6V#3L 罗伯逊易位系	3	3	—	3	0.83
217	TA5618	中国春—簇毛麦 6AL·6V#3S 罗伯逊易位系	4	3	—	3	0.71
218	TA5639	中国春—簇毛麦 7DL·7V#3S 罗伯逊易位系	3	3	—	3	0.96
219	TA5640	中国春—簇毛麦 7DS·7V#3L 罗伯逊易位系	3	3	—	4	0.98

注：四种病害发病等级均按 0~4 级统计，其中，0 为免疫，; 为近免疫，1 为高抗，2 为中抗，3 为中感，4 为高感，— 为未鉴定，N 为坏死，C 为失绿，+ 为比其前面发病等级重但未达到下一发病等级，- 为比其发病等级轻但未达到上一发病等级。供试材料叶锈鉴定结果有多个发病等级的表示对不用生理小种反应型不同。

第六节　外源染色质导入对小麦籽粒蛋白质含量的影响

（一）外源染色质导入一年四地均使小麦籽粒蛋白质含量显著增加

相比小麦对照，ALCD—尾状山羊草 E#1 附加系（图72），中国春—高大山羊草 5S^l#3 附加系（图73），中国春—拟斯卑尔脱山羊草 1S^g#3 附加系和中国春—拟斯卑尔脱山羊草 7S^g#3 附加系（图75），中国春—卵穗山羊草 7M^g#1 附加系（图76），中国春—两芒山羊草 2M^{bi}#1 附加系（图78），中国春—单芒山羊草 7N 附加系（图79），中国春—无芒山羊草 2? T 附加系、中国春—无芒山羊草 5T 附加系、中国春—无芒山羊草 7T 附加系、中国春—无芒山羊草 7? T 附加系和中国春—无芒山羊草 2T? 附加系（图80），中国春—易变山羊草 6S^{v}S 端体附加系、中国春—易变山羊草 7S^v#1 附加系（图81），中国春—易变山羊草 1U^v#1 附加系、中国春—易变山羊草 4U^v#1 附加系、中国春—易变山羊草 6U^v#1 附加系和中国春—易变山羊草 7U^v#1 附加系（图82），中国春—簇毛麦 6V#3 附加系（图84），中国春—长穗偃麦草 2E 附加系、中国春—长穗偃麦草 3E 附加系、中国春—长穗偃麦草 4E 附加系和中国春—长穗偃麦草 7E 附加系（图85），中国春—大麦 2H 附加系、中国春—大麦 3H 附加系、中国春—大麦 4H 附加系和中国春—大麦 7H 单体附加系（图86），中国春—智利大麦 1H^{ch}+1H^{ch}S 附加系和中国春—智利大麦 4H^{ch}附加系（图87），中国春—粗穗披碱草 1H^{l}附加系和中国春—粗穗披碱草 7H^{l}附加系（图88）的籽粒蛋白质含量在一年四地条件下均有显著增加。

（二）外源染色质导入一年三地使小麦籽粒蛋白质含量显著增加但第四地没有影响

相比小麦对照，ALCD—尾状山 F#1 附加系（图72），中国春—高大山羊草 1S^l#3 附加系、中国春—高大山羊草 2S^l#3 附加系、中国春—高大山羊草 4S^l#3 附加系和中国春—高大山羊草 6S^l#3 附加系（图73），中国春—希尔斯山羊草 1S^s#1 附加系、中国春—希尔斯山羊草 6S^s#1 附加系和中国春—希尔斯山羊草 7S^s#1 附加系（图74），中国春—拟斯卑尔脱山羊草 2S^g#3 附加系和中国春—拟斯卑尔脱山羊草 5S^g#3 附加系（图75），中国春—卵穗山羊草 2U^g#1 附加系、中国春—卵穗山羊草 3U^g#1 单体附加系和中国春—卵穗山羊草 7U^g#1 单体附加系（图77），中国春—两芒山羊草 2U^{bi}#1 附加系（图78）中国春—单芒山羊草 3N

附加系、中国春—单芒山羊草 4N 附加系和中国春—单芒山羊草 9/6N 附加系（图 79），中国春—无芒山羊草 5？T 附加系（图 80），中国春—易变山羊草 1S^v#1 附加系（图 81），中国春—易变山羊草 5U^v#1 附加系（图 82），中国春—帝国黑麦 4R 附加系、中国春—帝国黑麦 5R 附加系和中国春—帝国黑麦 6R 附加系（图 83），中国春—簇毛麦 4V#3 附加系（图 84），中国春—长穗偃麦草 1E 附加系（图 85），中国春—大麦 5H 附加系（图 86），中国春—智利大麦 5H^{ch}附加系和中国春—智利大麦 7H^{ch}附加系（图 87），中国春—粗穗披碱草 6H^{t}附加系和中国春—粗穗披碱草 1S^{t}附加系（图 88），中国春—纤毛披碱草 2S^{c}附加系、中国春—纤毛披碱草 3S^{c}附加系（图 89）的籽粒蛋白质含量在一年三地条件下均有显著增加，而第四个无影响。

（三）外源染色质导入一年四地均使小麦籽粒蛋白质含量显著降低

相比小麦对照，试验未发现外源染色质导入小麦在一年四地条件下均使小麦蛋白质含量显著降低的情况。

（四）外源染色质导入一年三地均使小麦籽粒蛋白质含量显著降低但第四地没有影响

相比小麦对照，试验未发现外源染色质导入小麦在一年三地条件下使小麦蛋白质含量显著降低但第四地没有影响的情况。

参考文献

韩冉，李天亚，宫文萍，等. 2018. 小麦秆锈病新抗源及抗病基因所在染色体特异分子标记［J］. 中国农业科学，51（7）：1223-1232.

侯丽媛，乔麟轶，张晓军，等. 2015. 抗条锈病基因 *YrCH5026* 的遗传分析及分子定位［J］. 华北农学报，30（5）：7-15.

李翠玲. 2008. 小麦渐渗系新品种山融 3 号耐盐表达谱和耐盐相关基因研究［D］. 济南：山东大学.

刘爱峰. 2007. 小偃麦种质系的鉴定及其抗病基因的染色体定位和 SSR 分子标记：［D］. 泰安：山东农业大学.

刘成，闫红飞，宫文萍，等. 2013. 小麦叶锈病新抗源筛选［J］. 植物遗传资源学报，14（5）：936-944.

刘洁，畅志坚，李欣，等. 2013. 源于中间偃麦草的抗条锈基因 *YrCH*223 的遗传分析及 SSR 定位 [J]. 山西农业科学, 41 (1): 1-7.

刘旭, 史娟, 张学勇, 等. 2001. 小麦耐盐种质的筛选鉴定和耐盐基因的标记 [J]. 植物学报, 43 (9): 948-954.

马渐新, 周荣华, 董玉琛, 等. 1999. 来自长穗偃麦草的抗小麦条锈病基因的定位 [J]. 科学通报, 44 (1): 65-69.

马小廷. 2010. 中间偃麦草、长穗偃麦草及其杂种 F_1 的形态特征和抗逆性研究 [D]. 呼和浩特: 内蒙古农业大学.

马雅琴, 翁跃进. 2005. 引进春小麦种质耐盐性的鉴定评价 [J]. 作物学报, 31 (1): 58-64.

全国土壤普查办公室. 1998. 中国土壤 [M]. 北京: 中国农业出版社.

王萌萌, 姜奇彦, 胡正, 等. 2012. 小麦品种资源耐盐性鉴定 [J]. 植物遗传资源学报, 13 (2): 189-194.

吴纪中, 刘妍妍, 王冲, 等. 2014. 人工海水胁迫下小麦种质资源的耐盐性筛选与鉴定 [J]. 植物遗传资源学报, 15 (5): 948-953.

杨敏娜, 徐智斌, 王美南. 2008. 小麦品种中梁 22 抗条锈病基因的遗传分析和分子作图 [J]. 作物学报, 34 (7): 1280-1284.

殷学贵, 尚勋武, 庞斌双, 等. 2006. A-3 中抗条锈新基因 $YrTp1$ 和 $YrTp2$ 的分子标记定位分析 [J]. 中国农业科学, 39 (1): 10-17.

詹海仙, 畅志坚, 李光蓉, 等. 2014. 小麦—中间偃麦草抗条锈病渗入系的分子细胞学鉴定 [J]. 农业生物技术学报, 22 (7): 841-845.

张蕾, 侯雅静, 张晓军, 等. 2016. 小偃麦渗入系耐盐性鉴定及其在 F_2 群体中的遗传分析 [J]. 山西农业科学, 44 (3): 281-283.

张巧凤, 陈宗金, 吴纪中, 等. 2013. 小麦种质芽期和苗期的耐盐性鉴定评价 [J]. 植物遗传资源学报, 14 (4): 620-626.

Bariana HS, McIntosh RA. 1993. Cytogenetic studies in wheat. XV. Location of rust resistance genes in VPM1 and their genetic linkage with other disease resistance genes in chromosome 2A [J]. Genome, 36: 476-448.

Cainong J C, Bockus W W, Feng Y, et al. 2015. Chromosome engineering, mapping, and transferring of resistance to Fusarium head blight disease from *Elymus tsukushiensis* into wheat [J]. Theoretical and Applied Genetics, 128 (6): 1019-1027.

Chen P D, Qi L L, Zhou B, et al. 1995. Development and molecular cytogenetic analysis of wheat—*Haynaldia villosa* 6VS/6AL translocation lines specifying resistance to powdery mildew [J]. Theoretical and Applied

Genetics, 91: 1125-1128.

Ceoloni C, Delsigorge G, Pasquinmi M, et al. 1988. Transfer of mildew resistance from *Triticum longissimum* into wheat by induced homoeologous recombination [C]. Proc. 7th Int. Wheat Genet. Symp., Cambridge, UK, 221-226.

Cherukuri D P, Gupta S K, Charpe A, et al. 2005. Molecular mapping of *Aegilops speltoides* derived leaf rust resistance gene *Lr*28 in wheat [J]. Euphytica, 143: 19-26.

Colmer T D, Munns R, Flowers T J. 2005. Improving salt tolerance of wheat and barley: future prospects [J]. Australian Journal of Experimental Agriculture, 45: 1425-1443.

Cox T S, Raupp W J, Gill B S. 1994. Leaf rust-resistance genes *Lr*41, *Lr*42, and *Lr*43 transferred from *Triticum tauschii* to common wheat [J]. Crop Sci., 34: 339-343.

Driscoll C J, Jensen N F. 1965. Release of a wheat—rye translocation stock involving leaf rust and powdery mildew resistances [J]. Crop Sci., 5: 279-280.

Dubcovsky J, Lukaszewski A J, Echaide, M, et al. 1998. Molecular characterization of two *Triticum speltoides* interstitial translocations carrying leaf rust and greenbug resistance genes [J]. Crop Sci., 38: 1655-1660.

Dvorak J and Knott D R. 1990. Location of a *Triticum speltoides* chromosome segment conferring resistance to leaf rust in *Triticum aestivum* [J], Genome, 33: 892-897.

Dyck P L, Kerber E R. 1970. Inheritance in hexaploid wheat of adult-plant leaf rust resistance derivedfrom *Aegilops squarrosa* [J]. Can. Genet. Cytol., 12: 175-180.

Forster B P, Miller T E, Law C N. 1988. Salt tolerance of two wheat—*Agropyron junceum* disomic addition lines [J]. Genome, 30: 559-564.

Friebe B, Heun M, Tuleen N, et al. 1994. Cytogenetically monitored transfer of powdery mildew resistance from rye into wheat [J]. Crop Sci., 34: 621-625.

Friebe B, Jiang J, Gill B S, et al. 1993. Radiation-induced nonhomoelogous wheat—*Agropyron intermedium* chromosomal translocations conferring resistance to leaf rust [J]. Theoretical and Applied Genetics, 86: 141-149.

Friebe B, Wilson D L, Raupp W J, et al. 2005. Notice of release of KS04WGRC45 leaf rust-resistant hard white winter wheat germplasm [J]. Annual Wheat Newsletter, 51: 188-189.

Gorham J, Bristol A, Young E M, et al. 1991. The presence of the enhanced K/Na discrimination trait in diploid *Triticum* species [J]. Theoretical and Applied Genetics, 82: 729-736.

Hao M, Liu M, Luo J, et al. 2018. Introgression of powdery mildew resistance gene *Pm*56 on rye chromosome arm 6RS into wheat [J]. Front. Plant Sci., 9: 1040.

Heun M, Friebe B, Bushuk W. 1990. Chromosomal location of powdery mildew resistance gene of Amigo wheat [J]. Phytopathology, 80: 1129-1133.

Huang Q, Li X, Chen W Q, et al. 2014. Genetic mapping of a putative *Thinopyrum intermedium*-derived stripe rust resistance gene on wheat chromosome 1B [J]. Theoretical and Applied Genetics, 127 (4): 843-853.

Hsam S L K, Lapochkina I F, Zeller F J. 2003. Chromosomal location of genes for resistance to powdery mildew in common wheat (*Triticum aestivum* L. em Thell.). 8. Gene *Pm*32 in a wheat—*Aegilop speltoides* translocationline [J]. Euphytica, 133: 367-370.

Hu L J, Li G R, Zeng Z X, et al. 2011. Molecular cytogenetic identification of a new wheat—Thinopyrum substitution line with stripe rust resistance [J]. Euphytica, 177 (2): 169-177.

Islam S, Malik A I, Islam A K, et al. 2007. Salt tolerance in a *Hordeum marinum*—*Triticum aestivum* amphiploid, and its parents [J]. Journal of Experimental Botany, 58 (5): 1219-1229.

Justin D F, Xu S S, Cai X W, et al. 2008. Molecular and cytogenetic characterization of a durum wheat—*Aegilops speltoides* chromosome translocation conferring resistance to stem rust [J]. Chromosome Research, 16: 1097-1105.

Kerber E R. 1987. Resistance to leaf rust in hexaploid wheat: *Lr*32, a third gene derived from *Triticum tauschii* [J]. Crop Science, 27: 204-206.

Kerber E R, Dyck P L. 1990. Transfer to hexaploid wheat of linked genes for adult-plant leaf rust and seedling stem rust resistance from an amphiploid of *Aegilops speltoides'Triticum monococcum* [J]. Genome, 33: 530-537.

Kuraparthy V, Chhuneja P, Dhaliwal HS. et al. 2007a. Characterization and mapping of *Aegilops geniculatain* introgressions with novel leaf rust and stripe rust resistance genes *Lr*57 and *Yr*40 in wheat [J]. Theoretical and Applied Genetics, 114 (8): 1379-1389.

Kuraparthy V, Sood S, Chhuneja P, et al. 2007b. A cryptic wheat—*Aegilops triuncialis* translocation with leaf rust resistance gene *Lr*58 [J]. Crop Sci., 47: 1995-2003.

Liu C, Li G R, Gong W P, et al. 2016. Molecular and cytogenetic characterization of powdery mildew resistant wheat—*Aegilops mutica* partial amphiploid and addition line [J]. Cytogenetic Genome Research, 147 (2-3): 186-194.

Liu J, Chang Z, Zhang X, et al. 2013. Putative *Thinopyrum intermedium*-derived stripe rust resistance gene *Yr*50 maps on wheat chromosome arm 4BL [J]. Theoretical and Applied Genetics, 126 (1): 265-274.

Liu W X, Jin Y, Rouse M, et al. 2011a. Development and characterization of wheat—*Ae. searsii* Robertsonian translocations and a recombinant chromosome conferring resistance to stem rust [J]. Theoretical and Applied Genetics, 122: 1537-1545.

Liu W X, Koo D H, Xia Q, et al. 2017. Homoeologous recombination-based transfer and molecular cytogenetic mapping of powdery mildew-resistant gene *Pm*57 from *Aegilops searsii* into wheat [J]. Theoretical and Applied Genetics, 130 (4): 841-848.

Liu W X, Rouse M, Friebe B, et al. 2011b. Discovery and molecular mapping of a new gene conferring resistance to stem rust, *Sr*53, derived from *Aegilops geniculata* and characterization of spontaneous translocation stocks with reduced alien chromatin [J]. Chromosome Res., 19: 669-682.

Lutz J, Hsam S L K, Limpert E, et al. 1995. Chromosomal location of powdery mildew resistance genes in *Triticum aestivum* L. (common wheat). 2. Genes *Pm*2 and *Pm*19 from *Aegilops squarrosa* L [J]. Heredity, 74: 152-156.

Mago R, Zhang P, Vautrin S. 2015. The wheat *Sr*50 gene reveals rich diversity at a cereal disease resistance locus [J]. Nature Plants, 1 (12): 15186.

Mahmood A, Quarrie S A. 1993. Effects of salinity on growth, ionic relations and physiological traits of wheat, disomic addition lines from *Thinopyrum bessarabicum* and two amphiploids [J]. Plant Breeding, 110: 265-276.

Marais G F, Bekker T A, Eksteen A, et al. 2010. Attempts to remove gameto-cidal genes co-transferred to common wheat with rust resistance from *Aegilops speltoides* [J]. Euphytica, 171: 71-85.

Marais F, Marais A, McCallum B, Pretorius Z. 2009. Transfer of leaf rust and stripe rust resistance genes *Lr*62 and *Yr*42 from *Aegilops neglecta* Req. ex Bertol. to common wheat [J]. Crop Science, 49 (3): 871-879.

Marais GF, McCallum B, Marais AS. 2006. Leaf rust and stripe rust resistance genes derived from *Aegilops sharonensis* [J]. Euphytica, 149 (3): 373−380.

Marais G F, Mccallum B, Marais A S. 2008. Wheat leaf rust resistance gene *Lr*59 derived from *Aegilops peregrine* [J]. Plant Breeding, 127: 340−345.

Marais G F, McCallum B, Snyman J E, et al. 2005. Leaf rust and stripe rust resistance genes *Lr*54 and *Yr*37 transferred to wheat from *Aegilop skotschyi* [J]. Plant Breeding, 124 (6): 538−541.

McIntosh RA. 1988. Catalogue of gene symbols for wheat [C]. In: Koebner R, Miller TE (eds). Proc. 7th Int. Wheat Genet. Symp. Institute of Plant Science Research, Cambridge, UK, 1225−1324.

McIntosh R A, Dyck P L, Green G J. 1977. Inheritance of leaf rust and stem rust resistances in wheat cultivars Agent and Agatha [J]. Australian Journal of Agricultural Research, 28: 37−45.

McIntosh R A, Hart G E, Gale M D. 1993. Catalogue of gene symbols for wheat [C]. Proceedings of the 8th international Wheat Genetics Symposium, Beijing, China, 1333−1500.

McIntosh R A, Miller T E, Chapman V. 1982. Cytogenetical studies in wheat XII. *Lr*28 for resistance to *Puccinia recondita* and *Sr*34 for resistance to *Puccinia. graminis tritici* [J]. Zeitschrift Pflanzenzuhtung, 89: 295−306.

McIntosh R A, Yamazaki Y, Devos K M, et al. 2003. Catalogue of gene symbols [J/OL]. In: KOMUG−Integrated Wheat Science Database. http: // shigen. lab. nig. ac. jp/wheat/ komugi/top/top. jsp.

Miller T E, Reader S M, Ainsworth C C, et al. 1988. The introduction of a major gene for resistance to powdery mildew of wheat, *Erysphe graminis* f. sp. *tritici*, from *Aegilops speltoides* into wheat, *Triticum aestivum*. In: Jorna M L, Slootmaker L A J (eds) Cereal breeding related to integrated cereal production [C]. Pudoc Netherlands, 179−183.

Miranda L, Murphy M, Marshall J, et al. 2007. Chromosomal location of *Pm*35, a novel *Aegilops tauschii* derived powdery mildew resistance gene introgressed into common wheat (*Triticum aestivum* L.) [J]. Theoretical and Applied Genetics, 114: 1451−1456.

Miranda L, Murphy M, Marshall J, et al. 2006. *Pm*34: A new powdery mildew resistance gene transferred from *Aegilops tauschii* Coss. To common wheat (*Triticum aestivum* L.) [J]. Theoretical and Applied Genetics, 113:

1497-1504.

Nevo E, Chen GX. 2010. Drought and salt tolerances in wild relatives for wheat and barley improvement [J]. Plant Cell & Environment, 33 (4): 670-685.

Omielan JA, Epstein E, Dvorak J. 1991. Salt tolerance and ionic relations of wheat as affected by individual chromosomes of salt-tolerant *Lophopyrum elongatum* [J]. Genome, 34: 961-974.

Petersen S, Lyerly J H, Worthington M L, et al. 2015. Mapping of powdery mildew resistance gene *Pm*53 introgressed from *Aegilops speltoides* into soft red winter wheat [J]. Theoretical and Applied Genetics, 128 (2): 303-312.

Rahmatov M, Rouse M N, Nirmala J, et al. 2016. A new 2DS · 2RL Robertsonian translocation transfers stem rust resistance gene *Sr*59, into wheat [J]. Theoretical and Applied Genetics, 129 (7): 1383-1392.

Raupp W J, Singh S, Brown-Guedira G L, et al. 2001. Cytogenetic and molecular mapping of the leaf rust resistance gene *Lr*39 in wheat [J]. Theoretical and Applied Genetics, 102: 347-352.

Riley R, Chapman V, Johnson R. 1968. Introduction of yellow rust resistance of *Aegilops comosa* into wheat by genetically induced homoeologousre combination [J]. Nature, 217 (5126): 383-384.

Rowland G G, Kerber E R. 1974. Telocentric mapping in hexaploid wheat of genes for leaf rust resistance and other characters derived from *Aegilops squarrosa* [J]. Canadian Journal of Genetics and Cytology, 16 (1): 137-144.

Sears E R. 1956. The transfer of leaf rust resistance from *Aegilops umbellulata* to wheat [J]. Brookhaven Symp. Biol., 9: 1-21.

Sears E R. 1973. Agropyron-wheat transfers induced by homoeologous pairing. In: Sears E R and Sears L M S (Eds.), Proceedings of the 4th International Wheat Genet Symposium [C]. Agricultural Experiment Station, College of Agriculture, University of Missouri, Columbia, 191-199.

Sharma D, Knott D R. 1966. The transfer of leaf rust resistance from*Agropyron* to *Triticum* by irradiation [J]. Can. Genet. Cytol., 8: 137-143.

Singh S J, Mcintosh R A. 1988. Allelism of two genes for stem rust resistance in triticale [J]. Euphytica, 38 (2): 185-189.

Wan AM, Chen XM, He ZH. 2007. Wheat stripe rust in China [J]. Australian Journal of Agricultural Research, 58 (6): 605-619.

Wang M C, Peng Z Y, Li C L, et al. 2008. Proteomic analysis on a high salt tolerance introgression strain of *Triticum aestivum/Thinopyrum ponticum* [J]. Proteomics, 8: 1470–148.

Wienhues A. 1973. Translocations between wheat chromosomes and an*Agropyron* chromosome conditioning rust resistance [C]. In: Sears ER, Sears LMS (eds) Proceedings of the Fourth International Wheat Genetic Symposium, Columbia, USA 201–207.

Wiersma A T, Pulman J A, Brown L K, et al. 2017. Identification of *Pm*58 from *Aegilops tauschii* [J]. Theoretical and Applied Genetics, 130 (6): 1123–1133.

Yoshiro M, Kazuyoshi T. 1997. Mapping quantitative trait loci for salt tolerance at germination stage and the seeding stage in barely (*Hordeum vulgare* L) [J]. Euphytica, 94 (3): 263–272.

Yuan W Y, Tomita M. 2015. *Thinopyrum ponticum* chromatin–integrated wheat genome shows salt–tolerance at germination stage [J]. International Journal of Molecular Sciences, 16 (3): 4512–4517.

Zeller F J. 1973. 1B/1R wheat—rye chromosome substitutions and translocations [C]. In: Proceedings of the 4th International Wheat Genetics Symposium, held 6–11 August 1973, Columbia, Missouri. Edited by Sears E R and L M S. Sears. Missouri Agricultural Experiment Station, University of Missouri, Columbia. 209–221.

Zeller F J, Kong L, Hartl L, et al. 2002. Chromosomal location of genes for resistance to powdery mildew in common wheat (*Triticum aestivum* L. em Thell.) 7. Gene *Pm*29 in line Pova [J]. Euphytica, 123: 187–194.

Zhang R Q, Fan Y L, Kong L N, et al. 2018. *Pm*62, an adultplant powdery mildew resistance gene introgressed from *Dasypyrum villosum* chromosome arm 2VL into wheat [J]. 131 (12): 2613–2620.

Zhang R Q, Sun B X, Chen J, et al. 2016. *Pm*55, a developmental–stage and tissue–specific powdery mildew resistance gene introgressed from *Dasypyrum villosum* into common wheat [J]. Theoretical and Applied Genetics, 129: 1975–1984.

第八章　小麦远缘杂交关键问题及种质在小麦育种中的应用及展望

　　小麦族含有 300 多个种，其中 200 多个是多年生的。至今已有 10 余个属 80 多个种与小麦杂交成功。人工合成的双二倍体近 300 种，其中我国合成的有 20 余个（李集临等，2010）。大量的小麦种间杂交以及小麦与远缘物种杂交，将外源基因导入小麦，为小麦育种提供了重要的基因源（董玉琛和郑殿升，2000；张正斌，2001；钟冠昌等，2002；董玉琛和刘旭，2006）。然而，由于当前极端天气不断出现以及栽培模式的不断更新，小麦致病生理小种的变异速率不断加快，导致了原有抗病基因功能丧失。以抗小麦白粉病基因为例，20 世纪 70 年代以来，随着麦田肥水水平提高和矮秆品种的大面积推广种植，致使麦田郁闭，湿度加大，白粉病危害日益严重（李洪杰等，2011）。近年来，小麦白粉病危害范围不断扩大，呈现由南向北逐渐加强之势。据统计，20 世纪 90 年代中期至今，小麦白粉病发病面积平均每年在 9 000 万亩以上，已成为严重威胁我国粮食生产和安全的重要病害（Liu et al.，2002；Zhao et al.，2013）。虽然目前已经有 60 余个抗小麦白粉病基因被正式命名（Huang 和 Röder，2004；McIntosh et al.，2008；Tan et al.，2019），但是其中的 *Pm2*、*Pm3*、*Pm4b*、*Pm5*、*Pm6*、*Pm8*、*Pm10*、*Pm11*、*Pm14* 和 *Pm15* 等基因对当前流行小种的抗性较差或已经失去抗性（Limpert et al.，1987；Li et al.，2009）；*Pm1c*、*Pm12*、*Pm16*、*Pm18*、*Pm20* 和 *Mlxbd* 等基因所在载体小麦农艺性状较差或含有来源于外源染色体的不利农艺性状基因（Duan et al.，1998；Qiu 和 Zhang，2004）；*Pm3d*、*Pm3f*、*Pm7*、*Pm43* 和 *Pm51* 等基因仅抗部分白粉菌生理小种，抗谱较窄（Shaner，1973；Wang et al.，2005；He et al.，2009；Zhan et al.，2014；Liu et al.，2016）；不能或不适宜直接用于小麦育种。自 20 世纪末，我国小麦白粉病抗源来源相对单一，且对少数几个基因的利用及长期的品种间杂交，容易造成品种遗传变异范围缩小（Hao et al.，2008；Yang et al.，2010），很难应对新的致病生理小种的产生与流行（向齐君等，1996；Yang 和 Ren，2001；Liu et al.，2002）。因此，继续加大小麦远缘杂交研究力度，不断发掘新抗源并储备抗病新基因，进行可持续性抗病育种研究，对我国小麦生产具有重要意义（向齐君等，1996；Yang

和 Ren, 2001; Liu et al., 2002）。

加大小麦远缘杂交研究力度，不仅要对当前已经获得的小麦远缘杂交种质进行抗病抗逆、农艺性状、品质性状等进行系统研究，综合评价这些种质资源，为小麦育种提供有用信息，还要加大对之前与小麦杂交未成功远缘物种与小麦杂交的力度，以期获得更多的小麦远缘杂交材料，为小麦育种持续不断地提供基因资源。小麦远缘杂交最重要的目的是要向小麦转移小麦远缘物种优异基因。在进行远缘杂交之前，应该明确需要从远缘物种向小麦转移的是什么基因以及做何用途，达到这一目的首先需要获得小麦与远缘物种的杂交种子用于回交或自交，因而，其关键问题包括：①确定杂交目标，明确鉴定方法，以及各世代性状跟踪；②克服远缘杂交不亲和；③克服远缘杂种的夭亡和不育。

在做小麦远缘杂交之前，首先，制定研究目标，明确是要从哪个远缘物种向小麦进行基因/性状转移，其次，是从该远缘物种向小麦转移其白粉病抗性、条锈病抗性、叶锈病抗性，还是秆锈病抗性；是从该远缘物种向小麦转移其品质特性，还是其优良农艺性状如多花多实或多分蘖等。然后，引进收集不同居群的该远缘物种，对这批远缘物种的预转移性状进行鉴定，明确不同来源物种的性状差异进而选择性状供体物种。远缘杂交成功以后，应以预期转移的性状鉴定方法对杂交或回交后代材料进行筛选鉴定。以无芒山羊草白粉病抗性向小麦转移为例，无芒山羊草与小麦杂交成功以后，建议的操作应该是用白粉菌接种鉴定的方法对其 F_2 或回交 F_2 进行鉴定，保留抗白粉病单株并进行分子和细胞学鉴定，各世代包括后续利用染色体工程诱导产生染色体易位系的各世代均用同样的方法进行鉴定，直至获得稳定的育种可用的抗白粉病的小麦—无芒山羊草染色体易位系或染色体小片段易位系。

远缘杂交不亲和是远缘杂交的一个难关。一般来说，亲缘关系越近的越容易杂交成功，亲缘关系远的不容易杂交成功甚至不能杂交（李集临等，2011）。克服远缘杂交不亲和，应先分析造成这种现象原因：①花期不遇，比如一种植物 4 月开花，另一种植物 6 月开花，无法传粉杂交；②空间隔离，例如一种植物生长在温带，另一种植物生长在热带，两者也没有传粉杂交的机会；③授粉方式隔离，如严格的自花授粉植物，在它开花之前或开花同时就进行自花授粉了，因此，外来花粉不论多少都没有授粉杂交的机会；④花器结构特殊，有些植物的花器特殊，如花柱特别长，使其他植物的花粉即使在它的柱头上萌发后也无法使花粉管达到它的胚囊中；⑤生理差异隔离，如细胞渗透压、酶的组成、激素以及酸碱度的微小差异都可能阻止外来花粉的发芽；⑥遗传隔离，如染色体数目、结构与基因组成的差异都可以导致杂交不亲和或杂种不育。至于不同对象之间杂交不亲和的具体原因，还需通过具体试验具体分析后才能确定（李振声，1980；李振声等，1985）。

1. 克服远缘杂交不亲和的措施

具体办法包括：调节花期、广泛测交、正反杂交、混合授粉、嫩龄授粉、重复授粉等（李振声，1980；胡适宜，1982；李振声等，1985；蔡旭，1988）。分别介绍如下。

（1）调节花期，克服花期不遇。据李振声院士报道，在陕西武功地区长穗偃麦草的开花期比小麦差不多晚两个月。调节花期的有效方法是对长穗偃麦草加光照时间且适当加温以提前开花期，另一方面对小麦实行分期播种以延长其开花期，达到两者花期相遇。李振声（1980）和李振声等（1985）发现，在陕西武功地区自然条件下，早春时节给长穗偃麦草每填补充光照至24h（每平方米安装150~200W普通灯泡一支），可以提前开花26天；如再使温度适当提高一些，可使花期提前到小麦正常开花期开花。推迟小麦开花期的方法，除分期播种外，还可以采用短日照处理。据黑龙江省农林科学院作物育种研究所试验，短日照处理小麦15天（每天日照时数减少至6~10h），抽穗期可推迟4~5天；处理25天，抽穗期可以推迟7~10天；孙善澄（1987）也发现发现了类似的现象，并将其应用于小麦与中间偃麦草杂交试验中。童一中和沈光华（1984）选择不同类型麦穗为研究对象，利用不同冷藏方式进行试验，发现将低温冷藏的方式可将小麦花粉生活力延长5~10天。

（2）广泛测交，选配适当亲本。大量的事实证明，同一物种内的不同变种或品种之间在遗传上、生理上以及形态细胞的结构上是有很大差异的。因此，当两个不同物种间进行杂交时，利用两个物种的不同变种或品种广泛测交，寻找适当亲本是克服远缘杂交不亲和性以及杂种后代不育性的一项有效措施。这项措施在小麦与黑麦、小麦与偃麦草、小麦与滨麦草的杂交中都有极显著的效果。在小麦与黑麦的杂交中，因小麦品种不同而杂交结实率有很大差异。有的完全不能杂交，有的极易杂交，如河南白和碧蚂四号（米景九等，1980）、中国春（罗明诚等，1989；郑有良等，1993）、简阳矮兰麦（刘登才等，1998）和J-11（罗明诚等，1989；郑有良等，1993）等小麦与黑麦的杂交结实率就比较高。不同小麦与长穗偃麦草杂交，其结实率变化范围为0.35%~76.39%；不同小麦与巨大滨麦草杂交试验中，以普通小麦为母本，其结实率只有千分之一且杂交种子没有生活能力；而以硬粒小麦为母本时，其结实率可达2%~6%且杂交种子是有生活能力的。这些杂种种子播种后能长成植株的百分率，有的组合高达30%以上（李振声，1980；李振声等，1985）。

（3）正反杂交、确定适当母本。在远缘杂交中，常因两种远缘植物细胞质的背景不同而出现正反杂交结实率不一致的情况。因此，通过正反杂交的测验，确定适当母本，也是克服远缘杂交不亲和性或提高杂交结实率的一项有效措施。中国农业大学米景九曾做过小麦与黑麦的正反杂交试验，以不同小麦品种做母本的杂交组合共52个，平均结实率30.6%，最高90%，以黑麦做母本的组合共8个，平均结实7.1%，最高14.4%。另外，普通小麦与长穗偃麦草正反杂交的结果也差异很大，以小麦做母本的杂交结实率最高达70%，而以长穗偃麦草做母本的最高结实事只不过10%左右（李振声，1980；李振声等，1985）。王洪刚等（1992）以小麦做母本，长穗偃麦草做父本进行杂交，发现结实率为45.39%；而以小麦做父本，长穗偃麦草做母本，发现其结实率为9.47%。

（4）混合授粉。在采集的远缘植物花粉中混以少量的母本植物花粉进行授粉，在母本花粉掺合下，可使雌性器官受"蒙骗"而接受远缘植物的花粉达到授粉目的，但是使用该方法需要对获得的杂交种子进行真假辨别。另外一种情况是在远缘植物花粉中掺入少量处理死的母本花粉后再授粉，这样可以免去真假杂交种辨识的问题（李振声，1980；李振声等，1985）。处理死花粉可以将亲和性花粉装入瓶中，放在黑暗处，经2~3天后，花粉即死去，但蛋白质未发生变化。此外用γ射线照射使花粉致死后再掺合授粉也是可以。王洪刚等（1992）将无活性的小麦花粉与长穗偃麦草花粉混合给烟农15授粉，结实率可达43.18%。

（5）嫩龄授粉。中国科学院西北高原生物研究所的科研人员将小麦柱头的发育过程分为幼龄（开花前4天左右，柱头呈尖毛笔状）、嫩龄（开花前2天左右，柱头顶部略分叉呈毛茸状），适龄（自然开颖期，二裂羽状柱头散开，柱头丝有光泽和粘性）和偏老龄（开花后两天以上，柱头丝伸长，散乱，但未萎蔫）四个阶段。用黑麦花粉分别对不同成熟时期的19个小麦品种的柱头授粉，结果发现，幼龄阶段授粉平均杂交结实率为39.03%，嫩龄阶段授粉平均杂交结实率为44.06%，适龄阶段授粉平均杂交结实率为30.06%，偏老龄阶段授粉平均杂交结实率为16.01%（李振声，1980；李振声等，1985）。

（6）重复授粉。重复授粉是常用的提高远缘杂交结实率的一种方法，因为增加了授粉次数就可能遇到对柱头适宜的授粉时期，也可能有使柱头逐渐适应异源花粉的作用。西北植物研究所曾以蚂蚱麦作母本，长穗偃麦草作父本进行过重复授粉试验，结果发现，1次授粉1 008朵花，结实2粒，结实率0.2%；2次授粉［第2天重复授粉1次，2 592朵花，结实191粒，结实率7.4%；3次授粉（第3天再重复授粉1次）］，2 616朵花，结实172粒，结实率6.6%（李振声，1980；李振声等，1985）。孙善澄（1987）发现，利用重复授粉方法对提高小麦与中间偃麦草杂交结实率效果明显，在授粉的次日再重复授粉1次，可提高结实率10%~15%。王洪刚等（1992）利用重复授粉的方式，将长穗偃麦草花粉授给烟农 15，结果发现，授粉 1 次，结实率为 44.51%，授粉 2 次，结实率为 48.66，授粉 3 次，结实率为 46.72%。

（7）理化因素处理。通过理化因素克服植物远缘杂交不亲和的研究较多，在棉花种间、小麦与大麦、小麦与黑麦、小麦与燕麦、大麦与燕麦、玉米与高粱等杂交组合中均有获得成功的报道。常用的物理方法包括离子注入、激光照射等，常用的化学方法主要是用赤霉素、2,4-D、氨基乙酸、氯霉素、吖啶黄和水杨酸等对穗下节间、包叶或柱头等进行处理。Koba 等（1989）在小麦与大麦杂交中，于授粉前将 2,4-D 溶液注射到小麦茎中，通过幼胚培养获得了杂种植株。王洪刚等（1992）分别利用赤霉素和 2,4-D 对烟农 15 穗下节间及柱头进行处理，调查小麦与长穗偃麦草杂交结实率，结果发现，施用不同浓度赤霉素，杂交结实率范围为 43.64%～48.41%，高于对照的结实率 41.12%；而施用不同浓度的 2,4-D，杂交结实率范围为 46.74%～49.19%，高于对照结实率 39.29%。崔海瑞等（1994）利用不同剂量的离子注入对杂交母本和父本进行处理研究小麦与黑麦杂交结实率，结果发现，处理母本其杂交结实率范围为 1.09%～5.78%，而处理杂交父本其结实率范围为 8.77%～22.64%。张显志和曾级芳（1999）利用 He-Ne 激光辐照黑麦花粉研究其与小麦杂交结实率，结果发现，相比对照，激光照射处理的杂交结实率极显著高于对照，为 113.52%～341.6%。

（8）通过桥梁植物杂交。桥梁植物又叫媒介植物，即当两种远缘植物杂交不成功时，可以寻找第三种亲缘关系居间的植物作为"桥梁"或媒介，使杂交获得成功。例如，蔓生偃麦草与小麦直接杂交不能成功，但是中间偃麦草可以分别和小麦或蔓生偃麦草杂交成功，所以它是小麦与蔓生偃麦草之间的一个良好的"桥梁"植物。具体用法是先将中间偃麦草与蔓生偃麦草杂交，然后再利用其杂种 F_1 植株或染色体加倍后的双二倍体植株与小麦杂交，都获得了杂种种子，其中，双二倍体与小麦杂交结实率较高。在进行小麦与黑麦杂交时也常采用这种方法，当遇到一种小麦农艺性状很好，而与黑麦直接杂交不成功时，即可将它先同极易与黑麦杂交的中国春杂交，得到杂种 F_1 或 F_2 选株后再与黑麦杂交，也可以获得成功（李振声，1980；李振声等，1985）。在实际转移远缘物种优异性状的过程中，像中间偃麦草与蔓生偃麦草杂交获得中间桥梁的做法相对用的少一些，而将远缘物种与小麦杂交先合成双二倍体，再以双二倍体为桥梁与小麦进行杂交来转育远缘物种优异性状的例子较多。小麦与黑麦（蒋华仁等，1992）、小麦与簇毛麦（刘大均等，1986；蒋华仁等，1992）、小麦与山羊草（胡英考等，1990；蒋华仁等，1992）、粗山羊草与森林黑麦（蒋华仁等，1992）、小麦与偃麦草（韩方普等 1992；Pohler 和 Wustrack，1993，祁适雨等，2000）、小麦与大麦（孔芳等，2007）、小麦与鹅观草（孔令娜，2008）、小麦与新麦草（袁璟亚等，2012）等进行杂交获得的双二倍体或部分双二倍体都是小麦远缘杂交的优异桥梁材料，为后续创制小麦远缘杂交新种质奠定了基础。上述双倍体或部分双二倍体中提及的小麦不单指六倍体小麦，包括不用倍性的小麦如乌拉尔图小麦、硬粒小麦、栽培小麦等。

（9）改变亲本染色体的倍数性。有些远缘植物彼此直接杂交不能成功，而改变亲本之一的染色体倍数性之后杂交就可能成功。例如，当用卵穗山羊草与黑麦杂交时，不易成功，而先将黑麦用秋水仙碱加倍变成四倍体黑麦再与黑麦进行杂交就成功了。此外，用普通小麦与节节麦杂交时，正反杂交都不易成功，但先用秋水仙碱使节节麦染色体加倍成四倍体再与普通小麦杂交时，即可获得杂交种子（李振声，1980；李振声等，1985）。

（10）花粉管导入。在授粉后向子房注射含目的基因的 DNA 溶液，利用植物在开花、受精过程中形成的花粉管通道，将外源 DNA 导入受精卵细胞，并进一步地被整合到受体细胞的基因组中，随着受精卵的发育而成为带转基因的新个体。该方法于 20 世纪 80 年代初期由我国学者周光宇先生提出，目前该方法在水稻（吴爱忠等，1999）、玉米（赵洪梅，2007）、大豆（胡张华和黄锐之，1999）、棉花（李静等，2005）、烟草（邓明军和尹永强，2007）、大白菜（高丽，2010）和杨树（赵鑫闻，2016）等植物中获得成功。山东省农业科学院作物研究所小麦种质资源创新与利用团队也利用该方法成功地将长穗冰草 DNA 导入栽培小麦，育成了抗旱耐盐小麦品种济南 18 号（楚秀生和黄承彦，2000）。近年来又利用方法成功的将看麦娘 DNA 导入小麦，育成了小麦新品种 BC15PT379。

（11）子房内授粉、离体授粉与试管授精。随着植物组织培养与植物解剖技术的不断发展，已经创造出了一些可以用来克服植物远缘杂交不亲和性的新技术，如子房内授粉、雌蕊的离体授粉和胚珠的试管授精等。这些方法可以排除由于柱头与远缘花粉的不亲和以及花柱造成的障碍，使某些植物间的远缘杂交取得成功。其中，子房内授粉就是将花柱或连同少部分的子房壁切除后，把花粉撒在子房顶端的切面上，或将花粉的悬浮液注入子房腔内，使胚珠受精。雌蕊离体授粉就是在母本花药未开裂时切取花蕾灭菌，剥去花冠、花萼和雄蕊，在无菌操作下，将雌蕊接种在人工培养基上，进行人工授粉和培养，该技术对远缘杂交后落花落营严重的植物有效。胚珠试管受精就是先将未受精的胚珠从子房中剥出，在试管内进行离体人工培养，然后授以父本花粉或已萌发伸长的花粉管，直到培养成杂种植物的子代（李振声，1980；李振声等，1985）。

2. 在克服远缘杂交不亲和性后，常常遇到的第二个难关就是杂种的夭亡和不育

常用到的相应措施介绍如下。

（1）幼胚的离体培养。在小麦远缘杂交中，有些只要克服了授粉过程中杂交不亲和性的障碍后即可得到杂交种子，如小麦与黑麦、小麦与偃麦草以及小麦的种间杂交等。有些则不然，杂交后不能形成健全的杂交种子，如小麦与巨大滨麦草、小麦与沙生滨麦草的杂交种子就出现胚乳发育不健全、营养贮备极少，盾片体发育不健全、酶解与吸收胚乳的能力差。胚芽和胚根的发育能力比较微弱，因此，一般栽培条件下不能成苗。对这样不健全的种子，可待成熟或贮藏一段时间后，将胚切下移植于人工培养基上培养，就可使胚的分化能力得到回复而成苗（李振声，1980；李振声等，1985）。

（2）杂种染色体加倍。凡是两个远缘亲本具有不同染色体组以及不同染色体数时，常常因为染色体不能配对而导致杂种不育，在这种情况下采用染色体加倍获得双二倍体杂种的方法是最有成效的。如小麦与黑麦、小麦与滨麦草、黑麦与滨麦草、小麦与簇毛麦、节节麦与森林黑麦，都是用染色体加倍方法解决的（李振声，1980；李振声等，1985）。

（3）回交法。回交法是遗传研究中的重要方法，在远缘杂交中它也是克服远缘杂种不育的重要方法。因为在杂种中常出现以下两种情况，一是杂种表现雄性配子败育，而雌配子中常有少数比较正常。在这种情况下，采用亲本之一的正常雄配子对杂种的雌配子授粉，即可得到少量回交杂种种子。这种方法简便，行之有效。二是当杂种的染色体数目过多时，染色体加倍不易成功，也可以采用回交法（李振声，1980；李振声等，1985）。

（4）延长杂种生育期。延长生育期就是当采用以上几种方法处理后仍得不到杂种后代时，可设法将杂种保留下来，因为有些杂种是可以通过自动调节或人工特别培养而逐渐恢复结实的。黑龙江省农业科学院作物育种研究所科研人员将一株小麦与中间偃麦草的 F_1 杂种的不同分蘖平分为 4 株，分别栽培于直径 40cm 的花盆中，其中一盆用缩短光照的办法延长生育期后结实 11 粒，其余三盆全未结实（李振声，1980；李振声等，1985）。

（5）无性繁殖。黑龙江省农业科学院科研人员将中间偃麦草与普通小麦杂交，9 个杂交组合共获得 119 株，栽培的第一年只有 4 个组合 40 株结实，共 92 粒；但经无性繁殖到第 2 年全部组合共 86 株，结实 1 948 粒。当时的西北植物研究所在普通小麦与长穗偃麦草杂交中也观察到了类似的现象（李振声，1980；李振声等，1985）。

小麦远缘杂交研究领域相关研究自 19 世纪以来一直非常活跃，截至目前，

科学家们已创制成功了大量的小麦远缘杂交种质，部分资源已经被成功应用小麦育种中且在生产上发挥了巨大作用（Lukaszewski 和 Gustafson，1983；任正隆，1991；Villareal et al.，1991；Ren et al.，2009；Cao et al.，2011）。其中，小麦—黑麦 1RS·1BL 易位系是应用最为成功的范例。1RS·1BL 染色体上由于含 $Yr9$、$Pm8$、$Lr26$ 和 $Sr31$ 等基因，受到了广大育种工作者的普遍青睐（Ren et al.，2009），利用该易位系及其衍生系做亲本，育成了山前麦、高加索、无芒一号和洛夫林 13 等高产抗病小麦，在推动小麦品种的更新换代中发挥了重要作用（Lukaszewski 和 Gustafson，1983；任正隆，1991；Villareal et al.，1991），我国半数以上的小麦品种含该易位系（陈静和任正隆，1996；杨足君等，1998）。长时间的小麦品种间的杂交，造成了我国小麦品种抗源日趋单一化和遗传变异范围逐渐缩小（Hao et al.，2008；Yang et al.，2010），使得小麦群体遗传多样性大大降低。近年来由于新的致病生理小种的产生与流行，使得在小麦育种中被广泛应用的 $Yr9$ 和 $Pm8$ 的抗性迅速丧失（向齐君等，1996；Yang 和 Ren，2001；Liu et al.，2002；），因此，该易位系在我国小麦中的比例有所下降（韩德俊和康振生，2018）。虽然来自 1RS·1BL 易位系的 $Yr9$ 等基因的抗性已经丧失（向齐君等，1996；Yang 和 Ren，2001；Liu et al.，2002），但是，近期的研究发现，不同黑麦来源的 1RS·1BL 易位系可能含有不同的抗病等位基因（Qi et al.，2016；Li et al.，2016），因而对利用黑麦种质进行小麦抗病育种具有"起死回生"的作用，即不同来源的该易位系仍能在小麦育种中发挥重要作用。

自 19 世纪以来，我国在小麦远缘杂交领域研究一直处在世界前列。李振声课题组将小麦与长对偃麦草进行杂交，获得了大批远缘杂交种质资源（李振声等，1962；张学勇等，1989；李家洋，2007），并以此育成小偃系列品种（王义芹等，2007；李家洋，2007）。多个育种组以抗条锈病且含普通小麦—长穗偃麦草易位系的小偃 6 号（李万隆等，1990）为亲本育成了西农 928、陕优 225、郑麦 366 等小麦品种 50 余个。

陈佩度先生将簇毛麦与小麦进行杂交，获得了含抗白粉病基因 $Pm21$ 的小麦—簇毛麦 6VS·6AL 易位系（Chen et al.，1995）。此后，多个育种组以该易位系为亲本，选育出南农 9918、石麦 14、金禾 9123 和扬麦 18 等小麦新品种 20 余个（齐莉莉等，1995；陈佩度等，2002；李桂萍等，2011）。王秀娥课题组对小麦—簇毛麦杂交种质进行了深入研究（Zhang et al.，2005；Li et al.，2007；Zhang et al.，2010；Cao et al.，2011；Zhang et al.，2014；Xing et al.，2018；），还创制了小麦—荆州黑麦（李爱霞等，2007）、小麦—纤毛鹅观草（李巧等，2008）、小麦—大赖草（Liu et al.，1999；Chen et al.，2005；Wang et al.，2010）、小麦—加州大麦（孔芳，2006）等小麦远缘杂交种质，为小麦染色体工程育种提供了宝贵的基因资源。

孙善澄课题组将偃麦草种质转移给小麦，对小偃麦新品种与中间类型材料的选育途径、程序和方法进行了研究，创制了中 1、中 2、中 3、中 4、中 5 等小麦—偃麦草种质（孙善澄，1981），选育出了高营养饲粮兼用的全黑小麦新品种（孙善澄等，1999；孙玉等，2009）。

辛志勇等（1991）以小麦—偃麦草附加系 L1 为抗源，利用中国春 *Ph* 基因隐性突变体和组织培养诱导无性变异，育成了抗病易位系 119880 和 119899 以及张春 19、临抗 1 号和晋麦 13 等品种，此外，辛志勇课题组还以小麦—中间偃麦草部分双二倍体中 5 作抗源通过与小麦杂交回交育成 Z1-Z6 等 6 个二体附加系并在美国种质资源库中进行入库登记（Larkin et al.，1995）。

任正隆课题组在对外源 DNA 片段插入真核生物染色体的研究中发现了小麦异源易位的诱导和发生规律，在国际上首次提出小片段易位的概念和证明小片段易位的存在（Ren et al.，1990a，1990b），提出小麦异源易位育种理论和克服异源易位在实际育种中产生的不良作用的方法，设计了一个染色体工程新方法（任正隆，1991），培育了一大批小麦—黑麦远缘杂交新材料（Yan et al.，2005；Ren et al.，2012；Li et al.，2016；Ren et al.，2017），在国内被广泛应用，并以此为指导育成四川省和国家审定的川农 10 号（国家审定），川农 11、12、17（四川省和国家审定）、18、19、20、21、22、23、24、25、26、27、渝麦 13、渝麦 14 等小麦新品种。

李立会课题组创建了以克服授精与幼胚发育障碍、高效诱导易位、特异分子标记追踪、育种新材料创制为一体的远缘杂交技术体系，创制小麦—冰草异源附加系（Han et al.，2014）、代换系和异源易位系（Ye et al.，2015；Song et al.，2013）等育种材料，实现了向小麦转移野生近缘种多个优异基因的突破，所创制的高产、抗病、抗逆等小麦—冰草新种质（Zhang et al.，2015）向国内主要育种单位发放使用，先后培育出普冰 143、青麦 8 号和川麦 93 等品种。

李集临课题组将黑麦和偃麦草等物种与小麦杂交，获得了一批远缘杂交种质资源（薛玺等，1994；李集临等，2002；李集临等，2003），并对小麦—远缘物种染色体易位系创制方法进行了研究，提出利用并用试验证实了二体代换系杂交诱导产生易位系以及利用代换系与易位系间杂交诱导产生易位系理论（张延明等，2010；李宇欣等，2012）。

韩方普课题组创制了一批小麦—偃麦草桥梁种质资源（Han et al.，2004），利用六倍体小偃麦为研究材料（Han 和 Li，1993），将高抗赤霉病的新基因位于二倍体长穗偃麦草的第七同源群的染色体臂上（Fu et al.，2012）。采用花粉辐射技术建立近 1000 个小麦—偃麦草易位系，其中的 81 份易位系高抗小麦赤霉病，经过与当前主栽小麦品种进行回交转育和接种鉴定获得 27 份稳定的抗性新材料，在安徽省田间接种赤霉菌进行抗病鉴定，发现这批材料的农艺形状优良、赤霉病抗性达到和超过苏麦三号，有望对小麦抗赤霉病育种发挥重要作用。

王洪刚课题组将偃麦草种质转移给小麦，培育了小麦—偃麦草双二倍体（王洪刚等，2006）、附加系（刘树兵和王洪刚，2002；王洪刚和李丹丹，2003）、代换系（王洪刚，2005）和易位系（王洪刚等，2001），并将抗病性较好的小麦—偃麦草易位系与烟农 15 等小麦品种进行杂交回交转育，育成了抗病性优异的育种材料向国内育种单位发送使用，培育出了山农 34 等品种。

孔令让课题组构建了含赤霉病和叶锈病抗病基因的彭提卡偃麦草 7E 染色体的遗传图谱（Zhang et al.，2011），利用染色体工程创制了含抗小麦赤霉病基因 *Fhb*7 的小麦—彭提卡偃麦草染色体易位系并获得了相应分子标记可用于分子标记辅助育种工作（Guo et al.，2015a），并对不同偃麦草第 7 同源群染色体进行了分子和细胞学比较分析（Guo et al.，2015b），为小麦抗赤霉病育种提供了抗源。目前，该课题组已经将 *Fhb*7 导入中国第一大品种济麦 22 中，获得了抗病性好产量高的小麦新品系，正在参加国家和省级区域试验。

夏光敏课题组创立了小麦体细胞杂交转移异源染色体小片段技术（周爱芬等，1995；Cheng 和 Xia，2004），将偃麦草等物种优异基因转移给小麦，获得了一批创新种质（Feng et al.，2004；Chen et al.，2004），并用小麦体细胞杂交手段育成了山东省审定的耐盐高产小麦新品种山融 3 号。

畅志坚课题组创制了 TAI7044、TAI7045、TAI7047、4Ai（4D）和 4Ei（4D）等远缘杂交材料（畅志坚，1999），并以这批材料为抗源与栽培小麦进行杂交获得分离群体，与其和作者们共同从中鉴定并命名了抗白粉病基因 *Pm*40（Luo et al.，2009）、*Pm*43（He et al.，2009）、*PmL*962（Shen et al.，2015）和 *pmCH*89（Hou et al.，2015）以及抗条锈病基因 *Yr*50（Liu et al.，2013）、*Yr*69（Hou et al.，2016）、*YrL*693（Huang et al.，2014），为小麦抗病育种提供了优异抗源。

杨足君课题组将多年生簇毛麦（Yang et al.，2007）、非洲黑麦（Liu et al.，2008）和茸毛偃麦草（Yang et al.，2006）等小麦远缘物种染色质导入小麦，育成了一大批小麦远缘杂交新种质（Yang et al.，2006；Yang et al.，2007；Liu et al.，2008；Hu et al.，2011；Liu et al.，2011；Lei et al.，2013；Li et al.，2016；Wang et al.，2018），从中发现抗病、抗逆及优质基因多个（Hu et al.，2011；Liu et al.，2011；Lei et al.，2013；Li et al.，2016；Wang et al.，2018），为小麦育种提供了宝贵的基因资源。

安调过课题组利用远缘杂交和染色体工程方法将小麦近缘种德国白粒黑麦

的重要基因导入小偃 6 号，创制了高抗条锈病和优质的 1BL·1RS 易位系 WR9502-14、高抗条锈病和白粉病的 1BL·1RS 易位系 WR9504、高抗条锈病和白粉病且高产的 1BL·1RS 易位系 WR9603、高抗条锈病和白粉病的 2BL·1RS 易位系 WR04-G32 和高抗白粉病的 2R（2D）代换系等一批抗病性好小麦远缘杂交种质资源（An et al.，2006；安调过等，2011；An et al.，2013；An et al.，2015；An et al.，2019）。

李俊明课题组将偃麦草、黑麦和欧山羊草等小麦远缘材料染色质转移给小麦，育成小麦—欧山羊草 1M、3M、1U、2U、5U、6U、7U 附加系、小麦—黑麦 1RS.1BL 易位系等种质资源（Ji et al.，2008；Ji et al.，2012；李俊明等，2015；纪军等，2015），并以育成的创新种质为基础培育出科农系列小麦新品种。

吉万全课题组将小麦与滨麦杂交合成了八倍体小滨麦，再用八倍体小滨麦与小麦杂交回交获得了抗条锈病的多重异附加系、双重（5Ns+6Ns）附加系、3Ns 二体附加系和 7Ns（7D）代换系等（Pang et al.，2013；Yang et al.，2014；Yang et al.，2015；Yang et al.，2016）；将小麦与华山新麦草杂交，获得了抗条锈病的小麦—华山新麦草多重异附加系、1Ns 和 7Ns 二体附加系（赵继新等，2010；韩颜超，2015）；将小麦与偃麦草进行杂交，获得了成株抗条锈病的 5St（5A）二体代换系（Mo et al.，2017）以及 St3、St5 和 St7 等附加系（王长有等，1999）；将小麦与奥地利黑麦杂交，获得小麦—黑麦双二倍体和 1R 附加系（吴金华等，2009）。以远缘种质为亲本，育成了陕麦 150、西农 529 和陕麦 159 等。

余懋群课题组将易变山羊草、偏凸山羊草染色质导入栽培小麦，创制了小麦—易变山羊草染色体易位系（余懋群和田文兰，1994）、小麦—偏凸山羊草染色体易位系（张洁等，2011），实现了小麦远缘物种抗病和抗虫性向栽培小麦的转移（Liu et al.，2010），为抗小麦抗条锈病和禾谷孢囊线虫提供了有用资源。

周永红课题组将华山新麦草与小麦杂交，获得了抗条锈病的小麦—华山新麦草双二倍体（Kang et al.，2009；Kang et al.，2010；Wang et al.，2011a），并将条锈抗性基因定位在华山新麦草 3Ns 染色体上（Wang et al.，2011b；Kang et al.，2011），还将华山新麦草与小麦以及黑麦进行了三属杂交，创制了大批优异种质资源。

刘登才课题组将秦岭黑麦（刘登才等，2002；Hao et al.，2018）和易变山羊草（Zhao et al.，2016）与小麦杂交，获得了小麦—秦岭黑麦染色体易位系、小麦—易变山羊草染色体附加系和代换系，将来自秦岭黑麦的抗白粉病基因 $Pm56$ 和来自易变山羊草的抗条锈病基因转移给了小麦，为小麦抗病育种提供了有效抗源。

唐宗祥和符书兰课题组将小麦与荆州黑麦、矮秆黑麦、栽培黑麦

AR106BONE 和 Kustro 等进行杂交，获得了小麦—黑麦双二倍体（唐宗祥等，2008；Tang et al.，2012；Tang et al.，2014）、1BL·1RS 易位系（Tang et al.，2014；Fu et al.，2015；陈雷等，2015）、4R 附加系（Tang et al.，2014）、1R 附加系、5DS-4RS·4RL 易位系和 4RS-5DS·5DL 易位系（Fu et al.，2015）等小麦远缘杂交种质资源。

我国有几十个研究团队在从事小麦远缘杂交与染色体工程研究领域的工作，为小麦染色体工程学科及利用染色体工程育种工作培养了大量的研究人才，列举的上述研究团队在小麦远缘杂交和染色体工程研究方面特点明显、成绩斐然，为小麦染色体工程研究做出了突出贡献，然而，我国在此领域的研究团队还有较多，在此就不再一一例举。

目前，已被成功创制的抗病、抗逆、优质或具有明显育种价值如多花多实等特点的小麦—远缘物种小片段易位系也有数百个了，多个研究团队已经在开展将其中的优异资源向当前小麦进行转育，因而可以预见在不久的将来，小麦远缘杂交种质资源在拓宽小麦的遗传基础和进行品种遗传改良方面的会有越来越多的成果出来，为我国小麦育种和现代种业发展源源不断地提供重要的物质资源。此外，还未被利用于小麦育种的小麦—远缘物种染色体易位系或小片段易位系也值得被导入当前主栽小麦进行农艺性状、抗病抗逆和品质等综合分析、评价和利用，这或许是今后小麦育种材料创新的一个重要发力点。

参考文献

安调过，许红星，许云峰. 2011. 小麦远缘杂交种质资源创新［J］. 中国生态农业学报，19（5）：1011-1019.

蔡旭. 1988. 植物遗传育种学（第二版）［M］. 北京：科学出版社.

畅志坚. 1999. 几个小麦—偃麦草新种质的创制分子细胞遗传学分析［D］. 雅安：四川农业大学.

陈佩度，张守忠，王秀娥，等. 2002. 抗白粉病高产小麦新品种南农 9918［J］. 南京农业大学学报，25（4）：1438-1444.

楚秀生，黄承彦. 2000. 抗旱耐盐小麦新品种济南 18 号［J］. 中国种业（5）：52.

崔海瑞，吴兰佩，余增亮，等. 1994. 离子注入对小麦远缘杂交结实率的影响［J］. 安徽农业大学学报，（3）：303-305.

邓明军，尹永强. 2007. 对烟草花粉管通道技术导入外源 DNA 的思考［J］. 广西烟草（10）：35-38.

董玉琛, 刘旭. 2006. 中国作物及其野生近缘植物, 粮食作物卷 [M]. 北京: 中国农业出版社.

董玉琛, 郑殿升. 2000. 中国小麦遗传资源 [M]. 北京: 中国农业出版社.

高丽. 2010. 花粉管介导 hrpN_（Ecc）基因转化大白菜的研究 [R]. 哈尔滨: 东北农业大学.

韩方普, 张延滨, 薛玺, 等. 1992. 提莫菲维小麦与天兰偃麦草属间杂交完全双二倍体的研究 [J]. 黑龙江农业科学 (5): 16-19.

韩颜超. 2015. 普通小麦—华山新麦草衍生后代的分子细胞遗传学研究 [D]. 雅安: 四川农业大学.

胡适宜. 1982. 被子植物胚胎学 [M]. 北京: 高等教育出版社.

胡英考, 许树军, 董玉琛. 1990. 小麦—山羊草双二倍体的结实率和细胞遗传学研究 [J]. 莱阳农学院学报, 14 (4): 260-265.

胡张华, 黄锐之. 1999. 利用花粉管导入法获得转反义 PEP 基因大豆植株 [J]. 浙江农业学报, 11 (2): 99-100.

纪军, 张玮, 赵慧, 等. 2015. 小麦—欧山羊草抗旱种质材料创制和鉴定 [C]. 北京: 第六届全国小麦基因组学及分子育种大会, 135.

蒋华仁, 戴大庆, 孙东发. 1992. 小麦特异种质资源的创新研究 [J]. 四川农业大学学报, 10 (2): 255-259.

孔芳. 2006. 普通小麦—加州野大麦（Hordeum californicum）异附加系的选育及其白粉病抗性鉴定 [D]. 南京: 南京农业大学.

孔芳, 王海燕, 赵彦, 等. 2007. 加州野大麦染色体 C-分带、荧光原位杂交及其核型分析 [J]. 草地学报, 15 (2): 103-108.

孔令娜. 2008. 普通小麦—纤毛鹅观草异附加系的细胞学及分子标记鉴定 [D]. 南京: 南京农业大学.

李爱霞, 亓增军, 裴自友, 等. 2007. 普通小麦辉县红—荆州黑麦异染色体系的选育及其梭条花叶病抗性鉴定 [J]. 作物学报, 33 (4) 639-645.

李桂萍, 陈佩度, 张守忠, 等. 2011. 小麦—簇毛麦 6VS/6AL 易位系染色体对小麦农艺性状的影响 [J]. 植物遗传资源学报, 12 (5): 744-749.

李洪杰, 王晓鸣, 宋凤景, 等. 2011. 中国小麦品种对白粉病的抗性反应与抗病基因检测 [J]. 作物学报, 37 (6): 943-954.

李集临, 王宁, 郭东林, 等. 2002. 小麦—黑麦染色体代换的研究 [J]. 植物研究, 22 (2): 220-223.

李集临, 曲敏, 张延明. 2011. 小麦染色体工程 [M]. 北京: 科学出版社.

李集临, 徐香铃, 徐萍, 等. 2003. 利用中国春—山羊草 2C 二体附加系与中国春—偃麦草 5E 二体附加系杂交诱发染色体易位和缺失 [J]. 遗传学报, 30 (4): 345-349.

李家洋. 2007. 李振声论文选集 [M]. 北京: 科学出版社.

李静, 韩秀兰, 沈法富, 等. 2005. 提高棉花花粉管通道技术转化率的研究 [J]. 棉花学报, 17 (2): 67-71.

李俊明, 纪军, 张玮, 等. 2015. 小麦—黑麦—偃麦草三属杂交选育强筋小麦新品种 [C]. 北京: 第六届全国小麦基因组学及分子育种大会, 46.

李巧, 孔令娜, 曹爱忠, 等. 2008. 普通小麦—纤毛鹅观草染色体异附加系的分子标记鉴定 [J]. 遗传, 30 (10): 1356-1362.

李万隆, 李振声, 穆素梅. 1990. 小麦品种小偃 6 号染色体结构变异的细胞学研究 [J]. 遗传学报, 17 (6): 430-437.

李宇欣, 张利国, 厉永鹏, 等. 2012. 小麦—黑麦二体代换系间杂交诱导染色体易位的研究 [J]. 中国农学通报, 29 (30): 41-44.

李振声. 1980. 植物远缘杂交概说 [M]. 太原: 山西科学技术出版社.

李振声, 陈漱阳, 刘冠军, 等. 1962. 小麦与偃麦草远缘杂交的研究 [J]. 科学通报, 7 (4): 40-42.

李振声, 容珊, 钟冠昌, 等. 1985. 小麦远缘杂交 [M]. 北京: 科学出版社.

刘大钧, 陈佩度, 吴沛良, 等. 1986. 硬粒小麦—簇毛麦双二倍体 [J]. 作物学报, 12 (3): 155-162.

刘登才, 彭正松, 颜济, 等. 1998. 四倍体小麦 "简阳矮兰麦" 与黑麦可杂交性及其在六倍体水平上的遗传特性 [J]. 遗传, 20 (6): 26-29.

刘登才, 郑有良, 魏育明, 等. 2002. 将秦岭黑麦遗传物质导入普通小麦的研究 [J]. 四川农业大学学报, 20 (2): 75-77.

刘树兵, 王洪刚. 2002. 抗白粉病小麦—中间偃麦草 (*Thinopyrum intermedium*, 2n=42) 异附加系的选育及分子细胞遗传鉴定 [J]. 科学通报, 47 (19): 1500-1504.

罗明诚, 郑有良, 颜济, 等. 1993. 小麦新材料 "J-11" 与黑麦可杂交性的遗传研究 [J]. 遗传学报, 20 (2): 147-154.

罗明诚, 颜济, 杨俊良. 1989. 四川小麦地方品种与节节麦和黑麦的可杂交性 [J]. 四川农业大学学报, 7 (2): 71-76.

米景九, 陈德鑫, 梁启尧. 1980. 不同授粉方式和亲本组合对小麦与黑麦属间杂交的影响 [J]. 中国农业大学学报, 15 (1): 57-68.

王长有, 吉万全, 薛秀庄, 等. 1999. 小麦—中间偃麦草异附加系条锈病抗

性的研究 [J]. 西北植物学报, 19 (6)：54-58.

王洪刚. 2005. 小麦—中间偃麦草二体异代换系山农 0095 的选育及其鉴定 [J]. 中国农业科学, 38 (10)：1598-1564.

王洪刚, 孔令让, 姜丽君, 等. 1992. 提高普通小麦与长穗偃麦草杂交结实率方法的研究 [J]. 山东农业大学学报（自然科学版）(3)：265-270.

王洪刚, 李丹丹. 2003. 抗白粉病小偃麦异代换系的细胞学和 RAPD 鉴定 [J]. 西北植物学报, 23 (2)：280-284.

王洪刚, 刘树兵, 李兴锋, 等. 2006. 六个八倍体小偃麦的选育和鉴定 [J]. 麦类作物学报, 26 (4)：6-10.

王洪刚, 朱军, 刘树兵, 等. 2001. 利用细胞学和 RAPD 技术鉴定抗病小偃麦易位系 [J]. 作物学报, 27 (6)：886-890.

王义芹, 谭伟, 杨兴洪, 等. 2007. 不同年代小麦品种旗叶的光合特性及抗氧化酶活性研究 [J]. 西北植物学报, 27 (12)：2484-2490.

吴爱忠, 蔡润, 潘俊松, 等. 1999. 花粉管导入法培育抗除草剂的转基因水稻 [J]. 上海交通大学学报（农业科学版）, 4 (1)：237-241.

吴金华, 王新茹, 王长有, 等. 2009. 含抗白粉病新基因普通小麦—黑麦 1R 二体异附加系的遗传学鉴定 [J]. 农业生物技术学报, 17 (1)：153-158.

齐莉莉, 陈佩度, 刘大钧, 等. 1995. 小麦白粉病新抗源 $Pm21$ 基因 [J]. 作物学报, 21 (3)：257-262.

祁适雨, 肖志敏, 辛文利, 等. 2000. "远中"号小偃麦在小麦育种中的应用 [J]. 麦类作物学报, 20 (1)：10-15.

任正隆. 1991. 黑麦种质导入小麦及其在小麦育种中的利用方式 [J]. 中国农业科学, 24 (3)：18-25.

孙善澄. 1987. 小麦与偃麦草远缘杂交的研究 [J]. 华北农学报, 2 (1)：7-12.

孙善澄. 1981. 小偃麦新品种与中间类型的选育途径、程序和方法 [J]. 作物学报, 2 (1)：51-58.

孙善澄, 孙玉, 袁文业, 等. 1999. 优质黑粒小麦 76 的选育及品质分析 [J]. 作物学报, 25 (1)：50-54.

孙玉, 孙善澄, 刘少翔, 等. 2009. 高营养饲粮兼用全黑小麦的选育 [J]. 山西农业科学, 37 (12)：3-6.

唐宗祥, 符书兰, 任正隆, 等. 2008. 小麦—黑麦双二倍体形成过程中微卫星序列的变化 [J]. 麦类作物学报, 28 (2)：197-201.

童一中, 沈光华. 1984. 克服小麦杂交亲本花期不遇的新方法 [J]. 中国农业科学, 17 (4)：40-40.

向齐君，盛宝钦，段霞瑜，等. 1996. 小麦白粉病抗源材料的有效抗基因分析 [J]. 作物学报，22（6）：741-744.

辛志勇，徐惠君，陈孝，等. 1991. 应用生物技术向小麦导入黄矮病抗生的研究 [J]. 中国科学（B 辑），21（1）：36-42.

薛玺，王永清，徐香玲，等. 1994. 异细胞质八倍体小偃麦（Trititrigia 8×）的选育及其性状与细胞遗传 [J]. 植物研究，14（4）：424-433.

叶兴国，徐惠君，李志武，等. 1997. 小麦与白黑麦、卵穗山羊草正反杂交的可交配性分析 [J]. 中国农业科学，4（4）：91-93.

余懋群，田文兰. 1994. 易变山羊草携抗禾谷类根结线虫基因染色体向普通小麦的转移 [J]. 西南农业学报，3（1）：9-14.

袁璟亚，康厚扬，王益，等. 2012. 普通小麦—华山新麦草人工合成双二倍体 AFLP 标记多态性分析 [J]. 四川农业大学学报，30（3）：267-271.

张洁，邓光兵，龙海，等. 2011. 利用辐射诱变创制小麦—偏凸山羊草小片段易位系 [C]. 中国的遗传学研究—遗传学进步推动中国西部经济与社会发展——2011 年中国遗传学会大会论文摘要汇编，64.

张显志，曾级芳. 1999. He-Ne 激光对小麦属间杂交影响的研究 [J]. 激光生物学报，8（2）：83-88.

张学勇，李振声，陈漱阳. 1989. "缺体回交法"选育普通小麦异代换系方法的研究 [J]. 遗传学报，9（6）：431-439.

张延明，李宇欣，李集临，等. 2010. 小麦—黑麦代换系间、代换系与易位系间杂交后代染色体易位系的选育 [J]. 分子植物育种，8（2）：214-220.

张正斌. 2001. 小麦遗传学 [M]. 北京：中国农业出版社.

赵洪梅. 2007. Na^+/H^+ 逆向转运蛋白基因导入玉米的研究 [D]. 沈阳：辽宁师范大学.

赵继新，武军，陈雪妮，等. 2010. 普通小麦—华山新麦草 1Ns 二体异附加系的农艺性状和品质 [J]. 作物学报，36（9）：1610-1614.

赵鑫闻. 2016. 利用花粉管通道技术将外源银白杨 DNA 导入黑杨 [J]. 植物学报，1（4）：533-541.

钟冠昌，穆素梅，张正斌. 2002. 麦类远缘杂交 [M]. 北京：科学出版社.

周爱芬，夏光敏，陈惠民. 1995. 普通小麦与簇毛麦的不对称体细胞杂交及植株再生 [J]. 科学通报，40（6）：575-576.

An D G, Li L H, Li J M, et al. 2006. Introgression of resistance to powdery mildew conferred by chromosome 2R by crossing wheat nullisomic 2D with rye [J]. Journal of Integrative Plant Biology, 48（7）：838-847.

An D G, Ma P T, Zheng Q, et al. 2019. Development and molecular cytogenetic identification of a new wheat—rye 4R chromosome disomic addition line with resistances to powdery mildew, stripe rust and sharp eyespot [J]. Theoretical and Applied Genetics, 132 (1): 257-272.

An D G, Zheng Q, Luo Q L, et al. 2015. Molecular cytogenetic identification of a new wheat—rye 6R chromosome disomic addition line with powdery mildew resistance [J]. Plos One, 10 (8): e0134534.

An D G, Zheng Q, Zhou Y L, et al. 2013. Molecular cytogenetic characterization of a new wheat—rye 4R chromosome translocation line resistant to powdery mildew [J]. Chromosome Research, 21 (4): 419-432.

Cao A Z, Xing L P, Wang X Y, et al. 2011. Serine/threonine kinase gene *Stpk-V*, a key member of powdery mildew resistance gene *Pm*21, confers powdery mildew resistance in wheat [J]. PNAS, 108 (19): 7727-7732.

Chen P, Liu W, Yuan J, et al. 2005. Development and characterization of wheat—*Leymus racemosus* translocation lines with resistance to Fusarium head blight [J]. Theoretical and Applied Genetics, 111 (5): 941-948.

Chen P D, Qi L L, Zhou B, et al. 1995. Development and molecular cytogenetic analysis of wheat—*Haynaldia villosa* 6VS/6AL translocation lines specifying resistance to powdery mildew [J]. Theoretical and Applied Genetics, 91 (6-7): 1125-1128.

Chen S Y, Xia G M, Quan T Y, et al. 2004. Introgression of salt-tolerance from somatic hybrids between common wheat and *Thinopyrum ponticum* [J], Plant Sci, 167 (4): 773-779.

Cheng A X, Xia G M. 2004. Somatic hybridization between common wheat and Italian ryegrass [J]. Plant Sci, 166 (5): 1219-1226.

Duan X Y, Sheng B Q, Zhou Y L, et al. 1998. Monitoring of the virulence population of *Erysiphe graminis* f. sp. Tritici [J]. Acta Phytophy. Sin., 25 (1): 31-36.

Feng D S, Xia G M, Zhao S Y, et al. 2004. Two quality-associated HMW glutenin subunits in a somatic hybrid line between *T. aestivum* and *A. elongatum*, Theoretical and Applied Genetics [J], 110 (1): 136-144.

Fu S, Chen L, Wang Y, et al. 2015. Oligonucleotide probes for ND-FISH analysis to identify rye and wheat chromosomes [J]. Scientific Reports, 5: 10552.

Fu S, Lv Z, Qi B, et al. 2012. Molecular cytogenetic characterization of wheat—*Thinopyrum elongatum* addition, substitution and translocation lines with a novel source of resistance to wheat Fusarium head blight [J]. J. Genet. Genomics, 39 (2): 103–110.

Guo J, He F, Cai J J, et al. 2015b. Molecular and cytological comparison of chromosomes 7el1, 7el2, 7Ee and 7Ei derived from *Thinopyrum*. Cytogenet [J]. Genome Res., 145 (1): 68–74.

Guo J, Zhang X, Hou Y, et al. 2015a. High–density mapping of the major FHB resistance gene *Fhb*7 derived from *Thinopyrum ponticum* and its pyramiding with *Fhb*1 by maker–assisted selection [J]. Theoretical and Applied Genetics, 128 (11): 2301–2316.

Han F, Liu B, Fedak G, et al. 2004. Chromosomal variation, constitution of five partial amphiploids of wheat—*Thinopyrum intermedium* detected by GISH, seed storage protein marker and multicolor GISH [J]. Theoretical and Applied Genetics, 109 (5): 1070–1076.

Han H M, Bai L, Su J J, et al. 2014. Genetic rearrangements of six wheat—*Agropyron cristatum* 6P addition lines revealed by molecular markers [J]. Plos One, 9 (3): e91066.

Hao C Y, Dong Y C, Wang L F, et al. 2008. Genetic diversity and construction of core collection in Chinese wheat genetic resources [J]. Chinese Sci. Bull., 53 (10): 1518–1526.

Hao M, Liu M, Luo J T, et al. 2018. Introgression of powdery mildew resistance gene *Pm*56 on rye chromosome arm 6RS into wheat [J]. Frontiers in Plant Sciences, 9: 1040.

He R, Chang Z, Yang Z, et al. 2009. Inheritance and mapping of powdery mildew resistance gene *Pm*43 introgressed from *Thinopyrum intermedium* into wheat [J]. Theoretical and Applied Genetics, 118 (6): 1173–1180.

Hou L, Jia J, Zhang M X, et al. 2016. Molecular mapping of the stripe rust resistance gene *Yr*69 on wheat chromosome 2AS [J]. Plant Disease, 100 (1): 1717–1724.

Hou L, Zhang X, Li X, et al. 2015. Mapping of powdery mildew resistance gene *pmCH*89 in a putative wheat—*Thinopyrum intermedium* introgression line [J]. International Journal of Molecular Sciences, 16 (8): 17231–17244.

Hu L J, Li G R, Zeng Z X, et al. 2011. Molecular cytogenetic identification of a new wheat—*Thinopyrum* substitution line with stripe rust resistance ［J］. Euphytica, 177 (2): 169-177.

Huang Q, Li X, Chen W Q, et al. 2014. Genetic mapping of a putative *Thinopyrum intermedium*-derived stripe rust resistance gene on wheat chromosome 1B ［J］. Theoretical and Applied Genetics, 127 (4): 843-853..

Huang X Q, Röder M S. 2004. Molecular mapping of powdery mildew resistance genes in wheat: a review ［J］. Euphytica, 137 (2): 203-223.

Ji J, Wang Z, Sun J, et al. 2008. Identification of new T1BL · 1RS translocation lines derived from wheat (*Triticum aestivum* L. cultivar "Xiaoyan No. 6") and rye hybridization ［J］. Acta Physiologiae Plantarum, 30 (5): 689-695.

Ji J, Zhang A M, Wang Z G, et al. 2012. A wheat—*Thinopyrum ponticum*-rye trigeneric germplasm line with resistance to powdery mildew and stripe rust ［J］, Euphytica, 188 (2): 199-207.

Kang H Y, Chen Q, Wang Y, et al. 2010. Molecular cytogenetic characterization of the amphiploid between bread wheat and *Psathyrostachys huashanica* ［J］. Genetic Resources and Crop Evolution, 57 (1): 111-118.

Kang H Y, Wang Y, Fedak G, et al. 2011. Introgression of chromosome 3Ns from *Psathyrostachys huashanica* into wheat specifying resistance to stripe rust ［J］. Plos One, 6 (7): e21802-e21810.

Kang H Y, Wang Y, Sun G L, et al. 2009. Production and characterization of an amphiploid between common wheat and *Psathyrostachys huashanica* Keng ex Kuo ［J］. Plant Breeding, 128, (1): 36-40.

Koba T, Handa T, Shimada T. 1989. Production of wheat× barley hybrids and preferential elimination of barley chromosomes ［J］. Wheat Information Service, 69: 41-42.

Larkin P J, Banks P M, Lagudah E S, et al. 1995a. Disomic *Thinopyrum intermedium* addition lines in wheat with barley yellow dwarf virus resistance and with rust resistances ［J］. Genome, 38 (2): 385-394.

Larkin P J, Banks P M, Xiao C. 1995b. Registration of six genetic stocks of wheat with rust and BYDV resistance: Z1、Z2、Z3、Z4、Z5 and Z6 disomic addition lines with *Thinopyrum intermedium* chromosomes ［J］. Crop Science, 35 (2): 604.

Lei M P, Li G R, Zhou L, et al. 2013. Identification of wheat—*Secale africa-*

num chromosome 2R^{afr} introgression lines with novel disease resistance and agronomic characteristics [J]. Euphytica, 194 (2): 197-205.

Li G, Wang H, Lang T, et al. 2016. New molecular markers and cytogenetic probes enable chromosome identification of wheat—*Thinopyrum intermedium* introgression lines for improving protein and gluten contents [J]. Planta, 244 (4): 865-876.

Li G Q, Fang T L, Zhang H T, et al. 2009. Molecular identification of a new powdery mildew resistance gene *Pm*41 on chromosome 3BL derived from wild emmer (*Triticum turgidum* var. *dicoccoides*) [J]. Theoretical and Applied Genetics, 119 (3): 531-539.

Li Z, Ren Z, Tan F, et al. 2016. Molecular cytogenetic characterization of new wheat—rye 1R (1B) substitution and translocation lines from a Chinese *Secale cereal* L. Aigan with resistance to stripe rust [J]. Plos One, 11 (9): e0163642.

Limpert E, Felsenstein F G, Andrivon D. 1987. Analysis of virulence in populations of wheat powdery mildew in Europe [J]. Agronomie, 13 (1): 201-207.

Liu C, Li G R, Gong W P, et al. 2015. Molecular and cytogenetic characterization of powdery mildew resistant wheat—*Aegilops mutica* partial amphiploid and addition line [J]. Cytogenetic and Genome Research, 147 (2-3): 186-194.

Liu C, Qi L, Liu W, et al. 2011. Development of a set of compensating *Triticum aestivum – Dasypyrum villosum* Robertsonian translocation lines [J]. Genome, 54 (10): 836-844.

Liu C, Yang Z J, Li G R, et al. 2008. Isolation of a new repetitive DNA sequence from *Secale africanum* enables targeting of *Secale* chromatin in wheat background [J]. Euphytica, 159 (1-2): 249-258.

Liu J, Chang Z, Zhang X, et al. 2013. Putative *Thinopyrum intermedium* – derived stripe rust resistance gene *Yr*50 maps on wheat chromosome arm 4BL [J]. Theoretical and Applied Genetics, 126 (1): 265-274.

Liu L, Deng G, Ling Y I, et al. 2010. Transmission of chromosome 6M^V from *Aegilops ventricosa* through gametes in Sichuan wheat varieties [J]. Chinese Journal of Applied & Environmental Biology, 16 (1): 50-53.

Liu W, Chen P, Liu D. 1999. Development of *Triticum aestivum—Leymus racem-*

osus translocation lines by irradiating adult plants at meiosis [J]. Acta Botanica Sinica, 41 (5): 463-467.

Liu Z Y, Sun Q X, Ni Z F, et al. 2002. Molecular characterization of a novel powdery mildew resistance gene *pm*30 in wheat originating from wild emmer [J]. Euphytica, 123 (1): 21-29.

Lukaszewski A J, Gustafson J P. 1983. Translocations and modifications of chromosomes in triticale × wheat hybrids [J]. Theoretical and Applied Genetics, 64 (3): 239-248.

Luo P G, Luo H Y, Chang Z J, et al. 2009. Characterization and chromosomal location of *Pm*40 in common wheat: a new gene for resistance to powdery mildew derived from *Elytrigia intermedium* [J]. Theoretical and Applied Genetics, 118 (6): 1059-1064.

McIntosh R A, Yamazaki Y, Dubcovsky J, et al. 2008. Catalogue of gene symbols for wheat [C]. Proc. 11th Int. Wheat Genet. Symp., Sydney, Australia, 24-29.

Mo Q, Wang C Y, Chen C H, et al. 2017. Molecular cytogenetic identification of a wheat—*Thinopyrum ponticum* substitution line with stripe rust resistance [J]. Genome, 60 (10): 1-8.

Pang Y, Chen X, Zhao J, et al. 2013. Molecular Cytogenetic characterization of a wheat—*Leymus mollis* 3D (3Ns) substitution line with resistance to leaf rust [J]. Journal of Genetics and Genomics, 41 (4) 205-214.

Pohler G W, Wustrack C. 1993. Production and utilization of diploid hybrid between common barley and bulbous barley [J]. Barley and Cereal Sciemce, 4: 48-49.

Qi W, Tang Y, Zhu W, et al. 2016. Molecular cytogenetic characterization of a new wheat—rye 1BL · 1RS translocation line expressing superior stripe rust resistance and enhanced grain yield [J]. Planta, 244 (2): 405-416.

Qiu Y C, Zhang S S. 2004. Researches on powdery mildew resistant genes and their molecular markers in wheat [J]. J. Triticeae Crops, 24 (2): 127-132.

Ren T H, Chen F, Yan B J, et al. 2012. Genetic diversity of wheat—rye 1BL · 1RS translocation lines derived from different wheat and rye sources [J]. Euphytica, 183 (2): 133-146.

Ren T, Tang Z, Fu S, et al. 2017. Molecular cytogenetic characterization of novel wheat—rye T1RS · 1BL translocation lines with high resistance to diseases and great agronomic traits [J]. Frontiers in Plant Sciences, 8: 799.

Ren T H, Yang Z J, Yan B J, et al. 2009. Development and characterization of a new 1BL · 1RS translocation line with resistance to stripe rust and powdery mildew of wheat [J]. Euphytica, 169 (2): 207-213.

Ren Z L, Lelley T, Robbelen G. 1990a. The use of monosomic rye addition lines for transferring rye chromatin into bread wheat: I. The occurrence of translocations [J]. Plant Breeding, 105 (4): 257-264.

Ren Z L, Lelley T, Robbelen G. 1990b. The use of monosomic rye addition lines for transferring rye chromatin into bread wheat. II. Breeding value of homozygous wheat/rye translocations [J]. Plant Breeding, 105 (4): 265-270.

Shaner G. 1973. Evaluation of slow-mildewing resistance of Knox wheat in the field [J]. Phytopathology, 63 (7): 867-872.

Shen X K, Ma L X, Zhong S F, et al. 2015. Identification and genetic mapping of the putative *Thinopyrum intermedium*-derived dominant powdery mildew resistance gene *PmL962* on wheat chromosome arm 2BS [J]. Theoretical and Applied Genetics, 128 (3): 517-528.

Song L Q, Jiang L L, Han H M, et al. 2013. Efficient induction of wheat—*Agropyron cristatum* 6P translocation lines and GISH detection [J]. Plos One, 8 (7): e69501.

Tan C, Li G, Cowger C, et al. 2019. Characterization of *Pm63*, a powdery mildew resistance gene in Iranian landrace PI 628024 [J]. Theoretical and Applied Genetics, 132 (4): 1137-1144.

Tang Z, Wu M, Zhang H, et al. 2012. Loss of parental coding sequences in an early generation of wheat—rye allopolyploid [J]. International Journal of Plant Sciences, 173 (1): 1-6.

Tang Z X, Li M, Chen L, et al. 2014. New types of wheat chromosomal structural variations in derivatives of wheat—rye hybrids [J]. Plos One, 9 (10): e110282.

Villareal R L, Rajaram S, Mujeeb-Kazi A, et al. 1991. The effect of chromosome 1B/1R translocation on the yield potential of certain spring wheat [J]. Plant Breed., 106 (1): 77-81.

Wang H J, Zhang H J, Li B, et al. 2018. Molecular Cytogenetic characterization of new wheat—*Dasypyrum breviaristatum* introgression lines for improving grain quality of wheat [J]. Frontiers in Plant Science, 9: 365.

Wang L S, Chen P D, Wang X E. 2010. Molecular cytogenetic analysis of *Triticum aestivum*-*Leymus racemosus* reciprocal chromosomal translocation T7DS · 5LrL/

T5LrS · 7DL [J]. Chinese Science Bulletin, 55 (11): 1026-1031.

Wang Y, Xie Q, Yu K F, et al. 2011a. Development and characterization of wheat—*Psathyrostachys huashanica* partial amphiploids for resistance to stripe rust [J]. Biotechnology Letters, 33 (6): 1233-1238.

Wang Y, Yu K F, Xie Q, et al. 2011b. The 3Ns chromosome of *Psathyrostachys huashanica* carries the gene (s) underlying wheat stripe rust resistance [J]. Cytogenetic and Genome Research, 134 (2): 136-143.

Wang Z L, Li L H, He Z H, et al. 2005. Seedling and adult plant resistance to powdery mildew in Chinese bread wheat cultivars and lines [J]. Plant Dis, 89 (5): 457-463.

Xing L, Hu P, Liu J, et al. 2018. *Pm21* from *Haynaldia villosa* encodes a CC-NBS-LRR that confers powdery mildew resistance in wheat [J]. Molecular Plant, 11 (6): 874-878.

Yan B J, Zhang H Q, Ren Z L. 2005. Molecular cytogenetic identification of a new 1RS/1BL translocation line with secalin absence [J]. Hereditas (Beijing), 27 (4): 513-517.

Yang X, Wang C, Chen C, et al. 2014. Chromosome constitution and origin analysis in three derivatives of *Triticum aestivum*-*Leymus mollis* by molecular cytogenetic identification [J]. Genome, 57 (11-12): 583.

Yang X, Wang C, Li X, et al. 2015. Development and molecular cytogenetic identification of a novel wheat—*Leymus mollis* Lm#7Ns (7D) disomic substitution line with stripe rust resistance [J]. Plos One, 10 (10): e0140227.

Yang X, Wang C, Li X, et al. 2016. Development and molecular cytogenetic identification of a new wheat—*Leymus mollis* Lm#6Ns disomic addition line [J]. Plant Breeding, 135 (6): 654-662.

Yang L, Wang X G, Liu W H, et al. 2010. Production and identification of wheat—*Agropyron cristatum* 6P translocation lines [J]. Planta, 232 (2): 501-510.

Yang Z J, Li G R, Chang Z J, et al. 2006. Characterization of a partial amphiploid between *Triticum aestivum* cv. Chinese Spring and *Thinopyrum intermedium* ssp. *trichophorum* [J]. Euphytica, 149 (1-2): 11-17.

Yang Z J, Liu C, Feng J, et al. 2007. Studies on genome relationship and species-specific PCR marker for *Dasypyrum breviaristatum* in Triticeae [J]. Hereditas, 143 (2006): 47-54.

Yang Z J, Ren Z L. 2001. Chromosomal distribution and genetic expression of *Lo-*

phopyrum elongatum（Host）A. Löve genes for adult plant resistance to stripe rust in wheat background［J］. Genetic Resour. Crop Evol., 48（2）：183−187.

Ye X L, Lu Y Q, Liu W H, et al. 2015. The effects of chromosome 6P on fertile tiller number of wheat as revealed in wheat—*Agropyron cristatum* chromosome 5A/6P translocation lines［J］. Theoretical and Applied Genetics, 128（5）：797−811.

Zhan H X, Li G R, Zhang X J, et al. 2014. Chromosomal location and comparative genomics analysis of powdery mildew resistance gene *Pm*51 in a putative wheat—*Thinopyrum ponticum* introgression line［J］. Plos One, 9（11）：e113455.

Zhao L, Ning S, Yu J, et al. 2016. Cytological identification of an *Aegilops variabilis* chromosome carrying stripe rust resistance in wheat［J］. Breeding Science, 66（4）：522−529.

Zhao Z, Sun H, Song W, et al. 2013. Genetic analysis and detection of the gene *MlLX*99 on chromosome 2BL conferring resistance to powdery mildew in the wheat cultivar Liangxing 99［J］. Theoretical and Applied Genetics, 126（12）：3081−3089.

Zhang J, Zhang J P, Liu W H, et al. 2015. Introgression of *Agropyron cristatum* 6P chromosome segment into common wheat for enhanced thousand−grain weight and spike length［J］. Theoretical and Applied Genetics, 128（9）：1827−1837.

Zhang Q P, Li Q, Wang X E, et al. 2005. Development and characterization of a *Triticum aestivum−Haynaldia villosa* translocation line T4VS. 4DL conferring resistance to wheat spindle streak mosaic virus［J］, Euphytica, 145（3）：317−20.

Zhang R, Cao Y, Wang X, et al. 2010. Development and characterization of a *Triticum aestivum − H. villosa* T5VS · 5DL translocation line with soft grain texture［J］. Journal of Cereal Science, 51（2）：220−225.

Zhang R Q, Zhang M Y, Wang X E, et al. 2014. Introduction of chromosome segment carrying the seed storage protein genes from chromosome 1V of *Dasypyrum villosum* showed positive effect on bread − making quality of common wheat. Theoretical and Applied Genetics, 127（3）：523−33.

Zhang X, Shen X, Hao Y, et al. 2011. A genetic map of *Lophopyrum ponticum* chromosome 7E, harboring resistance genes to Fusarium head blight and leaf rust［J］. Theoretical and Applied Genetics, 122（2）：263−270.

附　图

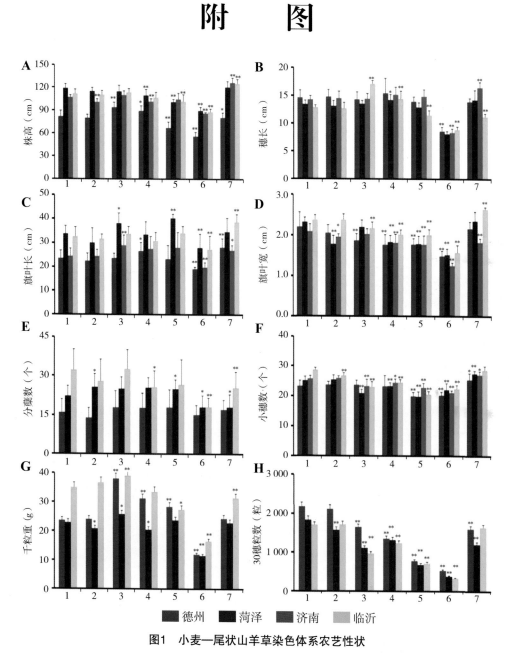

图1　小麦—尾状山羊草染色体系农艺性状

1~7代表小麦品种ALCD、ALCD—尾状山羊草B#1附加系、ALCD—尾状山羊草C#1附加系、ALCD—尾状山羊草D#1附加系、ALCD—尾状山羊草E#1附加系、ALCD—尾状山羊草F#1附加系、ALCD—尾状山羊草G#1附加系。*代表差异显著（$P<0.05$），**代表差异极显著（$P<0.01$）。

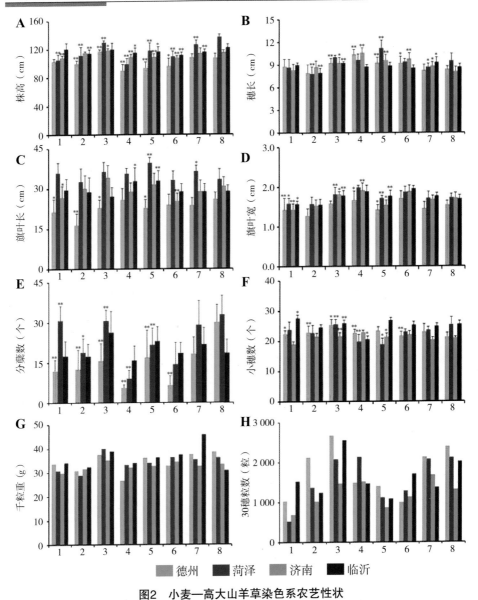

图2　小麦—高大山羊草染色系农艺性状

1~8代表中国春—高大山羊草1S^l#3附加系、中国春—高大山羊草2S^l#3附加系、中国春—高大山羊草3S^l#3附加系、中国春—高大山羊草4S^l#3附加系、中国春—高大山羊草5S^l#3附加系、中国春—高大山羊草6S^l#3附加系、中国春—高大山羊草7S^l#3单体附加系、中国春。*代表差异显著（$P<0.05$），**代表差异极显著（$P<0.01$）。

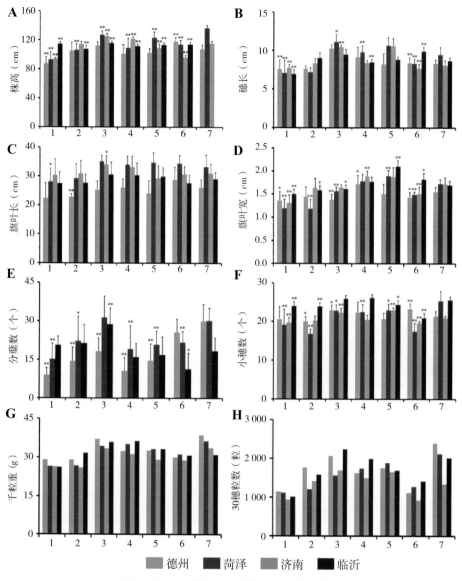

图3 小麦—希尔斯山羊草染色系农艺性状

1～7代表中国春—希尔斯山羊草1S^s#1附加系、中国春—希尔斯山羊草2S^s#1附加系、中国春—希尔斯山羊草4S^s#1附加系、中国春—希尔斯山羊草5S^s#1附加系、中国春—希尔斯山羊草6S^s#1附加系、中国春—希尔斯山羊草7S^s#1附加系、中国春。*代表差异显著（$P<0.05$），**代表差异极显著（$P<0.01$）。

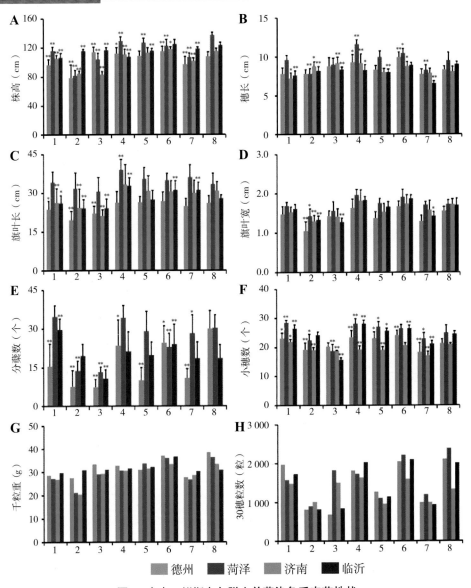

图4　小麦—拟斯卑尔脱山羊草染色系农艺性状

1~8代表中国春—拟斯卑尔脱山羊草1S§#3附加系、中国春—拟斯卑尔脱山羊草2S§#3附加系、中国春—拟斯卑尔脱山羊草3S§#3附加系、中国春—拟斯卑尔脱山羊草4S§#3附加系、中国春—拟斯卑尔脱山羊草5S§#3附加系、中国春—拟斯卑尔脱山羊草6S§#3附加系、中国春—拟斯卑尔脱山羊草7S§#3附加系、中国春。*代表差异显著（$P<0.05$），**代表差异极显著（$P<0.01$）。

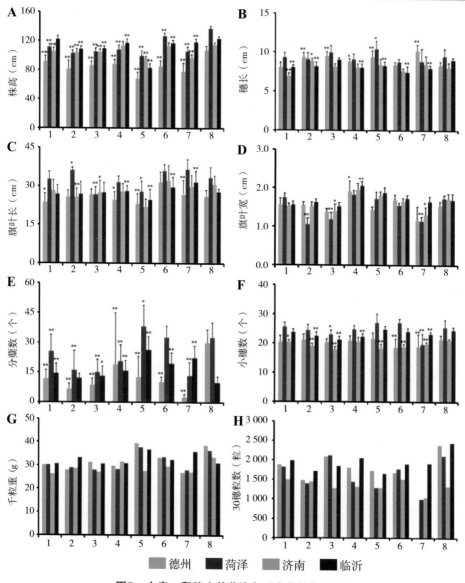

图5　小麦—卵穗山羊草染色系农艺性状（1）

1～8代表中国春—卵穗山羊草1U^g#1附加系、中国春—卵穗山羊草2U^g#1附加系、中国春—卵穗山羊草3U^g#1单体附加系、中国春—卵穗山羊草4U^g#1附加系、中国春—卵穗山羊草5U^g#1附加系、中国春—卵穗山羊草6U^g#1附加系、中国春—卵穗山羊草7U^g#1单体附加系、中国春。*代表差异显著（$P<0.05$），**代表差异极显著（$P<0.01$）。

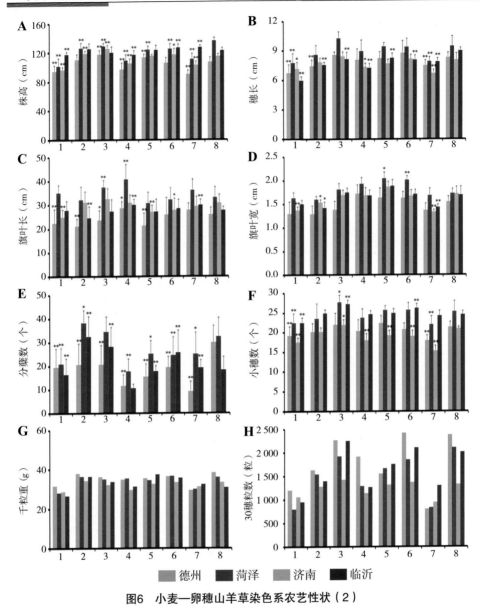

图6　小麦—卵穗山羊草染色系农艺性状（2）

1～8代表中国春—卵穗山羊草1Mᵍ#1附加系、中国春—卵穗山羊草2Mᵍ#1附加系、中国春—卵穗山羊草3Mᵍ#1附加系、中国春—卵穗山羊草4Mᵍ#1附加系、中国春—卵穗山羊草5Mᵍ#1附加系、中国春—卵穗山羊草6Mᵍ#1附加系、中国春—卵穗山羊草7Mᵍ#1附加系、中国春。*代表差异显著（$P<0.05$），**代表差异极显著（$P<0.01$）。

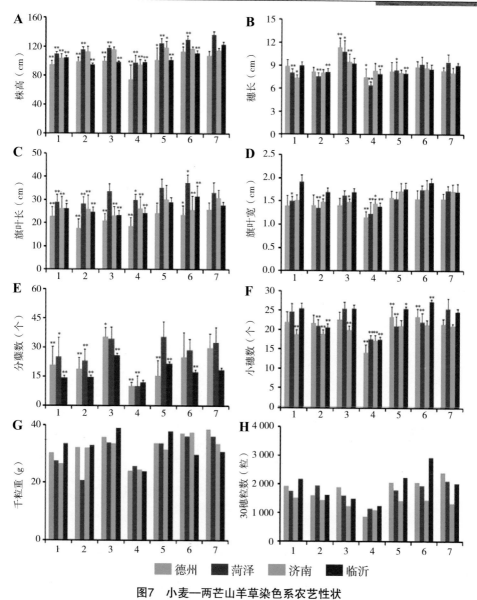

图7　小麦—两芒山羊草染色系农艺性状

1~7代表中国春—两芒山羊草1U^{bi}#1附加系、中国春—两芒山羊草2U^{bi}#1附加系、中国春—两芒山羊草5U^{bi}#1附加系、中国春—两芒山羊草2M^{bi}#1附加系、中国春—两芒山羊草3M^{bi}#1附加系、中国春—两芒山羊草4M^{bi}#1单体附加系、中国春。*代表差异显著（$P<0.05$），**代表差异极显著（$P<0.01$）。

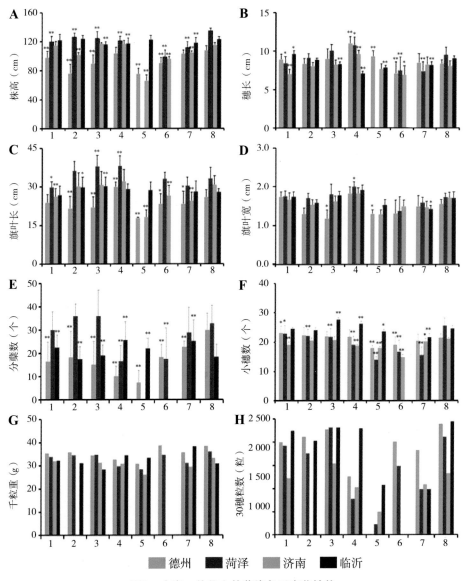

图8　小麦—单芒山羊草染色系农艺性状

1～8代表中国春—单芒山羊草1N附加系、中国春—单芒山羊草2N附加系、中国春—单芒山羊草3N附加系、中国春—单芒山羊草4N附加系、中国春—单芒山羊草5N附加系、中国春—单芒山羊草9/6N附加系、中国春—单芒山羊草7N附加系、中国春。9/6N代表可能是6N。*代表差异显著（P<0.05），**代表差异极显著（P<0.01）。

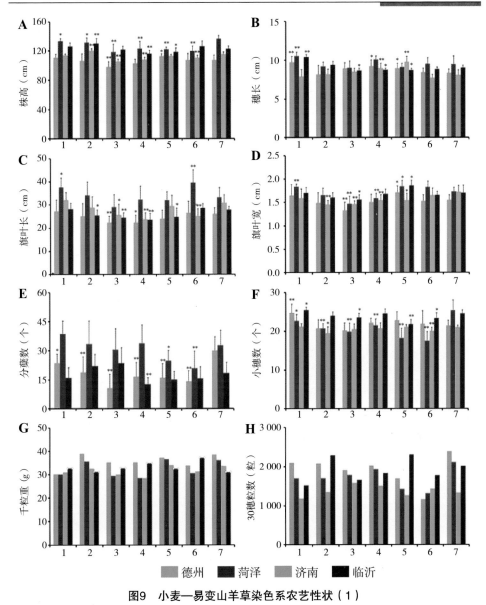

图9　小麦—易变山羊草染色系农艺性状（1）

　　1～7代表中国春—易变山羊草1S^v#1附加系、中国春—易变山羊草2S^v#1附加系、中国春—易变山羊草3S^v#1附加系、中国春—易变山羊草4S^v#1附加系、中国春—易变山羊草6S^{v}S端体附加系、中国春—易变山羊草7S^v#1附加系、中国春。*代表差异显著（$P<0.05$），**代表差异极显著（$P<0.01$）。

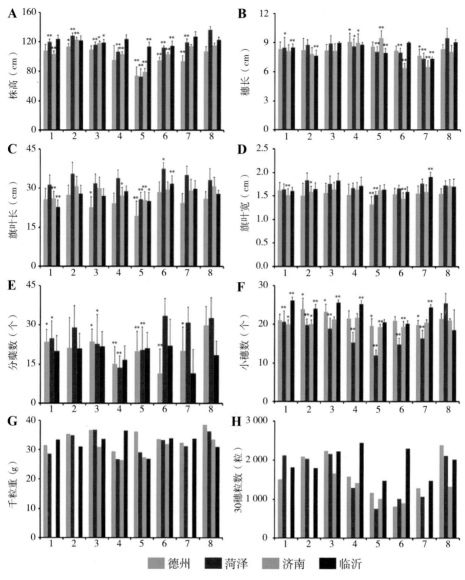

图10　小麦—易变山羊草染色系农艺性状（2）

1～8代表中国春—易变山羊草1U#1附加系、中国春—易变山羊草2U#1附加系、中国春—易变山羊草3U#1附加系、中国春—易变山羊草4U#1附加系、中国春—易变山羊草5U#1附加系、中国春—易变山羊草6U1附加系、中国春—易变山羊草7U1附加系、中国春。*代表差异显著（P<0.05），**代表差异极显著（P<0.01）。

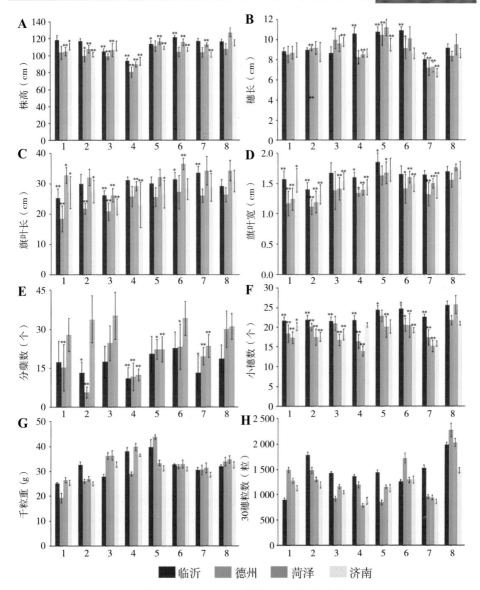

图11　小麦—顶芒山羊草染色系农艺性状

　　1～8代表中国春—顶芒山羊草2/7M附加系、中国春—顶芒山羊草2M附加系、中国春—顶芒山羊草3M附加系、中国春—顶芒山羊草4M附加系、中国春—顶芒山羊草5M附加系、中国春—顶芒山羊草6M附加系、中国春—顶芒山羊草7M附加系、中国春—顶芒山羊草6M（6A）代换系、中国春。2/7表示可能是染色体第2和第7同源群易位。*代表差异显著（P<0.05），**代表差异极显著（P<0.01）。

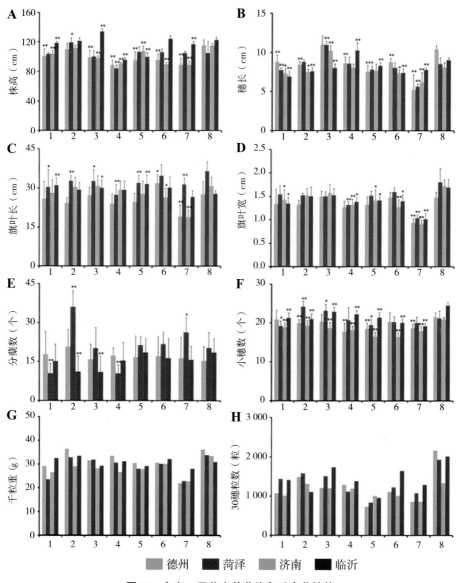

图12　小麦—无芒山羊草染色系农艺性状

　　1～8代表中国春—无芒山羊草2?T附加系、中国春—无芒山羊草3T/4T?端体附加系、中国春—无芒山羊草5T附加系、中国春—无芒山羊草5?T附加系、中国春—无芒山羊草7T附加系、中国春—无芒山羊草7?T附加系、中国春—无芒山羊草2T?附加系、中国春。?代表染色体同源群未确定。*代表差异显著（$P<0.05$），**代表差异极显著（$P<0.01$）。

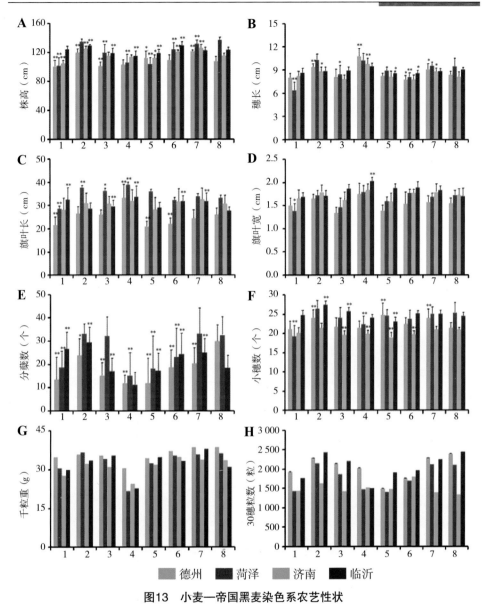

图13　小麦—帝国黑麦染色系农艺性状

1~8代表中国春—帝国黑麦1R附加系、中国春—帝国黑麦2R附加系、中国春—帝国黑麦3R附加系、中国春—帝国黑麦4R附加系、中国春—帝国黑麦5R附加系、中国春—帝国黑麦6R附加系、中国春—帝国黑麦7R附加系、中国春。*代表差异显著（$P<0.05$），**代表差异极显著（$P<0.01$）。

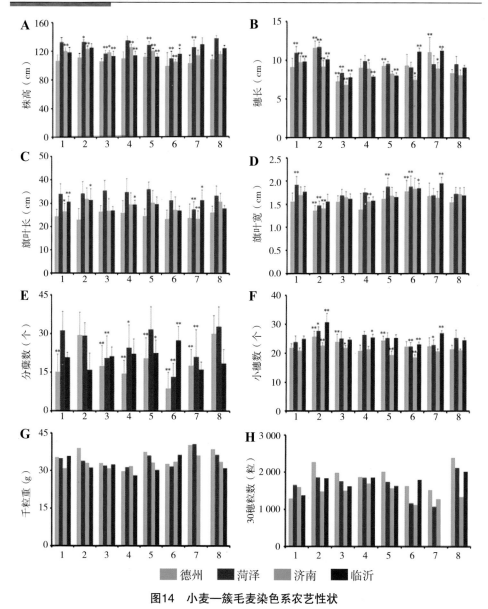

图14　小麦—簇毛麦染色系农艺性状

1～8代表中国春—簇毛麦1V#3附加系、中国春—簇毛麦2V#3附加系、中国春—簇毛麦3V#3附加系、中国春—簇毛麦4V#3附加系、中国春—簇毛麦5V#3附加系、中国春—簇毛麦6V#3附加系、中国春—簇毛麦7V#3附加系、中国春。*代表差异显著（$P<0.05$），**代表差异极显著（$P<0.01$）。

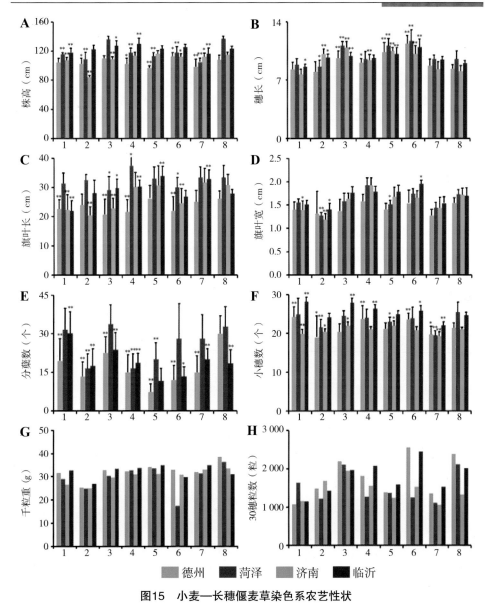

图15　小麦—长穗偃麦草染色系农艺性状

1~8代表中国春—长穗偃麦草1E附加系、中国春—长穗偃麦草2E附加系、中国春—长穗偃麦草3E附加系、中国春—长穗偃麦草4E附加系、中国春—长穗偃麦草5E附加系、中国春—长穗偃麦草6E附加系、中国春—长穗偃麦草7E附加系、中国春。*代表差异显著（$P<0.05$），**代表差异极显著（$P<0.01$）。

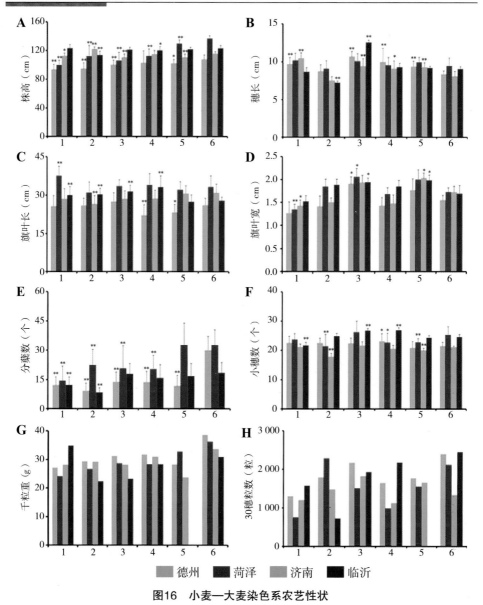

图16 小麦—大麦染色系农艺性状

1～6代表中国春—大麦2H附加系、中国春—大麦3H附加系、中国春—大麦4H附加系、中国春—大麦5H附加系、中国春—大麦7H单体附加系、中国春。*代表差异显著（$P<0.05$），**代表差异极显著（$P<0.01$）。

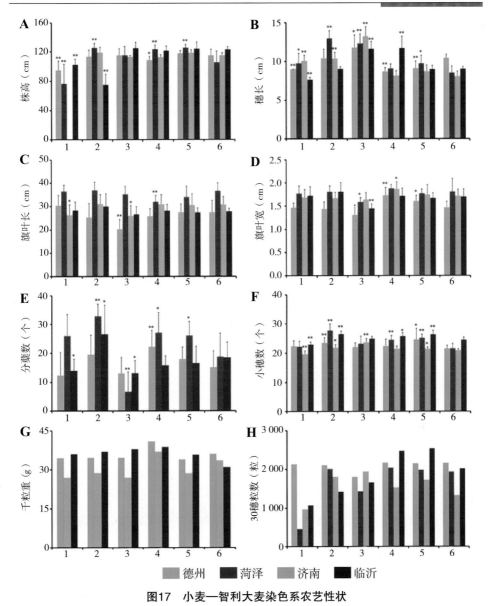

图17　小麦—智利大麦染色系农艺性状

　　1~6代表中国春—智利大麦1H^ch+1H^chS附加系、中国春—智利大麦4H^ch附加系、中国春—智利大麦5H^ch附加系、中国春—智利大麦6H^ch附加系、中国春—智利大麦7H^ch附加系、中国春。*代表差异显著（$P<0.05$），**代表差异极显著（$P<0.01$）。

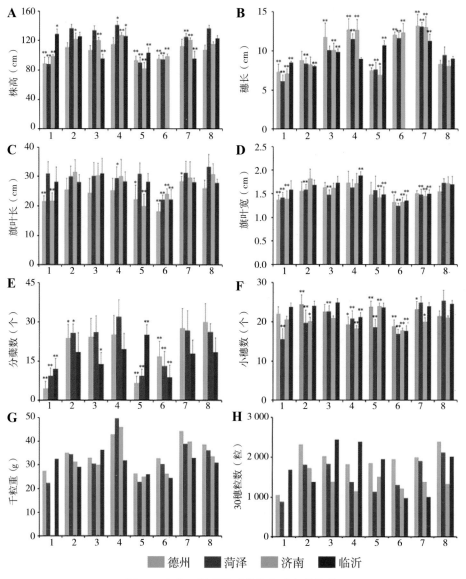

图18　小麦—纤毛披碱草染色系农艺性状

1～7代表中国春—纤毛披碱草1S^{c}附加系、中国春—纤毛披碱草2S^{c}附加系、中国春—纤毛披碱草3S^{c}附加系、中国春—纤毛披碱草7S^{c}附加系、中国春—纤毛披碱草1Y^{c}附加系、中国春—纤毛披碱草5Y^{c}附加系、中国春—纤毛披碱草7Y^{c}附加系、中国春。*代表差异显著（$P<0.05$），**代表差异极显著（$P<0.01$）。

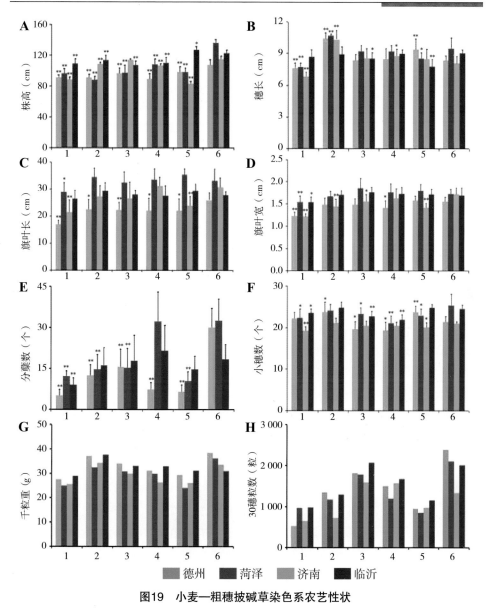

图19 小麦—粗穗披碱草染色系农艺性状

1～6代表中国春—粗穗披碱草1II^{t}附加系、中国春—粗穗披碱草5H^{t}附加系、中国春—粗穗披碱草6H^{t}附加系、中国春—粗穗披碱草7H^{t}附加系、中国春—粗穗披碱草1S^{t}附加系、中国春。*代表差异显著（$P<0.05$），**代表差异极显著（$P<0.01$）。

图20　小麦—尾状山羊草染色体系的穗型

　　1～7代表小麦品种ALCD、ALCD—尾状山羊草B#1附加系、ALCD—尾状山羊草C#1附加系、ALCD—尾状山羊草D#1附加系、ALCD—尾状山羊草E#1附加系、ALCD—尾状山羊草F#1附加系、ALCD—尾状山羊草G#1附加系。

图21　小麦—偏凸山羊草染色体系的穗型

　　1～4代表Moisson-偏凸山羊草$6N^v$附加系、Hobbit-偏凸山羊草$6N^v$附加系、Hobbit-偏凸山羊草等臂$6N^vL$-1附加系、Hobbit-偏凸山羊草等臂$6N^vL$-2附加系。

图22　小麦—无芒山羊草染色体系的穗型

1～8代表中国春、中国春—无芒山羊草2?T附加系、中国春—无芒山羊草3T/4T?端体附加系、中国春—无芒山羊草5T附加系、中国春—无芒山羊草5?T附加系、中国春—无芒山羊草7T附加系、中国春—无芒山羊草7?T附加系、中国春—无芒山羊草2T?附加系。? 表示染色体同源群未确定。

图23　小麦—二角山羊草染色体系的穗型

1～5代表Holdfast-二角山羊草3S^{b}附加系、Holdfast-二角山羊草3Sb（3A）代换系、Holdfast-二角山羊草3S^b（3B）代换系、Holdfast-二角山羊草3S^b（3D）代换系、Holdfast-二角山羊草7S^b（7B）代换系。

图24　小麦—高大山羊草染色体系的穗型（1）

1～13代表中国春、中国春—高大山羊草1S^l#3附加系、中国春—高大山羊草2S^l#3附加系、中国春—高大山羊草3S^l#3附加系、中国春—高大山羊草4S^l#3附加系、中国春—高大山羊草5S^l#3附加系、中国春—高大山羊草6S^l#3附加系、中国春—高大山羊草7S^l#3单体附加系、中国春—高大山羊草1S^l#2附加系、中国春—高大山羊草3S^l#2附加系、中国春—高大山羊草4/7S^l#2附加系、中国春—高大山羊草5S^l#2附加系、中国春—高大山羊草7/4S^l#2附加系。

图25　小麦—高大山羊草染色体系的穗型（2）

1～23代表中国春、中国春—高大山羊草1S^l#2（1D）代换系、中国春—高大山羊草2S^l#2（2D）代换系、中国春—高大山羊草3S^l#2（3D）代换系、中国春—高大山羊草4S^l#2（4D）代换系、中国春—高大山羊草5S^l#2（5D）代换系、中国春—高大山羊草6S^l#2（6B）代换系、中国春—高大山羊草7S^l#2（7D）代换系、中国春—高大山羊草1S^l#2（1B）代换系、中国春—高大山羊草1S^l#3（1D）代换系、中国春—高大山羊草1S^l#3S端体附加系、中国春—高大山羊草1S^l#3L端体附加系、中国春—高大山羊草2S^l#2S端体附加系、中国春—高大山羊草2S^l#2L端体附加系、中国春—高大山羊草3S^l#2S端体附加系、中国春—高大山羊草4S^l#2S端体附加系、中国春—高大山羊草4S^l#2L端体附加系、中国春—高大山羊草5S^l#2S端体附加系、中国春—高大山羊草5S^l#2L端体附加系、中国春—高大山羊草6S^l#2S端体附加系、中国春—高大山羊草6S^l#2L端体附加系、中国春—高大山羊草7S^l#2S端体附加系、中国春—高大山羊草7S^l#2L端体附加系。

图26　小麦—顶芒山羊草染色体系的穗型

1～5代表小麦品种Hobbit'sib'、Hobbit'sib'—顶芒山羊草2M附加系、Hobbit'sib'—顶芒山羊草2M（2D）代换系、Hobbit'sib'—顶芒山羊草2M/2A易位系、Hobbit'sib'—顶芒山羊草2M/2D易位系。

图27　小麦—希尔斯山羊草染色体系的穗型

1～31代表中国春、中国春—希尔斯山羊草1S^s#1附加系、中国春—希尔斯山羊草2S^s#1附加系、中国春—希尔斯山羊草3S^s#1附加系、中国春—希尔斯山羊草4S^s#1附加系、中国春—希尔斯山羊草5S^s#1附加系、中国春—希尔斯山羊草6S^s#1附加系、中国春—希尔斯山羊草7S^s#1附加系、中国春—希尔斯山羊草1S^s#1（1A）代换系、中国春—希尔斯山羊草1S^s#1（1B）代换系、中国春—希尔斯山羊草1S^s#1（1D）代换系、中国春—希尔斯山羊草2S^s#1（2D）代换系、中国春—希尔斯山羊草3S^s#1（3D）代换系、中国春—希尔斯山羊草4S^s#1（4D）代换系、中国春—希尔斯山羊草5S^s#1（5D）代换系、中国春—希尔斯山羊草6S^s#1（6D）代换系、中国春—希尔斯山羊草7S^s#1（7D）代换系、中国春—希尔斯山羊草1S^s#1S端体附加系、中国春—希尔斯山羊草1S^s#1L端体附加系、中国春—希尔斯山羊草2S^s#1S端体附加系、中国春—希尔斯山羊草2S^s#1L端体附加系、中国春—希尔斯山羊草3S^s#1S端体附加系、中国春—希尔斯山羊草3S^s#1L端体附加系、中国春—希尔斯山羊草4S^s#1S端体附加系、中国春—希尔斯山羊草4S^s#1L端体附加系、中国春—希尔斯山羊草5S^s#1S端体附加系、中国春—希尔斯山羊草5S^s#1L端体附加系、中国春—希尔斯山羊草6S^s#1S端体附加系、中国春—希尔斯山羊草6S^s#1L端体附加系、中国春—希尔斯山羊草7S^s#1S端体附加系、中国春—希尔斯山羊草7S^s#1L端体附加系。

图28　小麦—顶芒山羊草染色体系的穗型

1～9代表中国春、中国春—顶芒山羊草2/7M附加系、中国春—顶芒山羊草2M附加系、中国春—顶芒山羊草3M附加系、中国春—顶芒山羊草4M附加系、中国春—顶芒山羊草5M附加系、中国春—顶芒山羊草6M附加系、中国春—顶芒山羊草7M附加系、中国春—顶芒山羊草6M（6A）代换系。2/7表示可能是染色体第2和第7同源群易位。

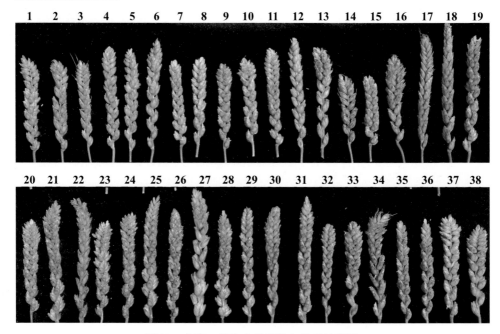

图29　小麦—易变山羊草染色体系的穗型

1～38代表中国春、中国春—易变山羊草1Sᵛ#1附加系、中国春—易变山羊草2Sᵛ#1附加系、中国春—易变山羊草3Sᵛ#1附加系、中国春—易变山羊草4Sᵛ#1附加系、中国春—易变山羊草5Sᵛ#1附加系、中国春—易变山羊草6SᵛS端体附加系、中国春—易变山羊草7Sᵛ#1附加系、中国春—易变山羊草1Uᵛ#1附加系、中国春—易变山羊草2Uᵛ#1附加系、中国春—易变山羊草3Uᵛ#1附加系、中国春—易变山羊草4Uᵛ#1附加系、中国春—易变山羊草5Uᵛ#1附加系、中国春—易变山羊草6Uᵛ'1附加系、中国春—易变山羊草7Uᵛ'1附加系、中国春—易变山羊草4Uᵛ#1（6A）代换系、中国春—易变山羊草4Uᵛ#1（6B）代换系、中国春—易变山羊草4Uᵛ#1（6D）代换系、中国春—易变山羊草1Sᵛ#1S端体附加系、中国春、中国春—易变山羊草1Sᵛ#1L端体附加系、中国春—易变山羊草2Sᵛ#1S端体附加系、中国春—易变山羊草3Sᵛ#1S端体附加系、中国春—易变山羊草3Sᵛ#1L端体附加系、中国春—易变山羊草4Sᵛ#1L端体附加系、中国春—易变山羊草5Sᵛ#1S端体附加系、中国春—易变山羊草5Sᵛ#1L端体附加系、中国春—易变山羊草6Sᵛ#1S端体附加系、中国春—易变山羊草7Sᵛ#1S端体附加系、中国春—易变山羊草7Sᵛ#1L端体附加系、中国春—易变山羊草1Uᵛ#1S端体附加系、中国春—易变山羊草1Uᵛ#1L端体附加系、中国春—易变山羊草2Uᵛ#1S端体附加系、中国春—易变山羊草2Uᵛ#1L端体附加系、中国春—易变山羊草3Uᵛ#1S端体附加系、中国春—易变山羊草3Uᵛ#1L端体附加系、中国春—易变山羊草4Uᵛ#1S端体附加系、中国春—易变山羊草7Uᵛ#1S端体附加系。

图30　小麦—单芒山羊草染色体系的穗型

　　1～8代表中国春、中国春—单芒山羊草1N附加系、中国春—单芒山羊草2N附加系、中国春—单芒山羊草3N附加系、中国春—单芒山羊草4N附加系、中国春—单芒山羊草5N附加系、中国春—单芒山羊草9/6N附加系、中国春—单芒山羊草7N附加系。9/6N代表可能是6N。

图31　小麦—沙融山羊草染色体系的穗型

　　1～18代表中国春、中国春—沙融山羊草4S^{sh}#3附加系、中国春—沙融山羊草4S^{sh}#4附加系、中国春—沙融山羊草4S^{sh}#5附加系、中国春—沙融山羊草4S^{sh}#6附加系、中国春—沙融山羊草4S^{sh}#8附加系、中国春—沙融山羊草4S^{sh}#10附加系、中国春—沙融山羊草4S^{sh}#1附加系、中国春—沙融山羊草4S^{sh}#1（4B）代换系、中国春—沙融山羊草4S^{sh}#7（4B）代换系、中国春—沙融山羊草4S^{sh}#5（4B）代换系、中国春—沙融山羊草4S^{sh}#12（4D）代换系、中国春—沙融山羊草2S^{sh}附加系、中国春—沙融山羊草4S^{sh}附加系、中国春—沙融山羊草5S^{sh}?端体附加系、中国春—沙融山羊草6?S^{sh}附加系、中国春—沙融山羊草6S^{sh}附加系、中国春—沙融山羊草7S^{sh}附加系。? 代表染色体同源群未确定。

图32　小麦—两芒山羊草染色体系的穗型图

1~7代表中国春、中国春—两芒山羊草1U^{bi}#1附加系、中国春—两芒山羊草2U^{bi}#1附加系、中国春—两芒山羊草5U^{bi}#1附加系、中国春—两芒山羊草2M^{bi}#1附加系、中国春—两芒山羊草3M^{bi}#1附加系、中国春—两芒山羊草4M^{bi}#1单体附加系。

图33　小麦—拟斯卑尔脱山羊草染色体系的穗型

1~23代表中国春、中国春—拟斯卑尔脱山羊草1S#3附加系、中国春—拟斯卑尔脱山羊草2S#3附加系、中国春—拟斯卑尔脱山羊草3S#3附加系、中国春—拟斯卑尔脱山羊草4S#3附加系、中国春—拟斯卑尔脱山羊草5S#3附加系、中国春—拟斯卑尔脱山羊草6S#3附加系、中国春—拟斯卑尔脱山羊草7S#3附加系、中国春—拟斯卑尔脱山羊草1S#3（1B）代换系、中国春—拟斯卑尔脱山羊草2S#3（2B）代换系、中国春—拟斯卑尔脱山羊草3S#3（3A）代换系、中国春—拟斯卑尔脱山羊草4S#3（4B）代换系、中国春—拟斯卑尔脱山羊草5S#3（5B）代换系、中国春—拟斯卑尔脱山羊草6S#3（6B）代换系、中国春—拟斯卑尔脱山羊草7S#3（7B）代换系、中国春—拟斯卑尔脱山羊草1S#3S端体附加系、中国春—拟斯卑尔脱山羊草2S#3S单端体附加系、中国春—拟斯卑尔脱山羊草2S#3L端体附加系、中国春—拟斯卑尔脱山羊草3S#3S端体附加系、中国春—拟斯卑尔脱山羊草4S#3L端体附加系、中国春—拟斯卑尔脱山羊草5S#3L端体附加系、中国春—拟斯卑尔脱山羊草7S#3S端体附加系、中国春—拟斯卑尔脱山羊草7S#3L端体附加系。

图34　小麦—卵穗山羊草染色体系的穗型

1~27代表中国春、中国春—卵穗山羊草1M^g#1附加系、中国春—卵穗山羊草2M^g#1附加系、中国春—卵穗山羊草3M^g#1附加系、中国春—卵穗山羊草4M^g#1附加系、中国春—卵穗山羊草5M^g#1附加系、中国春—卵穗山羊草6M^g#1附加系、中国春—卵穗山羊草7M^g#1附加系、中国春—卵穗山羊草1U^g#1附加系、中国春—卵穗山羊草2U^g#1附加系、中国春—卵穗山羊草3U^g#1单体附加系、中国春—卵穗山羊草4U^g#1附加系、中国春—卵穗山羊草5U^g#1附加系、中国春—卵穗山羊草6U^g#1附加系、中国春—卵穗山羊草7U^g#1单体附加系、中国春—卵穗山羊草7M^g#1（7A）代换系、中国春—卵穗山羊草7M^g#1（7B）代换系、中国春—卵穗山羊草7M^g#1（7D）代换系、中国春—卵穗山羊草1M^g#1L端体附加系、中国春—卵穗山羊草2M^g#1L端体附加系、中国春—卵穗山羊草5M^g#1S端体附加系、中国春—卵穗山羊草7M^g#1S端体附加系、中国春—卵穗山羊草1U^g#1S端体附加系、中国春—卵穗山羊草1U^g#1L端体附加系、中国春—卵穗山羊草2U^g#1S端体附加系、中国春—卵穗山羊草2U^g#1L端体附加系、中国春—卵穗山羊草7U^g#1L端体附加系。

图35　小麦—小伞山羊草染色体系的穗型

1～15代表中国春、中国春—小伞山羊草1U#1附加系、中国春—小伞山羊草4U#1单体附加系、中国春—小伞山羊草5U#1附加系、中国春—小伞山羊草6U#1附加系、中国春—小伞山羊草7U#1附加系、中国春—小伞山羊草1U#1S端体附加系、中国春—小伞山羊草1U#1L端体附加系、中国春—小伞山羊草2U#1S端体附加系、中国春—小伞山羊草2U#1L端体附加系、中国春—小伞山羊草4U#1L端体附加系、中国春—小伞山羊草5U#1S单端体附加系、中国春—小伞山羊草5U#1L单端体+等臂5U#1S附加系、中国春—小伞山羊草7U#1S单端体附加系、中国春—小伞山羊草7U#1L单端体附加系。

图36　小麦—帝国黑麦染色体系的穗型图

1～8代表中国春、中国春—帝国黑麦1R附加系、中国春—帝国黑麦2R附加系、中国春—帝国黑麦3R附加系、中国春—帝国黑麦4R附加系、中国春—帝国黑麦5R附加系、中国春—帝国黑麦6R附加系、中国春—帝国黑麦7R附加系。

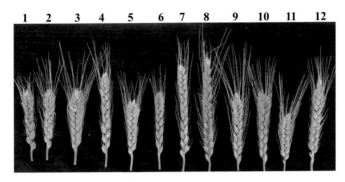

图37　小麦—非洲黑麦染色体系的穗型

1~12代表绵阳11、川育12、小麦—非洲黑麦1Rᵃ（1D）代换系、小麦—非洲黑麦1RᵃS.1BL易位系、小麦—非洲黑麦2Rᵃ（2D）代换系、小麦—非洲黑麦2Rᵃ（2D）代换系、小麦—非洲黑麦5Rᵃ.5DL易位系、小麦—非洲黑麦6Rᵃ（6D）代换系、小麦—茸毛偃麦草1St（1D）代换系、小麦—茸毛偃麦草1DS.1StL易位系、小麦—茸毛偃麦草1StS.1DL易位系、小麦—彭提卡偃麦草6Js（6B）代换系+1RS.1BL易位系。

图38　小麦—簇毛麦染色体系的穗型

1~23代表中国春、小麦—多年生簇毛麦附加系A6-4（小麦背景不是中国春）、中国春—簇毛麦1V#3附加系、中国春—簇毛麦2V#3附加系、中国春—簇毛麦3V#3附加系、中国春—簇毛麦4V#3附加系、中国春—簇毛麦5V#3附加系、中国春—簇毛麦6V#3附加系、中国春—簇毛麦7V#3附加系、小麦—簇毛麦5V#2（5D）代换系（小麦背景不是中国春）、小麦—簇毛麦6V#2（6A）代换系（小麦背景不是中国春）、中国春—簇毛麦1DS.1V#3L罗伯逊易位系、中国春—簇毛麦1DL.1V#3S罗伯逊易位系、中国春—簇毛麦2BS.2V#3L罗伯逊易位系、中国春—簇毛麦3DS.3V#3L罗伯逊易位系、中国春—簇毛麦3DL.3V#3S罗伯逊易位系、中国春—簇毛麦4DS.4V#3L罗伯逊易位系、中国春—簇毛麦4DL.4V#3S罗伯逊易位系、中国春—簇毛麦5DL.5V#3S罗伯逊易位系、中国春—簇毛麦6AS.6V#3L罗伯逊易位系、中国春—簇毛麦6AL.6V#3S罗伯逊易位系、中国春—簇毛麦7DL.7V#3S罗伯逊易位系、中国春—簇毛麦7DS.7V#3L罗伯逊易位系。

图39　小麦—中间偃麦草染色体系的穗型（1）

1～4代表小麦品种Vilmorin 27、VIL27-中间偃麦草7J#1附加系、VIL27-中间偃麦草4Ai#1附加系、VIL27-中间偃麦草7J#1S端体附加系。

图40　小麦—中间偃麦草染色体系的穗型（2）

1～11代表中国春、小麦—中间偃麦草?Ai附加系（小麦背景不是中国春）、小麦—中间偃麦草?Ai附加系（小麦背景不是中国春）、小麦—中间偃麦草?Ai附加系（小麦背景不是中国春）、中国春—长穗偃麦草1E附加系、中国春—长穗偃麦草2E附加系、中国春—长穗偃麦草3E附加系、中国春—长穗偃麦草4E附加系、中国春—长穗偃麦草5E附加系、中国春—长穗偃麦草6E附加系、中国春—长穗偃麦草7E附加系。? 代表染色体同源群未确定。

图41　小麦—大麦染色体系的穗型

　　1～7代表中国春、中国春—大麦2H附加系、中国春—大麦3H附加系、中国春—大麦4H附加系、中国春—大麦5H附加系、中国春—大麦6H附加系、中国春—大麦7H单体附加系。

图42　小麦—智利大麦染色体系的穗型图

　　1～8代表中国春、中国春—智利大麦1H^{ch}+1H^{ch}S附加系、中国春—智利大麦2H^{ch}S端体附加系、中国春—智利大麦4H^{ch}附加系、中国春—智利大麦5H^{ch}附加系、中国春—智利大麦6H^{ch}附加系、中国春—智利大麦7H^{ch}附加系。

图43　小麦—粗穗披碱草染色体系的穗型

　　1~18代表中国春、中国春—粗穗披碱草1H^{i}附加系、中国春—粗穗披碱草5H^{i}附加系、中国春—粗穗披碱草6H^{i}附加系、中国春—粗穗披碱草7H^{i}附加系、中国春—粗穗披碱草1S^{i}附加系、中国春—粗穗披碱草T2H^{i}S.5H^{i}L附加系、中国春—粗穗披碱草5S^{i}单体附加系、中国春—粗穗披碱草1H^{i}S端体附加系、中国春—粗穗披碱草1H^{i}L端体附加系、中国春—粗穗披碱草5H^{i}L端体附加系、中国春—粗穗披碱草5H^{i}S端体附加系、中国春—粗穗披碱草7H^{i}S端体附加系、中国春—粗穗披碱草7S^{i}L端体附加系、中国春—粗穗披碱草1S^{i}L端体附加系、中国春—粗穗披碱草5S^{i}L单端体附加系、中国春—粗穗披碱草5S^{i}S单端体附加系、中国春—粗穗披碱草1H^{i}S.1BL罗伯逊易位系。

图44　小麦—纤毛/筑紫披碱草染色体系的穗型

　　1~14代表中国春、中国春—纤毛披碱草1S^{c}附加系、中国春—纤毛披碱草2S^{c}附加系、中国春—纤毛披碱草3S^{c}附加系、中国春—纤毛披碱草7S^{c}附加系、中国春—纤毛披碱草1Y^{c}附加系、中国春—纤毛披碱草5Y^{c}附加系、中国春—纤毛披碱草7Y^{c}附加系、中国春—纤毛披碱草2S^{c}L端体附加系、中国春—筑紫披碱草1Ets#1附加系、中国春—筑紫披碱草3Ets#1附加系、中国春—筑紫披碱草5Ets#1单体附加系、中国春—筑紫披碱草T1AL.1AS-1Ets#1S易位系、中国春—筑紫披碱草TiWL-1Ets#1S-WS易位系。

图45　小麦—大赖草染色体系的穗型

1～4代表中国春、中国春—大赖草2Lr#1附加系、中国春—大赖草7Lr#1附加系、中国春—大赖草7Lr#1S端体附加系。

图46　小麦—尾状山羊草染色体系的种子

1～7代表小麦品种ALCD、ALCD—尾状山羊草B#1附加系、ALCD—尾状山羊草C#1附加系、ALCD—尾状山羊草D#1附加系、ALCD—尾状山羊草E#1附加系、ALCD—尾状山羊草F#1附加系、ALCD—尾状山羊草G#1附加系。

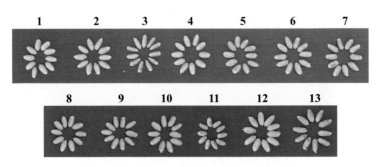

图47　小麦—高大山羊草染色体系的种子（1）

1～13代表中国春、中国春—高大山羊草1S^1#3附加系、中国春—高大山羊草2S^1#3附加系、中国春—高大山羊草3S^1#3附加系、中国春—高大山羊草4S^1#3附加系、中国春—高大山羊草5S^1#3附加系、中国春—高大山羊草6S^1#3附加系、中国春—高大山羊草7S^1#3单体附加系、中国春—高大山羊草1S^1#2附加系、中国春—高大山羊草3S^1#2附加系、中国春—高大山羊草4/7S^1#2附加系、中国春—高大山羊草4/7S^1#2附加系、中国春—高大山羊草5S^1#2附加系、中国春—高大山羊草7/4S^1#2附加系。7/4或4/7代表染色体第4和第7同源群易位。

图48　小麦—高大山羊草染色体系的种子（2）

1～23代表中国春、中国春—高大山羊草$1S^1\#2$（1D）代换系、中国春—高大山羊草$2S^1\#2$（2D）代换系、中国春—高大山羊草$3S^1\#2$（3D）代换系、中国春—高大山羊草$4S^1\#2$（4D）代换系、中国春—高大山羊草$5S^1\#2$（5D）代换系、中国春—高大山羊草$6S^1\#2$（6B）代换系、中国春—高大山羊草$7S^1\#2$（7D）代换系、中国春—高大山羊草$1S^1\#2$（1B）代换系、中国春—高大山羊草$1S^1\#3$（1D）代换系、中国春—高大山羊草$1S^1\#3S$端体附加系、中国春—高大山羊草$1S^1\#3L$端体附加系、中国春—高大山羊草$2S^1\#2S$端体附加系、中国春—高大山羊草$2S^1\#2L$端体附加系、中国春—高大山羊草$3S^1\#2S$端体附加系、中国春—高大山羊草$4S^1\#2S$端体附加系、中国春—高大山羊草$4S^1\#2L$端体附加系、中国春—高大山羊草$5S^1\#2S$端体附加系、中国春—高大山羊草$5S^1\#2L$端体附加系、中国春—高大山羊草$6S^1\#2S$端体附加系、中国春—高大山羊草$6S^1\#2L$端体附加系、中国春—高大山羊草$7S^1\#2S$端体附加系、中国春—高大山羊草$7S^1\#2L$端体附加系。

图49　小麦—偏凸山羊草染色体系的种子

1～4代表Moisson-偏凸山羊草$6N^v$附加系、Hobbit-偏凸山羊草$6N^v$附加系、Hobbit-偏凸山羊草等臂$6N^vL$-1附加系、Hobbit-偏凸山羊草等臂$6N^vL$-2附加系。

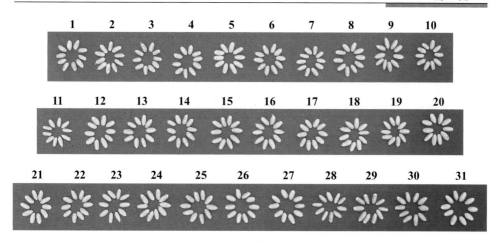

图50　小麦—希尔斯山羊草染色体系的种子

1～31代表中国春、中国春—希尔斯山羊草1S^s#1附加系、中国春—希尔斯山羊草2S^s#1附加系、中国春—希尔斯山羊草3S^s#1附加系、中国春—希尔斯山羊草4S^s#1附加系、中国春—希尔斯山羊草5S^s#1附加系、中国春—希尔斯山羊草6S^s#1附加系、中国春—希尔斯山羊草7S^s#1附加系、中国春—希尔斯山羊草1S^s#1（1A）代换系、中国春—希尔斯山羊草1S^s#1（1B）代换系、中国春—希尔斯山羊草1S^s#1（1D）代换系、中国春—希尔斯山羊草2S^s#1（2D）代换系、中国春—希尔斯山羊草3S^s#1（3D）代换系、中国春—希尔斯山羊草4S^s#1（4D）代换系、中国春—希尔斯山羊草5S^s#1（5D）代换系、中国春—希尔斯山羊草6S^s#1（6D）代换系、中国春—希尔斯山羊草7S^s#1（7D）代换系、中国春—希尔斯山羊草1S^s#1S端体附加系、中国春—希尔斯山羊草1S^s#1L端体附加系、中国春—希尔斯山羊草2S^s#1S端体附加系、中国春—希尔斯山羊草2S^s#1L端体附加系、中国春—希尔斯山羊草3S^s#1S端体附加系、中国春—希尔斯山羊草3S^s#1L端体附加系、中国春—希尔斯山羊草4S^s#1S端体附加系、中国春—希尔斯山羊草4S^s#1L端体附加系、中国春—希尔斯山羊草5S^s#1S端体附加系、中国春—希尔斯山羊草5S^s#1L端体附加系、中国春—希尔斯山羊草6S^s#1S端体附加系、中国春—希尔斯山羊草6S^s#1L端体附加系、中国春—希尔斯山羊草7S^s#1S端体附加系、中国春—希尔斯山羊草7S^s#1L端体附加系。

图51　小麦—二角山羊草染色体系的种子

1～5代表Holdfast-二角山羊草3S^{b}附加系、Holdfast-二角山羊草3S^b（3A）代换系、Holdfast-二角山羊草3S^b（3B）代换系、Holdfast-二角山羊草3S^b（3D）代换系、Holdfast-二角山羊草7S^b（7B）代换系。

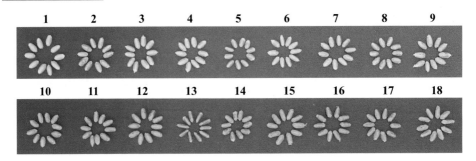

图52　小麦—沙融山羊草染色体系的种子

1～18代表中国春、中国春—沙融山羊草4S^sh#3附加系、中国春—沙融山羊草4S^sh#4附加系、中国春—沙融山羊草4S^sh#5附加系、中国春—沙融山羊草4S^sh#6附加系、中国春—沙融山羊草4S^sh#8附加系、中国春—沙融山羊草4S^sh#10附加系、中国春—沙融山羊草4S^sh#1附加系、中国春—沙融山羊草4S^sh#1（4B）代换系、中国春—沙融山羊草4S^sh#7（4B）代换系、中国春—沙融山羊草4S^sh#5（4B）代换系、中国春—沙融山羊草4S^sh#12（4D）代换系、中国春—沙融山羊草2S^sh附加系、中国春—沙融山羊草4S^sh附加系、中国春—沙融山羊草5S^sh?端体附加系、中国春—沙融山羊草6?S^sh附加系、中国春—沙融山羊草6S^sh附加系、中国春—沙融山羊草7S^sh附加系。? 代表染色体同源群未鉴定。

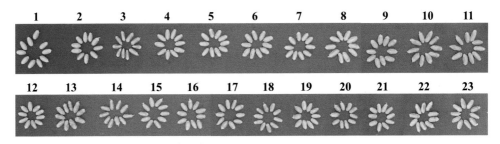

图53　小麦—拟斯卑尔脱山羊草染色体系的种子

1～23代表中国春、中国春—拟斯卑尔脱山羊草1S^g#3附加系、中国春—拟斯卑尔脱山羊草2S^g#3附加系、中国春—拟斯卑尔脱山羊草3S^g#3附加系、中国春—拟斯卑尔脱山羊草4S^g#3附加系、中国春—拟斯卑尔脱山羊草5S^g#3附加系、中国春—拟斯卑尔脱山羊草6S^g#3附加系、中国春—拟斯卑尔脱山羊草7S^g#3附加系、中国春—拟斯卑尔脱山羊草1S#3（1B）代换系、中国春—拟斯卑尔脱山羊草2S#3（2B）代换系、中国春—拟斯卑尔脱山羊草3S#3（3A）代换系、中国春—拟斯卑尔脱山羊草4S#3（4B）代换系、中国春—拟斯卑尔脱山羊草5S#3（5B）代换系、中国春—拟斯卑尔脱山羊草6S#3（6B）代换系、中国春—拟斯卑尔脱山羊草7S#3（7B）代换系、中国春—拟斯卑尔脱山羊草1S#3S端体附加系、中国春—拟斯卑尔脱山羊草2S#3S单端体附加系、中国春—拟斯卑尔脱山羊草2S#3L端体附加系、中国春—拟斯卑尔脱山羊草3S#3S端体附加系、中国春—拟斯卑尔脱山羊草4S#3L端体附加系、中国春—拟斯卑尔脱山羊草5S#3L端体附加系、中国春—拟斯卑尔脱山羊草7S#3S端体附加系、中国春—拟斯卑尔脱山羊草7S#3L端体附加系。

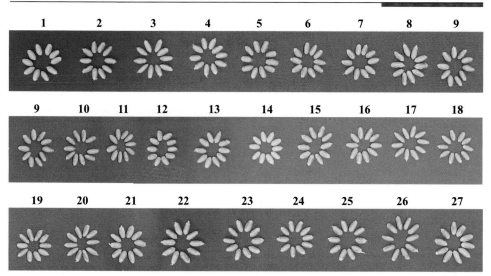

图54　小麦—卵穗山羊草染色体系的种子

　　1~27代表中国春、中国春—卵穗山羊草1M^g#1附加系、中国春—卵穗山羊草2M^g#1附加系、中国春—卵穗山羊草3M^g#1附加系、中国春—卵穗山羊草4M^g#1附加系、中国春—卵穗山羊草5M^g#1附加系、中国春—卵穗山羊草6M^g#1附加系、中国春—卵穗山羊草7M^g#1附加系、中国春—卵穗山羊草1U^g#1附加系、中国春—卵穗山羊草2U^g#1附加系、中国春—卵穗山羊草3U^g#1单体附加系、中国春—卵穗山羊草4U^g#1附加系、中国春—卵穗山羊草5U^g#1附加系、中国春—卵穗山羊草6U^g#1附加系、中国春—卵穗山羊草7U^g#1单体附加系、中国春—卵穗山羊草7M^g#1（7A）代换系、中国春—卵穗山羊草7M^g#1（7B）代换系、中国春—卵穗山羊草7M^g#1（7D）代换系、中国春—卵穗山羊草1M^g#1L端体附加系、中国春—卵穗山羊草2M^g#1L端体附加系、中国春—卵穗山羊草5M^g#1S端体附加系、中国春—卵穗山羊草7M^g#1S端体附加系、中国春—卵穗山羊草1U^g#1S端体附加系、中国春—卵穗山羊草1U^g#1L端体附加系、中国春—卵穗山羊草2U^g#1S端体附加系、中国春—卵穗山羊草2U^g#1L端体附加系、中国春—卵穗山羊草7U^g#1L端体附加系。

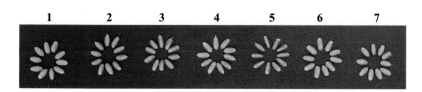

图55　小麦—两芒山羊草染色体系的种子

　　1~7代表中国春、中国春—两芒山羊草1U^{bi}#1附加系、中国春—两芒山羊草2U^{bi}#1附加系、中国春—两芒山羊草5U^{bi}#1附加系、中国春—两芒山羊草2M^{bi}#1附加系、中国春—两芒山羊草3M^{bi}#1附加系、中国春—两芒山羊草4M^{bi}#1单体附加系。

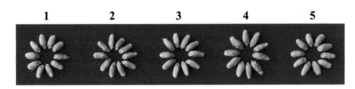

图56　小麦—顶芒山羊草染色体系的种子（1）

1～5代表小麦品种Hobbit'sib'、Hobbit'sib'—顶芒山羊草2M附加系、Hobbit'sib'—顶芒山羊草2M（2D）代换系、Hobbit'sib'—顶芒山羊草2M/2A易位系、Hobbit'sib'—顶芒山羊草2M/2D易位系。

图57　小麦—顶芒山羊草染色体系的种子（2）

1～9代表中国春、中国春—顶芒山羊草2/7M附加系、中国春—顶芒山羊草2M附加系、中国春—顶芒山羊草3M附加系、中国春—顶芒山羊草4M附加系、中国春—顶芒山羊草5M附加系、中国春—顶芒山羊草6M附加系、中国春—顶芒山羊草7M附加系、中国春—顶芒山羊草6M（6A）代换系。2/7表示可能是染色体第2和第7同源群易位。

图58　小麦—无芒山羊草染色体系的种子

1～8代表中国春、中国春—无芒山羊草2?T附加系（植株较矮）、中国春—无芒山羊草3T/4T?端体附加系、中国春—无芒山羊草5T附加系、中国春—无芒山羊草5?T附加系、中国春—无芒山羊草7T附加系、中国春—无芒山羊草7?T附加系、中国春—无芒山羊草2T?附加系（植株较高）。?代表染色体同源群未鉴定。

图59 小麦—单芒山羊草染色体系的种子

1～8代表中国春、中国春—单芒山羊草1N附加系、中国春—单芒山羊草2N附加系、中国春—单芒山羊草3N附加系、中国春—单芒山羊草4N附加系、中国春—单芒山羊草5N附加系、中国春—单芒山羊草9/6N附加系、中国春—单芒山羊草7N附加系。9/6N代表可能是6N。

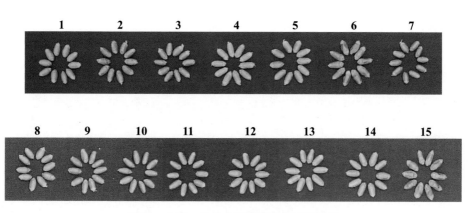

图60 小麦—小伞山羊草染色体系的种子

1～15代表中国春、中国春—小伞山羊草1U#1附加系、中国春—小伞山羊草4U#1单体附加系、中国春—小伞山羊草5U#1附加系、中国春—小伞山羊草6U#1附加系、中国春—小伞山羊草7U#1附加系、中国春—小伞山羊草1U#1S端体附加系、中国春—小伞山羊草1U#1L端体附加系、中国春—小伞山羊草2U#1S端体附加系、中国春—小伞山羊草2U#1L端体附加系、中国春—小伞山羊草4U#1L端体附加系、中国春—小伞山羊草5U#1S单端体附加系、中国春—小伞山羊草5U#1L单端体+等臂5U#1S附加系、中国春—小伞山羊草7U#1S单端体附加系、中国春—小伞山羊草7U#1L单端体附加系。

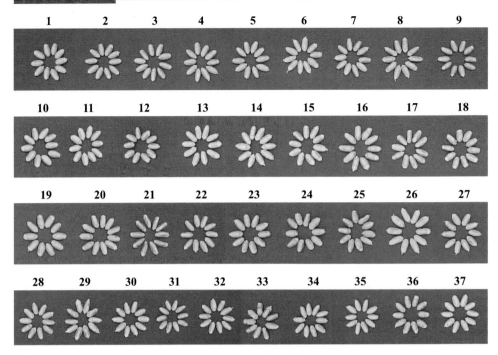

图61　小麦—易变山羊草染色体系的种子

　　1～37代表中国春、中国春—易变山羊草1S^v#1附加系、中国春—易变山羊草2S^v#1附加系、中国春—易变山羊草3S^v#1附加系、中国春—易变山羊草4S^v#1附加系、中国春—易变山羊草5S^v#1附加系、中国春—易变山羊草6S^{v}S端体附加系、中国春—易变山羊草7S^v#1附加系、中国春—易变山羊草1U^v#1附加系、中国春—易变山羊草2U^v#1附加系、中国春—易变山羊草3U^v#1附加系、中国春—易变山羊草4U^v#1附加系、中国春—易变山羊草5U^v#1附加系、中国春—易变山羊草6U^{v}1附加系、中国春—易变山羊草7U^{v}1附加系、中国春—易变山羊草4U^v#1（6A）代换系、中国春—易变山羊草4U^v#1（6B）代换系、中国春—易变山羊草4U^v#1（6D）代换系、中国春—易变山羊草1S^v#1S端体附加系、中国春—易变山羊草1S^v#1L端体附加系、中国春—易变山羊草2S^v#1S端体附加系、中国春—易变山羊草3S^v#1S端体附加系、中国春—易变山羊草3S^v#1L端体附加系、中国春—易变山羊草4S^v#1L端体附加系、中国春—易变山羊草5S^v#1S端体附加系、中国春—易变山羊草5S^v#1L端体附加系、中国春—易变山羊草6S^v#1S端体附加系、中国春—易变山羊草7S^v#1S端体附加系、中国春—易变山羊草7S^v#1L端体附加系、中国春—易变山羊草1U^v#1S端体附加系、中国春—易变山羊草1U^v#1L端体附加系、中国春—易变山羊草2U^v#1S端体附加系、中国春—易变山羊草2U^v#1L端体附加系、中国春—易变山羊草3U^v#1S端体附加系、中国春—易变山羊草3U^v#1L端体附加系、中国春—易变山羊草4U^v#1S端体附加系、中国春—易变山羊草7U^v#1S端体附加系。

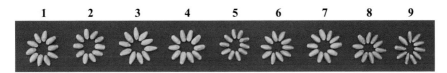

图62　小麦—黑麦染色体系的种子

1～9代表绵阳11、川育12、小麦—黑麦1R^a（1D）代换系、小麦—非洲黑麦1R^{a}S.1BL易位系、小麦—非洲黑麦2R^a（2D）代换系、小麦—非洲黑麦2R^a（2D）代换系、小麦—非洲黑麦5R^a.5DL易位系、小麦—非洲黑麦6R^a（6D）代换系、小麦—茸毛偃麦草1St（1D）代换系、小麦—茸毛偃麦草1DS.1StL易位系、小麦—茸毛偃麦草1StS.1DL易位系、小麦—彭提卡偃麦草6Js（6B）代换系+1RS.1BL易位系

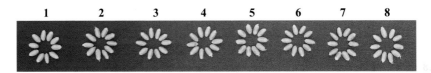

图63　小麦—帝国黑麦染色体系的种子

1～8代表中国春、中国春—帝国黑麦1R附加系、中国春—帝国黑麦2R附加系、中国春—帝国黑麦3R附加系、中国春—帝国黑麦4R附加系、中国春—帝国黑麦5R附加系、中国春—帝国黑麦6R附加系、中国春—帝国黑麦7R附加系。

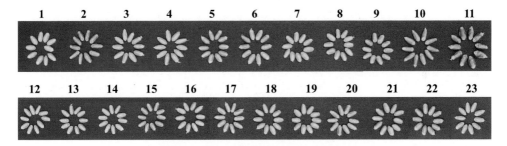

图64　小麦—簇毛麦染色体系的种子

1～23代表中国春、小麦—多年生簇毛麦附加系、中国春—簇毛麦1V#3附加系、中国春—簇毛麦2V#3附加系、中国春—簇毛麦3V#3附加系、中国春—簇毛麦4V#3附加系、中国春—簇毛麦5V#3附加系、中国春—簇毛麦6V#3附加系、中国春—簇毛麦7V#3附加系、中国春—簇毛麦5V#2（5D）代换系、中国春—簇毛麦6V#2（6A）代换系、中国春—簇毛麦1DS.1V#3#3L罗伯逊易位系、中国春—簇毛麦1DL.1V#3S罗伯逊易位系、中国春—簇毛麦2BS.2V#3L罗伯逊易位系、中国春—簇毛麦3DS.3V#3L罗伯逊易位系、中国春—簇毛麦3DL.3V#3S罗伯逊易位系、中国春—簇毛麦4DS.4V#3L罗伯逊易位系、中国春—簇毛麦4DL.4V#3S罗伯逊易位系、中国春—簇毛麦5DL.5V#3S罗伯逊易位系、中国春—簇毛麦6AS.6V#3L罗伯逊易位系、中国春—簇毛麦6AL.6V#3S罗伯逊易位系、中国春—簇毛麦7DL.7V#3S罗伯逊易位系、中国春—簇毛麦7DS.7V#3L罗伯逊易位系。

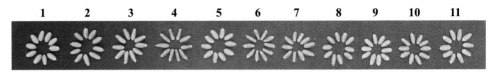

图65　小麦—中间/长穗偃麦草染色体系的种子

1～11代表中国春、中国春—中间偃麦草?Ai附加系、中国春—中间偃麦草?Ai附加系、中国春—中间偃麦草?Ai附加系、中国春—长穗偃麦草1E附加系、中国春—长穗偃麦草2E附加系、中国春—长穗偃麦草3E附加系、中国春—长穗偃麦草4E附加系、中国春—长穗偃麦草5E附加系、中国春—长穗偃麦草6E附加系、中国春—长穗偃麦草7E附加系。? 代表染色体同源群未鉴定。

图66　小麦—中间偃麦草染色体系的种子

1～4代表小麦品种Vilmorin 27、VIL27-中间偃麦草7J#1附加系、VIL27-中间偃麦草4Ai#1附加系、VIL27-中间偃麦草7J#1S端体附加系。

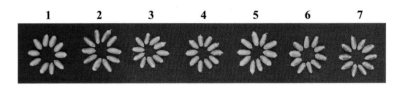

图67　小麦—大麦染色体系的种子

1～7代表中国春、中国春—大麦2H附加系、中国春—大麦3H附加系、中国春—大麦4H附加系、中国春—大麦5H附加系、中国春—大麦6H附加系、中国春—大麦7H单体附加系。

图68　小麦—智利大麦染色体系的种子

1～8代表中国春、中国春—智利大麦1H^{ch}+1H^{ch}S附加系（植株较高）、中国春—智利大麦1H^{ch}+1H^{ch}S附加系（植株较矮）、中国春—智利大麦2H^{ch}S端体附加系、中国春—智利大麦4H^{ch}附加系、中国春—智利大麦5H^{ch}附加系、中国春—智利大麦6H^{ch}附加系、中国春—智利大麦7H^{ch}附加系。

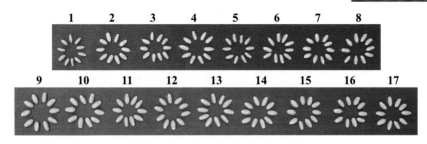

图69　小麦—粗穗披碱草染色体系的种子

1～17代表中国春—粗穗披碱草1H^{t}附加系、中国春—粗穗披碱草5H^{t}附加系、中国春—粗穗披碱草6H^{t}附加系、中国春—粗穗披碱草7H^{t}附加系、中国春—粗穗披碱草1S^{t}附加系、中国春—粗穗披碱草T2H^{t}S.5H^{t}L附加系、中国春—粗穗披碱草5S^{t}单体附加系、中国春—粗穗披碱草1H^{t}S端体附加系、中国春—粗穗披碱草1H^{t}L端体附加系、中国春—粗穗披碱草5H^{t}L端体附加系、中国春—粗穗披碱草5H^{t}S端体附加系、中国春—粗穗披碱草7H^{t}S端体附加系、中国春—粗穗披碱草7S^{t}L端体附加系、中国春—粗穗披碱草1S^{t}L端体附加系、中国春—粗穗披碱草5S^t#L单端体附加系、中国春—粗穗披碱草5S^t#S单端体附加系、中国春—粗穗披碱草1H^{t}S.1BL罗伯逊易位系。

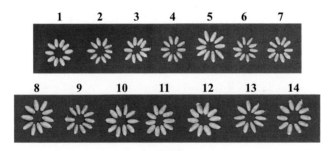

图70　小麦—纤毛/筑紫披碱草染色体系的种子

1～14代表中国春、中国春—纤毛披碱草1S^{c}附加系、中国春—纤毛披碱草2S^{c}附加系、中国春—纤毛披碱草3S^{c}附加系、中国春—纤毛披碱草7S^{c}附加系、中国春—纤毛披碱草1Y^{c}附加系、中国春—纤毛披碱草5Y^{c}附加系、中国春—纤毛披碱草7Y^{c}附加系、中国春—纤毛披碱草2S^{c}L端体附加系、中国春—筑紫披碱草1E^{ts}#1附加系、中国春—筑紫披碱草3E^{ts}#1附加系、中国春—筑紫披碱草5E^{ts}#1单体附加系、中国春—筑紫披碱草T1AL.1AS-1E^{ts}#1S易位系、中国春—筑紫披碱草TiWL-1E^{ts}#1S-WS易位系。

图71　小麦—大赖草染色体系的种子

1～4代表中国春、中国春—大赖草2Lr#1附加系、中国春—大赖草7Lr#1附加系、中国春—大赖草7Lr#1S端体附加系。

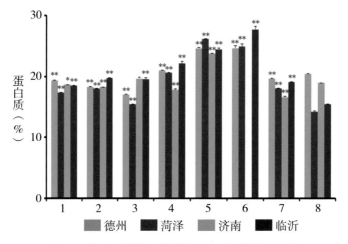

图72　小麦—尾状山羊草染色体系籽粒蛋白含量

　　1~8代表小麦品种ALCD、ALCD—尾状山羊草B#1附加系、ALCD—尾状山羊草C#1附加系、ALCD—尾状山羊草D#1附加系、ALCD—尾状山羊草E#1附加系、ALCD—尾状山F#1附加系、ALCD—尾状山羊草G#1附加系、中国春。济南的ALCD—尾状山F#1附加系数据缺失。*代表差异显著（P<0.05），**代表差异极显著（P<0.01）。

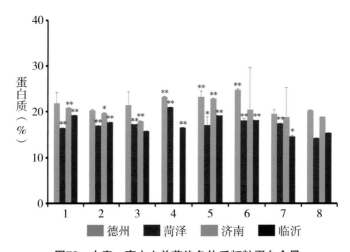

图73　小麦—高大山羊草染色体系籽粒蛋白含量

　　1~8代表中国春—高大山羊草1S^l#3附加系、中国春—高大山羊草2S^l#3附加系、中国春—高大山羊草3S^l#3附加系、中国春—高大山羊草4S^l#3附加系、中国春—高大山羊草5S^l#3附加系、中国春—高大山羊草6S^l#3附加系、中国春—高大山羊草7S^l#3单体附加系、中国春。*代表差异显著（P<0.05），**代表差异极显著（P<0.01）。

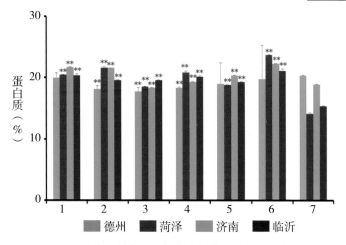

图74　小麦—希尔斯山羊草染色体系籽粒蛋白含量

1~7代表中国春—希尔斯山羊草1S^s#1附加系、中国春—希尔斯山羊草2S^s#1附加系、中国春—希尔斯山羊草4S^s#1附加系、中国春—希尔斯山羊草5S^s#1附加系、中国春—希尔斯山羊草6S^s#1附加系、中国春—希尔斯山羊草7S^s#1附加系、中国春。*代表差异显著（$P<0.05$），**代表差异极显著（$P<0.01$）。

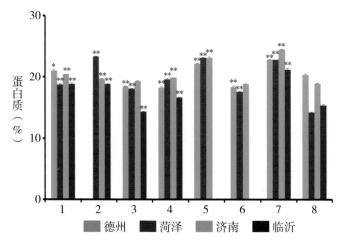

图75　小麦—拟斯卑尔脱山羊草染色体系籽粒蛋白含量

1~8代表中国春—拟斯卑尔脱山羊草1S^g#3附加系、中国春—拟斯卑尔脱山羊草2S^g#3附加系、中国春—拟斯卑尔脱山羊草3S^g#3附加系、中国春—拟斯卑尔脱山羊草4S^g#3附加系、中国春—拟斯卑尔脱山羊草5S^g#3附加系、中国春—拟斯卑尔脱山羊草6S^g#3附加系、中国春—拟斯卑尔脱山羊草7S^g#3附加系、中国春。*代表差异显著（$P<0.05$），**代表差异极显著（$P<0.01$）。

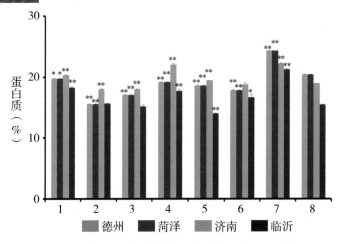

图76　小麦—卵穗山羊草染色体系籽粒蛋白含量

　　1~8代表中国春—卵穗山羊草1M^g#1附加系、中国春—卵穗山羊草2M^g#1附加系、中国春—卵穗山羊草3M^g#1附加系、中国春—卵穗山羊草4M^g#1附加系、中国春—卵穗山羊草5M^g#1附加系、中国春—卵穗山羊草6M^g#1附加系、中国春—卵穗山羊草7M^g#1附加系、中国春。*代表差异显著（$P<0.05$），**代表差异极显著（$P<0.01$）。

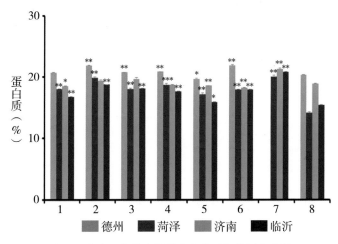

图77　小麦—卵穗山羊草染色体系籽粒蛋白含量

　　1~8代表中国春—卵穗山羊草1U^g#1附加系、中国春—卵穗山羊草2U^g#1附加系、中国春—卵穗山羊草3U^g#1单体附加系、中国春—卵穗山羊草4U^g#1附加系、中国春—卵穗山羊草5U^g#1附加系、中国春—卵穗山羊草6U^g#1附加系、中国春—卵穗山羊草7U^g#1单体附加系、中国春。*代表差异显著（$P<0.05$），**代表差异极显著（$P<0.01$）。

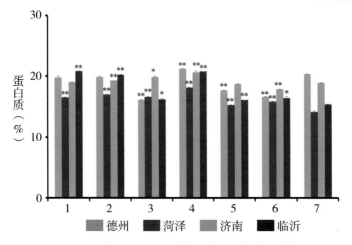

图78　小麦—两芒山羊草染色体系籽粒蛋白含量

1～7代表中国春—两芒山羊草1U^bi#1附加系、中国春—两芒山羊草2U^bi#1附加系、中国春—两芒山羊草5U^bi#1附加系、中国春—两芒山羊草2M^bi#1附加系、中国春—两芒山羊草3M^bi#1附加系、中国春—两芒山羊草4M^bi#1单体附加系、中国春。*代表差异显著（$P<0.05$），**代表差异极显著（$P<0.01$）。

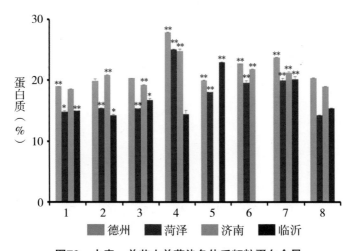

图79　小麦—单芒山羊草染色体系籽粒蛋白含量

1～8代表中国春—单芒山羊草1N附加系、中国春—单芒山羊草2N附加系、中国春—单芒山羊草3N附加系、中国春—单芒山羊草4N附加系、中国春—单芒山羊草5N附加系、中国春—单芒山羊草9/6N附加系、中国春—单芒山羊草7N附加系、中国春。9/6N代表可能是6N。*代表差异显著（$P<0.05$），**代表差异极显著（$P<0.01$）。

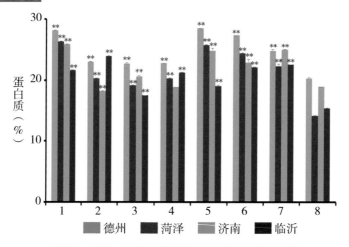

图80 小麦—无芒山羊草染色体系籽粒蛋白含量

1～8代表中国春—无芒山羊草2?T附加系、中国春—无芒山羊草3T/4T?端体附加系、中国春—无芒山羊草5T附加系、中国春—无芒山羊草5?T附加系、中国春—无芒山羊草7T附加系、中国春—无芒山羊草7?T附加系、中国春—无芒山羊草2T?附加系、中国春。? 代表染色体同源群未鉴定。*代表差异显著（$P<0.05$），**代表差异极显著（$P<0.01$）。

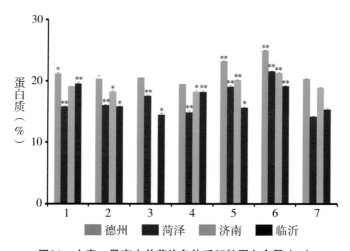

图81 小麦—易变山羊草染色体系籽粒蛋白含量（1）

1～7代表中国春—易变山羊草1S^v#1附加系、中国春—易变山羊草2S^v#1附加系、中国春—易变山羊草3S^v#1附加系、中国春—易变山羊草4S^v#1附加系、中国春—易变山羊草6S^{v}S端体附加系、中国春—易变山羊草7S^v#1附加系、中国春。*代表差异显著（$P<0.05$），**代表差异极显著（$P<0.01$）。

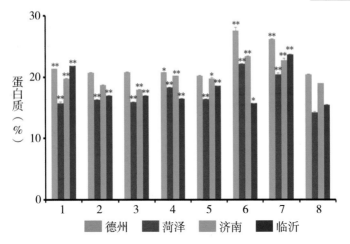

图82 小麦—易变山羊草染色体系籽粒蛋白含量（2）

1～8代表中国春—易变山羊草1U^v#1附加系、中国春—易变山羊草2U^v#1附加系、中国春—易变山羊草3U^v#1附加系、中国春—易变山羊草4U^v#1附加系、中国春—易变山羊草5U^v#1附加系、中国春—易变山羊草6U^v#1附加系、中国春—易变山羊草7U^v#1附加系、中国春。*代表差异显著（$P<0.05$），**代表差异极显著（$P<0.01$）。

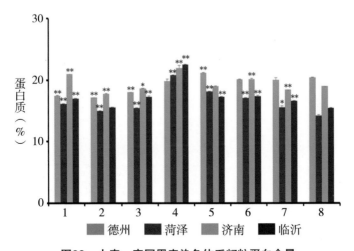

图83 小麦—帝国黑麦染色体系籽粒蛋白含量

1～8代表中国春—帝国黑麦1R附加系、中国春—帝国黑麦2R附加系、中国春—帝国黑麦3R附加系、中国春—帝国黑麦4R附加系、中国春—帝国黑麦5R附加系、中国春—帝国黑麦6R附加系、中国春—帝国黑麦7R附加系、中国春。*代表差异显著（$P<0.05$），**代表差异极显著（$P<0.01$）。

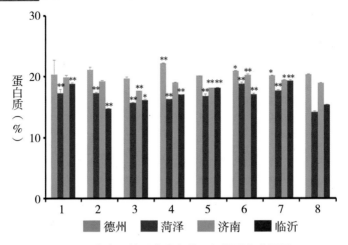

图84　小麦—簇毛麦染色体系籽粒蛋白含量图

1～8代表中国春—簇毛麦1V#3附加系、中国春—簇毛麦2V#3附加系、中国春—簇毛麦3V#3附加系、中国春—簇毛麦4V#3附加系、中国春—簇毛麦5V#3附加系、中国春—簇毛麦6V#3附加系、中国春—簇毛麦7V#3附加系、中国春。*代表差异显著（$P<0.05$），**代表差异极显著（$P<0.01$）。

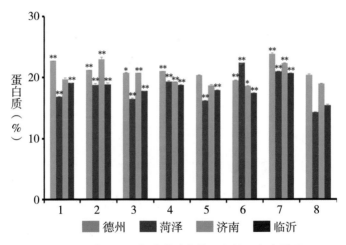

图85　小麦—长穗偃麦草染色体系籽粒蛋白含量图

1～8代表中国春—长穗偃麦草1E附加系、中国春—长穗偃麦草2E附加系、中国春—长穗偃麦草3E附加系、中国春—长穗偃麦草4E附加系、中国春—长穗偃麦草5E附加系、中国春—长穗偃麦草6E附加系、中国春—长穗偃麦草7E附加系、中国春。*代表差异显著（$P<0.05$），**代表差异极显著（$P<0.01$）。

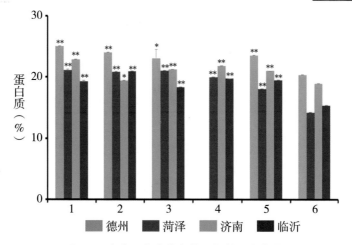

图86　小麦—大麦染色体系籽粒蛋白含量

1～6代表中国春—大麦2H附加系、中国春—大麦3H附加系、中国春—大麦4H附加系、中国春—大麦5H附加系、中国春—大麦7H单体附加系、中国春。*代表差异显著（$P<0.05$），**代表差异极显著（$P<0.01$）。

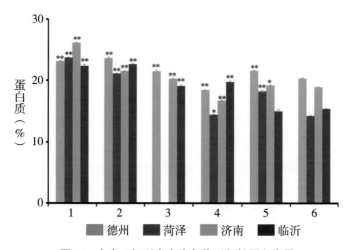

图87　小麦—智利大麦染色体系籽粒蛋白含量

1～6代表中国春—智利大麦1H^{ch}+1H^{ch}S附加系、中国春—智利大麦4H^{ch}附加系、中国春—智利大麦5H^{ch}附加系、中国春—智利大麦6H^{ch}附加系、中国春—智利大麦7H^{ch}附加系、中国春。*代表差异显著（$P<0.05$），**代表差异极显著（$P<0.01$）。

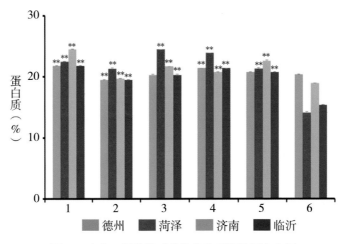

图88　小麦—粗穗披碱草染色体系籽粒蛋白含量

1～6代表中国春—粗穗披碱草1Hᵗ附加系、中国春—粗穗披碱草5Hᵗ附加系、中国春—粗穗披碱草6Hᵗ附加系、中国春—粗穗披碱草7Hᵗ附加系、中国春—粗穗披碱草1Sᵗ附加系、中国春。*代表差异显著（$P<0.05$），**代表差异极显著（$P<0.01$）。

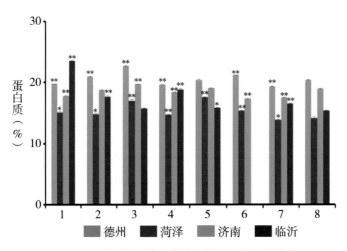

图89　小麦—纤毛披碱草染色体系籽粒蛋白含量

1～8代表中国春—纤毛披碱草1Sᶜ附加系、中国春—纤毛披碱草2Sᶜ附加系、中国春—纤毛披碱草3Sᶜ附加系、中国春—纤毛披碱草7Sᶜ附加系、中国春—纤毛披碱草1Yᶜ附加系、中国春—纤毛披碱草5Yᶜ附加系、中国春—纤毛披碱草7Yᶜ附加系、中国春。*代表差异显著（$P<0.05$），**代表差异极显著（$P<0.01$）。